中国地质调查成果 CGS 2018-064

"全国地质调查项目组织实施费(项目编码:DD20160365)"项目资助

中南地区地质调查项目成果汇编

(2017年度)

ZHONGNAN DIQU DIZHI DIAOCHA XIANGMU
CHENGGUO HUIBIAN

万勇泉　李　珉　王江立　李　莉
陈州丰　段　蔚　李继涛　庞迎春　　主编
杜小红　邓艳丽　李灵芝　毛琴芳
董好刚　马　敏

中国地质大学出版社
ZHONGGUO DIZHI DAXUE CHUBANSHE

图书在版编目(CIP)数据

中南地区地质调查项目成果汇编·2017年度/万勇泉等主编.—武汉:中国地质大学出版社,2018.12
ISBN 978-7-5625-4454-8

Ⅰ.①中…

Ⅱ.①万…

Ⅲ.①区域地质调查-成果-汇编-中南地区-2017

Ⅳ.①P562.6

中国版本图书馆CIP数据核字(2018)第276542号

中南地区地质调查项目成果汇编(2017年度)	万勇泉 李 珉 王江立 等主编
责任编辑:周 豪 张晓红　　选题策划:张晓红	责任校对:谢媛华
出版发行:中国地质大学出版社(武汉市洪山区鲁磨路388号)	邮政编码:430074
电　　话:(027)67883511　　传　真:67883580	E-mail:cbb@cug.edu.cn
经　　销:全国新华书店	http://cugp.cug.edu.cn
开本:880毫米×1 230毫米 1/16	字数:649千字　　印张:20.5
版次:2018年12月第1版	印次:2018年12月第1次印刷
印刷:武汉中远印务有限公司	印数:1—500册
ISBN 978-7-5625-4454-8	定价:168.00元

如有印装质量问题请与印刷厂联系调换

目 录

绪 论 ··· (1)

第一章 基础地质类 ··· (7)

海南1:5万铺前市、景心角、三江、翁田、大致坡幅区域地质调查报告 ···························· (7)

湘桂粤地区早古生代岩浆岩岩石-构造组合与时空格架成果报告 ································· (9)

中扬子地区页岩气新层系调查评价成果报告 ·· (11)

湘黔桂地区新元古代—早古生代盆地类型及构造演化成果报告 ···································· (12)

南岭关键地区区域地质调查成果报告 ··· (14)

钦杭西段关键地区区域地质调查成果报告 ··· (17)

扬子地块西南缘志留纪—泥盆纪古地理演化与沉积成矿作用 ······································· (18)

广西1:5万富川县、涛圩、桂岭圩、太保圩幅区域地质矿产调查报告 ···························· (19)

信宜-增城-龙川构造混杂岩带研究成果报告 ·· (22)

湘西-鄂西关键地区区域地质调查成果报告 ··· (23)

中南基础地质综合调查与片区总结成果报告 ·· (26)

桐柏-大别造山带北侧新元古代—古生代地层、沉积与构造演化成果报告 ······················ (27)

广西1:5万西凉、月里街、麻尾镇、尧山幅区域地质矿产调查成果报告 ························· (30)

广西1:5万坡头、木格、太平圩、古龙幅区域地质矿产调查成果报告 ···························· (33)

广西1:5万圭里、向阳、平腊、更新幅区域地质矿产调查成果报告 ······························· (36)

广西1:5万印茶幅、向都幅、东平幅、天等县幅、大新幅区域地质调查报告 ···················· (38)

湖北1:5万宣恩县、洗马坪、高罗、沙道沟幅区域地质调查报告 ·································· (41)

湖南1:5万官地坪镇、人潮溪、瑞塔铺、三官寺幅区域地质矿产调查成果报告 ················ (43)

中南重大岩浆事件及其成矿作用和构造背景综合研究报告 ·· (45)

湖南1:5万石提镇、松柏场、施溶溪、军大坪幅区域地质矿产调查成果 ························· (46)

武当-桐柏-大别关键地区区域质调查成果报告 ··· (49)

第二章 矿产资源类 ··· (52)

湖南常宁地区矿产远景调查报告 ··· (52)

广东龙川县石马地区银铅锌多金属矿调查评价报告 ·· (54)

湖北省大冶市铜山口铜矿接替资源勘查报告 ·· (56)

湖北省大冶市阳新岩体西北段深部铜铁金多金属矿战略性勘查报告 ····························· (57)

雪峰古陆及邻区金刚石找矿选区评价成果报告 ·· (59)

湖南省城步地区脉石英资源远景调查报告 …………………………………………………（60）
湖南阳明山地区矿产地质调查成果报告 ……………………………………………………（61）
老矿山典型矿床成矿规律总结研究成果报告 ………………………………………………（62）
中上扬子地块东南缘 Pb-Zn-Ag-V 矿床成矿规律与成矿模式研究成果报告
（2014 年度）………………………………………………………………………………（64）
湘西-鄂西成矿带资源远景调查评价成果报告 ……………………………………………（65）
广东阳春铜多金属整装勘查区成矿规律与找矿方向研究成果报告 ………………………（67）
湖北省阳新县赤马山铜矿接替资源勘查报告 ………………………………………………（68）
湖南省邵阳市崇阳坪地区矿产远景调查成果报告 …………………………………………（69）
南岭成矿带资源远景调查评价成果报告 ……………………………………………………（70）
华中地区煤层含铀性分析及其开发对区域地质环境影响调查评价成果报告 ……………（73）
湖北鄂城-灵乡地区铁铜多金属矿调查评价报告 …………………………………………（74）
武当-桐柏-大别成矿带资源远景调查评价成果报告 ………………………………………（75）
广东省主要城市浅层地温能开发区1∶5万水文地质调查报告 ……………………………（77）
湖南吉首地区1∶5万页岩气地质调查成果报告 ……………………………………………（78）
湖北宜昌-保康页岩气基础地质调查成果报告 ……………………………………………（79）
湖南郴州地区1∶5万页岩气地质调查成果报告 ……………………………………………（81）
湖南涟源地区1∶5万页岩气地质调查成果报告 ……………………………………………（82）
湖北木子店-安徽吴家店地区矿产地质调查报告 …………………………………………（84）
广东大宝山钼多金属矿、广西泗顶铅锌矿床成矿规律总结研究报告 ……………………（85）
武当-桐柏-大别成矿带关键地区地质调查报告 ……………………………………………（86）
钦杭构造结合带岩浆-基底演化及多金属成矿作用成果报告 ……………………………（88）
钦杭成矿带西段资源远景调查评价成果报告 ………………………………………………（89）
广西"三稀"资源综合研究与重点评价成果报告 …………………………………………（90）
覆盖区矿产预测综合研究与成果汇总成果报告 ……………………………………………（91）
云开地区铜金多属成矿作用及其地质背景研究成果报告 …………………………………（93）
天山戈壁沙漠覆盖区成矿地质背景研究与成矿要素综合推断成果报告 …………………（94）
大兴安岭南部草原覆盖区成矿地质背景研究与成矿要素综合推断成果报告 ……………（96）
河南省新县南部地区矿产地质调查报告 ……………………………………………………（97）
湖南"三稀"资源综合研究与重点评价成果报告 …………………………………………（99）
湖北白河-茅塔地区矿产地质调查报告 ……………………………………………………（100）
湖南省常宁市水口山铅锌多金属矿接替资源勘查报告 ……………………………………（101）
广东厚婆坳地区锡多金属1∶5万潜力评价成果报告 ………………………………………（102）
广东省北部矿集区找矿预测报告 ……………………………………………………………（104）
湖南古丈地区矿产地质调查成果报告 ………………………………………………………（105）
海南省昌江-东方地区矿产地质调查成果报告 ……………………………………………（107）
广东省韶关市大宝山铜多金属矿接替资源勘查报告 ………………………………………（109）
广西河池五圩锑多金属矿接替资源勘查成果报告 …………………………………………（110）
广西龙州-扶绥地区矿产地质调查成果报告 ………………………………………………（110）
广西靖西县湖润锰矿接替资源勘查报告 ……………………………………………………（111）

湖南宝峰仙-彭公庙地区矿产地质调查 ……………………………………………………………… (113)
广西金刚石成矿条件及选区评价成果报告 ……………………………………………………… (114)
广西马江地区矿产地质调查成果报告 …………………………………………………………… (115)
湖北蕲春狮子口地区矿产地质调查报告 ………………………………………………………… (116)
湘东地区花岗岩与成矿关系研究成果报告 ……………………………………………………… (117)
湖南董家河地区矿产地质调查成果报告 ………………………………………………………… (118)
湖南常德-会同地区金刚石调查评价成果报告 …………………………………………………… (120)
湖南潘家冲地区矿产地质调查报告 ……………………………………………………………… (121)
湖北房县西蒿坪地区矿产地质调查报告 ………………………………………………………… (123)
湖北随县草店-殷店地区矿产地质调查成果报告 ………………………………………………… (124)
湖南黄金洞地区矿产地质调查成果报告 ………………………………………………………… (126)
湖南省茶陵县湘东钨矿接替资源勘查报告 ……………………………………………………… (127)
湖北郧西县湖北口地区矿产地质调查报告 ……………………………………………………… (128)
湖北金牛-九宫地区矿产地质调查报告 …………………………………………………………… (129)
湖北保康-兴山地区矿产地质调查报告 …………………………………………………………… (130)
湖北随州-枣阳北部七尖峰地区矿产地质调查报告 ……………………………………………… (131)
湖南零陵地区1:5万页岩气地质调查成果报告 ………………………………………………… (132)
湖南通天庙地区矿产地质调查成果报告 ………………………………………………………… (136)
湖南省新田县新圩-龙溪地区矿产地质调查成果报告 …………………………………………… (137)
湖南金井-九岭地区矿产地质调查成果报告 ……………………………………………………… (139)
湖南宝山地区矿产地质调查成果报告 …………………………………………………………… (140)
湖南省临武县香花岭锡矿接替资源勘查报告 …………………………………………………… (141)
湖南省桃源县牛车河-漆家河地区矿产地质调查报告 …………………………………………… (142)
海南省乐东县抱伦金矿接替资源勘查报告 ……………………………………………………… (143)
湖南祁阳地区矿产地质调查报告 ………………………………………………………………… (143)

第三章 水文、工程、环境地质类 …………………………………………………………… (145)

西南岩溶地区1:5万水文地质环境调查(湖南邓家铺幅、稠树塘幅)成果报告 ……………… (145)
江汉-洞庭平原地下水资源及其环境问题调查评价(湖南)报告 ……………………………… (146)
桂中地区岩溶塌陷调查(洛满公社幅、三都公社幅)综合评价报告 …………………………… (147)
武汉都市圈京广高铁沿线城镇群地质环境综合调查(咸宁幅)成果报告 …………………… (150)
珠江三角洲及周边地区控热地质构造调查研究成果报告 ……………………………………… (151)
贵港市小城镇水工环地质综合调查评价报告 …………………………………………………… (153)
鄂西南地区重要城镇地质灾害调查 ……………………………………………………………… (154)
珠三角地区(肇庆市幅、新桥镇幅)岩溶塌陷地质灾害调查报告 ……………………………… (155)
资水流域柘溪段地质灾害调查2015年度成果报告 …………………………………………… (156)
防城港地区水文地质工程调查评价成果报告 …………………………………………………… (158)
珠江口产业带地质环境综合调查2015年度成果集成报告 …………………………………… (159)
江汉-洞庭平原地下水资源及其环境问题调查评价(湖北)成果报告 ………………………… (160)
长江中游城市群地质环境调查与区划综合研究成果报告 ……………………………………… (164)

丹江口库区堵河流域地质灾害调查成果报告 …………………………………………………… (165)

长江上游宜昌-江津小流域地质灾害调查与早期预警——磨刀溪流域地质灾害调查成果
　报告 …………………………………………………………………………………………… (167)

清江支流地质灾害调查成果报告 ………………………………………………………………… (170)

西南岩溶地区1∶5万水文地质环境地质调查(湖南:黄亭市幅、回龙寺幅)成果报告 …… (173)

湖南重点岩溶流域水文地质及环境地质调查(郴水流域)成果报告 …………………………… (175)

湘中地区岩溶塌陷调查(陈家坊幅、界岭幅)成果报告 ………………………………………… (177)

湖南1∶5万铜官幅、长沙幅、大托铺幅、湘潭幅、下摄司幅、青山铺幅、株洲县幅、镇头市幅、
　普迹幅环境地质调查成果报告 ……………………………………………………………… (180)

湘中地区(涟源县幅、坪上幅)岩溶塌陷调查报告 ……………………………………………… (182)

云南1∶5万老寨街幅、文山县幅、老街子幅、平坝街幅水文地质调查成果报告 ……………… (184)

湖北省主要城市浅层地温能开发区1∶5万水文地质调查 ……………………………………… (187)

沿长江重大工程区地质环境综合调查(中游)成果报告(2015年度) ………………………… (188)

武汉市岩溶塌陷调查(金水闸幅、渡普口幅)成果报告 ………………………………………… (189)

广西壮族自治区贵港市城市环境地质调查评价报告 …………………………………………… (190)

广西壮族自治区贺州市城市环境地质调查评价报告 …………………………………………… (191)

广西壮族自治区钦州市城市环境地质调查评价报告 …………………………………………… (193)

广西壮族自治区来宾市城市环境地质调查评价报告 …………………………………………… (194)

广西壮族自治区桂林市城市环境地质调查评价报告 …………………………………………… (195)

广西壮族自治区河池市城市环境地质调查评价报告 …………………………………………… (197)

广西壮族自治区玉林市城市环境地质调查评价报告 …………………………………………… (198)

广西壮族自治区梧州市城市环境地质调查评价报告 …………………………………………… (199)

广西壮族自治区南宁市城市环境地质调查评价报告 …………………………………………… (201)

广西壮族自治区防城港市城市环境地质调查评价报告 ………………………………………… (202)

广西壮族自治区百色市城市环境地质调查评价报告 …………………………………………… (204)

广西壮族自治区崇左市城市环境地质调查评价报告 …………………………………………… (205)

广西壮族自治区城市环境地质调查评价报告 …………………………………………………… (206)

广西龙胜县地质灾害详细调查报告 ……………………………………………………………… (210)

三峡库区蓄水后环境地质问题及地质灾害研究报告 …………………………………………… (211)

广西重点岩溶流域水文地质及环境调查报告(1∶5万贺州市幅) …………………………… (213)

广西左江岩溶流域水文地质环境地质调查报告(龙州县幅、鸭水滩幅) ……………………… (216)

西南岩溶地区1∶5万水文地质环境地质调查报告(广西:钟山幅,平桂幅,公会幅,贺街幅,
　贺州市幅) …………………………………………………………………………………… (218)

海南岛1∶5万翁田市幅、文昌县幅、冠南圩幅、崖县幅环境地质调查评价报告 …………… (221)

桂中地区岩溶塌陷调查(平山公社幅、江口公社幅)综合评价报告 …………………………… (223)

广西重点岩溶流域水文地质及环境调查报告(广西百色市隆林-乐业地区) ………………… (226)

典型地区岩溶塌陷监测与风险评价成果报告 …………………………………………………… (228)

三沙市水文地质工程地质调查评价(2014年度)成果报告 …………………………………… (229)

西南岩溶地区1∶5万水文地质环境地质调查成果报告(下坪幅、湾潭幅、鹤峰县幅、白果
　坪幅) ………………………………………………………………………………………… (231)

丹江口库区堵河流域地质灾害调查成果报告(峪口幅、秦口幅) ……………………………………… (234)
广西1∶5万企沙幅、犀牛脚幅、常乐圩幅、公馆圩幅环境地质调查报告 ……………………………… (237)
南宁城市规划区地质环境综合调查报告 ……………………………………………………………… (238)
北部湾经济区环境地质调查报告 ……………………………………………………………………… (240)
珠三角地区岩溶塌陷灾害综合地质调查报告(从化幅) ……………………………………………… (242)
湘南有色金属、煤炭矿区矿山地质环境调查报告 …………………………………………………… (244)
海南1∶5万景心角幅、白莲市幅环境地质调查报告 ………………………………………………… (246)
湘中地区岩溶塌陷调查(灰山港幅)成果报告 ………………………………………………………… (247)
海南文昌航天城地质环境综合调查报告 ……………………………………………………………… (248)
湘中地区鸡叫岩幅岩溶塌陷调查报告 ………………………………………………………………… (249)
江汉平原重点地区1∶5万水文地质调查成果报告 …………………………………………………… (250)
长株潭城市群地质环境调查与区划成果报告 ………………………………………………………… (254)
湖北宜昌兴山香溪河岩溶流域1∶5万水文地质调查综合评价成果报告 …………………………… (256)
湘中地区岩溶塌陷调查报告 …………………………………………………………………………… (259)
雷州半岛1∶5万水文地质调查报告 …………………………………………………………………… (260)
湖南新田县重点地区岩溶水勘查与开发利用示范 …………………………………………………… (261)
湖北野三河岩溶流域水文地质环境地质调查成果报告 ……………………………………………… (263)
长株潭沪昆高铁沿线城镇群地质环境综合调查成果报告 …………………………………………… (265)
重点地区岩溶塌陷调查综合研究成果报告 …………………………………………………………… (266)

第四章 技术方法类 ……………………………………………………………………………… (268)

湖北梅川-黄梅地区1∶5万高精度重力调查成果报告 ……………………………………………… (268)
南岭地区深部隐伏花岗岩定位技术方法评价成果报告 ……………………………………………… (268)
武当-桐柏-大别成矿带多元信息提取及深部找矿评价 …………………………………………… (270)
湖北省矿产资源开发环境遥感监测成果报告 ………………………………………………………… (271)
海南省典型地区多目标地球化学调查成果报告 ……………………………………………………… (273)
海南省矿产资源开发环境遥感监测成果报告 ………………………………………………………… (277)
三沙市岛礁遥感综合调查与监测成果报告 …………………………………………………………… (278)
南部沿海地区国土遥感综合调查成果报告 …………………………………………………………… (279)
广西玉林地区多目标地球化学调查报告 ……………………………………………………………… (282)
湖北省矿产资源开发环境遥感监测成果报告 ………………………………………………………… (284)
广西壮族自治区矿产资源开发环境遥感监测成果报告 ……………………………………………… (285)
湖北省十堰-丹江口地区多目标地球化学调查报告 ………………………………………………… (286)
湖南省娄邵盆地多目标地球化学调查成果报告 ……………………………………………………… (287)
湖南湘江流域部分地区多目标地球化学调查成果报告 ……………………………………………… (288)
南岭大型矿集区深部评价技术方法研究 ……………………………………………………………… (290)
地质调查数据集成与服务系统建设(中南)成果报告 ………………………………………………… (292)
雪山嶂铜多金属矿床中元素、流体包裹体分析技术研究成果报告 ………………………………… (295)
研制磷矿石成分分析标准物质和标准方法成果报告 ………………………………………………… (296)
扬子周缘典型铅锌矿床同位素年代学研究成果报告 ………………………………………………… (297)

区域地质图数据库建设(中南)成果报告(2011—2015) …………………………………… (299)
广东雪山嶂铜多金属矿整装勘查区专项填图与技术应用示范成果报告 ……………… (300)
广东厚婆坳铜多金属矿整装勘查区专项填图与技术应用示范项目报告 ……………… (301)
西南岩溶地区水文地质环境地质综合研究与信息系统建设阶段性成果报告 ………… (302)
湖南凤凰-花垣地区难选碳酸锰矿综合利用研究成果报告 …………………………… (304)
湖北鄂州莲花山-黄石铁山铁多金属矿整装勘查区专项填图与技术应用示范报告 ……… (305)

第五章　综合研究与境外地质类 …………………………………………………………… (307)

全国重要矿物岩石和化石调查与编图成果报告 ………………………………………… (307)
中南地区地质调查项目组织实施费项目成果报告 ……………………………………… (308)
中国气候变化岩溶沉积记录调查成果报告 ……………………………………………… (309)
中印合作苏门答腊岛优势矿产资源潜力调查评价成果报告 …………………………… (310)
阿拉伯半岛成矿区地质背景及资源潜力分析结题报告 ………………………………… (310)
海上丝绸之路境外矿产资源潜力综合分析与成果应用结题报告 ……………………… (311)

主要参考文献 …………………………………………………………………………………… (313)

绪　　论

2017年度，中国地质调查局武汉地质调查中心共接收中南地区地质调查项目承担单位提交的地质调查项目成果报告189份（档案号0965—档案号1153），分别由48家地质调查项目承担单位完成，具体数据如表0-1所示。

表0-1　各单位成果完成情况统计表

序号	成果提交单位	数量（份）
1	中国地质调查局武汉地质调查中心	46
2	湖南省地质调查院	26
3	广西壮族自治区地质环境监测总站	17
4	广西壮族自治区地质调查院	14
5	湖北省地质调查院	9
6	海南省地质调查院	8
7	中国地质大学（武汉）	8
8	湖北省地质环境总站	5
9	中国地质科学院岩溶地质研究所	5
10	广东省地质调查院	4
11	广西壮族自治区区域地质调查研究院	2
12	湖北省地质局第一地质大队	2
13	湖南省地质矿产勘查开发局四一八队	2
14	湖南省地质矿产勘查开发局四一六队	2
15	中国地质环境监测院	2
16	中国地质科学院矿产资源研究所	2
17	中国地质调查局武汉地质调查中心	2
18	中国国土资源航空物探遥感中心	2
19	中国冶金地质总局中南地质勘查院	2
20	广东省地球物理探矿大队	1
21	广东省地质局第三大队	1
22	广东省环境地质勘查院	1
23	广东省水文地质大队	1

续表 0-1

序号	成果提交单位	数量（份）
24	广东省有色金属地质局	1
25	广西壮族自治区地质矿产勘查开发局	1
26	海南省地质环境监测总站,海南省地质调查院	1
27	合肥工业大学	1
28	河南省地质调查院	1
29	湖北省地球物理勘察技术研究院	1
30	湖北省地质局第八地质大队	1
31	湖南省地质环境监测总站	1
32	湖南省地质矿产勘查开发局402队,湖南省地质调查院	1
33	湖南省地质矿产勘查开发局四〇九队	1
34	湖南省湘南地质勘察院	1
35	湖南省有色地质勘查局	1
36	湖南省有色地质勘查局二一七队	1
37	湖南省有色地质勘查局一总队	1
38	南京大学	1
39	武汉地质工程勘察院	1
40	有色金属矿产地质调查中心	1
41	中国地质大学（武汉）	1
42	中国地质科学院矿产资源研究所	1
43	中国地质调查局水文地质环境地质调查中心	1
44	中国建筑材料工业地质勘查中心湖南总队	1
45	中国冶金地质总局中南局	1
46	中国有色桂林矿产地质研究院有限公司	1
47	中化地质矿山总局湖南勘查院	1
48	中山大学	1
总计		**189**

189项成果中，在2017年第一季度完成成果提交的有36项,第二季度完成成果提交的有90项,第三季度完成成果提交的有34项,第四季度完成成果提交的有29项(图0-1)。

189项成果的平均工作周期为2.6年,最长10年,最短为1年。工作周期为1年的项目有28项,工作周期为2年的项目有62项,工作周期为3年的项目有78项,工作周期为4年及以上的项目有21项(图0-2)。

在正常情况下,项目最后一个年度的12月31日前应完成成果报告的编写,从项目结束到成果报告编写完成时间为成果报告编写延迟时间。2017年,189项成果中,按时完成成果编写的有5个项目,剩下的184个项目平均编写延迟时间为22个月,编写延时最长的为73个月,最短的为7个月。

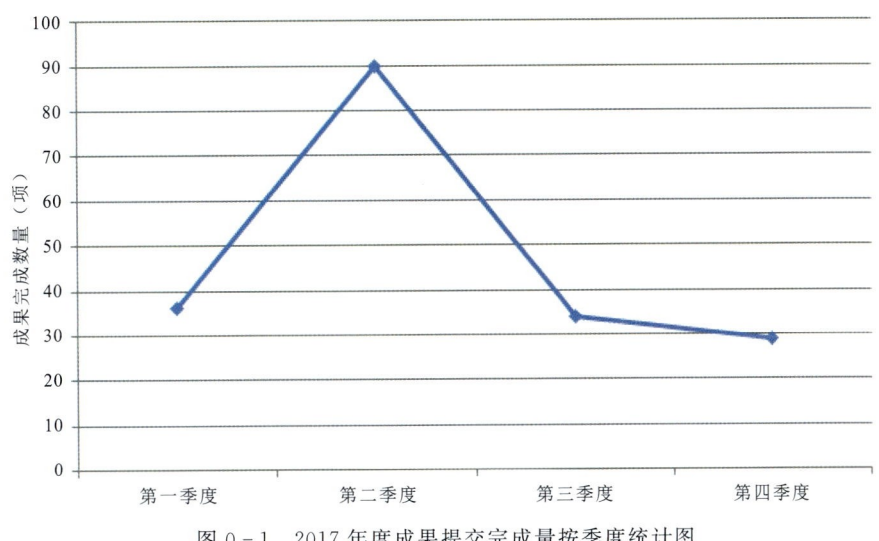

图 0-1　2017 年度成果提交完成量按季度统计图

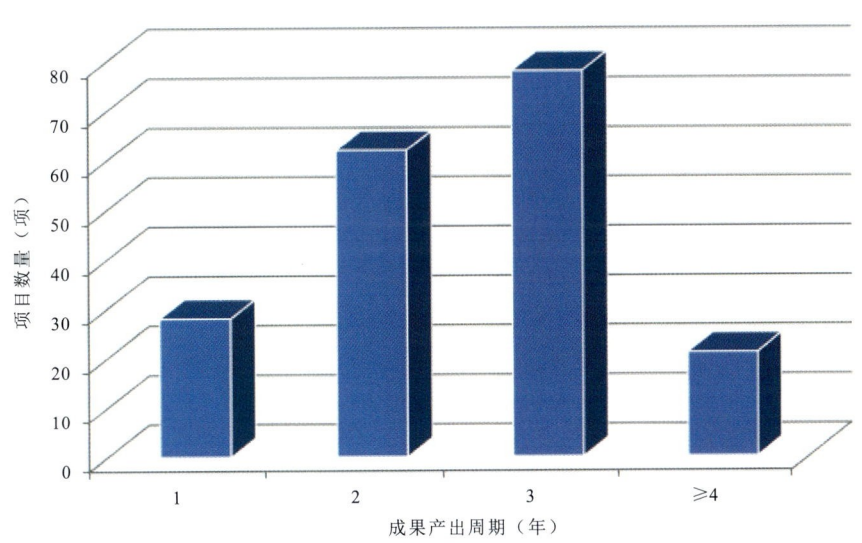

图 0-2　成果产出周期统计图

从成果报告编写完成至完成成果报告提交这段时间为成果提交延时。189 项成果提交延时最长的为 97 个月，最短的为 1 个月。其间，延时 6 个月以内的有 35 项，7～12 个月的有 88 项，13～24 个月的有 48 项，25～36 个月的有 3 项，37～48 个月的有 1 项，49 个月以上的有 14 项（图 0-3）。

将 2017 年 189 份项目成果报告按基础地质类，矿产资源类，水文、工程、环境地质类，技术方法类，综合研究与境外地质类分成了五大类。其中，基础地质类 21 项，包括 1∶5 万和 1∶25 万的区域地质调查；矿产资源类 69 项，包括固体矿产和能源矿产的调查和评价等方面；水文、工程、环境地质类 68 项，包括环境地质、地质灾害、水文地质、工程地质的调查、评价和开发等方面；技术方法类 25 项，主要是遥感、物探、地球化学、磁法、重力、同位素测试、数据库建设等；综合研究与境外地质类 6 项，包括矿物岩石调查与编图、岩溶沉积记录调查、项目管理等方面以及境外地质调查（图 0-4）。

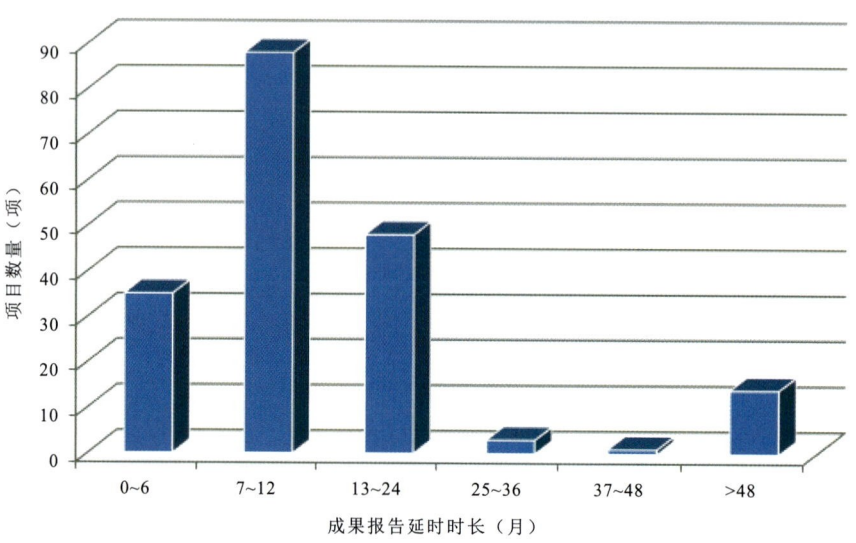

图 0-3　成果提交延时统计图

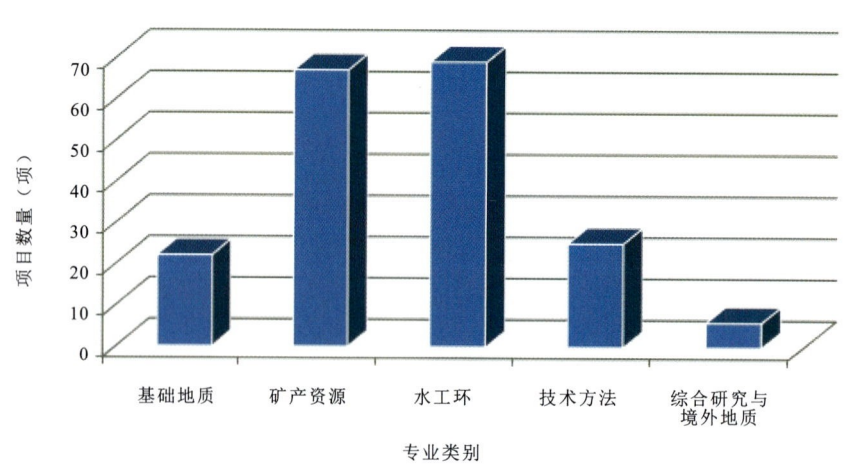

图 0-4　成果按专业分类统计图

189 份项目成果报告正文总共有 39 574 页,平均每份报告正文有 209 页,最多的有 574 页,最少的有 24 页;99 页以下的有 29 份,100～199 页的有 61 份,200～299 页的有 68 份,300～399 页的有 27 份,400 页以上的有 4 份(图 0-5)。

189 份成果报告共有附图 5 914 张,平均每项成果有附图 31.45 张,最多的有附图 203 张。有 16 项成果报告的附图数量为 0,有 1～9 张附图的成果报告为 60 项,有 10～49 张附图的成果报告为 66 项,有 50 张及以上附图的成果报告为 47 项。

189 份成果报告共有附件 848 件,平均每项成果有附件 4.51 件,最多的有 52 件。有 39 项成果报告的附件数量为 0,有 1 件附件的成果报告为 40 份,有 2～5 件附件的成果报告为 53 份,有 6 件及以上附件的成果报告为 57 份。

189 份成果报告共有附表 197 张,平均每项成果有附表 1.04 张,最多的有 17 张。有 97 份成果报告的附表数量为 0,有 1 张附表的成果报告为 65 份,有 2 张及以上附表的成果报告为 27 份。

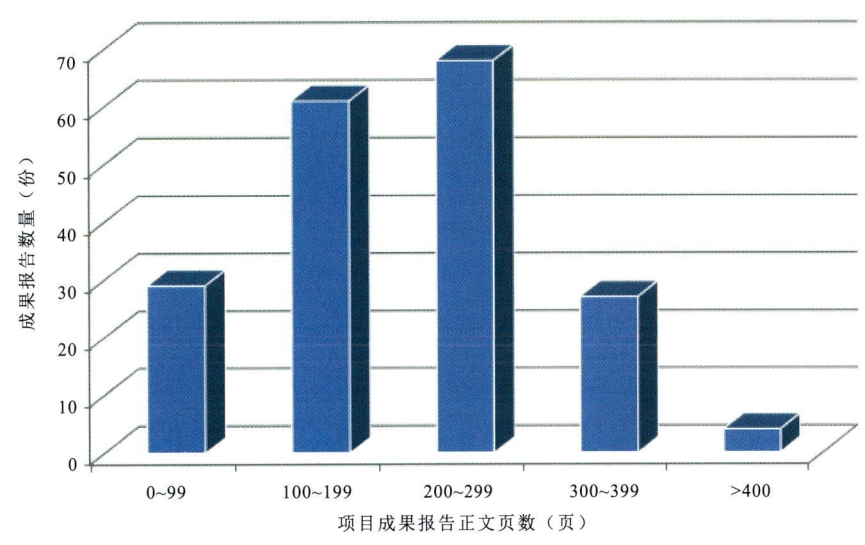

图 0-5 成果报告正文页数量统计图

189 份成果报告中涉及国家秘密的有 137 份,占 72.49%;公开的有 52 份,占 27.51%(图 0-6)。含有数据库的成果报告有 117 份,占 61.90%;无数据库的有 72 份,占 38.10%(图 0-7)。

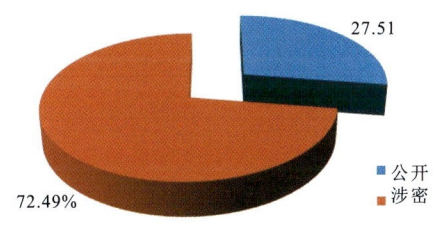

图 0-6 成果的涉密情况统计图

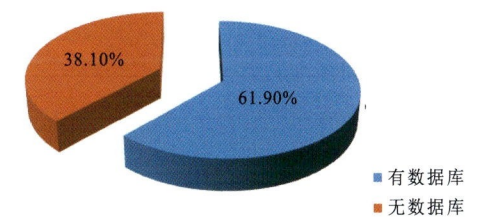

图 0-7 成果的数据库建设统计图

189 项成果全部包含电子文档或数据,数据总量为 1 656 913Mb,平均数据量为 8 766Mb,最少的 27.9Mb,最多的 108 940Mb。500Mb 以下的有 26 项,500～999Mb 的有 10 项,1 000～1 499Mb 的有 19 项,1 500～1 999Mb 的有 15 项,2 000～2 999Mb 的有 9 项,3 000～5 999Mb 的有 31 项,6 000～14 999Mb 的有 46 项,15 000Mb 以上的有 33 项(图 0-8)。

本汇编按工作项目成果为单元集成,每一项成果介绍包含成果名称、承担单位、项目负责人、档案号、工作周期以及主要成果。每项成果的内容均引自各工作项目成果报告,突出表达项目的工作内容、最新研究成果与应用前景。目的是向各级政府管理部门、地质业务管理部门、地质科技工作者以及社会公众介绍中南地区 2017 年度地质调查所取得的进展与成果,并为检索和查找这些成果与资料提供方便。

本成果汇编资料来源于 2017 年度中国地质调查局武汉地质调查中心接收的中南地区地质项目承担单位提交的 189 份成果报告,报告名称列于书后"主要参考文献"。

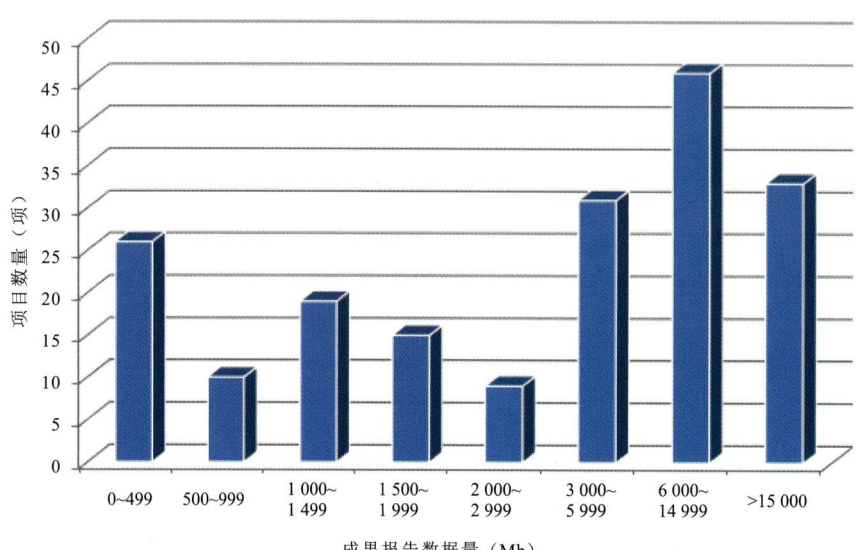

图 0-8 成果的电子文档或数据量统计图

第一章　基础地质类

海南1∶5万铺前市、景心角、三江、翁田、大致坡幅区域地质调查报告

提交单位：海南省地质调查院
项目负责人：胡在龙
档案号：0974
工作周期：2013—2015年
主要成果：

一、地层方面

(1) 在综合前人工作成果基础上，经过此次区域地质调查工作中剖面测制及路线地质调查，将调查区地层划分为17个正式岩石地层单位和2个非正式岩石地层单位，其中重新厘定2个岩石地层单位，新圈定3个岩石地层单位，建立和完善了调查区多重地层系统。

(2) 首次在铺前—木兰头一带海边发现一套中深变质岩，岩石主要为混合质黑云角闪斜长片麻岩、条带状混合岩、斑痕状（雾迷状）混合岩、二云母石英片岩，局部并见透镜状角闪岩分布，且岩石中见碱长花岗岩和碳酸岩侵入，碳酸岩与碱长花岗岩、混合岩类接触带上发育接触变质的透辉石岩。通过锆石 U-Pb 同位素定年，获得变质年龄 262~249Ma，表明该岩石组合较完整地记录了海南岛中二叠世—早三叠世构造演化信息，对研究海南岛海西期—印支期构造演化有重要指示意义，并为华南二叠纪—三叠纪期间的构造演化提供了时间约束。

(3) 通过路线地质调查、剖面测制、钻探工程的系统揭露及资料的综合分析研究，获得了调查区第四系的空间分布、沉积物组合、沉积厚度、形成时代、成因类型及形成的地貌特征等方面系统、详细的资料，从而为调查区第四纪沉积作用及演化、海岸带演化与变迁的进一步深入研究提供了重要的基础资料。

(4) 通过对钻孔孢粉化石分析，结合前人资料，把调查区第四纪的古植被演化和古环境变化自下而上划分为12个演化阶段，认为调查区内早更新世秀英组的沉积为湿热气候；中更新世北海组早期为炎热潮湿、晚期为炎热干燥气候；晚更新世八所组总体为热带湿润气候，中间出现相对偏凉的环境，后期转为偏干；全新世烟墩组总体为湿热、间有干热的气候环境。

(5) 在调查区新圈定出多个沙丘岩分布区，系统总结沙丘岩分布特征、沉积学特征、构造特征、结构特征，认为沙丘岩发育于沙丘顶部，由石英砂、长石和浅海相生物碎屑、胶结物和孔隙组成，是海滩

砂经历了水下环境搬运作用形成沙丘,再经过成岩作用胶结。海岸沙丘岩的形成能够反映一定的气候环境变化,其形成的气候环境干湿分明。

二、岩石方面

(1)查明调查区侵入岩岩石类型以二长花岗岩为主,次为碱长花岗岩,少量闪长岩等。根据岩体的地质特征及不同侵入体间的接触关系,结合花岗岩中锆石的 LA-ICP-MS 测年结果(257.6 ± 1.3Ma、255.2 ± 2.7Ma、249.6 ± 2.0Ma、245.1 ± 2.4Ma、244.4 ± 2.8Ma、237.0 ± 1.3Ma、161.6 ± 0.99Ma),按"岩性+时代+典型命名地"的方法,共划分为 8 个侵入岩填图单位,归属于海西期—印支期和燕山期 2 个构造岩浆旋回,对其岩浆-构造演化背景进行了初步探讨。

(2)在铺前镇北部七星岭和虎威岛一带新厘定出一套具埃达克质岩性质的富碱侵入岩。主体岩性为不等粒角闪碱长花岗岩和不等粒黑云母碱长花岗岩,局部岩性有粗粒,同一露头尺度上可变化为中粒、细中粒,主要矿物中富含碱性长石(55%~70%)。地球化学特征为富碱而贫镁铁,碱含量高达10%,属于富碱侵入岩,同时微量元素具有高 Sr,低 Yb、Y 特征,具有埃达克质岩地球化学性质。通过对该套具埃达克质岩性质的富碱侵入岩地球化学、年代学的研究,表明晚二叠世—早三叠世调查区重要的挤压-伸展转换阶段,为华南(包括海南岛)印支期构造演化提供了重要的时间节点。

(3)在海南岛首次发现一套火成碳酸岩,岩石具有中—粗粒结构,主要由自形的方解石组成,方解石含量大于 90%,且岩石中发育斜锆石。在呈脉状顺层侵入的片麻岩和碱长花岗岩中,见不规则状角闪碱长花岗岩、片麻岩及少量角闪石岩捕房体。初步认为其形成可能是继中三叠世正长岩之后,随岩石圈进一步拉伸的硅不饱和产物,对海南岛中三叠世构造环境具有重要指示意义。

(4)采用岩石地层-火山岩相(岩性)双重方法填图,应用火山地质学、地层学、岩石学、地球化学、同位素年代学、岩石大地构造学等理论知识与方法,对新生代火山岩的喷发期次、分布范围进行了系统的研究,建立起了相对完整的火山岩石序列及其岩石组合。初步开展了火山岩相和火山机构研究。根据岩石组合特征,把工作区火山岩划分为火山颈相和溢流相。自火山口中心往外,岩石具有环状分布的特点,依次为火山角砾岩→气孔状辉石橄榄玄武岩→气孔状橄榄玄武岩。总结出调查区新生代火山岩是多期次火山活动、多喷发中心形成的一套中基性玄武岩系,形成于大陆板块内部,与大陆裂谷活动有关。

三、构造方面

(1)以遥感解译为先导,结合野外实地观测,对调查区主要构造形迹开展了系统的调查研究,初步建立起调查区的断裂构造格架,初步查明了调查区新构造运动的表现、性质和特征。

(2)结合前人资料,系统分析调查区主要断裂活动特征,认为东西向马袅-铺前断裂早新近纪开始强烈活动后,晚新近纪至第四纪仍有较强烈的活动;王五-文教断裂在新近纪曾强烈活动,晚更新世以后渐弱;北西向铺前-清澜断裂在第四纪全新世时期仍有活动。

(3)以调查区已知的地质记录为基础,总结各时期不同的地质事件形成的一系列不同类型的沉积建造、岩浆建造、变质建造及构造相等,建立调查区的地质事件序列,进而系统总结了调查区地质构造演化史。总体上,将调查区划分为中元古代结晶基底形成阶段、早古生代板内裂解与造山阶段、晚古生代古特提斯构造域演化阶段、中生代陆内盆山演化阶段、新生代裂解沉陷阶段 5 个重要阶段,并进行详细论述。

四、矿产方面

本次工作检查了 2 处矿点、3 处化探异常点,并对矿点及化探异常点找矿潜力进行初步评价。

五、环境地质与旅游地质

(1)在野外调查的基础上,结合已有资料,初步查明了调查区主要环境地质问题类型及其分布。其类型有土地沙化、海岸侵蚀、河流淤积、水土流失等。

(2)对调查区旅游资源进行了初步的调查,结合前人资料对已开发或具开发价值的景观进行了详细描述和介绍。

湘桂粤地区早古生代岩浆岩岩石-构造组合与时空格架成果报告

提交单位:中国地质调查局武汉地质调查中心
项目负责人:黄圭成
档案号:0976
工作周期:2014 年
主要成果:

(1)获得一批早古生代侵入岩和火山岩高精度成岩年龄数据,为研究湘桂粤地区早古生代岩浆活动期次及时空格架提供了可靠的基础数据资料。本项目共采集侵入岩和火山岩测年岩石样品48个(其中24个样品尚未取得年龄数据),经矿物分离选出其中的锆石颗粒,采用LA-ICP-MS法进行锆石原位定年。已取得年龄数据的岩体有:板杉铺、宏夏桥、吴集、宁潭、诗洞、茶山、罗定金陵、龙高山、紫云山和海陵岛石角山10个侵入岩体,始兴车八岭、始兴河口、开平马山3处火山岩体。这些数据中,湖南紫云山岩体(226~222Ma)和海陵岛石角山岩体(236Ma)为印支期,其他侵入岩(449~426Ma)和火山岩(454~438Ma)为加里东期。首次在开平市马山地区测得斑状流纹岩的形成年龄为442±2Ma,确定该区存在早古生代火山岩;测得双峰县紫云山岩体的形成年龄为226~222Ma,属于印支期,而非以前文献中所认为的加里东期。这些年龄数据为研究湘桂粤地区早古生代岩浆活动期次及时空格架提供了可靠的基础数据资料。

(2)根据本项目测定以及文献发表的高精度年龄数据,对湘桂粤地区早古生代岩浆岩的形成时代进行了系统总结。根据本项目测定以及文献发表的117个高精度同位素年龄数据统计结果(锆石SHRIMP和LA-ICP-MS U-Pb年龄),湘桂粤地区加里东期岩浆岩的形成时代具有以下5个特征:①形成时代跨度较大,但峰值较明显。全区早古生代岩浆岩的形成时代分布于467~373Ma之间,时间跨度达94Ma,其中主体年龄为450~420Ma,峰值年龄为440Ma。岩浆活动高峰期为早古生代(加里东期),并一直持续到晚古生代早期。②单个岩体侵位时间跨度不均一。如越城岭和苗儿山岩体从南向北5个不同岩相形成年龄分别为435±4Ma、427±3Ma、417±6Ma、404±6Ma、382±2Ma,跨度达约53Ma;白马山岩体的4个年龄值分别为411±4Ma、411±4.5Ma、381±3Ma、373±6Ma,跨度达约38Ma。而诗洞岩体形成时代跨度小,年龄分布在449~439Ma之间。岩石组合相对复杂的岩体形成时代跨度相对较大。③岩浆岩的形成年龄从东南部云开地区向西北部白马山地区有变年轻的趋势。④具块状构造的岩体与具片麻状构造的岩体形成时代基本一致。前者形成于467~373Ma,集中于446~420Ma;后者形成于465~413Ma,集中于450~420Ma。块状构造的岩体侵位时限延续更长,直至早泥盆世。⑤火山岩与侵入岩的主体形成年龄基本一致。区内火山岩形成年龄集中于454~420Ma之间,与侵入岩的主体形成年龄(450~420Ma)一致。

(3)全面总结了湘桂粤地区早古生代岩浆岩的空间分布特征。早古生代侵入岩在空间上具有面状分布的特点。从岩石构造特点分为两类:一是具块状构造的侵入岩体,一般呈岩基产出,呈面状展布于安化-罗城断裂以东至云开地区各地;二是具片麻状构造的侵入岩体,主要分布于云开地区。早古生代火山岩分布零星,并被后期地质作用肢解破坏。按地域大致分布于5个地区:①粤北地区,主要包括韶关市曲江区枫树湾镇到始兴县沈所镇一带,以及始兴县河口—车八岭一带;②粤中地区的开平市马山一带;③桂东-粤西地区,如岑溪市糯垌镇油茶林场和太平白板-大爽,贺州市的南初洞;④桂中大明山地区;⑤桂北地区的兴安县中峰、百里村一带。

(4)系统总结了湘粤桂地区早古生代岩浆岩的岩石组合。从岩石构造上,早古生代中酸性侵入岩可分为片麻状(眼球状)花岗岩类和块状花岗岩类两大类型,以后者为主。前者岩石呈片麻状(眼球状)构造,变余细中粒花岗结构、变余似斑状结构。后者岩石呈块状构造,以不等粒结构、似斑状结构为主。

根据侵入体中出现的岩石类型,进一步分为两类岩石组合:①以板杉铺、宏夏桥、大宁、永和、太保、桂东、吴集、白马山、益将、桂东、上堡、关田等岩体为代表的石英闪长岩-花岗闪长岩-二长花岗岩组合,以花岗闪长岩为主,石英闪长岩次之,含少量的二长花岗岩,广泛发育暗色闪长质微粒包体,暗示源区可能有幔源物质的加入;②以彭公庙、万洋山、雪花顶、海洋山、都庞岭、宁潭岩、寨前、左安、东洛等岩体为代表的花岗闪长岩-二长花岗岩-黑云母花岗岩组合,多为S型花岗岩,代表陆壳物质重熔作用的产物。各地火山岩的岩石组合不一致,如岑溪市糯垌地区为各类玄武岩,开平马山地区、始兴河口地区以流纹岩类为主,车八岭地区以安山岩-英安岩类为主,未发现双峰式火山岩。

(5)在野外调查掌握岩浆岩地质特征的基础上,对岩浆岩的岩石化学和地球化学特征进行了较全面的研究与总结。区内多数侵入岩体属于高钾钙碱性系列,少部分为钾玄岩系列或钙碱性系列;同时多数岩体为过铝质,少数为准铝质。根据稀土和微量元素特征,将区内岩体分为两类:第一类,在微量元素蛛网图上呈现3个明显的低谷,亏损Nb、Ta、Ti、P等高场强元素,富集轻稀土元素及Rb、Th、U、K等大离子亲石元素;稀土元素配分曲线为轻稀土富集型式,显示弱的Eu负异常。第二类,在微量元素蛛网图上呈现4个明显的低谷,强烈亏损Nb、Ta、Ti、P等高场强元素,同时强烈亏损Ba、Sr等大离子亲石元素,富集Rb、Th、U、K等大离子亲石元素;稀土元素配分曲线呈明显的"V"字形,具有较强的Eu负异常。根据测试取得的同位素数据,湘粤桂地区早古生代火山岩和侵入岩体的Sr-Nd同位素组成特征相似,反映岩浆岩可能主要源于地壳物质重熔。其中Sr同位素变化范围较大,$(^{87}Sr/^{86}Sr)i$ 分布于0.705 97~0.725 49之间;Nd同位素变化范围较小,$\varepsilon_{Nd}(t)$值分布于-10.9~-4.1之间,主要集中于-10~-7。火山岩和侵入岩的锆石Lu-Hf同位素组成特征也大体相似。火山岩的锆石$\varepsilon_{Hf}(t)$值为-10.5~-5.1,侵入岩体的锆石$\varepsilon_{Hf}(t)$值亦多为小的负值。根据锆石Lu-Hf同位素组成,侵入岩大致可分为两组:第一组包括板杉铺、宏夏桥、吴集和茶山等岩体,锆石$\varepsilon_{Hf}(t)$值主要分布在-8~-2,茶山岩体中少量分析点的$\varepsilon_{Hf}(t)$值为正值,最大可达+2.8,T_{DM}主要分布在1 300~2 000Ma之间。少数继承锆石的$\varepsilon_{Hf}(t)$值分布在-6.7~-3.8之间,T_{DM}值为1 750~2 300;第二组包括诗洞、宁潭等岩体,锆石$\varepsilon_{Hf}(t)$值主要分布在-11~-4之间,诗洞岩体中少量分析点的$\varepsilon_{Hf}(t)$值为正值,最大可达+3.5;T_{DM}分布在1 400~2 300Ma之间。继承锆石的$\varepsilon_{Hf}(t)$值偏高,分布在-1.9~+7.8之间,T_{DM}值为1 450~24 000Ma,个别古元古代继承锆石的$\varepsilon_{Hf}(t)$值偏低,为-12.5,对应的T_{DM}值为3 741Ma。

(6)结合岩石学、地球化学以及同位素特征,对早古生代岩浆岩的源区进行了深入探讨。根据岩石学、地球化学以及同位素组成特征,大致可将湘桂粤地区的早古生代侵入岩分为两组:第一组侵入岩体主要来源于古元古代—中元古代基底中变火成岩物质的部分熔融作用,伴随有少量幔源物质的加入。第二组侵入岩体主要由含黑云母的变泥质岩源区脱水熔融形成,且源区含有少量变火成岩成分,可能有极少量幔源物质的加入。区内的中酸性熔岩与前述的第二组侵入岩体相似,暗示它们可能主要来源于古老基底中的变泥质岩。本区基性熔岩主要来源于富集地幔,且源区有一定量壳源物质的加入。

(7)对早古生代岩浆岩的构造属性进行了探讨。本次研究结果显示,湘桂粤地区的早古生代岩浆岩在空间上呈面状分布,与呈带状分布的弧岩浆岩明显不同。因此,这些早古生代岩浆岩可能并非弧-陆碰撞或洋壳俯冲的产物。虽然,它们在地球化学上显示出亏损 Nb、Ta、Ti 等高场强元素,富集 Rb、Th、U、K 等大离子亲石元素等类似于弧岩浆岩的特征,但研究表明,上述特征也可出现在与地壳混染作用有关的造山后陆内伸展环境。研究区内出露的早古生代火山岩均显示出板内火山岩的特征,一定程度上也支持了陆内造山作用的观点。早古生代火山岩的出露以及前人所报道的Ⅰ型花岗岩和基性岩的存在,表明壳幔作用对华南早古生代岩浆岩的形成过程中可能有一定的影响。众所周知,幔源岩浆活动多与伸展环境有关,暗示华南地区在早古生代时期可能处于伸展的构造背景之下。综合区域地质背景以及前人的研究成果,推断湘桂粤地区在约 450Ma 时期开始进入后造山伸展阶段。因此,本项目所研究的早古生代岩浆岩可能为后造山伸展背景下的产物。

中扬子地区页岩气新层系调查评价成果报告

提交单位:中国地质调查局武汉地质调查中心
项目负责人:陈孝红
档案号:0984
工作周期:2015 年
主要成果:

一、安化地区寒武系页岩气调查评价

安化地区寒武系小烟溪组页岩气有利区域位于锯木岭向斜的东北部。该地区的暗色泥页岩形成于深水、宁静还原环境,为水体较深的陆棚边缘盆地相,属于有利的沉积相带;富有机质泥页岩的层厚都大于 200m。泥页岩样品的有机碳含量都在 3.0% 以上,分布在 3.17%~14.80% 之间,主要集中于 4.16%~12.10%,平均值为 7.6%;有机质类型为Ⅰ型,等效镜质体反射率分布在 2.85%~3.15% 之间,有机质生烃热演化适中。泥页岩全岩组分以石英矿物为主,其含量都在 50% 以上,黏土矿物含量基本都在 30% 以下,脆性矿物含量占比较高。现场解析实验显示在 1 348.7m 的解吸气含量为 1.056 7m^3/t,表明小烟溪组具一定页岩气资源潜力。

二、邵阳凹陷上古生界页岩气调查评价

综合区域盖层特征及分布、各目标层顶底板简要特征,结合 H-D2、H-D3 井及邻区有关页岩气钻井成果,初步认为测水组顶底板封堵性强,构造破坏小,保存条件好;龙潭组次之;而佘田桥组由于顶底都缺乏细粒沉积物的阻隔,保存条件较差。

三、沅江凹陷古近系页岩油(气)调查评价

(1)通过二维地震资料重新处理,沅江凹陷东次凹的二维地震资料品质得到了明显提高,达到主

要目的层开展精细地震解释需要;通过二维地震资料的精细解释,厘清了沅江凹陷地层发育、构造格局和断裂特征等,刻画了沅江凹陷沅江组沉积相、地层展布、埋深及厚度,为进一步评价该区页岩气(油)勘探潜力奠定了基础。

(2)页岩气(油)地质条件综合评价初步表明,洞庭盆地特别是沅江凹陷油气显示较为丰富,多产自源岩及其夹层孔隙/裂缝中。多数井普遍钻遇沅江组一段暗色页岩,且厚度较大,埋深适中;沅江组暗色页岩 TOC 值总体较低,但有部分页岩 TOC 值仍较高,有机质类型主要为Ⅱ、Ⅲ型,总体处于成熟、高熟阶段。沅江组页岩脆性矿物含量较高,其中碳酸盐矿物含量较高,发育一定微孔隙,但孔隙度较低,具较好气体吸附性能。

(3)洞庭盆地沅江凹陷沅江组具有一定的页岩油气勘探潜力,远景区位于沅江凹陷东、西次凹中心。

湘黔桂地区新元古代—早古生代盆地类型及构造演化成果报告

提交单位:中国地质调查局武汉地质调查中心
项目负责人:杨文强
档案号:0992
工作周期:2014 年
主要成果:

(1)按大地构造演化阶段对调查区新元古代—早古生代开展了断代地层区划,在新的地层区划框架内梳理和优化了岩石地层与年代地层序列。对新元古代—早古生代沉积盆地类型进行了合理划分,分析了它们形成的岩相古地理和大地构造环境。

(2)重点选取湘东北冷家溪群大药菇组、湘中地区南华系、桂林地区震旦系、湘中地区奥陶纪烟溪组等关键层位,建立了不同沉积相区的对比桥梁,系统揭示研究区前泥盆纪沉积特征及展布规律(图 1-1)。

(3)从沉积序列、沉积相序、沉积地球化学和碎屑锆石年代学及物源分析等多方位开展的研究表明,湘桂盆地北部南华纪—震旦纪沉积以扬子型物源为特征,湘桂盆地南部至粤北地区浊积岩建造物源具亲华夏性,结合区域资料,依据新发现的新元古代浊积岩砂体逐渐向北持续推进迁移的现象,明确提出了南华纪—震旦纪时期不存在华南洋的阻隔。

(4)在沉积盆地类型与时空演化研究基础上,结合火山岩石学、地球化学等研究,揭示出调查区青白口纪存在具弧盆体系的华南洋及其双俯冲模式,而南华纪—震旦纪进入板内构造演化的裂谷盆地阶段。

(5)在团队建设与人才培养方面,团队研究水平整体提升,形成了团队统一的学术思想,培养硕士研究生 1 名,完成成果报告 1 份、学位论文 1 篇、发表论文 5 篇、全国性会议论文摘要 3 篇。

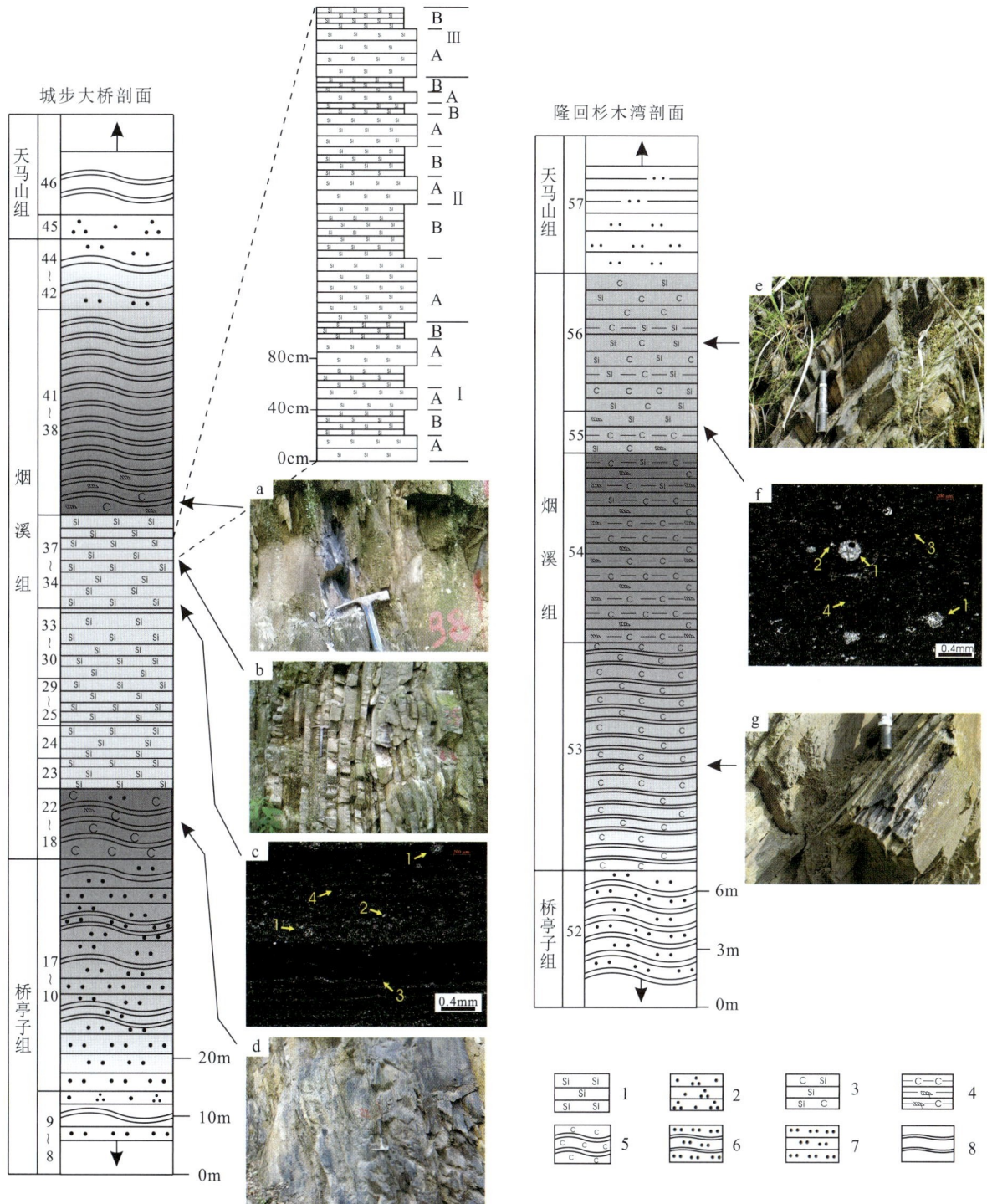

注：柱状图中颜色深浅表示碳质含量的多少。

图 1-1 城步大桥剖面及隆回杉木湾剖面烟溪组柱状图

1. 硅质岩；2. 石英砂岩；3. 碳质硅质岩；4. 富含笔石的碳质页岩；5. 碳质板岩；6. 粉砂质板岩；7. 粉砂岩；8. 板岩；a. 大桥剖面烟溪组上段底部（第38层）的碳质板岩；b. 烟溪组第35层层序露头；c. 烟溪组第34层含碳泥质条带和放射虫的硅质岩镜下特征（正交偏光）：①为放射虫化石，②为重结晶石英或石英碎屑，③为碳泥质条带，④为玉髓；d. 烟溪组下段（第22层）的碳质板岩；e. 隆回杉木湾剖面（第56层）含碳质硅质岩；f. 第55层硅质岩镜下特征（正交偏光）：①为放射虫化石，②为重结晶石英或石英碎屑，③为碳泥质条带，④为玉髓；g. 烟溪组下段的含碳质板岩

南岭关键地区区域地质调查成果报告

提交单位：中国地质调查局武汉地质调查中心
项目负责人：王晓地
档案号：0994
工作周期：2013—2015 年
主要成果：

一、地层格架重新厘定及重要含矿层位研究

(1) 根据最新的国际地层表(2015)和中国区域地层表(2014)对南岭成矿带各时代岩石地层进行了划分与对比,对部分岩石地层序列(尤其是前泥盆纪地层)进行了重新厘定,建立了研究区各时代多重地层划分对比的框架。

(2) 按照大地构造 4 个演化阶段——中元古代至新元古代早期、新元古代中期至志留纪、泥盆纪至中三叠世、晚三叠世至第四纪,划分了南岭成矿带各时代地层分区,编制了主要地质时代岩相古地理简图。

(3) 划分了南岭成矿带 9 种含矿沉积建造。系统总结了各沉积建造类型、岩性组合、层位、沉积环境和构造背景等,重点总结了泥盆纪台盆相间的古地理格局对含锡碳酸盐岩建造和含锡碎屑岩建造的制约作用。

二、前泥盆纪沉积特征及构造演化

(1) 通过对青白口系沉积学及沉积地球化学研究,确定冷家溪群及其相当层位来自于成熟大陆石英质和基性火成岩物源区,沉积于弧后盆地环境;板溪群及其相当层位沉积来自于成熟大陆石英质和中酸性火成岩物源区,沉积于裂谷环境。青白口系碎屑锆石统计分析及沉积学的研究结果表明:梵净山群、冷家溪群和四堡群及其上覆层位的碎屑锆石均以约 900~750Ma 的年龄为主体,并含有少量约 2 000Ma 和约 2 500Ma 的年龄,缺少格林威尔期(约 1 000Ma)的年龄,与扬子陆块的碎屑锆石年龄谱相似,反映物源均为扬子陆块。

(2) 南华系和震旦系砂岩的地球化学沉积特征显示,不论是来自扬子东南缘还是来自湘桂粤地层分区,都兼有被动大陆边缘或者大陆岛弧的特征。结合地质实际,认为南华纪—震旦纪研究区所处的大地构造环境为大陆裂谷盆地。碎屑锆石研究对比表明,南岭西北部地区南华系—震旦系沉积具扬子型物源特征,东南地区浊积岩建造物源具亲华夏性。

(3) 通过对早古生代碎屑岩的沉积构造背景研究,认为南岭地区早古生代的碎屑岩总体上应沉积于被动大陆边缘环境,物源区主要为石英质物源,包含少量火成岩和中性火成岩物源,晚奥陶世碎屑物源中活动性组分增加,开始进入前陆盆地演化阶段。碎屑锆石研究表明,永州以南地区具亲华夏属性。

(4) 早泥盆世碎屑岩的碎屑锆石研究表明,永州以南地区具有亲华夏陆块性质,而永州西北地区具亲扬子陆块性质,扬子陆块与华夏陆块之间的界线很可能沿川口-双牌-宜山-柳城断裂分布。

(5) 结合区域资料,依据新发现的新元古代浊积岩砂体逐渐向北持续推进迁移的现象,明确提出

了南华纪—早古生代不存在华南洋的阻隔。

（6）提出了湘黔桂地区新元古代—早古生代构造演化模式。研究表明，青白口纪早期华南洋南北双向俯冲，青白口纪晚期，北部俯冲停止、碰撞造山，南部持续俯冲至青白口纪末期。南华纪至震旦纪不存在华南洋的阻隔，华南进入裂谷盆地构造演化阶段。早古生代主要为稳定的大陆边缘沉积，晚奥陶世开始进入前陆盆地演化阶段。

三、早古生代岩浆热事件及构造演化

（1）获得了一批早古生代花岗岩和镁铁质岩石的高精度测年结果，为探讨南岭地区加里东期构造背景及其演化提供了素材。LA-ICP-MS 和 SHRIMP 锆石 U-Pb 定年结果显示：新寨花岗岩的形成年龄为 464.7Ma，青州花岗闪长岩形成年龄为 458.5Ma，高寿石英闪长岩形成年龄为 449Ma，大帽山花岗闪长岩形成年龄为 458.1Ma，属奥陶纪；大进花岗岩形成年龄为 438.6Ma，大宁花岗闪长岩形成年龄为 439.0Ma，属志留纪；龙川、龙母、虎尾、弹前、隆木和大宁镁铁质岩的形成年龄为 445~424Ma，属志留纪。

（2）岩石学、矿物学、地球化学及 Sr-Nd-Hf 同位素研究结果表明，南岭地区奥陶纪花岗岩多归属于过铝-强过铝质 S 型花岗岩，源自古—中元古代变杂砂岩和/或变泥质岩的部分熔融；志留纪大进花岗岩具有 A 型花岗岩的特征，可能源自下地壳氧化性质的长英质火成岩的部分熔融；大宁花岗闪长岩可能源自演化程度较高的古元古代泥质源岩的部分熔融，且在其演化过程中幔源岩浆的混合作用显著；志留纪镁铁质岩石具有钾质—超钾质岩特征，可划分为 3 个不同的系列：系列Ⅰ和系列Ⅲ（445~432Ma）可能具有相同或相近的源区组成——大洋沉积物交代的古俯冲板片所形成的富集地幔；系列Ⅱ可能源自亏损的岩石圈地幔或软流圈地幔。

（3）依据南岭地区花岗岩和钾质—超钾质岩的形成时代及岩石化学特征，将南岭早古生代板内造山大致划分为 3 个阶段：同造山挤压（＞460Ma）、造山挤压向后造山伸展转换（445~432.5Ma）和板内伸展（430~425Ma）。

四、南岭花岗岩与成矿关系研究

（1）根据区域构造特征结合岩浆岩时空分布将南岭成矿带岩浆岩划分为 5 期、4 个构造岩浆岩带、7 个构造岩浆岩亚带；总结了各个岩浆岩带及亚带的成矿特征，将南岭岩浆岩成岩成矿划分为 4 个构造阶段，建立了南岭岩浆-成矿-构造演化表。

（2）将与成矿有关的花岗岩分为 4 类：①铜铅锌成矿花岗岩为独立的小岩脉、岩株及岩墙，为浅成—超浅成中酸性小斑岩体，具有小岩体成大矿的特征，主要分布于钦杭结合带内；花岗岩成岩年龄集中在 160~150Ma，以 I 型花岗岩为主，源区以壳源为主，伴有少量幔源物质的加入。②锡成矿花岗岩在空间上主要分布于钦杭结合带内及西侧，即郴州-临武断裂带以西，在郴州-临武断裂带以东则零星出露，以复式岩体为主，次为独立的小岩株，岩石类型主要为正长花岗岩、二长花岗岩，花岗闪长岩次之，同一岩基从早到晚岩石结构呈粒度变小的递变趋势；早、晚两期花岗岩接触部位有时会出现似伟晶岩，岩体中闪长质包体较多，少数有基性岩脉侵入，成岩年龄分布较广，但主要集中在 160~150Ma，成矿花岗岩具 A 型花岗岩特征，其源区以壳幔源为主。③钨成矿花岗岩集中分布在郴州-临武断裂带东侧，在西侧零星分布；以小复式岩体为主，岩性主要为黑云母二长花岗岩、黑云母正长花岗岩、二云母正长花岗岩，同一岩基早期以中粗粒斑状结构为主，晚期以细粒结构为主；成矿花岗岩年龄总体集中在 170~140Ma，其中以 160~145Ma 为高峰期；成矿花岗岩具 S 型花岗岩特征，其源区以壳幔源为主。④铌钽成矿花岗岩分布较散，以燕山期复式岩体为主，其次为岩株及岩脉，岩石岩性以白云母钠长花岗岩、锂白云母钠长花岗岩为主，其次为花岗伟晶岩、细晶岩。

（3）较系统地总结了各类成矿岩体的岩石学及地球化学特征，认为锆石饱和温度、分异指数、稀土元素四分组效应指标及Hf同位素等参数对于区分不同成矿类型花岗岩具有重要的指示意义。

五、关键地区1∶5万区域地质调查

（1）完成了1∶5万区域地质调查面积350km²，对测区及邻区各个时代有代表性的花岗岩、基性岩做了较为深入的调查研究工作，获得了一批高精度测年数据。

（2）初步取得了桃溪岩群研究的新进展，获得了岩群内部2个花岗质侵入体的年龄为260.4Ma和456.4Ma，结合前人研究成果，认为桃溪岩群形成后至少经历了震旦纪、早奥陶世、晚奥陶世和二叠纪等多期次的岩浆热事件。

（3）获得了粤北细坳岩体中片麻状含石榴子石黑云二长花岗岩的年龄为430Ma，细粒黑云二长花岗岩的两组年龄为242Ma和237.1Ma。该岩体至少经历了3次大的岩浆热事件与华南新元古代板块拼合造山后的裂解，且与加里东期陆内造山及印支期陆内造山运动的时间较为吻合，为细坳岩体的解体提供了新的素材。

（4）对填图区定南花岗岩进行解体，将之分解为三叠纪和侏罗纪2期。获得定南岩体西体中粗粒似斑状-中粗粒片麻状黑云母二长花岗岩形成年龄为227.2Ma，细粒黑云母二长花岗岩形成年龄为227.1Ma，花岗岩主要源自古元古代变泥质岩和变杂砂岩的部分熔融，形成于后碰撞伸展环境；获得神仙岭细中粒—中粒黑云母二长花岗岩形成年龄为183.1～180.0Ma，可能源自镁铁质地壳物质的部分熔融或由长英质岩浆和镁铁质岩浆混合所形成，形成于拉张伸展的构造背景；获得了寨丁闪长岩形成年龄为187.1Ma，稍早于车步辉长岩，而与神仙岭花岗岩的年龄相近，构成双峰式侵入岩，其源区为受软流圈来源熔体交代富集的岩石圈地幔，形成于拉张伸展的构造背景。

（5）获得白垩纪上萍、雪山嶂花岗斑岩年龄为103～95.4Ma，二者具A型花岗岩特征，雪山嶂花岗斑岩源自中元古代变杂砂岩的部分熔融。

（6）总结了填图区及周边构造-岩浆演化序列。古—中元古代，华夏板块古老结晶基底形成，形成了桃溪岩群并遭受后期多期次构造破坏，至少经历了震旦纪、早奥陶世、晚奥陶世和二叠纪等多期次的岩浆热事件；新元古代，扬子板块与华夏板块在约820Ma完成拼合，之后进入造山后的伸展裂解阶段，这一阶段以细坳岩体（742Ma）为代表；加里东期，整个华南进入陆内造山阶段，晚奥陶世开始的碰撞造山，使南华纪—奥陶纪地层发生强烈褶皱，并引起深成侵入岩侵位，形成桃溪岩群中464Ma片麻状花岗质侵入体；早志留世末期，进入造山后的伸展裂解阶段，以430Ma的细坳岩体为代表；早中生代三叠纪晚期，华南板块与华北板块碰撞拼合进入后碰撞阶段，区域上处于后碰撞伸展环境，形成了定南岩体西体等三叠纪花岗岩；晚中生代早侏罗世时期，华南内陆（包括南岭）处于岩浆岩的宁静期，同时处于特提斯构造域向太平洋构造域的转换期，总体上表现为伸展引张环境，发育双峰式火山岩、侵入岩、碱性岩及A型花岗岩，形成了早侏罗世神仙岭花岗岩和寨丁闪长岩等；100～80Ma期间，华南地区发育一系列双峰式火山岩、断陷红盆等，证实该时期华南进入真正的拉张裂解环境。103Ma的雪山嶂A型花岗岩和99Ma的上萍花岗斑岩形成于一种伸展的构造背景，可能就是一期拉张事件的岩浆响应。这种伸展-拉张作用的动力学机制可能与古太平洋板块俯冲后撤（roll-back）有关，或与拆沉板片引发的岩石圈伸展减薄有关。

六、成矿带系列地质图件编制

以最新的1∶25万和1∶5万区域地质调查研究成果为基础，编制以组为编图单元的1∶50万南岭成矿带地质矿产图,在此基础上编制1:50万南岭成矿带花岗岩时空分布图、1:50万南岭成矿带成矿背景图,建立了以区为主要描述对象的基础数据库。

钦杭西段关键地区区域地质调查成果报告

提交单位:中国地质调查局武汉地质调查中心
项目负责人:龙文国
档案号:0997
工作周期:2013—2015年
主要成果:

(1)对研究区各时代年代地层单位,根据最新的国际地层表(2015)和中国区域地层表(2015年)进行了划分与对比,并结合生物地层学研究进展,对本区各时代岩石地层单位进行了重新厘定,对部分岩石地层序列进行了清理与划分对比,尤其是新元古代晚期及寒武纪地层,建立了本区地层划分与对比的格架。

(2)于地层(包火山岩地层)中获得一批同位素年龄数据、古生物化石资料,为地层时代归属提供了年代学依据或制约。据鹰阳关群火山岩中所获锆石U-Pb年龄而将相关地层时代划归青白口纪,据所获锆石U-Pb年龄而将海南岛中北部地区原划归奥陶纪地层划归早志留世,据所获锆石U-Pb年龄(碎屑锆石及晚期侵入岩中锆石)将湘东北文家市地区混杂岩部分原岩的形成时代限定于860~845Ma之间,于海南岛西部大广坝地区获笔石化石而厘定了晚奥陶世—早志留世地层的存在。

(3)建立了研究区侵入岩年代格架和构造-岩浆事件序列。对不同期次岩浆岩的形成时代、成因、构造背景、地球动力学机制进行了总结。通过一些标志性岩石或岩石组合的研究,对其形成构造环境、构造格局和构造演化提出了许多重要新认识,对Rodinia超大陆、东冈瓦纳超大陆、Pangea超大陆的聚合和裂解事件在区内的构造-岩浆响应取得了许多重要新证据。如认为云开地区加里东期中酸性火成岩的成因与古特提斯洋的向北俯冲有关;云开地区加里东期具典型弧火山岩特征的基性岩类,均具有富集地幔源区特征,与基性岩一致的岛弧/火山弧特征可能是继承自地幔源区(即存在一个包含了大量古老洋壳物质残余的岩石圈地幔),是陆内造山局部伸展环境下玄武质岩浆底侵作用的产物。

(4)根据新获得的同位素年龄数据,新发现或厘定了一批侵入岩或火山岩地质体的存在与形成时代。于城步地区新发现一期新元古代侵入事件(820Ma),于湘东北文家市地区厘定了中生代基性岩浆侵入事件(220Ma)的存在,厘定鹰阳关地区存在760Ma时期的火山事件,新发现海南岛中北部地区存在多期加里东期岩浆事件(445Ma、417Ma、360Ma)。

(5)海南地块、云开地块的前寒武纪基底研究取得新进展。野外及室内综合研究表明,海南地块结晶基底形成时代为1440Ma左右(混合岩化作用使已存岩石固结),而云开地块前寒武纪地质体形成时代小于1000Ma(其加里东期才形成结晶基底,混合岩化作用使已存岩石固结)。海南地块与云开地块具不同的前寒武纪演化特征,前寒武纪时二者应属不同的块体。对海南地块与云开地块前寒武纪基底的岩石组合与特征进行了归纳与总结。

(6)综合分析构造岩浆事件、变质变形特征、沉积响应等方面资料,首次厘定了华夏新元古代活动陆缘、海南加里东期活动陆缘大地构造环境的存在;通过对云开地区基底岩石中碎屑锆石的研究,推断云开地块乃至华夏地块南缘可能存在一由南东向北西推进的Grenvillian造山带,和/或在华夏地块内部存在略晚于 Grenville 期的构造-岩浆事件。从而为大地构造单元的划分及构造演化的研究提供了依据。文家市地区、鹰阳关地区、城步地区混杂岩中均获得了一些新的资料与证据。

(7)确定研究区大地构造格局为"三陆夹二洋",自北向南依次为扬子地块、华南洋地块、华夏地块、古特提斯洋地块、海南地块。随着华南洋向南向北的不断俯冲而消亡,扬子地块与华夏地块于新元古代最终拼合;由于古特提斯洋向南向北的不断俯冲而消亡,海南地块于加里东期拼贴至华南板块之上。扬子地块与华夏地块于新元古代碰撞拼接,最终界线位于冷家溪群及黑板溪分布区南侧、云开地区深成变质岩系北侧,区内大致位于郴州—临武—贺州—梧州—博白一线;海南地块与华夏地块(云开-武夷地块)于加里东期碰撞拼接,最终界线位于琼州海峡一线。

(8)刻画了扬子地块与华夏地块、华夏地块(云开-武夷地块)与海南地块间碰撞拼贴的时限与历程。提出了华南洋南北双向俯冲,青白口纪晚期北部停止俯冲而碰撞造山,南部持续俯冲至青白口纪末期。南华纪至震旦纪华南大部进入裂谷盆地构造演化阶段,提出了加里东期特提斯洋南北双向俯冲,北部约于志留纪末停止俯冲而碰撞造山,南部持续俯冲至晚泥盆世而后进入碰撞造山模式。

(9)厘定云开地区至少存在 2 期混合岩化作用。早古生代混合岩(440~430Ma)与同时期花岗岩空间上密切共生,呈面状分布,说明早古生代混合岩与花岗岩类可能是广泛的区域地壳深熔作用的结果;印支期混合岩化(240~210Ma)作用不仅在云开周缘区域性韧性剪切带附近发育,本次研究结果表明云开大山核心区域也存在印支期变质-深熔作用。

(10)以已有成果为基础,吸收最新的 1∶25 万和 1∶5 万区域地质调查研究成果,编制和完成了研究区 1∶100 万地质图、1∶100 万岩浆岩分布图、1∶100 万构造地质图。

扬子地块西南缘志留纪—泥盆纪古地理演化与沉积成矿作用

提交单位:中国地质调查局武汉地质调查中心
项目负责人:张保民
档案号:1005
工作周期:2014 年
主要成果:

通过对云南地区保山地层区、丽江地层区和曲靖地层区,兼顾墨江地层区的考察和研究,在生物地层学、地球化学、多重地层划分对比、古地理环境和沉积成矿作用等方面,取得了一系列新的进展。

生物地层学方面主要体现在牙形石和笔石生物地层的突破。课题组首次在保山地层区施甸响水凹剖面建立了两个牙形石带:*Polygnathoides siluricus* 带(图 1-2)和 *Kockelella variabilisvariabilis* 带,分别对应 Ludlow 统的 Gorstian 阶的晚期和 Ludfordian 阶的中期;首次在丽江地层区阿海剖面识别出两个牙形石带:*Ozarkodina crispa* 带和 *Ozarkodina eosteinhorensis* 带,这两个带分别为 Ludlow 统顶部的牙形石带和 Pridoli 统顶部的牙形石带,同时根据 *Ozarkodina eosteinhorensis* 分子的首现点确立了阿海剖面 Pridoli 统的开始;在曲靖地区志留系红庙剖面的妙高组发现了几丁虫化石,共 4 属 6 种,由几丁虫化石可以进一步确定妙高组时代确为 Ludlow 统。从全球志留系碳同位素曲线来分析,在中上志留统,存在两次显著的可全球对比的碳同位素正异常,一次在 Wenlock 统底部,一次在 Ludlow 统上部。课题组通过对施甸响水凹剖面、保山熊洞村剖面以及丽江阿海志留系剖面碳氧同位素的研究,同样证实了这两次正异常的存在。立足生物地层学和地球化学方面的进展,重建了云南地区志留系的多重地层划分对比,并将其均归入滇缅马板块、扬子板块和印支板块 3 个板块内,并重新编制了云南地区志留系的岩相古地理图及分析了其与沉积成矿作用的联系。

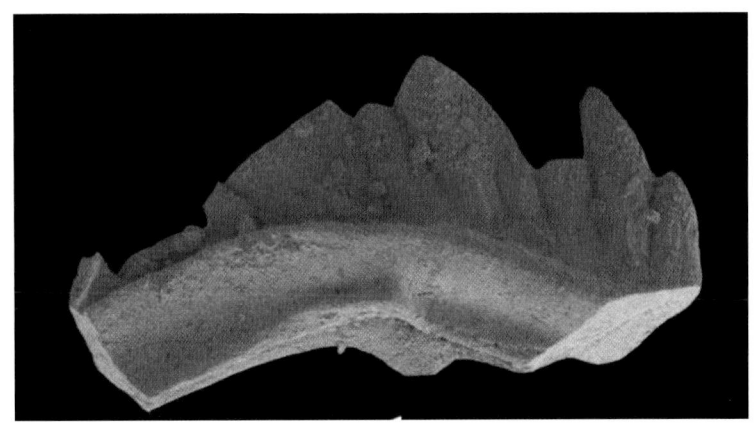

图 1-2 *Polygnathoides siluricus* 带牙形石

（侧视，Pb 分子，登记号：14XSS61，产地：施甸响水凹剖面 24 层）

广西 1∶5 万富川县、涛圩、桂岭圩、太保圩幅区域地质矿产调查报告

提交单位：中国地质调查局武汉地质调查中心
项目负责人：王令占
档案号：1012
工作周期：2013—2015 年
主要成果：

一、地层学及古生物学

(1) 以最新的国际地层表为指南,重新厘定了调查区地层序列,划分了 22 个正式岩石地层单位与 19 个非正式填图单位,并建立了岩石地层、生物地层、年代地层多重地层划分与对比系统。

(2) 通过对鹰阳关岩组与拱洞岩组(前人厘定为鹰阳关群)细致的野外剖面和路线地质调查,认为两者均为造山带地层,并发育一系列由东向西的逆冲断层。岩石由"基质"与"岩块"两部分组成。"基质"为主体岩性,普遍含凝灰质(变质为绢云母、绿泥石、绿帘石等),包括绢云千枚岩、磁铁矿碳质绢云千枚岩、含绿帘石绢云千枚岩、绿泥石英千枚岩、绢云母白云母千枚状片岩与石英白云母片岩等,弱应变域千枚岩可见变余水平层理及鲍马序列。"岩块"为磁铁矿绢云化变质熔结凝灰岩、变质含火山角砾熔结凝灰岩、变质熔结角砾岩、变质角砾熔岩、变质凝灰熔岩、变质凝灰岩、变细碧岩、变角斑岩、变石英角斑岩、微(细)晶石英岩、蛇纹石片岩、变余流纹岩、白云母大理岩与透辉石大理岩等。其中拱洞岩组火山物质比例明显低于鹰阳关岩组。岩石整体无序,局部有序,普遍产无根勾状石英脉,并见大量以千枚理、片理为基础形成的等斜-紧闭褶皱,因此不能恢复原始的岩石序列,在形成时代上,两者可能不存在严格的先后关系。

(3) 对鹰阳关岩组 5 个变质熔结凝灰岩与 1 个变余流纹岩进行的 LA-ICP-MS 锆石 U-Pb 定

年,前者年龄分布于850～788Ma之间,存在～800Ma、～820Ma与～840Ma的年龄峰值,加权平均年龄在832～812Ma之间,后者年龄分布范围为770～758Ma,加权平均年龄为764.8±2.5Ma($n=18$)。以上6个样品锆石年龄分布特征及峰值表明研究区存在850～758Ma的持续火山活动,而鹰阳关岩组的火山(碎屑)岩主要形成于新元古代。

(4)对拱洞岩组变质砂岩的碎屑锆石年代学研究显示小于1 000Ma的年龄计54个,占82%,年龄值集中在850～740Ma之间,具有823Ma、786Ma与764Ma三个峰值,且排序后,年龄值连续增大,指示了持续的火山活动,该年龄分布特征与鹰阳关岩组的变质火山(碎屑)岩年龄有良好的对应关系。拱洞岩组最年轻锆石年龄为734Ma,代表了本层变质砂岩形成时代不早于734Ma。

(5)在泥盆纪信都组实测地层剖面采集21个层位的孢粉样品。经实验室处理及镜下鉴定,在其中12个层位发现丰富孢粉化石,共计28属31种。根据孢粉类群的数量变化关系和重要分子的丰度变化情况,自下而上划分为2个孢粉组合带:*Retusotriletes-Apiculiretusispora*组合带(Ⅰ)和*Archaeozontriletes-Cymbosporites*组合带(Ⅱ)。孢粉组合带Ⅰ中的特征分子*Retusotriletes*可以在整个泥盆纪地层中发现,*Apiculiretusispora*主要集中在早—中泥盆世地层中。*Apiculiretusispora microconus*和*Apiculiretusispora gaspiensis*集中出现在早泥盆世晚期(埃姆斯阶)和中泥盆世早期(艾菲尔阶)。孢粉组合带Ⅱ中的特征分子*Archaeozontriletes*主要分布在中泥盆世—晚泥盆世地层中发现,*Cymbosporites*主要分布在中泥盆世—晚泥盆世地层中。其中*Cymbosporites magnificus*主要在中泥盆世(吉维特阶)和晚泥盆世早期(弗拉阶)。

二、沉积学与地球化学

(1)鹰阳关岩组变质火山(碎屑)岩总体上表现为明显富集大离子亲石元素(如K、Rb、Ba)和轻稀土元素,而高场强元素(Nb、Ta、P和Ti)和重稀土元素相对亏损,具有与俯冲-消减作用形成的岛弧-弧后盆地型火山岩相似的地球化学特征。样品微量元素和稀土元素模式曲线与Sanandaj-Sirjan岛弧型火山岩曲线较为相似,而在各种构造环境判别图解中主要落入岛弧玄武岩与火山弧玄武岩区。由此表明,鹰阳关岩组变质火山(碎屑)岩形成于岛弧或弧后环境,从而证明青白口纪存在洋陆俯冲-消减作用。

(2)鹰阳关岩组硅质岩的化学成分富SiO_2,贫Al_2O_3、TiO_2,总体上最接近生物化学与热水成因的硅质岩特征。主量元素判别图解表明,除样品PM010-10-4h、PM010-14-4h与PM010-21-4h外,其余硅质岩为非热水的生物化学成因,与火山成因的凝灰质硅质岩无关。微量、稀土元素特征与主量元素判别图解表明硅质岩形成于大陆边缘-洋脊的贫氧-厌氧环境。其中样品PM010-10-4h,PM010-14-4h与PM010-21-4h形成于远洋-洋脊的底层水体出现H_2S的缺氧环境下的热水沉积硅质岩,其形成环境可能与板块边界或断层有关。其余样品多为缺氧环境下生物化学成因硅质岩,且多形成于大陆边缘环境。

(3)根据主量元素、微量元素和稀土元素含量、特征值以及相关判别图解,对寒武系杂砂岩进行构造环境判别所得出的结论差别较大。总体而言,主量元素含量具有大陆岛弧与活动大陆边缘特征,而判别图解却指示了大陆岛弧、活动大陆边缘及被动大陆边缘环境;微量元素与稀土元素特征值及判别图解均显示为活动与被动大陆边缘。从不同构造背景下的剥蚀原岩(继承性因素)及风化条件和搬运沉积过程(沉积成岩过程因素)来看,大陆岛弧和活动大陆边缘形成的砂岩应具有显著区别于被动大陆边缘的地球化学特征,而被动大陆边缘形成的砂岩则可能包括较多的大陆岛弧和活动大陆边缘环境的地球化学信息。结合物源判别图解指示的物源区为富含石英质沉积岩物源区,判断包含多种构造环境地球化学信息的寒武系砂岩实际应形成于被动大陆边缘环境。

(4)详细地研究了调查区各时代地层岩石类型和特征,对各时代地层进行了详细的沉积环境分析,首先划分为火山岩相与沉积岩相,前者细分为爆发亚相与溢流亚相,后者共鉴别出 14 种沉积相类型。在沉积相划分的基础上进一步归并为大陆和海洋两大沉积相区,在海洋相区中又划分出陆源碎屑障壁海岸与碳酸盐岩台地两种海相沉积相型系列,并根据沉积岩类型、沉积相类型及实测连续沉积地层剖面中不同沉积相类型的相邻关系,建立了 3 种沉积相模式。

三、岩浆岩

(1)重新划分了调查区花岗岩的岩石谱系单位。根据野外的接触关系、同位素年龄值及岩性特征等,将调查区内岩浆岩划分为志留纪、晚三叠世、晚侏罗世 3 期构造-岩浆旋回,划分出 8 个岩体,16 个填图单位。

(2)在禾洞岩体内识别出一套细中粒角闪石黑云母花岗闪长岩,岩石组成上含角闪石和暗色微粒包体,与禾洞岩体主体岩性差别较大,呈岩株状侵入到太保岩体内。获得其锆石 U-Pb 年龄为 160.9Ma,与禾洞岩体的年龄在误差范围内一致,因此将其划归禾洞岩体。在禾洞岩体内还发现数量较多的二长岩的岩脉或岩株。

(3)在详细的野外地质调查基础上,通过 LA-ICP-MS 锆石 U-Pb 定年获得了调查区内各岩体的高精度测年数据,确立了各期侵入体的年龄格架。加里东期永和岩体、均洞岩体和桂岭岩体花岗岩锆石的 U-Pb 年龄分别为 440.6Ma、438.9Ma 和 422.3~417.2Ma,其形成时代分别为早志留世和晚志留世;在多个样品锆石 U-Pb 定年的基础上,获得太保岩体的锆石 U-Pb 年龄约为 220Ma,据此确定其形成时代为晚三叠世,是印支期岩浆活动的产物,而非加里东期岩浆活动的产物;燕山期禾洞岩体、姑婆山岩体、乌羊山和金子岭岩体花岗岩的锆石 U-Pb 年龄为 163.7~158.0Ma,在误差范围内一致,形成时代均为晚侏罗世。

(4)初步查明了调查区内各期花岗岩的岩石成因,探讨了岩浆源区以及形成的大地构造背景:志留纪永和岩体、均洞岩体和桂岭岩体花岗岩兼具 I 型和 S 型花岗岩的特征,在 A/MF-C/MF 源区判别图解中主要位于变杂砂岩、变基性岩及二者重叠区域,岩石中暗色微粒包体发育,暗示在花岗岩的形成过程中有一定的幔源物质参与。花岗岩构造环境判别图解指示其形成于加里东期同碰撞的构造环境中;晚三叠世太保岩体花岗岩的成因类型为 I 型花岗岩,岩浆源区可能主要为中元古代地壳中变基性岩,形成于印支期碰撞造山后的伸展引张环境;晚侏罗世禾洞岩体、姑婆山岩体、乌羊山岩体和金子岭岩体具 A 型花岗岩的特征,形成于中元古代地壳物质的部分熔融,偏高的 $\varepsilon_{Nd}(t)$ 值及显著年轻的二阶段 Nd 模式年龄指示在成岩过程中有新生幔源物质参与,后造山阶段的拉张减薄和软流圈地幔的上涌可能是其形成的主导因素。

(5)在广西富川县莲山乡鲁洞村和开山镇孔子庙附近发现数量较多的煌斑岩脉,获得其捕获锆石的 U-Pb 谐和年龄为 201.6±1.8Ma。而该时期被认为是华南从特提斯构造域向古太平洋构造域转换的过渡时期,南岭地区也处于岩浆活动的间歇期。该期岩浆活动的发现对制约南岭地区两大构造域转换的时间和岩石学成因具有重要意义,进一步的地球化学分析在进行中。

(6)在均洞岩体附近的地层中发现多个辉长岩露头,根据野外产状推测其为深源捕虏体。这些深源捕虏体对于研究南岭地区的幔源物质组成和壳幔相互作用具有重大意义。

四、构造学

(1)对调查区构造运动及不同时代或不同性质的褶皱和断裂发育特征进行了系统总结和较详细阐述,对构造格架和变形特征进行了剖析和探讨,进而建立了区内构造变形序列。这些集成性成果显著提高了调查区地质构造研究水平。

(2)结合区域大地构造研究的最新认识,厘定了调查区晋宁期、加里东期、印支期及燕山期构造体制和构造形迹,晋宁期为近东西—南东向挤压,形成北北东—北东向褶皱及断层;加里东期为北北西向挤压,形成轴向北东东向或近东西向褶皱及次级褶皱;印支期为北西西向或近东西向挤压,形成轴向近南北褶皱及次级褶皱;早燕山期为北西—北西西向挤压,形成轴向北东的褶皱及次级褶皱。其中印支运动和早燕山运动对前期构造进行了强烈叠加改造,使区内构造复杂化。晚燕山期为近东西向挤压,形成近南北向褶皱及断裂;古近纪为北东向挤压,形成北西向褶皱。提出调查区各构造期(以印支期最为明显)与区域构造挤压方向的明显差异受北北东向博白-岑溪断裂带、地层与岩体界线边界共同控制,其深层次原因可能与新元古代—早古生代扬子板块与华夏板块的北东向接合带制约或两板块的继发性陆内俯冲汇聚有关。

(3)对青白口纪鹰阳关岩组和拱洞岩组进行了详细的构造分析,初步认为其具造山带构造样式,仅局部可见变余层理,多以千枚理、片理及顺片理分布的石英脉为基础,变形形成尖棱紧闭或同斜褶皱,其中石英脉多形成片内勾状或无根褶皱(为最直接易寻的证据)。另外见发育一系列由东向西的逆冲断层,断层与尖棱紧闭或同斜褶皱轴面近平行,指示总体上为由西向东的俯冲作用。该套地层至少经历了5期构造变形。结合其他证据,认为鹰阳关岩组实质为新元古代时期不同构造环境的岩石发生构造混杂作用形成的一套构造混杂岩系,而华南洋也最可能于该时期关闭。鹰阳关岩组中岛弧-弧后盆地型火山(碎屑)岩则是钦杭结合带南西段晋宁期洋陆俯冲-消减过程的地质记录。

五、矿产地质

(1)总结了调查区矿产种类及分布规律,主要矿产为铁、铅、锌、铜、锡、金、银、钨、钼、钴、锑、稀土矿、滑石、磷矿和白云石等,计有大型矿床2处、中型矿床9处、小型矿床24处、矿(化)点46处。内生成矿作用主要受构造、岩浆岩和地层岩性控制,外生成矿作用主要受地貌条件控制。

(2)通过1:5万水系沉积物测量,查明了1:5万太保圩幅水系沉积物地球化学特征,编制了18种元素地球化学图、单元素异常图、组合异常图、综合异常图,并编制了找矿预测图。根据地球化学变异系数的统计结果,区内钨矿成矿最有利的层位为侏罗纪花岗岩,金矿最有利层位为南华系天子地组,结合异常特征成果,禾洞岩体及其接触带是区内主要成矿部位,从地质构造环境和地球化学异常特征分析,找矿重点应以钨、金为主。

(3)根据本次工作及前人资料,在调查区内圈定了62处化探异常区,包括6处甲级异常区、42处乙级异常区与14处丙级异常区。划分出成矿远景区10处,其中A级成矿远景区2处,B级成矿远景区2处,C级成矿远景区6处。

信宜-增城-龙川构造混杂岩带研究成果报告

提交单位:中国地质调查局武汉地质调查中心
项目负责人:周岱
档案号:1014
工作周期:2014—2015年
主要成果:

(1) 基本查明桂东粤西云开群为早古生代构造混杂岩,其基质主要为新元古代晚期碎屑岩夹少量硅质岩、碳酸盐岩等及早古生代同构造花岗质片麻岩,构造岩块主要为变基性岩、麻粒岩和少量超基性、中性岩浆岩。

(2) 云开群浅变质沉积岩原岩为浅海-半深海相陆缘碎屑沉积,主要由 Grenville 期碎屑物质组成,其沉积上限约为 566Ma。

(3) 华南早古生代和早中生代两次构造-岩浆事件在云开地区表现显著。早古生代强烈地壳褶皱造山过程伴随广泛的地壳深熔作用,发育巨量壳源花岗岩和较多的基性岩岩浆活动;早中生代受印支地块影响,发育受剪切深熔过程控制的混合岩化作用,同时区域伸展环境下岩石圈地幔发生部分熔融,产出小规模的基性侵入岩。

(4) 云开地块存在早古生代基性侵入岩和基性火山岩,其活动时间为 448~437Ma,与花岗岩侵位峰期近同时,类似"双峰式"岩浆岩组合,代表区域伸展环境。同时,云开群中广泛出露的小型变基性岩岩块原岩形成时间为 450~440Ma。这些基性岩因不同程度的地壳物质混染而表现出板内火山岩到弧火山岩演化的地球化学特征,可能是陆壳加厚、岩石圈地幔拆沉环境下的产物,不能代表大洋板片残余。

(5) 云开地块在早古生代构造运动之前与冈瓦纳大陆相连,约 500Ma 在冈瓦纳大陆的挤压下发生陆壳缩短、地壳加厚,陆壳根局部达榴辉岩相而导致榴辉岩质下地壳和相邻的岩石圈地幔的拆沉作用,陆内挤压与拆沉作用的叠加导致皱褶变形、地壳深熔作用,伴随广泛的花岗岩侵位和少量的基性岩浆活动。

湘西-鄂西关键地区区域地质调查成果报告

提交单位:中国地质调查局武汉地质调查中心
项目负责人:魏运许
档案号:1018
工作周期:2013—2015 年
主要成果:

一、地层学方面

(1) 依据湘西-鄂西地区大地构造格局、岩相古地理特征及地层特征,按照新太古代—青白口纪、南华纪—震旦纪、早古生代、晚古生代—中三叠世、晚三叠世—第四纪 5 个阶段开展地层区、地层分区、地层小区的划分。对各地层分区内的地层单位,以各省岩石地层为基础,参考近年来地层学研究进展,以最新的国际地层表及中国地层表(试用稿)为指南,对湘西-鄂西地区的岩石地层单位进行了重新厘定,对部分岩石地层序列进行了清理和对比,建立了不同时期的岩石地层划分与对比表。

(2) 厘定和完善了湘西-鄂西地区各时代地层分区系统,将湘西-鄂西地区按 5 个构造演化阶段进行划分:新太古代—青白口纪、南华纪—震旦纪、早古生代、晚古生代—中三叠世、晚三叠世—第四纪。在此基础上进行了三级划分(地层区、地层分区和地层小区),建立了湘西-鄂西地区太古宙—第四纪岩石地层序列。以地层分区或地层小区为基本单位,讨论了区内岩石地层发育特点,对组级(岩组)地层单位的分布、岩性组合、年代地层及生物地层分别进行了总结和描述。

（3）确认野马洞岩组具有绿岩带物质组成特征，其物质组成有：含超基性、基性火山喷出岩类，科马提岩（变质后为滑石透闪石片岩），成熟度低的沉积岩类（如硬砂质岩石——变质细粒石英杂砂岩），少量碳酸盐岩（变质后为绿泥方解石钙质片岩）。在黄陵地区原划分的中元古代孔子河组地层中（1∶5万兴山县幅），新发现一套变质基性—超基性火山岩（滑石化透闪石片岩），通过 LA-ICP-MS 锆石 U-Pb 定年结果显示，其成岩年龄为 3017 ± 13 Ma，$\varepsilon_{Hf}(t)$ 均为正值，MSWD＝0.29；$\varepsilon_{Hf}(t)$ 值为 5.1～6.2，其单阶段 Hf 模式年龄（3 056～3 029Ma）、两阶段 Hf 模式年龄（3 061～3 031Ma）与成岩年龄在误差范围内基本一致，表明该套中太古代变玄武岩为太古宙新生地壳的产物，是黄陵早期的绿岩建造。此外，在黄陵地区新元古代侵入岩岩浆锆石核部、早期继承锆石中亦有同样的信息，它们参与了后期的改造。这一新的发现，对崆岭群的厘定及扬子陆块的构造演化具有重要意义。

（4）对原划分为青白口纪白竹坪火山岩岩组进行了重新认定，物质组成为一套火山岩-次火山岩建造，主要岩性为流纹岩、流纹斑岩、次流纹斑岩、（球斑）花岗斑岩。通过 LA-ICP-MS 锆石 U-Pb 测年，流纹斑岩形成于（1857 ± 11）～（1842 ± 21）Ma，其形成时代为古元古代。

二、岩石学

（1）在扬子陆块核部黄陵花岗岩岩基中发现了球状（花岗）闪长岩，由球状体和花岗闪长岩基质组成，球状体由球核和球壳组成。此次发现为我国的第三例球状岩，也是国内首例球状花岗闪长岩。划分了球状体的分类，初步探讨了其成因及球状体的生长方式。球体生长方式有两类：一类是由球核向球壳；另一类为由外向内，球壳向球核。应用 LA-ICP-MS 锆石 U-Pb 法获得球状岩成岩年龄为 828 ± 7 Ma。这一新发现为我国球状岩增添了新的成员和研究基地。

（2）对宜昌樟村坪-殷家坪地区原古元古代黄凉河岩组大理岩之上、南华系之下的一套岩石地层进行了重新认定，绢云千枚岩、绢云板岩实为一套变质中酸性火山岩，运用 SHRIMP 进行锆石 U-Pb 同位素定年，获得了其年龄为 2183 ± 17 Ma（MSWD＝1.8），$\varepsilon_{Hf}(t)$ 均为正值（8.0～10.8），其成岩年龄与单阶段、两阶段模式年龄基本一致，反映其具有古元古代新生地壳特征，可能是古元古代的洋板块俯冲弧的产物。这一发现不仅为黄凉河岩组的地层时代上限提供了年代学依据，同时对扬子陆块与全球古地理格局重建具有重大意义。

（3）重新厘定了黄陵花岗岩岩基新元古代花岗岩岩石序列。①将其早期的一套基性—中性岩石厘定为端坊溪富闪深成岩序列，反映其为幔源岩石部分融熔的产物。应用 LA-ICP-MS 锆石 U-Pb 法获得寨包岩体形成年龄（885 ± 3）～（880 ± 3）Ma，垭子口岩体年龄 872 ± 3 Ma，由早到晚具有由 E-MORB 型玄武岩→洋岛→下地壳的演变特征，后期具有富闪深成岩系列标志性的"岛弧型"元素地球化学行为（钙碱性、富 LILE-LREE）。本区富闪深成岩系列通常产于板块汇聚终末期的洋脊-海沟交互场景，与俯冲作用有关，为黄陵花岗岩岩基形成的构造环境提供了新证据。②对黄陵庙序列进行重新归并，将路溪坪奥长花岗岩与鹰子咀花岗闪长岩从黄陵庙序列中分出，它们与三斗坪序列中的英云闪长岩一起组成类 TTG 岩系，其来源为下地壳物质的融熔，其形成年龄约 850Ma，两阶段模式年龄（2175 ± 49）～（2147 ± 51）Ma，为古元古代地壳物质重熔的产物，形成于活动陆缘环境。而内口岩体和茅坪沱岩体具钙碱性岩石演化特征，两阶段模式年龄（2690 ± 39）～（2595 ± 220）Ma，为太古宙地壳物质经深熔作用产生的深熔岩浆结晶演化的产物，其构造背景为活动大陆边缘环境。

（4）古元古代岩浆事件获得突破，获得了一批新的年龄数据。在孔子河地区，新发现 2194 ± 13 Ma 的花岗岩，在樟村坪地区新发年龄为 2053 ± 29 Ma 的花岗岩侵入到黄凉河岩组中，这些数据在黄陵地区岩浆岩事件中目前尚未见报道。

（5）系统地总结了湘西-鄂西地区变质岩的岩石类型及其分布规律。根据研究区内变质岩的变质矿物及矿物共生组合,对区域变质岩进行了原岩恢复;通过变质相和变质作用的研究,划分了区域变质相带;探讨了区域变质岩和动力变质的变质作用类型,建立区内变形变质作用的演化系列。

三、构造

(1)确定湘西-鄂西成矿带具有典型扬子陆块的组成与结构特征,系统总结了湘西-鄂西地区地质构造过程。将湘西-鄂西地区地质构造过程划分为前寒武纪基底形成、古生代—早中生代沉积盖层发展和中新生代陆内发展与演化三大演化阶段,并将构造演化过程进一步细分为:太古宙—早元古代(结晶基底形成)、中新元古代(汇聚造山)、震旦纪—志留纪(被动陆缘盆地,陆内造山)、泥盆纪—早中生代(陆表海盆地,陆内造山)、侏罗纪—白垩纪(陆内造山,前陆盆地)及古近纪—第四纪(喜马拉雅期构造运动与差异性升降运动)。

(2)根据湘西-鄂西地区地质构造演化特征,分阶段论述了各期的地质构造特征,并进行了大地构造单元划分。太古宙为扬子陆块早期造陆阶段,以花岗-绿岩地体的形成为特点。古元古代时期,扬子古陆块至少经历了两期造山事件(早期2.2~2.1Ga、晚期2.0~1.9Ga),可能与Columbia超大陆的形成、聚合与裂解作用有关。中新元古代时期,主要经历了中元古代的裂解和新元古代的板块俯冲汇聚、裂解等过程,其形成与Rodinia超大陆的聚合与裂解作用有关。古生代时期,北侧武当地区主要表现为张裂,而南部雪峰山地区则表现为陆内造山。中新生代时期,主要表现为双弧前陆褶冲带和陆相前陆盆地、断陷盆地的形成。总结了各阶段构造运动在区内的表现形式和特点,并对各级构造单元特征进行了概述。在此基础上,编制了1:50万湘西-鄂西地区地质图等图件。

(3)进一步明确沿扬子陆块陆核区的黄陵地块与神农架地块间存在古元古代晚期—新元古代早期古构造结合带。研究认为郑家垭组可能为神农架弧与庙湾SSZ型蛇绿岩之间的弧前盆地沉积,其沉积作用持续到了新元古代早期,物源一部分来自于神农架微陆块,一部分来自于庙湾蛇绿岩,具有双向物源特征。

四、矿产

对湘西地区典型矿床的区域地质背景进行研究,取得了一些新的认识。花垣县长登坡铅锌矿矿区,出露清虚洞组灰岩,发育有切层和顺层两期方解石脉,其形成时代大致相同,切层方解石脉呈右阶展布,与左行滑动性质的韧性剪切有关,剪切作用产生的张性裂隙空间有利于流体及成矿元素的迁移,为成矿提供了较好的导矿及容矿构造。

五、数据更新及数字化编图

对区域地质调查项目成果进行及时跟踪、总结。以最新的1:25万和1:5万区域地质调查研究成果为基础,编制和完成了1:50万湘西-鄂西成矿带地质图、1:50万湘西-鄂西成矿带大地构造图、1:50万湘西-鄂西成矿带成矿地质背景图。

中南基础地质综合调查与片区总结成果报告

提交单位：中国地质调查局武汉地质调查中心
项目负责人：赵小明
档案号：1059
工作周期：2011—2015 年
主要成果：

(1) 综合分析中南地区各时代形成的所有地层及控制因素，对中南地区地层进行了综合区划，划分为 4 个地层大区、10 个地层区、28 个地层分区。按最新的国际地层指南和中国地层表，对部分年代地层单位进行了厘定，同时完善了其对应的岩石地层单位划分对比方案。将江南造山带中元古代更新为新元古代；建立了扬子北缘前寒武纪地层划分对比方案；建立了云开地区前寒武纪基底划分对比方案。

(2) 将中南区侵入岩划分为 3 个侵入岩浆岩省、8 个侵入岩浆岩带、17 个侵入岩浆岩亚带，对各亚带的侵入岩岩石类型、演化历史、形成环境和构造背景进行系统总结。获得了一批高精度年龄和岩石地球化学数据，按新的年龄数据，对部分岩体进行了新序列划分。新发现黄陵球状花岗闪长岩、海南木兰头杂岩。

(3) 根据火山地层建造、火山作用等特征，结合地壳运动的构造旋回性，最终划分为 3 个火山岩浆岩省、5 个火山岩浆岩带、18 个火山岩浆岩亚带。确定黄陵北缘白竹坪火山岩年龄为古元古代，而不是新元古代；获得鹰阳关岩组具岛弧性质火山岩年龄为 850~758Ma，表明华南洋的消亡不早于南华纪。

(4) 初步归纳了中南地区各时期蛇绿岩地质背景、岩石学特征、形成时代，探讨了其构造意义。

(5) 以古生代—中生代为主造山期，在恢复洋陆格局的基础上，对中南地区进行了综合大地构造单元划分，将中南地区划分为 4 个一级、9 个二级和 35 个三级大地构造单元。基于鹰阳关构造混杂岩、糯垌蛇绿岩、信宜-贵子蛇绿岩等新发现和研究成果，认为华南洋一直演化至晚奥陶世，发生在早志留世的扬子陆块与武夷-云开弧盆系的碰撞拼合，导致了华南残留洋的最终消失。两者拼合的界线即"萍乡—茶陵—郴州—贺州—梧州—钦州"是扬子与武夷-云开陆块的一级构造单元界线。

(6) 围绕成矿带、经济区存在的关键地质问题，陆续部署了 1:25 万、1:5 万区域地质调查综合研究、专题研究项目。并持续跟踪各基础地质调查项目新进展，进行成果总结与重大区域地质问题分析，围绕关键地质问题，组织召开业务交流、学术研讨和野外考察会议。

(7) 编图方面：一是完善并出版了中南地区 1:150 万大地构造相图及说明书；二是编制完成了中南地区 1:150 万地质图及说明书。

(8) 数据库建设方面：一是维护全国区域地质调查项目管理数据库，在原有基础上补充 2010 年以来的区域地质调查项目数据；二是建立了中南地区 1:150 万大地构造相图数据库；三是建立了中南地区 1:150 万地质图数据库。

桐柏-大别造山带北侧新元古代—古生代地层、沉积与构造演化成果报告

提交单位：合肥工业大学
项目负责人：李双应
档案号：1065
工作周期：2013—2015 年
主要成果：

一、地层学方面的进展

(1) 霍邱地区新元古代安阳山组和晚石炭世张井组。新元古代青白口纪安阳山组形成于被动大陆边缘沉积盆地。安阳山组碎屑岩物源区主要为残留在秦岭-大别山地区的格林威尔造山带地块，其次是秦岭地块。张井组地层时代、沉积环境、物源分析和古地理特征表明，霍邱-固始地区与秦岭-桐柏造山带联系在一起，属于北淮阳构造带，揭示大别造山带和华北陆块的边界，在新元古代—晚古生代，应该位于研究区北侧的寿县断裂（或者称为颍上-定远断裂）。

(2) 金寨-霍山地区的卢镇关群和佛子岭群。卢镇关群小溪河组主要为一套低级变质的中酸性岩浆岩，主要形成环境为陆缘弧-陆内裂谷环境，反映其源于新元古代形成的安山质-花岗质岩石。佛子岭群祥云寨组原岩主要为石英砂岩，其次是粉砂岩和页岩，物源主要为石英岩沉积岩物源区，物源区显示了亲扬子的特征；潘家岭组和诸佛庵组的原岩主要为杂砂岩-亚岩屑砂岩-岩屑砂岩-页岩的岩石组合，物源为石英岩沉积岩物源区和长英质火成岩物源区的复合物源区，构造环境为大陆岛弧和活动大陆边缘，物源区具有扬子和华北的双重属性。

(3) 金寨地区梅山群。金寨地区梅山群源岩主要为古老基底变质岩、长英质火山岩和古老沉积岩，物源区主要为再旋回造山带的成熟大陆石英质物源区，物源构造背景较为复杂，主要为大陆岛弧，其次为活动大陆边缘和被动大陆边缘。梅山群碎屑锆石年龄表明，物源区最主要的是早古生代的火山岛弧，其次是新元古代的扬子基底，另外还有秦岭造山带基底或者还有华北陆块的基底。

(4) 固始-商城地区的石炭系（杨山群）。早石炭世早期，受早海西期构造运动影响，研究区整体抬升导致花园墙组与杨山组间为不整合接触，沉积环境由滨浅海相逐渐转变为海陆过渡相。晚石炭世早期，道人冲组发生短期大规模海侵，又转为滨浅海沉积，发育大量海相化石且与秦岭—祁连一带相似，并出现有华北蜓类分子（$Pseudostaffella$），说明地层形成时北淮阳地区已经与华北陆块南缘之间发生了对接。胡油坊组沉积期构造背景由挤压转为拉张，研究区发生大规模区域裂陷。晚石炭世杨小庄组局部抬升为海陆过渡沉积并出现含煤沉积。晚石炭世晚期又出现大规模海侵，双石头组由碎屑滨浅海沉积转变为局限台地相沉积。石炭系物源类型主要包括：沉积岩、低级变质岩和酸性岩浆岩，主要来源于稳定克拉通边缘、再旋回造山带、变质基底和岩浆弧。构造背景由早期的被动大陆边缘转变为碰撞挤压，物源主要来自北秦岭早古生代的岛弧，以及扬子陆块中新元古代基底，少量来自秦岭造山带或者华北陆块古元古代基底。

(5) 苏家河群和信阳群。苏家河群浒湾组原岩主要为粗面岩系列，定远组变火山岩原岩包括玄武岩-安山岩系列与粗面岩-流纹岩系列两类。定远组集中分布于火山弧的钙碱性玄武岩区域，形成于

火山弧构造背景；浒湾组主要分布在大陆玄武岩区域，其中榴辉岩落入富集型MORB区域。浒湾组榴辉岩年龄为246±11Ma，反映了大别造山带西段同样记录了中生代的大陆深俯冲事件。信阳群龟山组和南湾组均为变质沉积岩，原岩以杂砂岩为主，为近源沉积的碎屑岩，反映大陆岛弧-活动大陆边缘的构造背景。信阳群物源区的地质体主要是类似于早古生代的北秦岭岛弧、新元古代的扬子北缘基底、中元古代的秦岭造山带基底。

(6)大别造山带北缘歪庙组。通过对歪庙组混杂岩中变质火山岩岩块分析表明，样品主要为角闪岩和斜长角闪岩。原岩属于高铁拉斑玄武岩及安山岩。地球化学特征表明样品属于具有地壳混染的富集地幔型大洋中脊玄武岩(E-MORB)、海洋岛弧和大陆岛弧属性，是经历了俯冲的具有混染型的N-MORB特征的玄武岩-安山岩。锆石U-Pb定年表明歪庙组大陆岛弧安山岩具有889±10Ma的年龄，验证了大别造山带存在新元古代早期的汇聚，发育安第斯型火山弧，属于格林威尔造山期的组成部分。海洋拉斑玄武岩遭受了341.1±4Ma的变质作用，表明大别造山带在早石炭世维宪期发生洋壳的俯冲作用，并且延续到晚石炭世。这也限制了歪庙组混杂岩的形成时代为石炭纪，而不是过去认为的加里东期。因此，歪庙组以及二郎坪群混杂岩应该代表着秦岭-大别造山带北缘石炭纪缝合带。

二、沉积相和沉积环境方面的进展

(1)新元古代青白口纪安阳山组。安阳山组主要由盆地相、陆棚边缘斜坡相和滨岸相组成。安阳山组由一个大的沉积旋回组成，自下而上，发育陆棚边缘斜坡相、盆地相、陆棚边缘斜坡相、滨岸相。从早到晚，水体由浅变深再变浅，属于海侵-海退序列。而且，早期（第一段和第二段）为碳酸盐岩和碎屑岩混合陆棚沉积，晚期（第三段—第四段）完全为碎屑岩陆棚沉积。

(2)晚石炭世张井组。张井组碳酸盐岩主要由砾屑灰岩和生物碎屑灰岩组成。砾屑灰岩属于高密度碎屑流沉积，为碳酸盐岩斜坡沉积环境。砾屑主要由泥晶生物碎屑灰岩组成，属于水体较深的碳酸盐岩陆棚或者是台坪-台棚环境。这表明霍邱南部安阳山地区在晚石炭世发育深水盆地-斜坡-碳酸盐岩陆棚沉积体系，完全不同于华北陆块和扬子陆块晚石炭世的沉积环境，也不同于北淮阳金寨-商城地区的晚石炭世沉积。

(3)佛子岭群。佛子岭群祥云寨组原岩主要为石英砂岩，其次是粉砂岩和页岩，代表了滨海沉积。诸佛庵组和潘家岭组发育水平层理和粒序层理，属于斜坡-半深海相浊积岩沉积。佛子岭群为一套海进序列，发育滨岸、陆棚、斜坡、半深海沉积。卢镇关群仙人冲组主要发育灰白色中—厚层白云质大理岩，原岩主要为灰岩，属于浅海碳酸盐岩台地沉积。

(4)梅山群。梅山群主要发育石英杂砂岩、粉砂岩、泥岩，夹砾岩，为滨岸-浅海碎屑岩沉积。发育的厚层状灰岩属于碳酸盐岩台地沉积。

(5)石炭系(杨山群)。石炭系划分为6类沉积体系和11种沉积相类型，包括冲积扇沉积体系、三角洲沉积体系、湖泊沉积体系、河流沉积体系、碎屑滨岸沉积体系和滨浅海沉积体系，相应的冲积扇相、扇三角洲相、辫状河道三角洲相、淡水湖泊相、湖泊三角洲相、深水浊积扇相、砾质辫状河相、砂质辫状河相、障壁型滨岸相、无障壁型滨岸相和混积台地相。石炭纪早期和晚期发育两个不同阶段的沉积演化：早石炭世早期，沉积环境由滨浅海相逐渐转变为海陆过渡相，同时杨山组发育有磨拉石建造及含煤沉积；晚石炭世早期，道人冲组发生短期大规模海侵，又转为滨浅海沉积。胡油坊组以山间断陷湖盆沉积为主，发育深水浊积扇沉积。晚石炭世中晚期杨小庄组局部抬升为海陆过渡沉积并出现含煤沉积。到晚石炭世晚期又出现大规模海侵，双石头组由碎屑滨浅海沉积转变为局限台地相沉积。

(6)信阳群。信阳群龟山组主要为石英砂岩、岩屑砂岩、粉砂岩和页岩，自下而上，显示出从稳定的浅海环境向半深海-斜坡环境演变,沉积速率从慢速向快速沉积演变。盆地东部发育更多的石英岩,表明浅海环境在东部比较发育。南湾组主要由一套杂砂岩、含粉砂岩和页岩组成,鲍马序列的(A)BCD组合发育,属于远端浊积岩和半深海沉积。石门冲组原岩主要为石英砂岩、岩屑砂岩、长石砂岩、粉砂岩、泥岩以及白云岩等,地层时代为晚奥陶世,沉积于滨-浅海环境。信阳群大致经历了从滨岸浅海碎屑岩相向斜坡-半深海环境的演化,和安徽省境内佛子岭群可以很好地对应。

三、物源区分析和构造古地理研究进展

(1)霍邱地区新元古代安阳山组和晚石炭世张井组。新元古代青白口纪安阳山组形成于被动大陆边缘沉积盆地,安阳山组自下而上,碳酸盐岩含量逐渐减少,石英碎屑含量逐渐增加,砂屑岩的成分成熟度和结构成熟度不断增加,经历了从深水盆地相到浅水滨岸相演变,揭示了物源区地形高差缩小、逐渐夷平的过程,表明安阳山组沉积阶段是一个大地构造相对稳定的阶段。安阳山组碎屑岩物源区主要来自残留在秦岭-大别山地区的格林威尔造山带地块,其次是秦岭地块。位于华北陆块南缘霍邱南部地区晚石炭世张井组碳酸盐岩的发现,首次证实古特提斯洋(海)在石炭纪从秦岭向东已经延伸到大别造山带,它将华北和大别造山带分隔开。张井组发育深水盆地-斜坡-碳酸盐岩陆棚沉积体系,不同于华北和扬子晚石炭世的沉积环境。大别造山带北缘地区曾经发育奥陶纪地层。霍邱南部安阳山地区新元古代安阳山组和晚石炭世张井组的地层时代厘定、沉积环境、物源分析和古地理特征表明,应将霍邱-固始地区与秦岭-桐柏造山带联系在一起,属于北淮阳构造带,揭示大别造山带和华北陆块的边界,且在新元古代—晚古生代,该边界应该位于研究区北侧的寿县断裂(或者称为颍上-定远断裂)。

(2)金寨-霍山地区的卢镇关群和佛子岭群。卢镇关群小溪河组主要为一套低级变质的中酸性岩浆岩,其岩石地球化学特征表明其原岩主要为钙碱性中酸性火山岩,并具有贫硅、富铝、富钙的正变质岩特征,且受到大陆地壳混染作用的影响,其主要形成环境为陆缘弧-陆内裂谷环境,反映其源于新元古代形成的安山质-花岗质岩石。佛子岭群祥云寨组原岩主要来自石英砂岩,其次是粉砂岩和页岩,物源主要为石英岩沉积岩物源区,构造背景主要为被动大陆边缘环境,物源区显示了亲扬子的特征;潘家岭组和诸佛庵组的原岩主要是以泥质、泥钙质和硅质为主的杂砂岩-亚岩屑砂岩-岩屑砂岩-页岩的岩石组合,构造环境为大陆岛弧和活动大陆边缘,物源为石英岩沉积岩物源区和长英质火成岩物源区的复合物源区,物源区具有扬子和华北的双重属性。

佛子岭群625颗碎屑锆石年龄分析显示,物源区主要包括来自于北秦岭早古生代岛弧和新元古代的扬子陆块基底,少量来自于秦岭造山带或者华北陆块古元古代基底。佛子岭群碎屑锆石微量元素和稀土元素特征显示,研究区内碎屑锆石均表现为壳源锆石特征,未发现洋壳锆石。

(3)金寨地区梅山群。金寨地区梅山群源岩主要为古老基底变质岩、长英质火山岩和古老沉积岩,物源区主要为再旋回造山带的成熟大陆石英质物源区,物源构造背景较为复杂,主要为大陆岛弧,其次为活动大陆边缘和被动大陆边缘。梅山群410颗碎屑锆石年龄表明,物源区最主要的是早古生代的火山岛弧,其次是新元古代的扬子陆块基底,另外还有秦岭造山带基底或者华北的基底。化学蚀变指数(CIA)指示了物源区的风化程度。梅山群大部分样品碎屑岩风化指数大于80,表示梅山群物源区经历了比较漫长的从初始风化到晚期强烈风化的阶段。

(4)固始-商城地区的石炭系(杨山群)。石炭纪早期和晚期发育两个不同阶段的沉积演化。早石炭世早期,受早海西期构造运动影响,研究区整体抬升导致花园墙组与杨山组间为不整合接触,沉积环境由滨浅海相逐渐转变为海陆过渡相,同时杨山组发育有磨拉石建造及含煤沉积,并在底砾岩的灰岩砾石中发现扬子陆块区的志留纪珊瑚化石,表明研究区在早古生代可能与扬子海相通。至晚石炭

世早期,道人冲组发生短期大规模海侵,又转为滨浅海沉积,发育大量海相化石且与秦岭—祁连一带相似,并出现有华北蜓类分子(*Pseudostaffella*),说明地层形成时北淮阳地区已经与华北陆块南缘之间发生了对接,并接受来自西北地区的海水入侵。之后,胡油坊组沉积期构造背景由挤压转为拉张,受拉张构造背景影响,研究区发生大规模区域裂陷,并且出现明显的沉积分异,西区以山间断陷湖盆沉积为主,东区则主要为深水浊积扇沉积,表明该时期地势为西高东低,"西陆东海",生物化石特征表明东侧海域或与华南海和扬子海连为一体。到晚石炭世中晚期杨小庄组局部抬升为海陆过渡沉积并出现含煤沉积。到晚石炭世晚期又出现大规模海侵,海平面抬升,从而使得双石头组由碎屑滨浅海沉积转变为局限台地相沉积。石炭系物源类型主要包括:沉积岩、低级变质岩和酸性岩浆岩,主要来源于稳定克拉通边缘、再旋回造山带、变质基底和岩浆弧。构造背景由早期的被动大陆边缘转变为碰撞挤压,期间发生局部的拉张作用。杨山组灰岩砾石中发现了晚奥陶世牙形石化石、安徽日射珊瑚比较种、志留纪介形类等,表明该区周缘曾存在早古生代地层。石炭系9个砂岩样品的U-Pb年龄分析显示,物源主要来自北秦岭早古生代的岛弧,以及扬子陆块中新元古代基底,少量来自秦岭造山带或者华北陆块古元古代基底。碎屑锆石的微量元素和稀土元素特征显示,研究区石炭系碎屑锆石均呈现壳源锆石特征,未发现洋壳锆石。

(5)苏家河群和信阳群。苏家河群浒湾组和定远组原岩几乎全部为岩浆岩,信阳群龟山组和南湾组原岩全部为沉积岩区。浒湾组正变质岩,除玄武岩外,主要为粗面岩系列。定远组变火山岩原岩包括玄武岩-安山岩系列与粗面岩-流纹岩系列两类。定远组集中分布于火山弧的钙碱性玄武岩区域,形成于火山弧构造背景;浒湾组主要分布在大陆玄武岩区域,其中榴辉岩落入富集型MORB区域。苏家河群为一套构造混杂的变质火山岩系。定远组变火山岩属于岛弧玄武岩构造背景,浒湾组变火山岩属于大陆内部构造背景。浒湾组榴辉岩年龄为246±11Ma,反映大别造山带西段同样记录了中生代的大陆深俯冲事件。信阳群龟山组和南湾组均为变质沉积岩,原岩以杂砂岩为主,为近源沉积的碎屑岩,反映大陆岛弧-活动大陆边缘的构造背景。通过碎屑锆石U-Pb年代学研究,信阳群物源区的地质体主要是类似于早古生代的北秦岭岛弧、新元古代的扬子陆块北缘基底、中元古代的秦岭造山带基底和新太古代—古元古代的扬子陆块或者华北陆块基底。这和佛子岭群物源区几乎完全一致,只不过早古生代的北秦岭岛弧作为物源区在信阳群中有更大的份额。

广西1:5万西凉、月里街、麻尾镇、尧山幅区域地质矿产调查成果报告

提交单位:广西壮族自治区地质调查院
项目负责人:唐专红
档案号:1088
工作周期:2013—2015年
主要成果:

一、地层方面

(1)对调查区全面进行了多重地层划分对比研究,查明了调查区的岩石地层、生物地层、年代地层、沉积旋回、沉积相特征,共划分出32个组及48个岩石地层填图单位,采用了一批特殊岩性层,明

确了各单位的特征与划分依据、划分标志，系统进行岩石地层单位划分，提高了调查区地层的研究程度。

（2）查明了调查区沉积类型和沉积相特征及岩相古地理格局，对各地层单位的岩性组合特征、空间展布、岩相、层序和沉积旋回及分布规律等方面资料进行总结，建立了地层沉积序列。查明调查区晚古生代—中晚三叠世具有多阶段继承性发展演化的特征，地层序列清楚，沉积相演化井然有序，完整地记录了海西期—印支期由裂至聚发展演化过程，初步建立了调查区晚古生代至中生代岩石地层和年代地层格架，对盆地的演化历史进行了研究，为右江盆地的发生、发展、充填演化研究提供了重要资料。

（3）在拉也一带，采集了大量的牙形刺：$Palmatolepis\ triangularis$，$Polygnathus$ sp. 为法门阶底部 $Triangularis$ 带，$Ancyrodella$ sp.，$Palmatolepis\ bogartensis$，$Polygnathus$ sp. 为弗拉阶 $Linguiformis$ 带上部，$Palmatolepis\ bogartensis$，$Polygnathus$ sp. 属于弗拉阶 $Linguiformis$ 带顶部。厘定了调查区 F/F 事件的存在，为年代地层的确定提供了可靠的年代依据。

（4）在打寨融县组中下部、长塘及度里五指山组中下部首次发现小嘴贝类腕足生物群落（$Dzieduszyckia$），在该组合同时采获牙形刺：打寨属 $Palmatolepis\ triangularis$ 带内，长塘及度里仅限于上 $Pa.\ rhomboidea$ 带内，结果表明不管是分布在碳酸盐岩台地相还是其他相区，这一特殊的小嘴贝类在华南均出现在法门阶下部而非以前认为的法门阶上部。已有的生物地层学资料显示 $Dzieduszyckia$ 属不仅分布于华南的法门阶下部，在诸如摩洛哥、乌拉尔南部等地法门阶均有记录。此生物群落的发现反映当时特定的生活环境（化能合成作用非光合作用的生物食链）。对该区研究 F/F 事件之后的生物灭绝与复苏、沉积环境演变等具有重要意义。

（5）在马道融县组顶部首次发现 C—D 过渡型小嘴贝类腕足生物组合，采获 $Axiodeaneia$，$Paleochoristites$，$Ptychomaleotoechia$，$Geniculifera$，$Pleuropugnoides$ sp. 等一批腕足类化石，在该组合上部同时采获牙形刺 $Polygnathus\ symmetricus$，$Po.\ communis$，$Polygnathus.\ inornatus\ lobatus$，$Po$ sp.，$Siphonodella\ sulcata$，$S.\ duplicata$，$S.\ lobata$。这一腕足组合在该地区属首次发现，是广西桂林南边村国际 C/D 辅助层型剖面后的又一次发现，在古生物及区域地层划分与对比等方面研究具有重要意义，实现了国际界线层型剖面的区域延伸与对比。

（6）在度里、下达等地均发现 C/D 界线事件层（灰黄色凝灰岩，厚 2~30cm 不等），结合牙形刺化石（事件层之上均出现 $Siphonodella\ sulcata$），为调查区年代地层界线提供可靠的时代依据。

（7）首次在下司一带石炭纪汤粑沟组底部发现一套厚为 10~20m 的灰—深灰色中—薄层状纹层状钙质微生物岩，为石炭系底部微生物岩的研究及区域地层对比提供了新资料，同时为 C/D 界线事件后生物复苏提供了佐证。

（8）通过对上石炭统—二叠系系统地采集古生物化石（蜓类化石），共建立了 8 个蜓化石带：$Pseudostaffella$ - $Pseudofusulina$ 组合带、$Fusulina$ - $Fusulinella$ 带、$Triticites$ 顶峰带、$Pseudoschwagerina$ 带、$Misellina$ 延限带、$Neoschwagerina$ 顶峰带、$Yabeina$ - $Neomisellina$ 带、$Chenia$ 带，为晚石炭世—二叠纪生物地层划分及年代地层提供了可靠的依据。

（9）在三堡一带，识别出 T/P 为整合接触关系，同时在合山组顶部及大冶组底部识别两个事件层（凝灰岩层），为调查区地层划分及区域性对比提供了新资料。

（10）将调查区三叠系划分出 3 个地层分区，建立了三叠系地层序列，在北部发现了下—中三叠统罗楼组—板纳组与台地型大冶组—坡段组的相变关系，对研究区域三叠纪地层的划分与岩相古地理格局重建具有重要意义。

（11）在下三叠统底部识别出一套广泛分布的钙质微生物岩，对该区二叠纪与三叠纪之交的微生物岩类型、地质时代、空间展布进行了较为详细的研究，古转折期环境变化、生态演变等前沿问题研究对 P\T 界线及 P\T 全球生物大灭绝事件之后的生物复苏、环境变迁的研究具有重要意义：①首次在区域内该套微生物岩中发现了明显的菌藻类结构，对微生物岩进行了结构划分；②表明二叠纪与三叠纪之交发育的微生物岩在中国南方具有广泛性，且较稳定，具有较好的可填图性，作为特殊岩性来表示，以便开展区域对比，加强研究。

（12）在下三叠统大冶组上部识别出蠕虫状灰岩，具有普遍性与可对比性，为早三叠世蠕虫状灰岩的研究及区域地层对比提供了新资料。蠕虫状灰岩的发现及追踪前沿热点的调查研究，对重建生物大灭绝前的生态系统、见证新种类的出现和营养等级的建立具有非常积极的意义。

（13）在广西南丹月里一带首次发现产于碎屑岩中的晚三叠世双壳类海相化石，采集到晚三叠世双壳类化石：*Halobia* cf. *planicosta* Yin et Hsü, *Daonella lommeli* (Wissman), *Costatoria* cf. *nazeensis* Guo, *Schafhaeutlia* cf. *sphaerioides* (Bottger)，为广西新发现三叠世海相沉积的最新层位。化石的发现对广西晚三叠世海相地层的划分与区域对比、右江盆地的充填演化史及印支运动的活动等有重要的地质意义。

（14）通过野外调查及综合研究，三叠纪可划分出 8 个双壳类化石带：*Claraia wangi* 带、*Claraia stachei* 带、*Daonella amerciana* 带、*Daonella moussoni* 带、*Daonella rieberi - D. indica* 带、*Daonella varifurcata* 带、*Halobia* 带、*Costatoria* 带，为三叠纪生物地层划分及年代地层提供了可靠的依据。

二、构造方面

（1）对调查区进行了全面区域地质构造调查，基本查明了调查区褶皱、断裂和劈理带的分布、形状、产状及多期次构造活动与构造叠加特征，建立了构造格架。根据沉积建造、变形作用特征等，对构造的控岩、控相、控矿特征，以及区域变质变形、地质演化历史进行了初步探讨。研究了多期次构造活动及构造叠加的特征，表明调查区的构造形迹是泥盆纪以来多次应力继承性叠加的最终产物，而非三叠纪中晚期发生的印支运动一次性强烈褶皱回返的结果。

（2）大致查明了顶茂（丹池）断裂是一条多期活动的控相大断裂。同沉积活动期该断层控岩控相，控制了调查区构造线的展布。在其后构造活动的早期表现为正断层；晚期表现为与北北东向、北东向的挤压、逆冲、平移构造复合。

（3）在调查区查明了尧山韧性剪切变形带及麻往村、孔王寨节理带，对研究该区及右江地区的构造格局及演化具有重要意义。

三、矿产方面

本次工作在充分利用地质、物探、化探、遥感综合信息的基础上，结合区域地质调查开展了部分区域地质矿产调查研究，对矿点进行了概略性检查。对调查区汞矿、金矿、锑矿等矿产的成矿地质条件和分布规律进行了总结，对主要矿产资源进行了远景评价和成矿预测，提出了找矿方向。

四、1∶5 万水系沉积物测量

（1）利用样品的分析结果，编制了 Au、As、Ag、Cu、Pb、Zn、Sb、Bi、Cd、Hg、Sn、W、Mo、Cr、Ni、Co、F、La 共 18 种元素地球化学图、组合异常图、综合异常、找矿预测图及推断断裂岩体图等地球化学图件，同时通过地球化学推断，提取了地球化学推断断裂 16 条，隐伏中酸性（酸性）岩体 15 处，这些资料为本地区的地质找矿工作和其他科研工作提供了较为完整丰富的地球化学基础资料。

（2）为区内的地质找矿工作提供了重要找矿信息。通过本次工作，调查区共圈定综合异常 26 处，其中甲 1 类 1 处，甲 2 类 3 处，乙 3 类 11 处，丙 2 类 11 处。

(3) 为调查区指明了工作靶区。通过工作，共圈定成矿预调查区11处，其中B类3处、C类8处。

(4) 根据调查区地球化学变异系数的统计结果，区内金、锑矿成矿最有利的层位为中三叠世百逢组细粒碎屑岩，汞矿最有利层位为中泥盆世罗富组；结合调查区异常特征成果，二叠系与三叠系接触带及中泥盆世罗富组中构造发育部位是区内主要成矿部位。从调查区地质构造环境和地球化学异常特征分析，找矿重点应以金、汞为主。

广西1∶5万坡头、木格、太平圩、古龙幅区域地质矿产调查成果报告

提交单位：广西壮族自治区地质调查院
项目负责人：农军年
档案号：1095
工作周期：2013—2015年
主要成果：

一、地层方面

(1) 以岩石地层单位划分为基础，开展多重地层划分对比研究，将调查区内地层划分为15个组，共30个岩石地层填图单位，多数地层单位细分到段。基本查明调查区的地层序列、岩石地层单位的空间分布，建立了地层格架。进一步收集了地层的岩性、岩相、古生物等资料，提高了调查区地层的研究程度。

(2) 收集了较多的层序地层及沉积岩相资料，查明了各组段的基本层序特征及叠覆情况，大致弄清各时期的海平面升降变化情况、沉积环境和各时期的古地理概况。

(3) 在和平镇—大冲口一带的泥盆系和奥陶系接触带附近，发现一层厚约10m的深灰色中—厚层状白云质灰岩、砂屑灰岩夹黑色碳质泥灰岩，并在黑色碳质泥灰岩中首次采到牙形刺化石。经初步鉴别，该类型的牙形刺在桂东南地区为首次发现，时代归属有待专家鉴定。

(4) 在里峡南华纪正圆岭组、东荣镇南面的寒武纪小内冲组中发现了"砂包泥"、交错层理、斜层理、泥砾等相对高能的浅水沉积环境的标志，结合岩性岩相组合特征说明调查区内南华纪—寒武纪以浅海陆棚沉积为主，为在新元古代晚期—早古生代扬子板块与华夏板块之间是否存在华南洋提供新的资料。

(5) 通过对南华系、震旦系及寒武系砂岩、硅质岩及泥岩进行全岩地球化学研究，得出物源区主要以石英砂岩沉积为主，次为长英质和中性岩火成物源区，明显远离铁镁质火成物源区，可能处于稳定的被动大陆边缘环境。

(6) 新填绘出融县组，为零星出露的山头，未见顶底，岩性主要为浅灰—灰白色厚层状鸟眼灰岩、含鲕粒细晶灰岩、白云质生物屑泥晶灰岩等，局部夹有1~2mm的灰绿色泥皮。

(7) 野外调查发现，泥盆纪莲花山组底砾岩呈角度不整合超覆于寒武系之上，其间缺失奥陶系与志留系，上古生界和下古生界之间为明显的角度不整合关系，进一步证实了该时期发生过强烈的构造运动——加里东运动。

(8) 西垌组调查取得新进展。在本区，西垌组以陆源碎屑沉积为主，发现二段下部发育1~4层的凝灰熔岩、角砾凝灰熔岩、凝灰岩等，厚2~30m，上部为砂岩夹沉火山角砾岩、凝灰熔岩等。并取得下

部凝灰岩 LA-ICP-MS 锆石 U-Pb 同位素年龄 104±0.4Ma、103±0.4Ma,为地层时代研究提供了新的依据。

(9)古近系沉积层序调查取得新进展,自下而上表现为一个由浅(粗)→深(细)→浅(粗)的完整旋回,常形成蔚为壮观的丹霞地貌景观。此外,古近系底砾岩不整合覆盖于白垩系之上,指示中生代到新生代之间具有剧烈的构造升降运动,而这可能与喜马拉雅运动有关。

二、岩浆岩方面

(1)基本查明调查区岩浆岩岩石类型及其时空分布特征,采用"岩性+时代"填图方法,将调查区侵入岩划分为4个填图单元,系统收集岩浆岩岩石学、岩石化学、地球化学和同位素地球化学以及侵入体与围岩接触关系资料,建立了岩浆演化序列表,提高了岩浆岩研究程度。

(2)调查区内首次发现加里东期基性岩,对其进行锆石 U-Pb 测年、Hf 同位素分析及全岩主、微量元素分析,获得加权平均年龄 445±1.3Ma,结合地球化学特征及 Hf 同位素组成特征,认为其物源来自中元古代—新元古代的富集地幔。对剖析华南加里东运动的构造属性具有重要意义。

(3)获得大村岩体、古龙岩体、上木水岩体、社垌岩体花岗闪长岩 LA-ICP-MS 锆石 U-Pb 年龄分别为 438±1.4Ma、435±1.5Ma、444±4Ma、443±4Ma,为加里东期岩浆活动的产物。根据调查区加里东期花岗岩的地球化学、Hf 同位素组成及岩体发育暗色微粒包体等特征,并结合区域地质情况,认为其是在陆内碰撞造山期后伴随岩石圈局部伸展-减薄,软流圈高温地幔物质上涌,从而导致中元古代新生的基性下地壳部分熔融形成的酸性岩浆和幔源岩浆在源区不同程度的混合形成母岩浆,随后又经历了一定程度的分异演化并最终固结成岩。

(4)将社垌岩体解体为2个侵入体,主期侵入体为加里东期(443±4Ma)中细粒黑云母花岗闪长岩,后期侵入体为燕山晚期(93±1.8Ma)花岗斑岩。结合矿床勘查与侵入岩地球化学研究成果,认为社垌铜钼矿床成因与花岗斑岩关系密切,属斑岩型铜钼矿床。

(5)通过研究认为燕山期花岗斑岩处于拉张减薄的构造背景中,由上地壳泥质岩经过高度熔融形成酸性岩浆,然后经过一定程度的分异演化固结成岩,其熔融及演化过程中有流体相加入。

(6)获得古罗及王姜冲岩体 LA-ICP-MS 锆石 U-Pb 年龄分别为 158±0.8Ma、149±0.5Ma,表明其形成于燕山早期。结合地球化学、Hf 同位素组成特征,认为罗古、王姜冲辉长岩属典型的板内碱性玄武岩(或钾玄岩),形成于燕山早期华南后造山阶段大陆地壳拉张减薄的构造环境,其物源来自新元古代富集地幔。

(7)在调查区内新发现多条煌斑岩脉,为今后的金刚石找矿工作提供线索。

三、变质岩方面

查明了调查区变质岩类型、变质矿物组合特征及分布规律,对变质作用类型及特征进行分析研究,初步建立了调查区变质作用序次,并查明了其演化特征,为调查区造山带变质作用及其构造背景分析提供了依据。

四、构造方面

(1)系统收集调查区各类构造形迹资料,基本查明构造变形特征,建立了调查区构造变形序列,在大地构造背景综合分析的基础上将调查区划分为2个四级构造单元,3个五级构造单元,进一步细化、完善调查区的构造格架。

(2)根据沉积建造、岩浆活动、变质变形作用特征,调查区可划为雪峰—加里东期构造层、海西—

印支期构造层、燕山期构造层和喜马拉雅期构造层,建立了各构造层的构造样式,并研究各构造层在各个时期的构造应力场及构造叠加变形特征。

(3)查明了坡头向斜、陈山背斜等褶皱及华景-东平水库断裂、陈塘断裂、木格-岭脚断裂等断裂的空间产状、力学性质、构造样式等,反演了不同地质时期内断裂的成生、演化过程。

(4)根据区内沉积建造、古地理环境、岩浆活动、变质变形作用特征,结合华南区域地质发展特征,调查区地质构造演化可划分为新元古代—早古生代陆内裂谷盆地发展阶段、晚古生代被动陆缘发展阶段、中—新生代断陷盆地发展阶段及第四纪地壳隆升阶段四大演化阶段。

五、矿产方面

(1)综合成矿地质条件、化探异常、蚀变矿化和成矿规律研究,在调查区圈定4处成矿远景区,为进一步找矿勘查工作部署提供了新的依据。

(2)新发现新村铜矿化点、黎田铅矿化点、那斋钼矿化点、大带金矿化点、长田金矿化点等多处矿化点。

(3)研究发现,调查区成矿主要以沉积-改造成矿为主,加里东晚期斑岩型金矿化强度不高,一般仅形成金矿化地质体,主导成矿作用则与燕山早期构造-热事件的强烈改造有关。矿化富集程度与岩性组合关系密切,培地组中的碳、硅质岩系及寒武纪小内冲组、黄洞口组中的粉砂岩、泥质粉砂岩、含碳泥页岩组合对金成矿有利,而铜铅锌矿则主要富集在砂岩与泥质粉砂岩互层的岩性组合中。

(4)基本查明了调查区的矿产类型、分布规律、控矿因素,结合矿床勘查资料,分析总结了成矿条件和成矿规律,将调查区铜铅锌金(银)矿床分为6个类型,即:蚀变构造岩型金、银、铜、锌矿床;斑岩型金、铜、钼矿床;矽卡岩型钨、钼矿床;热液脉型金矿床;热卤水层控改造型铜、铅、锌矿床;沉积改造型(层控型)铅、锌矿床。

(5)总结了成矿热事件,将区内主要成矿作用分为3期:加里东晚期(400Ma±)与构造-热事件相关的金、钨、钼成矿作用,如社垌钨钼矿;燕山早期(180~135Ma)与区域岩石圈构造转换的动力学背景相关的铜、钼、钨、锡、铅、锌成矿作用和燕山晚期(133~76Ma)与区内岩石圈伸展剪切的构造背景相关的金、钨、钼、锡成矿作用。

六、化探方面

(1)获取5 594个采样点的水系沉积物和土壤19项指标共106 286个分析数据,这是目前本区水系沉积物采样精度最高的基础性数据,全面反映了区内现时段水系沉积物地球化学特征,为长远的找矿预测保留了珍贵的历史记录。

(2)编制了坡头幅和太平圩幅2个1:5万图幅的19项指标的水系沉积物地球化学图19张和单元素异常图19张,应用地球化学图2张,这些图件是本区首次编制的精度最高、最可靠、最新的水系沉积物地球化学成果,对本区今后的找矿工作具有很好的指示作用。

(3)查明了古龙地区水系沉积物19种元素的地球化学场特征,并结合地质背景、矿化特征等将普查区划分成3个地球化学分区。

(4)在全区范围内共圈定综合异常29处,其中甲类异常9处,乙类异常8处,丙类异常12处,并初步推断元素异常分布规律。

(5)对普查区主要金属矿产开展了地球化学成矿预测,提出了4处成矿远景区,包括Ⅰ级远景区2处、Ⅱ级远景区2处,并对各区的地质成矿条件、地球化学特征进行简要的评述,为本区以后地质找矿指明了方向,缩小了找矿范围。

七、遥感方面

(1)编制了 RapidEye 卫星影像图(分辨率 5m)。

(2)完成了工作区 1 880km² 地质界线、线性构造、环形构造的解译工作,其中解译了地层单位 7 个、线性构造 204 条、环形构造 24 个。

(3)利用 ETM 卫星数据,应用 ENVI 图像处理软件进行了遥感异常铁染、羟基信息的提取,圈出了 26 个遥感异常包。

(4)在充分研究了工作区各典型矿床的地质、化探、成矿条件、成矿规律及典型矿床遥感找矿模型的基础上,结合遥感异常等信息,建立了工作区的金、锰、铅锌矿资源的遥感找矿模型。

(5)经过综合分析地质、物探、化探、遥感等信息,圈定了金、锰、铅锌、钼矿 16 处遥感找矿预调查区,并编制了相应的遥感找矿预测图。

广西1:5万圭里、向阳、平腊、更新幅区域地质矿产调查成果报告

提交单位:广西壮族自治区区域地质调查研究院
项目负责人:周开华
档案号:1100
工作周期:2013—2015 年
主要成果:

一、地层方面

(1)测区位于扬子陆块西南缘,右江裂谷盆地的东北部。通过本次工作,查明了测区地层沉积类型和沉积相特征及岩相古地理,建立了地层沉积序列。测区出露地层以海相沉积的泥盆系、石炭系、二叠系、三叠系为主,少许陆相沉积的第四系。本次工作共划分出 24 个组级 41 个岩石地层填图单位(4 个非正式地层单位)。

(2)在享里背斜、巴鱼背斜、长里背斜原上石炭统中新识别出泥盆系,厘定划分为盆地相沉积的上泥盆统五指山组、榴江组;中、下泥盆统罗富组、塘丁组、益兰组。在长里最老出露至下泥盆统丹林组的砂岩之上采获 Nowakia cf. acuaria(似尖锐塔节石),属那高岭阶。突破了以往对测区最老地层为下石炭统的认识。丹林组(D_1d)—益兰组(D_1yl)为陆棚-盆地相沉积,与丹池带沉积序列相同;南宁六景莲花山组(D_1l)—郁江组(D_1y)为滨岸-陆棚相沉积,二者在岩性组合及生物组合方面均存在明显差异。因此,恢复丹林组、益兰组的使用是合适的。从区域上对比看,从丹池带往西至田林西南部那外坡一带,深水海槽沉积的都是该套岩性组合。因此,丹池序列并不局限于丹池带,在右江裂陷盆地深水海槽区普遍发育。这一地质认识对右江盆地岩相古地理分析和盆地演化研究具有重要意义。

(3)新采获一批重要生物化石(蜓、菊石、辨鳃、竹节石和牙形刺等),泥盆纪采获 13 个竹节石带,2 个腕足带,2 个菊石带;上泥盆统至下三叠统采获 11 个牙形刺带(其中泥盆纪 5 个带、石炭纪 3 个带、二叠纪 1 个带、三叠纪 2 个带);从早石炭世晚期至晚二叠世采获 8 个蜓化石带。这些化石带发现的主要意义包括:

①为测区岩相古地理的研究分析、地层划分与对比提供了古生物依据和时代依据。

②更新台地在测区内出露了大黄龙组(C_2h),为原台地相大埔组(C_2d)与黄龙组(C_2h)合并,白云岩、白云质灰岩之上采获 *Fusulinella. sp.*。白云岩之下一套灰岩、生物屑灰岩应为都安组($C_{1-2}d$),突破了以往的地质认识(最老地层为上石炭统马平组)。

③在巴鱼剖面巴平组底部灰岩中采获牙形刺 *Idiognathodus* sp.(异颚刺),*Idiognathoides corugatus*(褶皱拟异颚刺),*Neognathodus kanumai*(鹿沼新额齿刺),说明巴鱼、长里背斜一带巴平组的时代从晚石炭世巴什基尔阶开始,比桂西大部分地区偏晚,也证明该岩组单位在横向上的不等时及其穿时性,为年代地层、层序地层的划分对比和岩相古地理研究提供新的证据。

④确定区内礁灰岩的时代,更新台地和院子台地边缘的礁灰岩均从中二叠世开始沉积。礁灰岩底部采获 *Misellina* sp.。同时,更新台地上礁灰岩根据夹滩相生物屑灰岩或泥岩可分为三段:第一段底部采获 *Misellina* sp.;第二段采获 *Verbeekina* sp.,*Yabeina* sp.,牙形刺 *Mesogondolella* cf. *aserrata*;第三段底部为泥岩、灰岩中采获牙形刺 *Spathognathodus* sp.。与台地相对比相当于栖霞组(P_2q)、茅口组(P_2m)、合山组(P_3h)。

(4)进一步厘定了罗富组底界划分标志。目前,在桂西地区罗富组的划分方案不统一。原罗富组标准剖面以中厚层砂岩为标志划分罗富组底界,且以年代为依据进行划分,在区域上该砂岩层极不稳定,后经邝国敦教授等补充工作,进一步修正,界线上移至原罗富组中部灰—灰黑色中—厚层状灰岩底部,以灰岩为标志层划分,且向上均为变浅的进积层序。本次工作修编原罗富组标准剖面及黄娥剖面,测制了长里剖面,并与桂西地区该岩组进行横向对比,而中部的灰岩层相对稳定,更利于岩组单位的地质填图及横向对比。因此,使用邝国敦教授以灰岩为底界的划分方案更合适。

二、岩浆岩方面

在测区首次发现煌斑岩脉,查明了辉绿岩、煌斑岩的分布、产状、岩石类型、岩石地球化学、侵入接触关系及矿化蚀变等基本地质特征,为桂西地区基性岩浆岩和玉矿的调查研究提供了新的资料。

三、构造方面

(1)基本查明了测区褶皱、断裂、节理带、劈理带、同沉积构造等构造形迹、多期次构造活动与构造叠加特征,建立了构造格架。区内以裂陷盆地为主,发育北西向紧密线状褶皱及背斜轴部断裂和台地边缘的弧形断裂,于印支期盆地受造山运动影响抬升隆起,发育北西—北北西向挤压褶皱与断层,经后期北东向燕山期剪切构造叠加确定构造格局。

(2)基本查明测区构造的控岩、控相、控矿特征,对区域变质变形、地质演化历史进行了初步探讨。

(3)通过构造的调查研究,总结了测区构造与矿产的关系,对成矿地质条件和成矿规律总结具有重要意义。

四、矿产方面

(1)开展了页岩气调查与研究,测区泥盆系益兰组、塘丁组、罗富组,石炭系鹿寨组中发现8个(益兰组1个、塘丁组4个、罗富组2个、鹿寨组1个)厚度较大的暗色泥岩层段,具有较好的页岩气成藏条件。为此,2015—2016年中国地质调查局油气资源调查中心与本单位建立了合作关系,在测区一带开展1∶5万页岩气调查。本次工作为开展1∶5万页岩气调查提供了翔实的基础资料,为物探和深井钻孔布置提供了依据,发挥了基础先行作用,扩宽了服务领域。

(2)通过开展4幅1∶5万水系沉积物测量,划分出 Ag-Au-As-Sb-Hg、Cu-Pb-Zn、Sn-W-

Bi-Mo-F、Ni-Cr-Co 四类元素组合,圈定了 21 处综合异常和 7 处成矿远景区。

(3)通过对区内的 5 处矿点(马溜山金锑矿点、长里锰钼铜矿点、母里金锑矿点、纳岩金矿点、纳相金矿点)检查和 4 处主要异常(纳么金银异常、板风锑金异常、百西金锑异常、百必铅锌异常)查证,取得了较好的成果。通过土壤地化剖面测量,共圈出成矿元素异常 219 处;其中 Au 元素异常 35 处、Ag 元素异常 52 处、Cu 元素异常 28 处、Pb 元素异常 35 处、Zn 元素异常 30 处、Sb 元素异常 39 处。本次工作新发现金矿点 6 处,金矿体 14 处、金矿化体 5 处;锑矿点 1 处,锑矿体 1 处;铜矿化点 2 处,铜矿化体 2 处;锰矿化点 1 处,锰矿化体 1 处。对测区成矿规律进行了总结,并预测了成矿靶区,为下一步地质找矿提供化探基础资料和找矿靶区。

(4)新发现玉矿化点 1 处,产于辉绿岩及煌斑岩围岩白云岩蚀变带中,为透闪石玉矿化,该类型的玉矿在桂西至贵州已有开采,为玉矿调查研究提供了新的资料。

广西 1∶5 万印茶幅、向都幅、东平幅、天等县幅、大新幅区域地质调查报告

提交单位:广西壮族自治区区域地质调查研究院
项目负责人:陆刚
档案号:1071
工作周期:2013—2015 年
主要成果:

一、地层方面

(1)系统研究了调查区各时代地层岩石组合特征及时空展布情况,全面开展了多重地层划分与对比,基本查明了调查区地层的岩石、古生物、年代、沉积相、层序特征及组合规律,对地层进行了清理,共划分出 34 个组级正式岩石地层单位、24 个段级岩石地层填图单位和 6 个特殊岩性层,完善了调查区地层系统,建立了岩石地层格架,提高了地层的研究程度。

(2)将调查区总体地质构造、岩相古地理格架及盆地演化归纳总结为"两层一伸,五台两槽一带,三盆四岭,多个演化阶段"模式。

(3)收集了丰富的岩相古地理资料,新发现同构造震裂角砾岩、滑塌角砾岩、沉积岩脉、上泥盆统与下石炭统之间的平行不整合、二叠纪海绵礁及叶状藻丘、早三叠世微生物岩与蠕虫状灰岩、中三叠世长石砂岩特殊沉积等一批重要的地质现象,尤其是首次发现盆地沉积区早石炭世杜内中晚期发育的拉张裂陷形成的同构造沉积不整合构造——毗连不整合、中晚泥盆世形成的沉积岩脉等,对研究右江盆地的演化、灵马凹陷裂解演化及构造背景提供了新资料。新发现的重要地质现象主要有:平恩组($D_{1-2}p$)顶部的同构造震裂滑塌角砾岩、北流组($D_{1-2}b$)与五指山组(D_3w)之间的平行不整合、船埠头组(C_1c)与鹿寨组(C_1lz)之间拉张裂陷形成的同构造沉积不整合(毗连不整合)构造、融县组(D_3r)顶部的沉积间断、北流组($D_{1-2}b$)顶部含砾屑的棘屑生物屑灰岩、东岗岭组(D_2d)及融县组(D_3r)顶部发育的沉积灰岩脉、二叠系(P)海绵礁灰岩、下三叠统(T_1)微生物岩与蠕虫状灰岩、百逢组一段至二段(T_2bf^{1-2})长石砂岩等。

(4)首次在调查区采获扬子型中寒武世三叶虫 *Rhodotypiscus nasonis* Öpix(玫瑰型虫)化石,填

补了区内中寒武统化石的空白,据此在边溪组划分出王村阶,为该区寒武纪地层时代的确定、划分对比及大地构造属性研究提供了重要资料。玫瑰型虫采获于调查区南西部(1:2.5万那岭幅)坐王山一带寒武纪地层中,其大小与形态可以与澳洲的 *Rhodotypiscus nasonis* Öpix(1979)对比,属于中寒武统(原三分之寒武系),相当于我国第三统王村阶的 *Goniagnostus nathorsti* 带和 *Ptychagnostus punctuosus* 带。

(5)在调查区中部晚泥盆世早期沉积的融县组上段下部发现厚约30m的夹腕足类灰岩层段,采获小嘴贝类 *Dzieduszyckia* 等一批化石(小山剖面),为该区碳酸盐岩台地演化及沉积环境提供了新资料。小嘴贝为一类特殊的腕足化石,在华南地区均出现在法门阶下部。已有的生物地层学资料显示 *Dzieduszyckia* 属不仅分布于华南的法门阶下部,在诸如摩洛哥、乌拉尔南部等地法门阶均有记录。此生物群落的发现反映了当时特定的生活环境(化能合成作用非光合作用的生物食链),对该区研究F/F事件之后的生物灭绝与复苏、沉积环境演变等具有重要意义。

(6)在调查区下—中泥盆统斜坡相型地层中新采获一批牙形刺化石,为区域地层划分对比提供了新资料。其中,在调查区西部坡元剖面平恩组($D_{1-2}p$)下部的微晶灰岩中采获牙形刺 *Polygnathus costatus patulus*(下泥盆统埃姆斯阶顶部 *Patulus* 带)与 *Polygnathus costatus partitus*(中泥盆统艾菲尔阶底部 *Partitus* 带)。对调查区下—中泥盆统斜坡相型地层时代归属及厘定平恩组($D_{1-2}p$)为穿时地层单位提供了确定性依据。

(7)查明天等-大新台地为西大明山隆起北西部的一部分。该区晚古生代沉积变化复杂,并非一个独立孤台,其主体由滨岸碎屑岩沉积→台地相沉积构成(早泥盆世沉积岩石地层序列由下至上依次为莲花山组、那高岭组、郁江组、黄猄山组;早泥盆世晚期——二叠纪阳新世为浅水碳酸盐岩台地相沉积,岩石地层序列由下至上为北流组、融县组、隆安组、大埔组、黄龙组、马平组、栖霞组、茅口组)。

(8)调查区三叠系、东平锰矿的调查研究取得重要成果。①将调查区三叠纪沉积划分为太平型、作登型和百逢型3种沉积类型,对东平早三叠世锰矿成矿带的赋矿层位及岩石地层单位进行了重新划分,确定东平锰矿产出层位为深水盆地相沉积,重新厘定划归石炮组,将其赋矿地层新厘定为东平层(T_1d),系统完善调查区地层系列,纠正了长期将东平锰矿地层划为台地相沉积的北泗组($T_{1-2}b$)的偏差。②在赋矿地层下部的泥岩层中采获 *Claraia* sp. 等早三叠世双壳类及菊石化石,LA-MC-ICP-MS法测得其赋矿地层顶部火山碎屑岩中锆石U-Pb年龄为251.5±2.5Ma,在火山碎屑岩上覆泥质岩中采获中三叠世早期双壳类和菊石,确定东平锰矿赋矿地层的时代应为早三叠世中晚期。获得该同位素年龄在早三叠世印度期与奥仑尼克期之交,早于右江盆地一般获得的对应早、中三叠世界线(247.2Ma)的同位素年龄,可能暗示了以大规模火山活动为代表的桂西事件的初始时间(奥仑尼克期早中期)。

本次工作查明调查区的三叠纪沉积变化复杂,是台地、台地边缘、斜坡、盆地几种沉积类型的过渡区,可以划分为太平型、作登型和百逢型3种沉积类型,对该区三叠纪地层的划分与岩相古地理格局重建具有重要意义。其中,太平型为台地内部相沉积,划分马脚岭组-北泗组-板纳组;作登型为台地边缘相沉积,划分罗楼组-板纳组;百逢型为斜坡-盆地相沉积,划分石炮组-百逢组-兰木组。在调查区中西部的向都更久一带,发现下三叠统为一套薄层灰岩夹条带状灰岩及鲕粒灰岩、白云岩组合,确认该区发育了太平型早三叠世沉积,划分为马脚岭组-北泗组;发现其与下伏二叠世海绵礁灰岩为平行不整合接触,是P\T之交的构造事件(苏皖运动)在该区域的反映,是该区域盆地性质转换的重要沉积表现。

前人工作中,区域上含调查区在内的三叠纪沉积至今未形成系统、统一认识,地层划分明显受到传统锰矿工作地层划分方案的影响或束缚,这些方案划分的马脚岭组-北泗组序列(北泗组为含锰地层),实际是年代地层划分,而非真正意义上的岩石地层划分,三叠纪地层的划分与对比认识存在明显不足。本次1∶5万区域地质调查工作,新厘定赋矿地层为东平层,系统完善了调查区三叠纪地层序列,纠正了长期将东平锰矿赋矿地层划为台地相沉积的北泗组的偏差。上述进展对该区早中三叠世地层的划分与对比、岩相古地理格局的重建、正确认识与早三叠世沉积有关的锰矿成矿地质背景和成矿地质条件具有重要意义。

(9)调查区中部天等县敏岭、腊屯一带下三叠统石炮组中发育大量滑塌砾岩,且总体表现为不对称向斜,滑塌砾岩来源于南边天等台地裂解,故形成南翼厚北翼薄的不对称褶皱,此发现为研究灵马凹陷裂解演化及岩相古地理提供了重要依据。

二、构造方面

(1)基本查明了调查区各类构造形迹特征,研究了各地质时期构造变形组合样式,并以下雷-灵马断裂带(进结构造带)为重点,对其控岩、控相、控矿特征进行了探讨。合理划分构造单元,建立了调查区地质构造格架。

(2)查明调查区中部北东向展布的进结构造带为下雷-灵马凹陷带中段的组成部分,具控岩、控相、控矿特征。其由构造变质变形存在明显差异的3个部分组成:其西北部为以深水沉积地层为主构成的断褶区,为我国一条重要的锰矿成矿带;中部为台地边缘与深水沉积地层过渡区构成的褶断区,其间断裂构造发育,进结断裂往南西断续与上映-土湖断裂相连;东南部为台地边缘浅水沉积构成的构造弱变形区,晚古生代台地边缘相的展布与进结构造带一致。

(3)在调查区中部东平平贯村一带(向都台地北东缘)发现钙质韧性剪切变形构造(钙质韧性剪切带)。东平平贯村一线中泥盆统、上石炭统—三叠系碳酸盐岩地层均不同程度发育韧性剪切变形,弱者灰岩中出现糜棱岩化,强者已经构成钙质糜棱岩,总体表现为变形强弱不等、面型展布的钙质韧性剪切变形带。主要发育拉伸线理(蜓、砾屑等线形拉伸)、剪切褶皱、旋转碎斑、书斜构造、眼球状构造、拔丝构造、剪切构造分异条带、S-C面理等细微或显微构造。根据较系统收集的宏观和微观资料,初步认为与灵马凹陷多期次发育的浅层次伸展滑脱构造有关,为分析区域构造演化、盆地形成与演化提供了新资料。

(4)在向都台地南缘果洪—定明一带中泥盆统识别出同沉积构造,为D13-3-D3期向都台地演化、金洞台沟演化等次级裂陷盆地乃至灵马凹陷裂解演化提供了证据。调查区中部向都台地、天等台地内部均存在D3期深水相型沉积,其具明显重力滑塌、重力流沉积特征以及同生断裂构造,且与D2期浅水相型沉积为同沉积断层接触。其是分析区域伸展滑脱构造、次级裂陷盆地乃至灵马凹陷裂解演化的重要依据。

(5)据调查区岩相展布和宁干-金洞裂谷盆地演化特征,认为该盆地完整地记录了海西—印支期区域地壳由裂解坳陷至盆山转换的发展演化过程,经历了5次拉张作用的沉积事件、水平伸展滑动事件、岩浆事件,稳定期的造礁事件和造山期强烈的褶皱隆起、韧性剪切构造事件。它不仅提供了调查区海西期裂谷盆地发生和演化的确切时间、印支期东平锰矿田的形成条件、裂谷盆地边界特征,而且进一步证明了物探、化探、遥感推断的下雷-灵马基底断裂的存在,并提供了基底固结程度低的证据。

三、岩浆岩方面

(1)在调查区首次发现侵入下三叠统(石炮组)的辉绿岩,并于侵入层段之下的地层中采获 *Claraia pingxiangensis*,*Lytophiceras* cf. *sakubtala* 等早三叠世双壳类和菊石,取得了可靠的化石依据,确认该区存在海西期之后侵入的辉绿岩。

1∶5万印茶幅中部那桃一带辉绿岩呈似层状近顺层侵入下三叠统石炮组(T_1s),"上部"地层为下三叠统石炮组上部含砂、泥质条带的灰岩段,围岩发生热蚀变,具重结晶、大理岩化现象;"下部"地层为下三叠统石炮组下部的泥质岩段,采获双壳类 *Claraia* sp.,*C. pingxiangensis* 及菊石 *Lytophiceras* cf. *sakubtala* 等大量早三叠世古生物化石,说明该区域存在海西期以后侵入的辉绿岩,为右江地区的基性岩研究提供了新资料。

(2)调查区内新发现中性侵入岩。岩性为蚀变辉长闪长岩,呈岩墙状产出,顺层侵入中上泥盆统榴江组,顺地层走向延伸近3km。围岩具不同程度的透闪石化、纤闪石化及硅化等蚀变特征,蚀变带宽3~8m不等,蚀变强度靠接触面由近及远逐渐减弱,局部近接触带外带蚀变硅质岩中纤闪石含量达70%以上。

(3)查明调查区内前人资料中的火山岩均为火山碎屑岩类,可进一步划分为沉积火山碎屑岩和火山碎屑沉积岩,主要岩性为沉凝灰岩、凝灰质泥岩,均呈层状夹于各时代的地层中,但分布不稳定,常呈层状或似层状、透镜状展布。

四、矿产方面

(1)在东平锰矿层中发现透闪石蛇纹石化大理岩、绿纤石蛇纹石化灰岩、碎裂钙质硅质岩等变质岩系,硅质泥岩中产放射虫化石,并通过稀土元素地球化学分析研究,取得了东平型锰矿主要为同生断裂提供深源锰质的热水沉积型矿床的新认识。东平锰矿岩石地层单位、地层序列的重新厘定,成矿时代的确认,岩相古地理格局和同生构造的研究认识,都是这一认识的重要依托,对正确认识与早三叠世沉积有关的锰矿成矿地质背景和成矿地质条件、指导东平型锰矿地质找矿工作具有重要意义。

(2)在调查区北东部(1∶2.5万三合幅)三合南西的二叠系四大寨组第一段中发现夹含锰硅质岩或锰土层。此为该区新发现的含锰(赋矿)层位,为该区中二叠世沉积环境分析提供了新资料。

(3)对调查区北部第四系中产出堆积型铝土矿及褐铁矿的分布规律研究取得了新认识,其分布、富集及品质明显与区内中、晚二叠世台地边缘相带的展布相关,台内相沉积区易形成富厚铝土矿层而台地边缘相沉积区不易形成高品位、具规模的铝土矿层。

(4)发现以弄屯矿为代表的西大明山地区铅锌矿受一定层位、岩性及构造控制,具有层控、断控复合控矿的特征,特别是寒武系与泥盆系界面之间普遍存在构造破碎及热液蚀变现象,且下泥盆统莲花山组及寒武系中发现存在较多的含钙碎屑岩及泥灰岩,其与铅锌矿关系密切,为该区铅锌矿成因及控矿因素、四城岭滑脱伸展构造的研究提供了新资料,对指导西大明山地区地质找矿工作及开拓找矿新思路具有重要意义。

(5)在调查区中部宁干乡含香屯一带(矿业权空白区)新发现金矿化点1处(矿化体2条),含Au品位一般为$(0.4 \sim 0.9) \times 10^{-6}$,局部达$1.2 \times 10^{-6}$。

湖北1∶5万宣恩县、洗马坪、高罗、沙道沟幅区域地质调查报告

提交单位:湖北省地质调查院
项目负责人:罗华
档案号:1104
工作周期:2013—2015年
主要成果:

一、地层

（1）运用现代沉积学、地层学、岩石学等理论和方法,通过剖面测制与填图,查明调查区内各时代地层的空间分布与产出特征、岩石组合类型及区域变化规律,厘定了 30 个组级岩石地层单位、14 个段级非正式岩石地层单位。加强了层序地层学方面的研究,对调查区岩石地层进行了层序地层划分,共计识别出 24 个地层层序。

（2）重新厘定了调查区寒武纪地层序列。查明了寒武系在调查区内岩石组合特征,其下部岩层岩性组合与三峡地区相似;向上岩性组合特征则与湘西北地区相同,该序列的重新建立对区域对比提供了新的基础。

（3）在调查区大山坪、忠堡一带寒武纪石龙洞组中,发现一套厚20～50m 的碎屑岩存在,其主要含石英和长石及水云母等黏土矿物,且多含铁质成分,以菱铁矿或褐铁矿为主;位于石龙洞组中—上部,呈多层发育,与上、下岩层均为整合接触关系。对于该套碎屑岩的沉积,前人资料无与之对应的地层,该发现对进一步研究寒武纪石龙洞组岩性组合及沉积环境具有重要的意义。

（4）区内寒武纪石龙洞组和覃家庙组之间发育一套中—厚层状泥微晶白云岩,与区域上前人所述高台组或覃家庙组岩性组合均不一致。同时,调查区大山坪地区该套岩性底部发育一层钙质页岩和薄层状生物碎屑灰岩,与下伏石龙洞组整合接触,代表该时期沉积环境存在变化,该套岩性亦作为石龙洞组和覃家庙组之间的岩性过渡层发育,划定为覃家庙组一段。上述发现对区内覃家庙组岩性组合及沉积环境变化规律的研究具有重要意义。

（5）根据岩石岩性组合及含矿性特征对调查区内寒武纪娄山关组进行了解体,将其划分为娄山关组一段和二段,其中娄山关组二段又划分为 4 个岩性层,并查明其第三岩性层和第四岩性层为调查区内最重要的两个铅锌矿化层。娄山关组的细分对区域对比及今后找矿工作具有极为重要的意义。

（6）调查区不见中—晚奥陶世庙坡组发育,且牯牛潭组与宝塔组整合接触,说明庙坡组为相变消失。通过对宝塔组龟裂纹灰岩及下部瘤状灰岩中采集牙形石样本鉴定发现可代表区域上庙坡组开始沉积的 $Pygodus\ serra$（即 $Pygodus\ serrus$）牙形石带,于牯牛潭组顶部即有发育,由此确定牯牛潭组顶部即开始对应庙坡组沉积期。此外,直至宝塔组龟裂纹灰岩层发育仍不见代表晚奥陶世的牙形石分子出现,则说明牯牛潭组（O_2g）属中奥陶世地层,宝塔组（$O_{2-3}b$）属中—晚奥陶世地层。

（7）龙马溪组中部斑脱岩 LA‑ICP‑MS 锆石 U‑Pb 加权平均年龄为 450.0±3.6Ma,与国际地层委员会发布的奥陶系—志留系界线年龄（443.8±1.5Ma）一致,同属于晚奥陶世。利用风化过程中的不活动元素对斑脱岩原因进行恢复,结果表明其为中酸性火山岩,微量元素特征及原岩构造环境判别表明调查区斑脱岩的原岩产于扬子陆块区南面早古生代华夏陆块与扬子陆块的碰撞挤压形成的岛弧环境。

（8）调查区志留纪纱帽组具有西部沉积厚度较东部大的特点,同时由西向东细砂岩层增多。此外,西部宣恩茅峰岩地区上部为泥质粉砂岩夹泥页岩,而东部洗马坪大河坝地区为细砂岩夹泥质粉砂岩,粒度增大,表现出由西向东古水体逐渐变浅的趋势特点。

（9）根据岩石岩性组合特征可将区内晚二叠世大隆组划分为上、下两部分,其上部为一套薄层状含碳质生物碎屑灰岩层,且该套岩层由调查区桐木园一带至北东向具有逐渐减薄、消失的变化规律,这与调查区在该沉积期所处陆棚盆地中心的古环境相违背。进行岩石岩性对比发现,调查区东北部存在类似"障壁岛"砂岩体存在。此外,通过岩石地球化学调查、分析,该沉积期调查区所处沉积环境内盐度极高,有助于化学沉积形成碳酸盐岩。该套灰岩的发育即认为属台缘盆地障壁岛沉积类型,受古地貌影响。

二、构造

（1）基本查明了调查区主要构造运动的变形特点，建立了构造变形序列。加里东期—海西期表现为水平升降运动，造成不同时代地层间的平行不整合；印支运动受南北向挤压应力场的作用，造成调查区盖层发生近东西向褶皱并逐渐结束了海相沉积的历史；燕山运动早期，调查区主要受古太平洋板块向西俯冲形成的南东向的主应力，区内形成了呈线状展布的褶皱及北北东向断裂构造。褶皱形态总体上表现为向斜相对紧闭、背斜相对宽缓的隔槽式组合样式；燕山活动晚期表现出伸展裂陷作用特点，发育北北东向构造行迹，叠加改造前期构造；早喜马拉雅期区内表现为对前期构造不同程度的改造与叠加，晚喜马拉期以大面积拱曲抬升为显著特征，奠定了调查区基本构造格架。

（2）调查区内新发现观音崖断裂带，沿南南西-北北东向延伸，调查区内由高罗幅南部张家坨地区向北延伸至洗马坪幅观音崖一带，该断裂带具有多期活动特征，且伴生有北西向、北东东向次级断裂带，对张家坨铅锌矿化集中具有控矿作用。该断裂带的发现，为该地区铅锌矿找矿工作提供了新的线索。

（3）新发现喻家寨断裂带，表现为高角度劈理化带特征，且具有多幕活动历时特征，为调查区域上多期构造活动提供线索。

（4）通过对调查区沉积建造和构造变形变质事件的综合分析，将调查区划分9个构造变形事件，建立了调查区地质演化序列，总结了调查区的地质发展史。

三、矿产

（1）通过对调查区张家坨一带铅锌矿化异常区1∶1万地质草测，查明其围岩、构造及矿化蚀变等成矿地质条件，建立层控-热液矿化蚀变机制，并提出褶皱核部找矿的新找矿思想，对后期找矿工作的继续开展提供重要的基础。

（2）新发现铅锌矿化点3处、锰矿化点2处以及赤铁矿化点1处。

湖南1∶5万官地坪镇、人潮溪、瑞塔铺、三官寺幅区域地质矿产调查成果报告

提交单位：湖南省地质调查院
项目负责人：马爱军
档案号：1109
工作周期：2013—2015年
主要成果：

一、基础地质

（1）区内地层划属上扬子分区，由老到新有寒武系、奥陶系、志留系、泥盆系、二叠系、三叠系，志留系、泥盆系、二叠系、三叠系广泛分布，另有侏罗系和第四纪冲洪积物零星分布。通过地质调查与详细的剖面研究，将区内地层共划分出29个组级岩石地层单位，8个段级岩石地层单位，并划分出灰岩体、白云岩体、角砾状灰岩体、角砾状白云岩体、脉体、矿化体等10个特殊岩性填图单位，正确厘定了区内

地层层序,提高了地层划分精度。另外,本次调查首次将奥陶纪桐梓组解体为2个岩性段。

(2)划分出40个化石带、组合带、延限带等生物地层单位,重点研究了三叶虫、笔石、珊瑚、腕足类、䗴类、植物等生物地层特征,为区域多重地层划分提供了基础资料。

(3)在详细收集了关于湘西北地区及邻区生物地层划分资料的基础上,本次工作系统研究了奥陶纪—志留纪地层基本层序、沉积相、层序界面等层序地层划分的关键问题,共划分出3个二级层序,并识别出15个三级层序、34个体系域。在此基础上对该区古生代相对海平面变化进行了研究,并绘制了相对海平面变化曲线。将该曲线与全球海平面变化曲线进行对比,区别较大,说明调查区奥陶纪—志留纪时期相对海平面变化主要受控于加里东运动区域性构造基底活动。

(4)对吴家院组化石层、小溪峪组沉积时代、三叠纪大冶组沉积环境、嘉陵江组角砾岩的沉积现象进行了系统调查和资料收集,并对其形成机理进行了初步讨论。研究认为,吴家院组化石层与铁锰质层、灰岩层具有较好的"伴生"特征,且受吴家院组横向和垂向分布制约;小溪峪组沉积时代稍晚于吴家院组或回星哨组,形成于文洛克世早期;大冶组沉积早期,区内均为一套稳定的浅海陆棚沉积,随着相对海平面的慢慢下降和碳酸盐岩建隆的发育,大冶组沉积中晚期,区内在瑞塔铺—江垭水库一线以南的区域逐渐形成了碳酸盐岩台地,而这一线以北的区域仍为陆棚沉积;嘉陵江组中发育3种类型的角砾岩、角砾状白云岩和角砾状灰岩;第一类角砾岩形成于潮坪环境中的潮间带高能环境,第二类角砾岩为(闭塞)台地斜坡相滑塌过程中形成的同沉积斜坡滑塌角砾岩,第三类为构造角砾岩或溶洞垮塌角砾岩。

(5)对区内S/D、D/P、P_2/P_3、J/T四个不整合面的沉积现象进行了系统调查和研究。研究认为,小溪峪组与云台观组平行不整合关系反映雪峰古陆西侧隆后前陆盆地于文洛克世晚期受加里东运动作用隆升成陆并接受风化剥蚀;写经寺组与梁山组平行不整合是"柳江上升"和"黔桂上升"两次构造运动的产物;茅口组与龙潭组平行不整合是东吴运动的产物;沙溪庙组与巴东组角度不整合反映中三叠世晚期—早侏罗世晚印支运动北北西-南南东向强烈挤压使桑植-石门复向斜收缩变窄,形成一系列次级背向斜构造和挤压凹陷盆地。

(6)根据地层记录、地质体接触关系及构造变形活动等方面资料进行综合分析,查明了区内加里东运动、海西运动、印支运动、燕山运动及喜马拉雅运动的表现形式;划分了加里东构造层($\in$—S)、海西构造层(D)、印支构造层(P—T)、早燕山构造层(J)4个构造层;厘定了比较完整的构造(变形)事件,论述了地质发展史。

(7)对区内石门-桑植复向斜的几何学、运动学特征进行了详细的调查和研究,认为桑植-石门构造带为一复式向斜构造,其整体为北东东-南西西向构造线,叠加有北北东-南南西向和北东-南西向构造,后期构造叠加使早期北东东向枢纽明显波状弯曲和弧形偏转,最后形成右行斜列的扫帚状构造线。通过分析褶皱的形态、位态和区域构造特征,认为桑植-石门复向斜前后主要经历D_1、D_2和D_3三次褶皱-冲断构造变形,以及晚期的地壳抬升运动。

(8)提出桑植-石门复向斜中段的变形机制:桑植-石门复向斜中段主体形成于晚三叠世晚期的晚印支运动北北西向挤压体制,之后受到早燕山运动近东西向的构造叠加,使其在平面上发生弧形偏转;在垂向上,由于受到晚印支运动北北西向强大的挤压作用,深部塑性程度较高的结晶基底(顶板为12~15km)沿北北西向产生整体收缩,与此同时,结晶基底之上的褶皱基底沿其与结晶基底的界面发生滑脱,并导致褶皱基底产生褶皱弯曲,形成隆凹相间的构造格局;褶皱基底水平方向的整体压缩和弯曲带动上覆盖层水平方向的收缩,并启动盖层中的多套滑脱系统,在盖层中形成更紧闭的褶皱构造和相应的逆冲断层进行调整。

二、化探

(1) 完成了 1∶5 万水系沉积物测量面积 1 794 km², 采集基本样品 7 903 件, 平均采样密度 4.43 件/km²。重复采样点数 175 件, 重复采样率 2.2%。空小格率 3.7%, 没有连续 3 个空白小格, 没有空大格现象。样品分析 Au、Ag、Cu、Pb、Zn 等 19 种元素。样品分析过程内部质量控制和外部质量控制均满足相关规范要求, 分析数据成图效果较好, 经中南地区地球化学普查样品测试分析质量监控检查组验收, 评为优秀级(93 分)。

(2) 编制 1∶5 万水系沉积物测量采样实际材料图 1 幅、单元素地球化学图和单元素异常图各 19 幅、组合异常图 4 幅、综合异常图 1 幅、找矿远景推断图 1 幅; 圈定综合异常 50 处(其中甲类异常 7 处、乙类异常 34 处、丙类异常 9 处); 划分找矿远景区 8 处(其中Ⅰ级 1 处、Ⅱ级 4 处、Ⅲ级 3 处); 异常查证 16 处(其中踏勘检查 5 处、详细检查 11 处)。

三、矿产

(1) 对调查区内 60 处已发现矿床、矿点、矿化点中的大部分进行了踏勘检查, 对部分老硐进行了地质编录, 并填写了矿点检查卡片。本次工作新发现矿(化)点 4 处, 其中铅锌矿(化)点 2 处, 分别为四围坪铅锌矿、田坪铅矿; 重晶石矿点 1 处, 即鱼山重晶石矿; 铁矿点 1 处, 即狗攀岩铁矿。

(2) 根据调查区已知矿产地质特征、内生矿产的分布规律及物探、化探、遥感资料综合分析, 调查区共圈定 4 处找矿远景区, 其中Ⅰ级找矿远景区 1 处、Ⅱ级找矿远景区 2 处、Ⅲ级找矿远景区 1 处。自北往南分别为: 四围坪-鱼山铅锌、重晶石Ⅱ级找矿远景区(Ⅱ-1)、麦地坪-骑马岭-李家湾铁、煤Ⅰ级找矿远景区(Ⅰ-1)、小溪沟-白石里煤、铁Ⅱ级找矿远景区(Ⅱ-2)、索溪峪-矿洞山铁、煤Ⅲ级找矿远景区(Ⅲ-1)。

(3) 在已圈定找矿远景区的基础上, 分析各远景区成矿有利部位, 综合对比已知矿床点成矿规律、规模、矿化强度、围岩蚀变等特征, 结合物化探异常资料, 优选矿靶区。调查区共圈定找矿靶区 5 处, 依据各靶区成矿有利程度、成矿概率高低, 将靶区划分为 A、B 两级, 分别为: 麦地坪铁找矿靶区(A-1)、小溪沟-白石里煤找矿靶区(A-2)、四围坪铅锌-重晶石找矿靶区(B-1)、鱼山铅锌-重晶石找矿靶区(B-2)、桶子峪-南斗溪铁找矿靶区(B-3)。

中南重大岩浆事件及其成矿作用和构造背景综合研究报告

提交单位: 中国地质调查局武汉地质调查中心
项目负责人: 马丽艳
档案号: 1129
工作周期: 2014—2015 年
主要成果:

(1) 编制完成了 1∶250 万中南地区侵入岩地质图。按照(计划)项目的统一部署和要求, 在全面综合收集中南地区近年来侵入岩研究最新资料基础上, 采用 MapGIS 平台下的数字制图和数据库的技术, 对图件进行了"岩性+时代"的挂接, 用高精度的同位素年龄(锆石年龄等)修改了岩体时代, 更新编制完成了中南地区 1∶250 万侵入岩地质图。

(2) 建立并提交了中南地区侵入岩年龄数据表。中南地区侵入岩年龄数据表是按照子项目任务书的要求而建立的,也是本子项目的主要工作内容之一,主要是收集了中南地区侵入岩的精确年龄(以锆石年龄为主)及岩体的综合信息800多条。

(3) 获得了一批高精度的岩体LA-ICP-MS锆石U-Pb年龄。对工作区范围内的侵入岩(主要包括加里东期粤北和平、古寨、高寿、湘南雪花顶岩体;印支期大坝岩体;晋宁期桂北元宝山、湘东北庙山、罗里、渭洞岩体;燕山期广西圆石山等岩体)进行了详细的研究,并获得了各岩体精确的LA-ICP-MS锆石U-Pb年龄。其中,和平岩体年龄为444.4~437.1Ma,其中包体的年龄为450.3~445.0Ma;古寨岩体的年龄为446.9~445.5Ma;高寿岩体年龄为458.5Ma;雪花顶岩体年龄为407.2~404.6Ma;大坝岩体年龄为233.1Ma;元宝山岩体年龄为830.7~829.3Ma;庙山、罗里、渭洞岩体年龄分别为800Ma、814.1Ma、809.2Ma;圆石山岩体年龄为165.2~159.6Ma。

(4) 完成了1∶5万区域地质调查120km²。填图范围:1∶5万文龙幅的北东1/4幅(北纬24°45′—24°50′,东经114°52′—115°00′),主要对区内的定南岩体西体、神仙岭岩体及邻区寨丁岩体等进行了详细的调查分析,特别是对这几个岩体的成岩时代进行了重点研究。通过此次调查,确定了定南岩体西体形成于印支期(中粗粒似斑状-中粗粒片麻状黑云母二长花岗岩形成年龄为227.2Ma,细粒黑云母二长花岗岩形成年龄为227.1Ma),而不是以前普遍认为的加里东期;神仙岭(细中—中粒黑云母二长花岗岩年龄为183Ma、180Ma)及寨丁岩体(细粒闪长岩年龄为187.1Ma)形成于早侏罗世。

(5) 初步总结了中南地区侵入岩时空分布特征。通过对区内侵入岩同位素年龄的统计及对前人研究成果的总结,从中—新太古代、古—中元古代、新元古代、古生代—早中生代、晚中生代、喜马拉雅期等时段初步总结了中南地区侵入岩的时空分布规律;并划分出3个构造岩浆岩省、8个构造岩浆岩带。

(6) 总结了中南地区花岗岩成因及其形成的构造环境。根据各侵入岩的形成地质时代、构造环境、形成机制和成岩物质来源,将侵入岩划分为地壳重熔型(C型)、壳幔混源型(H型)、A型3个成因类型。根据不同的岩石构造组合特征,按中南地区侵入岩的形成时代总结了元古宙、早古生代、晚古生代、中生代、新生代花岗岩的形成构造背景。

(7) 总结了南岭地区花岗岩与成矿的关系。根据南岭地区成矿岩体总体特征共划分出了铜铅锌、锡、钨、铌钽4种成矿花岗岩类型,并对每类成矿花岗岩的特征进行了总结对比。从花岗岩的时空分布、成因类型、岩石类型与矿床的关系,花岗岩元素地球化学特性对成矿的控制和岩浆岩形成的地球动力学背景对成矿的制约等方面总结了花岗岩与成矿的关系;并以广西博白三叉冲岩体及钨矿为典型研究对象,查明了三叉冲岩体中细粒二云母花岗岩与中粒黑云母花岗岩的成因关系,认为细粒二云母花岗岩(为主)与中粒黑云母花岗岩不是分离结晶关系,而是新的一期幔源岩浆底侵加热下地壳、并引起下地壳部分熔融的产物;并认为细粒二云母花岗岩与三叉冲钨钼成矿作用的关系更为密切。

湖南1∶5万石提镇、松柏场、施溶溪、军大坪幅区域地质矿产调查成果

提交单位: 湖南省地质调查院
项目负责人: 张晓阳
档案号: 1142
工作周期: 2013—2015年

主要成果：

一、基础地质

（1）以保靖-羊峰-青天坪断裂、古丈-青鱼潭-梧楠界大断裂为界划分3个地层分区，正确厘定各分区地层系统（共计43个组级正式岩石地层单位，3个段级岩石地层单位，14个层级非正式填图单位），查明不同分区岩石地层单位的岩性、岩相及其厚度变化规律；根据古生物组合特征自青白口纪板溪群—志留系共划分出了28个化石带、组合带、组合；重点研究了寒武纪—志留纪的生物地层特征；提高了调查区地层的研究程度。

（2）对震旦纪、寒武纪地层进行了层序界面识别和基本层序划分，实现了湘西北地区不同相区震旦纪、寒武纪层序地层的划分与对比，共划分出4个二级层序（震旦纪和寒武纪各2个二级层序），24个三级层序（震旦纪中10个三级层序，寒武纪中14个三级层序），建立完善了不同相区震旦纪、寒武纪的岩石地层格架，并从层序地层学方面论证了盆地相区震旦纪金家洞组的沉积时限大于台地相区和斜坡相区的陡山沱组，即震旦纪上统与下统的界线是穿时的。

（3）首次将区内原板溪群五强溪组解体为五强溪组、多益塘组与百合垅组3个岩石地层单位，并对其岩性组合、岩相特征进行系统调查，确认其为一套以河流-三角洲-河口湾沉积为主的楔状地质体，从而大大提高了调查区青白口纪板溪群的研究程度，架设了湘西北地区板溪群区域地层对比的桥梁。

（4）查明古丈-青鱼潭-梧楠界断裂北西侧南沱组为一套以大陆冰川冰融泥石流沉积为主的含砾砂质板岩、含砾泥质粉砂岩组合；断裂南东侧南沱组含砾岩系中见砾岩、板岩、长石石英砂岩等海陆交互相沉积体，陆相冰川与海洋冰川过渡色彩浓郁。

（5）通过岩性岩相及非正式填图单位地质填图与沉积盆地演化研究，查明保靖-羊峰-青天坪断裂、古丈-青鱼潭-梧楠界断裂对南华纪—奥陶纪地层的控岩、控相作用显著。表现形式为平面上沉积相由北西向南东依次为碳酸盐岩台地、台地边缘斜坡、陆棚；垂向上由老至新台地边缘斜坡向东南迁移。

（6）查明调查区内白垩纪石门组由冲洪积砾岩、河流冲积砾岩、三角洲相砂砾岩、滨湖相砂砾岩等多种不同沉积类型的粗碎屑岩系组成，对沅麻盆地的大地构造属性及盆地的成生演化研究具有重要意义。

（7）以大量翔实的测试数据和科学的统计分析，开展区内各时代地层单位地球化学背景分析，探索不同相区、不同岩石地层单位、不同岩石组合类型的地球化学特征，探求区域铜、铅、锌、钒、钼等矿产的成矿物质来源和成矿作用机理。

（8）以保靖-羊峰-青天坪断裂、古丈-青鱼潭-梧楠界断裂两条区域性断裂及南华系、白垩系不整合界面为依据，将调查区划分为5个构造分区，以板块构造理论为基础，以大陆动力学为线索正确厘定区内各时期构造运动的不同构造形迹、构造变形序列和相互叠加改造样式。在区分不同世代、不同层次、不同尺度、不同变形机制的构造形迹基础上，深入研究了主要构造几何学、运动学、动力学特征、物质组成、形成条件、形成时代等，建立了调查区构造格架和变形序列。

（9）对区域性保靖-羊峰-青天坪断裂、古丈-青鱼潭-梧楠界断裂进行了详细的调查研究，提供了重要的第一手野外基础地质资料。在此基础之上，对断裂的成生和演化进行了系统总结、综合研究，进而查明了大断裂的控岩、控相与控矿作用。保靖-羊峰-青天坪断裂为慈利-保靖-花垣大断裂的组成部分，由多组近平行的多期活动叠加的断层、断层破碎带、断层夹块组成。断裂具多期多次活动特征，先期以张性正滑地堑式断陷为主，后期以压性正-逆复合断裂为主，晚期具右行走滑特征。它的成生演化制约了寒武纪第三世—芙蓉世碳酸盐岩台地及台地边缘斜坡的分布,控岩、控相作用明显。古丈-青鱼潭-梧楠界断裂为区域上麻阳-澧县深大断裂带的一部分,该断裂带由一系列北东向断裂组成,断裂两侧重力、航磁等地球物理特征差异明显,是扬子陆块东南缘武陵地块与雪峰地块的重要边界断裂。该断裂成生于新元古代末,早期控制了扬子陆块东南缘南华纪线状裂陷盆地的成生发展,继而制约湘西北地区震旦纪—奥陶纪岩性岩相变化。

(10)查明区内主要构造运动在区内的不整合面、构造变形等响应证据。武陵运动:基底隆升→冷家溪群强烈褶皱→裂谷盆地形成,青白口纪板溪群与冷家溪群高角度不整合接触;雪峰运动:差异升降→裂谷盆地向被动大陆边缘转化,南华纪南沱组与青白口纪板溪群平行不整合接触,古丈-青鱼潭-梧楠界断裂与保靖-羊峰断裂先后形成;加里东运动:古丈-青鱼潭-梧楠界断裂强烈逆冲推覆,南东褶皱造山,北西泥盆纪云台观组与志留纪小溪峪组之间平行不整合接触;海西运动:晚泥盆世—二叠纪地层普遍缺失;印支运动:褶皱造山,形成侏罗山式褶皱系及北北东—北东向断褶系,构造格架基本定型;燕山运动:陆内造山,构造活化,伴随沉麻断陷盆地形成,石提断裂右行走滑,白垩纪石门组与前白垩系呈角度不整合接触;喜马拉雅运动:间歇性抬升运动,形成第四纪河流阶地。

(11)深入总结了调查区构造控盆控相及进一步控矿特征,系统阐述了外生沉积矿产、内生金属矿产与地质构造的相互关系。综合研究构造演化与成矿的相互关系表明,区内矿产成生演化时间序列为:雪峰成矿序幕期→扬子—加里东成矿作用高潮期→海西—印支成矿改造期→燕山成矿作用叠加期。

二、水系沉积物测量

(1)完成1∶5万水系沉积物样品采集面积1 802 km^2,采集基本样品8 216件,平均采样密度4.56件/km^2。重复采样点数198件,重复采样率2.4%。全区共空小格115个,空小格率1.6%,没有连续3个空白小格,没有空大格现象。样品分析Au、Ag、Cu、Pb、Zn、As、Sb、Bi、Hg、Cd、W、Sn、Mo、Cr、Ni、Co、F、Ba、V共19种元素。圈定综合异常43处(其中甲类异常11处、乙类异常26处、丙类异常6处);划分找矿远景区10处(其中Ⅰ级2处、Ⅱ级5处、Ⅲ级3处)。

(2)水系沉积物测量反映出Cu、Pb、Zn、Ba、Ag元素组合异常明显与震旦纪金家洞组、寒武纪清虚洞组及断裂构造有关,V、Mo、Ni、Cd、Cr元素组合异常分布与震旦纪金家洞组、寒武纪牛蹄塘组分布区基本一致,而Au、Sb、As、Hg、F元素组合异常多出现在板溪群浅变质岩区。综合异常中心与铜、铅锌矿化套合好。保靖-羊峰-青天坪断裂两侧元素地球化学异常具明显的差别,北西侧W、Sn、Bi、Co元素组合异常分布广、强度高,异常分布无明显规律可循;而南东侧该类组合异常分布零星,强度甚低。

(3)在综合分析的基础上,对铜、铅锌成矿有利部位的水系沉积物测量异常区,开展1∶1万土壤地球化学测量、1∶1万岩石(土壤)地球化学剖面测量,辅以轻型山地工程揭露等手段的异常查证。通过异常分析查证,进一步缩小找矿靶区,发现2处矿(化)点。

三、矿 产

(1)基本查明区内矿产资源分布特征,在总结调查区矿产资源分布规律、成因类型的基础上,探讨了成矿规律,划分出了4处找矿远景区,自北向南分别是:六角庄-竹科铅锌铜Ⅰ级成矿远景区、郊溪铜铅锌Ⅱ级成矿远景区、高峰-鲁家溶铜铅锌钒Ⅰ级成矿远景区、曹家溪铅锌重晶石矿Ⅱ级成矿远景区。根据地质构造特征,控矿地质条件,主要矿种或矿床的成因类型等诸因素的相似性和差异性,结合物探、化探和遥感异常特征,综合分析研究,对各成矿远景区矿产资源潜力进行初步评价。

（2）新发现板溪群底部含沉积型赤铁矿，古丈县大溪—大地坪一带横路冲组底部夹似层状、透镜体状赤铁矿一层，矿体底板为似层状、透镜体状、扁豆状硅化灰岩，矿层顶板为紫红色厚层状长石石英砂岩，矿层厚0.4～1.56m，TFe品位34%～50.20%，平均品位34.46%，这一新的发现为湘西北地区铁矿调查评价提供了新的思路。

（3）对区内铅锌矿的成矿作用深入研究认为：湘西北地区中低温热液型铅锌矿成矿作用与构造关系密切，铅锌成矿作用具多期性，可分为雪峰成矿序幕期、扬子—加里东成矿作用高潮期、海西期—印支成矿改造期、燕山成矿作用叠加期。层控中低温热液蚀变型铅锌矿主要赋存于高孔隙度、高透水性的清虚洞组藻礁、藻屑灰岩中，成矿作用主要为加里东期；中低温热液型铅锌矿主要呈细脉状赋存于北东向断裂（导矿）与北西向断裂（容矿）交会部位，与岩性关系密切，与构造联系更为紧密。

（4）铅锌矿同位素分析测试表明调查区中低温热液型铅锌矿属富集重氧型，指示地层建造水是成矿流体的重要组成部分；金属硫化物的$\delta^{34}S$值为13.1‰～19.9‰，平均值15.8‰，显示铅锌矿铅源主要来自上地壳（下伏地层或矿源层），而铅的迁移和聚集可能与地壳活动，尤其是造山活动密切相关；中低温热液充填型铅锌矿（曹家溪）的方铅矿中硫同位素$\delta^{34}S$值为－5.9‰，明显不同于其他矿点，其物源可能来源于地下岩浆热液。震旦纪、寒武纪碳酸盐岩中的中低温热液型铅锌矿主要形成于印支期（模式年龄226～164Ma），最晚的成矿作用发生在燕山末期或更晚（曹家溪）。

（5）新发现矿（化）点10处，其中，钒矿1处、铜矿点6处、铅（锌）矿3处。调查区古丈-青鱼潭-梧楠界断裂南东新发现董家河式铅锌矿2处，即岩坪铅锌矿、天垭铅锌矿。该类铅（锌）矿产于震旦纪金家洞组中，主要受北北东向断裂控制，北北东向断裂与北西向断裂交会部位为成矿有利地段，这一新的发现大大拓展了调查区找矿工作的视野。

武当-桐柏-大别关键地区区域质调查成果报告

提交单位：中国地质科学院矿产资源研究所
项目负责人：武昱东
档案号：1153
工作周期：2013—2015年
主要成果：

（1）基于大比例尺科研填图和室内研究，确认扬子陆块北缘（武当-随州地区）发育多套新元古代岛弧-弧后性质火山-沉积岩石单元，且岩浆性质存在较大差异，重新探讨了新元古代俯冲造山作用。

通过路线地质和大比例尺构造-岩相调研，查明了武当郧县南化塘地区、房县土城地区和随州柳林地区武当群及耀岭河群岩石展布与序列。其中，武当群为新元古代中期安山岩-流纹岩亚碱性系列具岛弧性质火山-沉积序列和岩石地球化学等特征，代表了大陆边缘火山弧活动；而耀岭河群为新元古代中晚期（680～630Ma）玄武岩碱性系列具有弧后盆地火山-沉积序列特征，并具有MORB和弧后环境岩石地球化学特征，代表了大陆边缘弧后裂解环境。此外，通过锆石年代学和微体古生物化石研究，进一步确定原花山蛇绿岩为新元古代早期（840～820Ma）产物，具有岛弧-弧后盆地性质英安岩-玄武岩-花岗岩组合和岩石地球化学特征。

结合不同区域岩石形成时代和所代表的构造属性，研究认为扬子北缘晋宁期发生俯冲相关的870～820Ma的岩浆活动，并导致弧后或弧间小洋盆的打开，大陆边缘弧开始裂解，形成了多个独立的岛弧型陆块，随后770～720Ma弧后或弧间洋盆俯冲形成这一时期的岛弧型火山岩浆活动，随着俯冲的进行,又导致弧后拉张形成680～630Ma多期次的弧后岩浆活动。

(2)基于大比例尺科研填图和室内研究,查明十堰黄龙-丹江口中生代增生杂岩组合的岩石组合、构造变形特征、形成时代及其构造背景。通过大比例尺构造-岩相调研,在十堰黄龙、丹江口等地区原前寒武纪耀岭河群和陡山沱组中,识别出大量大理岩(612Ma)和镁铁质侵入岩岩片(块)、中晚泥盆世(381Ma)洋岛火山岩岩块、晚泥盆世(孢粉化石时代)碳质板岩岩片以及晚二叠世玄武岩岩块等,通过碎屑锆石分析,确定基质形成时代延续到晚三叠世(221Ma),为多种不同时代、不同类型、不同成因的岩块组成,表现出"—block-in-matrix‖"结构的特殊岩石单元特征。通过对不同岩块、岩片与基质的变形变质特征、形成构造环境等系统研究,确定该混杂岩带为俯冲形成的增生杂岩带。

(3)通过岩石组成和变质变形特征证实十堰南部存在弧前盆地-增生体系,并在武当群中获得晚古生代的沉积物源。通过分析碎屑锆石年龄组成,确定十堰南大川一带原武当群包含新元古代、早古生代和晚古生代的物质组成,古水流方向表明沉积物源来自武当北部,沉积环境判定为弧前盆地。此外,通过SHRIMP年代学分析确定在武当山存在大量的印支期基性侵入岩(250～220Ma),岩石地球化学和锆石Hf同位素特征表明这一系列基性侵入岩的形成与俯冲作用相关。通过区域构造变形特征和样式综合分析,揭示出多条复理石沉积与韧性剪切混杂岩带的交互产出,地表显示为韧性剪切带夹杂构造岩块,为武当地区中生代俯冲-增生造山作用产物。

(4)通过路线地质调查和实验测试分析,进一步肯定了竹山地区中生代增生杂岩带的存在,并将该带向东延至房县。通过野外调查和室内分析测试,在房竹沿线获得大量晚古生代—中生代火山岩和沉积岩锆石时代证据,与1:5万峪口幅和竹山幅中最新所划混杂岩带的组成、时代和构造属性相互印证,为本项目组前阶段划分安康北侧存在增生混杂岩带提供了进一步证据。该混杂岩带为南秦岭勉略增生混杂岩带向东延伸的部分,并进一步将其向东延伸至房县。竹山混杂岩带及其东延部分在早古生代可能是多岛洋性质的原始大洋,带内的细碎屑岩基质形成于活动陆缘环境。

(5)基于路线地质调查和室内研究,确认随州均川-洛阳店-柳林-三里岗地区存在多期不同成因混杂岩带。在柳林北原划为震旦纪—寒武纪—志留纪地层中发现并查明了硅质岩块体、碳酸岩块体、玄武岩块体包裹于砂岩和泥岩中,洛阳店地区表现为硅质岩和灰岩呈块体包裹于玄武岩和凝灰质砂岩中,确定该区域原划志留系玄武岩的形成时代不早于晚三叠世(220Ma);随南柳林-大洪山地区前人划归的震旦纪—泥盆纪地层,野外产状和同位素年代学显示其是由不同时代、不同岩性的块体或岩片组成的混杂岩带,通过锆石年代学分析,确定该区域原划志留纪兰家畈组玄武岩的形成时代不早于晚二叠世,混杂特征与北大巴山地区较相似。此外,原花山蛇绿岩主要表现为新元古代(840Ma)岛弧-弧后盆地性质英安岩-玄武岩组合,可能代表了扬子北缘新元古代俯冲造山作用,可与城口岛弧杂岩、西乡和碧口新元古代杂岩对比,然而其内部是否存在晚古生代—中生代增生-碰撞造山产物,目前尚无证据。

(6)深入研究区域不同类型岩石构造属性,进一步细化了武当-随州地区构造单元划分。通过对武当-随州地区开展的不同岩石单元岩石组成及空间展布、时代、构造属性等综合研究,研究区内对不同类型火山杂岩划分出以下构造演化单元:①以南化塘-随州北部地区武当群中酸性火山熔岩为代表的扬子北缘新元古代与南向俯冲相关的造山作用,区域上与迷魂阵、小磨岭、镇安、陡岭群杂岩等岛弧杂岩相似,为扬子北缘裂解出的活动大陆边缘岛弧块体。②以黄龙-丹江口为代表的中生代北向增生-碰撞造山,向西与镇安-佛坪-留坝混杂岩带相对应,为南秦岭北向俯冲形成的多条增生混杂岩带的重要组成部分。③中生代武当地区增生-碰撞造山过程与南秦岭整体相似,为复理石沉积夹多条混杂岩带,在后期由北向南逆冲推覆过程中复理石沉积将混杂岩带覆盖,十堰南大川一带具有弧前盆地沉积体系的武当群中包含的部分晚古生代沉积物源表明了晚二叠世构造岩浆事件的存在,古水流方向亦指示其物源来自北方。④随南均川-洛阳店增生杂岩带,从岩石组成、构造变形、时代和构造属性等方面,向西在十堰地区可与竹山混杂岩带中的竹山南溢水-三圣村、田家坝-茶店沟、深河-文家山等地区的岩石组合进行对比,进而向西在陕西均可与南秦岭勉略增生杂岩带相对比。⑤随南柳林-三里岗地区弧后杂岩带,其中原花山群为新元古代岛弧-弧后杂岩带,而向北柳林南侧地区为晚古生代—中生代弧后杂岩带,与北大巴山可类比,有待深入开展工作。

(7)进一步梳理和查明区域矿床成因类型和成矿时代;建立构造单元与矿床成因类型之间的耦合关系。通过对区域上郧西六斗金矿床、湖北竹山县银洞沟银金矿床、湖北竹山庙垭铌-稀土矿床重点矿种等典型矿床的解剖和综合分析,最终确定银洞沟银金矿和六斗金矿等矿床为印支期造山型金矿。结合区域构造单元划分结果,建立秦岭商南-丹凤、镇安-佛坪-留坝、石泉-安康-平利3条构造-多金属成矿带向东在武当-随州地区的延展模式。武当-随州地区的金属矿产大多形成在不同时代的重要构造岩带中。脆/韧性构造对鄂西北的一些脉型贵金属矿床(如银洞沟银金矿床、许家坡银金矿床、六斗金矿等矿床)的形成具有重要控制作用,这些矿床是造山带叠合造山作用的重要证据。

第二章 矿产资源类

湖南常宁地区矿产远景调查报告

提交单位:湖南省地质调查院
项目负责人:曾永红
档案号:0965
工作周期:2011—2013 年
主要成果:

一、1∶5 万矿产地质调查

(1)测制了全区地质剖面。区内主要地质填图单位都有 2～3 条剖面进行控制。

(2)采用以岩石地层为主的多重地层划分方法,初步查明了测区地层层序、岩性、岩相、厚度及其与成矿的关系,并对各时代地层的沉积类型、建造、沉积环境作了一定研究与探讨,在建立和完善测区地层系统的基础上,建立地层填图单位 29 个。

(3)按期次、相带理论,归纳总结了大义山岩体及水口山岩体的岩性、化学成分、重矿物、稀土、微量元素以及岩体内外蚀变特征,初步确定岩体间、岩体内各岩相间接触关系,初步了解各岩体同位素特征。探讨了岩体演化规律、成因及就位机制,重点分析研究了岩体与成矿作用的关系及其成矿专属性,建立岩体填图单位 5 个。

(4)较系统地查明了区内构造变形特征,对重要构造形迹的变形特征、成生发展及其控岩、控矿作用进行了较全面的了解和分析研究,厘定了构造期次及应力场变迁,探讨了构造发展历史。

(5)初步查明了测区地层、构造、岩体及矿(化)点、矿化蚀变带的分布。

二、1∶5 万水系沉积物测量

(1)常宁地区 1∶5 万水系沉积物测量完成面积共为 1 200 km^2,分析测试了 W、Sn、Mo、Bi、Ag、Cu、Pb、Zn、As、F、Au、Sb、Hg、B、Be、Ba 共 16 种主要与锡、铅、锌、铜、金等矿产有关的成矿元素和主要伴生元素的含量。

(2)编制了该地区的水系沉积物测量采样点位图、各元素的数据图、地球化学图、综合异常图、综合异常区划图。

(3)通过该地区的 1∶5 万化探工作,圈定了 23 处综合异常。经过分类、排序、筛选,圈出 3 处化探找矿远景区,按级别分包括Ⅰ级 2 处,Ⅱ级 1 处。按矿种可分为铅锌多金属找矿远景区(1 处),钨锡多金属找矿远景区(1处),铜多金属找矿远景区(1处)。

(4)通过综合分析,认为3处综合异常区中,可优先开展或进一步开展矿产普查评价工作,以扩大找矿远景;选取其中4~5个重点异常开展异常检查,为测区矿产检查工作提供了指导。

三、矿产检查工作

(1)对区内矿(化)点进行了分类和总结,较系统地阐述了测区已发现的有色金属、黑色金属、贵金属、稀有金属、非金属、能源矿产的分布及其特征,进一步了解了工作区内的地层、构造、岩浆岩等主要成矿地质条件。

(2)在充分收集整理以往工作成果,并结合本次所获物探、化探、遥感综合找矿新信息,以及对区内矿点(异常)踏勘检查的基础上,择优概略检查了关塘锡矿、宋家冲锰矿、新桥锰矿、早禾冲铜钨多金属矿、石头滩铜矿、灯盏坪铅锌多金属矿、山田冲金矿、康家湾铅锌矿8处矿点,大致了解了其资源潜力。对其中的关塘锡矿、宋家冲锰矿、早禾冲铜钨多金属矿、石头滩铜矿4处进行了重点检查,并对早禾冲铜钨多金属矿、石头滩铜矿进行了中深部钻探验证。

(3)全区估算334类金属量:Cu 15 303t,Sn 1 681t,Pb 6 277t,Zn 6 097t,氧化锰矿石量238.47×10^4t,碳酸锰矿石量1 245.52×10^4t。新发现矿床(点)3处(关塘锡矿、石头滩铜矿、宋家冲锰矿)。

四、综合研究

(1)通过收集区内遥感资料,了解了区内地层岩组、岩体单元、构造等地质体的综合影像特征,确定了区内各地段影像可解程度,为区内地质填图合理布置路线提供了依据。圈定遥感环形构造1个、异常区(远景区)2处。

(2)收集了区内重力、航磁资料,在区内圈出重力异常1处,航磁异常2处。对找矿起到了更好的指示作用。

(3)总结了区内成矿规律,北东向的水口山-大义山断隆带在成矿作用中起主导作用,是测区主要成矿区(带),也是区域上钦杭成矿区(带)的次级成矿区(带)。印支期—燕山期构造常作为导矿构造和容矿构造,是矿液运移的浅部通道和赋存空间,矿床多沿北东向的水口山-大义山断隆带分布在岩体周围或深大断裂带和基底断裂交会部位的构造发育地带。

(4)以铜、铅锌典型矿床认识为依据,在分析、研究测区控矿地质条件、综合信息找矿标志的基础上,建立了区内主要矿种主要类型接触交代型铅锌多金属矿、砂岩型及角砾岩构造蚀变带型铜矿的找矿模型。对工作区今后找矿方向和资源潜力作出了总体评价。

(5)划分出5处找矿远景区,包括水口山、柏坊、回龙山3处A类找矿远景区,早禾冲、灯盏坪2处B类找矿远景区。通过进一步优选,在找矿远景区中圈定了关塘锡矿、早禾冲铜钨多金属矿、石头滩铜矿(图2-1,图2-2)、灯盏坪铜铅锌矿、山田冲金矿、栗江锰矿及宋家冲锰矿7个找矿靶区。新发现宋家冲锰矿矿产地。

图 2-1 石头滩矿石野外露头特征

图 2-2 石头滩铜矿化现象

广东龙川县石马地区银铅锌多金属矿调查评价报告

提交单位:有色金属矿产地质调查中心
项目负责人:罗卫
档案号:0966
工作周期:2011—2014 年
主要成果:

一、1∶5 万面积性工作

初步查明了广东省龙川县石马地区(贝岭幅)成矿地质背景、地球物理特征,结合已有化探成果,进一步研究了调查区成矿地质条件、主要控矿因素、成矿规律等,总结了调查区找矿模型,确定了调查区主攻矿床类型为与燕山期黑云母花岗岩有关的中低温热液矿床。

二、矿产检查工作

大致查明了石马、山池村、矿山宝、金岭塘、笔架山等成矿有利地段的地质、地球化学、地球物理特征,重点查明了矿化蚀变较为集中区段的矿(化)体和蚀变体的形态、规模、产状、有用组分含量特征及矿床类型、控矿因素等地质特征,初步查明了各区段的资源潜力。

(1)石马铅锌多金属矿区圈定 5 处土壤地球化学异常,3 处高磁 ΔT 异常,1 处规模较大的低阻高极化异常;揭露了东、西 2 个矿带,10 条矿(化)体,根据已施工工程见矿情况及 1∶1 万地质物化探异常规模,初步估算铅锌矿石资源量(334 类):铅矿石(含低品位铅矿石)183.80×10^4t(平均品位 0.55%)、铅金属量 10 106t,伴生锌金属量 2 723t,伴生银金属量 1.37t;锌矿石(含低品位锌矿石)156.54×10^4t(平均品位 0.77%)、锌金属量 12 098t,伴生铅金属量 3 926t,伴生银金属量 20.64t;有很好的中低温热液型铅锌银多金属矿的找矿潜力。

(2)山池村银铅锌多金属矿区圈定了 3 处土壤地球化学异常,1 处规模较大的低阻高极化异常;揭露了 5 条矿体,初步估算(银铜)铅锌矿石资源量(334 类):矿石量 228.32×10^4t,铅金属量 84 061t(平均品位 3.68%)、锌金属量 64 125t(平均品位 2.81%),伴生铜金属量 5 687t、伴生银金属量 87t;有很好的中低温热液型铜银铅锌银多金属矿的找矿潜力。

（3）矿山宝铁矿区圈定2处土壤地球化学（Ag-Pb-Zn、Ag-Pb）异常，3处高磁ΔT异常；露天铁帽中发现明显锌矿化；应具有很好的寻找火山-次火山热液型银铅锌铜多金属矿找矿前景。

（4）金岭塘银铅锌多金属矿化区圈定3处土壤地球化学（Ag-Pb、Pb-Zn-Cu、Ag-W-Sn-Mo）异常，1处低阻高极化异常，1处中低阻高极化异常，1处中阻高极化异常；发现一条长约1.2km、宽20~30m的硅化破碎蚀变带，破碎带内普遍发育硅化、绿泥石化、绢云母化、铁锰矿化，目测见铅锌矿化；应具有较好的热液充填型银铅锌多金属矿的潜力。

（5）笔架山异常区圈定2处土壤地球化学（Au-Ag-Pb-Zn、Cu-Pb）异常，1处中低阻高极化异常；东北部发现一条走向30°，长约1.2km、宽50~115m的硅化破碎蚀变带，其内发育有黄铁矿化；具有热液充填型银铅锌多金属矿的找矿潜力。

三、成矿预测

调查区内圈定了石马-矿山宝铅锌铜多金属矿 A 类远景区、山池村-笔架山铅锌多金属矿 B 类远景区2处找矿远景区，优选了石马铅锌多金属矿找矿靶区、山池村银铅锌多金属矿找矿靶区2处找矿靶区（图2-3）。

图 2-3　山池村银铅锌多金属矿床铜铅锌矿石

湖北省大冶市铜山口铜矿接替资源勘查报告

提交单位：湖北省地质局第一地质大队
项目负责人：魏克涛
档案号：0967
工作周期：2012—2013 年
主要成果：

一、矿床成矿基本规律

（1）铜山口铜（钼）矿床是一典型的矽卡岩-斑岩复合型矿床。矿体受构造、岩浆岩与地层三因素控制，燕山早期第二次侵入的花岗闪长斑岩与大理岩的接触带控制主要矿体的空间分布、形态、产状。铜（钼钨）矿体主要赋存于接触带的外带，在下—中三叠统嘉陵江组白云岩（$T_{1-2}j$）与下三叠统大冶组灰岩（T_1d）层间裂隙构造带附近的层间盲矿体也占有一定的比例。赋存于岩体内的捕虏体及岩体中的斑岩型矿体较为次要。矿体赋存的主要部位一般距接触带 0～40m，最大 80m。矿体沿倾向延深具有尖灭再现、平行侧列等产出规律。

（2）铜山口矿床的蚀变分带较为明显，各种蚀变类型均以岩体为中心，环绕岩体分布，且各蚀变类型在空间上有不同程度的叠加，不同的蚀变带有不同的矿化特点。从岩体内部向围岩，大致可划分为钾化带（钼铜）→钾硅化带（钼铜）→绢英岩化带（钼铜）→矽卡岩化带（铜钨钼）→矽卡岩化带（铜）→蛇纹石化带→大理岩化带。岩体内部斑岩型矿化普遍，厚度较大（100～300m），但品位低（Cu：0.10%～0.15%，Mo：0.02%左右），埋深大（-400m 以下）。

（3）铜山口矿床向深部矿石类型逐渐由以铜矿石为主变为以钨、钼矿石为主。综合铜山口铜矿地质特征及本次工作成果，对潜力评价工作总结的铜山口铜矿床成矿模式图进行了完善。

二、预测区概况

铜山口地区工作程度很高，基础地质工作及物探、化探已达 1：1 万的程度，局部地段开展了 1：2 000 大比例尺的普查地质工作；矿区勘查已达勘探-普查程度。普查深度达-400m，少量钻孔达-700m 至-900m。本次在认真分析矿区及外围以往地质资料的基础上，结合矿床成矿模式和控矿条件，对矿区深部和周边进行了矿产预测。

三、预测依据

铜山口铜矿床控矿构造多样，为一矽卡岩型-斑岩型铜矿床，兼有层间破碎带型、隐爆角砾岩型矿化特征。本次按照控矿构造的不同划分靶区。

（1）Ⅰ区。该区主要在 7—10 线东段层间破碎带寻找层间破碎带型矿体，兼顾主接触带Ⅰ号矽卡岩型矿体倾向延伸。根据区内以往地勘资料，7—10 线东部层间Ⅱ号矿体控制程度不足。其中 8 线层状矿体分别在 0m、-140m、-300m 三个标高，近似等距水平展布，向东延伸均未控制。8 线、10 线东段岩体上接触带Ⅰ号矿体倾向延伸未控制。本次 1：5 000 蚀变矿化分带填图工作发现该区蛇纹石化带宽达 200～300m，规模远超岩体南缘，可能为深部层间热液影响所致。

(2)Ⅱ区。该区主要在20—26线深部寻找隐爆角砾岩型矿体,兼顾斑岩型矿体,同时探索深部是否存在另一期成矿岩浆。区内以往工作发现矿区角砾岩内明显具有铜钼异常,深部以往发现的Ⅵ号矿体部分赋存于角砾岩内。爆破角砾岩型钼铜矿体分布于岩体南侧及北西侧的爆破角砾岩中。以往工程圈定的隐爆角砾岩型Ⅵ号矿体厚仅15m左右,位于角砾岩带北侧边部,其南侧深部规模可观。另Ⅵ、Ⅰ号矿体连接关系不清,Ⅵ号矿体深部与Ⅰ号矿体连接处可能存在矿体膨大现象。岩浆隐爆导致内侧斑岩体形成网状裂隙,为矿质沉淀提供空间,形成斑岩型铜钼矿体。老矿山接替资源勘查项目布设的钻孔ZK2604和ZK2002均于岩体内部发现的100～300m厚的斑岩型矿化体,且均位于Ⅵ号矿体旁侧,靠近Ⅵ号矿体部位是否存在斑岩型工业矿体值得进一步探索。以往在Ⅵ号矿体发现有磁铁矿角砾,本次ZK2604孔也于主接触带附近见磁铁矿角砾,该磁铁矿可能为深部另外一期岩浆活动的反映。若有突破,前景巨大。

(3)Ⅲ区。该区主要探索18—19线主岩体南东倾伏方向主接触带矿体。

2008—2010年湖北省地质调查院实施的"湖北大冶铜山口地区铜多金属矿勘查"项目通过1∶1万重磁扫面在铜山口主岩体南东方向发现存在以$-0.2g$圈定的G-5低缓重力负异常,推断为与铜山口主岩体相连的隐伏花岗闪长斑岩体。于19线南段布设的钻孔ZK0801于深部接触带见厚8.24m铜矿,厚1.13m钨矿。

本次原生晕测量工作在岩体南东18—20线附近发现As、Sb等前缘晕异常,可能为隐伏矿体的反映。施工的ZK2002孔于20线北段上接触带发现厚48.89m的钨矿体,以往对铜山口铜矿区钨矿均未加以重视,其走向、倾向均未控制。以往勘探资料证实铜山口花岗闪长斑岩岩体向南东倾伏,其主接触带以往工程控制程度不足,仍有较大找矿空间。

四、资源储量估算结果

估算资源量铜矿石量(334类)$6.35×10^5$t,金属量5 017.56t,平均品位0.79%;钼矿石量$421.295×10^4$t,金属量5 931.77t,平均品位0.141%;三氧化钨矿石量$483.278×10^4$t,金属量5 969.24t,平均品位0.124%。另估算伴生铜11 037.56t,其中钨矿伴生5 890.10t,平均品位0.20%;钼矿伴生5 147.46t,平均品位0.12%。伴生钼1 464.17t,为钨矿伴生,平均品位0.030%;伴生钨692.30t,为铜矿伴生,平均品位0.109%。

湖北省大冶市阳新岩体西北段深部铜铁金多金属矿战略性勘查报告

提交单位:湖北省地质局第一地质大队
项目负责人:王鹏飞,金尚刚
档案号:0968
工作周期:2012—2013年
主要成果:

(1)通过地表地质测量,利用近年矿产勘查的工程资料,采用大比例尺地形图,修编了铜绿山矿田区最新的地形地质图,在此基础上,利用区内已有的物化探成果资料,在地质构造发展演化的基础上,编制了铜绿山矿田的岩浆岩-构造图,突出体现了断裂构造、断裂-接触复合构造和岩体内大理岩残留体的分布规律,新增了桃花嘴-许家嘴断裂带(F_4);新增了摇篮山、鲤泥湖-石头嘴两个断裂-侵入接触复合带(F_{11}、F_{12});根据物探重磁资料和工程资料,圈定了鲤泥湖、金湖北、石头嘴3个侵入岩体的半岛状接触带;突出体现了矿田区北北东向褶皱叠加改造北西向褶皱的特征,为矿田区隐伏大理岩残留体的预测提供了依据,提高了矿田区地质工作的研究程度。

(2)开展了典型矿床的深入研究,总结了近年来危机矿山找矿、深部矿产勘查工作的新成果。在以往接触交代型铜铁矿认识的基础上,重新研究认为矿田区南部接触带成矿强度弱于北部接触带;桃花嘴、铜绿山矿区内矿体倾向延伸大于走向延伸;鸡冠嘴铜金矿体围绕主断裂带旁侧次级雁状裂隙分布;矿田区厚大矿体普遍具有角砾状构造;部分矿区矽卡岩不发育而出现品位异常高、厚度异常大的铜金硫矿体;铜绿山铜铁矿区铂簇元素含量高,矿田区岩浆岩中稀土元素具有幔源特征,成矿元素有由岩浆岩向围岩迁移的现象。根据"铜绿山岩浆具有幔源成分,并分别在6km、15km深处停留""辉钼矿的成矿年龄晚于岩浆岩年龄5Ma"等最新的科研成果,并且注意到矿田区浅部(700m以浅)的岩浆岩不能提供已探明的成矿物质,由岩体向围岩成矿元素的含量逐渐降低等客观事实,提出了"矿田区成矿物质主要来自深部分异的岩浆热液,这些含矿热液沿区内深大断裂上升,在断裂-侵入接触复合带,含矿热液遇地下水或空气中的氧,pH、Eh值改变,矿质沉淀,形成厚度大、品位高的工业矿体,仅有接触交代作用的港湾状接触带,可以形成矽卡岩,但由于岩体侵入后接触带的迅速愈合,含矿热液得不到补充,只能形成小规模矿体或仅有矿化"的新认识,进一步深化了铜绿山矿田区深部矿体的控矿因素和成矿规律,编制了矿田区成矿要素图。

(3)本次没有投入面积性物探测量工作,利用1992年铜绿山矿田区重磁测量成果和大极距测深资料,深入研究已知大理岩残留体、断裂构造、断裂-接触复合构造、矽卡岩和矿体的物探异常显示特征,总结规律,利用相似类比,在有与已知隐伏矿体特征类似的地段,初步圈定部分找矿靶区。综合近年危机矿山找矿和深部矿产勘查工程资料发现的找矿线索,结合近年来对矿田区深部矿体赋存规律的新认识,在矿田区划定了部分找矿靶区。综合上述两个方面的来源,在矿田区圈定了8处找矿靶区,编制了铜绿山矿田找矿预测图。

(4)通过物探重力、磁法、可控源综合剖面测量,对铜绿山外围、金湖北接触带、陈彦利等成矿有利地段的深部地质体进行了解剖,发现了新的找矿线索。如铜绿山矿区东部,19线综合剖面显示,在1 350~1 600点之间,重力异常显示出升高的趋势、磁异常显示出台阶状正磁异常,CSAMT剖面测量在1 450~1 700点(-900~-400m标高)之间,在Ⅳ号矿体的倾向延长带上发现有高阻异常区,该地区地表出露石英二长闪长玢岩,但综合剖面表现出高重、高磁、高阻异常的特征,推测Ⅳ号矿体沿倾向仍有延伸,或沿倾向延伸部位有新的含矿大理岩残留体出现。由于古矿遗址停车场的干扰,2013年没有进行工程验证。2014年,大冶有色金属有限责任公司根据上述线索,在矿体走向向北的延伸方向,在23线新施工了ZK2302、ZK2303两个钻孔,其中的ZK2302孔发现Ⅳ2号矿体沿倾向仍有延伸,见厚8.97m的铜铁矿,并在689m处见一层厚8.8m的铁矿体。ZK2303孔在Ⅳ2号矿体的倾向延伸方向,于-823~-713m处发现了新的石榴子石透辉石矽卡岩,在矽卡岩内发现了一层厚2.18m的磁铁矿体和一层厚4.10m的铜矿体,发现了新矿体。

(5)2013年,在金湖北工作区进行了钻探验证,查明了大理岩与石英二长闪长玢岩的断裂-侵入接触带,在接触带附近发现有铜硫矿化,为下一步工作提供了找矿线索。

雪峰古陆及邻区金刚石找矿选区评价成果报告

提交单位：中国地质调查局武汉地质调查中心
项目负责人：王磊
档案号：0969
工作周期：2013—2014 年
主要成果：

(1) 系统总结了研究区大地构造演化、前寒武纪基底的认识与划分、区域深大断裂、含金刚石层位及金刚石寄主岩分布特征，完成了研究区与金刚石相关的地球化学及重砂异常等找矿信息的提取，重要地区遥感地质解译。

(2) 野外详细调查及岩石学和岩相学研究表明，研究区金刚石寄主岩及疑似岩体主要为呈脉状、筒状产出的钾镁煌斑岩、煌斑岩、橄辉云岩及辉绿岩等。可划分为桂北及桂中岩区（为煌斑岩和钾镁煌斑岩，分布于融水、罗城、都安-马山地区）、大瑶山平南-金秀岩区（为煌斑岩、橄辉云岩，分布于平南马练、金秀根念一带）、宁乡岩区（为钾镁煌斑岩，分布于宁乡云影窝地区）、桃江江石桥岩区（为辉绿岩，分布于桃江江石桥地区）、镇远岩区（为钾镁煌斑岩，分布于镇远马坪-思南塘-白坟、施秉翁哨）、麻江岩区（为钾镁煌斑岩，分布于麻江隆昌地区）、大洪山岩区（为钾镁煌斑岩，集中分布于张集镇及彭家塝地区）。

(3) 研究区疑似寄主岩 SiO_2 绝大多数小于 53%，部分小于 45%，属基性—超基性岩；TiO_2 为 0.07%~4.36%，除宁乡及镇远岩区外普遍低于 1%，CaO 为 0.21%~23%，MgO 为 4.37%~20.17%，大部分岩区 MgO 含量在 10% 以上，Al_2O_3 为 10.23%~17.16%。其中，桂北及桂中（部分岩体）、镇远和宁乡岩区与典型钾镁煌斑岩相似，这些岩石均表现为 Rb、Ba、Th、U 和 Pb 等大离子亲石元素富集，Nb 和 Ta 等高场强元素亏损，同时 Sr 元素相对亏损明显；各岩区稀土含量和配分模式非常一致，整体表现出轻稀土富集、重稀土亏损向右陡倾，基本无明显 Eu 异常，暗示它们具有相同或相似的源区。它们 $(^{87}Sr/^{86}Sr)_i$ 相对较高，介于 0.705 051~0.721 631 之间，$\varepsilon_{Nd}(t)=-10.85~-1.76$，多数样品 $\varepsilon_{Nd}(t)$ 负值较大，$^{207}Pb/^{204}Pb$ 和 $^{206}Pb/^{204}Pb$ 明显高于 MORB 值。

(4) 在综合分析以往年代学资料的基础上，结合本次工作获得的最新年龄数据，将研究区金刚石寄主岩及疑似岩体岩浆活动时代总结为：早古生代（503~486Ma，镇远及麻江岩区、大洪山岩区）、晚古生代（352~326Ma，大洪山岩区）和中生代（230~203Ma，桂北岩区、会同-洪江岩区和宁乡岩区；158~150Ma，大瑶山和江石桥岩区；100~92Ma，桂北及桂中岩区）。主、微量元素地球化学及 Sr-Nd-Pb 同位素特征表明，研究区（钾镁）煌斑岩岩浆源区在上升的过程中受地壳混染作用的影响不大，主要反映了源区交代富集地幔的性质，而且在桂北岩区可能有俯冲壳源物质的参与。镇远及麻江岩区早古生代（503~486Ma）和大洪山岩区晚古生代（352~326Ma）的钾镁煌斑岩形成于远离俯冲带的板内伸展背景，桂北岩区、会同-洪江岩区和宁乡岩区中生代（230~203Ma）岩石形成于印支期造山后的伸展背景；大瑶山和江石桥岩区中生代（158~150Ma）基性岩和桂北及桂中岩区中生代（100~92Ma）钾镁煌斑岩形成于华南陆内岩石圈伸展减薄的背景。

(5) 对研究区采集的 46 件人工重砂样品进行了详细的鉴定分选，发现了镁铝榴石、铬尖晶石（含铬铁矿）、碳硅石、橄榄石、铬透辉石、金红石等指示矿物。扫描电镜研究显示，镁铝榴石主要呈块状、浑圆状、不规则状和碎块状，表面发育有四边形蚀坑、瘤状熔蚀小丘群、阶梯状蚀像和均匀的线形生长纹,部分矿物表面几者同时发育。铬尖晶石(含铬铁矿)具有正八面体、歪八面体、多面体,不规则粒状及半浑圆状—浑圆状的过渡类型等多种形态,放大表面细熔蚀和粗熔蚀形态均可见,包括表面均匀分布的蚀象、具鳞片状至阶梯状微结构、深大的坑或槽等。电子探针分析证实,部分铬尖晶石是捕虏体成因并具金刚石成矿指示意义,如镇远和桂北岩区发现接近于S1,S2组的铬尖晶石,大洪山岩区发现S3组铬尖晶石,桂北、镇远和宁乡岩区均发现S7组铬尖晶石。镇远、宁乡和大洪山岩区均发现接近于G10、G9的铬镁铝榴石,它们Cr_2O_3含量大于5%且Cr_2O_3/Al_2O_3大于0.25,显示与金刚石成矿有关。

(6)对沅水流域及支流采集的10件样品和融水流域及支流采集的8件自然重砂控制样进行了详细的鉴定分选,仅在沅水流域5个样品中发现较好的指示矿物铬尖晶石(含铬铁矿)。扫描电镜研究显示,铬尖晶石(含铬铁矿)以浑圆状八面体和多面体居多,放大表面可见均匀分布的蚀象,细熔蚀和粗熔蚀均发育,部分表面具凹面和生长纹。电子探针分析证实,部分铬尖晶石是捕虏晶成因且为具金刚石成矿指示意义的S1组铬尖晶石,集中分布在沅江主流沅陵深溪口乡、辰水、渠水样品中。

(7)从金刚石及指示矿物特征、岩石学特征、地球化学标志、地质构造背景等方面,对研究区疑似寄主岩进行了含矿性评价,既有符合含金刚石的标志,又有符合不含金刚石的标准,二者存在相矛盾的地方。结合对研究区金刚石成矿条件的分析认为:桂北、桂中及大瑶山、大洪山和宁乡岩区疑似寄主岩含金刚石原生矿可能性不大,但镇远地区隐伏岩体是否含金刚石值得做进一步的工作。

(8)沅江流域4个砂矿中的金刚石特征尽管有相似之处,但也存在一定的差异,安江砂矿和窑头砂矿金刚石特征更为接近,补给源区应在洪江—沅陵一带;丁家港和桃源砂矿中金刚石晶形完好,表面没有明显的磨损,要考虑金刚石侧向近源补给的可能。清水江及其支流、都柳江流域金刚石与镇远马坪金刚石的补给关系不大,应另有未发现的源区。尤其是镇远马坪地区推测的隐伏岩体群,需要做进一步的钻探验证及重砂工作。

(9)在分析吉首-凤凰地区航磁异常资料的基础上,选择吉信幅桃花寨地区(7处航磁异常)及凤凰幅观庄(3处航磁异常)开展了高精度磁法剖面工作,对10处航磁异常进行检查、筛选,并绘制了磁测ΔT异常等值线图。其中,4处为真异常,有可能为基性岩体或蚀变引起;4处为干扰异常,2处需做进一步的工作甄别。

(10)根据地质、物探、化探、遥感资料和重砂矿物异常分布特征及最新普查找矿及综合研究成果,划分出8处金刚石找矿远景区:大洪山找矿远景区(Y1)、宁乡-石门找矿远景区(Y2)、铜仁-芷江-古丈找矿远景区(Y3)、黎平-靖州-溆浦找矿远景区(Y4)、镇远-凯里-都匀找矿远景区(Y5)、罗城-元宝山-泗顶找矿远景区(Y6)、平乐-荔浦找矿远景区(Y7)和桂平-蒙山-金秀找矿远景区(Y8)。

(11)圈定了10处金刚石找矿靶区,其中A类3处,B类5处,C类2处,分别为:湖南洪江安江靶区(A类)、湖南洪江坳上靶区(A类)、湖南凤凰黄合云靶区(B类)、湖南桃江筑金坝靶区(B类)、湖南宁乡云影窝-坝塘靶区(B类)、贵州镇远马坪-菖蒲塘靶区(A类)、贵州施秉大坪靶区(B类)、贵州麻江隆昌靶区(C类)、广西罗城垒洞靶区(B类)和广西三江-融水靶区(C类)。

(12)编制了雪峰古陆及邻区金刚石找矿远景区划分及选区部署图,建立了雪峰古陆及邻区基性—超基性岩(金刚石寄主岩及疑似岩体)数据库。

湖南省城步地区脉石英资源远景调查报告

提交单位:中国建筑材料工业地质勘查中心湖南总队

项目负责人:李朝灿
档案号:0970
工作周期:2013—2014 年
主要成果:

(1)本次远景调查基本了解了脉石英成矿规律,并发现脉石英成矿主要受构造、地层岩性控制。脉石英呈北北东向产出为主,北北西向次之,与区域构造基本一致。北北东向构造控制着脉石英的展布。脉石英矿主要赋存于新元古代青白口系中。

(2)基本了解了脉石英地质特征。本次远景调查共发现 0.5m 以上脉石英 61 条,脉石英走向以北北东向为主,次为北东—北北西向,脉石英主要以穿层分布,倾角较陡,一般 40°~74°,平均 50°以上,厚度一般 1.5~4m,延伸长一般 100~500m。脉石英一般为白色、灰白色、乳白色,半透明—不透明,他形,粒状结构,颗粒大小不一,主要矿物成分为石英,一般含量 98.5%~99.83%,含少量电气石、长石等,裂隙处含少量铁质、泥质等(图 2-4,图 2-5)。

图 2-4 致密块状脉石英

图 2-5 油脂光泽脉石英

(3)本次远景调查初步确定了狗子田、桐木岔 2 处可供进一步做工作的脉石英矿产地。狗子田矿产地:脉石英数量 8 条,SiO_2 平均含量 99.54%,预测资源量 1.89×10^6 t。桐木岔矿产地:脉石英数量 6 条,SiO_2 平均含量 99.55%,预测资源量 2.74×10^6 t。

湖南阳明山地区矿产地质调查成果报告

提交单位:湖南省地质矿产勘查开发局四〇九队
项目负责人:郭林志
档案号:0972
工作周期:2012—2014 年
主要成果:

一、1∶5万矿产地质填图

(1)测制了全区地质剖面。区内主要地质填图单位都有2～3条剖面进行控制。

(2)采用以岩石地层为主的多重地层划分方法,初步查明了测区地层层序、岩性、岩相、厚度及其与成矿的关系,并对各时代地层的沉积类型、建造、沉积环境作了一定研究与探讨,在建立和完善测区地层系统的基础上,建立地层填图单位16个。

(3)按花岗岩侵位期次理论,对阳明山复式花岗岩带进行了解剖,归纳总结了组成该岩带的各岩体及其内部各侵入体的岩性、化学成分、稀土元素、微量元素与岩体内外接触带变质特征,初步厘定了各侵入体间及侵入体内部各岩相间接触关系,初步了解各岩体同位素年龄特征;探讨了其演化规律、成因及就位机制,重点分析研究了岩体与成矿作用的关系及其成矿专属性。建立岩浆岩填图单位8个。

(4)较系统地查明了区内构造变形特征,对重要构造形迹的变形特征、成生发展及其控岩、控矿作用进行了较全面的了解和分析研究,厘定了构造期次及应力场变迁,探讨了构造发展历史。

(5)初步查明了测区地层、构造、岩体及矿(化)点、矿化蚀变带的分布。

二、1∶5万水系沉积物测量

(1)阳明山地区1∶5万水系沉积物测量完成面积共1 848 km²,分析测试了W、Sn、Bi、F、Cu、Pb、Zn、Ag、Au、As、Sb、Mo、Sr共13种主要与锡、铅、锌、铜、金等矿产有关的成矿元素和主要伴生元素的含量。

(2)编制了该地区的水系沉积物测量采样点位图、各元素的数据图、地球化学图、单元素异常图、综合异常图、异常解释推断图等。

(3)通过该地区的1∶5万化探工作,圈定了40处综合异常。经过分类、排序、筛选,圈出10处化探找矿远景区,按级别分包括Ⅰ级6处,Ⅱ级3处,Ⅲ级2处。按矿种可分为金铅锌多金属找矿远景区5处,钨锡多金属找矿远景区3处,铅锌多金属找矿远景区1处,金多金属找矿远景区1处。

(4)通过综合分析认为有3处综合异常区,可优先开展或进一步开展矿产预、普查工作,以扩大找矿远景;选取其中4～5处重点异常区开展异常检查,为测区矿产检查工作提供了指导。

老矿山典型矿床成矿规律总结研究成果报告

提交单位:中国地质调查局武汉地质调查中心
项目负责人:蔡锦辉
档案号:0973
工作周期:2014年
主要成果:

(1)通过对矽卡岩型铁、铜矿床的现状研究和分布特征总结,得出这类岩浆岩接触交代型铁、铜矿床绝大部分分布于不同地质时期的大陆边缘弧及岛、大陆边缘隆起中的凹陷带和与之相邻坳及裂谷处。我国主要的大、中型矽卡岩型铁、铜矿床主要沿着中国定型于中生代的近东西向和北东向、北西向构造带分布,该类矿床区的岩浆活动较频繁,岩石演化路线比较清晰;岩体侵位的产状、形态和分布范围往往控制着矿体及其规模等。

（2）成矿地质体分地壳重熔来源和地幔或下部地壳来源两个成岩成矿系列。与矽卡岩型铁、铜矿床有关的岩浆岩主要为地幔或下部地壳来源，并存在着较明显的成矿专属性，随着成矿岩体酸度的变化，从辉长岩、辉绿岩类，到闪长岩、二长岩类，再到中酸性杂岩体，最后到花岗闪长岩和花岗岩，铁、铜矿伴生的金属元素组合相应依次发生变化。成矿系列：铁→铜（金）→钼（钨）→铅、锌→铅（银）。

（3）矽卡岩型铁、铜矿床的矿体分布与成矿地质体有着密切的空间关系，矿体多分布于中酸性岩浆岩与碳酸盐类岩石的接触带中，一般不超出热变质晕的范围，并多产于外接触带上，一般距接触带100～200m范围内，少数产于内接触带。总之矿体的形态、规模和产出具体位置与侵入岩体和围岩的性质、蚀变特征、强度、范围、接触面构造、断裂及层间破碎带和蚀变岩的空间形态都有一定联系，所以该类矿体形态复杂，主要呈似层状、透镜状、脉状、囊状、不规则状产于接触带的矽卡岩中。

（4）完整的矽卡岩型铁、铜矿床的形成过程可大致划分出2个成矿期和5个成矿阶段：即矽卡岩期[早期矽卡岩阶段（又称干矽卡岩阶段）和晚期矽卡岩阶段（又称湿矽卡岩阶段）以及氧化物阶段]，石英-硫化物期（早期硫化物阶段和晚期硫化物阶段）。围岩蚀变发育，主要为矽卡岩化、硅化、绿泥石化、碳酸盐化、绢云母化、钠长石化等。

（5）在矽卡岩型铁、铜矿田内的构造具有明显的分带现象，由深至浅为：接触面构造→层间滑脱构造→角砾岩构造→断裂、裂隙构造。不同构造控制了相应的岩、矿体形态。矿化类型在平面和垂向上存在明显分带现象，从成矿地质体接触面到正常围岩，从深部到浅部：内、外矽卡岩型（硅化矽卡岩化带）→层控矽卡岩型（条带状矽卡岩）→角砾岩型-裂隙式矽卡岩型（脉状矽卡岩化、弱硅化带）→大理岩（角岩化）→灰岩、泥质岩。

（6）矽卡岩型铁、铜矿床受同熔型高钾钙碱性、偏碱性中性—中酸性岩体（成矿地质体）控制，成矿流体对围岩进行双向交代，形成矽卡岩；同时成矿地质体所带的主要成矿物质（铁、铜）发生沉淀，形成矽卡岩型铁、铜矿体。具体表现为中、酸性岩浆岩主要与铁、铜矿床密切相关，而基性岩浆岩主要与矽卡岩型铁矿床密切相关，酸性岩浆岩主要与矽卡岩型铜（金）关系密切。

（7）基性岩及中性岩矽卡岩阶段形成铁矿，与铁矿有关的岩浆岩体酸度主要集中于62～70，平均值66.89；碱度主要集中于12～18，平均值14.95。中酸性岩浆岩矽卡岩阶段形成铁矿、铜铁矿，与铜矿有关岩浆岩体酸度主要集中于70～80，平均值74.37；碱度主要集中于10～16，平均值13.31。

（8）矽卡岩型铁、铜矿床分布特点是：在中国西部矽卡岩型铁铜矿床的围岩主要是元古宙和古生代地层；在北方地区的围岩主要是古生代地层，在南方地区的围岩主要是晚古生代地层，而长江中下游一带的矽卡岩型铁铜矿床的围岩主要是中生代地层。

（9）矽卡岩铁、铜矿床中，近矿岩浆岩和铝硅酸盐围岩的碱质交代现象十分明显。由于碱质交代作用，常使岩石暗色矿物分解，磁铁矿消失，伴有铁、铜质的大量带出，形成明显的浅色交代岩带。浅色交代岩的宽窄一般与矿化的强度呈正比，因此，碱质交代岩往往可作为有效的找矿标志之一。对于不同酸度的岩浆岩来说，碱质交代作用的类型是不一样的。成矿流体是液态的而不是气态的，即蚀变矿化早期形成的矿物（如石榴子石和辉石等）也是由液态溶液形成的。矽卡岩型铁、铜矿床的成矿流体有 $H_2O-NaCl$ 型和 H_2O-CO_2-NaCl 型两种。矿物包裹体的气液比都在0.4以下，加热后气饱缩小，最后形成均一的液相。接触交代矿床中的金属氧化物（如磁铁矿）形成的温度范围一般在350～600℃之间（主要为400～500℃）；石榴子石内的流体包裹体均一温度为193～499℃，玻璃质熔融包裹体均一温度高达1 100℃；绿帘石内的流体包裹体均一温度为357～550℃；透闪石中包裹体均一温度变化在236～365℃之间；石英中流体包裹体均一温度为180～513℃；方解石中流体包裹体均一温度变化范围为132～479℃之间。蚀变及矿化的温度一般在200～900℃之间，主要矿化温度在350～600℃之间（主成矿温度在400～500℃之间）。大多数情况下矿体是在中等深度和浅部条件下形成，一般认为在地表以下 1~4.5km 之间。

(10)在总结的 80 多个矽卡岩型铁、铜矿典型矿床中,属于太古宙—古元古代 2 个,中新元古代 4 个,早古生代 1 个,晚古生代 9 个,中生代 60 个,新生代 1 个。可见矽卡岩型铁、铜矿主要形成于中生代(特别是燕山期),其次为晚古生代,其他时代很少。

(11)矿质的富集和矿体的就位受到含矿流体稳定性(饱和度)的影响,但稳定性(饱和度)又受到流体物理化学性质稳定的制约,而稳定的物理化学环境则受控于温度、压力、围岩性质、外来物质加入的成分和数量、酸碱度、元素氧化还原电位以及流体所处空间形态等诸多因素影响。因此,构成矿质沉淀和富集的结构面类型可划分为流体和固体两类。成矿流体在特定的结构面内循环,使得成矿作用长期在稳定的环境中交代岩石形成复杂的矽卡岩型铁、铜矿床。

(12)矽卡岩型铁、铜矿床的成矿地质体的岩石成分具有富含碱性和挥发性组分的特点。而且多数矿区岩石富钠,部分矿区富钾,一般情况下富钠则多铁,富钾则多铜。

(13)矽卡岩型铁矿自下而上、自内接触带到外侧弱蚀变岩依次为:块状、稠密浸染状 Fe(可以伴生 Cu)→稠密浸染状、浸染状 Fe(可以伴生 Cu)→脉状 Fe。矽卡岩型铜铁矿自下而上、自内接触带到外侧弱蚀变岩依次为:Cu(伴生 Fe、Au)→Cu、Au→Cu、Ag、Pb、Zn。

(14)通过对矽卡岩型铁、铜矿床成矿地质构造背景、成矿围岩属性、成矿地质体、成矿封闭环境、成矿温压条件、成矿物质来源条件、成矿蚀变组合等的研究,分别建立了该类型铁、铜矿床找矿预测的地质概念模式。

中上扬子地块东南缘 Pb-Zn-Ag-V 矿床成矿规律与成矿模式研究成果报告(2014 年度)

提交单位:中国地质大学(武汉)
项目负责人:丁振举
档案号:0979
工作周期:2014 年
主要成果:

(1)区内铅锌矿床矿体除局部受断裂构造影响斜切地层之外,总体上具有顺层分布特点。矿体或矿化赋存于一定的碳酸盐岩地层中,表现出明显的层控特征。矿化主要发育在礁灰岩、生物藻灰岩、生物碎屑灰岩、砾屑灰岩等不纯灰岩空隙相对发育的岩层中,具有明显的岩控特征。矿化以锌为主,局部叠加铅矿化,成矿热液主要充填于同生沉积垮塌角砾岩、成岩期发育的溶蚀空洞、缝合线构造和张性裂隙等,具有明显后生成矿特征。主要控矿构造为原生裂隙、喀斯特化溶洞、同生角砾岩和构造断裂及裂隙等,矿石主要为浸染状、脉状、斑杂状构造等。与矿化关系密切的蚀变主要为硅化、碳酸盐化、沥青化等,为低温蚀变矿物组合,指示以盆地流体成矿为主,属于较为典型的 MVT 矿床。

(2)根据董家河矿床产状、矿石构造及黄铁矿探针分析,推断成矿可能经历了早期的喷流沉积成矿与后期构造-热液叠加改造成矿两个成矿期。早期喷流沉积成矿期以黄铁矿成矿为主,而铅锌则主要为改造成矿阶段的产物。成矿流体属于中低温、低盐度、中等密度流体。成矿流体来源于盆地流体,成矿金属元素主要来自地壳、硫主要来自海相硫酸盐;成矿是在早期喷流沉积成矿基础上,伴随着区域构造运动及盆山转换过程中流体对原有成矿物质改造,在背斜转折端附近的虚脱空间进一步聚集而最终就位。

(3)综合地质地球化学研究结果,花垣矿田铅锌矿床成矿具有以下主要特点:成矿流体主要为盆地卤水,具有中低温、高盐度、高密度特征,有机质参与了成矿过程;矿石及围岩的硫同位素、铅同位素研究指示,硫主要起源自地层海水硫酸盐的 TSR 作用,而金属元素主要来自下伏的基底板溪群和牛蹄塘组黑色岩系,是由流体淋滤萃取下伏地层的成矿物质而后进入清虚洞组碳酸盐岩地层的。

(4)根据凤凰铅锌矿田汞铅锌矿床地质及地球化学研究,成矿流体为低温、中—高盐度、中—高密度流体,为建造水和大气降水的混合来源,流体包裹体气相成分主要为 CH_4,另外,还含有少量的 CO_2 和 N_2,具有还原性流体特征,预示着有机质参与成矿的可能;矿石铅同位素结果表明,凤凰矿田铅锌与汞锌成矿具有不同的铅源,凤凰铅锌矿床铅具有较多的下地壳或基底组分,而头坡脑汞锌矿床铅则主要来自上地壳。二者硫同位素组成均具有明显富集重硫特点,主要为沉积地层中海相硫酸盐 TSR 作用的产物。

(5)对湘西下寒武统牛蹄塘组系统的沉积地球化学研究表明,既有正常海相沉积也有热水喷流沉积,其形成的环境指示董家河牛蹄塘组黑色岩系沉积于缺氧还原的环境下,吉卫牛蹄塘组黑色岩系除中部灰黑色硅质页岩段为氧化环境外,其余均为缺氧还原环境。Pb、Zn 成矿元素富集与 TOC 总体存在一定的相关性,但热水沉积参与对 Pb、Zn 成矿元素富集起到了关键作用,而局部氧化-还原条件仅起到次要作用。

(6)湘西铅锌矿床为典型的 MVT 矿床,成矿主要受志留纪末期华南加里东运动(广西运动)盆山转换事件控制。在加里东陆内造山阶段挤压构造体制控制下,在盆地东南侧伴随着雪峰构造隆升及前陆盆地的形成,流体在重力和挤压应力作用下,沿早期盆地同生断裂构造系统、地层不整合面、沉积间断面、地层中高渗透率岩层由南东侧盆地中心向北西向盆缘迁移,流体混合或者有机质的还原作用导致硫化物沉淀成矿。

湘西-鄂西成矿带资源远景调查评价成果报告

提交单位:中国地质调查局武汉地质调查中心
项目负责人:段其发
档案号:0981
工作周期:2014—2016 年
主要成果:

(1)对湘西-鄂西成矿带成矿地质背景新成果进行了总结,特别是对重要含矿地层的时代、岩性组合、区域变化特征、沉积相等进行了全面系统总结,为地质矿产调查工作部署提供了依据。

(2)系统总结了 2014—2015 年度找矿成果。新发现铅锌矿(化)点 21 处,锰矿(化)点 5 处,金矿(化)点 3 处,铜矿(化)点 4 处,银钒矿(化)点 3 处,磷矿点 2 处,其他矿种矿(化)点 4 处。圈定一批物化探异常,提交找矿靶区 13 处、矿产地 9 处。

(3)在龙山下光荣地区和古城锰矿区开展了矿产地质调查,对区内成矿条件、矿产地质特征进行了总结,为邻区下一步找矿工作提供了依据。

(4)以铅锌矿床成矿流体为研究重点,系统开展了区域成矿流体的对比研究,获得一批成矿温度、成矿流体盐度和成分测试数据,总结了成矿流体的空间变化特征,进一步丰富了华南低温成矿域的内容。

(5)选择古城锰矿、铲子坪金矿、后坪镍钼多金属矿等代表性矿床进行研究。①古城锰矿形成于海相滞流盆地环境,并有热水参与成矿作用,发现了极高硫同位素值(66.85‰)。②铲子坪金矿均一温度在157～402℃之间,盐度为2.24%～13.72%,成矿流体总体属 NaCl - H_2O - CO_2 体系;成矿流体具有变质热液和岩浆热液的双重属性;构造活动引起的压力突变导致流体不混溶作用的发生,可能是金矿形成重要机制。成矿深度为3.9～8.2km。③在后坪镍钼矿床发现显微角砾状矿石,认为可能与海底火山活动或喷气作用有关;对Ni、Mo等元素的赋存状态进行了初步研究,Ni元素主要赋存在含镍矿物中(含镍黄铁矿、硫铁镍矿和硫镍矿等),而 Mo 元素则赋存在碳质、有机质、黏土矿物中,可能主要以硫钼矿集合体的形式存在。矿床形成于海底热液环境。④在东河铂钯矿床获得439.3±4.1Ma的成矿年龄,矿床形成于早志留世拉张构造背景,为在扬子陆块北缘寻找铂、钯等贵金属矿提供了年龄依据。⑤李梅矿区闪锌矿中的镉含量一般大于0.2%,平均为0.84%,最高可达2.28%。Cd元素的富集程度要比 Ge 元素和 Ga 元素高很多;分散元素 Cd、Ge、Ga 在铅锌矿石中的赋存状态主要为类质同象;在铅锌矿的选冶过程中应加强伴生元素的综合利用,防止造成环境污染。

(6)初步归纳了研究区铅锌找矿模式,系统总结了铅锌找矿标志,指明了区域找矿方向(图2-6)。

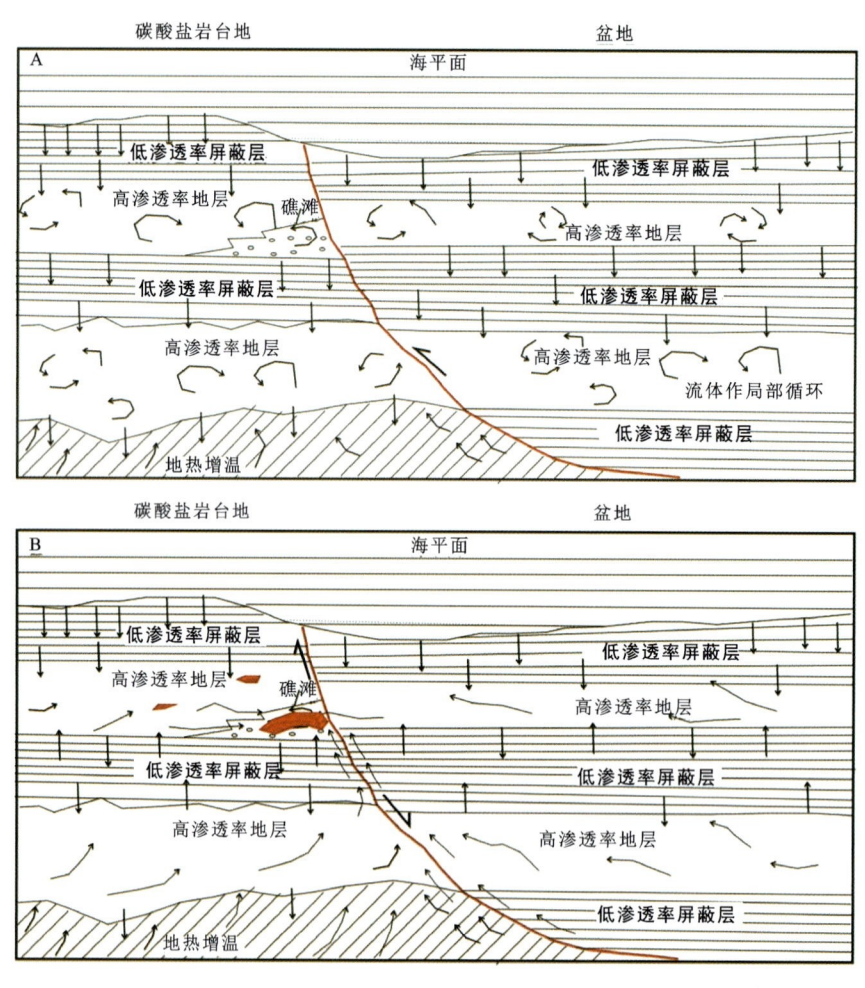

图2-6 区域成矿模式图

A. 成矿流体形成阶段,相当于沉积、埋藏成岩和构造挤压隆升阶段;B. 成矿热液运移成矿阶段,处于伸展断陷构造环境

(7)在工作区内共圈定了135处预测工作区:鄂西地区(湖北省)35处,其中 A 类13处,B 类17处,C 类5处;湘西地区(湖南省)100处,其中 A 类15处,B 类33处,C 类52处。共划分重要找矿远景区13处,并对各区内的优势矿种资源量进行了预测评价。

广东阳春铜多金属整装勘查区成矿规律与找矿方向研究成果报告

提交单位:广东省有色金属地质局
项目负责人:刘东宏
档案号:0982
工作周期:2013年
主要成果:

(1)查明了本区多金属矿床的成矿地质背景、成矿条件。

(2)从成矿地质体、成矿构造与成矿结构面、成矿作用特征标志等方面对研究区内较典型的石菉矽卡岩型铜钼矿和锡山石英脉-云英岩型钨锡矿进行了系统的研究,建立了"三位一体"的成矿模式与找矿预测地质模型(图2-7)。

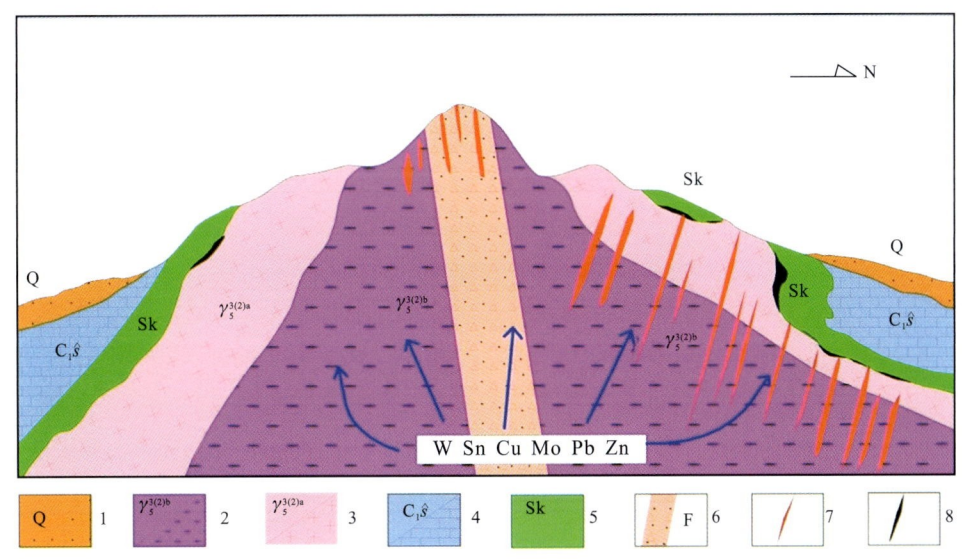

图2-7 锡山钨锡矿找矿预测地质模型图

1.第四系;2.晚期石英斑岩;3.早期中细粒黑云母花岗岩;4.下石炭统石磴子组;
5.矽卡岩;6.断裂构造角砾岩带;7.钨锡矿脉;8.铜铅锌锡矿脉

(3)较系统地研究和梳理了阳春盆地内部及其周边地区岩体的岩石学-地球化学特征及成岩-成矿年代学特征,理清了两类岩体成因系列及其对应的两类成矿系列,建立了三期成岩-成矿时代的总体格架,将研究区的多金属矿床厘定为1个成矿系列和3个成矿亚系列:即与燕山期侵入岩有关的铁、铜、铅、锌、钨、锡等多金属矿床成矿系列,包括与中侏罗世侵入岩有关的铁、铜、多金属矿床成矿亚系列(Ⅰ),与早白垩世中酸性侵入岩有关的铜、钼、铅、锌、多金属矿床成矿亚系列(Ⅱ)和与晚白垩世花岗岩有关的钨、锡多金属矿床成矿亚系列(Ⅲ)。

(4)通过典型矿床研究和综合前人成果报告、文献等资料,总结了区域成矿规律,阐述了区内的主要矿床类型、成矿控制条件、成矿时空规律、找矿特征标志、区域成矿模式等。

(5)通过综合研究和分析,结合本区地质、地球物理和地球化学背景、成矿系列、控矿条件、矿床(点)组合及时空分布规律,圈定找矿远景区 7 处,找矿靶区 20 处,明确了研究区今后开展普查找矿的地域和方向。

湖北省阳新县赤马山铜矿接替资源勘查报告

提交单位:中国冶金地质总局中南地质勘查院
项目负责人:夏斌
档案号:0983
工作周期:2014—2015 年
主要成果:

一、勘查控制和研究程度及质量评述

依据《铜、铅、锌、银、镍、钼矿地质勘查规范》(DZ/T 0200—2002)、《固体矿产资源/储量分类》(GB/T 17766—1999)的规定,对五大地质因素进行初步研究,确定本次勘查的主矿体勘查类型为Ⅲ类。基本工程间距为 100m×80m。本次普查工作参考原勘探工作的网度,结合规范要求,按工程间距探求 333 类资源量。

通过本次勘查工作,基本上查明了本矿床由浅部至深部的成矿地质条件、岩性特征、岩体的形态、产状以及对成矿的控制作用。同时查明了Ⅲ号铜矿体深部往南东侧伏的特征,探测到Ⅰ号铜矿体深部暂无尖灭再现部位。

本次勘查工作布置限定在大冶有色金属有限责任公司赤马山铜矿采矿权范围及其深部(-350m 标高以下预留探矿权范围),主要是对赤马山矿区进行深部普查找矿,针对性地在 7 线、24 线、35 线和 39 线利用钻探工程重点探索Ⅰ、Ⅱ、Ⅲ号矿体侧伏特征,控制深部铜矿体。本次探明的深部Ⅲ号矿体由 33 线、35 线和 39 线剖面工程控制,由于矿权界线限制,该矿体南东侧无法布置工程控制,整体工程布置以及施工质量均达到规范和设计技术要求。勘查工作以钻探为主,配合坑探。

二、矿床的成矿规律及远景

赤马山铜矿床的矿体均产在矿区石英闪长岩与石炭系、二叠系、三叠系灰岩接触带附近。浅部矿体多产于正接触带上,矿石为含铜矽卡岩,品位高,具有典型的矽卡岩矿床特征;而深部矿体则逐渐向接触带下部石英闪长岩中移动,矿石为细脉浸染状的含铜石英闪长岩,品位较低,蚀变较强,具有典型的斑岩型矿床特征。整体上,赤马山铜矿床为岩浆热液型,含矿热液向浅部运移过程中,由于沉淀成矿的载体不同,会分别在深部的岩体裂隙带和岩体与地层接触带沉淀成矿,总体仍是一个完整的成矿系统,为同一期成矿事件。

本次工程探索Ⅰ、Ⅱ、Ⅲ号矿体侧伏特征,发现Ⅲ号矿体深部侧伏向延伸尚有一定规模,而Ⅰ、Ⅱ号矿体浅部尖灭后,深部矿化蚀变极弱,矿体未再现。Ⅲ号矿体产于二叠系栖霞组灰岩、茅口组灰岩与石英闪长岩接触带的转弯处,由含铜石榴子石矽卡岩及含铜石英闪长岩组成。在 26—32 线之间,Ⅲ号矿体由一个整体分成上、下两段,上、下两段矿体的间距变大。33 线以东矿体具有以下特征:从 33 线开始,矿体分支,钻孔 ZK3301 揭露矽卡岩铜矿 10.00m,Cu 品位 0.84%,走向上已经尖灭。至

35线,-460m标高处该矿体明显狭缩,钻孔ZK3501见矿3.39m,Cu品位0.96%。至39线,-460m标高处含铜矿化矽卡岩化石英闪长岩,接触带见矽卡岩铜矿体,见矿厚度24.19m,Cu品位0.83%。由此可见,该矿体往东深部有膨大富集趋势,极有可能已靠近另一个铜矿化富集中心。

湖南省邵阳市崇阳坪地区矿产远景调查成果报告

提交单位: 湖南省地质调查院
项目负责人: 孔令兵
档案号: 0986
工作周期: 2011—2013年
主要成果:

(1)通过1∶5万遥感地质解译,了解了区内地层、岩浆岩、构造等地质体的综合影像特征。确定了区内各地段影像可解程度,为区内地质填图合理布置路线提供了依据。通过提取断裂或裂隙信息增强各方向线性构造信息,从而达到指导圈定线性构造,特别是追索含矿断裂的目的,对找矿具有一定的指导作用。

(2)通过剖面测量和野外地质调查,重新厘定了区内地层层序。基本上查明了工作区内地层的分布,建立了区内岩石地层填图单位21个。

(3)通过剖面测量和野外地质调查,基本上查明了工作区岩浆岩的分布和侵入岩体岩石的物质组成、结构、构造、岩石地球化学、稀土元素和同位素地球化学特征,初步对岩浆岩体进行了解体,建立了岩浆岩填图单位7个,为建立岩浆岩的演化序列及其与成矿的关系奠定了基础。

(4)通过对区内地层、岩浆岩的岩石化学特征的分析研究,对地层的含矿性和岩浆岩的成矿专属性作出了初步评价。

(5)通过野外地质调查工作,基本上查明了工作区内的构造形迹及其含矿性,为进行构造演化特征和控岩控矿作用研究奠定了基础。

(6)获得了系统的区域地球化学背景资料,对各地层、岩浆岩体、岩性中的元素丰值有较确切的了解。系统总结了元素地球化学特征和元素共生组合规律。

(7)1∶5万水系沉积物测量共圈出了28处综合异常,按价值分类:甲1类4处,甲2类1处,乙1类2处,乙2类3处,乙3类14处,丙类4处。对14处W元素异常和5处Au元素异常进行了异常多参数评序后综合认为,AS13、AS16、AS4、AS3、AS21、AS19六处异常是找钨矿前景较好的异常,AS2、AS1、AS6、AS9四处异常是找金矿前景较好的异常。在测区范围内共划分了8处找矿远景区。其中有Ⅰ级找矿远景区6处,Ⅱ级找矿远景区1处,Ⅲ级找矿远景区2处。

(8)在矿产地质调查中新发现了矿(化)点15处,其中钨矿点8处、金矿点2处、锰矿点1处、铅锌矿点1处、铜矿点2处、银铅锌矿点1处。矿产类型有钨、金、铜、锰、银、铅、锌等。钨矿床成因类型主要为与岩浆岩有关的高温热液裂隙充填型矿床,工业类型为石英脉带型钨矿床;金矿床成因类型主要为中低温热液型矿床,工业类型为破碎蚀变岩型、石英脉型、剪切破碎带型金矿床;锰矿床成因类型为沉积改造型矿床;铅锌矿床成因类型为沉积改造型矿床;银铅锌矿床为中温热液裂隙充填型。

(9)在综合分析工作区地质、物探、化探、遥感成果的基础上,择优概略检查了洪江市沙溪钨矿点、洪江市龙潭洞铅锌矿点、洪江市栗山坡外围钨矿点、洪江市麻溪金矿点、洪江市向家田金矿点、绥宁县苦梨树钨矿点、绥宁县红岩钨矿点、溆浦县水源锰矿点、绥宁县牛角界钨矿点、绥宁县罗连钨矿点、绥宁县泡洞银铅锌矿点等15处矿点。另外,对AS4、AS6、AS13综合异常开展检查,经概略检查确定有找矿前景的矿点,进一步开展重点检查工作,其中重点检查了洪江市沙溪钨矿、洪江市栗山坡外围钨矿、洪江市向家田金矿、绥宁县苦梨树钨矿、绥宁县红岩钨矿、绥宁县牛角界钨矿、绥宁县泡洞银铅锌矿7处矿点。绥宁县寨溪山(红岩与苦梨树)钨矿区、绥宁牛角界钨矿区被列为2012年湖南省两权价款地质勘探项目,洪江市沙溪钨矿区被列为2013年湖南省两权价款地质勘查项目。通过检查初步查明矿(化)体的矿化类型、特征、规模、形态、产状、矿石品位及控矿因素,对其远景作出了初步评价,结合控矿地质条件进行成矿预测,提供了进一步开展矿产普查工作的依据,并提出了进一步工作的建议。通过对牛角界钨矿点等7个矿点进行重点检查后,累计获得资源量:氧化钨资源量3.74×10^4t,铅锌资源量923t,金资源量162kg,银资源量6.22t。

(10)通过对区内矿产特征与地层、岩浆岩、构造关系的调查研究,总结了区内矿产成矿规律。该区钨、锡等金属矿产的成矿活动归于岩浆岩成矿系列,其矿产主要与三叠纪花岗岩有关,各种矿床、矿点以及矿化异常主要分布于该时代花岗岩岩体接触带及其附近的断层破碎带中。矿种有钨、锡、铋、铜、铅等;以钨锡为主,构成与花岗岩有关的钨、锡、多金属成矿系列。

(11)通过综合研究和分析,结合本区地质、地球物理和地球化学背景、成矿系列、矿床(点)组合和控矿条件及矿床(点)时空分布规律,总结划分了3个大的成矿区:沙溪-栗山坡钨、铋、钼、铅成矿区,上茶山-苦梨树-红岩钨、锡、钼、铋成矿区,宝鼎-牛角界-白石庙钨、锡、钼、铋成矿区;2个成矿带:青山洞-大坪-向家田金、砷、锑成矿带,洗马-渣坪-炉坪铜、铅、锌、钼成矿带。

(12)在总结工作区内成矿区(带)的基础上,圈定找矿远景区9处,找矿靶区9处,全部为A类找矿靶区。明确了工作区今后开展普查找矿的地域和方向。

南岭成矿带资源远景调查评价成果报告

提交单位:中国地质调查局武汉地质调查中心
项目负责人:付建明
档案号:0987
工作周期:2014—2015年
主要成果:

(1)新发现矿(化)点28处,提交找矿靶区18处,提交矿产地5处。

(2)系统总结了南岭地区成矿作用的时空演化规律,在区内划分了19个Ⅳ级成矿带(区),56个Ⅴ级成矿带(矿集区),153处综合预测区,19处找矿远景区,并对其资源潜力进行了评价,为下一步地质找矿部署奠定了工作基础;通过对地质构造、地球化学和成矿特征的综合分析,将成矿带划分为9个成矿系列、17个成矿亚系列;编制了1:75万南岭成矿带地质矿产图、南岭成矿带成矿规律图、南岭成矿带重要矿产综合预测区分布图、南岭成矿带找矿远景区及找矿靶区划分图、南岭成矿带地质工作程度及工作部署图(2016—2020年)等系列图件。

(3)编制1:250万中南地区侵入岩地质图,更新了中南地区岩浆岩及成矿事件年龄数据表;获得了一批高精度的锆石LA-ICP-MS U-Pb年龄:加里东期的粤北古寨岩体、和平岩体(寄主岩石及包体)、高寿岩体、湘南雪花顶岩体(458.5~404.6Ma)及晋宁期湖南岳阳地区的庙山上岩体、罗里岩体、渭洞岩体(814~800Ma)。获得粤北大坝岩体年龄为233.1Ma,属印支期(此前一直被认为是燕山期)。

(4) 对细坳花岗岩和古寨花岗闪长岩开展了 LA-ICP-MS 锆石 U-Pb 定年工作,结果显示:细坳侵入体更可能为加里东期和印支期花岗岩所组成的杂岩体,条纹条带状花岗岩为岩体的主体,形成时代为 430Ma,细粒花岗岩形成时代较晚,为 242Ma,可能分别代表了加里东运动和印支运动在区域上的岩石学响应;古寨花岗闪长岩形成时代分别为 443.2Ma 和 431.9Ma,更可能是早—中志留世时期的岩浆活动,而非前人所认为的三叠纪。

(5) 广东 1:5 万筋竹圩、连滩镇、泗纶圩、罗定县幅强烈风化区填图试点子项目进一步完善了强风化区填图的技术路线和方法。

(6) 广东 1:5 万周陂公社、隆街公社、新丰县、马头幅区域地质矿产调查:对区内晚泥盆世帽子峰组进行面上调查,发现大范围出露的海百合等动物化石,对区域生物地层划分及对比意义重大。该子项目结合锆石 LA-ICP-MS U-Pb 定年成果,增加了早侏罗世嵩灵组(J_1s)火山岩地层填图单位,其凝灰岩时代为 $185.7±3.4$Ma(MSWD=0.67);对寒武纪水石组含火山晶屑石英杂砂岩夹层,进行碎屑锆石定年,部分自形较好的岩浆锆石年龄为 $513±23$Ma(MSWD=6.2),表明该区在寒武纪有过一定的火山活动。

(7) 江西省安远地区铜铅锌多金属矿远景调查:发现具有找矿潜力矿点。园岭寨钼矿:属于斑岩型钼矿,品位虽可能较低,但规模大。矿体长度约 2 400m,呈长轴为北东向的圆弧状,矿体宽度最大 200m 以上,平均约 150m。根据矿体出露标高及目前采坑规模,预测矿体延深超过 500m。初步估算该区钼矿矿石量约 $5×10^8$t,金属量约 $25×10^4$t,属于大型钼矿。九龙嶂钼矿点:白露岭以北 2km,S233 公路附近,公路西侧(即断层以西)花岗斑岩体与火山角砾岩接触带附近见有辉钼矿化,该处具备很好钼矿找矿潜力,有望找到与园岭寨钼矿相类似的斑岩型钼矿床。

(8) 江西赣县-阳埠地区 1:5 万地质矿产综合调查:发现一批金矿点。桐梓脑矿点:3 条蚀变破碎带含金矿体,均产在上震旦统变质岩中,呈北东东向展布,走向 55°~75°,倾向南南东,倾角 56°~73°,宽 0.7~1.9m,地表延长 130~430m,Au 品位达 5.73~53.48g/t。花果园矿点:发现 2 条含金矿体,均产在上震旦统变质岩中,一条呈东西向展布,倾向南,倾角 55°~75°,平均宽 0.83m,地表延长 360m,Au 平均品位 56.87g/t;另一条呈南北向展布,倾向东,倾角 50°~75°,宽 0.65~4.5m,地表延长 330m,Au 平均品位 8.00g/t,最高 36.09g/t。老虎坑矿点:发现 1 条含金矿(化)体,产在上震旦统变质岩中,呈东西向展布,为破碎带型,倾向南,倾角 83°,平均宽 0.7m,地表延长 140m,Au 品位 42.76g/t。对头岭矿点:发现 1 条含金矿(化)体,产在上震旦统变质岩中,呈北北东向展布,以硅化破碎带形式出现,倾向南东,倾角 65°~77°,带宽 1.0~1.3m,地表延长 262m,Au 最高品位 20.89g/t。区内矿化类型以破碎蚀变岩型金矿为主,矿化体产于变质岩内,找矿前景较好。

(9) 江西 1:5 万仙下、于都县、梓山幅区域地质矿产调查:新发现了于都-仙下红盆盆地封闭期沉积物。在于都-仙下红盆南东缘蕉子塘控盆断裂附近发现莲荷组(冲积扇粗碎屑岩沉积)地层产状均向北西倾,而相对较早沉积的河口组、塘边组地层产状均向南东倾,表明莲荷组应为盆地封闭期形成的产物;初步认为区内红盆属断陷盆地,并发现于都-仙下红盆沉降中心迁移方向南西端与北东端相反,为"翘翘板"式。

(10) 广西龙州-扶绥地区矿产地质调查:圈定找矿靶区 2 处。渠洋地区发现含矿层位合山组铁铝岩脉,长约 50km,厚为 2~5m;南坡地区发现含矿层位合山组铁铝岩脉,长约 60km,厚为 1~3m。在南坡及渠洋地区经采样分析,矿石 Al_2O_3 含量基本在 50%~70% 之间,SiO_2 含量为 10% 左右,Al_2O_3/SiO_2 为 3%~10%。发现的沉积型铝土矿层规模较大,矿石质量普遍较好。

(11) 广西田东-德保地区矿产地质调查:初步查明地质调查区内地层、构造、岩浆岩及锰矿层展布情况。在乐育一带发现锰矿点,含锰岩系沿走向展布 10km 以上;在东平锰矿区驮琶矿段施工的 DPZK01 已终孔,终孔孔深 285.88m,控制到 Ⅰ、Ⅱ、Ⅲ、Ⅳ、Ⅴ、Ⅵ、Ⅹ 矿层,其中以 Ⅰ、Ⅱ、Ⅲ、Ⅳ 矿层为好。Ⅰ矿层真厚度 1.00m,Mn 品位 10%～14%;Ⅱ矿层真厚度 3.39m,Mn 品位 11%～15%;Ⅲ矿层真厚度 0.92m,Mn 品位 10%～14%;Ⅳ矿层真厚度 1.37m,Mn 品位 10%～18%;Ⅴ矿层真厚度 0.82m,Mn 品位 10%～13%;Ⅵ矿层真厚度 0.52m,Mn 品位 10%～13%;Ⅹ矿层真厚度 0.87m,Mn 品位 10%～11%。

(12) 广西 1∶5 万印茶、向都、东平、天等县、大新县幅区域地质矿产调查首次在测区南西部(1∶2.5 万那岭幅)坐王山一带寒武纪地层中采获玫瑰型虫(图 2-8),其大小与形态可以与澳洲的 *Rhodotypiscus nasonis* Öpix(1979)对比,属于中寒武世,为测区寒武纪地层时代划分提供了新依据;在测区南部大新县那栋屯一带发现泥盆系融县组(D_3w)与下石炭统隆安组(C_1la)之间发育一层厚约 10cm 的铁质壳层(图 2-9),为确认该区台地相型沉积时 C/D 界线平行不整合接触提供了依据,是晚泥盆世末柳江运动在该区的反映;在测区中部小山剖面的融县组上段发育一套厚约 30m 的腕足灰岩夹层(图 2-10、图 2-11),该发现为该区碳酸盐岩台地演化及沉积环境提供了新的资料;在测区(1∶2.5 万坡圩幅,那桃以西)首次发现辉绿岩侵入下三叠统(石炮组)。辉绿岩呈似层状近顺层侵入,"上覆"地层为下三叠统石炮组上部含砂、泥质条带的灰岩段(图 2-12),围岩发生热蚀变,具重结晶、大理岩化现象;"下伏"地层为下三叠统石炮组下部的泥质岩段,采获双壳类 *Claraia* sp.(克氏蛤)等化石(图 2-13),确认其形成时代并非二叠纪。该区域存在海西期以后侵入的辉绿岩,为右江地区的基性岩研究提供了新资料。

图 2-8 玫瑰型虫(*Rhodotypiscus nasonis* Öpix)

图 2-9 铁质壳层

图 2-10 腕足灰岩　　　　　　　　　图 2-11 小嘴贝(*Dzieduszyckia* sp.)

图 2-12 辉绿岩与石炮组上部呈顺层状侵入关系　　图 2-13 石炮组下部泥岩中产出的双壳类化石(*Claraia* sp.)

华中地区煤层含铀性分析及其开发对区域地质环境影响调查评价成果报告

提交单位:中国地质调查局武汉地质调查中心
项目负责人:黎义勇
档案号:0989
工作周期:2015—2016 年
主要成果:

(1)基本查清了中南区的主要含煤盆地及含煤地层。在中南区,规模较大的含煤盆地有鄂西南(恩施煤田 4—松宜煤田 5)、鄂东南(6)、湘中(湘潭煤田 10—连邵煤田 9)、湘南(郴耒煤田 13—资宜煤田 14)、湘西北(桑石煤田 7)、桂北(16)、桂西南(18)、广花(21)等。下石炭统测水组、下二叠统梁山组、上二叠统龙潭组及吴家坪组是工作区主要含(煤)铀矿地层。从区域地层分布上看,湘西北元古宇及下古生界广泛分布,尤其是湘西北张家界—古丈—吉首—凤凰一带厚逾万米的寒武系"黑层"(碳质泥岩、含碳泥岩、灰岩、碳质板岩、碳硅质泥岩等),富含有机质黄铁矿,还原能力强,同时,主要岩石组分黏土、碳质成分吸附能力强,形成了湘西北碳硅泥岩型富大铀矿形成环境,这为研究区地侵砂岩型铀矿提供了铀源。区域岩浆岩主要分布在湘东及湘中南地区,各期次花岗岩中脉状铀矿床也是研究区的主要铀成矿物质来源。

寒武系"黑层"铀源和花岗岩中脉状铀矿床在长期风化剥蚀和水动力条件下,都会有铀等放射性元素组分的溶解与迁移。这些组分在二叠系、石炭系各层系地层组成的盆地中有选择性的富集成矿。

(2)基本查明了工作区铀矿化异常分布。发现(煤)铀矿异常钻孔在桑石、黔溆、涟邵、韶山、郴耒煤田均有分布。据已有放射性物探测井资料分析,韶山煤田共有放射性异常钻孔 36 个,分布在湘潭、宁乡、浏阳等矿区,其中 4 孔为潜在矿化,32 孔为潜在铀矿(2 处为工业矿)。以王家山矿区放射性异常钻孔分布最为密集,多达 30 个。

(3)初步制定了华中地区煤层含铀性分析及其开发对区域地质环境影响调查评价的编图方案。已收集湖南省各主要煤田放射性异常钻孔资料,目前正在系统梳理之中,初步确定编图比例尺,编图方案按各省分区进行编制,主要编制 1：100 万相关图件,编制图件主要为华中地区主要含煤地层分布图、华中地区煤层含铀性分布图。

(4)基本厘清了王家山矿区煤矿的类型及规模。矿区含煤地层为龙潭组(P_3l),含煤 2 层：1 煤层厚 0～4.15m,平均厚 0.87m,全区大部分可采,为不稳定煤层的第一种情况；2 煤层厚 0～4.32m,平均厚 1.10m,为极不稳定的局部可采煤层。矿区范围内 1、2 煤层共获 332+333 类资源量 $3527.4×10^4$t(含压覆资源量 $182.7×10^4$t),其中：332 类为 $1662.2×10^4$t(含压覆资源量 $128.9×10^4$t),占总资源量的 47%；333 类为 $1865.2×10^4$t(含压覆资源量 $53.8×10^4$t)。

(5)初步查明了王家山煤矿区的放射性异常。2011—2012 年,湖南省煤田地质局第六勘探队在工作区开展"湖南省湘潭县杨家桥矿区王家山井田煤炭详查"项目,共取 17 个钻孔的岩石样品,其中在钻孔 ZK1705、ZK1907、ZK2105、ZK2301、ZK1907、ZK2105、ZK2303 岩石样品中检测到铀异常。

(6)初步查明了王家山煤矿区放射性对地质环境的影响。对王家山矿区地表伽玛辐射总量、岩石放射性元素含量、土壤放射性元素含量、土壤氡气浓度以及水体中总 α 和总 β 浓度等进行了较为系统的测量和分析。分析结果表明,虽然王家山矿区为含铀煤系发育地区,但由于煤矿开发开采过程中及开采之后,废石、废渣能及时处理,废弃坑道能及时封闭,大部分废石、废渣场能及时覆盖和绿化,本矿区各项放射性指标均符合规范要求,未对区域地质环境造成明显的影响。某些煤矸石堆和含铀煤系露头附近,放射性指标有所升高,但都没有超过各项规范的限值,未发现能对人体健康造成危害的影响。

湖北鄂城-灵乡地区铁铜多金属矿调查评价报告

提交单位：中国冶金地质总局中南局
项目负责人：黄幼平
档案号：0991
工作周期：2013—2015 年
主要成果：

(1)通过系统的资料收集,编制了地质构造推断图、含矿建造构造图,建立了主要矿种找矿模型。

(2)1：5 万激电中梯以 2%圈定的局部异常 25 处,主要呈现在碧石渡向斜两翼的铁山岩体高阻异常带和鄂城岩体高阻异常带及附近,推断主要有 3 类。第一类为与已知矿体相对应的异常,主要为相对中低阻中高极化,有 J-4～J-13、J-15、J-18、J-19、J-22、J-23 共 15 处,分别对应谢华武铜矿化点、集宝庙铜铁矿点、刘南塘铁矿点、皮金献铁矿点、大山脑-赵家湾铁矿点、大石桥铁铜矿点、铜灶铜坑铁铜矿点、碧石渡铁铜矿点、程潮铁矿、广山铁铜矿、麻羊垴林场铁矿点及团宝山矿点。其中 J-8、J-18、J-19 异常面积大于所对应的大石桥、程潮、广山矿床,推断在其外围仍然存在找矿前景。第二类异常特征与第一类相类似,其特点是异常规模较大,强度较高,成矿地质条件有利,推断除地层引起一定强度异常外,应是硫化物富集部位,具较好的找矿前景,如 J-1。第三类为异常规模较小,强度较低的异常,这类异常主要为地层引起,局部少量硫化物富集,是前两类异常的剩余异常。

(3)在碧石渡向斜南翼,铁山岩体北缘 1：1 万磁法扫面圈定了 4 个平面磁异常带,与该部位负航磁异常基本对应,只是地磁降低了 200nT 正常场值,使之呈现大片的正异常。经综合分析推断：Ⅰ号负异常带为铁山岩体北缘西部接触带的反映。Ⅱ号带规模最大,且在 200nT 磁异常背景下圈定了 9 处局部磁异常,其中Ⅱ-2 号、Ⅱ-5 号、Ⅱ-6 号、Ⅱ-8 号磁异常对应了已知的中型铁铜矿床,类比分析其余磁异常均具有类似于已知矿床的异常特征及地质条件,具有中小型矿床(点)找矿规模。Ⅲ号带位于测区中部,以弱磁异常为主,化极后主要为负异常,可能反映了铁山岩体北缘深部接触带,也可能存在断裂构造。Ⅳ号带位于碧石渡向斜南翼,异常缓慢由100nT逐步上升至200nT、300nT,向北异常未封闭,根据201~204剖面异常,向北继续逐渐缓慢升高至1000nT以上,最后与鄂城岩体南缘磁异常连为一体,推断Ⅳ号异常带为碧石渡向斜深部具有的磁性地质体引起,且该磁性地质体具有一定规模和深度。

(4)经过3年野外地质工作,优选出螺丝山铁矿靶区、碧石-陈盛铁铜矿靶区2处找矿靶区。

武当-桐柏-大别成矿带资源远景调查评价成果报告

提交单位:中国地质调查局武汉地质调查中心
项目负责人:彭三国
档案号:0995
工作周期:2012—2014年
主要成果:

(1)首次按成矿带范围编制了全区地质矿产图、构造纲要图、侵入岩分布图、基础地质工作程度图、磁法测量工作程度图、矿产勘查工作程度图、布格重力异常等值线图、航磁 ΔT 等值线图、Au-Ag-Cu-Pb-Zn-Mo-W综合异常图、重砂异常分布图、找矿远景区及靶区划分图、工作部署图共12张图件,为后续各项工作奠定了一定的基础。

(2)通过对区域资料的全面梳理和二次开发,从区域地层、构造、岩浆岩、变质岩、地球物理(重力、航磁)、地球化学、重砂和遥感地质特征8个方面系统归纳总结了本区成矿地质背景。

(3)在对区内矿床(点)一般性调查基础上,选取黑龙潭金矿床等10余处典型矿床开展了解剖研究。通过野外调查结合岩(矿)石地球化学、流体包裹体、高精度同位素年代学、多元同位素示踪等测试分析,刻画了成矿过程,探讨了矿床成因,建立了成矿模式,归纳了找矿标志。获得一些重要新认识:①获得随州市黑龙潭金矿石英流体包裹体Rb-Sr同位素成矿年龄为132.6±2.7Ma,属早白垩世,与区域内合河金矿床(128.2Ma)、卸甲沟金矿床(132.8Ma)、老湾金矿床成矿年龄(138.0±2.0Ma)接近。由此认为桐柏-大别地区早白垩世金银矿成矿时间多集中在140~130Ma,成矿作用与区域内早白垩世强烈的中酸性岩浆活动关系密切。该期构造-岩浆-成矿作用可能与中生代中国东部地球动力学大调整和岩石圈拆沉有关。金银成矿作用发生在挤压向伸展转换的环境中。②河南刘山岩铜矿床是东秦岭造山带典型的与火山成因有关的块状硫化物型(VMS)矿床。获得变质成因锆石中岩浆锆石残核年龄900±25Ma、变质重结晶锆石年龄435±25Ma和热液锆石年龄242±2Ma共3组年龄。综合认为刘山岩矿床火山沉积-成矿作用发生在新元古代(900±25Ma),后期至少经历了志留纪绿片岩相区域变质作用和三叠纪韧性剪切变形作用。后期变质变形过程中,不但发生了金属矿物重结晶和矿物相转变,还发生了热液活动叠加改造以及成矿物质的再活化,这使矿体的形态变得更加复杂,并受到地层和构造双重控制。③梨木岭钼矿床是大别山地区新发现的重要矿产地。获得梨木岭钼矿辉钼矿的Re-Os模式年龄为(115.3±1.4)~(118.1±1.5)Ma,加权平均年龄为116.8±1.3Ma;等时线年龄为119.9±6.2Ma(MSWD=1.6)。可能为与早白垩世中酸性岩浆活动有关的岩浆热液型矿床。成矿时限与汤家坪钼矿(113.1±7.9Ma,杨泽强,2007)、沙坪沟钼矿(111.1±1.2Ma,张红等,2011)、大银尖钼矿(122.4±7.2Ma,罗正传等,2010)等矿床一致,形成于大别造山带大规模强烈伸展期。早白垩世大别山钼矿成矿作用不仅仅局限在北大别的北淮阳构造带,在大别山南麓同样存在该阶段钼成矿作用。④获得庙垭铌-稀土矿床正长岩和碳酸岩 LA-ICP-MS 锆石 U-Pb 年龄分别为 445.2 ± 2.6Ma(MSWD=0.66)和 434.3 ± 3.2Ma(MSWD=1.08),表明庙垭杂岩体形成于早志留世。碳酸岩与正长岩为同一构造-岩浆事件产物。全岩地球化学分析进一步揭示杀熊洞、庙垭杂岩体成因相似,成岩时间接近,二者 Sr-Nd 同位素组成暗示其岩浆源区主要具有 HIMU 地幔特征,并有少量 EMI 组分加入。综合研究认为志留纪碱性杂岩体(庙垭、杀熊洞、天宝等)形成于大陆裂谷演化早阶段的强烈伸展演化背景,并可能与幔源岩浆底侵上涌有关。

(4)秦岭-大别造山带经历了多期次、多样式的构造演化,发育多期成矿事件。新元古代—中生代初主造山伸展、俯冲碰撞造山,板块构造体制构成其主体构造格局,后经历中生代环太平洋构造域改造。其主要成矿动力学背景有:大别期造壳阶段的裂谷-裂陷背景下的伸展体制、中元古代晚期多岛洋伸展体制、新元古代早期弧后伸展体制、新元古代晚期—早古生代裂解伸展体制、早古生代沟-弧-盆体制、晚古生代汇聚-印支期造山体制、早侏罗世—早白垩世早期构造转换体制和早白垩世晚期—晚白垩世山根垮塌-伸展构造体制 8 种构造体制。不同构造体制存在不同矿床类型和成矿系列响应。

(5)在充分认识区域地质演化、成岩-成矿动力学背景和典型矿床解剖研究基础上,将本区划分为:新元古代与火山作用有关铜铁铅锌矿,新元古代与岩浆作用有关的铜镍铂钯钛铁多金属矿,早寒武世与海底热水、生物、化学沉积作用有关的银钒铀钼镍铜磷石煤重晶石矿,志留纪与碱性岩浆作用有关的稀土矿,古生代—早中生代与俯冲-汇聚-碰撞有关的造山型金银矿,早白垩世与岩浆作用有关的铜钼钨铅锌银金萤石矿 6 个成矿系列及 11 个成矿亚系列,并分别对各成矿系列矿床成因、地质特征、时空分布特征进行了分析、归纳和总结。

(6)对本成矿带金银、铜、钼、铅锌、稀土、金红石等重要矿种的区域成矿规律进行了总结分析。综合研究认为与成矿关系密切的有:①与裂解背景有关的新元古代浅变质火山-沉积岩、震旦纪—寒武纪碎屑岩-碳酸盐岩-硅质岩-黑色岩系、古生代沉积岩、中生代中酸性火山-沉积岩和中新生代断陷盆地碎屑岩五大沉积成矿建造。②大别-扬子期变质基性—超基性侵入岩、与新元古代裂解作用有关的基性—超基性侵入岩、印支期碱性岩—碳酸岩、燕山期中性—酸性岩浆岩四大侵入岩成矿建造。以新元古代和燕山期两次岩浆作用成矿意义重大。

(7)进行了成矿区(带)划分,再在此基础上依据大地构造环境、岩石建造、成矿地质背景(主体构造线)、矿产时空分布规律(特别是矿床集中度、矿种类型、矿床类型和成矿时代、成矿作用等)和物探、化探、遥感特征(特别是综合化探异常分布特征)等划分出湖北竹山-房县铌(钽)稀土-贵多金属矿等 12 处找矿远景区。全面总结了每处远景区地质背景,物探、化探、遥感特征,矿产特征,分析了资源潜力与主攻矿种类型,提出了找矿方向与工作部署安排建议。依据"全国矿产资源潜力评价"项目成果资料,对区内主要矿产的资源潜力进行了预测,对重要矿种(用最小预测区)与 12 处找矿远景区资源潜力(用综合预测区)进行了统计分析。为不同阶段地质找矿工作部署提供了一定的参考依据。由于国家公益性地质工作的导向投入并取得一批较好的地质找矿进展,在一定程度上引导了有关省份省级地勘基金的投向,同时吸引与拉动了各类资金在该地区矿业勘查投入,地质找矿成果比较显著。

(8)建立了武当-桐柏-大别成矿带矿床(点)数据库(图 2-14)。共收录区内矿产地数据 1 391 处,涵盖了成矿带三省的重要固体矿产的矿床、矿点和矿化点。数据文件格式包括 MS-ACCESS 和 MapGIS 6.7 点文件(*.WT)两种。MS-ACCESS 数据库内含有湖北省、河南省和安徽省矿产地数据库表。矿产地 MapGIS 6.7 点文件(湖北、河南、安徽矿点.WT)的属性结构、属性内容与数据库表格一一对应。数据库内容主要包括了矿产地基本情况、矿区地质情况等,可实时更新,为实现矿产资源评价的数字化奠定了基础,也为矿产资源调查评价工作的决策部署提供了重要依据,并有助于促进区内地学信息的系统管理与资料共享。

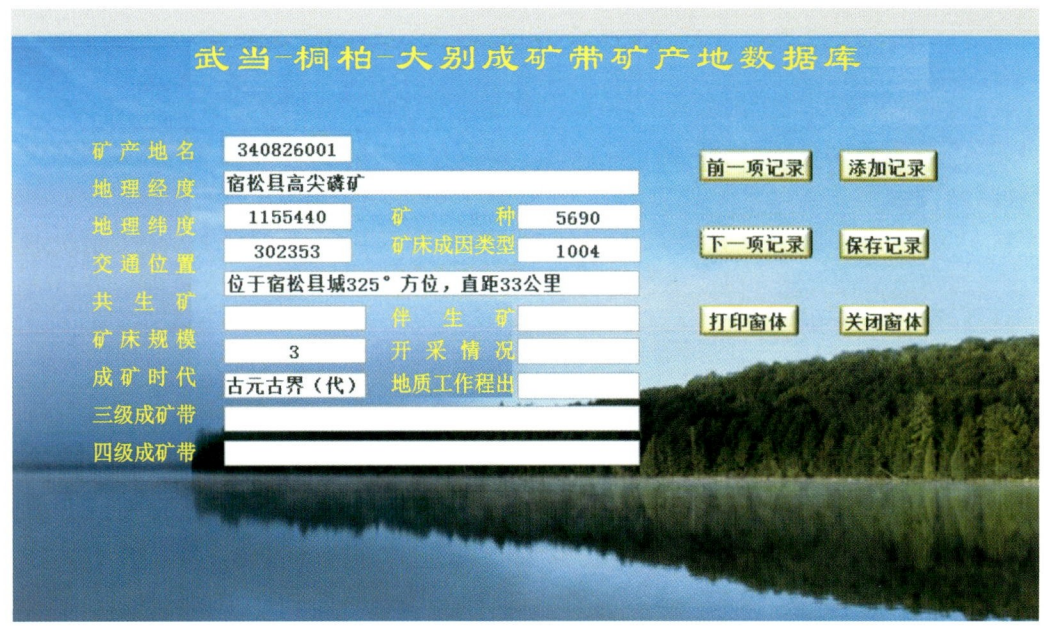

图 2-14 ACCESS 数据库窗体界面

(9) 开展了成矿带规划部署研究,按照中国地质调查局统一要求,每年都编制了"武当-桐柏-大别成矿带地质矿产调查"计划项目不同阶段总体部署方案或年度实施方案等,2015 年协作编制了"扬子陆块及周缘地质矿产调查"工程实施方案等;最后一期重要的部署方案是"武当-桐柏-大别成矿带地质矿产调查 2015—2020 年实施方案",该方案紧紧围绕《找矿突破战略行动纲要(2012—2020 年)》,高举地质找矿新机制和 358 目标"两面旗帜",按照"统筹部署、基础先行、科技引领、整体突破"、切实分解落实"扬子陆块及周缘地质矿产调查工程"目标任务等指导原则部署了本区未来 6 年的地质矿产调查工作。

(10) 扎实开展了计划项目各项业务推进工作:对成矿带地质矿产调查成果进行了梳理,提交了"武当-桐柏-大别成矿带科技问题梳理报告";主办了由 70 多人参加、为期 8 天的大型地质找矿工作经验交流暨典型矿床考察会议;每年组织召开了成矿带地质找矿研讨、年度地质矿产调查成果交流会等会议;选择了部分工作项目开展了野外实地调研与交流指导;出版了《武当-桐柏-大别成矿带成矿地质特征与找矿方向》等专著 2 部;发表论文近 20 篇,其中 SCI 2 篇。

广东省主要城市浅层地温能开发区 1∶5 万水文地质调查报告

提交单位:广东省环境地质勘查院
项目负责人:古锐开
档案号:0998
工作周期:2014—2015 年
主要成果:

(1) 完成了广东省 20 个主要城市浅层地温能开发区 1∶5 万水文地质补充调查,面积约

$4\,300km^2$,施工钻孔 6 个、钻探进尺 605.90m,测试水样 61 组、岩土物理性质和热物理性质共 122 组,完成抽水试验 6 组、回灌试验 2 组,原位热响应试验 3 孔 6 组,基本查明了工作区浅层地温能赋存条件。

(2)地下水源热泵系统适宜区总面积为 $123.209km^2$,占工作区面积的 2.87%,较适宜区总面积为 $733.195km^2$,占工作区面积的 17.05%,不适宜区总面积为 $3\,443.596km^2$,占工作区面积的 80.08%。地埋管地源热泵系统适宜区总面积为 $353.034km^2$,占工作区面积的 8.21%,较适宜区总面积为 $1\,949.798km^2$,占工作区面积的 45.34%,不适宜区总面积为 $1\,997.168km^2$,占工作区面积的 46.45%。

(3)广东省浅层地温能地源热泵系统适宜区和较适宜区面积 $2\,598.673km^2$,区内 100m 以浅和 200m 以浅浅层地温能容量分别为 $8.945\times10^{17}J/℃$、$16.716\times10^{17}J/℃$。

(4)广东省主要城市浅层地温能开发区地源热泵系统总换热功率和换热潜力如下:①不考虑土地利用率条件下,地下水源热泵系统换热功率为夏季制冷 111.873×10^4kW,冬季供暖 258.822×10^4kW;换热潜力为夏季制冷面积 $1\,532.539\times10^4m^2$,冬季供暖面积 $6\,021.558\times10^4m^2$。地埋管地源热泵系统换热功率为夏季制冷 $7\,919.331\times10^4kW$,冬季供暖为 $16\,991.168\times10^4kW$;换热潜力为夏季制冷面积 $113\,145.866\times10^4m^2$,冬季供暖面积为 $223\,082.4\times10^4m^2$。②考虑土地利用率条件下,广东省地下水源热泵系统换热功率为夏季制冷 27.226×10^4kW,冬季供暖 62.870×10^4kW;换热潜力为夏季制冷面积 $363.328\times10^4m^2$,冬季供暖面积 $1\,467.138\times10^4m^2$。地埋管地源热泵系统换热功率为夏季制冷 $2\,424.369\times10^4kW$,冬季供暖 $4\,421.671\times10^4kW$;换热潜力为夏季制冷面积 $34\,637.607\times10^4m^2$,冬季供暖面积 $68\,548.724\times10^4m^2$。

(5)对广东省主要城市浅层地温能开发利用工程进行了初步调查,总体上全省浅层地温能开发利用程度很低,现有地源热泵工程主要分布在珠江三角洲地区,其中地埋管换热方式的热泵系统出现的问题比较多。

(6)广东省主要城市开发利用 100m 深度以上的浅层地温能社会经济效益及环境效益评价如下:①不考虑土地利用率条件下,开发利用浅层地温能每年可获总能量相当于原煤 $5\,633.28\times10^4t$,折合标准煤 $4\,024.07\times10^4t$,按能效率 35% 计算,广东省每年可"节煤量"为 $1\,408.43\times10^4t$,直接经济效益相当于人民币 957 729.75 万元/a。"三废"减排量约为 $3\,545.008\times10^4t/a$,节约环境治理费约 397 317.00 万元/a。②考虑土地利用率条件下,开发利用浅层地温能每年可获总能量相当于原煤 $1\,652.36\times10^4t$,折合标准煤 $1\,180.35\times10^4t$,按浅层地温能开发利用能效率 35% 计算,广东省每年可"节煤量"为 413.12×10^4t,直接经济效益相当于人民币 280 922.28 万元/a。"三废"减排量约为 $1\,039.826\times10^4t/a$,节约环境治理费约 116 541.43 万元/a。

(7)开展了地质环境影响评价,采用数学模型模拟法和综合分析法评价了开发利用浅层地温能对地温、地下水水温、水质和地质灾害的影响,提出了开发利用地温能应加强环境响应监测的建议。

(8)根据各城市的总体布局、城镇化程度、浅层地温能开发利用目的,并结合地源热泵系统适宜性分区、功率计算、潜力评价等,对广东省主要城市浅层地温能开发利用进行了初步规划,提出地温能开发利用的建议方案。

湖南吉首地区 1∶5 万页岩气地质调查成果报告

提交单位:中国地质调查局武汉地质调查中心
项目负责人:彭中勤

档案号：0999
工作周期：2015年
主要成果：

(1) 通过页岩气地质填图、剖面测量、地质调查井、浅井钻探、大地电磁测量等工作及其相关测试，揭露了吉首地区寒武系牛蹄塘组页岩含气性特征，为区内油气地质工作提供了可靠的基础性地质资料。

(2) 吉浅1井目的层位为寒武系牛蹄塘组，设计井深500m，开孔层位位于寒武系清虚洞组底部。在井深338～380m和491～540m牛蹄塘组碳质页岩和留茶坡组硅质岩裂缝中均发现明显的页岩气显示。两段含气层位厚度分别为40m和49m，将岩芯置于清水中可见较多串珠状细小气泡溢出，持续时间超过3h，解吸气含量最大1.26m³/t，预示了雪峰山构造复杂区寒武系牛蹄塘组具有较好的页岩气资源潜力。

(3) 调查井（2015H-D5）在井深824～896m寒武系敖溪组下部含碳质页岩夹灰岩层段中见少量页岩气显示。黑色页岩岩芯置于清水中，可见串珠状气泡溢出，气测录井显示全烃含量1%～3%，现场解析获解吸气含量平均0.568m³/t。这是首次在南方寒武系敖溪组的页岩气显示，为中扬子碳酸盐岩裸露区或浅覆盖区以及复杂构造区天然气勘探提供了新的思路。

(4) 经对2015年吉首地区1∶5万大地电磁勘探5条测线计80km和165个测点资料的处理解释，认为研究区目的层牛蹄塘组黑色页岩埋藏深较适中、含碳量较高、电阻率极低。上覆地层杷榔组，岩柱为钙质页岩，厚度较大（200～600m），下伏地层岩柱为硅质泥岩夹白云岩。页岩和硅质岩均具有良好的封闭性，但是构造强烈仍然会影响页岩气成藏，因此构造微弱的地方是页岩气更有利勘探区。根据评价参数，综合圈定页岩气有利勘探区的有效面积约150km²。

(5) 雪峰山西侧地区下寒武统牛蹄塘组烃源岩主要为发育在深水陆棚及盆地相的黑色泥岩、页岩及少量磷块岩，具有高有机碳、低氯仿沥青"A"、低生烃潜能的特征。有机质丰度变化规律与黑色泥页岩厚度等值线分布规律相似，黑色泥页岩主要分布在黔北遵义、黔东天柱—城步、渝东南—湘西即酉阳—麻阳及鄂西咸丰—张家界一带。

湖北宜昌-保康页岩气基础地质调查成果报告

提交单位：中国地质调查局武汉地质调查中心
项目负责人：王传尚
档案号：1000
工作周期：2015年
主要成果：

一、宜地1井揭示了志留系黑色页岩的含气性特点

宜地1井在井深733～751m、953～1027m和1290～1341m三个层段的暗色泥页岩中发现了不同强度的气体显示。

前两段为深灰—灰黑色含笔石碳质泥岩、含粉砂质泥岩，厚度分别为19m和75m。钻探现场观察到岩芯表面持续有细小气泡溢出，采用燃烧法现场解析获得样品的解吸气含量在0.12～0.47m³/t之间（测试结果不包括残余气、散失气）。经初步的笔石化石鉴定，上述暗色泥岩属于早志留世埃隆期

晚期,与宜昌王家湾志留系标准剖面的罗惹坪组层位相当,属于扬子地区页岩气新层系。

第三个层段为上奥陶统五峰组—下志留统龙马溪组的黑色页岩段,钻探现场观察到岩芯中气体溢出强烈,采用排水法现场解析仪获得样品的解吸气含量在 0.45～2.40m³/t 之间。初步分析发现,含气性具有明显的由上至下逐渐增强的趋势,其中 1 316～1 340m 黑色岩段含量较高,解吸气含量为 0.5～2.16m³/t,总含气量为 1.53～3.67m³/t。该段黑色页岩岩性以硅质页岩、粉砂质页岩为主,有利于储层压裂改造。

宜地 1 井罗惹坪组暗色页岩新层系首次发现页岩气显示,以及上奥陶统五峰组—下志留统龙马溪组良好的含气性,对鄂西地区志留系页岩气勘探开发具有重要的指导意义。

二、宜地 2 井取得了寒武系页岩气的重大发现

(1)宜地 2 井钻获寒武系页岩连续厚度超过 72m,解吸气平均含量 1.538m³/t,最高含量达 3.652 8m³/t,是中扬子地区寒武系页岩气的首次重大发现,坚定了该区页岩气勘探的信心,为该区页岩气勘探起到了引领作用(图 2-15,图 2-16)。

图 2-15　宜地 2 井牛蹄塘组气泡溢出如沸水　　图 2-16　宜地 2 井牛蹄塘组气泡沿着层理间溢出密集成线

结合地震勘探在宜昌地区确认了宜地 2 井周边 800km² 寒武系牛蹄塘组页岩气的有效保存面积,展示了宜昌地区页岩气勘探的巨大潜力。

(2)宜地 2 井钻获了目前为止中扬子地区寒武系最完整的牛蹄塘组—石龙洞组—覃家庙组优质生储盖组合。石龙洞组厚度超过 100m 的溶孔白云岩优质储层展示了该地区巨大的天然气资源勘探潜力。在寒武系天河板组首次钻获裂缝型天然气显示,拓展了天然气勘探领域,为该区的天然气勘探提供了新的思路。

(3)宜地 2 井比照参数井取全取准了各类油气地质参数资料,符合公益性基础地质工作的要求,获得的地质综合研究认识,对带动整个中扬子地区油气、页岩气资源勘查具有重要意义,体现了公益性地质调查的基础性、战略性作用。

总之,宜地 2 井的发现揭示了中扬子地区寒武系具备常规、非常规油气共存的格局,进一步提升了该区勘查潜力,对促进高演化构造复杂区页岩气、天然气成藏理论研究,及有效地带动区内及周边地区古生界页岩气、天然气勘探开发具有重要的意义。

三、地震勘探资料表明"宜昌斜坡带"构造保存条件优越

地震勘探表明黄陵穹隆东南缘的"宜昌斜坡带"构造稳定。通过 3 条地震剖面的实施发现黄陵穹

隆东南缘、天阳坪断裂带以北、通城河断裂以西地区构造简单，地层倾向南东，产状平缓，无明显断层；天阳坪断裂以南地层产状陡峻，断裂发育。因此"宜昌斜坡带"页岩气构造保存条件优越。

四、调查区具备形成大型页岩气藏的潜力

调查区黑色页岩共有埃迪卡拉系的陡山沱组、寒武系的牛蹄塘组和奥陶系五峰组—志留系龙马溪组3套黑色页岩，分布广、厚度大、有机质丰度高、热演化程度适中，且埋深适中、保存条件好，具备形成大型页岩气藏的潜力。据测算，仅"宜昌斜坡带"的牛蹄塘组黑色页岩段的页岩气资源量就高达 $1\,900\times10^8\,m^3$ 以上。

湖南郴州地区1∶5万页岩气地质调查成果报告

提交单位：中国地质调查局武汉地质调查中心
项目负责人：李旭兵
档案号：1001
工作周期：2015年
主要成果：

（1）通过野外页岩气地质调查与资料整理，对于研究区泥盆系—二叠系有进一步的认识，特别是针对二叠系龙潭组—当冲组含碳质泥岩地层的分布情况和沉积特征，项目组有了统一的认识。

本项目组认为含碳质泥岩地层主要分布在二叠系大隆组—当冲组，以及石炭系测水组。其中，当冲组主要岩性为深灰色、灰黑色薄层状硅质岩、硅质灰岩以及硅质泥岩，含少量碳质泥岩，夹碳质硅质岩，厚10~14m。滩洞组主要岩性为深灰色、青灰色薄层状粉砂岩、泥质粉砂岩、粉砂质泥岩、泥岩、含碳质粉砂质泥岩夹青灰色薄层细砂岩条带，厚161m。龙潭组主要为一套黄白色中—厚层状石英砂岩、细砂岩、含碳质泥岩、泥质粉砂岩夹黑色薄层状碳质泥岩（煤3~5层），厚120m。

（2）调查分析了研究区晚泥盆世佘田桥期、锡矿山期和晚二叠世龙潭期沉积展布特征，并建立了相应的沉积模式。

（3）研究区袁家向斜轴线大体呈南北向，南北延伸近70km，核部由三叠系组成，两翼依次为二叠系、石炭系和泥盆系，东西两翼产状有所差异，东翼倾角30°~40°，西翼倾角40°~60°，属"东缓西陡"型褶皱，局部地层具有倒转现象。向斜两翼发育大规模走向断层，造成地层重复或缺失，且东西向横断层切穿向斜构造。

研究区褶皱多发育于印支期，表明中—新生代以来构造运动强烈。三叠纪印支运动时期可能形成对页岩气有利的构造条件。但后来的燕山运动对前期构造改造强烈。加上白垩纪以来的断裂活动十分发育，不但分布普遍，而且有些断层规模大，影响深，活动延续时间长，可能造成页岩气逸散。

（4）袁浅1井钻遇2套黑色页岩，发现二叠系滩洞组页岩气显示，确认二叠系滩洞组—当冲组页岩气的存在。开孔层位为二叠系龙潭组石英砂岩地层，在井深70~279m（厚161m）的二叠系滩洞组含碳质粉砂质泥岩地层和井深279~297m（厚14m）的二叠系当冲组含碳质硅质岩地层获得2套黑色页岩。采用SQⅢ型燃烧法现场解析仪分析，获得滩洞组页岩的解吸气含量在 $0.009\sim0.015\,m^3/t$ 之间，当冲组页岩解吸气含量为 $0.003\,m^3/t$ 左右，显示出袁家向斜二叠系页岩气的存在。

袁浅2井钻遇2套黑色页岩，发现二叠系龙潭组页岩气显示，确认二叠系大隆组—龙潭组页岩气

的存在。袁浅 2 井开钻地层为三叠系大冶组灰岩,在井深 168~351m(厚 35m)的二叠系大隆组碳质泥灰岩和井深 351~630m(厚 120m)的二叠系龙潭组碳质泥岩获得 2 套黑色页岩。采用 SQⅢ型燃烧法现场解析仪分析,获得大隆组页岩的解吸气含量在 0.02~0.47m^3/t 之间,龙潭组页岩解吸气含量在 2.7~4.03m^3/t 之间,显示出袁家向斜二叠系页岩气的存在。

(5)2015H-4D 井于 978m 处钻遇龙潭组主力煤层,煤层总厚 23m,瓦斯突出明显,在岩芯提取过程中随气体喷出取芯筒,难以获得完整煤样。对 3 个煤渣和煤层顶部碳质泥岩样品进行燃烧法解吸气含量测定,可燃气含量为 18~20m^3/t,表明嘉禾向斜具备较好的煤成气开发前景。另外,浅钻取样井在龙潭组Ⅱ煤段解吸气达 5m^3/t,夹层砂岩中均见气体显示。袁家向斜北部埋藏较浅,但相对宽缓的地层增加了页岩及其砂岩夹层的保存性,所以嘉禾向斜东北翼,为"三气合一"有利区域。这一认识为湖南煤炭及煤成气企业提供了较好的基础性、公益性资料。主力开发湖南页岩气的华晟能源公司及地方政府均已在该区域进行下一轮的钻探论证工作。

湖南涟源地区 1∶5 万页岩气地质调查成果报告

提交单位:中国地质调查局武汉地质调查中心
项目负责人:白云山
档案号:1002
工作周期:2015 年
主要成果:

(1)重新厘定了工作区内的地层、构造特征。确定了工作区内页岩气重要目的层位有 5 个,分别为:下石炭统测水组、下二叠统梁山组、中二叠统小江边组、上二叠统龙潭组及大隆组。工作区测水组主要发育一套辫状河三角洲与局限浅海沉积,梁山组、小江边组均为陆棚浅海沉积相,龙潭组主要为一套有障壁海岸沉积体系,大隆组主要发育浅水混积陆棚或深水陆棚沉积。

(2)通过综合调查,在车田江向斜北部南东翼实施取样浅钻涟页 4 井,通过钻探,控制页岩气目的层位中二叠统小江边组、下二叠统梁山组,采集了相应的测试样品。通过钻探明确了小江边组在车田江向斜北部厚度较大,达到 130m,具较好的页岩气潜力,而梁山组在车田江向斜北部较薄,仅有 19m 厚,向北有尖灭的趋势。

(3)以高分 1 号数据和 Landsat ETM7 数据为信息源,完成 1∶5 万地质构造遥感解译 417km^2。解译出了工作区的构造、地层和地貌基本特征。

(4)在工作区实施了 60km 大地电磁测深(MT),在车田江向斜中北部布置 4 条测线。根据大地电磁测深勘探成果,测区内主要分布有下二叠统小江边组、下石炭统测水组和孟公坳组 3 套页岩目的层。其中,小江边组主要在工作区东部出露,呈向斜构造形态向东北方向往深部延伸,测水组和孟公坳组在全区内均有分布。区内共发育 11 条断层,对页岩气赋存均有影响。测区东部断层较小且分布少,对页岩气完整性破坏不大。各页岩层总体为一向斜构造,各层厚度变化不大。各页岩层在 L1 线尾部埋深最大,小江边组在该处埋深达 1080m,测水组在该处埋深达 1815m,孟公坳组在该处埋深达 2760m。从深度剖面图上可知,各地层倾角变化不大,为 0°~18°。

(5)在工作区安坪镇杨柳田村实施一口 2015H-D6 调查井,构造位置处于车田江向斜东翼,钻深 1504m。通过钻探控制了 2 套页岩气目的层,分别为下二叠统梁山组和下石炭统测水组。探制梁山组暗色泥页岩厚 70.35m,测水组有效目的层厚 71.8m。

2015H-D6钻井在井深 1 265～1 341m 测水组中发现了明显的气体显示。其中富有机质泥页岩样品页岩气现场解析量最大值 3.95m³/t，最小值 1.22m³/t，平均值为 2.51m³/t；煤层气现场解析量最大值 12.27m³/t，最小值 10.95m³/t，平均值为 11.8m³/t；致密砂岩气解析量最大值 2.88m³/t，最小值 1.52m³/t，平均值为 2.1m³/t，具较好的"三气"显示（图 2-17，图 2-18）。

图 2-17 下石炭统测水组黑色煤层气点火试验

图 2-18 下石炭统测水组黑色泥岩岩芯浸水实验

（6）工作区内测水组底界最大埋深为 2 000～3 500m，一般为 500～3 000m，龙潭组—大隆组埋深在 500～1 000m 和 500～2 300m 不等，最深为 2 300m，埋藏深度适中，利于页岩气勘查。

（7）总结了涟源凹陷主要目的层富有机质页岩地球化学特征。测水组暗色泥页岩平均有机碳含量为 1.7%，R_o（镜质体反射率）值为 1.7%～2.6%，处于高成熟到过成熟阶段，干酪根类型以Ⅱ型为主，有部分Ⅰ型；龙潭组页岩有机碳含量平均为 1.72%，R_o 值平均为 1.5% 左右，处于高成熟阶段，干酪根类型以Ⅱ型为主；大隆组页岩有机碳含量平均为 2% 左右，R_o 值平均为 1.5% 左右，处于高成熟阶段，干酪根类型以Ⅱ型为主。通过对比北美地区页岩地层地球化学特征，研究区龙潭组及大隆组页岩与其比较相近。小江边组平均有机碳含量 1.64%，R_o 值为 1.61%～2.31%，处于高成熟到过成熟阶段，干酪根类型为Ⅰ型、Ⅱ1型；梁山组平均有机碳含量 1.89%，R_o 值为 1.7%～1.9%，处于高成熟到过成熟阶段，干酪根类型为Ⅰ型。

（8）岩矿特征分析揭示矿物成分具有多样性，不同层段岩石矿物成分差异明显，从石英含量分析，以测水组（平均 67.04%）最大，其次为龙潭组（54.28%）、大隆组（40.18%）、小江边组（52.63%）、梁山组（49.44%）。

（9）目的层段储层的孔隙类型主要可识别出有机质孔、粒内孔（石英、长石、硬石膏、方解石、黄铁矿集合体及黏土矿物）以及粒间孔（有机质和矿物质之间的孔隙），孔隙孔径分布范围主要在 2～50μm，并可见微裂缝发育。面孔率分析揭示测水组储层物性较好，其后依次为大隆组、龙潭组，总体上测水组、大隆组和龙潭组面孔率相近，揭示了有机碳含量、岩矿特征与储层物性的相关性。有效孔隙度以小江边组最大（平均 3.46%），其次为大隆组（平均 2.46%）、测水组（平均 2.28%）和龙潭组（2.10%），均为较低值。

（10）从封盖层、断裂构造与抬升剥蚀等方面对涟源凹陷保存条件进行探讨。在封盖层方面，测水组相对龙潭组和大隆组封盖更好。

（11）运用权值分析法评价了涟源北部地区页岩气前景。研究认为涟源地区下石炭统测水组页岩气勘探前景最好，其次为中二叠统小江边组，再其次为下二叠统梁山组、上二叠统龙潭组页岩。

（12）探索了南方复杂区有利区优选方法，优选了页岩气有利区。在参照国外石油公司页岩气选区条件的基础上,针对研究区特定的地质背景,提出综合考虑页岩厚度、保存条件及含气性等条件,优选出页岩气有利区。测水组有利区分布于车田江、桥头河向斜南部;龙潭组有利区分布于车田江向斜核部;大隆组有利区分布于车田江向斜核部和桥头河向斜南部。

湖北木子店-安徽吴家店地区矿产地质调查报告

提交单位: 中国地质调查局武汉地质调查中心
项目负责人: 胡俊良
档案号: 1009
工作周期: 2013—2015 年
主要成果:

(1)通过1∶5万矿产地质测量(填图),对区内地质单元进行了重新厘定,将原本定义的大别群进行了解体,将中生代花岗岩、元古宙片麻状花岗岩及片麻岩从中划分出来,而把新太古代—古元古代的沉积变质岩系保留在大别群中。按照岩石谱系单位的划分方案,将区内古元古代、中元古代和中生代侏罗纪、白垩纪侵入岩划分和建立了23个填图单元。

(2)通过工作区遥感地质解译及遥感资料的处理,获得了1∶5万遥感构造解译图、构造优益度图、羟基蚀变信息图、铁染蚀变信息图。工作区共圈定遥感异常区10处。其中,3处异常区具有一定的找矿前景,其均位于羟基、铁染梯度带附近,泥化、铁化信息晕内或边缘有矿床、矿(点)及矿化蚀变带分布;区内北东向构造发育,Au、Mo、Cu、Pb、Zn 等元素地球化学异常值高,且分布在铁化信息晕内或其边缘。

(3)通过1∶5万高精度磁测工作,将测区划分为3个磁场区,按照异常圈闭范围、强度等特征在测区内圈定了21处局部高磁异常,并对主要磁异常进行了推断解释,认为测区磁异常的分布与岩体的分布密切相关,断裂对磁性体的生成演化具有较强的控制作用,本区磁异常基本由沿断裂分布的侵入岩、斑岩型钼多金属矿床及与变质作用、混合岩化作用有关的矿点引起。

(4)通过1∶5万水系沉积物测量,编制了工作区16种元素1∶5万单元素地球化学图、单元素异常图、组合异常图、综合异常图;圈定单元素异常2938处,综合异常88处,其中甲1类异常2处,甲2类异常16处。编制了工作区1∶5万地球化学分区及找矿远景区划图,划出一级地球化学区2处,地球化学亚区6处;甲级找矿远景区3处,乙级找矿远景区2处,丙级找矿远景区5处。

(5)新发现矿(化)点8处:月形塘钼矿点、马鞍潭铅矿点、木厂河铜多金属矿点、古佛堂铜铅矿化点、金家湾铅矿化点、骆家坪铅矿化点、新吴湾铅矿化点、胡家山铅矿化点。其中矿点3处,矿化点5处。

(6)初步查明具金、银、钼、铅成矿潜力的异常4处;在木厂河铜矿点附近新发现多条铜银矿体。

(7)对工作区控矿地质条件及成矿规律进行了分析和总结,划分了成矿序列5个。根据铅锌成矿地质条件、控矿因素、有利程度及物化等各类找矿标志,圈定了远景区7处,其中A类2处,B类3处,C类3处;圈定B类找矿靶区2处。

广东大宝山钼多金属矿、广西泗顶铅锌矿床成矿规律总结研究报告

提交单位：中国地质调查局武汉地质调查中心
项目负责人：蔡锦辉
档案号：1019
工作周期：2010—2011 年
主要成果：

一、大宝山钼多金属矿床主要成果

（1）从同位素年代学研究入手，采用多种同位素定年最新理论和测试技术，获取准确同位素定年数据，重新厘定了大宝山地区次英安斑岩和花岗闪长（斑）岩的形成时代，认为大宝山、丘坝、徐屋次英安斑岩以及矿区部分花岗闪长（斑）岩均为加里东末期形成产物，提出粤北大宝山似层状硫化物矿床属于加里东末期海底火山喷发同期形成的产物。

（2）通过岩浆岩岩体以及钼多金属矿床中矿物流体和熔体包裹体的研究，厘定了大宝山钼多金属矿床形成深度为 1.5～4.5km。位于下泥盆统的次英安斑岩以及早期形成的块状硫化物矿床受后期北西向推覆构造作用，被北西向的推覆构造切错，超覆于侏罗系之上。大宝山矿区内部分次英安斑岩和花岗闪长（斑）岩中单颗锆石 ICP-MS 测定结果为 175～165Ma，表明矿区内部分岩浆岩是燕山早期产物，岩体的该年龄值与矿石中石英、黄铁矿矿物 Rb-Sr、辉钼矿 Re-Os 测年结果（168～162Ma）一致，显示矿区的钨钼铜多金属矿床定位时间为燕山早期，成矿与燕山早期中酸性岩浆活动有着密切的关系，这一结论与南岭地区相同类型的成岩成矿作用一致。

（3）根据大宝山矿区中酸性岩浆岩分布特征和成岩年代学研究以及矿床成矿地质体的理论，确定大宝山钨钼铜多金属矿床为两次成矿作用形成结果；层状、似层状、透镜状铜铅锌硫矿床确定为与泥盆纪早期海底火山喷发作用有成因联系，主体应该属于海底喷流-沉积型块状硫化物矿床；斑岩型和矽卡岩型钨钼矿床和部分铜铅锌矿化与燕山早期的中酸性岩浆侵入有成因联系，属于燕山早期岩浆气水-热液作用结果；构建矿区与斑岩体有时空和成因联系的斑岩型-矽卡岩型-热液脉型矿化叠加的成矿模式，在此基础上总结了成矿规律和找矿标志。

（4）提出在大宝山矿区以及外围的找矿思路和具体找矿位置：在大宝山矿区的西部中、上泥盆统出露区的深部寻找铜铅锌银多金属矿床；研究大宝山北西向推覆构造的断距，在推覆体的下盘寻找深部矿体。

二、泗顶铅锌矿床主要研究成果

（1）从沉积相和沉积岩岩石矿物成分、粒度、化学活动性等方面入手对泗顶矿田控矿岩石、岩石中的脉状或团块状方解石中包裹体特征、同位素组成进行了研究和多方位的讨论，认为赋存在碳酸盐岩中的泗顶铅锌矿床的成矿地质体不是赋矿围岩，碳酸盐岩仅仅在特定的构造和地下水流动体系作用下形成赋矿空间，与南岭地区相同类型的矿床成矿作用一致。

（2）通过对矿体中脉石以及矿石矿物流体包裹体的研究，厘定了泗顶矿床形成深度为 1.5～4km。

泗顶矿田受南北走向推覆构造作用,使上盘向西推移,早期形成的泗顶铅锌矿体被南北走向的推覆构造切错。

(3)从岩石、矿石微量元素及矿物稀土元素特征等方面,探讨了不同矿床中矿质来源的相似性和一致性。

(4)依据泗顶铅锌矿床矿物包裹体特征、稳定同位素组成和金属矿物Rb-Sr定年结果等资料,得出泗顶铅锌矿床的成矿物质来源于整个地下热卤水循环路径的所有地质体;矿体定位与围岩的性质、地下热卤水类型、地表水补径排特征有着密切关系,为地下水长期成矿作用形成的结果。

三、石人嶂钨矿床主要研究成果

石英脉中晶质铀矿被黄铁矿环绕成环边结构,扫描电子显微镜二次电子成像显示,晶质铀矿物被黄铁矿环绕成不规则环边,并蚀变为氧化铁和硅质,内部成分时而含铀高,时而含钍高,推测环带成分变化是由多期热液活动引起。

除了晶质铀矿外,在石英脉、云英岩、花岗岩等光片中均发现有一定量的含铀钍石和方钍石,其中钍石最常见。

武当-桐柏-大别成矿带关键地区地质调查成果报告

提交单位:中国地质调查局武汉地质调查中心
项目负责人:彭练红
档案号:1020
工作周期:2013—2015年
主要成果:

一、地层

(1)在各省岩石地层的基础上,结合研究区1:25万及1:5万的区域地质调查成果,参考近年来地层学研究进展,以最新的国际地层表及中国地层表(试用稿)为指南,对武当-桐柏-大别地区的地层单位进行了重新厘定,对部分岩石地层序列进行了清理和对比,建立了不同时期的岩石地层划分与对比表。

(2)在已有资料的基础上,根据近年来的工作进展,将武当-桐柏-大别地区的地质构造演化划分为以下几个阶段:新太古代(结晶基底形成演化阶段)、古元古代(稳定"地台"及边缘演化阶段)、中元古代(裂解阶段)、新元古代(汇聚阶段)、震旦纪—早寒武世(稳定沉积阶段)、中寒武世—志留纪(裂解阶段)、泥盆纪至早中生代(汇聚阶段)、侏罗纪—第四纪(盆地演化阶段)。

在此基础上进行了地层区划三级划分(地层区、地层分区和地层小区),建立了武当-桐柏-大别地区太古宙—第四纪岩石地层序列。以地层分区或地层小区为基本单位,讨论了区内岩石地层发育特点,对组级(岩组)地层单位的分布、岩性组合、原岩性质及沉积环境、年代地层及生物地层分别进行了总结和描述。

二、岩浆岩

在已有资料的基础上,结合最新的岩石学、地球化学和精确年龄数据等资料,系统总结了新太古代、古—中元古代、新元古代早期、新元古代晚期—早古生代初期、早古生代中期—晚古生代初期、晚古生代—早中生代岩浆活动空白期,及中生代晚期岩浆岩的形成时代、成因、构造背景、地球动力学机制,进一步完善了武当-桐柏-大别地区岩浆岩年代格架和构造-岩浆事件序列。为冈瓦纳超大陆、Pangea超大陆的聚合和裂解事件在武当-桐柏-大别地区的构造-岩浆响应提供了许多新的证据。

三、变质岩

系统地总结了武当-桐柏-大别地区区域变质岩、动力变质岩、接触变质岩、气-液变质岩和混合岩的岩石类型及其分布规律。系统研究区内变质岩的变质矿物及矿物共生组合,对区域变质岩进行了原岩恢复,通过变质相和变质作用的研究,划分了区域变质相带。探讨了区域变质岩和动力变质的变质作用类型,建立区内变形变质作用的演化序列,为武当-桐柏-大别地区大地构造演化提供了依据。

四、大地构造学

(1)根据武当-桐柏-大别造山带地质构造演化特征,将武当-桐柏-大别地区地质构造过程划分6个大阶段,并对大地构造单元进行了划分:太古宙古陆核形成阶段(＞2 500Ma)、古元古代阶段(2 500～1 600Ma)、中元古代—南华纪末(1 600～635Ma)、南华纪末—志留纪(635～419.2Ma)、泥盆纪—中三叠世(419.2～237Ma)、晚三叠世—新生代(237～0Ma)。6个阶段分别对应以下地质构造过程。

新太古代时期:为早期造陆阶段,以花岗-绿岩地体的形成为特点,是中新太古代中国古陆造陆阶段的产物。

古元古代时期:相当于稳定"地台"及边缘的演化,以表壳沉积为特点,出露"地台"型沉积物组合,即苏必利尔型铁建造(BIF)、孔兹岩建造及碎屑岩-碳酸盐岩建造。

中元古代—南华纪末:主要经历了中元古代的裂解和新元古代的板块俯冲汇聚、裂解等过程,其形成与Rodinia超大陆的聚合与裂解作用有关。

南华纪末—志留纪[包括震旦纪—早寒武世(稳定沉积)、中寒武世—志留纪(伸展裂解,火山沉积建造)]:新元古代造山后的早古生代时期,研究区转化为稳定陆台环境,并于早古生代中晚期向裂谷环境转化。

泥盆纪—中三叠世:秦岭洋盆从离散型逐渐转变为汇聚型。从现有资料推测,其汇聚方式以单侧汇聚为主体,即扬子陆块逐渐向华北陆块靠拢,此时的大别山-北红安地区属华北陆块,处于仰冲盘,沿俯冲带北侧有活动大陆边缘沉积的泥盆纪、石炭纪火山碎屑沉积及类复理石沉积等;随州地区转为陆块相沉积;扬子台地区为正常的台地相沉积。

晚三叠世—新生代[包括侏罗—白垩纪(陆内造山)及古近纪—第四纪(喜马拉雅期构造运动与差异性升降运动)]:主要为印支运动、燕山运动和喜马拉雅运动阶段。

(2)总结了各阶段构造运动在区内的表现形式和特点,并对各级构造单元特征进行了概述,为深入研究武当-桐柏-大别地区显生宙以来的构造演化特点提供了新思路。在此基础上,编制了1∶50万武当-桐柏-大别地区地质图等图件。

(3)研究认为区内广泛存在喜马拉雅期构造变形,总体表现为南南西向北北东方向的逆冲推覆作用。总结了喜马拉雅期构造变形特点;同时认为目前出露于地表的襄-广断裂带既有印支—燕山期的构造形迹(由北向南逆冲推覆),又有喜马拉雅期的构造迹线(扬子地层区物质由南向北脆性逆冲至造山带变形物质或红盆之上)。

五、数据更新及数字化编图

以最新的1∶25万和1∶5万区域地质调查研究成果为基础,编制和完成了"武当-桐柏-大别地区1∶50万地质图""武当-桐柏-大别地区1∶100万成矿背景图"。

钦杭构造结合带岩浆-基底演化及多金属成矿作用成果报告

提交单位:南京大学
项目负责人:王汝成
档案号:1025
工作周期:2010—2012 年
主要成果:

(1)对铌钽矿物和锡石利用 LA-ICP-MS U-Pb 定年方法进行了年代学测试。对稀有金属矿床稀有金属矿物进行直接测年是揭示成矿作用和矿床成因的重要研究内容,也是非常难以实现的。课题组通过多次实验和定年方法探索,成功地利用铌钽矿物和锡石直接进行 LA-ICP-MS U-Pb 定年,获得了精准的成矿年龄,为矿床成因及区域成矿规律研究奠定了基础。

(2)揭示了钦杭成矿带西段钨锡稀有金属和铜铅锌矿床成岩成矿的时间序列。对成矿带矿床和有关成矿岩体进行了锆石、铌铁矿和锡石 LA-ICP-MS U-Pb 等定年研究,获得了一批新的成岩成矿年龄数据,建立了成岩成矿年代学格架。钦杭成矿带西段存在加里东期、早印支期、晚印支期和燕山早期花岗岩岩浆活动,与岩浆活动有关的钨锡稀有金属成矿作用发生在晚加里东期、晚印支期和燕山早期,铜铅锌成矿作用主要发生在晚印支期和燕山早期。

(3)建立了不同含矿花岗岩中副矿物化学判别标志。对湘南花岗岩中磷灰石的主微量元素研究表明,湘南地区铜铅锌花岗岩具有较高的氧逸度、较低的 $^{87}Sr/^{86}Sr$ 值、较高的 Cl 的含量、La/Sm 值变化小、Sr/Th 值变化大的地球化学特征,分析认为其经历俯冲板块脱水形成的富 Cl、富 CO_2 和富 H_2O 流体交代的地幔楔熔融,熔融的岩浆上侵导致下地壳部分熔融加入,混合后的岩浆结晶分异形成了铜铅锌花岗岩;而湘南钨锡花岗岩中磷灰石则具有中等到较低的氧逸度、较高的 $^{87}Sr/^{86}Sr$ 值、较低的 Cl 含量和较高的 F 含量及变化较小的 Sr/Th 和 La/Sm 值,表明其母岩浆主要来自地壳物质的部分熔融,且未受板块俯冲作用的显著影响,认为由于早期俯冲,古太平洋板块已经折返,钦杭结合带地壳拉张减薄,地幔软流圈上涌,导致华夏地块富钨的前寒武纪地壳物质熔融,分异后的岩浆形成了钨锡花岗岩。因此,花岗岩的岩浆性质和来源是决定岩浆-热液体系成矿的关键。

(4)开展了钦杭成矿带西段基底组成和物质来源研究。通过对钦杭成带西段湘南、桂北、桂东和云开等地区基底变质岩的地球化学和碎屑锆石年代学与 Hf 同位素分析,确定了不同地区基底物质的组成。发现湘南、桂东和云开等地区具有相似的物质组成,即具有类似华夏南岭地区的基底成分。这些基底物质主要来源于长英质火成岩和古老地壳再循环的物质。而桂北-湘西地区基底变质岩(四堡群-丹洲群-震旦系)的碎屑物质组成不同于上述地区,而相似于扬子地块基底,它们的物质组成中除了中酸性火成岩的物质,有较多来自基性火成岩。

(5)初步研究了基础组成和成矿作用关系。钦杭成矿带西段的基底无论属于亲华夏基底还是亲扬子基底,都具有极高的 W-Sn、Nb-Ta 和 REE 背景值,其中亲华夏的基底具有更高的 Sn 和 La 的背景值,说明华南这些矿床的形成明显地受基底组成的控制;亲华夏的基底具有明显高于亲扬子基底的 U-Th 背景值,有利于华夏地块的铀成矿;亲华夏和亲扬子的基底都具有较高的 Zn 丰度,但是 Cu-Pb 丰度不高,指示铜铅矿床的成矿物质主要不是来自基底。

(6)探讨了矿床成矿元素共生组合与岩浆-热液系统演化的关系。黄沙坪钨钼铅锌多金属矿区存在 3 种岩石类型:石英斑岩、霏细岩和花岗斑岩。研究发现花岗斑岩中黑钨矿和铌铁矿与萤石和富氟黑云母共生,说明花岗斑岩在岩浆热液早期已发生钨和铌矿化,是富氟、钨和铌的成矿母岩。黄沙坪矿床矿石中白钨矿亏损重稀土,说明含钨成矿流体经历过富重稀土的石榴子石的沉淀作用,成矿流体经矽卡岩化作用后演化成贫重稀土的流体,钨成矿与花岗斑岩有关。硫同位素显示出规律性时空变化,从矿体下部向上,矿石硫同位素值呈现明显升高的趋势,说明随流体演化有地层硫加入到成矿流体。随着流体演化,硫化物初始 Sr 同位素呈现逐渐降低的趋势,晚期成矿流体初始 Sr 同位素与地层接近,说明晚期成矿流体主要来自地层。矿石和地层的铅同位素呈现明显的线性关系,与矿区岩浆岩的铅同位素完全不同,揭示成矿物质主要来自老地层。研究提出黄沙坪矿床钨与岩浆热液有关,而铅锌与岩浆系统导致的地层铅的淋滤有关,两个成矿系统的叠加导致钨铅锌矿床的共生和空间分布的差异。

据野外观察,结合光学显微镜、阴极发光、电子探针以及电感耦合等离子质谱仪等手段,对茅坪矿床矿脉开展了详细的岩相学和矿物化学研究,从早期到晚期可将矿脉分成 5 个阶段:①长石-石英-云母脉;②石英脉;③铁锂云母脉;④黑钨矿-锡石-石英-黄玉-铁锂云母-高岭石-萤石脉;⑤环带状的石英脉。研究提出随着成矿流体演化,稀有金属成矿呈现出规律性演化,第三阶段主要形成 F-W-Sn-Li-Mo 共生矿化,成矿与过铝质花岗岩有关,Nb-F-REE 矿化主要发生在第五阶段,成矿与过碱性花岗岩有关。

(7)对不同含矿花岗岩开展了岩石成因研究。在系统岩石学、地球化学和同位素研究基础上,提出了含钨花岗岩主要由地壳物质部分熔融形成,与铜铅锌有关的花岗岩有不同比例的地幔物质加入。研究发现含钨花岗岩不仅可以是钛铁矿系列花岗岩,也可以是高氧逸度的 S 型花岗岩(如新田岭岩体)。含钨花岗岩和铜铅锌花岗岩均形成于伸展的构造背景。

(8)开展矿化规律和矿床成因研究。系统总结和研究了铜铅锌和钨锡稀有多金属矿床(康家湾、水口山、清水塘、铜山岭、宝山、黄沙坪、茅坪、新田岭、荷花坪、王仙岭、广宁厚溪和村心矿床)的地质特征、成矿流体和成矿物质来源、成矿过程、矿化规律和矿床成因。研究得出钨矿床成矿物质和成矿流体主要源于岩浆,与花岗闪长岩类有关的铜铅锌矿床成矿物质直接源于岩浆,而岩浆中成矿物质主要来自地层,与高分异演化花岗岩有关的钨钼铅锌矿床铅锌等成矿物质主要来自老地层。在结合研究的基础上,进一步提出了水口山矿田铅锌矿床和黄沙坪钨钼铅锌矿床的成矿模式。

钦杭成矿带西段资源远景调查评价成果报告

提交单位:中山大学
项目负责人:周永章
档案号:1026
工作周期:2013—2015 年
主要成果:

(1)钦杭成矿带是一条古海洋热水喷流沉积矿床的密集分布带。喷流热水沉积型矿床在钦杭成矿带分布相当广泛,类型主要包括 VMS 型铜多金属矿床,SEDEX 型铅锌多金属矿床,SEDEX 型铜多金属矿床,热水沉积型重晶石矿床,热水沉积型锰、锑等矿床,条带状铁矿床,以及上述类型的叠加改造型矿床,它们沿钦杭成矿带呈现出带状分布的特点。

(2)钦杭成矿带较广泛地发育喷流热水沉积建造。包括细碧角斑岩建造、硅质岩建造、硫化物建造、BIF 建造和重晶石建造等,产出的层位主要包括中新元古界、寒武系、泥盆系和二叠系。

（3）钦杭成矿带上的喷流热水沉积矿床的分布具有明显的时空专属性，且与热水沉积建造紧密相关。其中 VMS 型铜多金属矿床主要分布于钦杭成矿带北（东）段蓟县纪、青白口纪地层中，如浙江平水、江西铁砂街、兴源冲、罗城等矿床，主要对应了细碧角斑岩建造，与岛弧构造背景相关；条带状铁矿在钦杭成矿带的北、中、南段均有分布，主要赋存于新元古代的细碎屑碳酸盐岩复理石、细碧-角斑岩或者火山碎屑岩建造中，如江西新余，湖南祁东、江口，广东云浮，广西鹰阳关，海南石碌等矿床；SEDEX 型铅锌多金属矿主要分布于钦杭成矿带中、南段的古生代碳酸盐岩地层中，重晶石以及硅质岩建造与之密切相关，如广西佛子冲、盘龙，广东凡口，湖南康家湾等矿床；SEDEX 型铜多金属矿床主要分布于钦杭成矿带北段的古生代凹陷盆地中，与硅质岩建造相关，如浙江岭后、江西永平等矿床；热水沉积型重晶石矿床主要分布于钦杭成矿带中南段西部前寒武纪和古生代的海相沉积建造中，如湖南新晃、广西象州等矿床；热水沉积型锑矿床主要分布于钦杭成矿带北中段西部泥盆纪碳酸盐岩建造中，典型的如湖南锡矿山锑矿；热水沉积型锰矿主要是钦杭成矿带南端的古生代含锰岩系，碳酸锰（氧化锰）层常与热水沉积硅质岩互层，如广西下雷锰矿。

（4）钦杭成矿带上的喷流热水沉积矿床普遍受到了后期的改造，喷流沉积-改造成矿的二阶段成矿模式是钦杭成矿带喷流热水沉积矿床的主要成矿模式。按照该模式，元古宙或古生代的喷流热水沉积矿床往往在中生代叠加有岩浆热液成矿作用（少数不受岩浆热液影响，改造的动力只来自于构造运动）。

（5）钦杭成矿带中—新元古代以及古生代的拉张盆地边缘，同生断层附近的细碧角斑岩（中新元古代）、硅质岩、重晶石（古生代）等热水沉积建造是寻找热水沉积矿床的有利部位，碧玉岩化、硅化、重晶石化等是寻找这类矿床的标志性蚀变。

（6）微区分析结合地球化学是研究喷流沉积型矿床的有效手段。

广西"三稀"资源综合研究与重点评价成果报告

提交单位：广西壮族自治区地质调查院
项目负责人：周辉
档案号：1027
工作周期：2012—2015 年
主要成果：

（1）系统搜集已有矿产勘查和研究资料，全面了解广西区内"三稀"金属资源开发利用现状及主要应用领域。其中涉及普查以上级别稀土矿报告、专著等 54 份，相关图件 125 张；科研报告 15 份，相关图件 35 张；稀有、稀散元素金属矿产勘查资料 62 份。

（2）经野外实地调研采样、稀土矿路线地质调查、赣南钻浅钻施工取样，在桂东南、桂南花岗岩离子吸附型稀土矿区、桂西南火山熔岩离子吸附型稀土成矿区共圈出 5 处一级稀土成矿远景区，12 处二级成矿远景区，并圈出 20 处可供进一步勘查的稀土矿靶区；估算了稀土资源量 20 处，其中 7 处靶区估算预测资源量为大型规模、10 处靶区估算预测资源量为中型规模、3 处靶区估算预测资源量为小型规模，并初步估算获得稀土氧化物资源量（334 类）约 350×10^4 t，为广西稀土矿资源储备的增加提供了依据。初步总结了广西离子吸附型稀土矿成矿规律，初步建立了稀土矿找矿标志。

（3）初步圈出栗木地区、越城岭-猫儿山地区、云开地区 3 处一级稀有金属成矿远景区，3 处二级成矿远景区，圈定 2 处找矿靶区（平水底铌钽靶区及尖峰岭铍靶区）。

栗木矿区铷矿具有非常良好的找矿前景。在水溪庙、金竹源、鱼菜、三个黄牛等矿床中铷矿体积大、品位高。Rb平均品位基本在0.1%以上，且矿体厚度较大。在云母、钾长石含量高的钾长石石英脉、细晶岩脉中，铷含量可达0.3%左右。平水底铌钽靶区及尖峰岭铍靶区，铌钽及铍金属的品位均较高，且矿脉厚度及延伸较为稳定，需要进一步开展调查评价工作。

（4）越城岭-猫儿山花岗岩体划分稀有金属成矿预测区5处：茅安塘稀有金属预测区、咸水口稀有金属预测区、铜座稀有金属预测区、同禾-覃家塘稀有金属预测区、瓜里-梅溪稀有金属预测区。通过对发现的矿化点进行验证及追索，伟晶岩脉厚度在1~2m之间，Rb、Nb、Nd等元素品位达到边界品位，部分超过工业品位，属于花岗伟晶岩型稀有金属矿。另外还认为稀有金属不仅产于花岗伟晶岩脉和蚀变花岗岩内，而且还可能产于赋存铀矿的蚀变花岗岩体内破碎带中。

（5）通过对40多个典型矿山实地采集原矿、矿产品、尾砂样品，分析和了解稀散元素组成、分布与赋存状态。共圈出3处稀散金属一级成矿远景区，7处二级成矿远景区。

（6）广西的稀散金属资源主要以伴生矿为主，镓（Ga）主要赋存于桂西铝土矿中，镉（Cd）主要分布于铅锌矿、锡铅锌矿、锡矿中，铟（In）主要赋存于锡铅锌矿和锡矿中，锗（Ge）主要分布于铅锌矿、铅锌硫铁矿中，铊（Tl）主要分布于铅锌矿、硫铁矿中，硒（Se）和碲（Te）仅见于贺州市水岩坝烂头山钨矿中。

（7）调查了解广西"三稀"资源的开发利用情况。稀土矿除仅有1个采矿证和几处批准开发利用的稀土矿山外，偷盗采现象普遍存在；稀有金属矿山仅有栗木矿区对铌钽金属进行了采选，其他元素基本没有开发利用；稀散金属多为伴生产出，桂西铝土矿近年对Ga元素进行了利用，南丹大厂锡矿等桂北矿区对In元素也加以利用，其他稀散元素利用极少。

（8）利用遥感技术，在广西区内开展稀土矿开采图斑遥感解译，统计了稀土矿盗采矿点的分布；开展工作区地貌与构造遥感解译，钦州-防城港工作区共划分9个地貌单元，区域上共解译出78个地貌体，凭祥-龙州工作区共划分5个地貌单元，区域上共解译出13个地貌体；以遥感异常为主，结合成矿地质条件，在钦州-防城港工作区圈定了17处预测区，凭祥-龙州工作区圈定了9处预测区，所圈定的遥感异常具有较高的可信度，可以作为重要的找矿标志。

（9）开展了离子吸附型稀土矿原地浸析采选工艺优化试验，通过对比分析不同浸采工程参数、浸矿剂浓度、固液比对周边环境的影响程度，初步建立原地浸矿回收、安全和环保控制模式。原地浸矿工艺采用巷道导流孔相结合的收液方式，不仅可以降低成本，缩短工期，而且工程质量较好，还能给矿山创造很高的经济效益，同时具有巨大的社会效益。

（10）编制了"1:50万广西'三稀'矿产资源分布图"，按照项目办下发的软件系统建立广西"三稀"资源矿产地数据库，并实施动态更新。

覆盖区矿产预测综合研究与成果汇总成果报告

提交单位：中国地质大学（武汉）
项目负责人：成秋明
档案号：1034
工作周期：2010—2012年
主要成果：

（1）提出并完善了覆盖区矿产综合预测的理论与方法，为整个计划项目的实施提供关键理论和技术支撑。

(2)研发了多种矿产预测新技术,解决了覆盖区矿产综合预测中的相关关键技术难题,提高了预测精度。

(3)探索了主要成矿元素在覆盖层的迁移富集规律,为覆盖区弱缓地球化学异常的形成机理提供了新的解释。

(4)组织开展了非线性矿产勘查理论与方法培训,培训人数达100余人。

(5)组织开展了野外勘查仪器(如便携式XRF矿石分析仪、EH4、光谱仪、双频激电仪)等的培训(图2-19)。

(6)牵头组织编写《覆盖区矿产综合预测实施方案》和《覆盖区矿产综合预测技术要求》。

(7)与综合预测工作项目一起开展了以天山戈壁沙漠覆盖区、大兴安岭南段草原覆盖区和武夷山植被覆盖区3个研究区的数据收集、处理、矿产综合预测等工作;在覆盖区圈出多处综合地质异常,对部分异常进行了论证和验证,验证预测模型和预测结果均取得了实际效果,提高了预测的认识。

图2-19 野外组织开展为EH4使用技术培训

(8)2011年在北京举办了全国覆盖区矿产综合预测与地学信息学术讨论会,参加人员300余人,包括10多位中科院院士和工程院院士以及4位国际特邀专家,参加国际学术会议3次,参加国内学术会议10余次,在国际学术会议担任矿产预测等分会场召集人3次;2012年在澳大利亚召开的第34届世界地质大会(34th IGC)的"区域地球化学分会场"作了特邀主题(Keynote)报告,报告题目《Extraction of Multi-scale Geochemical Anomalies by Nonlinear Methods for Prediction of Mineral Resources in Covered Terrances》。2014年在印度召开的第16届国际数学地球科学大会上作了大会主题报告,报告题目《Geomathematical and Geoinformaticcal Challenges for Resourcing Future Generations》,系统介绍了中国覆盖区矿产综合预测的进展和取得的主要成果。

(9)在国际SCI和EI检索的期刊"*Journal of Geochemical Exploration*"上组织出版专辑1期,在国内EI检索的期刊《地球科学-中国地质大学学报》上组织出版专辑1期,发表论文20余篇,其中SCI收录20篇,EI 28篇;2011年发表在《地学前缘》的《地质异常奇异性分析》和发表在《地球科学》的《覆盖区矿产综合预测思路与方法》分别获国内"5 000领跑者"论文称号,这是两篇反映覆盖区矿产综合预测的理论基础和方法体系的研究成果。发表在国际"*Journal of Geochemical Exploration*"杂志上的两篇论文成为最高应用的论文。奇异性理论和在覆盖区矿产预测中的应用得到了国际数学地球科学协会的认可,作为学会的重要进展多次在学会通讯、理事会报告以及国际地球科学联合会的年度报告中报道。

(10)依托该项目,培养博士10名、硕士6名,博士后4人,其中2人获IAMG学生奖励基金、1人获Mathematical Geosciences学生奖、6人获国家奖学金;在此基础上,近几年,这些年轻人快速成长,已经获得国家多项人才计划,如左仁广和胡守庚分别破格晋升为教授和博士生导师,左仁广分别获国家基金委优秀青年基金,地质学会金锤奖,国际地球化学协会IAGC Kharaka奖;王文磊博士入选国家青年千人计划;多数年轻人获得国家自然科学青年基金(左仁广、王文磊、赵洁、陈志军、姚林青、胡守庚)。

云开地区铜金多属成矿作用及其地质背景研究成果报告

提交单位：中国地质科学院矿产资源研究所
项目负责人：毛景文
档案号：1035
工作周期：2011—2013 年
主要成果：

(1)通过高精度年代学填图,初步构建了大瑶山地区成岩成矿年代学格架。将大瑶山地区花岗质岩浆岩划分为 4 期:加里东期(470～430Ma)、海西期—印支(270～240Ma)、燕山早期(170～150Ma)和燕山晚期(110～90Ma),并将与花岗岩类有关的矿床划分为加里东期(440～430Ma)斑岩-矽卡岩-石英脉型钨钼铋铜铅锌金银矿床、燕山早期(165～150Ma)斑岩型铜钼(金)矿床、燕山晚期(100～80Ma)斑岩型-破碎带蚀变岩型钼金银铜铅锌矿床 3 个成矿系列。首次提出大瑶山地区加里东期岩浆活动的强度、范围和成矿作用可与燕山期的媲美,具有巨大的找矿潜力,是今后大瑶山地区寻找矽卡岩-斑岩型钨钼铜铅锌银金矿床的主攻方向之一;大黎东西向断裂带和古龙-夏郢环形区域是有利的找矿靶区。据此理论合作地勘单位广西第六地质队已找到广西苍梧县玉坡银铅锌钨硫大型矿床 1 处,小型矿床(点)多处,显示良好的找前景。该理论打破了前人认为华南加里东期花岗岩一般不成矿的传统观念,对进一步认识华南地区加里东期构造岩浆演化和成矿作用具有重要的科学意义。

(2)通过对大宝山铜多金属矿田、大绀山矿集区、圆珠顶-社垌矿集区、桃花-古袍矿集区、中苏-庞西垌矿集区和阳春盆地矿集区内的典型矿床和岩浆岩的解剖研究,获得了一批年代学、地球化学数据,完善了不同类型、不同时代、不同环境下的铜金多金属矿床成矿模型,取得了一系列的新成果:①社垌钨钼矿床,确认矿床形成于加里东期,是一个与花岗闪长岩有关的斑岩-矽卡岩-石英脉型矿床,成矿与扬子板块和华夏板块的碰撞有关。②圆珠顶斑岩型铜钼矿床,确认矿床属于燕山早期与二长花岗斑岩有关的典型斑岩型铜钼矿,深部地壳或者地幔物质参与了成矿,成矿背景与古太平洋的俯冲导致的板片熔融有关。③大宝山铜多金属矿,矽卡岩型层状铜矿体不是海底喷流成因,而是与斑岩型铜钼矿体为同一成矿系统,成因上与侏罗纪花岗质岩浆侵位有关。由于本次工作所限,未能对层状硫矿体进行研究,是否存在同生的喷流沉积成因矿床有待下一步研究。④古袍湾岛金矿,确认湾岛金矿不是斑岩型金矿而是石英脉型金矿,与矿区出露的加里东期花岗斑岩无成因关系,主要受近东西向断裂控制,成矿时代为燕山期。相反,与加里东期花岗斑岩有关的矿产为钨钼矿,提出沿大黎断裂带要注意寻找社垌式加里东期石英脉-矽卡岩-斑岩型钨钼矿床。⑤大绀山矿田,确认大降坪层状硫铁矿属于新元古代喷流沉积矿床,但矿床深部的脉状铅锌矿体为燕山晚期岩浆热液成因,与大金山钨锡矿、高枨银铅锌矿床均属于同一个成岩成矿系统,是晚白垩世岩浆活动的产物。⑥阳春盆地多金属矿田,确认天堂铜铅锌多金属矿和石菉铜钼多金属矿均为与早白垩世中酸性侵入岩有关的铜钼铅锌多金属矿床成矿亚系列,成矿岩体来源于相对深部,为壳幔同熔的产物,成矿背景与135Ma之后太平洋板块的运动方向发生转向有关。⑦庞西垌银金矿田,深化了构造对成矿的控制作用的认识,识别出 3 期主要构造事件并分析了控矿构造,划分了围岩蚀变分带并分析了元素迁移特征,确定了成矿流体性质,获得了变质岩、花岗岩体、剪切带等年代学数据,在此基础上建立了成矿模型。

(3)在矿床模型研究成果基础上,将云开地区及其邻区成矿作用划分为 4 个成矿系列:新元古代海底喷流沉积型硫铁矿矿床成矿系列、加里东期(430Ma)斑岩-矽卡岩-石英脉型钨钼铜铋金银铅锌成矿系列、燕山早中期(165～150Ma)铜钼(金)成矿系列、燕山晚期(90～80Ma)钨锡金银铜铅锌成矿系列。其中,新元古代海底喷流沉积型硫铁矿矿床形成于裂谷或者洋盆环境;加里东期斑岩-矽卡岩-热液脉状钨钼铜铋金银铅锌多金属矿床形成于碰撞或者后碰撞的构造环境;燕山早中期(165～150Ma)斑岩型铜钼(金)矿床的形成与180Ma开始的伊泽奈奇板块向欧亚大陆俯冲有关;燕山晚期(90～80Ma)钨锡金银铜铅锌矿床的形成则与135Ma左右伊泽奈奇俯冲板块由斜向俯冲调整到几乎平行大陆边缘沿北东方向走滑引起的伸展环境有关。

(4)分别建立了广东云浮高枨银铅锌矿床、大金山钨锡矿床,以及广西苍梧社垌钨钼矿床的找矿模型,总结了粤西、桂东地区铜金多金属成矿规律,划分了区域成矿系列,提出进一步找矿方向。

天山戈壁沙漠覆盖区成矿地质背景研究与成矿要素综合推断成果报告

提交单位:中国地质大学(武汉)
项目负责人:张雄华
档案号:1036
工作周期:2010—2012年
主要成果:

一、天山地区区域地层及覆盖层分布规律

(1)通过对东天山地区部分含矿地层的综合地层学研究(包括生物地层及火山岩同位素测年),确定了这些地层的地质时代,并建立与邻区地层的对比关系。

(2)对东天山地区戈壁沙漠覆盖区类型进行了划分,采用浅钻的方法对哈密雅满苏雅山地区的覆盖层进行了揭露,了解了覆盖层的空间分布规律。通过对覆盖层地层剖面的测制,了解了覆盖层垂向的岩性、结构构造、矿物组成、成因类型等的变化规律。

二、天山地区岩浆岩、火山岩分布规律及岩浆演化

对天山造山带古生代侵入岩、火山岩的前人研究资料做了全面的收集总结,增测了大量的锆石U-Pb年龄、锆石Hf同位素、岩石地球化学等数据。对侵入岩、火山岩的时空分布,岩石地球化学特征、成因及构造属性进行了全面的梳理,得出了以下初步认识:

(1)古生代从志留纪到二叠纪天山侵入岩岩浆活动经历了3个重要的阶段:一是志留纪到晚石炭世早期的天山洋洋陆演化阶段,二是晚石炭世的准噶尔-哈萨克斯坦与塔里木的陆陆碰撞阶段(仅存在后碰撞侵入岩),三是早二叠世的陆内裂谷阶段。

(2)从侵入岩的时空分布来看,从泥盆纪到早石炭世,中天山与北天山(大南湖岛弧)有同样的岩浆活动记录,侵入岩总体上显示为活动陆缘或陆缘弧的特征,侵入岩中均发现有大量来自中天山基底的古老锆石,意味着相隔有觉罗塔格构造带的北天山大南湖岛弧与中天山曾为一体,很可能均属于准噶尔向南俯冲至中天山地块之下的陆缘弧。

(3)北天山土屋—延庆一带的企鹅山岛弧中侵入岩活动时间从早石炭世一直延续至晚石炭世早期,年龄跨度为340～320Ma,并出现以土屋、延庆岩体为代表的O型埃达克质斜长花岗斑岩、花岗闪

长斑岩,为重要的斑岩铜矿产地。火山岩地层以企鹅山群为代表,含埃达克质火山岩,其时间跨度也包括整个石炭纪。因此认为企鹅山岛弧是天山洋在石炭纪加速向南俯冲,俯冲角度变陡形成的一个陆缘增生弧。

(4)企鹅山增生弧与中天山之间的觉罗塔格盆地内,主要发育了一套巨厚的石炭纪火山沉积建造,除局部个别层位(如梧桐窝子组)有代表新生洋壳性质的 E-MORB 型拉斑玄武岩外,均具有岛弧钙碱性火山岩的特征,侵入岩时间上包含了整个石炭纪,均具活动陆缘(陆缘弧)侵入岩的特征。本研究认为,觉罗塔格盆地内的火山岩和侵入岩均显示为俯冲体制下的产物,是石炭纪天山洋加速、加陡向南俯冲,诱发中天山北缘的陆缘弧裂解形成的弧间盆地。

(5)晚石炭世晚期后碰撞花岗岩的记录以路白山岩体为代表,含 I 型(花岗闪长岩+二长花岗岩)和 A 型[霓辉正长岩+石英正长岩+钾长花岗(斑)岩],锆石年龄为 303±15Ma。

(6)对早二叠世侵入岩,尤其是镁铁质—超镁铁质侵入岩进行了较深入的研究,认为它们是陆内裂解阶段的标志性转折阶段的产物。研究表明超镁铁岩的活动时间段非常集中,集中在 284~274Ma 的时间范围内,但不同岩体在演化程度上略有差异,微量元素、Sr-Nd 同位素及锆石 Hf 同位素分析结果表明,岩浆来源于亏损并受到俯冲物质改造的软流圈地幔,而较年轻的 Hf 模式年龄(T_{DM1}=458~319Ma)证实了天山洋向南俯冲时间一直持续到晚石炭世早期的可能性。

三、天山戈壁沙漠覆盖区主要矿床类型的特征及成矿规律

(1)通过系统分析前人成果,结合项目组野外收集资料,对天山地区重要矿种类型,尤其是海相火山岩型铁矿、斑岩型矿床、岩浆熔离型矿床的矿床特征及分布规律进行了分析总结。

(2)在前人的基础上,结合区域成矿地质背景的研究,对天山地区成矿带划分及成矿事件与成矿阶段等进行了补充完善,为成矿远景区的划分提供了依据。

四、天山地区地球物理及地球化学异常分析

(1)系统总结并分析了东天山地区地球物理特征及地球化学特征,编绘了东天山地区地球化学的主要组合异常图,并采用地球物理的方法对东天山戈壁沙漠覆盖区的断裂及中酸性岩体进行了推断。

(2)通过对东天山地区地质-地球化学-地球物理综合剖面的测制,了解了该区主要构造带、主要成矿带及成矿元素在剖面上的分布特征,为编制东天山地区推断地质建造图及成矿要素综合解释图提供了依据。

五、天山地区主要矿床类型的成矿地质要素

综合天山地区的区域成矿地质背景及主要矿床类型的矿床特征,筛选出了石炭纪海相火山岩型铁矿、斑岩型铜矿、岩浆熔离型铜镍矿、韧性剪切带型金矿及陆相火山岩型铜矿的成矿地质要素,为进一步的矿产预测及成矿远景区的确定奠定了基础。

六、天山地区成矿远景区的圈定及异常查证

(1)通过地球物理、地球化学及覆盖区相邻露头区的地质特征对覆盖层之下的地质体进行推断,揭示覆盖层之下地质体及地质构造的空间展布特征,编制东天山地区及西天山地区的戈壁沙漠覆盖区推断地质构造建造图,为成矿远景区的圈定提供了依据。

(2)根据采样筛选出的成矿地质要素,对天山地区主要矿床类别进行成矿远景区的推断与划分。其中石炭纪海相火山岩型铁矿在东天山地区圈定了 5 处成矿远景区:阿奇山成矿远景区、赤龙峰成矿

远景区、黄碱滩-库姆塔格成矿远景区、雅满苏成矿远景区、沙泉子成矿远景区;西天山圈定了1处成矿远景区;岩浆熔离型铜镍矿在东天山圈定了3处成矿远景区:镜儿泉-黄山-土墩-乱石头成矿远景区、白石泉成矿远景区及白鑫滩成矿远景区;斑岩型铜矿仅在东天山圈定了土屋-延东-赤湖成矿远景区;韧性剪切带型金矿在东天山圈定了5处成矿远景区,主要为马头滩-西凤山-长城山金矿成矿远景区;陆相火山岩型铜矿在西天山圈定了4处成矿远景区,主要为尼勒克二叠纪陆相火山岩型铜矿成矿远景区。

(3)在东天山了敦一带野外异常查证中发现了一套含豆荚状铬铁矿的基性—超基性岩,其地球化学分析显示具有洋壳性质,可能为缝合带中的残余洋片,为东天山地区的大地构造演化及寻找铬铁矿提供了重要信息。

(4)通过对东天山哈密雅满苏雅山地区戈壁沙漠覆盖区的浅钻及面积型化探验证,采用全量及金属活动态双重分析的方法,圈定了9处综合异常区,其中以HS2-02号综合异常、HS3-02号综合异常最为重要,是需要进一步工作的理想地区。

(5)通过对雅山远景区汽车钻样品进行的元素全量和活动态垂向变化的分析,对覆盖层中元素,尤其是金属活动态元素的迁移规律有了初步的认识。

大兴安岭南部草原覆盖区成矿地质背景研究与成矿要素综合推断成果报告

提交单位:中国地质大学(武汉)
项目负责人:徐启东
档案号:1038
工作周期:2010—2012年
主要成果:

(1)大兴安岭南部地区的地质面貌是由二连-东乌旗地体和锡林浩特地体在晚古生代碰撞拼合造山过程与晚中生代东亚构造-岩浆岩带发育过程叠加的结果。所形成的成矿环境最有利于形成海西—印支期和燕山期与花岗岩类有关的各种热液矿化,而不易形成其他类型的矿化。区域优势矿化类型应该出自热液矿床,成为覆盖区成矿预测的主要目标。

(2)将大兴安岭南部地区的成矿区(带)分成"两带四区",将研究区域分为3个矿化区开展草原覆盖区矿产综合预测,提出和建立了2个区域优势矿化类型的区域成因-找矿模型,开展了2个模型成矿要素推断的研究,编制了2个矿化区的成矿要素综合推断图,3个矿化区的基岩推断地质图和研究区内1:20万地质图的拼接工作。

(3)提出了覆盖区开展综合地质找矿工作的3个步骤和初步的工作流程,区域优势矿化类型确定的原则,采用了非线性数据处理的区域综合异常圈定方法选取有利成矿要素选区。

(4)基于所建立的朝不楞式(矽卡岩型为主的Fe、Cu、Pb、Zn矿化)和乌日尼图式(似斑岩型为主的Mo、Cu、Sn、W矿化)区域优势矿化类型,对研究区西部的2个矿化区开展了以区域综合异常圈定方法为目标的小比例尺成矿预测,分别确定了有利选区5个和11个。

(5)开展了成矿要素有利选区精细探查的初步工作,分别提出了朝不楞式矿化有利成矿要素选区探查1处,乌日尼图式矿化有利成矿要素选区探查3处,为有利成矿要素选区进一步筛选提供了例证和方法组合的探索。并推荐SK3有利成矿要素选区作为进一步开展勘查工作的有利成矿要素靶区(图2-20,图2-21)。

图 2-20 朝不楞矿区地形地貌图

图 2-21 大面积草原覆盖的乌日尼图勘查区全景

河南省新县南部地区矿产地质调查报告

提交单位:河南省地质调查院
项目负责人:李山坡
档案号:1039
工作周期:2012—2014 年
主要成果:

一、成矿地质条件调查方面

通过 1∶5 万矿产地质调查,厘定了测区地层序列,对大别片麻杂岩进行了详细划分,大致查明了区内各种构造形迹的空间展布,建立了工作区的构造格架,特别是重新厘定了控矿地层、控矿构造、控矿岩浆岩的地质特征,为进一步找矿提供了重要地质依据。

(1)对大别杂岩进行了解体,主要由变形侵入体和变质表壳岩组成。变形侵入体主要由 4 个地质单元组成:钾长花岗质片麻岩($Pt_3\xi\gamma$)、二长花岗质片麻岩($Pt_3\eta\gamma$)、花岗闪长质片麻岩($Pt_3\gamma\delta$)及含榴混合花岗岩($Pz_2\gamma$)。

(2)确定燕山期中酸性侵入岩是工作区内斑岩型钼、钨、金、银、铜及铅锌矿的主要成矿母岩。

(3)总结出区内构造控矿形式为近东西向和北东向构造联合控矿。区内主要金属矿产"东西成带,北东成串"展布。近东西向断裂控制了铅锌银矿产的产出和分布。北东向断裂为左旋、等距平行分布的一组断裂(区内间距为 15~20km),断裂带走向 NE30°左右,控制燕山期中酸性侵入岩产出。

二、高精度磁法测量方面

(1)较为系统地测定了工作区内主要岩矿石磁化率并采集标本,测定磁性较强岩石磁化率及剩磁参数,对测定结果统计整理,获得了区内的磁性参数,为工作区内磁异常的认识和磁测资料的解释提供了基础资料。

(2)在资料整理过程中,采用多种数据处理方法对磁测资料进行了位场转换与分离,共提取高磁异常32处。按照从已知到未知的原则,依据物性特征,结合地质资料,提出了推断解释意见。

(3)根据区内化极磁异常特征,以及通过磁力化极不同方向的一阶水平方向导数、线性加强等数据处理后获得的综合信息,推断了33条断层,其中北东向20条,南北向5条,北西向7条,东西向1条,为本区磁异常的认识和磁测资料的解释以及构造格架的建立提供了基础资料。

(4)依据测区内磁场特征,以具备含矿地层、控矿构造、成矿岩浆岩为重要条件,结合已知矿床、矿(化)点空间分布特征和区域重力异常找矿信息,在区内提出2处找矿预测地段。

(5)通过地面高精度磁法工作,大致查明了测区范围的磁场分布规律。

三、重力测量方面

(1)在野外工作期间,完成了基点联测工作。主要联测到1:20万豫东区重Ⅱ-19-321号重力基点,为后来的室内资料解释提供了参考依据。

(2)在充分研究重力场特征的基础上,将本区划分为3个重力场分区,其中一个重力高区、一个重力低区、一个重力过渡带,并对它们进行了定性分析解释,它们基本反映了区内地质构造单元的分布特征。

(3)提取了42处剩余重力异常,其中有19处重力高异常,23处重力低异常,并分别进行了定性解释。剩余重力异常的解释对局部构造、岩体分布研究有着重要意义。

(4)根据重力场特征,结合地质、遥感及其他物探资料,在本区推测了16条断裂,其中较大型断裂3条,一般断裂13条,并对其中主要的断裂进行了分析。

(5)充分利用燕山期岩体在布格重力异常平面图上反映为重力低的特征,结合地质特征及磁法成果在工作区内圈定出了12个酸性岩体;并对其空间几何特征、形成机制及其与区内主要矿产的关系进行了研究,同时认为酸性岩体的分布对区内多金属矿产的形成具有控制作用。

(6)在全面研究重力异常与矿产分布规律之间关系的基础上,对区内多金属铅锌、钼、钨等矿产进行了预测,初步圈定了以铅锌、钼、钨为主的多金属成矿预测区3处,为本区贵金属多金属矿产的地质勘查提供了丰富的地球物理依据。

四、电法测量方面

(1)根据测区采集到的数据,结合地质资料,从区域上将测区分出3个区(带)。

(2)依据测区视电阻率和视幅频率的规律和异常分布区的地质情况,共圈定出隐伏岩体18处,并探索该区圈定岩体的方法模式。

(3)根据测区视电阻率和视幅频率的规律,推断了10条断层,为本区构造格架的建立及寻找岩体与断层的分布规律提供了依据。

五、地球化学调查方面

(1)以平均6.01个样/km² 密度对测区进行了网格式调查,对Au、Ag、Cu、Pb、Zn等15种元素进行了分析测试。基本查明了测区 Au、Ag、Cu、Pb、Zn 等 15 种元素的分布特征和富集规律,获得了测区系统的地球化学资料。

(2)编制了 Au、Ag、Cu、Pb、Zn 等 15 种元素的地球化学图,对该区的基础地质、矿产资源潜力进行了研究评价,为该区的地质找矿提供了丰富可靠的地球化学依据。

(3)根据水系沉积物测量结果,研究了主要成矿元素在各地层单元及岩体中的分布特征。

(4)据 1∶5 万水系沉积物测量结果,圈定单元素地球化学异常 125 处,新圈定综合地球化学元素异常 18 处,其中乙类异常 10 处,丙类异常 8 处,为该区今后的区域矿产调查工作部署提供了可靠的依据。

六、遥感地质方面

(1)采用 SPOT5(2.5m)遥感数据,制作了全区 1∶2.5 万卫星遥感影像图,为本次遥感地质解译、野外验证和异常检查提供了遥感数据和影像资料。

(2)在分析研究已有地质调查成果基础上,通过遥感解译和实地验证,建立了区内主要岩性、构造的遥感解译标志,完成了 1∶2.5 万遥感地质解译 333 km^2,编制了 1∶2.5 万遥感地质解译图,为本区矿产远景调查提供了基础地质信息。

(3)围绕地质找矿,对与矿产关系密切的赋矿地层(岩层)、矿源层、蚀变带、环状影像、线状影像、构造块体、异常的色带(色斑、色晕)等成矿、控矿、容矿、示矿要素进行了系统解译,新发现了一批重要找矿信息和线索。

(4)利用 ETM+卫星遥感数据提取遥感异常,完成 1∶5 万遥感异常信息提取 333 km^2,圈定了遥感铁染异常和遥感羟基异常,编制了 1∶5 万遥感铁染异常图和 1∶5 万遥感羟基异常图,为本区找矿靶区圈定提供了重要的遥感依据。

七、找矿工作方面

新发现矿点、矿化点、矿产地共 13 处,其中铅锌矿产地 1 处、铅锌矿点 2 处、金矿化点 2 处、钨矿化点 6 处、铜矿点 1 处、稀土矿点 1 处。后湾重点检查区共估算矿石量 154 541t,估算 Pb(333+334-1 类)金属量为 22 277t,Zn(333+334-1 类)金属量为 45 385t。伴生银金属量 33 587kg,金金属量 57kg,铜金属量 1 416t。

八、找矿模型建立及找矿靶区圈定方面

(1)通过成矿特征的调查和成矿规律的总结研究,确定了区内主要成矿类型,并建立了主要矿床类型的综合信息找矿模型。据区域成矿规律的综合研究,本区主要矿床类型有斑岩-矽卡岩-热液型钼铅锌多金属矿床、矽卡岩型铅锌矿、热液型铅锌银矿、破碎蚀变岩型金矿和石英脉型金矿。

(2)依据本次调查成果和建立的综合信息找矿模型,对测区进行了系统的成矿预测,划分出成矿远景区 3 处,圈出钼钨铅锌、金、铁铜多金属找矿靶区 5 处,确定本区主攻矿种为铅锌钼兼顾金银,主攻矿床类型是与燕山期岩浆活动密切相关的钼铅锌多金属矿床系列。

湖南"三稀"资源综合研究与重点评价成果报告

提交单位:湖南省地质调查院

项目负责人:李胜苗

档案号:1040

工作周期:2012—2015 年

主要成果:

(1)基本摸清了湖南"三稀"资源的"家底"和分布情况。其中稀土金属矿产主要集中分布在湘东北的南洞庭坳陷稀土成矿区、幕阜山-紫云山铜金铅锌铁稀土成矿带和湘南的南岭成矿带。湘东北以砂矿为主,湘南以离子吸附型为主;稀有金属矿主要分布在湘东北幕阜山-望湘地区,以及湘南的南岭成矿带;稀散金属矿产主要集中分布在衡东东岗山—常宁水口山—桂阳宝山—江永铜山岭一带,受北东向构造岩浆岩带控制,成矿与中酸性的小岩株关系密切,主要与铅锌矿伴生。

(2)总结了湖南省稀土矿矿产资源特征,开展了离子吸附型稀土矿和砂矿型稀土矿的典型矿床研究,总结了其成矿规律;同时开展了省内稀土矿开发利用情况调查工作。

(3)根据湖南省稀有金属矿产的特征,确定了 5 种稀有金属矿床类型:花岗岩型、伟晶岩型、云英岩型、矽卡岩型和热液脉型。并从形成时代、矿化特征、矿物组成、矿床成因等方面总结了各类型稀有金属矿床的特征,开展了相关典型矿床的成矿规律研究,并建立了相应的成矿模式。

(4)从区域地质特征、成矿条件、成矿物质来源、控矿因素、空间分布和找矿标志等方面开展了幕阜山地区稀有金属矿产的成矿规律研究工作,为指导区域找矿提供了参考依据。

(5)通过开展紫云山地区、幕阜山地区、连云山地区和上堡地区的稀有金属找矿工作,初步估算了幕阜山地区梅仙矿区的 3 条含矿伟晶岩脉的资源量,共获铌钽(334 类)矿石量 400 076.1t,金属量 126.16t,其中 Ta_2O_5 金属量 51.55t,Nb_2O_5 金属量 74.61t;新发现的白沙窝矿点内的一富云母伟晶岩体,宽约 20m,全部样品 $Nb_2O_5+Ta_2O_5$ 品位均达工业要求,单样品位 0.053%～0.390%,平均品位 0.161%,是工业要求的 7.3 倍,属富铌钽矿,显示该地区具有良好的稀有金属找矿前景;上堡地区的风化壳型铌钽矿品位相对较低,但规模大,易开采,同样具有良好的找矿前景。

(6)总结了湖南省稀散金属矿床的特点、赋存状态和成矿机制。开展了铜山岭铅锌矿区和香花岭钨锡矿区尾砂中的"三稀"金属调查评价。

(7)系统总结了湖南"三稀"资源的成矿规律,为今后的找矿工作指明了方向。

湖北白河-茅塔地区矿产地质调查报告

提交单位:湖北省地质调查院

项目负责人:周晓宁

档案号:1066

工作周期:2013—2015 年

主要成果:

(1)通过1:5万矿产地质测量(实测面积 900km²),了解了各地层、岩浆岩分布特征及与成矿的关系和构造对矿体的控制作用,查明了调查区成矿地质背景,总结了成矿控制因素。并新发现了 3 处找矿线索,其中构造热液型铜(金、银)矿(化)点 2 处,锌(金、银)矿(化)点 1 处。

(2)通过1:5万激电中梯测量(实测面积 91km²),共圈定高视幅频率异常 12 处,其中 J1、J10 两处异常与银洞沟大型银矿、许家坡中型金矿两个矿床叠合较好,为矿致异常;通过异常解译认为 J11、J12 两处异常与大规模基性岩脉相关;认为 J2~J9 这 8 处异常可能为成矿有利地段。

(3)通过1:5万水系沉积物测量,共圈定单元素地球化学异常413处,综合异常50处,组合异常50处;按元素组合所反映的地质意义,将组合异常分为4类:①与岩浆岩(武当群及耀岭河组变质火山岩)有关的异常类;②与黑色岩系有关的异常类;③与构造活动有关的异常类;④其他异常类。按区内异常所处地质环境、找矿意义和工作程度进行异常价值分类,其中甲类异常9处,乙类异常24处,丙类异常16处。该成果为区内地质找矿、成矿规律研究及矿产预测图的编制提供了资料。

(4)通过遥感地质解译,建立了调查区岩石、地层、构造的解译标志,为地质联图及构造格架的建立提供了新的信息,从而提高了矿产地质填图质量。根据卫星影像提供的信息进行相关处理后,筛选出铁染蚀变异常4处,羟基蚀变异常3处。

(5)在对各类找矿信息综合分析的基础上,选择柏树沟与谢家坡异常查证2处,选择陈庄铜金矿、石穿沟锑矿进行概略检查2处,对高家沟锌重晶石矿、石家沟钼钒矿、构皮洼铜金矿、石门沟三岔银金矿进行重点检查4处,为矿产预测及找矿靶区的提交提供了依据。

(6)收集和调查了调查区主要矿产种类、数量、规模及分布情况,结合收集的矿产资料编制了矿床(点)登记表。通过开展区内典型矿床的研究,确定本区矿产预测类型为沉积改造型金银矿与沉积型重晶石、钼钒矿,总结了成矿要素、预测要素和区域成矿规律,共圈定了预测区5处,其中A类4处,B类1处。

(7)此次提交找矿靶区4处,并对其进行分类,其中A类3处,B类1处。A类找矿靶区为湖北省竹山县石家沟钼钒矿找矿靶区、湖北省郧县高家沟锌重晶石矿找矿靶区与湖北省郧县构皮洼-陈庄铜金矿找矿靶区;B类找矿靶区为湖北省竹山县石穿沟锑矿找矿靶区。

(8)本次矿产远景调查采用了中国地质调查局开发的数字地质填图与矿产勘查系统进行野外数据采集,同时,按数字填图的要求进行了资料综合整理,以及各类图件的编制,实现了各类原始资料和成果资料的数字化。资料的全程数字化,不仅提高了图幅的质量,而且还为原始资料和成果资料数据的检索提供了便利。

湖南省常宁市水口山铅锌多金属矿接替资源勘查报告

提交单位:湖南省有色地质勘查局二一七队
项目负责人:宛克勇
档案号:1071
工作周期:2013—2014年
主要成果:

一、成矿规律

(1)矿床产于鸭公塘倒转背斜轴部,3号隐伏花岗闪长岩体超覆于二叠纪地层的南东向接触带中,构成由二叠系栖霞组碳酸盐岩+倒转背斜+超覆产出的中酸性浅成花岗闪长岩组成"三位一体"的成矿模式。

(2)在中低温(铅锌)矽卡岩型矿床的深部可探寻厚大型高温(铜铁)热液交代矿床。

(3)矽卡岩型黄铜磁铁矿床往往产于岩体超覆部位下部的矽卡岩内带,且在超覆部位、岩体的凹陷、凸出等部位极易富集成矿。

(4)黄铜磁铁矿以紧密共生形式产于石榴子石矽卡岩带中。

(5)在岩体内外接触带,后期铅锌热液继续上升,在裂隙中形成脉状铅锌矿体。

(6)在构造不整合面以下不纯碳酸盐岩化学性质活泼,自下而上的含矿热液从深部通道运移至侏罗纪地层时,受碎屑岩盖层的阻挡,热液回流至碳酸盐岩地层有利地段富集成矿。热液回流至岩性不活泼的碎屑岩地层,无法成矿。

二、远景评价

(1)鸭公塘-老鸦巢区,本次勘查揭露的铜铁矿体规模大,矿体最大厚度达167.17m,走向及倾向上未完全控制,根据矿床"三位一体"的成矿模式及物探提供矿体深部及北部仍具有巨大找矿前景的信息,综合考虑该区该类型矿体的找矿远景大。

(2)岩体中发现铜钼矿化,在铜铁矿体深部具可探寻铜钼富集地段的可能性。

(3)3号岩体外围老鸦巢钻孔ZK1111揭露的脉状铅锌矿体是下一步不可忽视的找矿方向。

(4)对于康家湾区南部斗岭组地层F_{22}断裂带中的脉状铅锌矿体,本次由于资金问题,未施工工程揭露,其赋矿性值得进行一步探索。

广东厚婆坳地区锡多金属1∶5万潜力评价成果报告

提交单位:广东省地质调查院
项目负责人:武国忠
档案号:1073
工作周期:2015年
主要成果:

一、成矿地质背景研究

厚婆坳地区矿产资源丰富,矿床(点)的分布明显受区域性的深、大断裂控制,它们一般赋存在特定的构造部位和特定的地层中,受构造、地层条件的制约,成矿专属性明显。

(1)构造作用与矿产地。断裂构造(含韧性断裂、裂隙)是最主要和最直接的控矿因素,它既提供了矿液活动的通道和储矿空间,又可以将有益元素从深部带上来,起到控矿、导矿、容矿作用。厚婆坳地区以海丰-丰顺逆冲断裂构造带、深圳-五华逆冲断裂构造带等北东向构造带和佛冈-丰良东西向断裂最为醒目,这些北东向和东西向深大断裂构成了厚婆坳地区的主要构造格架,同时为表层和深部物质的运移、富集、储藏提供了有利条件,明显控制着地层、岩浆构造带展布,是重要的导岩构造,同时控制着成矿带展布,也是热液型矿床的导矿构造。矿体往往沿二、三级断裂或构造裂隙、层间破碎带分布,所以次级断裂是重要容矿构造。断裂交会之处往往是赋矿良好场所。

(2)沉积建造与矿产地。地层是侵入岩体型矿床的成矿围岩,是赋矿的主要载体。与铜锡矿化关系密切的层位主要有晚三叠世—早侏罗世蓝塘群(银瓶山组、上龙水组、长埔组、吉水门组和青坑村组)和晚侏罗世—早白垩世高基坪群(热水洞组、水底山组、南山村组)等。稀土矿主要形成于海拔低于500m,切割深度一般小于200m,坡度小于30°的低山丘陵缓坡地貌区。风化壳依风化程度不同,大致可分为3层:表土层(残坡积层)、全风化层和半风化层。稀土矿体主要赋存在全风化层,其次为残坡积层下部和半风化层上部。

（3）岩浆建造与矿产地。岩体侵入活动是含矿热液的主要来源。岩浆热液型矿床主要与燕山中晚期酸性—中酸性花岗岩、花岗闪长岩等岩浆侵入作用有关,这源于燕山期规模宏大的岩浆侵位为成矿提供了良好的矿源热液,使岩浆热液型矿床获得必要的成矿物质基础。根据已知矿床的成因分析结果,晚侏罗世—早白垩世中粒、中细粒、细粒(斑状)(黑云母)二长花岗岩、花岗闪长岩等是侵入岩体型矿床的重要预测要素。

（4）成矿时期。侵入岩体型矿产的成矿时代与成矿侵入体的侵入时代直接有关,有关的岩体同位素年龄值大致以 160~76.5Ma 为主,从而确定侵入岩体型矿床的成矿时代为侏罗纪—白垩纪。稀土矿的成矿时代为第四纪。

二、成矿规律与矿产预测

（1）确定了矿床成因类型,对典型矿床进行研究。

矿床成因类型:通过系统研究成矿地质条件、矿床地质特征,按"三维二元"结构特征划分矿床类型的方法,将本区的矿床分为热液型(锡、铅、锌、银)、斑岩型(铜、铅、锌、钨、锡、钼、金)和离子吸附型(稀土矿)。

典型矿床研究:选择了具有较高勘查程度、研究较深入的揭西新寮岽铜铅锌锡矿、澄海莲花山钨矿、潮州厚婆坳锡铅锌银矿、饶平溪西钼矿、揭西五经富稀土矿。通过对矿床的成矿地质体、成矿构造和成矿结构面以及成矿作用特征标志的研究,提取了典型矿床成矿要素与预测要素,建立了典型矿床成矿模式和预测模型,并对典型矿床的深部、外围进行了预测。

（2）确定了矿床预测类型与预测方法类型。根据典型矿床特征,按照不同矿种定义了矿床式 5 个,即厚婆坳式脉状铅锌银锡矿、新寮岽式斑岩型铜铅锌锡矿、莲花山式斑岩型钨金矿、溪西式斑岩型钼矿、五经富式离子吸附型稀土矿,除稀土矿的预测方法类型为沉积型外,其他预测方法类型均为侵入岩体型。

（3）模型区建设。在典型矿床预测成果的基础上,通过类比,计算了其他已知矿床的深部资源量。选择了 31 个定位模型区(按单矿产类型统计)、29 个定量预测模型区(按单矿产类型单矿种统计)作为全区预测的基础,估算了对应矿产类型的最小预测区资源量。

（4）对整装勘查区开展了区域成矿规律研究。对整装勘查区内斑岩型铜铅锌钨锡钼金矿、热液型锡铅锌银矿、离子吸附型稀土矿成矿特征进行了研究,提取了区域成矿要素,建立了区域成矿模式;并结合物探、化探信息,确定了全区预测要素,编制了全区预测要素图和全区预测模型图。

（5）根据矿产预测类型,对全区不同矿种进行了定位、定量预测。

在综合信息圈定预测单元的基础上,运用特征分析法对全区进行了定位预测,共圈定了 148 个最小预测区,其中 A 类预测区 33 个,B 类预测区 47 个,C 类预测区 68 个。对预测区进行归并形成了综合预测区,共计综合预测区 90 个,其中 A 类综合区 19 个,B 类综合区 30 个,C 类综合区 41 个。

在应用模型区类比法确定了最小预测区参数的基础上,运用地质参数体积法对各最小预测区进行了定量预测。经预测,厚婆坳整装勘查区共计查明资源量:锡矿 60 102t、铜矿 14 471t、钨矿 35 642t、钼矿 5 726t、铅矿 199 758t、锌矿 136 079.01t、银矿 2 482t、金矿 1.32t、轻稀土矿 9 360t、重稀土矿 64 024t;预测资源量:锡矿 316 161t、铜矿 111 601.83t、钨矿 156 806t、钼矿 137 574t、铅矿 594 936t、锌矿 450 518t、银矿 5 964.507t、金矿 106.91t、轻稀土矿 45 573t、重稀土矿 38 849t;总资源量:锡矿 376 263t、铜矿 126 072.83t、钨矿 192 448t、钼矿 143 300t、铅矿 794 694t、锌矿 586 597.01t、银矿 8 446.507t、金矿 108.23t、轻稀土矿 54 933t、重稀土矿 102 873t。预测结果基本可信。

(6)对各最小预测区资源量进行了各种汇总,编制了厚婆坳地区矿产预测成果图。在全省最小预测区成果的基础上,建立了预测成果数据库,即铜、铅、锌、钨、锡、钼、金、银、稀土的最小预测区(属性中含预测成果),在1∶5万地质图上叠加形成了厚婆坳地区矿产预测成果图。

(7)提出了勘查部署建议。根据资源量预测结果及广东工业布局,建议提出了22处勘查部署区,并对各区提出了勘查部署建议。

(8)进行了成果验证。重点工作区内的最新钻孔验证了靶区,证实靶区范围、延深的可信度较高。

(9)总结了区域成矿规律。分析了成矿地质体、成矿构造、成矿结构面、成矿作用特征标志(主要包括成矿时代与物质来源)、地球物理场、地球化学场与成矿的关系。

三、物探、化探、遥感与自然重砂综合信息研究

(1)重力。利用上一轮潜力评价重力推测成果,提取重力推断断裂14条,岩体16个。作为预测要素参与了预测区优选。利用重力推测的断裂、岩体参与最小预测区的优选,参考重力推测的岩体深度进行了最小预测区含矿地质体延深的推测。

(2)磁测。①利用1∶5万中大比例尺,编制全区的航(地)磁图件,圈定局部磁异常31处,划分区域磁场5处,推断断裂43条。②按照"一图一库一说明"的原则,对磁测工作程度图、磁测数据处理基础图、磁异常分布图建立了相关空间属性数据库。③利用磁法推测的岩体、断裂进行了最小预测区的优选,同时参考磁法推测岩体的深度,进行了最小预测区延深的推测。

(3)化探。充分利用1∶1万土壤化探资料进行了典型矿床、重点工作区尺度找矿靶区的圈定。应用丰顺、坪上、凤凰、潮州4个图幅1∶5万化探资料进行了最小预测区的圈定;在没有1∶5万工作程度的区域,使用1∶20万化探资料结合成矿地质背景条件进行了最小预测区的圈定;应用化探单元素异常进行了最小预测区的优选,同时结合矿产地信息进行了不同矿种最小预测区的判定。对Au、Cu、Mo、Pb、W、Ag、Sn、Zn、La、Y元素进行了地球化学聚类分析,圈定并评价了3处综合异常。

(4)遥感。①编制了全区遥感影像图、遥感构造解译图、遥感异常解译图各1张,共计3张。②按照"一图一库一元数据"的原则,对以上图件进行数据库建设。③利用遥感推测的线异常进行最小预测区的优选。

广东省北部矿集区找矿预测报告

提交单位:广东省地球物理探矿大队
项目负责人:严己宽
档案号:1074
工作周期:2015年
主要成果:

(1)1∶5万重力测量成果显示,石人嶂矿集区已知钨矿脉带产于布格重力低边部及其与局部重力高的过渡带上,隐伏酸性岩体的接触带附近。剩余重力异常(3km×3km窗口)显示,钨矿脉带主体并不总是位于剩余重力负异常上,当矿脉走向与地层不一致,赋矿围岩岩性有较大变化时,钨多金属矿脉与剩余重力异常的关系较为复杂。

(2)1∶5万重力测量圈定剩余重力负异常12处,主要异常推断为隐伏岩体上突部位。重力测量

成果推断了众多断裂构造,包括了北西向、北东向与近东西向断裂,为进一步找矿提供了良好的线索。重力测量为矿产预测提供了丰富的物探资料,对隐伏矿产的预测有重要意义,重力资料对隐伏矿产预测有良好效果。

(3)1∶5万构造-岩石地球化学测量显示,异常对已知位置、范围、性质、走向有极为良好的显示,位置准确,且受水系影响小,值得在断裂构造发育区大规模开展。

(4)对1∶5万构造-岩石地球化学成果开展了多项研究,取得开创性成果。利用半变异函数的空间结构分析探讨了各元素富集机制及部位;利用多重分析法,探讨了各元素成矿机制及异常下限确定方法;利用FCM分析圈定隐伏酸性岩体、钨锡找矿远景区;利用成矿元素分析划分了各矿种成矿点分布区。

(5)1∶5万构造-岩石地球化学测量圈定综合异常11处,其中甲类异常5处,乙类异常2处,丙类异常4处。甲、乙类异常对筛选找矿靶区有重要意义。

(6)利用物化探成果圈定找矿远景区5处,找矿靶区5处。利用"三位一体"找矿预测理论对找矿远景区、找矿靶区特征进行了论述,指出了找矿方向,分析了找矿前景。找矿远景区主要目标矿种为高中温热液型钨锡矿和中低温热液型铅锌矿,罗坝东北远景区和良源-高桥远景区需兼顾矽卡岩型钨锡多金属矿。

(7)石人嶂矿集区坪田找矿靶区具有良好的找矿前景。物化探综合剖面测量成果显示:东南部是寻找钨矿的有利部位;目标矿种为石英脉型钨矿;中部、北部主要目标矿种为铜铅锌多金属矿,此外还应注意是否存在非石英脉型矿床。

(8)大宝山矿田综合剖面成果对深部矿体指示良好,可以指导下一步工作部署。推断DBS-1、DBS-2异常部位具有良好的找矿前景,主要目标矿种为铅、锌、金多金属矿。

湖南古丈地区矿产地质调查成果报告

提交单位:中化地质矿山总局湖南勘查院
项目负责人:游国均
档案号:1076
工作周期:2013—2015年
主要成果:

一、1∶5万矿产地质测量

(1)测制了全区地质剖面。区内主要地质填图单位都有2~3条剖面进行控制。

(2)采用以岩石地层为主的多重地层划分方法,初步查明了全区地层层序、岩性、岩相、厚度及其与成矿的关系,并对各时代地层的沉积类型、建造、沉积环境作了一定研究与探讨,在建立和完善工作区地层系统的基础上,建立地层填图单位17个(包含岩浆岩填图单位1个)。

(3)大致了解了区内地质、构造、岩浆岩及主要矿产的总体分布特征,重点分析研究了赋矿地层与成矿作用的关系及其成矿专属性,对赋矿地层进行了进一步分段,并对赋存于其中的含矿岩系进行了初步了解。

(4)大致查明了工作区内地层的含矿性,下南华统大塘坡组是区内锰矿赋存地层,下震旦统金家洞组是区内磷矿赋存地层,初步了解了矿(化)体的大致空间形态和初步特征。

(5)对工作区内的矿(化)点位置、赋存地层、露头情况进行了初步统计与了解,对工作区内的民采点进行了询问、调查与取样。

二、1∶5万双频激电中梯测量

(1)通过本次双频激电工作,在对视幅频率资料进行整理后,圈定了编号为IP1～IP9的9处激电异常,对找矿起到了较好的指示作用。编制了各测区的双频激电中梯视幅频率剖面平面图和双频激电中梯视幅频率等值线平面图。

(2)综合评价认为,烂泥田等3个测区的5处异常(IP3、IP6、IP7、IP8、IP9)均具有较高极化的特征,为牛蹄塘组碳质板状页岩所引起,对在本区内寻找锰矿意义不大。而IP1、IP2、IP4和IP5异常均具有高极化的特征,为大塘坡组碳质页岩所引起,为本次双频激电工作寻找锰矿的有效异常。其中的IP4和IP5为本次工作首选重点异常。

三、矿产检查工作

(1)对区内46处矿(化)点进行了分类和总结,较系统地阐述了工作区内已发现的有色金属、黑色金属、贵金属、非金属、能源矿产的分布及其特征,进一步了解了工作区内的地层、构造、岩浆岩等主要成矿地质条件。

(2)在充分收集整理以往工作成果,并结合本次所获地质、物探、化探综合找矿新信息,对区内矿点(异常)踏勘检查的基础上,择优对大龙-茅坡锰矿、排若磷矿、溪流墨磷矿、小寨磷钒矿、丫角山磷矿、烂泥田锰矿、妙溪铜矿、牛角山锰矿8处矿点进行了概略检查,大致了解了其资源潜力,从中再择优选取大龙-茅坡锰矿、排若磷矿2处矿点进行了重点检查。

(3)区内锰矿体呈层状产于下南华统大塘坡组底部的黑色含锰岩系中,含锰岩系厚度为1～14m,一般含有2层矿。Ⅰ矿体为区内主要矿体,矿体厚1～3.6m,平均厚1.93m,氧化锰矿中Mn品位15.04%～33.16%,平均品位20.99%,含Mn品位偏低且变化较大,但矿体厚度连续并且稳定;Ⅱ矿体呈似层状、透镜状产出,矿体厚0.8～1m,平均厚0.75m,氧化锰矿中Mn品位18.6%～33.91%,平均品位24.97%,含Mn品位及厚度趋于稳定。

(4)区内磷矿体呈层状产于下震旦统金家洞组中部的含磷层中,矿体厚0.40～3.73m,P_2O_5品位15.44%～23.72%,品位偏低但稳定,矿体连续。

(5)新发现矿床(点)3处(大龙-茅坡锰矿、排若磷矿、万岩重晶石矿)。

四、综合研究

(1)总结了区内以沉积型矿床为主,且沿古丈复式背斜两翼"对称"分布的空间展布特征;对锰、磷矿成矿条件进行了逐一分析,认为区内锰矿为"湘潭式"生物化学滨-浅海相沉积型矿床,磷矿为"荆襄式"生物化学海相沉积型矿床,地层对控矿起主导作用。

(2)圈定成矿远景区1处,为万岩-罗依溪锰磷成矿远景区;圈定找矿靶区2处,分别为大龙-茅坡锰矿找矿靶区、排若磷矿找矿靶区,并分别估算了锰矿远景资源量($246.02×10^4$t)和磷矿远景资源量($487.72×10^4$t)。

(3)对区内成矿远景区进行了资源潜力预测。分析认为远景区内尚有找矿潜力:锰$800×10^4$t,磷块岩矿$1200×10^4$t。同时对远景区以外的其他地区进行了简单的资源潜力评价,认为古丈地区的钒矿具有巨大的找矿潜力,重晶石亦能有所突破。

(4)以锰、磷块岩典型矿床认识为依据,在分析、研究工作区控矿地质条件和综合信息找矿标志的基础上,对工作区今后找矿方向和资源潜力作出了总体评价。

(5)总结了锰、磷、钒和重晶石矿的成矿规律。全面收集了评价区内的相关地质勘查成果及科研成果资料并对其进行了系统、全面地综合整理,通过对南华纪大塘坡期的锰矿和震旦纪金家洞期成矿环境、赋存规律、控矿条件、时空分布特征、锰磷分异特征和矿床成因类型等进行综合分析研究,总结了锰、磷找矿标志。全面系统地总结了工作区内锰、磷矿成矿地质条件和成矿规律。

海南省昌江-东方地区矿产地质调查成果报告

提交单位:海南省地质调查院
项目负责人:曹飞
档案号:1078
工作周期:2013—2015 年
主要成果:

一、基础地质

通过本次 1∶5 万矿产地质填图工作,对调查区内的地层、构造、岩浆岩进行了较全面的调查。

(1)采用以岩石地层为主的多重地层划分方法,初步查明了调查区地层层序、岩性、厚度、沉积类型,划分了 15 个地层填图单位,同时对地层与成矿的关系进行了分析。

(2)以期次(时代)、相带理论为基础,将调查区侵入岩划分为中岳期、海西—印支期和燕山期 3 个侵入时期。采用"岩性+典型命名地+时代"的划分方法,通过野外地质调查和室内综合研究,并在充分利用前人已有成果的基础上,对区内出露的不同类型的侵入岩进行填图单元的划分和填绘,共划分了 17 个侵入岩填图单位及 3 个晚期岩脉填图单位。

(3)根据测区地层接触关系、沉积建造类型、岩浆活动、变质作用以及构造样式的差异,结合同位素年龄资料,将测区构造演化划分为 7 个构造旋回,分析了构造发展史,总结了不同构造层的特征,并初步探讨了其与成矿的关系。

二、物探工作

(1)1∶5 万地面高精度磁测,在调查区内共计采测磁化率标本 2 073 块(点),并进行了归类统计,总结了各类岩石的物性特征。

(2)1∶5 万地面高精度磁测,在调查区内共圈出 25 处局部 ΔT 磁异常,结合调查区成矿地质条件、成矿特征、岩(矿)石磁性测定结果,特别是前人完成的 1∶5 万航磁测量成果,对上述 25 处异常进行了解译推断;在调查区内共推断构造断裂带 14 条。

(3)激电中梯(长导线)剖面测量,在包拔、白马岭、温村测区共圈定了 6 条破碎带,这 6 条破碎带均呈低阻高极化特征。

三、化探工作

(1)1∶5 万水系沉积物测量。①大致查明了 Au、Ag、Cu、Pb、Zn、Mo、Bi、Sb、As、W、Sn、Hg、Cd、

F、Cr、Co、Ni、La 共 18 种元素在各地质体中的含量、分布、富集等地球化学特征。②圈定单元素异常共计 1 344 处,其中 Au 为主成矿元素(75 处),Ag、Pb、Zn、Cu、W、Sn 为主要异常元素,其他为伴生元素。其他次要异常多为单点异常,面积小且零星分布,没有找矿意义。③根据元素的轴向分带序列按低温、中温、高温的类型把调查区中的 As、Sb、Hg、Ag、Au、Cu、Pb、Zn、Bi、Mo、W、Sn 共 12 种元素分为 3 组,分别为低温 Au-As-Sb-Ag-Hg 元素组合、中温 Au-Cu-Pb-Zn 元素组合、高温 Au-Bi-Mo-W-Sn 元素组合。由各组合异常图可得 Au 元素与其他低—高温元素在抱板群戈枕断裂带上的重叠性极好,尤其是在土外山金矿、红甫门岭金矿等矿产地。而在古生代沉积变质岩中 Cu、Pb、Zn 与其他低—高温元素(如 Sb、Bi)的重叠性也较好,低温元素 As、Sb 等较高温元素 Bi、W、Mo 等的异常级别低,表明矿体可能遭受一定剥蚀,但不排除深部还有隐伏矿体的存在。④调查区 1∶5 万水系沉积物测量圈定了综合异常 41 处,其中甲类异常 12 处,乙类异常 15 处,丙类异常 14 处。主要成矿元素为 Au,其次为 Ag、Cu、Pb,其他元素为共、伴生元素。甲类异常代表了本调查区贵金属和有色金属矿(化)点的成矿物质来源与赋矿地质体。乙类异常具有同甲类综合异常一样的地质背景,主要为抱板群、抱板群+长城系中侵入的二长花岗岩、古生代沉积变质岩。

(2)1∶1 万土壤测量。对 1∶5 万水系沉积物测量发现的推断有找矿远景的综合异常,优选了 2 处异常(编号分别为 AS32-乙、AS37-乙)进行 1∶1 万土壤测量(二级查证),基本查明了水系沉积物异常的地质起因,缩小了找矿范围,圈定了 1∶1 万土壤测量综合异常共 10 处,并进行了解译与推断。

四、遥感解译工作

通过 1∶5 万遥感地质解译,初步建立了调查区内各种岩石地层、构造的解译标志,对时代地层、侵入岩、断裂构造、环形影像构造等基本地质要素进行了解译。编制遥感综合解译图等成果图件,为成矿远景区、找矿靶区的优选和圈定提供遥感信息。调查区内初步解译出线性构造 31 条,其中北东东向线性构造 16 条,北西西向线性构造 15 条;环形构造 11 处。提取了工作区内的羟基异常和铁染异常,圈定了 11 处遥感找矿靶区。

五、矿产检查

(1)对已知主要矿床(点)进行了较全面踏勘检查,并补充收集了资料,深化了对已知矿床(点)地质特征的认识。对调查区矿产种类,矿床(点)的类型、数量、规模、分布特征等进行了简述,大致了解区内含矿层,矿化蚀变带,矿化类型,矿(化)体的分布范围、规模、形态、产状、赋存地质条件等。

(2)通过本次矿产地质调查工作,新发现一批矿(化)点,分别是东方市白马岭金矿化点(Au 品位 0.85~1.25g/t)、东方市温村金矿化点(Au 品位 0.1~1.65g/t)、东方市包拔金矿化点(Au 品位 0.1~1.88g/t)、东方市报公口金矿化点(Au 品位 0.27~0.69g/t)。

(3)通过矿产重点检查工作,大致查明了检查区内的地质构造、物化探异常、矿(化)体、围岩蚀变等地质特征并进行了较为详细的描述。初步总结了成矿特征、控矿因素及找矿标志,提出了进一步找矿方向及今后工作建议。

六、综合研究

(1)在对地质、矿产、物探、化探、遥感等成矿信息进行分析研究基础上,初步总结了区域成矿规律并进行矿产预测。

(2)建立了戈枕断裂带破碎-蚀变岩型金矿床成矿模式图。

(3)圈定了 6 处成矿远景区(其中 A 类 3 处,B 类 2 处,C 类 1 处);经评价、优选后圈定了 10 处找矿靶区(其中A类7处,B类3处),其中含本次工作新提交找矿靶区3处(白马岭、温村、包拔);指出了调查区内的优势矿种、主攻矿床类型和进一步找矿方向,为今后矿产勘查工作的部署提供了依据。

七、数据库建设

建立了海南省1∶5万叉河幅(E49E005004)、东方幅(E49E006004)、玉道幅(E49E007004)原始库及成果数据库,并提交了"海南省昌江-东方地区矿产地质调查"空间数据库建库工作说明。

广东省韶关市大宝山铜多金属矿接替资源勘查报告

提交单位:广东省地质局第三大队
项目负责人:叶茂华
档案号:1079
工作周期:2014—2015年
主要成果:

(1)大致查明了工作内地层、构造、岩浆岩分布及与成矿的关系,大致查明含矿地层的层序。

(2)综合应用有效的物化探方法技术,找矿效果显著,物探方法(CSAMT)成功预测了铜硫矿体空间形态,有效地指导了钻探工作和工作部署。

(3)在勘查区67—75线新发现铜硫多金属矿体,铜硫矿体有两种矿石类型:一种是产于次英安斑岩中的细脉(网脉)型铜硫矿石、老虎头组中的网脉含铜黄铁矿石;另一种是产于棋子桥组中的层状块状硫化物型铜硫矿石。根据现行工业指标圈定矿体边界。

(4)大致查明了矿体分布、形态、产状、规模、质量分数及变化特征;大致查明铜硫多金属矿石结构构造、物质组分、主要矿物特征及主要有用组分和共(伴)生组分。

(5)初步认为大宝山铁、铜、钼多金属矿属于"三位一体"广义的斑岩型成矿模式。评价了勘查区找矿前景,提出下一步工作建议,对矿山今后外围及深部找矿工作具有较好的指导意义。

(6)找矿预测专题认为勘查区内的次英安斑岩确定为英安质熔岩,经锆石LA-ICP-MS U-Pb法测年结果为432.7±3.0Ma。初步认为矿床成因类型为海相火山岩型铜铅锌矿床(VMS型)。

(7)对新发现的铜硫矿石与大宝山矿业公司正在开采的铜硫矿石进行了类比分析,其物质组分基本一致。矿山采用的选冶工艺流程表明,铜硫分选性较高,可浮性好,铜的回收指标达到86.48%,说明该矿石是可选的,推断其属于易选易加工矿石。

(8)初步调查了矿床开采技术条件。矿床开采的水文地质条件简单,工程地质条件中等,环境地质条件复杂,开采技术条件属于以环境地质问题为主的复杂类型(Ⅲ-3)矿床。

(9)采用平行断面法估算新增铜硫矿资源量(333类)矿石量$10681×10^4$t,铜金属量122 535t,平均质量分数:Cu 1.15%、S 23.48%,新增铜硫资源量达中型规模。

(10)按目前有色金属一般行价铜金属3.7万元/t计,矿床潜在总价值约39亿元。按矿石量年处理量$200×10^4$t计算,可延长矿山服务年限约5年,保证矿山3 000多人就业稳定及周边地区的经济稳定,因此本调查研究工作取得了显著的社会和经济效益。

广西河池五圩锑多金属矿接替资源勘查成果报告

提交单位:中国有色桂林矿产地质研究院有限公司
项目负责人:徐文杰
档案号:1080
工作周期:2013—2015 年
主要成果:

(1)通过本次勘查工作,经估算,在勘查区范围内新增资源量(333 类)矿石量 52.14×10^4 t,其中主矿产:铅金属量 4 190.0t,平均品位 0.80%;锌金属量 13 422.0t,平均品位 2.57%;锑金属量 8 481.4t,平均品位 1.70%。共生矿产:银金属量 30.06t,平均品位 69.15g/t;锡金属量 87.9t。新增资源量(333 类)中,采矿权标高-100m 以上范围内:矿石量 39.74×10^4 t,铅金属量 3 200.1t,锌金属量 10 090.1t,锑金属量 7 432.3t,银金属量 28.14t;采矿权标高-100m 以下范围内:矿石量 9.44×10^4 t,铅金属量 742.9t,锌金属量 2 241.1t,锑金属量 1 241.7t,银金属量 7.40t,锡金属量 87.9t;探矿权范围内:矿石量 1.28×10^4 t,铅金属量 218.5t,锌金属量 716.5t,锑金属量 140.5t,银金属量 0.26t;空白区范围内:矿石量 1.68×10^4 t,铅金属量 28.5t,锌金属量 374.3t,锑金属量 26.9t,银金属量 0.26t。预测的资源量(334 类)中:矿石量 55.23×10^4 t,其中铅金属量 5 212.0t,平均品位 0.94%;锌金属量 11 314.0t,平均品位 2.05%;锑金属量 10 581.6t,平均品位 1.92%;银金属量 50.84t,平均品位 92.06g/t;锡金属量 58.1t。低品位资源量中:矿石量 7.19×10^4 t,其中铅金属量 237.6t;锌金属量 826.5t,平均品位 1.15%;锑金属量 241.7t,平均品位 0.34%;银金属量 2.22t,平均品位 30.86g/t。

(2)通过物探可控源测量,圈定 11 处陡倾斜的带状低阻异常带,且低阻异常往深部仍有延深,表明赋矿断裂破碎带往深部延深较大,矿区深部找矿仍具有较大空间;通过重力剖面测量,大致推测了岩体的分布范围,其位于矿区往西约 4km 处,岩体顶界面埋深为 2 400~2 800m。岩体局部突起,是岩浆活动相对活跃的地段,热变质作用相对强烈,导致围岩矿化蚀变,是形成工业矿床的有利地段,为下一步的工程布置及找矿方向提供了依据。

广西龙州-扶绥地区矿产地质调查成果报告

提交单位:广西壮族自治区地质调查院
项目负责人:陈粤
档案号:1089
工作周期:2013—2015 年
主要成果:

(1)初步查明了本区铝土矿的成矿地质条件,大致了解矿体特征、矿石特征及分布规律。上二叠统合山组(P_3h)及上泥盆统融县组(D_3r)是本区铝土矿、菱铁矿及煤矿的重要赋矿层位或矿源层,其下伏地层下—中二叠统、石炭系的岩溶洼地则是岩溶堆积型铝土矿或褐铁矿的富集场所。铝土矿-煤矿-硅质岩的产出存在一定的相关性,古地理环境及风化条件不同对成矿的影响较大。此外对本区的成矿规律进行了总结。

(2)圈定找矿靶区4处,分别为扶绥东罗找矿靶区、平果太平找矿靶区、德保多敬-马隘找矿靶区、靖西南坡-渠洋找矿靶区。

(3)在找矿靶区内新发现沉积型铝土矿矿产地1处,矿(化)点5处,分别为平果太平沉积型铝土矿矿产地,扶绥东罗、宁明亭亮、德保多敬-马隘、大化贡川、靖西南坡-渠洋5处铝土矿矿(化)点。通过进一步地质评价及调查工作,在上述矿产地或矿(化)点探获沉积型铝土矿资源量(334-1+334类)4348.14×10^4 t。其中扶绥东罗铝土矿区估算沉积型铝土矿资源量(334类)2238.02×10^4 t,平果太平铝土矿区估算沉积型铝土矿资源量(334-1类)531.10×10^4 t,德保多敬-马隘铝土矿区预测沉积型铝土矿远景资源量(334类)1565.56×10^4 t,宁明亭亮铝土矿区估算堆积型铝土矿资源量(334-1类)13.47×10^4 t。大化贡川及靖西南坡、渠洋、凭祥等地区因工作量原因未能开展进一步工作。此外,项目组还在平果地区对合山组顶部的煤层进行了初步的调查。

(4)采用物探方法对本区沉积型铝土矿进行了探索性评价:一是采用高密度电阻率测量,通过钻探工程验证,该方法有一定的效果,可提高钻孔见铁铝岩层的概率;二是采用区域重力测量,通过对重力异常进行反演计算,可推断合山组地层厚度及底部形态,从而间接确定铝土矿层的埋深,实现间接找矿的目的。

广西靖西县湖润锰矿接替资源勘查报告

提交单位:广西壮族自治区地质调查院
项目负责人:区洪威
档案号:1090
工作周期:2014—2015年
主要成果:

一、矿床勘查控制程度

湖润锰矿区朴隆1矿段、朴隆2矿段、坡洲矿段、内伏矿段碳酸锰矿普查。通过1:1万地质填图和坑探、钻探工程控制,大致查明了含锰岩系层位、岩性、厚度及变化,岩相特征及对矿体的控制作用;大致查明了矿段构造形态、矿层形态特征、赋存规律、分布范围及规模、矿层厚度及其变化特征;大致查明了Ⅰ矿层、Ⅱ+Ⅲ矿层原生碳酸锰矿的矿物成分、结构构造及赋存状态;大致查明了矿石的化学成分及变化规律,大致了解了矿石中伴生的有益有害组分;初步划分了矿石的自然类型和工业类型及品级。通过收集详查报告中的碳酸锰矿实验室可选性流程试验和矿山选冶流程,基本查明了碳酸锰矿的加工技术性能和选矿方法。初步评价了未来矿山的产品方向,技术经济效果和工业得用的可能性。通过收集前人开展的区域水文地质普查成果、本矿区及邻近矿区地质详查工作成果、前人在矿区及附近开展的水工环地质工作成果,大致查明了矿区含(隔)水层特征、岩溶及构造破碎带的发育程度与分布规律、矿床主要充水含水层的富水性、地下水补给条件及其与地表水的水力联系、矿床主要充水因素及其水文地质条件和复杂程度,并对影响矿开发的因素进行了评价;初步查明了矿区工程地质岩组,测定了主要岩石力学强度,研究了构造、岩溶发育程度及岩体风化程度,对矿区工程地质条件进行了初步评价;收集了邻区地震、滑坡等自然地质灾害资料,了解可能产生的环境地质问题;了解了可能作为供水水源地的水量、水质和利用条件,指出了未来矿山的供水方向。根据规范要求及矿体展布面积、稳定程度及构造复杂程度,确定勘探类型为第Ⅱ类型,并确定了相应的勘探网度。勘探工程布置合理。探矿工程质量较好,工程编录规范合理,化验数据准确可靠,各项资料齐全,完全符合普查工作的要求。

经本次接替资源勘查,截至2015年1月31日,湖润锰矿区朴隆1矿段、朴隆2矿段、内伏矿段、坡洲矿段新增贫锰矿石资源储量(122b+332+333类)$899.0335×10^4$ t。其中,新增保有贫锰矿石资源储量(332+333类)$747.9453×10^4$ t[保有控制的内蕴经济资源量(332类)贫锰矿石量$34.4623×10^4$ t,保有推断的内蕴经济资源量(333类)贫锰矿石量$713.4830×10^4$ t],新圈定采空贫锰矿石储量(122b)$151.0882×10^4$ t,新增保有低品位贫锰矿石资源量(332+333类)$56.2407×10^4$ t。本次勘查完成了预期目标任务。

二、矿床成矿规律及远景评价

(1)湖润锰矿区位于上扬子陆块崇左弧盆系南西部的胡润坳拉谷,为一深水盆地,盆地中沉积了巨厚的硅质岩建造,形成了硅质-钙质-泥质的岩石组合,这种组合以钙质、泥质为主,硅质为次,有利于锰矿的形成,可生成较多的碳酸锰矿。

(2)湖润锰矿床属下雷式上泥盆统沉积-锰帽型锰矿,是浅海盆地中的沉积锰矿床,矿床层位主要为上泥盆统五指山组,矿层产于一套由硅质岩、灰岩、硅质灰岩和泥质灰岩等岩石和岩石序列构成的含锰岩系,即碳酸盐岩-硅质岩型组合中。本类型矿床连绵分布于60余千米长的弧形带上,形成了以下雷、湖润为中心,包括其外围龙邦、地州、壬庄、菠萝岗等一连串的锰矿产地,组成了桂西南锰矿成矿带。

(3)湖润锰矿位于湖润复背斜上,在上泥盆统五指山组地表分布地段均控制了Ⅰ、Ⅱ+Ⅲ锰矿层,在朴隆矿段、坡洲矿段、内伏矿段、巡屯矿段、茶屯矿段深部均控制到碳酸锰矿层,矿层连续性好,厚度、品位变化不大,沿走向、倾向继续延伸。在朴隆矿段、坡洲矿段、内伏矿段、巡屯矿段、茶屯矿段外围尚有较大的找矿潜力。

三、开采技术条件和地质环境

矿区地表水系发育,矿坑充水水源主要为碎屑岩夹碳酸盐岩溶洞裂隙水,地下水水量贫乏,地下水对采矿影响不大。局部地段矿体位于地表河流之下,矿坑充水水源主要为地表河水。矿床没有大的断层带通过,但分布有数条小的断层,接近断层带及岩体较破碎地段的坑道,滴水和微小涌水现象较普遍,在侵蚀基准面以上地下水均可沿平峒自然排泄。在侵蚀基准面以下的矿体,对矿坑充水的水源主要为碎屑岩夹碳酸盐岩溶洞裂隙水,采矿时需人工进行疏排地下水,由于矿体围岩含水层富水性不强,人工疏排的地下水量不大,地下水对采矿影响不大。在地表河流以下采矿时,地表河水可能会通过冒落裂隙带涌入矿坑,地表河水对采矿的影响较大。总的来说矿区水文地质条件属中等类型。矿区内各矿段矿层和矿层顶底板围岩以钙质硅质岩、硅质岩为主,稳定性较好,矿区的工程地质条件属中等类型。

矿区地下水水质一般,局部地段因受相邻矿区采矿过程中废渣、废液排放的影响,使得下游地区地下水被污染。将来采矿会对土地造成破坏,对矿区地质环境的破坏较严重,但对被破坏的土地进行复垦后地质环境可得到修复。小部分矿体开矿过程中疏排地下水,会使地下水水位下降,造成井泉枯竭,采矿过程中地表水、地下水易受到污染,易对周边居民的生产、生活造成影响。因此矿区环境地质条件复杂程度初步确定为中等类型。本矿床的开采技术条件勘查类型为Ⅱ-4型。

四、矿床开采的经济效果

按目前的矿产品价格计算,矿山每年产品年销售收入7 500万元,采矿等总成本为5 583.92万元,开采上缴国家利税1 570.28万元,企业最终留利345.81万元。

湖南宝峰仙-彭公庙地区矿产地质调查

提交单位:湖南省有色地质勘查局
项目负责人:杨齐智
档案号:1092
工作周期:2012—2015年
主要成果:

一、基础地质方面

通过系统收集和整理调查区地质、物探、化探、遥感、矿产等资料,大致了解了区内地质、构造、岩浆岩及主要矿产的总体分布特征。通过地质剖面实测及与邻区岩石地层单位研究对比,在原1:20万区域地质调查的基础上对区内填图单位进行了重新厘定,建立了27个岩石地层填图单位,岩浆岩厘定出7个侵入期次,确定了各组的岩性标志及主要赋矿层位。对三都幅、资兴幅进行了1:5万矿产地质测量,新编了工作区1:5万地质矿产图,确定了区内基本构造格架,初步查明了区内的构造、岩浆岩、矿化蚀变的分布特征,提高了工作区基础地质研究程度。

二、水系沉积物测量方面

完成了三都幅、资兴幅、鲤鱼塘幅1:5万水系沉积物测量。获得了工作区18种元素的定量分析数据,编制了调查区18种元素的地球化学系列成果图件及组合异常和综合研究解译系列成果图件;获得了工作区内各地质单元区内各元素地球化学参数资料,基本查明元素含量变化与地层和岩体之间的关系,提高了工作区基础地质地球化学工作程度。共圈定各类综合异常28处,其中甲2类5处,乙2类5处,乙3类12处,丙类6处,异常区总面积275.65 km²,约占全区面积的21.04%。综合地质、物化探信息,划分9处找矿预测区,其中Ⅰ级预测区1处,Ⅱ级预测区3处,Ⅲ级预测区5处。为后期矿产检查和今后找矿工作提供了依据。

三、新发现矿(化)点方面

通过矿产地质调查和物化探异常查证,新发现锑矿点1处,钨矿(化)点4处,铅锌矿(化)点3处,褐铁矿点3处,磁铁矿点1处。

四、矿产检查方面

对楠木峡钨锡矿点、大岗岭锑矿点、雷家铅锌矿点、矮塘铺铜铅锌矿点4处矿点进行了重点检查;对沙帽塘铅锌矿点、西岔萤石矿点(收集资料、踏勘为主)、椅子坪褐铁矿点、冷水坑钨矿点、白泥洞

(AS-15)异常、山背(AS-25)异常、灯盏锅(AS-12)等矿点和物探、化探异常区经行了踏勘检查或异常查证,其中大岗岭锑矿点、雷家铅锌矿点、张家垄铅锌矿点、三姑仙钨矿点等具有进一步工作价值。进一步明确了区内的找矿目标,提高了矿点的矿产工作程度。

五、综合研究方面

全面系统地总结了工作区内的矿产分布情况,查明全区共计矿(化)点 50 处,其中达中型规模以上的均为煤及非金属矿产,金属类矿产共计 20 处,对石英脉型钨矿和裂隙充填型铅锌银矿床 2 种主要矿产类型进行了规律总结。通过区内及邻区典型矿床的地层、岩浆岩、构造岩石化学特征的分析研究,对地层的含矿性、岩浆岩的成矿专属性和构造的含矿性作出了初步评价;系统分析研究区域地球化学背景资料,总结了元素地球化学特征和元素共生组合规律;分析、研究了调查区控矿地质条件、综合信息找矿标志,并建立了区域成矿模式和主要矿种的找矿模型。总结了区内矿产成矿规律;划分了找矿远景区 4 处,其中Ⅰ类找矿远景区 1 处,Ⅱ类找矿远景区 2 处,Ⅲ类找矿远景区 1 处。圈定找矿靶区 5 处,其中 A 类找矿靶区 1 处,B 类找矿靶区 2 处,C 类找矿靶区 2 处。本调查认为楠木峡、雷家、大岗岭等地区具备良好的成矿条件和潜力,中深部有望找到中型以上规模的锡铅锌等中高温热液矿床,进一步明确了区内的找矿目标。

广西金刚石成矿条件及选区评价成果报告

提交单位:广西壮族自治区地质调查院
项目负责人:吴祥珂
档案号:1094
工作周期:2012—2015 年
主要成果:

(1)收集广西全区内、区外与金刚石相关资料,综合本次工作成果,提交《广西金刚石成矿条件及选区评价报告》。

(2)综合地质、物探、化探、遥感及自然重砂等信息成果,圈出Ⅰ类远景区 3 处:罗城煌斑岩区(Ⅰ1)、三江-融水煌斑岩区(Ⅰ2)和平南-金秀煌斑岩区(Ⅰ3),为最有利的金刚石找矿远景区;Ⅱ类远景区 3 处:融安泗顶重砂异常区(Ⅱ1)、桂林平乐沙子煌斑岩区(Ⅱ2)和桂东南合浦盆地重砂异常区(Ⅱ3),为次有利金刚石找矿远景区;Ⅲ类远景区 2 处:都安-马山煌斑岩区(Ⅲ1)和桂东桂平-贵港煌斑岩区(Ⅲ2),为金刚石找矿一般区。

(3)在Ⅰ类远景区中,根据成矿地质条件、金刚石发现情况、指示矿物特征及潜在母岩地球化学、年代学特征等综合分析优选出找矿靶区 3 处,其中 A 类找矿靶区 1 处:罗城垒洞地区;B 类找矿靶区 2 处:融水大浪-丹阳地区、大瑶山平南-金秀地区。

(4)全面完成罗城、都安-马山、平南-金秀及融安泗顶勘查区地面高精度磁测工作,罗城区圈定 ΔT 磁异常 4 处、都安-马山区圈定 ΔT 磁异常 3 处、平南-金秀区共圈定了 ΔT 磁异常 11 处,认为测区 ΔT 磁异常主要是由煌斑岩或基性岩体/脉引起。以磁异常成果为基础,结合地质成果,本次工作发现了多个煌斑岩岩筒/脉、橄榄玄武岩岩筒。

(5)发现和确认桂北三江-融水、罗城和桂中都安地区存在钾镁煌斑岩,其产出均与北北东向和北西向深大断裂具有密切关系,主要以岩筒、岩脉状产出,其岩相学、矿物学及地球化学特征与国内外典型钾镁煌斑岩具有一定相似性。主量、微量元素表明钾镁煌斑岩源区地幔可能与俯冲作用流体交代产生的富集地幔有关。

(6)获得广西全区金刚石潜在母岩最新的高精度测年数据。融水地区钾镁煌斑岩、罗城地区钾镁煌斑岩、金秀地区云煌岩 LA-ICP-MS 锆石 U-Pb 定年获得的形成年龄分别为:254Ma、255~248Ma 和 248Ma,显示晚二叠世—早三叠世桂北及大瑶山地区处于岩石圈伸展的华南活动带。都安地区钾镁煌斑岩岩脉的 ICP-MS 锆石 U-Pb 定年获得的成岩年龄为 112Ma,表明其形成可能与华夏白垩纪岩石圈伸展减薄软流圈物质上涌,经历俯冲作用,交代富集地幔,发生部分熔融密切相关。

(7)根据岩石矿物学、岩石地球化学和地质构造背景等方面的综合研究,对桂北地区钾镁煌斑岩进行含矿性评价。该区发现的 3 处钾镁煌斑岩与典型含金刚石钾镁煌斑岩特征存在较多的差异性,但也存在一定相似性,其中罗城垒洞钾镁煌斑岩与含金刚石钾镁煌斑岩相似性最高,因此说明桂北具备寻找金刚石寄主岩的可能性,这为在扬子板块西南缘桂北地区进一步寻找钾镁煌斑岩型原生金刚石矿床提供了重要地质依据。

(8)值得肯定的是,在罗城垒洞钾镁煌斑岩岩筒中发现一颗金刚石,其属于 IaAB 型天然金刚石。这一发现证实了桂北含金刚石母岩的存在,这是首次在广西原生岩体中发现原生金刚石。

广西马江地区矿产地质调查成果报告

提交单位: 广西壮族自治区地质调查院
项目负责人: 周国发
档案号: 1099
工作周期: 2013—2015 年
主要成果:

(1)1:5 万矿产地质测量除了追索区域控矿地质体外,对出露岩石地层进行了填图单位划分,初步查明了工作区地层层序、岩性、厚度,划分了工作区地层填图单位 5 个,认为区内(中—深海陆棚相)寒武系是多金属矿体的主要赋矿层位。

(2)1:5 万水系沉积物测量圈定了综合异常 44 处(甲类 5 处、乙类 20 处、丙类 19 处),通过异常分类排序,结合矿产检查进行的大比例尺物化探工作综合研究,初步对区内物探、化探异常特征有所了解,一定程度为矿产检查、远景区预测及找矿靶区圈定提供了依据。

(3)1:5 万高精度磁法测量圈定了 2 处深部异常及 48 处局部异常,建立了工作区主要断裂构造格架;推断了 13 条断裂,推断了 2 个隐伏岩体,为矿产检查、远景区预测及找矿靶区圈定提供了依据。

(4)重点检查区中:密冲村检查区新发现含铅、锌、黄铁矿等硫化物破碎带 1 条,控制破碎带型 I 号金矿体,地表控制厚度 1.2m,长度大于 100m,Au 平均品位 1.23×10^{-6};皇殿顶检查区新发现强硅化破碎带 1 条,控制破碎带型低品位 I 号钨矿体,地表控制厚度 3.80m,长度大于 200m,WO_3 平均品位 0.073%;丹竹口检查区新发现破碎带蚀变岩型 I-1 号金矿化体,地表控制厚度 0.56m,长度大于 200m,Au 品位 1.62×10^{-6};大冲脑检查区新发现石英脉型 I-1 号钨矿化体,地表控制厚度 0.52m,长度大于 200m,WO_3 品位 0.17%,伴生钼矿化(厚 1.33m),平均品位 0.028%;板山脑检查区新发现石英脉型 I-1 号金矿体,地表控制厚度 1.60m,长度大于 200m,Au 品位 1.37×10^{-6}。

(5)建立了工作区内或相邻工作区内典型矿床的成矿模式和找矿模式,分别为古袍式石英脉-破碎带蚀变岩-斑岩型金矿床成矿模式与找矿模式、桃花式石英脉-破碎带蚀变岩型金矿床成矿模式与找矿模式、梧桐式破碎带蚀变岩型铅锌矿床成矿模式与找矿模式及社垌式斑岩-矽卡岩-破碎带蚀变岩-石英脉型钨钼矿床成矿模式与找矿模式。

（6）根据地质、物探、化探新成果划分了9处找矿远景区，提交了可供进一步工作的找矿靶区3处，分别为密冲找矿靶区、皇殿顶找矿靶区和丹竹口找矿靶区，完成了既定任务。

湖北蕲春狮子口地区矿产地质调查报告

提交单位：湖北省地质调查院
项目负责人：范川
档案号：1105
工作周期：2012—2014年
主要成果：

（1）通过矿产地质调查，结合近年来区域地质调查取得的新发现、新认识，对调查区内原大别群和红安群进行了分解，重新厘定填图单位27个，大致查明了区内地层、岩浆岩、构造特征及分布规律，总结了区内地层、岩浆岩与成矿的关系，及构造对岩体、矿体的控制作用。

（2）通过遥感地质解译，建立了调查区的岩石、地层、构造的解译标志，对区内构造进行了推断，为地质联图及构造格架的建立提供了新的信息，从而提高了矿产地质填图质量。通过蚀变信息提取，圈定铁染异常10处，羟基异常8处，为区内提供了找矿信息。

（3）通过1∶5万水系沉积物测量，大致查明了调查区Au、Ag、As、Cu、F、Hg、Ni、Mn、Mo、P、Pb、V、W、Zn共14种元素的地球化学场特征，圈定单元素异常192处，综合异常28处，并对综合异常进行了价值分类。

（4）通过1∶5万电法测量（50km^2），在梨木岭铜钨钼矿检查区圈定激电异常4处（J1、J2、J3、J4），其中J2异常可分解为3处次级异常（J2-1、J2-2、J2-3），通过研究发现，J2-1异常与已知铜钼矿体对应，显示为矿化异常，J2-2、J2-3具有与J2-1相似的异常特征，推测为隐伏矿所致。

（5）新发现矿点5处，其中与岩浆热液有关的（铜）钼矿点2处、钨矿点1处，与构造蚀变有关的铜（金）矿点1处，与基性岩热液蚀变有关的滑石矿点1处。

（6）大致查明了调查区钼多金属矿化在空间上的展布规律及矿化地质特征。区内钼多金属矿化受地层、构造、岩浆岩控制；矿体围岩多为含钼比较高的前寒武纪地层；深（大）断裂带旁侧次级断裂的交会地段控制了钼多金属矿床，浅表中小型断裂构造控制了钼多金属矿体分布；燕山期（120±23Ma）具高硅、富碱、高钾等特点的钙碱性花岗岩与成矿关系密切。

（7）经综合整理与研究，划分出A类成矿远景区3处（梨木岭铜钼钨成矿远景区、乌石寨磷锰成矿远景区、龙井冲-石鼓冲钒钛磁铁矿-钛铁矿-蛇纹岩成矿远景区），B类成矿远景区1处（黄赵畈铁铜-石墨成矿远景区），C类成矿远景区2处（范家沟钼成矿远景区、野鸡畈滑石-蛇纹岩成矿远景区），为在区内进一步开展矿产勘查工作提供了依据。

（8）通过矿产检查，提交新发现矿产地1处（梨木岭铜钨钼矿矿产地）、提交可供进一步工作的找矿靶区3处（段家湾铜金矿找矿靶区、范家沟钼矿找矿靶区、野鸡畈滑石矿找矿靶区）。其中梨木岭铜钨钼矿矿产地估算钼资源量（334类）2.06×10^{4}t，达中型矿产地要求。

(9)按数字填图的要求进行各类原始数据采集,实现了各类原始资料和成果资料的数字化,为原始资料和成果资料数据的检索提供了便利。

湘东地区花岗岩与成矿关系研究成果报告

提交单位:湖南省地质矿产勘查开发局402队,湖南省地质调查院
项目负责人:陈必河
档案号:1108
工作周期:2012—2014年
主要成果:

(1)对湘东地区花岗岩形成时代进行了初步划分和厘定。根据花岗岩的接触关系和同位素测年资料,湘东地区花岗岩形成时代分为4期:①武陵期(新元古代)花岗岩,仅分布于湘东北区,代表性岩体葛藤岭岩体(SHRIMP年龄833±8Ma)、张坊岩体(SHRIMP年龄817±7Ma);②加里东期(中晚志留世)花岗岩,分布于湘中南板杉铺岩体以南地区,代表性岩体有板杉铺岩体、宏厦桥岩体、万洋山岩体、彭公庙岩体(SHRIMP年龄441Ma)、桂东岩体(SHRIMP年龄417Ma)等;③印支期(三叠纪)花岗岩,形成时代230~200Ma,代表性岩体有丫江桥岩体、五峰仙岩体、邓阜仙岩体、锡田岩体(SHRIMP年龄228.5±2.5Ma)、桂东岩体(SHRIMP年龄207.5±2.7Ma)等;④燕山期(侏罗纪—白垩纪)花岗岩,形成时代195~60Ma,岩体遍布研究区,与成矿最密切,代表性岩体有幕阜山岩体(SHRIMP年龄137Ma、155Ma)、望湘岩体、邓阜仙岩体补体(SHRIMP年龄156Ma)、锡田岩体(SHRIMP年龄147Ma、156Ma)、桂东岩体(SHRIMP年龄148.2±1.75Ma)、九峰岩体、千里山岩体(SHRIMP年龄152Ma)、瑶岗仙岩体(SHRIMP年龄170Ma)等。通过资料收集和综合研究,首次对研究区燕山期花岗岩分布区西界进行界定。

(2)初步查明了研究区花岗岩的岩性特征。研究区主要岩性为二长花岗岩,其次为花岗闪长岩,少量正长花岗岩、英云闪长岩。其中,较基性花岗岩出露于早期岩体,较酸性花岗岩形成时代较晚。如湘东北地区雪峰期主要为石英闪长岩-花岗闪长岩;燕山期主要为二长花岗岩-正长花岗岩。桂东岩体加里东期为石英闪长岩-二长花岗岩;印支期为花岗闪长岩-二长花岗岩;燕山期为二长花岗岩-正长花岗岩。岩性由中酸性岩向酸性岩演化;侵位深度由深变浅,由中深成相变为浅成相。

(3)对花岗岩的地球化学特征进行了深入研究。花岗岩总体上以酸性花岗岩类为主,其次为中酸性花岗岩。岩石地球化学成分含量为:SiO_2 60.08%~76.46%,Al_2O_3 11.89%~16.76%,MgO 0.03%~1.09%,CaO 0.02%~1.91%,Na_2O 0.22%~3.17%,K_2O 3.17%~5.13%,DI 76.94%~95.79%;A/CNK 0.89~1.49,σ 0.8~2.35。其中形成时代较早期的花岗岩体,以中酸性花岗岩为主;中晚期以酸性花岗岩为主。从早到晚,成分上由中酸性向酸性演化。

(4)对花岗岩成因类型进行了探讨。按岩浆物源分为壳源重熔型及其分异型(S型、C型),代表性岩体有幕阜山岩体、连云山岩体、瑶岗仙岩体等,包体主要为变质沉积岩,A/CNK大于1.1。壳幔混合型及其分异型(I、H型),代表性岩体有板杉铺岩体、桂东岩体、彭公庙岩体、锡田岩体等,包体中主要为镁铁质暗色微粒包体,A/CNK小于1.1。A型花岗岩,代表性岩体有金银冲、西山及部分形成较晚的小花岗岩体。武陵期浏阳小区主要为S型花岗岩,平江小区主要为H型花岗岩;加里东期、印支期、燕山期岩体具较明显的岩浆混合特征,主要为H型及其演化的花岗岩,其中幕阜山、连云山、瑶岗仙等岩体为S型花岗岩。成矿主要与燕山期中浅成小花岗岩体有关,最明显的标志是岩体具较强烈

的蚀变变质作用,如云英岩化、钠长石化、硅化等。根据岩浆物源及侵位深度,首次将湖南花岗岩分为如下类型:浅源深成型花岗岩(湘东北幕阜山、望湘等岩体)、深源深成型花岗岩(彭公庙、骑田岭等岩体)、深源浅成型花岗岩(七宝山、水口山、金银冲等岩体)、浅源浅成型花岗岩(瑶岗仙、香花岭等岩体)。

(5)对花岗岩形成环境进行了分类。岛弧型花岗岩:主要为分布于湘东北雪峰期部分小岩体,如文家市、幕阜山南缘;主要岩性为中酸性岩,FeO、MgO、CaO 含量较高。挤压碰撞型花岗岩:主要为部分加里东期花岗岩类,如板杉铺、桂东等岩体;岩体变形较强,页理较发育。伸展环境花岗岩:主要为燕山期花岗岩类,如千里山、锡田等岩体;岩体变形较弱,接触面常切割地层走向。根据板块理论和花岗岩成岩机制,首次在湖南发现了武陵期和燕山期成对(孪生)花岗岩,并进行了初步研究。

(6)花岗岩与成矿的关系。成矿主要与燕山期花岗岩关系密切。其中壳源型花岗岩主要与钨(锡)等成矿有关,岩石富碱($K_2O+Na_2O>8\%$);壳幔混合型及 A 型花岗岩主要与金铜成矿有关。

(7)对湘东地区成矿花岗岩找矿标志进行了总结。成矿花岗岩主要形成于燕山期(160~150Ma),具有多期活动的特点;多为中浅成相小岩体,成矿主要岩性为中细—细粒花岗岩或斑岩类;岩石化学成分:富碱($K_2O+Na_2O>8\%$),成矿元素含量高;与成矿有关的蚀变较强,如云英岩化、绢云母化、硅化、黄铁矿化等。在成矿花岗岩区,有少量基性岩类。另外加里东期、印支期花岗岩均有不同程度的成矿作用,但规模远比燕山期花岗岩的小。

(8)圈定了新的成矿区,优选了新的找矿远景区。根据成矿地质条件和找矿信息,在研究区圈定了湘东北、桃江-安仁、湘东南 3 个成矿区,从中优选了马头岭、袁家山、白石桥、梅林桥、长城岭、粗砂垅-上连、下湾、小江 8 处找矿远景区。另指出在汝山、紫云山、关帝庙、丫江桥、大义山等岩体北西倾伏端,成矿地质条件良好,可作为进一步找矿工作的参考。

湖南董家河地区矿产地质调查成果报告

提交单位:湖南省地质调查院
项目负责人:石少华
档案号:1111
工作周期:2013—2015 年
主要成果:

一、1∶5 万矿产地质调查

(1)建立了工作区 36 个组级岩石地层单位,大致查明了区内地层的岩性、结构、矿化蚀变等地质特征与地层、构造的分布特征。对区内出露的浅成侵入基性岩群进行了调查,主要为辉长-辉绿岩,并对其分布形态、化学特征等进行了概略总结。

(2)对工作区内地层含矿性进行了系统调查,对与主要矿产成矿有关联的板溪群五强溪组、下震旦统金家洞组及寒武系牛蹄塘组等进行了剖面测制,并对其含矿性进行了较系统的野外地质调查和总结。下震旦统金家洞组为一套碳泥质、硅质-碳酸盐岩沉积岩系,富含本区具工业意义的铅锌矿、硫铁矿及磷矿,铅锌矿主要受控于底部白云岩层。板溪群五强溪组三段粗粒石英砂岩及寒武系牛蹄塘组板岩、硅质板岩内发育的层间破碎带是区内锑金成矿最有利的部位。另外,牛蹄塘组底部硅质岩及硅质板岩、板岩互层构成了区内最重要的钒富集层,在多处地段形成了工业矿体。

(3)工作区构造复杂,主要经历了雪峰运动、加里东运动、印支—燕山运动及喜马拉雅运动,漫长地质演化历史及多期次构造变形造就了区内复杂的构造组合。工作区可划分为两大类型的构造区(带),即褶断带及坳陷盆地区。对区内最主要的 24 个褶皱及 31 个断裂特征进行了总结,褶皱作用与区内主攻矿种铅锌成矿关联较为密切,最直观的影响是对赋矿的金家洞组褶曲变形,膨大部位有利于矿体富集;断裂作用则与兼顾矿种锑钨金成矿密切,与锑钨金成矿有关层位内的断裂破碎带是最主要的赋矿部位。

二、激电方法有效性实验

由于碳质板岩引起的激电异常特征与区内的矿化体引起的激电异常特征相似,均为低阻高极化特性,所以区内激电工作无法区分碳质板岩和矿化体的异常,没有达到地质目的。由此,董家河式铅锌矿找矿工作中,不宜使用激电工作。

三、1∶5 万水系沉积物测量

(1)获得了工作区内 16 种元素的定量分析数据,通过对元素地球化学含量参数研究,获得了区内不同时代地层元素地球化学参数。不同时代地层具有较明显的丰度区别,在寒武系和南华系—震旦系中富集的元素丰富最高。Ni、Mo、Bi、Sn、W 及 Cu 等元素在寒武系中特别富集,而 Sb、Hg、Ag、Zn、Cd、Pb、As 等元素则在南华系—震旦系特别富集。

(2)通过对工作区 16 种元素地球化学异常的圈定,并对异常地质背景和找矿价值的研究,圈定了 53 处综合异常。按价值分类,甲 1 类 14 处,甲 2 类 3 处,乙 1 类 1 处,乙 2 类 5 处,乙 3 类 17 处,丙 1 类 9 处,丙 2 类 2 处,丙 3 类 2 处。按地质成因分类,划分为 9 类:层控型中低温热液铅锌矿异常 6 处,中低温热液铅锌矿异常 19 处,低温热液金锑矿异常 3 处,低温热液锑矿异常 8 处,低温热液金矿异常 3 处,寒武系牛蹄塘组碳质页岩岩性异常 8 处,二叠系龙潭组岩性异常 2 处,沉积型砂金矿化类异常 2 处,污染异常 2 处。另外,对与铅锌与锑钨金成矿的异常分别进行了排序,排序靠前的异常可作为开展进一步找矿工作的优选。排序结果:与铅锌矿有关的异常编号为 AS15、AS17、AS13、AS5、AS29、AS14、AS50、AS44、AS31、AS34、AS7、AS35、AS25、AS36;与锑钨金矿有关的异常编号为 AS20、AS21、AS53、AS22、AS23、AS19、AS30、AS39、AS41、AS27、AS18、AS51。

(3)对 15 处综合异常进行了检查,其中踏勘检查 11 处,详细检查 4 处。对 AS29、AS30、AS31、AS32 综合异常的详细检查取得了较好的找矿成果,不仅查明了异常的成因和引起异常的物质来源,而且初步圈定了铅锌、磷矿脉的范围和延伸情况,初步了解铅锌、磷矿脉的品位、厚度等,对区内铅锌矿找矿远景作出了判断。

(4)结合已有地质、物探等资料,据本次工作圈定出了地球化学找矿远景区 9 处。其中,Ⅰ级找矿远景区 4 处,Ⅱ级找矿远景区 3 处,Ⅲ级找矿远景区 2 处。

四、1∶5 万遥感地质解译

(1)确定了工作区地层、构造及岩浆岩等地质体的综合影像特征。划分出了 3 个线性构造分布特征区,即东翼线性构造中等密度区、西翼线性构造稀疏区和核部线性构造高密度区。

(2)提取了工作区遥感矿化蚀变信息,主要是铁染异常,面积 18.03km^2;另一个是羟基异常,面积 23.98km^2。

(3)划分出了 6 处遥感异常区,并分别对其进行了地质解释。

五、矿产检查

（1）对区内52处矿（化）点进行了分类和总结，较系统地阐述了工作区已发现的有色金属、黑色金属、贵金属、稀有金属、非金属及能源矿产的分布及其特征，进一步了解工作区内的地层、构造等主要成矿地质条件。

（2）在综合分析工作区地质、化探、遥感成果的基础上，概略检查了吉沅渭溪锑矿点、曾家溪锑钨矿点、羊皮帽锑金矿点、茅岗头铜矿点、温水塘铅锌矿点、船溪钒矿点及外围黑岩屋锑矿点，对其成矿地质特征及矿化特征进行了初步总结，对成矿地质条件进行了初步分析，并给出了下一步工作建议。重点检查了鲇鱼洞铅锌磷矿点、黄泥界铅锌磷矿点及天门洞铅锌硫铁磷矿点，对其地质、矿体/化特征进行了较详细的论述。在此基础上，确定了3处找矿靶区，3处靶区资源潜力均较大，具较好的找矿前景。

六、综合研究

（1）选择了工作区内主要矿种典型矿床，对其成矿要素及预测要素进行了系统总结，建立了成矿模式。在此基础上，确立了工作区内主要矿产预测类型为董家河式沉积-改造型铅锌矿，以及沃溪式受层位控制的热液裂隙充填型锑钨金矿。结合工作区特征，对区内两种预测类型预测要素进行了总结归纳，编制了区内两种预测类型的矿产预测模型。对铅锌及锑金成矿控制条件和找矿标志等成矿规律进行了系统总结。构建了区内4个成矿系列，5个成矿亚系列。

（2）根据工作区主要矿产类型预测要素、预测要素变量优选等圈定了工作区找矿远景区6处。其中，Ⅰ级3处，Ⅱ级2处，Ⅲ级1处，并同时对各远景区进行了地质评价。

七、数据库建设

完成了本次工作获取到的地质、化探及遥感的数据库建设，把所取得的数据转化为有合理数据组织结构的数字信息，为今后开展区域成矿规律研究提供重要的使用价值，同时为其他信息化工作奠定了良好的基础。

湖南常德-会同地区金刚石调查评价成果报告

提交单位：湖南省地质调查院
项目负责人：向华
档案号：1112
工作周期：2013—2015年
主要成果：

（1）在桃江江石桥金刚石异常区发现辉绿岩脉11条，并在其中的6、7、9号岩脉中发现微粒金刚石3颗、镁铝榴石1颗及大量铬尖晶石等指示矿物。在江石桥水库-文家湾地区发现镁钛铁矿异常1处。

（2）查明了会同县岩脚冲可疑角砾岩的岩石属性，该角砾岩为泥质角砾岩，其形成时代为中生代晚侏罗世—早白垩世。证实了岩脚冲地区竹子坳、棉花坪镁铝榴石异常由白垩纪红层角砾岩次生源引起。

(3)在洪江市磨回金刚石异常区内的磨回团、沙子湾、新路坡各发现微粒金刚石1颗、1颗、2颗。金刚石呈黄绿色、六-八面体,粒径0.3mm;在区内发现镁铝榴石、铬铁矿异常1处,推测该异常由上南华统洪江组碎屑岩补给。

(4)基本查明了沅陵县五福堂地区内24处局部航磁异常引起原因。其中C104、C106、C107局部航磁异常由青白口系马底驿组、五强溪组粉(细)砂质板岩中磁性矿物局部富集引起。C108、C109等5处局部航磁异常由高压线、移动信号塔等设施引起。C113、C119等16处局部航磁异常推断由山体构造及岩石磁性矿物局部富集引起。通过自然重砂测量,在区内的WZ07、WZ27、WZ32、WZ41、WZ44、WZ53号自然重砂样品中发现7颗铬尖晶石具有金刚石包体的铬铁矿化学成分特征。

(5)根据地质、物探、化探、遥感资料和重砂异常分布特征及最新找矿成果,圈出3处金刚石找矿远景区:会同-溆浦找矿远景区、大洪山-艾头坪找矿远景区和桃源-石门找矿远景区。

(6)圈出重点调查区11处,其中A类4处,B类3处,C类4处,分别为:洪江偏坡重点调查区(A类)、会同坳上重点调查区(A类)、中方大唐界重点调查区(A类)、溆浦茶屋溪重点调查区(A类)、芷江大洪山重点调查区(B类)、芷江艾头坪重点调查区(B类)、石门苗市重点调查区(B类)、溆浦马家重点调查区(C类)、溆浦洞坪重点调查区(C类)、桑植五里溪重点调查区(C类)、桃源茶庵铺重点调查区(C类)。

(7)通过对11处重点调查区进行进一步优选,圈定了洪江偏坡、中方大唐界及溆浦茶屋溪3处找矿靶区。

湖南潘家冲地区矿产地质调查报告

提交单位:湖南省地质调查院
项目负责人:蔡维
档案号:1113
工作周期:2013—2015年
主要成果:

一、1∶5万矿产地质测量

通过对工作区开展1∶5万矿产地质填图,在明月桥钨锡铋钼多金属矿找矿远景区的乔家坡发现构造蚀变岩型萤石铅锌矿脉2条,大金广冲-洲上发现石英脉型钨多金属矿脉7条,虎形坡发现花岗伟晶岩型钾长石矿脉1条。

乔家坡萤石铅锌矿:产于冷家溪群潘家冲组砂质板岩中,为构造蚀变岩型萤石铅锌矿脉。1号脉地表走向长约200m,走向北东,倾向320°,倾角70°,厚1.5m,品位Pb 0.25%、Zn 0.52%。2号脉地表走向长约200m,走向北东,倾向128°,倾角69°,厚0.6m,品位Pb 1.41%、Zn 1.64%。大金广冲-洲上钨钼多金属矿:产于丫江桥岩体与冷家溪群潘家冲组接触部位的外接触带砂质板岩中。大金广冲已发现2条石英脉型钨多金属矿脉,两矿脉相距约20m,矿脉基本平行产出,单脉地表走向长约300m,总体走向北北东,倾向290°,倾角70°,矿脉厚0.2~0.5m,WO_3品位0.389%~0.865%;培贤树已发现5条石英脉型钨多金属矿脉,矿脉基本呈平行产出,脉间隔2~5m,单脉地表走向长约200m,总体走向北北东,倾向289°,倾角68°,矿脉厚0.2~0.5m,WO_3品位0.1%~0.134%;洲上已发现1条构造蚀变岩型钨多金属矿脉,地表走向长大于1000m,倾向309°,倾角64°,矿脉厚0.8~1.3m,WO_3品位0.214%。虎形坡花岗伟晶岩型钾长石矿:产于丫江桥岩体与冷家溪群潘家冲组接触部位,地表走向长大于1000m,走向北东,倾向323°,倾角83°,厚约3m,K_2O品位12.6%。

二、1∶5万水系沉积物测量

(1)编制出1∶5万系列成果报告附图共计25幅,不包括有单元素的点位数据(异常)图共18张。编写提交《湖南潘家冲地区铅锌多金属矿远景调查1∶5万化探成果报告》及附表1(地球化学异常登记表)。为区内的矿产远景调查评价、地质普查找矿、矿产勘查、异常重点查证提供了丰富的基础地球化学资料及地球化学异常信息资料。

(2)通过开展1∶5万水系沉积物测量,在工作区共圈定各类组合地球化学异常51处,其中包括已有矿存在,推断有进一步扩大矿床(点)找矿远景或发现新矿种前景的甲1类异常5处;暂无已知矿床点分布,推断通过进一步工作,能够发现新的大型或中小型矿床或新类的矿产地很好前景的乙1类、乙2类异常共有8处;推断可能发现矿点及其以下矿的乙3类异常12处;其他暂不具找矿意义或可供基础地质、环境研究有意义异常共计26处。

(3)通过成果资料综合研究,共圈定地球化学找矿远景区8处,并明确指出了各找矿远景区主攻方向。该圈定成果可供开展矿产资源评价和矿产勘查及异常重点查证选区、选点利用参考。

三、1∶5万遥感解译

通过遥感调查工作,提供的主要成果如下:①湖南省潘家冲地区ETM卫星遥感影像图(1∶5万);②湖南省潘家冲地区SPOT卫星遥感影像图(1∶5万);③湖南省潘家冲地区遥感地质解译图(1∶5万);④湖南省潘家冲地区羟基铁染遥感异常图(1∶5万);⑤湖南省潘家冲地区遥感矿产地质解译报告(1∶5万)。

四、矿产检查

本次矿产检查工作对潘家冲-株木冲铅锌银金多金属一级找矿远景区株木冲(AS36北部)、金管冲-大桥钨锡多金属一级找矿远景区大金广冲(AS36南部)、肖家湾-长冲铅锌金多金属一级找矿远景区彭家垅(AS35、AS37)、匀楚桥金二级找矿远景区均楚桥(AS19)、大障金锑二级找矿远景区林家冲(AS43)共5个区开展了概略检查工作,在概略检查的成果基础上对株木冲铅锌矿、大金广冲钨锡矿、彭家垅铅锌矿等区开展了重点检查工作。通过矿产检查工作,株木冲铅锌矿、大金广冲钨锡矿、彭家垅铅锌矿取得了较好的找矿成果。

五、综合研究

(1)根据化探资料表明,区内Pb、Zn、Cu、As、Au、Ag、Sn、W、Bi、Mo、B、U等元素异常发育,其中Pb、Zn、Sn、W、Bi、Mo、Cu、Ag、As、Ba元素异常规模较大,强度较高。从各元素异常的空间分布特征可以看出,Sn、W、Bi、Mo元素异常吻合好,主要分布在区内花岗岩分布区及其周边区域;Cu、Pb、Zn、Ag、As、Ba元素异常吻合较好,主要分布在区内花岗岩和青白口系冷家溪群中;U元素异常主要分布在花岗岩内。

(2)区内大面积分布的青白口系冷家溪群富含碳酸盐岩,且Pb、Zn等成矿元素含量相对较高,既是区域成矿的有利层位,又为区域成矿提供了物质来源。

(3)丫江桥岩体富含Pb、Zn、Cu、W、Sn、Ag等微量元素,为区内铅锌多金属矿床的形成提供丰富

(4)区内断裂构造发育,北北东向、南北向断裂构造与成矿关系密切,是区内有利的导矿、储矿构造,二者复合部位往往是矿床定位的有利场所。

(5)根据潘家冲地区岩浆岩特征和铅锌钨锡多金属矿床矿化蚀变、矿石矿物组合特征,以及成矿时代信息等总结了矿区典型矿床的成矿模式:铅锌钨锡多金属成矿作用与燕山期岩浆活动密切相关,其成矿物质主要来自于岩浆房充分分异后的岩浆。当富含成矿物质的岩浆热液上升,并侵位到不同的围岩中时,由于成矿物质的交代、充填作用而形成不同类型的矿床。

(6)划分了C类找矿靶区3处,即株木冲铅锌矿找矿靶区、彭家坳铅锌矿找矿靶区、大金广冲钨锡矿找矿靶区。

湖北房县西蒿坪地区矿产地质调查报告

提交单位:湖北省地质调查院
项目负责人:黄景孟
档案号:1114
工作周期:2013—2015年
主要成果:

(1)按数字填图的要求进行各类原始数据采集,实现了各类原始资料和成果资料的数字化,构建了1:5万样品数据库和1:5万化探数据库,为原始资料和成果资料数据的检索提供了便利。

(2)通过1:5万水系沉积物测量(面积1900 km^2),初步查明了调查区地球化学背景,并了解了各地层和岩浆岩元素含量、分布特征、富集规律,及与成矿的关系;在一定程度上揭示了构造与元素的相对富集及贫化之间的关系。圈定综合异常19处,并对异常进行了成因、价值分类和综合评述,对重要异常进行了剖析和解译。

(3)通过在雨淋沟地区、江南沟地区、马料沟地区开展重点检查,发现了吴家山铅锌矿、江南沟锰矿、大马料沟钒矿,找矿取得了新进展。经估算吴家山铅锌矿334-1类铅锌资源量$9×10^4$ t;江南沟锰矿334-1类锰矿资源量$828×10^4$ t;大马料沟钒矿334-1类钒矿资源量$6.0×10^4$ t。

(4)通过对廖家坪地区开展重点检查、李树垭地区开展概略性检查,新发现了廖家坪磷矿点、老林坡铅锌矿化点、李树垭磷矿化点、七宝寨铅锌矿化点;通过对堰垭地区开展概略性检查,对堰垭铜矿点取得新认识,为圈定并提交找矿靶区提供了依据。

(5)对调查区内铅、锌、磷、锰、钒等矿种找矿标志及成矿规律进行了认真总结。

(6)通过综合研究,根据地球化学异常、重砂异常的分布特征,已知矿床(点)的产出特征,结合主控矿因素,初步划分9处Ⅴ级(矿田级)成矿远景区,其中A类成矿远景区4处,B类成矿远景区5处。并对各远景区资源潜力进行预测,其中A类成矿远景区4处,分别为Ⅴ-4房县黄柏垭-下甘霞铅锌磷矿成矿远景区、Ⅴ-7神农架白鱼洞-保康马桥磷矿成矿远景区、Ⅴ-8神农架林区冰洞山-简城铅锌磷矿成矿远景区、Ⅴ-9神农架阳日磷矿成矿远景区;B类成矿远景区5处,分别为Ⅴ-1房县巨裕河钒矿成矿远景区、Ⅴ-2房县贵子沟铅锌矿成矿远景区、Ⅴ-3房县江南沟-栗子坪锰矿成矿远景区、Ⅴ-5房县廖家坪-八里沟铅锌磷矿成矿远景区、Ⅴ-6神农架林区巴竹园-大坪铅锌磷矿成矿远景区。提交新发现矿产地2处:吴家山铅锌矿、大马料沟钒矿;提交新发现找矿靶区2处:廖家坪铅锌磷找矿靶区、李树垭铅锌磷找矿靶区。

湖北随县草店-殷店地区矿产地质调查成果报告

提交单位:湖北省地质局第八地质大队
项目负责人:但家军
档案号:1115
工作周期:2013—2015 年
主要成果:

一、基础地质方面

(1)通过剖面测制确定了工作区填图单位的划分,根据《湖北省岩石地层》和前人 1∶5 万固县镇幅、草店幅、殷店幅区域地质调查成果将工作区划分为 18 个岩石地层单位,26 个侵入岩体。

(2)通过详细"时代+岩性"的地质填图方法,将桐柏山核部古元古代的变质花岗岩划分为 6 个岩性段,即东岳庙片麻岩、郑棚山片麻岩、田隔河片麻岩、朱家店片麻岩、龚家湾片麻岩、西沟片麻岩。

(3)通过地质填图,结合物化探测量成果,经综合研究工作,确定了桐柏-磨子潭断裂在工作区内具体的出露位置及特征。区内桐柏-磨子潭断裂主要沿淮河南西玉皇顶岩体边缘断续延伸,经过小林南西到丁家湾。主体断裂受燕山期岩体侵位影响较强烈,部分地段被岩体蚕食。

(4)通过对殷店—岩子河一带花岗质片麻岩详细的地质调查,发现在新-黄断裂北缘老的变质花岗岩中,出露变质岩带、大理岩脉、石英脉、角砾岩带,且与主体构造线方向一致;并且在张家山地区的变质岩带中发现有辉钼矿体,在岩子河地区角砾状石英脉中发现有铅矿体。变质岩型钼矿在桐柏山地区为首次发现,具有较强的地质找矿意义。

(5)对区内金银矿、钼矿的成矿时代进行了初步探讨。区内金银矿主要分布于燕山期岩体内外接触带,岩体控矿作用明显,初步测得其年龄为 114.2~94Ma(K-Ar);此外张家山钼矿区内花岗质片麻岩中的锆石和辉钼矿矿物同位素测年显示均为白垩纪(137.0Ma)形成,证实了这一成矿时间与东秦岭钼矿带大别山北部钼成矿事件、成岩时间一致。

(6)通过对工作区沉积事件、岩浆事件、变形变质事件和成矿作用的综合分析,结合区域资料,建立了工作区地质演化序列。

二、水系沉积物测量方面

通过全区 1∶5 万水系沉积物测量,编制出全区 Au、Ag、Sb、As、Hg、Cr、Co、Cu、La、Se、Mo、Ni、P、Pb、V、Zn、W、Ba、Bi 共 19 种元素的单元素地球化学图、工作区综合异常图、工作区成矿预测图、工作区组合异常图。圈出丙级以上综合异常 25 处,其中甲类异常 5 处、乙类异常 13 处、丙类异常 8 处,与 Au、Ag 元素有关的异常 2 处,与 Cu、Pb、Zn 元素有关的异常 12 处,与 W、Mo 元素有关的异常 8 处,与 Ni、Co、Cr 元素有关的异常 3 处。在综合分析筛选的基础上遴选了 16 处异常开展了异常检查。通过对小林、红石等以 Au、Ag 元素为主的综合异常的查证,新发现红石银矿化点、陈家寨银矿点、桂家湾金矿点等。此外,经对地质、化探、遥感等多种找矿信息综合分析,总结了 19 种元素在地层中分布特征、空间展布特征等,并圈出 A 级找矿远景区 3 处,B 级成矿远景区 2 处,C 级成矿远景区 2 处。

三、高精度磁法测量方面

(1)通过本次磁法测量工作划分出了测区不同磁场特征区范围,并研究其地质意义。

(2)推断了11条断裂,特别是明确了出露不明显的桐柏-磨子潭大断裂在工作区内的位置。

(3)根据局部磁异常,划分出不同期次侵入岩体的分布范围,确定了工作区片麻岩地层及隐伏岩体空间展布特征。

(4)针对磁异常特征结合地质情况以及工作区成矿规律,提出了5处可进一步开展工作的重点检查区。

四、地质找矿方面

(1)在面积性地质、物探、化探工作成果基础上,通过对区内金、银、钼、铅成矿地质条件的综合研究和矿点检查,初步查明区内成矿地质背景和成矿条件。依据成矿地质背景(赋矿地层、控矿构造)、成矿信息(地球化学异常、地球物理场特征、遥感地质特征)和已知矿化特征,分析了区内金、银、铅、锌、钨、钼矿成矿规律,并进行了成矿预测,圈出成矿远景区7处,其中A级成矿远景区3处,B级成矿远景区2处,C级成矿远景区2处。在此基础上进一步圈出吴家庄金矿找矿靶区、小林金银矿找矿靶区2处。

(2)首次发现了桐柏山变质岩核部具有工业价值的变质岩型钼矿、石英脉型铅矿,为寻找该地区钼、铅矿产提供了新的思路。

(3)初步确立了区内优势矿种的成矿地质条件和找矿标志,为在区内进一步找矿提供了资料。在桐柏山变质岩的核部古元古代的变质花岗岩中发现具有工业价值的钼、铅矿;新-黄断裂以北,张家山-岩子河钼铅萤石找矿远景区内多见有北西向条带状、透镜状的变质岩带、角砾岩带及石英岩脉。通过调查评价,已发现有张家山钼矿点、岩子河铅矿点,经初步估算,资源量已经达到矿产地规模。此外,在燕山期花岗岩体外围分布的吴家庄-阳平畈金银铁多金属成矿远景区、小林-大石桥金银钨钼萤石多金属成矿远景区,是工作区内最主要的金银成矿区。矿床类型有石英脉型和蚀变岩型。金(银)矿点密集,主要出露于燕山期岩体内外接触带上,成矿地质条件优越。工作区内钼、铅锌矿的发现和突破,充分说明工作区有着很好的成矿条件,应加强地质工作,进行总体评价,有望寻找到中—大型规模的钼矿。

(4)大致查明了金、银、钼、铅矿矿化岩层在空间上的展布规律及矿化地质特征。研究表明,区内的金银矿化地质体主要分布在燕山期岩体内外接触带上,受岩浆热液及北西向、北东向的构造双重控制。矿化蚀变为多金属硫化物的石英脉、黄铁绢英岩化的碎裂岩,构造控矿特征十分明显。同时,后期不同阶段的构造活动对成矿有着进一步富集的作用。

(5)根据区内工作程度较高的金银矿矿(化)点的产出特征,总结出了区内金银矿的找矿标志和找矿模型。

(6)新发现金矿化点2处,钼矿(化)点3处,铅矿点1处,萤石矿床(化)点2处,高岭土矿点1处,合计9处,其中新圈定矿体13个。

(7)提交随县张家山钼矿、随县岩子河铅矿2处可供普查的矿产地,取得了较好的找矿效果。其中张家山钼矿区通过后期相关矿业权人的勘查评价,在深部已经发现了12个隐伏矿体,平均厚度达到8.21m。该区有望成为桐柏山地区又一处新的中—大型钼矿产地。

湖南黄金洞地区矿产地质调查成果报告

提交单位：湖南省地质调查院
项目负责人：彭松青
档案号：1119
工作周期：2013—2015 年
主要成果：

一、1∶5 万矿产地质调查

充分收集以往不同比例尺的区域地质资料，进行综合研究，并结合野外剖面实地踏勘和剖面实测，建立了黄金洞地区的地层填图单元 17 个，将大面积出露的冷家溪群进行了详细的划分研究，建立 4 个填图单元，从下往上划分 4 个组，分别为易家桥组（Pt_3y）、潘家冲组（Pt_3p）、雷神庙组（Pt_3l）和黄浒洞组（Pt_3h）。

二、1∶5 万水系沉积物测量

通过 1∶5 万水系沉积物测量，圈出水系沉积物综合异常 41 处，通过 4 个图幅的 1∶5 万水系沉积物测量，共圈出金综合异常甲 1 类 8 处，乙 2 类 2 处，乙 3 类 28 处，丙 2 类 2 处，丙 3 类 1 处。根据地球化学异常分布特征及结合地质特征共划分 9 处找矿远景区，为区内矿产评价提供了比较丰富的找矿信息。

三、1∶5 万遥感地质解译

通过 1∶5 万遥感地质解译，工作区内以线性构造为主，其次为环形构造。线性构造主要以北东向构造为主，其次为北西向构造，东西向构造主要发育于 2 个断陷盆地的中间地带。环形构造主要反映岩体的分布范围。

四、矿产检查

通过矿产地质调查和矿点、异常检查，共发现 17 处金矿（化）点，其中对周方金矿化点、洲上金矿点及芭蕉金多金属矿化点进行重点检查，对石坳金矿点、庙湾里金矿化点、恩溪金矿化点和马头异常区进行概略检查。通过概略检查和重点检查，认为周方金矿化点、芭蕉金多金属矿化点、洲上金矿点和石坳金矿点具有进一步工作价值。

五、综合研究

(1) 根据区内地质、物探、化探、遥感特征圈出 9 处找矿远景区和 3 处找矿靶区。
(2) 初步查明了金矿的主要矿床类型有 2 种：一是断层破碎蚀变型，如周方金矿、仕源金矿；二是石英脉型金矿。

湖南省茶陵县湘东钨矿接替资源勘查报告

提交单位：湖南省地质矿产勘查开发局四一六队
项目负责人：刘金云
档案号：1120
工作周期：2012—2013 年
主要成果：

一、矿床成矿规律

(1) 工作区在区域上处于构造复合部位，构造活动持久而强烈，为区内成矿提供了理想的运移通道和容矿空间。

(2) 第一构造层巨厚的地槽型沉积和第二构造层地台型沉积，富含本区成矿元素，使一些元素背景值很高，如 W、Sn、Cu、Au、Pb、Zn、Ag 等元素，在寒武纪砂页岩、泥盆纪砂页岩中，它们的丰度值大大超过地壳克拉克值，为本区成矿奠定了物质基础。

(3) 地洼阶段印支期—燕山期的断裂活动和岩浆活动，对本区内生矿床的成矿活动起主导作用，构造运动与相应酸性岩浆活动派生出有色金属和稀有金属矿床。构造活动提供了容矿空间和运移通道（即花岗岩上侵通道）。而多期次强烈的岩浆活动，一方面使成矿元素进一步富集（特别是愈晚丰度值愈高），提供了物源；另一方面又为成矿提供了热源。

(4) 构造运动产生若干次断裂及次一级的剪切裂隙，为矿液提供了良好的上升通道和容矿空间。构造和岩浆的脉动性活动，形成了多期次的矿脉而构成了邓阜仙钨矿床基本构式。

(5) 细粒花岗岩中隆起的侧部或鞍部是裂隙发育的部位，也是矿化最好的部位，脉幅也最大，其次是在中粒花岗岩中。粗粒花岗岩中矿化较差，脉幅也较小。

二、矿区找矿远景评价

(1) 区内大断层（F_1）附近的矿脉具有厚度大、矿化增强等特点，矿石类型由石英脉型为主向蚀变花岗岩型变化，蚀变规模增大，预示了大断层（F_1）南面深部上下盘均有存在较大破碎蚀变岩型钨矿体的可能，这也许是今后区内找矿的突破点。

(2) 矿区南边 SS2、SS3 矿脉地表出露连续，矿脉规模较大。局部矿化强，黑钨矿颗粒大，晶形好；裂隙具西端紧闭往东开阔特点，脉体东端较厚，并发育条带构造，围岩硅化强。SS3 矿脉南见 2 条硅化破碎带（F_6、F_8），局部地段见石英脉充填，在 F_8 东端还有小采坑，曾采出少量钨矿石，F_8 西端采样分析亦有矿化现象；该区粗粒斑状黑云母花岗岩中多处出露二云母花岗岩，成矿环境优越，是区内较好的找矿靶区。

(3) 矿区西侧边部出露有多条含钨石英脉，局部矿化较强，亦具有较好的找矿潜力。

三、矿区开采技术条件评价

矿区地处中低山区，地表无大的水体，矿床位于当地侵蚀基准面以上，16 中段以上坑道为自然排水，矿床赋存的围岩花岗岩不含水，成矿前裂隙均被石英脉充填，裂隙紧闭不含水，成矿后断层裂隙不发育。矿体的围岩为花岗岩,岩石致密坚硬,特别是矿体的顶底板均有不同程度的硅化、云英岩化,力学强度更高,结构面不发育,稳定性好。矿石中没有有害元素,矿石及废石不易分解出有害组分,采矿活动不形成对附近环境和水体的污染。矿床开采技术条件属简单类型(Ⅰ)。值得指出的是,矿山内废石堆较多,特别是近几年的乱采乱挖导致废石到处都是,由于山势陡峻,极易形成废石流。

四、矿床开采的经济效果

本次勘查新增资源储量潜在经济价值为 92 730 万元;可延长矿山服务年限 7.3 年,解决就业人数约 320 人,期间企业可获得总利润 8 874 万元,缴纳国家税款 2 218 万元,获得净利润 6 656 万元。区内矿床开采的经济效果总体较好。

湖北郧西县湖北口地区矿产地质调查报告

提交单位:湖北省地质调查院
项目负责人:王家杰
档案号:1121
工作周期:2013—2015 年
主要成果:

一、地质找矿及成矿规律研究

(1)找矿取得较大突破。新发现锑矿(化)点 4 处、锑矿点 1 处、金矿化点 2 处、铜矿点 1 处。新发现的锑矿点主要有银洞沟、茅家沟、七岔沟等,伴生金矿。其中:七岔沟经初步估算资源量,锑资源量(334 类)共计 2 710.19t,其规模为小型,金资源量(334 类)共计 40kg。新发现的铜矿点为解家坪铜矿点,伴生矿金,经初步估算资源量(334 类),铜金属量为 117t。属小型规模,金金属量为 0.22kg。

(2)根据所发现的锑、金等多金属矿(化)点的产出状态、空间分布特征,总结出了区内锑、金、铜等多金属矿的找矿标志,为今后进一步工作打下了基础。

(3)根据测区内各矿点、矿化点的空间分布特征,结合邻区区域矿产分布特征,划分出了 2 个 Ⅴ 级成矿带,即北部四峡口-周公山-药树坪汞锑多金属成矿带、南部镇安-旬阳成矿带(边缘)。

(4)在 Ⅴ 级成矿带划分的基础上,经对地质、物探、化探、遥感等多种找矿信息综合研究,划分出 B 级成矿远景区 4 处,C 级成矿远景区 2 处,最小预测区 21 处。

(5)提供可进一步工作的找矿靶区 3 处,分别为:茅家沟金锑找矿靶区、七岔沟金锑找矿靶区、解家坪金铜找矿靶区。

(6)初步总结了测区内优势矿种的成矿地质条件和找矿标志,为在本地区进一步找矿提供了丰富的资料。

二、基础地质工作及物探、化探、遥感工作成果

(1)通过剖面测制确定了测区填图单位的划分,根据《湖北省岩石地层》,结合野外矿产地质调查及区域对比,共划分了 17 个正式组级、9 个非正式段级岩石地层单位,建立测区岩石(构造)地层系统;利用 5m 分辨率高精度卫星数据和各类航空影像对调查区地层、构造、矿产作详尽解译。

(2)利用地理信息系统(GIS)和其数字化成图手段,参考遥感解释成果,提高了测区综合地质图的编制精度。

(3)初步查明了变质岩的岩石类型、主要矿物成分、结构构造、岩石化学和地球化学特征、变形特征及空间分布、接触关系,并恢复原岩及其建造类型。

(4)基本查明了测区的构造变形特征,并初步总结了构造变形与成矿作用之间的关系。通过对测区沉积事件、变形变质事件和成矿作用的综合分析,结合区域资料,建立了测区地质演化序列。

(5)通过综合研究1:5万水系沉积物测量,基本了解了测区的地球化学背景,编制了16种元素的地球化学图、单元素异常图;共圈定了综合异常47处,其中甲1类异常2处、乙1类异常1处、乙2类异常23处、乙3类异常15处、丙1类异常4处、丙2类异常2处。这些化探异常的获取、圈定及初步推断解释,为测区矿产资源评价提供了较详尽的地球化学资料,为下一步矿点检查工作提供了翔实的地球化学资料。

(6)1:5万激电面积性测量大致查明了高桥坡-槐树地区电性分布情况,绘制了视电阻率、视幅频率等值线平面图及剖面平面图,初步圈定激电异常12处。结合地质、化探工作成果等划分出了黄家沟M1、汪泥沟口M2、东沟口东边M3、银洞沟脑M4、小白帽M5、茅山庙-石板沟M6、小铁桶沟M7、王家沟M9、麻池沟M10、店子沟西侧M11、干沟东侧M12共11处成矿远景地,并根据剖面测量大致推定小铁桶沟M7所反映的辉锑矿脉向南东倾斜。该成果为后续地质工程提供了地球物理依据。

(7)通过遥感地质解译,建立了测区地层、构造、岩石的解译标志,从而提高了矿产地质填图质量。遥感各个异常提取所获得的矿化信息,为地质找矿、成矿规律研究及矿产预测图编制提供了资料。

湖北金牛-九宫地区矿产地质调查报告

提交单位: 湖北省地质调查院
项目负责人: 高举
档案号: 1122
工作周期: 2013—2015年
主要成果:

(1)1:5万矿产地质调查完成面积1340 km^2。在充分利用调查区内已有的调查与研究成果的基础上,初步划定了金牛幅、高桥幅、黄沙铺幅的地层层序,大致查明了调查区内地质构造背景、岩浆岩时空分布。大致查明了调查区内与成矿有关地质体的岩石类型、分布、形态、产状、物质组成、相互接触关系等基本地质特征;大致查明含矿层、矿化带、蚀变带的分布范围、形态、产状、矿化类型及控制因素、主要矿产的时空分布特征等。

(2)1:5万高桥幅重力测量完成面积446 km^2。大致查明了高桥幅重力特征,为下一步开展异常查证提供了地球物理依据。高桥幅重力场特征极好地反映了区内构造分区特征,建立了主要断裂构造骨架,划分了重力局部异常,进行了初步的推断解释,并从中圈定了找矿有利地段。

(3)1:5万土壤地球化学测量完成金牛幅、高桥北半幅工作512 km^2。1:5万水系沉积物测量完成高桥南半幅、黄沙铺幅工作742 km^2。进行了野外样品采集、登记、加工、测试分析,圈定地球化学单元素异常及综合异常,并对综合异常进行了初步的分类和评述,筛选有找矿意义的6处异常进行了检查。

(4)1:5万遥感解译完成面积1340 km^2。在调查区内建立了地质体的解译标志,初步划分了地层、岩体及其出露范围、线性构造、环形构造,提取的矿化蚀变异常信息羟基类矿物异常和含铁离子蚀变(铁染)异常,在已知矿床(点)周围有较好的集中反映。矿产检查针对前人发现的或项目实施过程中发现的地质、物探、化探、遥感等各类异常、矿化信息和地表找矿线索进行了综合检查和初步评价工作。工作手段主要采用大比例尺矿产地质填图、磁法测量、激电中梯测量、化探剖面测量,并利用适量的地表工程及老硐调查对各类异常、矿(化)点进行综合检查和验证。按工作程度分为概略检查和重点检查两类。筛选了7处进行了概略检查,在检查区内初步了解成矿地质背景、地球物理、地球化学特征;核实异常是否存在,确定异常的确切位置;初步了解预测区的矿化带,蚀变带,矿(化)体(层)的分布范围、规模、产状、有益组分及含量等;并结合区域成矿地质条件的对比分析,概略评价了找矿前景,并提出进一步工作的具体建议。对经概略检查后,确定有进一步工作价值的地区,筛选了5处进行重点检查,在检查区综合分析成矿地质背景、物探、化探、遥感和自然重砂等特征,基本了解矿化蚀变带、矿(化)点的控制因素和成矿条件;对主要矿化地段,采用大比例尺物探、化探等有效方法组合,配合施工有限的探矿工程进行必要的揭露,基本了解矿(化)体(层)分布范围、规模、形态、产状、矿石质量,基本了解近矿围岩的蚀变种类、分布及其与矿化的关系,初步判别矿床成因类型;并对进一步工作提出了具体建议。

(5)根据矿产的成矿规律、地质构造特征及物化探成果等主要因素,结合远景区的圈定原则,本次工作划分了4处找矿远景区,并对其进行了分级。在远景区内根据矿产检查的成果,结合找矿靶区圈定的原则,在本区划分了5处找矿靶区。

湖北保康-兴山地区矿产地质调查报告

提交单位:湖北省地质调查院
项目负责人:周豹
档案号:1123
工作周期:2013—2015 年
主要成果:

一、基础地质调查成果

(1)通过矿产检查和异常查证,初步查明调查区成矿地质背景和成矿条件。大致查明了黄陵背斜北部地区铅锌矿的类型及时空分布特征。在黄陵地区新发现陡山沱组第四岩性段铅锌赋矿层位。

(2)通过1∶5万欧家店幅水系沉积物测量,大致查明了调查区 Au、Ag、Cu、Pb、Zn、As、Sb、Bi、Hg、Cd、Sn、W、Mo、Cr、Ni、Co、P、V、Mn 共 19 种元素的地球化学场特征,圈定单元素异常 104 处,综合异常 15 处。对综合异常进行了价值分类,其中 B1 类异常 14 处、C1 类异常 1 处,为进一步开展地质矿产勘查提供了重要地球化学找矿信息。

(3)按数字填图的要求进行各类原始数据采集,实现了各类原始资料和成果资料的数字化,为原始资料和成果资料数据的检索提供了便利。

二、找矿成果

(1)提交新发现矿产地 3 处,分别是六冲坪金矿产地、徐家河钒(银)矿产地和石灰头锌(铅)矿产地。其中六冲坪金矿是在黄陵地区沉积盖层中首次发现的金矿产地,具有重要找矿意义;徐家河钒(银)矿产地已满足中型矿产地要求。

(2)提交可供进一步工作的找矿靶区2处,分别是蛇草坪铅锌找矿靶区和中岭铅锌找矿靶区。

(3)初步估算经工程验证334类铅锌资源量$40.06×10^4$t,334-1类金资源量2.7t;334类钒氢化物资源量$10.35×10^4$t;伴生银资源量450.28t。

三、综合研究成果

(1)通过对典型矿床成矿作用、控矿地质因素及成矿规律的深入研究,将调查区内铅锌矿划归冰洞山式铅锌矿和凹子岗式铅锌矿,将区内银钒矿划归白果园式银钒矿;通过对区域铅锌、银钒成矿要素、找矿标志等进行归纳和总结,建立了冰洞山式铅锌矿、凹子岗式铅锌矿和白果园式银钒矿区域找矿预测模型。

(2)利用区域找矿预测模型,对调查区成矿地质背景及成矿地质条件进行类比研究,圈定出预测远景区10处。其中冰洞山式铅锌矿预测远景区3处(分别是石灰头、炉沟和簸箕山),凹子岗式铅锌矿预测远景区6处(分别是跨沟河、蛇草坪、炉沟、板栗坪、中岭和斑鸠窝),白果园式银钒矿预测远景区2处(分别是白果园和徐家河)。圈定出找矿靶区5处,其中A类找矿靶区3处(六冲坪、徐家河、蛇草坪),B类找矿靶区2处(石灰头、中岭)。

(3)按照矿产资源潜力评价工作方法,开展调查区内主要矿种铅锌和银钒的成矿预测:预测区内锌资源总量$124.63×10^4$t,铅资源总量$14.31×10^4$t。其中,冰洞山式铅锌矿预测锌资源量$78.69×10^4$t,铅资源量$14.31×10^4$t;凹子岗式铅锌矿预测锌资源量$45.94×10^4$t,银资源总量6 356t,钡(氧化钒)资源总量$45.58×10^4$t。

湖北随州-枣阳北部七尖峰地区矿产地质调查报告

提交单位:湖北省地质调查院
项目负责人:匡华
档案号:1125
工作周期:2013—2015年
主要成果:

一、基础地质调查及化探、遥感工作成果

(1)经本次矿产地质调查及对前人资料分析研究,大致查明了区内地层的含矿性,以及岩浆活动、变质作用及构造运动与成矿的关系。

(2)通过遥感地质解译,建立了工作区的地层、构造和岩石的解译标志,为地质联图及构造格架的建立提供了新的信息,从而提高了矿产地质填图质量。遥感异常提取了7处羟基异常,8处铁染异常,为地质找矿、成矿规律研究及矿产预测图编制提供了资料。

(3)1:5万水系沉积物测量,基本查明了工作区的17种元素的地球化学背景,划分出了主要成矿元素Au、Ag、Cu、Mo等的异常区(带),圈定了22处综合异常区,其中A类3处,B类18处,C类1处,为地质找矿提供了新的信息。

(4)本次矿产远景调查采用了中国地质调查局开发的数字地质填图与矿产勘查系统进行野外数据采集,同时,按数字填图的要求进行了资料综合整理,以及各类图件的编制,实现了各类原始资料和成果资料的数字化。资料的全程数字化,不仅提高了图幅的质量,而且还为原始资料和成果资料数据的检索提供便利。

二、地质找矿及成矿规律研究成果

(1)新发现矿点6处,矿化点共9处,其中金矿(化)点5处、银钼矿点1处、钼矿(化)点4处、石墨矿点1处,钨矿(化)点2处、铅锌矿(化)点2处。

(2)经过对地质、物探、化探、遥感等多种找矿信息综合分析,共划分出8处成矿远景区,其中A类5处,B类1处,C类2处。在此基础上经矿产检查,圈定了找矿靶区共计5处,其中姚湾钼矿经后续跟进的普查项目工作证实已达中型规模,枣扒银钼矿初步估算334-1类银资源量100.84t,钼资源量1 661.42t,达小型银钼矿产地规模。

(3)初步分析新发现的姚湾钼矿可能为武当-桐柏-大别成矿带上钼矿新类型,为变质岩型钼矿,吸引了社会资金的投入,取得了良好的经济和社会效益。

(4)在该地区前人发现的矿化主要受北西向、近东西向构造控制,本次新发现的邢川金矿显示沿北东向构造带也具有较大找矿潜力,拓宽了在该区破碎蚀变岩型金矿的找矿方向。

(5)新发现了车店石墨矿化点,并初步总结其成矿地质特征,赋矿层位为陡山沱组一段地层,为有机成因的晶质石墨。区域变质作用使分散状的碳质向石墨转变,形成石墨矿床。拓宽了在武当-大别成矿带上陡山沱组寻找沉积变质石墨矿的找矿思路。

(6)大致查明了金银矿化在空间上的展布规律及矿化地质特征。工作区金矿在空间上,主要分布在4个地带:一是新城-黄陂断裂带,受北西向构造控制;二是七尖峰花岗岩西南侧接触带附近及吴山断裂带,主要受北西向构造控制;三是大阜山—王家大山一带由北向南的逆冲推覆构造及次级断裂带,受近东西向构造控制;四是在七尖峰岩体北西侧枣扒—邢川一带,受北东向构造控制,早期断裂主要为成矿热液运移提供通道,为成矿物质的沉淀提供空间,后期热液活动对成矿物质有进一步的富集作用,形成蚀变岩型金矿或品位高而富的石英脉型金矿。

湖南零陵地区1∶5万页岩气地质调查成果报告

提交单位:湖南省地质调查院
项目负责人:柏道远
档案号:1127
工作周期:2015年
主要成果:

一、地层和沉积学方面取得的进展

系统厘定了调查区地层序列,将调查区下古生界和上古生界划分为26个组级岩石地层单位。

较详细阐述了各地层单位的岩性组成,并分析了其沉积环境。其中主要黑色页岩系的形成环境:奥陶系烟溪组黑色页岩形成于水流闭塞,还原介质条件下的欠补偿盆地;奥陶系天马山组底部黑色页岩形成于陆缘斜坡-陆隆之外扇-中扇环境;石炭系天鹅坪组分布局限的黑色页岩形成于三角洲沼泽环境;石炭系测水组黑色页岩形成于沼泽环境。此外,以往认为调查区泥盆系棋梓桥组和锡矿山组可能存在较多的台盆相黑色页岩沉积,但本次工作查明其形成于属台地环境,整个调查区内均为灰岩和白云岩(少量)。

对烟溪组和天马山组底部黑色页岩进行了微量元素地球化学特征分析,在此基础上探讨并提出页岩形成于前陆盆地以及宁静还原的沉积环境,黑色页岩主要为正常海洋碎屑沉积,其次为海底热水成因沉积。

二、构造方面取得的进展

在调查区构造格架、不同类型构造的展布及发育特征、构造变形机制以及区域构造变形序列的厘定等方面取得重要进展。

(1)全面查明了调查区构造格架特征,具体如下:①由上古生界及其下伏角度不整合面卷入并显示自西向东依次排布、枢纽总体向南倾伏的北北西向褶皱烟子坪向斜 f_1、水岭背斜 f_2 和对江复向斜 f_3 组成了调查区的主体构造格架,上述褶皱轴面均略向东倾。②北北西—近南北向的同走向逆断裂、正断裂及其导生的次级褶皱,以及北东向断裂、北西向断裂等叠加在上述主体构造格架之上,使构造格架复杂化。③调查区北部(北侧)发育印支晚期形成的高挂山东西向隆起,导致调查区北部的加里东基底隆起、抬升并出露地表,同时导致南侧盖层总体向南倾斜。④加里东期褶皱基底的构造格架为:调查区位于加里东期越城岭隆起的东翼,使得调查区西部奥陶系总体为一向西陡倾并倒转的单斜构造,调查区北部加里东构造层的岩层产状则自北西向南东总体由倒转渐变为正常,反映变形强度自越城岭隆起核部向东翼逐渐变弱。

(2)全面查明了调查区褶皱、断裂、劈理等不同类型构造的展布与发育特征:①调查区主要发育泥盆系—二叠系卷入的盖层褶皱,其按走向可分为北北西—近南北向褶皱和东西向褶皱两种类型,以前者为主,后者仅有露头尺度的小型全形褶皱发育。此外,调查区北部加里东期褶皱基底中发育大量枢纽走向北北西—北北东向的膝折构造,初步认为系中生代叠加变形产物。②调查区断裂较发育,按走向可分为北北西—南北向、北东向、北西向 3 组。其中:北北西—南北向断裂主要分布于调查区中东部,多为逆断裂,少量为正断裂或走滑兼正滑断裂;北东向断裂发育较多且规模较大,走向 20°~30°,为逆断裂或正断裂(可兼走滑);北西向断裂发育较少,规模大多较小,主要表现为逆断裂,部分叠加有伸展活动。③加里东构造层中有极为发育的板劈理,劈理走向在西部为北北西向至近南北向,在北部以北北西向为主。此外,上古生界泥盆系中的泥岩和粉砂质泥岩中发育破劈理。

(3)对区域构造变形机制提出了若干新的认识:①组成调查区主体构造格架的烟子坪向斜 f_1、水岭背斜 f_2 和对江复向斜 f_3 等北北西向褶皱并非盖层滑脱形成,而是因下伏"刚化"褶皱基底的整体横向压扁收缩、底面滑脱以及逆冲作用导致褶皱基底顶面整体弯曲,盖层受褶皱基底顶面弯曲控制而形成被动褶皱。上述主要褶皱的轴面略向东倾斜,反映加里东期褶皱基底滑动方向自东向西。此外,盖层内部的次级褶皱主要与逆冲断裂有关。②调查区上古生界构造线走向为北北西—近南北向,有别于雪峰、湘中以及湘东南等地区的北北东—北东向。其原因与调查区位于"S"形弯曲的祁阳弧形构造的中段有关。具体成因有二:一是印支运动和早燕山运动中,区域北西西向挤压应力作用下北西向基底隐伏断裂香花岭-阳明山断裂和东侧的蓝山-新宁断裂产生强烈左旋走滑活动,从而使区域北北东向构造线产生左旋偏转成为北北西向;二是加里东期越城岭构造-岩浆隆起对加里东褶皱基底及盖层向西滑移运动的阻抗作用(砥柱作用)导致构造线偏转。③调查区加里东期劈理走向为北北西—南北向,与加里东期区域构造线北北东走向矛盾。调查区加里东期劈理呈北北西向很可能也与区域北西向基底隐伏断裂左行走滑有关,具体原因与区域构造线走向的转变原因相似。

(4)系统厘定了区域构造变形序列,即8期构造变形,提出了各期构造变形的动力背景,为区域构造演化研究提供了重要参考资料。第一期变形(D1)为加里东运动(分为奥陶纪后期的北流运动和志留纪后期的广西运动两幕)中形成的越城岭大型背斜(隆起)及板劈理,其构造背景与华夏古陆向北西逐渐逆冲与扩增有关。第二期变形(D2)为中三叠世后期印支运动(主幕)所形成的北北西—近南北向褶皱、逆断裂、跳马涧组中破劈理、局部南北向强直片理、东西向右行走滑节理、北西向右行走滑断裂、加里东构造层中的北北西—北北东向膝折等,其可能与扬子板块和华夏板块的继发性陆内俯冲汇聚有关。第三期变形(D3)为中三叠世形成的东西向高挂山隆起和上古生界中东西向次级褶皱,其区域构造背景为扬子及其以南各地块向北运移与中朝板块碰撞导致南北向挤压。第四期变形(D4)如前述第二期变形(D2)所列,因构造体制相近难以明确分辨;其构造背景为古太平洋板块(或伊泽奈奇板块)向西俯冲影响。第五期变形(D5)为白垩纪区域伸展活动形成的正断裂,其构造背景有岩石圈伸展等多种。第六期变形(D6)为古近纪中晚期形成的北西向逆断裂及北北东向右行剪节理,其构造背景为印度板块与亚洲大陆碰撞导致使区域北北东向断裂右行走滑派生北东向挤压。第七期变形(D7)为古近纪末—新近纪初形成的北东向逆断裂和北西西向右行剪节理,其动力背景可能与菲律宾海板块与华南块体东部斜向碰撞有关。第八期变形(D8)有北西向和北东向正断裂,可能与先期挤压逆冲后的应力松弛或重力伸展有关。

三、地球物理勘探工作取得新的成果和进展

(1)对调查区不同时代地层进行了视电阻率测量,获得重要的基础物性数据。平均视电阻率值表明,测区岩性电性差异明显,具备开展电磁法的地球物理条件。

(2)进行了4条测线的MT数据采集、资料处理以及电阻率剖面图和MT剖面地质推断图的编制,为地质构造的认识补充了依据。

四、综合研究

系统总结了区域地质发展史,为清晰、全面认识黑色页岩及页岩气形成、演化与保存的地质背景提供了基础。基于调查区物质记录并结合区域构造演化研究成果,提出调查区及周边地区自南华纪以来的地质发展历史可分为南华纪—早古生代裂谷-被动陆缘-前陆盆地阶段、泥盆纪—中三叠世陆表海盆地阶段、陆相盆地及山体抬升阶段3个大的阶段。按时序详细阐述了沉积、构造、岩浆等地质作用的演化过程。确定调查区主要发育奥陶系烟溪组、天马山组、石炭系天鹅坪组和测水组4套黑色页岩,而以往认为可能存在黑色页岩的泥盆系棋梓桥组和锡矿山组无黑色页岩发育;对4套黑色页岩特征进行了系统研究。

(1)中奥陶统烟溪组为调查区主要页岩气目标层。其具有厚度大(70.3~81.04m),含碳量高(TOC为0.38%~2.01%,主体均大于1%),成熟度高(R_o值4.06%~4.18%,平均为4.13%)等特点。岩石主要以石英(均大于70%以上)为主,黏土矿物次之(黏土矿物中伊利石含量占绝对优势,通常大于90%)。岩石内部发育大量晶间微孔隙、溶蚀孔和有机质气孔,孔的形状主要为一端封闭的圆筒形孔、一端封闭的平行板孔、尖劈形孔及狭缝毛细孔。实施钻井1口,解释微含气层3层,视厚为66.70m;含气层1层,视厚为6.9m。对烟溪组黑色页岩现场解析结果显示,页岩总含气量在0.080~0.219m³/t之间,主要为解吸气,气体成分全部为N_2。

(2)奥陶系天马山组、石炭系天鹅坪组和测水组为次要目标层位。其中:①天马山组黑色页岩厚约80m,TOC为0.54%~1.14%,平均为0.83%;R_o在4.13%~4.18%之间,平均为4.15%;有机质

类型均为Ⅲ型；岩石主要成分为石英62%～76%，平均68.7%；黏土矿物为20%～38%（其中90%为伊利石），平均28.3%；斜长石0%～5%，平均2.7%。②天鹅坪组黑色页岩具有厚度薄、埋藏浅、分布范围有限、含碳量低（TOC为0.14%～0.36%，平均0.23%）的特点。③测水组黑色页岩厚度仅为3.55m，TOC含量为0.33%～1.24%，平均0.75%；R_o为4.09%～4.26%，平均4.18%；有机质类型均为Ⅲ型。

五、页岩气形成及保存条件分析

基于地质构造特征、地质演化过程以及黑色页岩特征等，对调查区页岩气保存的构造条件和页岩气形成条件进行了分析，提出页岩气保存的构造条件总体较差，4套黑色页岩的页岩气形成条件较差或不具备页岩气形成条件。主要认识如下：

（1）构造条件不利于页岩气的保存。①调查区经历的多期构造变形事件对页岩气富集保存不利。两幕加里东运动导致寒武系—志留系强烈变形，岩层陡立，并形成极为发育的板劈理，导致页岩气易于散逸；造成的强烈褶皱和大幅隆升，使得烟溪组、天马山组底部的黑色页岩在上古生界沉积时因剥蚀而仅有局部保存，且黑色页岩出露地表使得页岩气易于散失。印支运动主幕与早燕山运动导致加里东构造层因水平挤压而横向收缩以及上古生界褶皱，与此同时形成大量逆断裂。白垩纪区域伸展事件形成正断裂，很容易导致页岩气的散逸。此外，印支运动主幕、中三叠世南北向挤压以及早燕山运动均造成下古生界的再次抬升和剥蚀以及上古生界的大量剥蚀，从而导致页岩气散失。喜马拉雅期的北东向挤压和北西向挤压事件所形成的北西向逆断裂以及北东向逆断裂，均可能为页岩气的散逸提供通道。几次重要的挤压事件导致了岩石（尤其是下古生界）变质程度加深和有机质热演化程度的增高，总体上也不利于页岩气的保存。②构造事件诱发的岩浆活动对页岩气富集不利。在调查区所在的湘中南地区，加里东运动和印支运动均诱发了大规模的后碰撞花岗质岩浆活动，相关的高地热场会显著增高有机质热演化程度，总体不利于页岩气的保存。

（2）烟溪组含碳质页岩厚度大、TOC含量高，有利于页岩气富集成藏；热演化程度高，一方面有利于含气量增加，另一方面又降低了生烃潜力；过高的石英和伊利石含量、孔隙类型、多期构造运动及其变形等则不利于页岩气的吸附和保存；钻孔岩芯的解析实验显示含气性极差。因此，烟溪组页岩气形成条件总体较差。

（3）相对于烟溪组而言，天马山组黑色页岩有机质含量不高，但成熟度、石英含量和伊利石含量很高等不利因素与烟溪组一样。天马山组位于烟溪组之上，上述对烟溪组而言的地质构造和展布与出露等不利因素，对天马山组而言同样存在。因此，天马山组与烟溪组一样，其页岩气形成条件总体较差。

（4）石炭系天鹅坪组黑色页岩具有厚度薄、埋藏浅、分布局限、有机碳含量低的特点，基本不具备页岩气形成条件。

（5）石炭系测水组黑色页岩厚度小、TOC含量低、演化程度太高、有机质类型均为Ⅲ型、分布局限、埋深浅，也基本不具备页岩气形成条件。

六、页岩气远景区预测和评价

基于烟溪组和天马山组底部黑色页岩进行的页岩气远景区预测和评价，划分出远景区1处，即水岭-大庙口页岩气远景区，面积246km²。初步判断该远景区资源潜力小或不具备经济价值，属页岩气Ⅲ类远景区。

湖南通天庙地区矿产地质调查成果报告

提交单位：湖南省湘南地质勘察院
项目负责人：陈端赋
档案号：1128
工作周期：2012—2014 年
主要成果：

(1) 测区厘定了 33 个地层填图单位，收集地层剖面 26 条，除了第四系白水江组（Qbs）野外用阶地剖面控制外，其余地层单位均有剖面控制，达到了每个地层单位有 1~2 条地层剖面控制的规范要求。武源乡幅地质简测完成填图路线 410.7km，完成地质点 773 个，达到 1∶5 万简测图幅填图路线长度 545.6km/幅的要求；蓝山县幅、所城幅、塘村圩幅为地质修测区域，本次工作选择每个图幅插入 3~5 条实测路线检验，达到了较好的控制效果，共完成填图路线 1 807.5km，完成地质点 3 312 个，每个 1∶5 万图幅填图路线能达到 602.5km/幅。地质点均控制在地质界线、界线拐弯处、矿（化）体及围岩蚀变界线、构造线及构造交会部位，控制精度良好。

(2) 本次水系沉积物测量设计工作量 2 790km^2，实际完成面积 2 789km^2，丢格为 4 小格，丢格率为 0.000 36%；完成样品采集 12 012 个，图幅内工作完整性好。野外采样物质成分主要为粉砂、淤泥，花岗岩地区部分样品为细砂。采样部位多选择在有利于水系沉积物聚积的地段，如山区多在水流变缓、转石背后、水线边、河漫滩等部位；对干枯水系一般选择在沟底中心部位、漏斗周边采样。样品野外日光干燥后，先过 10 目样筛再过 80 目样筛，然后用对角折叠法混匀，称重装入纸袋中，样品质量大于或等于 150g，副样质量大于 150g。样品加工程序严格按规范和设计要求执行，并确保样品加工过程无错号和人为污染。

(3) 本次矿产检查工作主要包括矿产地质填图、山地工程施工等工作手段，矿产地质填图以 1∶1 万地形地质图为底图，以穿越法为主，对重要的含矿层、含矿构造带、矿化蚀变带等尽可能按沿走向追索的方法进行；填图路线线距布置在 200m 左右，但不作硬性规定，以能解决地质问题，控制地质体、矿脉或矿化体为原则；矿产地质填图工作控制程度精良。山地工程布置基本按规范执行，以垂直地质体走向为基本原则布置，矿产检查槽探工程施工不作工程间距硬性规定，一般按能控制蚀变带、矿（化）带、矿（化）体的规模为基本要求，槽探工程施工质量良好。完成 9 条老窿清理，清理工作包括踏勘、抽水、清淤等，完成工作量 342.3m；编录是在详细观测、准确定名的情况下完成的；样品采集一般在老窿壁上用刻槽法完成，符合规范要求，控制精度优良。钻探工作仅在长坪铁锰矿区施工钻孔 5 个，为工程浅钻，以能控制铁锰矿体在地下浅部的延伸和矿化变化情况为原则，钻孔施工质量精良，符合规范要求。

(4) 地层岩性组合。全面研究了测区地层分布特征，厘定了 33 个地层单位；了解了每个地层单位的岩性组合、生物群面貌及其与时代的关系，研究了测区每个地层单位岩性特征与邻区的变化关系；探讨了测区泥盆纪岩相古地理特征及其演化规律。

(5) 构造特征。全区共经历了加里东期、海西期—印支、燕山期—喜马拉雅期 3 个构造阶段，构成了加里东、海西、印支—燕山、喜马拉雅 3 个构造旋回，从而形成大量不同时代和期次，不同方向与规模，不同性质的断裂、褶皱、构造盆地等构造形迹。加里东构造旋回，测区主要沉积了一套类复理石岩性组合，同时，受北西-南东向构造应力影响，测区形成一系列的北东向断裂构造，如 F_7~F_8、F_{10}、F_{18}~

F_{19}、F_{21}、F_{26}～F_{27}等及紧闭型、半紧闭—开阔型褶皱。海西构造旋回,测区主要以台地相碳酸盐岩沉积为主,间夹滨浅海相碎屑岩夹含煤沉积;同时,受东西向构造应力影响,形成一系列南北向、北东向断裂构造。印支—燕山构造旋回,测区主要为通天庙岩体分布区,多发育北东向、南北向及东西向断裂。喜马拉雅构造旋回,多以山间盆地等山麓堆积及现代河流沉积物为主,构造应力主要以北东-南西向为主,多形成一系列北西向断裂构造及现代河流沉积阶地。

(6)水系沉积物测量。本区共圈定57处水系沉积物综合异常,区内地球化学测量所分析的元素异常较好地对应了地质矿产的分布特征,对所圈定的57处综合异常根据区内地质成矿条件与异常特征对比分析,AS17、AS37两处为矿致异常,AS1、AS3、AS4、AS15、AS18、AS19、AS22、AS39、AS44共9处为具较好找矿意义的异常,AS6、AS7、AS8、AS9、AS12、AS14、AS16、AS25、AS26、AS27、AS29、AS32、AS33、AS34、AS35、AS36、AS40、AS43、AS45、AS46、AS48、AS51、AS53、AS54共24处为具一定找矿意义的异常。

(7)矿产检查工作。测区共有矿产地108处。其中,有色金属矿产42处,黑色金属矿产28处,非金属矿产23处,能源矿产15处。本次矿产检查工作共概略检查矿点7处,重点检查矿点3处;7处矿点检查中,共完成1∶1万地质草测56km²;共完成槽探22条,工作量4928.38m³;老窿清理9个,工作量342.3m;完成钻孔5个,工作量81.8m;完成土壤剖面测量16条,工作量29.94km。基本查明了湖南通天庙地区矿产分布特征:①矿种以铅、锌、铜、汞、锑、铀、煤、铁、锰等为主,次为钾长石、水晶、白云岩、水泥-电石灰岩、黏土等矿产,少量的油页岩能源矿产。②赋矿层位分布广泛,主要有二叠系龙潭组上段,石炭系大埔组、石磴子组、测水组等,泥盆系跳马涧组、黄公塘组、棋梓桥组、锡矿山组等,寒武系茶园头组、小紫荆组。③地表红土中风化淋滤型铁锰矿、褐铁矿发育,有大型矿床1处,中型矿床3处,小型矿床4处,矿(化)点18处。④矿产地规模,以矿点、矿化点(79处)为主,占全区矿床点总数的73.1%;小型矿床(19处)占全区矿床点总数的17.6%。

(8)综合研究与成矿预测。在总结测区矿产成矿规律的基础上,通过综合分析对比,根据成矿地质条件的有利程度、预测依据的可信度、资源潜力大小及工作条件好坏,将远景区划分为Ⅰ、Ⅱ、Ⅲ三级。根据上述原则,测区共划分出9处找矿远景区,其中Ⅰ级2处,Ⅱ级4处,Ⅲ级3处。根据成矿地质条件、已知矿床特征、物化探综合信息特征,结合本次工作及前人地质、物探、化探、遥感成果,测区内共优选找矿靶区5处:湖南省临武县长坪铁锰矿找矿靶区(A1)、湖南省蓝山县红石脚锑铅锌多金属矿找矿靶区(A2)、湖南省宁远县茶罗坪铅锌矿找矿靶区(A3)、湖南省蓝山县柏木坑铁锰铅锌多金属矿找矿靶区(B1)、湖南省蓝山县黄腊坪-庙冲铀多金属矿找矿靶区(B2)。

湖南省新田县新圩-龙溪地区矿产地质调查成果报告

提交单位:湖南省地质调查院
项目负责人:陈端赋
档案号:1130
工作周期:2013—2015年
主要成果:

(1)地层岩性组合。全面研究了测区地层分布特征,厘定了30个岩石地层单位;了解了每个地层单位的岩性组合、生物群面貌及其与时代的关系,研究了测区每个地层单位岩性特征与邻区的变化关系;探讨了测区泥盆纪岩相古地理特征及其演化规律。

(2)构造特征。全区共经历了加里东期、海西期—印支期、燕山期—喜马拉雅期3个构造阶段,构成了加里东、海西、燕山—喜马拉雅3个构造旋回,从而形成大量不同时代和期次,不同方向与规模,不同性质的断裂、褶皱、构造盆地等构造形迹。加里东构造旋回,测区主要沉积了一套类复理石岩性组合,同时,受北西-南东向构造应力影响,测区形成一系列的北东向断裂构造,如F_1、F_3、F_5~F_6、F_8~F_9、F_{16}、F_{47}及紧闭型、半紧闭—开阔型褶皱。海西构造旋回,测区主要以台地相碳酸盐岩沉积为主,间夹滨浅海相碎屑岩夹含煤沉积;同时,受东西向构造应力影响,形成一系列南北向、北东向断裂构造,如F_{17}~F_{34}、F_{44}~F_{51}等及开阔型褶皱。燕山—喜马拉雅构造旋回,多以山间盆地等山麓堆积及现代河流沉积物为主,构造应力主要以北东-南西向为主,多形成一系列北西向断裂构造及构造盆地。

(3)土壤地球化学异常特征。本区共圈定了24处土壤综合异常,除大桥边AP1异常产于寒武系中外,具有一定规模和地质找矿意义异常多处于泥盆系中的断裂破碎带附近及袁家-飞仙向斜的石炭系和二叠系中;其中,AP1、AP3、AP7、AP8、AP10、AP12、AP13、AP14、AP15、AP19、AP20、AP22共12处为具有较好找矿意义的异常,AP4、AP5、AP6、AP16、AP17、AP23、AP24共7处为具一定找矿意义异常。

(4)水系沉积物地球化学异常特征。本区共圈定12处水系沉积物综合异常,区内地球化学测量所分析的元素异常较好地对应了地质矿产的分布特征,对所圈定的12处综合异常根据区内地质成矿条件与异常特征对比分析,AS1、AS2、AS3、AS4、AS10共5处为具有较好找矿意义的异常,AS5、AS6、AS11、AS12共4处为具一定找矿意义的异常。

(5)矿产检查工作。测区共有矿产地48处,其中,有色金属矿产15处,黑色金属矿产19处,非金属矿产4处,能源矿产10处。本次矿产检查工作共概略检查矿点7处,重点检查矿点6处;7处矿点检查中,共完成1∶1万地质草测186.5km^2;共完成槽探22条,工作量4835.35m^3;老窿清理5个,工作量92.5m;完成钻孔5个,工作量1325.54m;完成土壤剖面测量7条,工作量20.06km。基本查明了湖南省新田县新圩-龙溪地区矿产分布特征:①矿种以铁、锰、锑、汞、铜、铅、锌等为主,次为黄铁矿、石灰石、白云石、重晶石等矿产,少量的煤和磷矿产。②赋矿层位分布广泛,主要有跳马涧组石英砂岩(跳马涧组中上部)和砂砾岩(跳马涧组中部),黄公塘组中上部和棋梓桥组下部的泥晶灰岩,棋梓桥组中部具轻微硅化的硅质条带灰岩,锡矿山组下部浅灰色泥晶灰岩,石炭系大埔组上部含铁锰质白云岩、白云质灰岩,二叠系孤峰组上部含铁锰质硅质岩。③矿产地规模,以矿点、矿化点(42处)为主,占全区矿床点总数的87.5%;小型矿床(5处)占全区矿床点总数的10.4%;中型矿床1处,占全区矿床点总数的2.1%。

(6)综合研究与成矿预测。通过对区内的资料综合研究分析,根据本区的地质、物化探、矿产等条件,进行成矿预测,划分出5处成矿远景区。

①新圩-道塘锑多金属成矿远景区(Ⅰ-1)。远景区面积30km^2。区内出露的地层为泥盆系易家湾组、黄公塘组、棋梓桥组、长龙界组、锡矿山组等。区内构造发育,北东向构造和东西向构造的复合部位控制了矿床的形成。区内发育有AP10、AP12土壤化探综合异常,均为甲类异常,AP10为Sb元素异常,AP12为Sb-Hg-Ag多元素异常。区内有矿点9处。

②知市坪铁锰成矿远景区(Ⅱ-1)。远景区面积78km^2。区内出露的地层为泥盆系锡矿山组、孟公坳组及石炭系马栏边组、天鹅坪组、石磴子组、测水组、梓门桥组、大埔组等。构造发育,以知市坪中学向斜为代表,南北向及北东向断裂构造发育。区内发育有AP11土壤化探综合异常1处,为丙类异常。成矿远景区内见有中型铁锰矿1处、小型煤矿点1处。

③莲花-塘市锑铅锌成矿远景区(Ⅱ-2)。远景区面积50km^2。区内出露的地层为泥盆系易家湾组、黄公塘组、棋梓桥组等。区内南北向控矿构造发育,北东向断裂构造与南北向断裂构造的复合部位,控制了矿床的形成。区内化探异常发育,计有AP2、AP3土壤化探综合异常2处。成矿远景区内

矿产资源较丰富,以锑铅锌金属矿产为主,计有矿点3处。

④毛岭铁锰多金属成矿远景区(Ⅱ-3)。远景区面积70km²。区内出露的地层为石炭系、二叠系及三叠系。区内铁锰矿层基本受大埔组层位控制,向斜构造控制了铁锰矿的形成。区内化探异常发育,共有水系沉积物化探异常3处,为AS3、AS10、AS11。区内见有铁锰矿点1处,铅锌矿点1处。

⑤金盆圩-枧头铁锰多金属成矿远景区(Ⅲ-1)。远景区面积约56km²。区内出露的地层为侏罗系茅仙岭组,泥盆系锡矿山组、孟公坳组,石炭系马栏边组、天鹅坪组、石磴子组等。区内构造发育,褶皱有大山村向斜、下子岭向斜及龙珠湾背斜;断层有北西向及北东向两组。区内圈定AP9土壤化探综合异常1处。区内见有铁矿点1处、铁锰矿点1处、汞矿点1处。

湖南金井-九岭地区矿产地质调查成果报告

提交单位:湖南省地质调查院
项目负责人:宁钧陶
档案号:1133
工作周期:2013—2015年
主要成果:

本次矿产地质调查工作在面上系统开展了金井幅和芳坪幅的1:5万矿产地质填图(正测)工作及1:5万水系沉积物测量工作,同时在测区内选择4条剖面线开展了1:1万重力剖面测量及高精度磁法剖面测量、可控源大地电磁测深等工作。点上工作首先对测区内部分化探异常进行了踏勘检查,然后对江东金矿区边深部、姚家洞金矿点、大岩金钴矿化点、大福异常区开展矿产概略检查,随后全部转为重点检查。工作手段主要有1:1万地质草测,1:1万高精度磁法及重力剖面测量,1:1万激电中梯(长导线)测量,可控源音频大地地磁测深及物探综合测井,1:1万土壤剖面测量、土壤汞气(剖面)测量等。其中对江东金矿区边深部及大岩金钴矿化点找矿靶区进行了深部钻探验证。以上各矿产检查区控制程度基本达到预查。由于工作经费有限,测区内尚有许多找矿前景较好的化探综合异常及金重砂异常未能开展有效工作进行检查和查证,有待于后续地质工作的继续投入。

(1)通过开展金井幅和芳坪幅的1:5万矿产地质填图工作,采用岩石地层划分方法,建立了地层填图单位8个,大致查明了填图区域的地层层序、岩性、厚度、接触关系,并初步总结了测区内地层、构造、岩浆岩与成矿作用的关系。

(2)通过开展1:5万金井幅和芳坪幅的水系沉积物测量工作,获得了测区内18种元素的定量分析数据,通过对这些元素数据的分析、成图和研究,在金井幅和芳坪幅共圈定水系沉积物综合异常14处。对异常进行了初步研究,为区域地质矿产调查提供了丰富的地球化学资料。

(3)开展了金井-九岭地区成矿规律研究工作,剖析了大万金矿床、黄金洞金矿床、井冲钴铜多金属矿床等典型矿床的成矿地质条件、控矿因素、成矿作用特征等,分析了矿床的成因,建立了相应的找矿标志;建立了金井-九岭地区的金多金属成矿模式,系统总结了区域成矿规律。

(4)开展了金井-九岭地区三维地质建模工作,开发了地质综合数据库管理系统、钻孔数据辅助提取工具,编写了三维成矿预测算法。基于工作区重力数据和1:5万航磁数据,利用RGIS软件,进行了物性解译反演,圈定物性异常,构建了金井岩体和连云山岩体的三维空间形态。完成了区域及典型矿床大万金矿床三维地质建模与三维成矿预测工作,在江东金矿区边深部开展了深部成矿预测,圈定深部隐伏找矿靶区1处,与钻孔验证结果一致,验证了三维地质建模及成矿预测的可靠性。

(5)根据全区物化探综合异常与地层、构造、矿产、岩浆岩等方面的关系,综合找矿信息标志,在全区共圈定了9处找矿远景区,其中Ⅰ级找矿远景区3处,Ⅱ级找矿远景区5处,Ⅲ级找矿远景区1处。圈定找矿靶区2处,其中江东金矿找矿靶区为本次工作圈定的深部找矿靶区。

湖南宝山地区矿产地质调查成果报告

提交单位:湖南省地质调查院
项目负责人:谭仕敏
档案号:1134
工作周期:2013—2015年
主要成果:

(1)1∶5万矿产地质调查:完成了工作区1820 km² 的矿产地质测量工作(任务书中1750 km²;实测450 km²,修测1300 km²)。此次矿产地质填图工作,综合前人资料,在工作区建立了24个组级岩石地层单位。统一了全区4幅1∶5万标准国际分幅图区内地层划分;完成了4幅1∶5万国际分幅的数据库建库,为区内今后地质工作提供了数据库支持。

(2)1∶5万地球化学普查:完成了1∶5万水系沉积物测量共1820 km²(任务书中1810 km²),初步查明了区内地球化学特征,编制了Au、Ag、Cu、Pb、Zn、As、Sb、Bi、Hg、W、Sn、Mo、Mn、Cr、Ni、V、Co、F、La共19种元素的地球化学图和地球化学异常图。通过综合研究,圈定了全区20处综合异常并编制了综合异常图和地球化学找矿推断图,为区内下一步矿产勘查和国土资源规划提供了最新的基础资料。

(3)1∶5万遥感地质解译:利用SPOT5、ETM+图像等数据完成了全区1∶5万遥感地质解译1820 km²。确定了区内地层、岩浆岩、构造等地质体的综合影像特征;利用铁染、羟基等技术手段划分出了区内遥感异常区。为此次矿产地质调查工作在工作部署上提供了依据。

(4)1∶2.5万地面高精度磁法测量:在区内成矿有利的骑田岭岩体北部接触带完成了地面高精度磁法测量68 km²,为区内找矿远景区的圈定和1∶5万水系沉积物测量异常查证提供了依据。

(5)矿产检查工作:针对此次矿产地质调查中新发现的矿化地段和1∶5万水系沉积物测量异常等情况在工作区共实施了1∶1万矿产地质测量62 km²、土壤剖面测量120 km、磁法剖面测量24 km、取样钻503.85 m、槽探4604 m³、老窿调查286 m。通过矿产检查工作,在区内圈定出了社头-秀峰锰矿找矿靶区、炉厂下方解石矿找矿靶区、麦子坪-金子岗找矿靶区、芒头岭多金属矿找矿靶区4处找矿靶区。

(6)综合研究工作:充分收集区内地质矿产资料,通过对区内典型矿床研究,总结了区内各典型矿床的主要成矿要素表、矿产预测要素表以及成矿模式图和预测模型图。通过类比,在工作区建立了黄沙坪式铅锌银铜多金属矿、新田岭式钨多金属矿、大坊式风化红土型金矿以及东湘桥式沉积-堆积型锰矿4种矿产预测类型,并总结了其相应的主要成矿要素表、矿产预测要素表及其成矿模式图和预测模型图。对区内成矿地质条件和成矿规律作出了分析总结,圈定了工作区今后的找矿远景区和下一步工作靶区。

湖南省临武县香花岭锡矿接替资源勘查报告

提交单位：湖南省有色地质勘查局一总队
项目负责人：蒋喜桥
档案号：1137
工作周期：2012—2015 年
主要成果：

一、矿床的控制及研究程度

(1)通过本次勘查工作,初步查明了矿区的地层岩性、构造、岩浆岩特征及其与成矿的关系。基本了解了蚀变特征及蚀变与矿化的关系。

(2)大致查明了矿区范围内矿体的分布、规模、形态、产状、矿物成分、矿石的结构构造、矿石的类型等,共圈定各类型矿体 23 个。其中主要矿体 8 个,零星矿体 15 个。主要矿体为产于寒武系与中泥盆统跳马涧组地层"不整合面"中的蚀变底砾岩型 ⅢSn、ⅤSn、ⅥSnPZ 矿体及产于"F_1 断层及其次级断裂"中的断裂破碎带型 1SnPZ、1-1Sn、0Sn、3-1Sn、3-2Sn 矿体。

(3)通过本次勘查工作,对工作区范围内 23 个锡、铅锌、钨等矿体进行了资源储量估算。求得探矿权及采矿权范围内 333+334 类锡矿石量 300.1×10^4 t,铅矿石量 112.7×10^4 t,锌矿石量 98.7×10^4 t,银矿石量 79.6×10^4 t,钨矿石量 3.6×10^4 t,锡金属量 60 034 t、铅金属量 20 639 t、锌金属量 24 980 t、银金属量 87 t、钨金属量 46 t、伴生钨金属量 353 t、铋金属量 140 t、银金属量 11 t。

二、矿床的成矿规律和远景评价

(1)成矿基本规律。香花岭锡多金属矿床属与岩浆热液有关的气化-高中温热液矿床,矿床类型主要有蚀变底砾岩型锡铅锌矿床、断裂热液充填交代型锡铅锌矿床。矿体的形成受岩浆岩、地层岩性及构造多种因素的联合控制。矿体主要赋存于断裂破碎带、寒武系浅变质砂岩与中泥盆统跳马涧组石英砂岩不整合接触带、不同成分的碳酸盐岩界面、碳酸盐岩与碎屑岩接触面等部位。

矿区跳马涧组及棋子桥组地层为主要含矿层位;矿区构造以断裂为主,其中 F_1 是控岩、导矿、控矿断裂,是区内矿(化)体的集中区;矿区岩浆岩为燕山期产物,癞子岭及深部隐伏黑云母花岗岩属饱和偏碱性花岗岩,成矿元素多,丰度值高,能提供大量的成矿物质,是矿区成矿地质体;蚀变矿化围绕岩体向外具明显的分带规律。

(2)远景评价。①在塘官铺边部勘查区,蚀变底砾岩型锡铅锌矿体(产于寒武系与中泥盆统跳马涧组不整合接触带)沿走向及倾向均未封边,预测该类型矿体仍具有广阔的找矿前景。②在新风深部勘查区,根据矿山在 92 中段对 F_1、F_0 断层的揭露情况及深部钻孔的控制情况,断层往深部仍有蚀变矿化特征,因此 F_1 及其次级断层往深部仍有较大的找矿空间。③在新风东部勘查区,物化探异常明显,且钻孔中见 F_1 断层及深部隐伏岩体,证明了新风东部仍处于 F_1 断层往东延伸段,且断层中蚀变及矿化明显,表明了该区具有较大的找矿前景。

三、矿床开发利用评价

(1)矿床开发利用可行性分析。①外部条件:香花岭锡矿为老矿山,交通方便、水电供应充足、设备齐全、生产技术力量雄厚、劳动力资源充沛、井下开拓系统完善、地面设施齐全。矿山进一步开发资源的外部条件优越。②内部条件：a. 本次接替资源勘查探获新增333+334类锡金属量60 034t，达到大型锡矿床规模，资源量有保证；b. 主矿体为似层状、透镜体状，厚度及品位变化稳定（较均匀）—较稳定（不均匀），矿体形态较完整，夹石较少，受构造破坏的影响小；c. 矿区水文地质条件复杂、工程地质条件中等、环境地质条件中等，矿体规模大；d. 矿石为原生硫化物锡铅锌矿石、锡矿石，可选性能较好。这些都说明本区矿山开采具备较好的内部条件。

（2）矿床开采经济效益。由于矿床品位较高，产品价值大，矿床潜在价值达95亿元，其服务年限也较长，开发本矿床的经济效益可观。

湖南省桃源县牛车河-漆家河地区矿产地质调查报告

提交单位：湖南省地质调查院
项目负责人：唐建忠
档案号：1143
工作周期：2013—2015年
主要成果：

（1）完成了牛车河幅、龙潭幅、理公港幅、漆家河幅4个图幅的1∶5万遥感地质解译工作，基本上了解了区内地层、构造等地质体的综合影像特征，达到了指导矿产地质填图和找矿的作用。

（2）通过剖面测量、剖面的收集整理和1∶5万牛车河幅、龙潭幅矿产地质填图工作，采用以岩石地层为主的多重地层划分方法，初步查明了测区地层层序、岩性、岩相、厚度、地球化学特征及含矿性，建立地层填图单位32个；按照相关规范和设计要求，1∶5万矿产地质填图工作基本查明了测区地层和构造分布，质量较好，完全满足矿产远景调查的需要。

（3）1∶5万水系沉积物测量工作实际采样密度为4.25个点/km²，全测区样品分析了Ag、As、Bi、Cd、Hg、Ni、Mo、Sn、Pb、Cr、Zn、Sb、Au、Co、Cu、W共16种元素，工作质量和分析质量符合规范的要求。全区共圈出了36处综合异常，划分了7处地球化学找矿远景区。

（4）矿产检查工作筛选出找矿意义比较大的HS1、HS16、HS22、HS25、HS32、HS33、HS35等数个水系沉积物综合异常，主要开展点距为20m的土壤剖面测量及少量槽探工程对其进行检查，证实均为矿致异常。本次矿产检查工作中，矿（体）脉均为地表工程控制，金矿按100～400m，其他矿种按400～1 000m间距布设工程，总体控制程度较低，局部地段大于1 000m，但基本上满足探求334类资源量的要求。经过矿产检查工作，新发现了桃源县地方塔金矿点，桃源县曾家河钒矿、铅锌矿点，桃源县北风坡-理公港铅锌矿点，桃源县新家界重晶石矿。初步查明矿（化）体的矿化类型、特征、规模、形态、产状、矿石品位及控矿因素，基本了解近矿围岩蚀变种类、分布及其与矿化的关系。各项工作质量较好，完全满足矿产检查的要求。

（5）综合研究工作贯穿于项目工作的全过程，做到规范化、标准化、图表化，工作质量优良。通过区内地层、构造、岩石化学特征的分析研究，对地层的含矿性、构造的含矿性作出了初步评价；系统分析研究区域地球化学背景资料，总结了元素地球化学特征和元素共生组合规律；分析、研究了测区控矿地质条件、综合信息找矿标志，初步建立了区内主要矿床类型的综合找矿模型，总结了区内矿产成矿规律；圈定找矿远景区6处，圈定找矿靶区2处。

海南省乐东县抱伦金矿接替资源勘查报告

提交单位：海南省地质调查院
项目负责人：傅杨荣
档案号：1148
工作周期：2012—2013 年
主要成果：

本次勘查工作，共涉及豪岗岭矿段 Tr1 含矿破碎带（0.6km² 采矿权区）的 6 个矿体，编号分别为：V1-1、V1-2、V1-4、V1-5、V1-6 和 V1-9，及南矿段 Tr4 含矿破碎带（5.9km² 探矿权区）的 5 个矿体，编号分别为：V4-1、V4-3、V4-4、V4-5 和 V4-1-1，两个矿段共计 11 个矿体。本次勘查工程形成的新增探明资源量如下。

（1）新增探明资源量：豪岗岭矿段 Tr1 含矿破碎带（0.6km² 采矿权区）6 个矿体新增的资源量（333＋334 类）金矿石量 $97.56×10^4$t，金金属量 6 749.26kg。南矿段 Tr4 含矿破碎带（5.9km² 探矿权区）5 个矿体新增的资源量（333＋334 类）金矿石量 $48.19×10^4$t，金金属量 3 331.95kg。两个矿段共计 11 个矿体新增的资源量（333＋334 类）金矿石量 $145.75×10^4$t，金金属量 10 081.21kg。其中资源量 333 类金矿石量 $116.77×10^4$t，金金属量 8 897.29kg；预测资源量 334 类金矿石量 $28.98×10^4$t，金金属量 1 187.92kg。

（2）新增探明资源量估算范围内的空区资源量：本项目新增资源量估算范围内，矿山于 2013 年至 2015 年对豪岗岭矿段 Tr1 含矿破碎带（0.6km² 采矿权区）的 V1-2、V1-4 和 V1-5 共 3 个矿体已形成的 9 个采空区，进行采空区资源量（333＋334 类）估算，其结果为金矿石量 $4.32×10^4$t，金金属量 294.79kg。其中资源量 333 类金矿石量 $3.37×10^4$t，金金属量 245.81kg；预测资源量 334 类金矿石量 $0.95×10^4$t，金金属量 48.98kg。

（3）新增探明资源量估算范围内的保有资源量：新增探明资源量估算范围内的保有资源量（333＋334 类）金矿石量 $141.44×10^4$t，金金属量 9 786.42kg。其中资源量 333 类金矿石量 $114.32×10^4$t，金金属量 8 685.43kg；预测资源量 334 类金矿石量 $27.12×10^4$t，金金属量 1 100.99kg。

综上所述，本项目净新增资源量（333＋334 类）金矿石量 $145.75×10^4$t，金金属量 10 081.21kg；在本项目新增资源量估算范围内的，矿山于 2013 年至 2015 年已形成 9 个采空区资源量（333＋334 类）金矿石量 $4.32×10^4$t，金金属量 294.79kg。因此，本项目净新增资源量仅为本项目勘查工程形成的勘查成果，而并非新增保有资源量。

湖南祁阳地区矿产地质调查报告

提交单位：湖南省地质调查院
项目负责人：吴志华
档案号：1151
工作周期：2013—2015 年

主要成果：

一、基础地质方面

完成1∶5万井头江幅、黄土铺幅、金兰寺幅(半个图幅)、佘田桥幅(半个图幅)矿产地质测量，进一步查明了与成矿有关地质体的地质构造特征，新发现一批矿点、矿化蚀变带，为化探异常推断解释、成矿规律研究和找矿靶区圈定提供基础地质资料。

二、物探、化探

(1)高精度磁法剖面测量：完成了青山凹地区1∶1万高精度磁法剖面测量50km，推断ΔT异常系深部南华系变质铁矿引起，本次物探工作为本区的铁矿勘查工作提供了依据。

(2)1∶5万水系沉积物测量：完成1∶5万井头江幅水系沉积物测量，圈定出Au、Ag、Sb、As、Cu、Pb、Zn、W、Sn、Mo、Bi、Cr、Ni、Co、Hg、F、La、Cd共18种元素水系沉积物综合异常13处，其中甲1类3处，乙1类3处，乙2类5处，乙3类2处；圈定出地球化学找矿远景区8处，其中Ⅰ级找矿远景区3处，Ⅱ级找矿远景区3处，Ⅲ级找矿远景区2处。本次化探工作为本区矿产勘查指明了方向。

三、矿产

(1)通过对区内1∶5万矿产地质测量以及对面上矿化点踏勘、矿产检查，新发现矿(化)点13处，提交了草鱼塘铅锌矿、戴家岭铅锌铜多金属矿、双树坪锰矿、蒋家铺重晶石铅锌矿、小坳铅锌矿、铁炉冲重晶石铅锌矿、月塘坪锑金多金属矿、青山凹钒铁矿、金华山铅锌矿等找矿靶区9处，其中草鱼塘铅锌矿、戴家岭铅锌铜多金属矿、双树坪锰矿、蒋家铺重晶石铅锌矿、小坳铅锌矿5处已经批准为省级两权价款项目，正在开展进一步矿产勘查工作。

(2)初步查明了区内主要矿产铅锌多金属矿、铁矿等矿种的成矿地质条件与成因类型，得出的初步结论如下：①铅锌多金属矿主要为岩浆期后热液型矿床，与岩浆岩演化后期热液活动密切相关，且与深大断裂关系密切，区域性深大断裂为岩浆活动提供通道，同时为含矿热液运移提供空间，深大断裂及其次级断裂控制了矿体的空间分布。②区内铁矿类型主要为沉积变质型铁矿，矿体赋存在南华系富禄组中，含矿岩系为含铁板岩-含铁硅质板岩，矿体的形成与关帝庙岩体的侵入活动密切相关，岩浆的侵入活动为南华系富禄组含矿岩系的后期改造富集成矿提供了热动力，区内沉积变质型铁矿主要分布在地层与关帝庙岩体接触带。

(3)通过典型矿床研究，建立了留书塘式岩浆期后热液裂控型铅锌多金属矿、江口式沉积变质型铁矿两个区域矿产找矿模型，紧密结合测区地质、矿产、物探、化探、遥感和自然重砂等特征，分别建立了区域矿产预测模型。

(4)根据区域矿产预测模型，选择预测要素变量，圈定了石桥铺-金华山铅锌矿、清水塘-月塘坪铅锌银锑金矿、草鱼塘-米塘重晶石铅锌多金属矿、留书塘-仙人坪铅锌铜多金属矿4处A类找矿远景区，关帝庙岩体外接触带沉积变质型铁矿1处B类找矿远景区，并进行了地质评价。

第三章　水文、工程、环境地质类

西南岩溶地区 1∶5 万水文地质环境调查(湖南邓家铺幅、稠树塘幅)成果报告

提交单位：中国地质科学院岩溶研究所
项目负责人：苏春田
档案号：0977
工作周期：2014—2015 年
主要成果：

(1)查明了工作区水文地质条件与主要富水区。碳酸盐岩类岩溶水是区内最主要的地下水类型，以枯季径流模数为指标，富水性强的含水岩组为 D_3c^1、D_3x、CP_1m、C_1m、P_2q 等；富水性中等的含水岩组为 C_1z、C_1s、C_2d、T_1z；富水性贫乏的含水岩组为 D_3s、D_3m、P_2g。

根据水资源分布及构造条件，查明了工作区内主要储水构造和富水区。区内主要富水区有 4 个：云雾-龙丛-罗家山富水区、关家冲-仁堂-杨家湾-岩前冲富水区、下房-大岭上-左家-龙家冲富水区和麻姑塘-飘坪村-贺家岭-大桥头富水区。

(2)对岩溶发育特征、规律进行了分析。按岩溶发育强度由强到弱，将岩溶发育层位划分为纯碳酸盐岩型、次纯碳酸盐岩型、不纯碳酸盐岩型三大类。根据岩溶现象、洞穴特征及分布状况，分析了岩溶发育的普遍性、复杂性、分带性、不均匀性，进而将岩溶现象发育程度分为岩溶现象强烈发育区、中等发育区和微弱发育区。

(3)进行了地下水系统划分、模式总结与特征分析。根据地表分水岭划分为赧水岩溶水系统和夫夷水岩溶水系统 2 个四级岩溶水系统，结合地层岩性、构造分析、野外水文地质调查判断地表分水岭和地下分水岭，赧水岩溶水系统划分 18 个五级岩溶水系统，夫夷水岩溶水系统划分 9 个五级岩溶水系统。针对岩溶水系统的地质结构特征，主要依据含水岩组、排泄方式、主径流方向分为集中排泄型和分散排泄型。

(4)进行了地下水资源评价与地下水资源利用区划。采用大气降水入渗系数法计算地下水资源天然补给量，采用径流模数法计算地下水资源量，采用枯季径流模数法计算地下水允许开采量。在保证率 P 为 50%、75%、95% 的年份地下水天然补给量分别为 $4.46×10^8\,m^3/a$、$4.06×10^8\,m^3/a$、$3.45×10^8\,m^3/a$，其中岩溶水地下水资源量分别为 $4.31×10^8\,m^3/a$、$3.92×10^8\,m^3/a$、$3.34×10^8\,m^3/a$；地下水资源量 $2.37×10^8\,m^3/a$，其中岩溶水 $2.30×10^8\,m^3/a$；地下水可开采资源总量为 $0.82×10^8\,m^3/a$，其中岩溶水可开采资源量 $0.80×10^8\,m^3/a$，孔隙裂隙地下水可开采资源量 $0.02×10^8\,m^3/a$。

根据工作区地下水开发利用现状与利用特点,总结了地下水开发利用模式:蓄水模式、引水模式和提水模式。蓄水模式包括围泉(地下河)蓄水模式和地下河出口围水成库模式;引水模式包括直接引水模式和筑坝引水模式;提水模式包括地下河水提水模式、机井提水模式、地下河天窗提水模式和大口井提水模式等。

根据水资源分布特点,结合不同区域水文地质特征,水资源开发利用区划划分为以地表水为主的开发区、以岩溶泉引水为主的开发区、以抽提地下河天窗为主的开发区。

(5)探采结合,服务民生,总结了应急抗旱找水打井模式。根据区内水文地质条件、地下水开发区划以及对水资源的急需程度,实施探采结合井10口,涌水总量为1 013.86t/d,可为10 000余人提供安全用水保障,社会经济效益显著。

(6)查明了工作区主要环境地质问题,为环境地质整治提供技术支撑。区内环境地质问题主要为干旱和地下水污染。工作区地处"衡邵干旱走廊"腹地,干旱缺水问题严重。区域上表现出中西部干旱比较严重,主要有两个成片分布区:一是晏田乡、荆竹铺镇、水浸坪、稠树堂镇围成的四边形区域内有大量的岩溶干旱;二是栗山村至青狮寨一带有南北向的岩溶干旱易发区。

区内地下水类型以Ⅴ类水居多,其中平水期Ⅴ类水所占比例可达85%,丰水期和枯水期各类水所占比例相近。造成区内地下水Ⅴ类水居多的超标指标主要为:TFe、SO_4^{2-}、NO_3^-、NO_2^-,污染源主要为农业污染源。

江汉-洞庭平原地下水资源及其环境问题调查评价(湖南)报告

提交单位:湖南省地质调查院
项目负责人:孙锡良
档案号:0978
工作周期:2011—2014年
主要成果:

(1)利用已有的各项资料及本次施工的第四纪综合研究孔,厘定了第四纪地层层序,并将江汉-洞庭平原第四纪地层进行了对比,首次绘制了3条贯穿江汉-洞庭平原的南北向第四纪地质剖面。

(2)对洞庭湖地区的第四纪地层结构、平面及垂向分布特征进行了综合研究,绘制了第四纪全新统、中上更新统、下更新统各层的等厚线、底板等高线,并建立了第四纪地层三维地质模型。

(3)对全区进行了四级地下水系统划分,并确定了地下水系统边界,分别对各地下水系统中的含水层系统、地下水流动系统和地下水水化学系统进行了综合分析。

(4)将工作区第四纪地层划分为全新统、中上更新统、下更新统3个含水岩组,圈定了各时段含水岩组的平面分布范围、含水层岩性结构分区、富水性分区、含水层等厚线、含水层顶底板等高线等,综合分析各含水岩组的平面及垂向分布特征。

(5)利用地下水统测资料、地下水动态长观资料、地下水水化学样品采集时测得的水位数据,分别绘制了全新统及中上更新统的等水位线,分析了各层地下水流场现状特征,并与20世纪80年代各层的地下水流场进行了初步对比分析。

(6)利用本次采集的地下水无机、有机样品进行分析测试,按全新统、中上更新统、下更新统分析了各层地下水水化学场特征,并将20世纪80年代初及本次工作的地下水水化学类型、地下水质量分区及铁、锰等部分重要指标项的变化情况进行了对比和初步分析。

（7）利用建立的洞庭湖第四系水文地质概念模型,对地下水资源量进行了计算评价,并对地下水质量、地下水资源潜力进行了分析,首次对洞庭湖地区地下水功能进行评价和区划。

（8）对洞庭湖地区地下水污染情况进行了调查评鉴,分析了原生及有机污染物的分布现状及污染组合特征,初步分析了成因机理。

（9）建设完成了洞庭平原地下水资源及其环境问题调查评价数据库,对区内已有的各项资料及本次工作成果综合整理后录入了数据库系统,实现了成果的数字化和信息化管理。

（10）利用本次施工的水文地质钻孔初步建立了涵盖洞庭湖地区的地下水动态监测网络,获取了较长时间段的地下水水位动态观测数据,为分析工作区地下水水位动态变化提供了有利条件。

桂中地区岩溶塌陷调查（洛满公社幅、三都公社幅）综合评价报告

提交单位：广西壮族自治区地质调查院
项目负责人：张勤军
档案号：0980
工作周期：2014—2015 年
主要成果：

（1）查明了工作区地质背景条件。工作区位于广西壮族自治区中北部、柳州西部,地形整体上中部高,东西两侧低,地貌类型分为溶岭谷地、峰丛谷地、孤峰平原、峰林谷地及丘陵,作为排泄基准的龙江和柳江从工作区北西角和北东角穿过。工作区总面积为 939 km^2,其中纯碳酸盐岩区出露面积 836.68 km^2,碳酸盐岩夹碎屑岩区出露面积 86.12 km^2,碎屑岩区出露面积 16.2 km^2。工作区出露的前第四纪地层从新到老依次有：二叠系、石炭系、泥盆系。其中以石炭系分布最广,二叠系分布于工作区北部龙江附近及沙塘向斜核部,泥盆系主要出露于工作区东部凤山-成团镇以东区域和三都背斜核部一带。各地层单位之间均呈整合接触关系。区内地质构造发育,以北东向断层构造和南北向褶皱构造为主,主要构造走向为北北东向、北北西向及南北向。

（2）查明了工作区岩溶发育特征。岩溶区分布连续、面积广。灰岩层组岩溶水点有地下河出口、天窗、溶井、溶潭、岩溶泉等,白云岩层组以小型岩溶泉、溢洪溶洞为主,还有少量地下河天窗、地下河出口等。区内地下岩溶发育,岩溶发育深度、规模等随地区而异。根据 151 处钻孔资料统计,遇洞率达 39.74%,平均线岩溶率为 2.24%。区内岩溶发育在垂向上具有明显的分带性,溶洞发育高程为 50～375m,以 130～215m 高程段内岩溶最为发育。洛满公社幅靠近区域排泄区,主要岩溶发育高程段为 50～125m,发育深度 5～50m;三都公社幅处于区域分水岭一带的补给、径流区,主要岩溶发育高程段为 120～180m,发育深度 10～75m。岩溶发育主要受碳酸盐岩的岩石成分、结构构造、地质构造、水动力条件等影响,其中,区内主要褶皱和断层控制着主要地下河管道的发育和展布,而地下水动力条件是控制岩溶发育最活跃、最关键的因素。

根据岩溶层组、岩溶形态、地下水通道等特征,将岩溶发育程度划分为强、中、弱 3 个等级。其中中等发育区最广,为纯白云岩层组及纯灰岩层组,分布面积共 601.52 km^2,占岩溶区总面积的 65.16%。3 处岩溶强发育区,合计面积为 200.63 km^2;弱发育区主要为碳酸盐岩夹碎屑岩层组,分布面积为 120.72 km^2。

（3）查明了工作区的水文地质条件。工作区地下水类型有松散岩类孔隙水、灰岩裂隙溶洞水、白云岩裂隙溶洞水、碳酸盐岩夹碎屑岩裂隙溶洞水和基岩裂隙水 5 种类型。岩溶水据埋藏条件,又可分

为裸露型、覆盖型2种类型。第四系面积较广,主要以黏性土为主,一般不含水,仅局部存在砂、卵石层,季节性含水,水量贫乏。岩溶地下水富水性以中等为主,其次为丰富及贫乏级。区内地下水埋藏较浅,一般小于10m,水位埋深大于10m的地区主要分布在龙江、柳江沿岸及西南部分水岭一带。地下水动态属气象型,水位变化受降雨和季节影响明显,水位年变幅一般小于10m,西部地下河分布区,地下水水位急涨急落,水位年变幅多大于10m,5日最大水位变幅达9.2m,地下水瞬时变化速率大。同时,区内地下水开采井众多,部分地区地下水动态受人为开采、农田灌溉及水库放水等的影响干扰较大。

区内地下水分属于龙江、柳江、红水河3个地下水系统单元。本次对各地下水系统边界进行了详细修正。柳江流域地下水以脉状隙流为主,局部为管道状集中径流,以泉或少量地下河的形式排泄。龙江流域地下水以管道状集中径流为主,主要以地下河出口的形式排出地表直接汇入龙江。红水河地下水以管道状集中径流为主,以下降泉的形式出露,然后沿地表河沟排入区外的红水河。

(4) 查明了工作区岩溶地下水水化学特征。水质分析资料表明,工作区岩溶地下水属低矿化中硬弱碱性水。水化学类型有2种:HCO_3-Ca型和$HCO_3-Ca·Mg$型。在灰岩分布区,地下水水化学类型一般为HCO_3-Ca型;在白云岩分布区,地下水水化学类型为$HCO_3-Ca·Mg$型。三都谷地、洛满谷地的水样中,侵蚀性CO_2含量高。据收集饮用水化验结果,区内普遍存在有机污染,不宜直接饮用,需作消毒处理。

(5) 查明了工作区工程地质特征。工作区内第四系分布广泛但不连续,总面积272.2km^2,约占工作区总面积的29%,且分布厚度极不均匀,一般小于5m,最大可达67m。第四系按成因可分为冲洪积(Q^{apl})、洪积(Q^{pl})、残坡积(Q^{edl})3类,土体结构以单层黏性土为主,双层结构土体总面积约31.4km^2,约占第四系总面积的12.9%。工作区残积黏土具有较高含水量,为坚硬—可塑状,大部分为硬塑状,中等透水—弱透水,中等压缩性黏土,非胀缩性—强胀缩性土。工作区基岩以极硬层状碳酸盐岩为主,局部为海相碎屑岩,岩溶化以中等为主。根据基岩性质及风化壳的土石类别,将工作区分为4个工程地质区,按地貌特征划分为7个工程地质亚区,再按基岩岩溶化程度划分为10个工程地质次亚区。

(6) 查明了工作区岩溶塌陷发育的地质模式。工作区第四系土层由黏土、粉质黏土、砾石土构成,以黏性土的一元结构模式为主,局部存在黏性土-卵石、砂砾的二元结构模式。除柳江边第四系冲洪积层外,工作区第四系土层普遍不含水或弱含水,缺乏第四系含水层,具有单层地下水含水层特征,局部具有季节承压性,诱发岩溶塌陷的地下水动力模式为承压-无压波动,即岩溶水水位在基岩面上下反复波动。根据地质条件综合分析,工作区主要存在12种岩溶塌陷发育的地质模式。

(7) 查明了工作区人类工程活动。工作区内人类工程活动总体不强烈,区域上明显存在差异。地下水开发强度不高,但呈逐年提高趋势,目前主要集中在三都镇和洛满镇附近,地下水强开采区面积74.62km^2;矿产资源相对较少,零星分布;道路工程主要沿谷地分布,相对集中;房屋建筑大部分分布于谷地中和城镇附近。

(8) 查明了工作区岩溶塌陷的发育特征。区内共有岩溶塌陷(群)92处,塌陷坑210个,均为土洞型塌陷,其中小型塌陷62处,中型塌陷24处,大型塌陷6处。塌陷坑平面形态以圆形为主,直径以小于10m为主,剖面形态以圆柱形为主,深度以小于5m为主;平面上主要分布于逢吉地下河流域、洛满-流山-柳江谷地和三都-六道-成团谷地,且多具有群发性,主要发生于每年3~9月,且近年来有逐渐增多的趋势。石炭系黄龙组(C_2h)灰岩和大埔组(C_2d)白云岩中塌陷最为发育,主要的诱发因素为暴雨、抽排地下水、荷载与振动、蓄水、天然地下水水位波动等,其中最主要的诱发因素为抽取地下水、天然地下水水位波动,约占总数的65%。塌陷强发育区面积133.96km^2。

塌陷的分布和发育受到岩性、岩溶发育强度、第四系盖层、水动力条件、人类工程活动等共同影响。区内白云岩区塌陷相对广西其他地区更为发育,相对灰岩区塌陷具有发育规模和深度小,群发性不明显,主要诱发因素为抽水等人类工程活动引起的特点(图3-1,图3-2)。

图3-1 TX042 良村屯塌陷(10)(洛满)

图3-2 TX067 长塘屯塌陷(4)(三都)

(9)分析了工作区岩溶塌陷的形成机理。塌陷的形成往往是多种成因综合作用的结果,根据因素作用机制的大小不同,可分析其形成的主要机理。如谷地平原区塌陷主要符合潜蚀成因;真空吸蚀成因主要是逢吉地下河管道区塌陷和坡罗塌陷群成因机制;潜蚀-真空吸蚀是造成谷地平原区因抽水造成塌陷的成因机制;振动机制是造成少量公路塌陷的主要原因;水、气正压力顶托及气爆作用主要是地下河管道区塌陷的成因机制,如夏村塌陷群,其形成的主要原因是当地百姓在洼地一侧连通地下河分支管道的溶洞内拦坝蓄水,造成水位抬升,使整个洼地内同时发生25个塌陷坑;地表水下渗和上述其他机制共同存在。

(10)对典型塌陷评价区进行了专项剖析。通过分析洛满典型塌陷区和三都典型塌陷区的地质背景条件、人类工程活动、塌陷发育现状,建立地下水水位在基岩面上下波动的单层结构地质模型,并进行了塌陷动力和机理分析。采用层次分析-模糊综合评判法对两个典型塌陷评价区进行了易发程度评价,并结合2010—2020年城镇规划进行易损性评价,结合岩溶塌陷易发程度和易损性进行了风险性评价,在风险性评价的基础上对评价区内规划用地进行了场地适宜性评价。

(11)完成了工作区岩溶塌陷易发程度区划。根据中国地质调查局调查规范《1∶50 000岩溶塌陷调查规范》,从基岩、地下水、土体、已有塌陷(土洞)4个方面对工作区进行岩溶塌陷单因素影响评价,评价为强、中、弱3个等级。工作区分为高易发区、中等易发区、低易发区和不易发区。其中,高易发区主要分布于洛满镇、流山镇、社冲乡、成团镇、土博镇、三都镇等城镇附近,总面积101.41 km^2,分为9个亚区;中等易发区和低易发区分散分布,其中中等易发区面积142.04 km^2,低易发区面积29.16 km^2;不易发区为基岩裸露区,面积666.39 km^2。

(12)提出工作区岩溶地面塌陷防治规划及建议。在工作区岩溶塌陷易发性分区结果及岩溶塌陷现状的基础上进行岩溶地面塌陷防治规划,区内共划分出4个重点防治区(段)、2个次重点防治区(段)、6个一般防治区(段),其他为非监测预警区。其中,重点防治区分布在流山镇、洛满镇、土博镇及三都镇里贡村—板江附近,面积合计为49.05 km^2;次重点防治区分布在流山镇广荣村—土博镇龙豆村以及成团镇北弓村—成团镇里团村一带,面积为102.73 km^2。在分析灾害背景及现状的基础上,对区内岩溶塌陷提出了针对性的防治建议及防治措施。

(13)应用GIS技术完成和建立了洛满公社幅和三都公社幅1∶5万岩溶塌陷调查综合数据库。

武汉都市圈京广高铁沿线城镇群地质环境综合调查(咸宁幅)成果报告

提交单位：中国地质调查局武汉地质调查中心
项目负责人：彭轲
档案号：0990
工作周期：2015年
主要成果：

（1）区内地质条件简单。研究区地处幕阜山系和江汉平原的过渡地带，以平原岗地为主。构造上从属于大幕山复式背斜北翼的次级构造——高桥向斜、孙家铺倒转背斜、贾家山倒转向斜的西延部分。地层岩性主要为志留系的砂页岩及白垩系至古近系东湖群的砂砾岩、粉砂岩等。地质灾害除局部岩溶塌陷发育外，其他地质灾害不发育。

（2）地下水资源量$0.6280\times10^8 m^3/a$，可采资源量$0.06718\times10^8 m^3/a$。区内地下水类型主要有松散岩类孔隙水、碎屑岩类裂隙水和碳酸盐岩类岩溶水三大类。第四纪全新世地层区地下水资源量约为$0.1442\times10^8 m^3/a$，更新世地层区为$0.4020\times10^8 m^3/a$，碎屑基岩区为$0.0593\times10^8 m^3/a$，碳酸盐岩区为$0.0221\times10^8 m^3/a$。第四系覆盖区地下水可开采资源量为$0.0509\times10^8 m^3/a$。基岩裸露区地下水可开采资源量为$0.01628\times10^8 m^3/a$。潜水接受大气降雨补给，承压水接受上部潜水越流补给及周缘基岩含水层侧向补给，在低洼处向河流排泄。

（3）地下水水化学类型以HCO_3-Ca型与$HCO_3-Na\cdot Ca$型为主。浅层潜水主要为淡水，水质良好，地下水总溶解固体为$54.0\sim499.0mg/L$，地下水水化学类型以HCO_3-Ca型与$HCO_3-Na\cdot Ca$型为主，$HCO_3\cdot SO_4-Ca$型与$HCO_3\cdot Cl-Ca$型水也有分布。地下水总溶解固体介于$173.0\sim622.0mg/L$之间，部分地段为微咸水，地下水类型以HCO_3-Na型、$HCO_3-Na\cdot Ca$型为主，$HCO_3-Mg\cdot Ca$型次之。

（4）地表水整体遭到轻度污染，地下水水质总体较好。区内浅层地下水质量总体较好，主要以Ⅱ类水和Ⅲ类水为主，深层地下水质量较差，多为Ⅴ类水。浅层水中主要影响地下水质量的主要指标为硝酸盐、铁、锰以及高锰酸盐指数，影响深层地下水质量的主要是铁，超标率达90%以上。

有机污染物仅有少量检出，如二氯甲烷、三氯甲烷、β-BHC、δ-BHC、总六六六、苯并芘等，但均未超标，表明有机物对咸宁地区地下水的影响较小。

（5）以中偏低压缩性土体工程地质亚区分布为主，中至高压缩性土体工程地质亚区分布为辅。岗地冲洪积中偏低压缩性土体工程地质亚区在图区广泛分布，面积为$300.73km^2$，占图幅面积的66.83%。垄岗地形岩性为更新统残积棕红—灰黄色黏土、含砾黏土，厚$6\sim40m$不等；多呈硬塑-坚硬状，属中低压缩性土。中至高压缩性土体工程地质亚区主要沿区内河流两岸的一级阶地分布，面积$101.17km^2$，占图幅面积的22.48%，岩性为灰黑色淤泥质黏土、灰褐色粉质黏土，含铁锰结核。漫滩和河床地段为砂砾石或砂砾类土，厚$1\sim5.2m$；软塑-可塑状，塑性指数$10.7\sim25.8$，液性指数$0.02\sim1.6$，压缩系数$0.11\sim1.02MPa$，属中高压缩性。

（6）区内88%的面积适宜和较适宜工程规划建设。适宜及较适宜区主要分布于咸安区已建成区、横沟桥、淦河、双溪河一级阶地一带以及中-东北部大部分地区，面积$399.89km^2$，占图幅面积的88.86%。河流阶地地形平坦，下伏基岩以白垩系—新近系粉砂岩、砂岩为主；冲洪积岗地上覆黏土，属硬塑性,基岩分布区岩体抗压强度高,地下水埋深大,仅有零星的小型崩塌、滑坡、泥石流等地质灾害,对工程建筑影响较小。不适宜区主要分布于工作区城关咸宁向斜的核部以及咸宁经济开发区官埠桥—马桥一带,分布面积约 50.11km²。该地区主要为覆盖型岩溶区,地下岩溶发育,存在岩溶塌陷隐患,为工程建设较不适宜区。

(7)岩溶塌陷是区内主要环境地质问题。咸宁市城区岩溶地面塌陷主要集中分布于官埠河和北洪河一级阶地和河滩地段,曾发生多次塌陷,产生塌坑 25 个,其引发因素主要是过量开采地下水(岩溶水)。

(8)合理规划,严格控制取水井的分布和开采量是咸宁岩溶塌陷预防的主要措施。根据岩溶发育程度和人类工程活动特点,圈定了商家湾-北洪桥、凤凰山-环城村-化肥厂、官埠桥东-栗林村等为重点防治区;陈定龙-胡家庄、书台街-官埠大道为次重点防治区,并有针对性地提出了防治对策及建议。

珠江三角洲及周边地区控热地质构造调查研究成果报告

提交单位:中国地质大学(武汉)
项目负责人:王焰新
档案号:0993
工作周期:2012—2013 年
主要成果:

一、基础地质构造调查专题

(1)通过资料收集与分析研究,基本查明了广东省地质构造背景。
(2)重点查明了阳江新洲地热田控热地质构造特征和惠州黄沙田地热田控热地质构造特征。
(3)结合已有资料,综合分析了沿海地区主要活动断裂特征与新构造运动特点,分析现代构造应力场,探讨了深部地质构造特征。
(4)基于区域地质构造与主要断裂活动性分析,运用安全岛理论,提出下一步寻找深部地热资源较为理想的地段。

二、岩浆岩调查专题

(1)对广东及邻区中生代岩浆岩的时空分布、岩石组合、地球化学特征进行了综合研究;研究认为高热产生的花岗岩形成时代主要为中晚侏罗世和早白垩世。
(2)丰顺复式岩体由 2 个独立单元构成,分别是馒头山正长-二长花岗岩、碱长花岗岩(MTS)和葫芦田碱长花岗岩(HLT),岩体是多期次多阶段侵入形成的,馒头山花岗岩形成于 166～161Ma,葫芦田花岗岩形成于 139±2Ma。
(3)新洲复式岩体由新洲中粗粒巨斑黑云母正长-二长花岗岩、东平中细粒斑状石英二长-正长岩和那琴中细粒(碎斑)黑云母碱长花岗岩 3 个小岩体组成,分别形成于～150Ma、～140Ma 和～117Ma。
(4)新洲复式岩体总年热储量为 5.58×10^{14} J,相当于 1.55×10^{8} kW·h/a,1.9×10^{4} t 标准煤;丰顺复式岩体总年热储量为 1.28×10^{15} J,相当于 3.54×10^{8} kW·h/a,4.36×10^{4} t 标准煤。

三、地球物理勘探专题

（1）根据布格重力计算出的莫霍面构造起伏情况，把广东省分为 5 个不同特征区：粤北幔凹区、粤西幔凹区、雷州半岛幔坪区、粤中幔隆区、东南沿海幔斜坡带。

（2）根据 3 条 MT 反演剖面的电性特征和实磁感应矢量特征分析，并结合区域地质特征，最终确定了 6 条北北东向深大断裂，其影响范围均达到地壳深度，并推断了断裂的切割深度、影响范围、倾向特征。

（3）根据 CSAMT、AMT、自然电位等异常，推测 F_9 为新洲储热断裂，走向为北北西，倾向南且倾角很大，向下延深约达 1km。

（4）通过对研究区上地幔高导体进行分析，推测其为深部固态流变物质或幔源物质上涌的通道，或者是深部固态流变物质或幔源物质使得围岩蚀变或者熔融而形成的壳内高导体。

四、地热地质调查专题

（1）通过调查评价，基本查明了研究区地热资源分布情况及其类型、热储埋藏条件与规律、地热地质特征和地热水文地质条件、地热系统成因模式及地热资源开发利用现状。

（2）通过分析研究认为，热储的形成及地热田的分布与断裂构造活动密切相关，地热田分布主要受北东向区域深大断裂构造控制。

（3）开展了研究区的地温及大地热流测量工作，绘制广东省大地热流值等值线图。

五、地热水文地球化学调查专题

（1）广东沿海地下热水水化学分组明显，粤东沿海水化学类型分为 4 组：其一是 $Na-HCO_3$ 型水；其二是 $Na-Cl$ 型和 $Na·Ca-Cl$ 型水；其三是 $Ca-SO_4$ 型水；其四为上述混合形成的水。

（2）粤西沿海地区地下冷水尚处于水岩作用的初级阶段，而地下热水绝大多数位于"不平衡区"；粤东沿海地区地下热水样点均位于"平衡线"以下，部分水样位于"平衡线"和"半平衡线"之间的局部平衡区。

（3）广东沿海地区地下水中 ^{14}C 年龄的校正得出粤西沿海地区地下水年龄值介于 933~11 721a，平均为 6 528a；而粤东地区地下热水年龄值处于 4 937~8 239a 的范围内，平均为 6 635a。

（4）广东沿海地区热水绝大多数出露于花岗岩和沉积岩的接触带上，热水径流过程中与上述围岩的相互作用导致地下热水呈现出与围岩相似的 $^{87}Sr/^{86}Sr$ 值。

（5）粤西地区推测的热交换温度为 135.2~263.5℃，平均值为 171.9℃。粤西地区最大循环深度介于 1 013~5 679.7m 之间，最小循环深度介于 566.3~3 148.6m 之间。

六、地热数值模拟专题

（1）深大断裂地热田的深部地热水处于低密度状态，区域上地热田外围有温度、压力偏低区域，对区域地下水流动产生影响。

（2）新洲地热田的成因之一为有现代海水参与的水动力条件。海水入侵已深入内陆低洼河道达 9km；深部地热水的温度高、密度低，导致其强大的浮力，致使区域地下水及海水往地热田流动，海水因而可以入侵地热田。

（3）区域性地热水的地温梯度有"上高下低"的趋势，在盖层下地温梯度存在最大值。在断裂带顶部地温梯度最高,而沿断裂带往下地温梯度缓慢减少。

七、1000m地热科学钻探工程

千米地热科学钻孔钻探深度1002.3m,主要成果如下。

(1)本次地热钻探采用XY-6B新型绳索取芯液动锤钻进技术,除上部33.0m为无芯钻进外,33.0m以下为取芯钻进,取芯率99%以上;千米地热科学钻钻至740.85m时,发现钻孔岩芯在696～731m段多处揭露有碎裂岩,其中726～731m段碎裂岩特别发育,为断裂破碎带。

(2)千米地热科学钻在钻进过程中进行多次测温工作。其中,钻至740.85m时,测温时流体自流量555m³/d,实测最高温度达110.2℃(深度725m处),孔口温度97.4℃;完孔后,井孔温度趋于稳定时,实测最高温度104℃(孔底1000～1002.3m处),孔口温度95℃。

八、地热综合梯级利用方案专题

根据井口出水温度高达100℃,最大程度地提高地下热水的有效利用温差原则并考虑到地热利用方式对温度的要求,设计出该井的地热梯级利用流程:地热发电→地热制冷→地热供暖→地热干燥→地热供热→洗浴休闲。具体为:①冬季:地热发电→地热供暖→地热干燥→地热供热(洗浴休闲娱乐);②夏季:地热发电→地热制冷→地热干燥→地热供热(洗浴休闲娱乐)。

九、深部地热资源远景区划方面

(1)厘定燕山晚期北东-南西向恩平-新丰拆离断层系统,主干拆离断层下部发育韧性剪切带,是古干热岩地热能的控热构造,上盘铲式正断层发育硅化岩,是古水热型地热能的控热构造。

(2)以新生代盆山耦合和地壳分层流变思想为指导,根据地热能形成的大地构造环境、控热构造、热储温度和热储性质,将地热能分为浆热型、干热型、水热型、气热型和混合型,并阐明了各种类型地热能的特征及其联系。

(3)初步确定了珠江三角洲晚新生代控热构造系统,分析了构造与建造的组合规律及其与不同类型地热能之间的内在联系。

(4)提出深层地热能选区的8项主控因子:动态热源;晚新生代控热构造系统及其构造地貌、活动韧性剪切带("热河")的结构、规模和活动时代;热储性质;大地热流值;地热能"生运储盖保"组合;地震及其热灾害链时空结构;低速-低阻层的分布;热泉与温泉的分布。

(5)综合评价深层地热能的主控因子,研究区深层地热能划分出5处远景区,其中A级远景区2处、B级远景区1处、C级远景区2处。

贵港市小城镇水工环地质综合调查评价报告

提交单位:中国地质调查局武汉地质调查中心
项目负责人:王宁涛
档案号:0996
工作周期:2014—2015年
主要成果:

(1) 第四系类型及特征。全区第四系分为望高组（Qpw）、桂平组（Qhg）和临桂组（Ql），其成因、物质组成及结构均有较大差异，其中望高组（Qpw）工程地质条件稳定，含水量丰富，但房屋性能较差，多分布于山前。

(2) 岩溶塌陷特征。2013—2015 年发育岩溶塌陷 70 处，主要集中于贵港市港北区，均分布于第四系黏性土（Qhg 和 Ql），第四系卵砾石覆盖区（Qpw）少见基坑疏干诱发岩溶塌陷。

(3) 岩溶塌陷成因。2013—2015 年贵港市进入快速发展阶段，城市建设进入快车道。近年来因建设高层建筑，需要进行深基坑开挖。在深基坑开挖的过程中，将上覆第四系红黏土全部剥离，对下伏基岩进行爆破，导致深基坑成为局部排泄点。地下水流因基坑疏干加快，促使其潜蚀能力提高，对第四系红黏土的破坏速度加快、破坏程度加剧，加速了岩溶地面塌陷灾害的发生。

(4) 水源地及应急水源地。①水源地：全区地下水资源量较为丰富。北部裸露基岩山区，地下水埋深浅，多在 1～5m。泉点较多，地下水呈现补给即排泄的现象，即受大气降雨补给，以泉点形式排泄，径流时间及途径较短，岩体总体富水性较差，持水能力不强，地下水动态变化受季节影响较大，水量不稳定。地下水水质较硬，第四系分布不连续，防污性能较差，不应作为理想的水源地。第四系孔隙水以 Qpw 和 Qhg 地层含水较为丰富，多集中在山前洪积扇地区。但调查区第四系地区为人类活动集中区，对地下水水质影响较大，这就需要含水层具有较强的防污性能。六务村洪积扇第四系厚度大，水质较好，能作为较好的水源地。西江农场五队暗河为最大，流量丰水期可达 526L/s，水量丰富。但暗河河道天窗较为发育，防污性较差，亦具有硬水特性，不是很理想的水源地。②应急水源地：承压水资源可作为应急水源地，主要分布在 D_1y^2 地层中，厚度不大，但范围较广，六务村和桐岭新村位于 D_1y^2 地层中的水文钻孔均出现承压水，承压水头分别为 90m 和 60m。六务村承压水井目前解决了六务村何屋屯近 500 人的饮水问题。根竹上升泉群为承压水排泄点，丰水期和枯水期流量分别为 112.3L/s 和 87.4L/s，水量丰富。承压水所处环境较为封闭，防污性能强，水质稳定且较好，为理想的应急水源地。

(5) 覃塘镇-根竹镇场地建设适宜性。①居住用地适宜性：岩溶发育强烈且第四系厚度较薄的区域为不适宜区；靠近山区的坡脚地形坡度较大的区域及岩溶发育中等且第四系厚度较薄的区域为较不适宜区；第四系厚度较大、地下水水位变幅较小、地形坡度平缓的区域为较适宜区；其中第四系厚度达到 20m 以上，且第四系土体为岩土工程性质较好的望高组和临桂组地层区域，为适宜区，该区域地基承载力较大，适宜居民建设用地。②工业用地适宜性：相比居民用地的适宜性评级，工业用地除了要规避地质灾害的发生，还应考虑到工业生产对周围生态环境可能造成的影响，工业区所处的位置交通条件，工业生产伴随的噪声、气体等对居民生产生活产生的影响等。调查区工业用地规划区大部分是在适宜区内，在第四系厚度较薄的区域要根据下覆基岩的岩溶发育情况适当地采取防控措施。

(6) 建立了调查区水工环地质综合调查数据库。采用统一的数据库平台，并利用本次工作取得的资料建立了贵港市覃塘地区水工环地质综合调查数据库，编制了相关评价图件。

鄂西南地区重要城镇地质灾害调查

提交单位：中国地质调查局武汉地质调查中心
项目负责人：徐勇
档案号：1003
工作周期：2013—2015 年
主要成果：

(1)通过对城区外围进行小比例尺遥感解译和专项地质灾害调查工作,基本查明了五峰县渔洋关镇、五峰县城关镇、鹤峰县容美镇、咸丰县高乐山镇、宣恩县珠山镇地质环境条件和地质灾害隐患,为评估城区遭受高速远程滑坡、泥石流及其灾害链等特大地质灾害风险提供了基础资料。

(2)通过1∶1万工程地质测绘工作,查明了城区地质环境条件、岩土体分布及工程地质特征,编绘城区专门工程地质图件。

(3)完成1∶1万专项地质灾害点测量,查明了各城区地质灾害点(含隐患点)发育和分布情况,完善了地质灾害点信息,编绘城区地质灾害分布图。

(4)划分出城区潜在地质灾害隐患区域,并根据城镇建设规划,对重要拟建场地进行勘查,查明斜坡工程地质条件、评价斜坡隐患点的稳定性和危险性等,为后续灾害点风险评估提供基础数据,使本项工作更具有目的性、针对性,体现出公益性价值。

(5)通过1∶1万工程地质测量以及地质灾害测量,总结了城区地质灾害发育和分布规律,通过城区地质灾害孕灾背景调查,总结分析了城区地质灾害成灾规律和成灾模式,为分析城区地质灾害形成及防治提供科学依据。

(6)通过无人机航测,获取了城区高清晰地形影像,后期经过数据处理,得到高精度的地形图和三维地形模型,为地质灾害调查和后期风险评价工作提供了良好的基础图件(图3-3),编制了"低空无人机应急站点建设及应用"专题报告。

图3-3 通过无人机航测获得工作区地形3D展示图(宣恩县)

(7)积极配合当地国土部门开展雨季突发性地质灾害的应急调查及现场处置工作,受到当地国土部门好评。结合场地安全性评价,提出城镇规划选址建议,注重项目的服务性。

珠三角地区(肇庆市幅、新桥镇幅)岩溶塌陷地质灾害调查报告

提交单位:广东省地质调查院
项目负责人:王忠忠
档案号:1004
工作周期:2014—2015年

主要成果：

（1）查明岩溶发育区地质环境背景。查明了调查区各类型地下水的分布、富水性、补径排条件和水化学特征，查明了岩（土）体工程特征、土层结构和厚度，查明了区内可溶岩与非可溶岩界线及分布范围，并分析了岩溶发育特征及控制因素。在综合考虑岩性特征、地质构造、地下水活动和岩性接触带等岩溶发育影响因素的基础上，以线岩溶率和见洞率为划分指标，将调查区的岩溶发育程度划分为强、中、弱3级。

（2）查明岩溶塌陷发育现状、分析岩溶塌陷主要因素。调查区已发生岩溶塌陷地质灾害6处，查明其类型、规模、危害和时空分布规律及诱发因素，归纳了岩溶塌陷主要控制因素。通过对肇庆地区自然、人为因素诱发的4种典型岩溶塌陷调查研究，评价了其稳定性，分析了岩溶塌陷发育动力条件并概化出动力模式，分析了岩溶塌陷形成演化过程，归纳了4种岩溶塌陷地质模式：水文＋单层＋岩溶洞穴型模式、人工开采＋多层＋岩溶洞穴型模式、人工开采＋单层＋岩溶洞穴型模式、水文＋双层＋岩溶洞穴型模式。

（3）查明人类工程活动特征及与岩溶地质环境相互作用和影响。查明调查区内人类工程活动类型、分布和强度，分析了交通工程、工业与民用建设工程、地下水开发、采矿工程等人类工程活动对岩溶地面塌陷的影响；同时分析了岩溶塌陷地质灾害给人类工程活动带来的后果。岩溶地质环境问题的发展趋势为：岩溶塌陷地质灾害呈现增多的趋势。结合地质条件背景，防治结合，一定程度上能防止岩溶塌陷灾害的发生。

（4）岩溶塌陷易发性区划。从岩溶塌陷的"岩-土-水"相互作用关系出发，考虑岩溶发育程度、上覆土层特征、地下水动力条件等岩溶塌陷影响因素，将调查区岩溶塌陷易发性程度划分为4个区，并评价了调查区内重大交通工程（包括在建）沿线和西江沿岸地区的岩溶塌陷易发程度情况。岩溶塌陷易发性区划为未来城际轨道等重大交通工程线路选址提供地质依据，也为岩溶塌陷防治奠定基础。

（5）岩溶塌陷风险评价。通过研究国内外地质灾害风险评价方法，对比其优缺点，根据调查区岩溶塌陷实际情况，塌陷点数量过少，无法采取完全定量化或依靠大量数据作为驱动的评价方法，因此采用定性-定量的方式并结合专家经验，选择综合指数法对调查区（包括典型调查区）开展了岩溶塌陷风险评价。将调查区岩溶塌陷风险评价划分为高风险、中等风险、低风险和无风险4个等级，为地方政府在城市建设发展方面科学决策提供参考。

（6）划分了岩溶塌陷地质灾害防治区，提出防治对策和建议。综合岩溶塌陷易发程度区划、肇庆地区经济发展情况和规划方案，将调查区划分为重点防治区、次重点防治区和一般防治区。并针对中心城区、南部产业带、重大工程沿线及西江沿岸、农村地区分别提出了相应的岩溶塌陷防治对策建议，为地区经济增长保驾护航。

（7）图件编制及数据库建设。以1∶5万标准图幅编制了系列岩溶塌陷成果图件，包括综合水文地质图、第四系土层结构及厚度分区图、岩溶发育程度及岩溶塌陷分布图、岩溶塌陷易发性分区图、岩溶塌陷风险区划图、岩溶塌陷防治区划图等图件，并建设完成岩溶塌陷综合数据库。

资水流域柘溪段地质灾害调查2015年度成果报告

提交单位： 中国地质调查局武汉地质调查中心
项目负责人： 谭建民
档案号： 1010

工作周期： 2015年

主要成果：

(1)建立了安化县幅(H49E022013)、柘溪水电站幅(H49E023013)图幅数据库。从地质灾害调查详查资料得知，原有地质灾害共77处，其中滑坡68处、崩塌4处、泥石流3处、塌陷2处。本次调查新增滑坡60处、崩塌6处、泥石流6处，共新增72处地质灾害。

(2)查明了两图幅区内地质灾害的分布及发育特征，编制了地质灾害分布图。区内地质灾害空间分布呈线状集中分布，主要沿公路边坡、人类居住区沟谷两岸等人类工程活动频繁的地带分布及沿断裂带呈线性分布。地质灾害具有规模小、浅层滑移、滑速快、突发性强、危险性大的特征。

(3)查明了区内控制地质灾害发育的背景条件，编制了专门工程地质图。地质灾害发育主要受本身地质环境条件及诱发因素综合控制。本身环境地质条件为地形地貌、地质构造、岩土体结构类型等，诱发因素包括降雨、河流侵蚀、人类工程活动等。通过本次调查分析，区内地质灾害发育主要受控于地形地貌、构造、岩土体类型、强降雨、人类工程活动，而这些因素对不同的灾害类型的控制作用不同，如滑坡主要受控于地貌、构造、岩土体、强降雨、人类工程活动，而崩塌则主要受控于岩土体结构类型及人类工程活动，地面塌陷取决于岩土体类型及人类工程活动。

(4)总结了区内灾害成灾模式。区内灾害成灾模式主要有断层型滑坡、崩塌衍生型滑坡及切坡型灾害。其中切坡型变形破坏模式大体分为5种：①松散堆积层在人工扰动下，坡脚处产生小规模快速滑移；②砂质板岩、硅质岩区及斜坡上的风化岩土体，在降雨作用下以碎屑流的形式滑移；③泥岩、板状页岩、板岩、砂岩区，斜坡沿层面或节理裂隙面滑移破坏；④坡肩处的坡积物在降雨作用下垮塌，快速向坡底运移，具有坡面泥石流性质；⑤陡崖区，岩体沿构造裂隙或层面卸荷产生崩塌破坏。

(5)对区内地质灾害成因进行了初步分析。区内地质灾害受断层控制明显，受强降雨与切坡诱发特点突出，测区内灾害几乎全部与降雨有关，72%的灾害与切坡有关。

(6)对唐家溪滑坡、春风滑坡进行了工程地质测绘、勘查，查明了典型滑坡形成的地质环境条件、滑坡的规模、形态等基本特征及危害性和危险性，分析了其形成机制，采用定性与定量相结合的方法对滑坡稳定性进行了评价，并提出了防治措施与建议。

(7)利用基于GIS的信息量法对图幅及重点调查区进行了地质灾害易发性分区评价，对县城区斜坡进行了稳定性评价，编制了地质灾害易发分区图及重点调查区灾害地质图。对安化县幅划分了高、中、低3个易发程度等级17个亚区。其中高易发区8个亚区，总面积134.35km^2，占图幅总面积的29.69%，地质灾害点68处，占灾害点总数的74.73%；中易发区6个亚区，总面积185.75km^2，占评价区总面积的41.67%，地质灾害点17处，占灾害点总数的18.68%；低易发区3个亚区，面积共125.64km^2，占评价区总面积的28.19%，地质灾害点6处，占灾害点总数的6.59%。柘溪水电站幅划分了高、中、低3个易发程度等级19个亚区。其中，高易发区5个亚区，总面积119.01km^2，占评价区总面积的26.26%，地质灾害点37处，占灾害点总数的63.79%；中易发区9个亚区，总面积176.86km^2，占评价区总面积的41.83%，地质灾害点20处，占灾害点总数的34.48%；低易发区5个亚区，面积共126.89km^2，占评价区总面积的30.02%，地质灾害点1处，占灾害点总数的1.73%。安化县城周边重点调查区易发性评价中高易发区主要为：吴家湾-黄花园-县水文站安化县城老城区北侧、资水北岸斜坡地段、县气象局-合家岭柳溪东岸斜坡地带、石煤厂-县农机公司凹沟北侧斜坡、泥埠桥山脊两侧、新城区南侧斜坡马颈坳-城市山林公园段、吉祥隧道口-砺口村凹沟左侧斜坡、凉水井-砺口新S308沿线斜坡地带、新城西侧黄土坪-小城溪斜坡地段，总面积3.265km^2。柘溪水库库首段重点调查区易发性评价中高易发区主要为：潺溪左岸芙蓉溪沟口-王板溪一级斜坡段坪、肖木大队-靛溪湾-曾家坡断层两侧地带、天井院-苍溪坡断层两侧地带、马路镇四房村四房里一带、塘岩光滑坡周边、洞枫大队-研石坪凹沟两侧，总面积6.92km^2。

(8)基于自然斜坡单元,采用半定量化的方法对安化县城周边斜坡稳定性进行逐一评价。斜坡不稳定地段包括:立新村-黄花园两侧风化碎屑斜坡段、县农机公司-东坪油库斜坡段、县敬老院-边湾里顺向斜坡段、泥埠桥山脊南侧土质斜坡段、县劳动局-城市山林公园对面强烈切坡段、质检局-教育局-国家电网南侧切坡段、三房湾-佃山湾-包家坳东南侧切坡段、砑口村河谷左侧断层破碎带斜坡、新308省道沿线斜坡段、唐家冲-袁家冲南侧袁家冲西侧顺向斜坡段、观音溪-黄土坪-中砥公社电石厂土质斜坡段。

(9)对柘溪库首段岸坡进行了调查,划分了岸坡结构类型,进行了稳定性评价,编制了岸坡结构类型及稳定性评价图。岸坡共划分为61段,稳定性差的7段,长8.3km;稳定性较差的20段,长33.9km;稳定性较好的26段,长49km;稳定性好的8段,长15.7km。王板溪附近顺向岸坡段、梨树坳段、土地届库岸段和暇幕洞至姚家溪沟口顺向坡段、南金乡的毗溪口滑坡等部位可能存在大规模滑移入库产生涌浪灾害的风险。

(10)根据区内地质灾害易发性研究和重点区稳定性评价,以及县市地质灾害详细调查防治规划,提出图幅内重点防治区域、防治重点灾害点及对策建议。指出图幅内安化县城老城区周边斜坡地带、县城新城区南侧斜坡地带、新建308省道凉水井—桥口一线、308省道柘溪口—马路镇沿线、桃源县西安镇大水田—西安村公路沿线及集镇周边、红岩水库区047县道沿线、柘溪水库潺溪支流唐家溪滑坡周边、毗溪河谷右岸一级斜坡地带、唐溪支流辰溪两岸斜坡地段、中东部大溶村-白沙村花岗岩出露区共10处重点防范区,提出53处重点防治点及防治方案建议。

防城港地区水文地质工程调查评价成果报告

提交单位:中国地质调查局武汉地质调查中心
项目负责人:黎清华
档案号:1011
工作周期:2013—2015年
主要成果:

(1)基于统计学、地下水水流系统的原理,系统总结了地下水水化学特征。调查区浅层地下水主要以弱酸性为主(5.5<pH<6.5)。地下水pH值的空间分布表现出较强的局部特征:强酸性浅层地下水(pH<5.5)主要分布在钦州港东北部丹寮村—六村—深坪村一带,防城港公车镇至龙门港镇一带以及那梭镇黄江村至滩浪村一带,地下水类型以基岩裂隙水为主。中性浅层地下水(6.5<pH<8)分布在江平镇周边及以南沿海地带,主要为碎屑岩类孔隙裂隙水和松散岩类孔隙水。

调查区内,沿海区域(江平镇以南,防城港南部和钦州港东南沿海地区)地下水氯离子浓度较高(最低值约30mg/L,最高值接近400mg/L),水化学类型以$HCO_3 \cdot Cl-Na \cdot Ca$型和$Cl-Na$型为主,与地下水中氯离子含量普遍低于15mg/L、以HCO_3-Ca型水为主的内陆区域形成了鲜明的对比,说明沿海地区地下水可能存在不同程度的咸化。但所调查的沿海区域地下水按TDS值分类全部为淡水(最高值仅为645mg/L),表明该区域除个别采样点外,地下水咸化程度总体较低。

(2)系统评价了防城港地区地下水资源与质量。工作区地下水资源较为缺乏,地下水质量普遍较好。江平水源地的圈定,为东兴试验区应急供水提供了水文地质依据。探明芋蒙坑至江平一带,主要为上部侏罗系碎屑岩裂隙孔隙潜水含水层和下部侏罗系裂隙承压水含水层组成的双层含水层结构。计算得可开采资源量为$179.36 \times 10^4 m^3/a$,均小于天然补给资源量和储存资源量,表明该开采量能得到保障,且能在下一个水文年接受降雨的补给下恢复。按应急阶段人均用水 50L/d 计算,可解决 9.8 万人每天的用水量。

(3)对区内岩土体进行了综合分类、分区,为工程建设选址规划提供了基础地质资料。岩体共划分 7 个工程地质岩组,土体共划分 3 个工程地质单元体。岩体极大部分由较坚硬、坚硬岩石组成,仅少量为软质岩石,土体分布较少,工程地质类型简单,性状较好。试验区重点规划区岩体主要为侵入岩和碎屑岩,无碳酸盐岩分布,区内及附近无人为地下工程活动和大面积开采地下水,因此也不存在塌陷、地下洞穴、地面沉降、地裂缝等不良地质作用或地质灾害,场地稳定性较好,适宜工程开发建设。

(4)主要工程和环境地质问题为崩塌、滑坡和不稳定斜坡等地质灾害,区域多为地质灾害低易发区,中易发区主要分布在主城区附近。

(5)对防城-东兴铁路选线进行专项工程适宜性评价,对重点规划区(中央商务区)地下空间开发适宜性评价,对工作区工程建设适宜性进行分区评价,总体以适宜、较适宜为主;对临港工业区地下水环境进行了专题研究,结果表明临港工业区地下水质量以Ⅰ类水为主,水质优良;企沙工业园水质"西好东差"。

(6)强化成果应用,提高了项目成果的社会效益。

①工作区多为地下水较为匮乏区域,季节性缺水严重。项目钻探施工中均采用"探采结合孔"施工方法,为当地提供了 58 口水井,解决 1 万人以上的生活用水困难。江平水源地的圈定,为试验区应急供水提供了水文地质依据。

②防城港东角小学现有全校师生 100 余人,至今未通自来水,饮水问题一直以来是困扰全校师生的头等大事。项目组通过区域水文地质调查、研究方案、施工工艺控制,经过 35 天施工,一口深 100m、水质优良、满足全校师生每日供水需求的"惠民井"圆满竣工。同时,项目组还为东角小学购置了潜水泵、电缆、钢丝绳,以方便抽水,该小学在施工结束后以赠送锦旗的方式向项目组表示感谢。

③调查中查明工作区共发育地质灾害点 74 处,其中滑坡 6 处,崩塌 67 处,不稳定斜坡 1 处。项目组在调查中对受威胁群众进行防灾减灾指导,并及时向当地政府汇报,保护了人民生命及财产安全。

④编制完成的《防城港地区重大工程建设对策建议报告》,重点在城市地下空间开发、工程建设区适宜性评价、防东高铁线路比选、应急水源地评价等方面给当地政府提供决策和建议。

珠江口产业带地质环境综合调查 2015 年度成果集成报告

提交单位:中国地质调查局武汉地质调查中心
项目负责人:赵信文
档案号:1013
工作周期:2015 年
主要成果:

(1)基本查明了中山幅、唐家幅、澳门幅 1∶5 万水文地质条件。包括图幅区内地下水类型、分布、埋藏条件、富水程度、水化学特征、补径排条件及动态变化,编制了水文地质图及说明书。

(2)对 3 个图幅区内地下水资源量进行计算,地下水总资源量为 $26 \times 10^4 m^3/d$,其中孔隙水天然资源量为 $11.58 \times 10^4 m^3/d$,开采资源量为 $7.5 \times 10^4 m^3/d$。裂隙水天然资源量为 $14.42 \times 10^4 m^3/d$,开采资源量为 $0.251 \times 10^4 m^3/d$。

(3)基本查明了中山市幅、唐家幅、澳门幅 1∶5 万工程地质条件。包括岩土体工程地质岩组类型、结构、分布、工程地质特性、力学参数以及不良工程地质岩体类型、分布、结构、对工程建设危害,并编制了工程地质图及说明书。

(4)初步圈定了东坑地下水应急水源地,水源地范围内侵入岩裂隙水天然资源量为1 559.16m³/d,开采资源量为677.30m³/d,按应急状态下供水定额10L/(人·d)计算,可满足67 730人应急供水。

(5)经评价,区内金星门地热田地热资源的C+D级储量为2 312m³/d,其中C级储量为1 460m³/d,D级储量为852m³/d。热源主要来自地壳深处,与近期火山活动、岩浆活动等有关。

(6)依据地貌单元、岩土体类型对工作区进行工程地质分区。工作区分为两个工程地质区:一是丘陵台地谷地工程地质区,该区再分为低丘台地基岩亚区(侵入岩工程地质段、变质岩工程地质段、红层碎屑岩工程地质段)及丘间谷地冲洪积土亚区(残坡积土工程地质段);二是平原松散堆积工程地质区,该区进一步划分为海陆交互相沉积亚区(黏性土工程地质段、淤泥类土工程地质段、砂砾类土工程地质段)。

(7)基本查明了工作区主要环境地质问题。①软土地面不均一沉降:包括软土分布、厚度、软土地面沉降现状(累计沉降量、沉降速率、易造成损失、潜在威胁)、未来发展趋势;②水土污染:基本查明了水土污染物类型、来源、运移机理以及发展趋势等;③海岸带环境地质问题:对填海造地区进行工程及建设适宜性分区。

(8)依托三维地质结构的调查和其他专项研究成果,对影响珠海市主城区地下空间利用的地形地貌、岩土工程、水文地质等11个地质环境条件因子进行评价,并进行了地下空间资源质量综合评价与容量估算。

(9)编制了《泛珠三角地质环境综合图集》,内容包括自然社会类、地质条件类、地质资源类、环境地质类,涵盖人口、社会经济、自然地理、基础地质、水文地质、工程地质、环境地质、农业地质、旅游地质、经济地质等图件,内容丰富,应用型强,是泛珠三角多年地质工作成果集成。

(10)编制了《珠三角经济区资源与环境承载力评价报告》,该报告基于前人基础地质、水文地质、工程地质、环境地质、地球化学调查成果,评价该区水资源与水环境、土地资源与土壤环境、地质矿产资源、地质遗迹资源、地质灾害单项承载力及综合承载力,为珠三角经济区发展规划提供参考。

(11)开展了广州南沙新区地质环境综合研究,并根据工作区内主要环境地质问题,进行工程地质分区评价,提出南沙新区土地利用及地下空间开发地学建议。

江汉-洞庭平原地下水资源及其环境问题调查评价(湖北)成果报告

提交单位:湖北省地质环境总站
项目负责人:张陵
档案号:1015
工作周期:2011—2014年
主要成果:

查明江汉平原区域含水层空间分布与结构,重点调查地下水补径排的特征及变化过程;查明江汉平原区域地下水环境问题及其分布、危害程度、发生发展的规律和控制因素,分析其成因,预测发展趋势;查明地下水资源分布特征和开发利用现状;查清地下水动力场、水化学场,以20世纪80年代以来的循环变化规律,建立三维地质模型、水文地质概念模型、地下水资源动态评价模型,评价地下水资源的数量、质量及地下水功能;查明地下水污染状况,提出地下水资源合理开发利用方案,建立了江汉平原地区地下水资源与环境信息系统,为地下水资源的合理开发利用和地质环境保护提供依据。

一、地下水系统与含水层系统

(1)地下水系统。江汉平原地下水系统属秦岭-汉水一级地下水系统(E03)和洞庭湖一级地下水系统(E04)的一部分。其中:工作区内的秦岭-汉水一级地下水系统又分长江二级地下水系统(E03A)和汉江二级地下水系统(E03B),洞庭湖一级地下水系统(E04)也分为西洞庭湖(E04A)和东洞庭湖(E04B)2个二级地下水系统。

(2)含水层系统。江汉平原含水层系统在垂向上可分为松散岩类孔隙含水层系统和碎屑岩裂隙-孔隙含水层系统两大系统。其中松散岩类孔隙含水层系统又可划分为浅层全新统孔隙潜水含水层系统、中层中上更新统孔隙承压水含水层系统和深层下更新统裂隙孔隙承压水含水层系统3个亚系统。碎屑岩裂隙-孔隙含水层系统在荆北地区有供水意义,仅适于分散式开采。

二、区域水文地质条件

(1)早更新世早期江汉平原底部主要为一层磨拉石建造和冰砾层堆积。江汉平原的沉积主要表现为四面逐步向盆地中心堆填,物源多种,岩性多样,含砾砂、卵石中多充填泥质,具密实成层特性与半胶结状,西部主要由黏性土组成,东部主要为含砾砂、砂层。受第四纪冰川气候影响,早更新世发育两次大的沉积旋回,沉积了东荆河组上、下两段地层,沉积厚度变化较大,一般80~150m,平原沉积中心位于陈沱口凹陷的监利新沟、周老一带,底界最大深度280m。中更新世时期,长江流域贯通,气候转暖,江河来水量增大,形成泛滥相堆积,是江汉平原沉积极盛时期,沉积范围已扩大到平原腹地。

(2)中更新世江汉盆地主要表现为长江物源的堆积,其次是周边河流特别是北部水系的泛滥堆填。此时江汉平原沉积了以粗碎屑砂砾石为主的江汉组,江汉组具西部颗粒粗、东部颗粒细(监利以东主要分布为砂层)的特点,物源主要来自长江。含水层主要为砂砾石与砂互层,砂层中多夹薄层亚黏土、粉砂。含水层埋深一般在50m左右,厚50~80m,平原区具边缘薄、中心厚的特点。

(3)晚更新世江汉盆地沉积了以粗碎屑砂砾石为主的沙湖组。沙湖组具西部、北部颗粒粗,东部、南部颗粒细的特点,并具条带状分布的特征,物源主要来自长江和汉江,其次是周边荆北地区各支流(玛瑙河、沮漳河、内荆河)和汉北地区各支流(天门河、钱场河、皂市河、富水、府河)的冲洪堆积。沙湖组在低平原区顶界埋藏深度为15~25m,沉积厚度30m左右,向边缘逐渐变浅变薄,但在西部厚度基本保持不变,甚至更厚。整体自成一个完善的沉积旋回,二元或三元结构清楚,下部为砂砾层,中部地区为砂层,上部以黏土、亚黏土为主,夹粉砂,含较多铁锰质结核,为冲湖积相。

(4)全新统岩性以黏土、亚黏土、粉土及粉砂为主,局部地段有砂砾石层,主要分布于长江、汉江及其支流的一级阶地,以及长江与汉江夹持的中间地带。长江一带主要岩性为粉质黏土、粉土、粉砂,局部地段有薄层砂砾石层。长江与汉江夹持的平原区岩性为粉土,粉质黏土、粉砂、淤泥质粉质黏土与淤泥质黏土互层,一般厚3~10m。

三、地下水埋藏分布及含水岩组特征

依据地下水类型、含水层时代、岩性特征将江汉平原划分为3个含水岩组,即全新统(Qh)孔隙潜水含水岩组,中、上更新统(Qp_{2+3})孔隙承压水含水岩组和下更新统(Qp_1)裂隙孔隙承压水含水岩组。

(1)全新统(Qh)孔隙潜水含水岩组主要由第四系全新统的地层组成,含水介质主要为粉土、粉砂,局部地段有砂砾石层,主要分布于长江、汉江及其支流的一级阶地,以及长江与汉江夹持的中间地带。

（2）中、上更新统（Qp_{2+3}）孔隙承压水含水岩组岩性主要为砂、砂砾石、淤泥质粉砂，普遍含有淤泥。含水层岩性在水平和垂直方向上变化较大，其富水性规律是江汉平原腹地的富水性较边缘区好。

（3）下更新统（Qp_1）裂隙-孔隙承压水含水岩组的富水性远比孔隙承压含水层差，且变化较大。此含水层水量一般—中等，钻孔单位涌水量一般为$144\sim600\,m^3/(d\cdot m)$。

四、地下水补径排条件

（1）孔隙潜水的补给来源主要为大气降水、地表水（河水、湖水、田水等）的入渗补给，诸项补给因素中以大气降水入渗补给为主，临近河流的地区起主导作用的仍是河水，当河水水位上涨时接受补给。蒸发排泄、人工开采、向邻区排泄是孔隙潜水的主要排泄方式，其中以蒸发排泄量最大。此外，由于孔隙潜水的水位普遍高于下伏的中、上更新统孔隙承压水水位，因而天然条件下也向其进行越流排泄。孔隙潜水的径流途径较短，由于孔隙潜水的含水介质的粒度较细，其含水介质持水性好，所以径流条件极差，径流速度相当缓慢。

（2）孔隙承压水的补给来源主要为浅层孔隙潜水的越流补给、下更新统裂隙孔隙承压水的顶托补给和周边侧向渗流补给，长江、汉江切穿或切割了其隔水顶板直接相通或者缩短了渗入补给的途径，也是其重要补给来源。

（3）裂隙孔隙承压水主要分布于江汉平原腹地，其补给量的变化主要受以下因素控制：中、上更新统孔隙承压水的水位高低；大气降水的入渗补给量；周边的侧向径流补给量以及局部地段河流的侧向渗透补给量。下更新统裂隙孔隙承压水总体流向自西北向东南，地下水水径流的速度相当缓慢或基本处于静止状态。地下水的排泄方式主要有向邻区的径流排泄、向相邻含水岩组的排泄、局部地段的人工排泄等。

五、地下水资源

（1）地下水资源数量。江汉平原地下水总补给资源量为$79.418\times10^8\,m^3/a$，天然补给资源量为$79.148\times10^8\,m^3/a$。各地下水系统的地下水储存量为$16.60\times10^8\,m^3$，其中全新统孔隙潜水储存量为$6.58\times10^8\,m^3$，中、上更新统孔隙承压水储存量为$0.90\times10^8\,m^3$，下更新统孔隙水承压水储存量为$9.12\times10^8\,m^3$。全区地下水可开采资源量为$67.267\times10^8\,m^3/a$。

（2）地下水资源质量。深层地下水质量优于浅层地下水，浅层地下水在平原腹地基本上不宜饮用。江汉平原地下水除局部浅层水外均适宜和较适宜农业灌溉和工业用水。全区水化学成分中，阴离子以HCO_3^-为主，阳离子以Ca^{2+}、Mg^{2+}、Na^+为主。区内不论是浅层地下水还是深层地下水，半挥发性、挥发性有机物均有检出，但多呈点状分布，总体质量较好。

六、地下水开采现状

（1）工作区现有开采井66 889眼，地下水现状开采量为$3.351\times10^8\,m^3/a$。全区地下水整体开采程度不高，主要开采的地下水为松散岩类孔隙水和碎屑岩类裂隙孔隙水两类，其中以开采松散岩类孔隙承压水为主，其次为碎屑岩类裂隙孔隙承压水。开采方式：城镇为机井集中式开采，农村主要为手压井、民井分散式开采。

（2）各行政区开采模数大部分小于$2.5\times10^4\,m^3/(a\cdot km^2)$。

七、地下水潜力评价

1. 开采潜力

(1)按行政区的地下水开采潜力划分,江汉平原各行政区均为有开采潜力。其特点为:①地下水资源开采潜力较大的行政区有公安县、石首市、荆州市、监利县、洪湖市、江陵县、沙洋县、潜江市8个;②开采潜力中等的行政区有武汉市、孝感市、应城市、汉川市、枝江市、当阳市、松滋市、钟祥市、京山县、天门市及仙桃市11个;③开采潜力小的行政区有荆门市、云梦县2个。

(2)按地下水系统的地下水开采潜力划分,其分布特点为:①地下水系统开采潜力较大区主要有四湖流域、松滋河(湖北段)、藕池河(湖北段)和调弦河(湖北段)4个地下水子系统;②地下水资源开采潜力中等区主要分布在岗波状平原区,包括荆北地区的玛瑙河、沮漳河、内荆河和汉江夹道区,汉北地区的天门河、钱场河、皂市河、小富水、大富水、府河、寰水西部及汉江干流区等12个地下水子系统,地下水开采潜力呈盈余状态;③地下水资源开采潜力小区包括汉江丘陵-湖沼区(三级)、松滋河西部(三级)和寰水东部(四级)3个地下水子系统。

2. 综合潜力评价

(1)按行政区综合潜力评价。①地下水综合潜力一般区主要包括当阳市及荆门市2个行政区;②地下水综合潜力较大区主要包括孝感市、云梦县、应城市、枝江市、荆州市、洪湖市、江陵县、京山县、天门市、仙桃市及潜江市11个行政区;③地下水综合潜力大区主要包括武汉市、汉川市、松滋市、公安县、石首市、监利县、沙洋县及钟祥市8个行政区。

(2)按地下水系统综合潜力评价。①地下水综合潜力一般区主要包括沮漳河、小富水、府河、寰水东部及汉江丘陵-湖沼区5个地下水子系统;②地下水综合潜力较大区主要包括玛瑙河、内荆河、四湖流域、汉江夹道区、钱场河、皂市河、大富水及寰水西部8个地下水子系统;③地下水综合潜力大区主要包括天门河、汉江干流区、松滋河西部、松滋河(湖北段)、藕池河(湖北段)及调弦河(湖北段)6个地下水子系统。

八、地下水功能

根据工作区内地质、地貌、水文地质等条件,按评价标准进行地下水功能评价,并进行了地下水资源功能、生态功能、地质环境功能的区划和地下水可持续利用的分析评判。对不同区域的地下水资源功能、生态功能、地质环境功能进行了综合评价,为可持续开发利用地下水资源和生态环境及地质环境保护规划提供了科学依据。

九、地下水资源供需平衡

工作区内地下水资源供需总体上处于平衡状态,部分行政区水资源供大于求。

十、地下水资源开发利用中存在的主要问题

工作区内地下水资源的开发利用缺乏科学合理布局,开采存在较大的随机性,没有形成地表水资源和地下水资源的统一规划、统一调度、统一利用的科学格局。因此,在地下水资源的开发利用中出现了一系列的环境问题,主要包括地面沉降、地下水水位降落漏斗和地下水水位下降、地表水和地下水污染、区域地下水水位下降造成的地下水资源减少问题和区域浅层地下水水质恶化问题以及由水质恶化造成大面积平原、岗波状平原水质型(污染)缺水问题、冷浸田与湿地萎缩问题等。

十一、地下水开发利用规划

(1)地下水开发利用前景依据工作区地下水开采程度,江汉平原可扩大开采区 10 处,适度扩大开采区 6 处,维持现状开采区 9 处,适度控制开采区 6 处。

(2)地下水水源地与应急水源地选择。经本次调查,江汉平原各行政区共有水源地 161 处,其中当阳市 8 处、公安县 2 处、石首市 3 处、监利县 2 处、洪湖市 14 处、钟祥市 13 处、潜江市 16 处、天门市 11 处、汉川市 13 处、应城市 8 处、云梦县 12 处、孝感市 12 处、武汉市 4 处,除武汉市区 4 处为大型供水水源地外,其余均属小型水源地。

圈定应急供水水源地 7 处,包括当阳市三里港水源地、沙洋县高阳水源地、应城市四里朋水源地、汉川市城煌水源地、天门市杨家沟水源地、仙桃市陆家湾水源地和潜江市周矶水源地,预计可提供 C 级地下水资源量 $10\,000 \times 10^4 \mathrm{m}^3/\mathrm{a}$。

长江中游城市群地质环境调查与区划综合研究成果报告

提交单位: 中国地质调查局武汉地质调查中心
项目负责人: 陈立德
档案号: 1016
工作周期: 2009—2015 年
主要成果:

(1)无重金属污染耕地 1.2 亿亩(1 亩 $\approx 666.7\mathrm{m}^2$),绿色富硒耕地 2 056 万亩。建议将优质耕地划为永久基本农田,推进鄱阳湖平原、江汉平原和洞庭湖平原西部现代农业基地建设,加大汉江流域等富硒土地开发利用。

(2)河湖湿地面积 $1.98 \times 10^4 \mathrm{km}^2$,湿地环境总体良好,但仍然存在湖泊萎缩、湿地退化等现象。建议加强湖泊湿地保护力度,加强地下水动态监测,评估重大水利工程建设运营对湖泊湿地的影响。

(3)长江中游城市群区域地壳稳定性总体较好,水资源丰富,适宜重大工程规划建设与产业布局。

(4)长江中游城市群页岩气等油气资源调查获得突破;沉积盆地型中低温地热流体、浅层地温能丰富,建议加强新能源开发利用,强化能源保障。

(5)矿产资源品种多,铜、钨、磷、稀土等矿产储量大,适宜矿业开发和相关产业发展。

(6)长江中游城市群岩溶塌陷发育,16 个重点城市、307km 高铁线路、137km 长江岸带受岩溶塌陷威胁。应加强区域岩溶塌陷调查评价和地下水动态监测,强化岩溶塌陷易发区城市建设用地管制,防范岩溶塌陷。

(7)长江中游岸线 2 031km,总体稳定,湖北荆江段和江西九江段存在崩岸、管涌等重大地质隐患。建议沿江产业带规划建设应重视岸线资源综合利用,加强河势监测,强化护坡和岸堤工程。

(8)长江中游矿山环境地质问题突出,环境影响严重区面积 5 000km²,污染土壤 516km²,采空塌陷 148 处。建议加大矿集区地质环境综合治理,推进绿色矿山建设。

(9)江汉-洞庭盆地第四系划分与对比。①江汉-洞庭盆地第四系划分与对比应以早更新世冲积扇发育为基础、以盆地演化为主线,将宜昌砾石层、白沙井砾石层和阳逻砾石层与上覆网纹红土之间的接触关系确定为不整合关系(图 3-4),进而建立了江汉-洞庭盆地统一的第四纪地层格架。②江汉-

洞庭盆地周缘发育一系列下更新统冲积扇或坡麓堆积,并向盆地内倾没,这些冲积扇或坡麓堆积应成为区内地层划分和对比的依据。③长沙一带"白沙井砾石层"和上覆网纹红土之间为不整合接触,而不是河流二元结构的两个单元。这些砾石层是古湘江或其支流的冲积扇和在冲积扇基础上的辫状河流堆积,下游方向则发育湖泊三角洲沉积(汨罗组);网纹红土是在"白沙井砾石层"沉积并经剥蚀之后的堆积物,二者不是连续沉积的,白沙井砾石层形成于早更新世(Qp_1),而上覆的网纹红土则形成于中更新世(Qp_2)。④以阶地分析方法为基础分别建立的"洞井铺组""新开铺组"和"白沙井组",是将不同成因和时代的、不同高程上的砾石层和网纹红土组合划为各自独立的岩石地层单位,并应用于区域对比,造成区内更新世地层系统的混乱,应予以废弃。⑤将洞庭盆地周缘的下更新统砾石层称为"白沙井砾石层"和湖泊三角洲相的汨罗组,相当于"洞井铺组""新开铺组"及"白沙井组"下部的砾石层段,并将黄牯山组、陈家嘴组、湖仙山组视为下更新统汨罗组和"白沙井组"的同期异相沉积或同义名。洞庭盆地周缘的下更新统可与江汉平原周缘的下更新统云池组和阳逻组对比,马王堆组则与善溪窑组对比。

图 3-4　常德河洑黄土山网纹红土与下伏砾石层不整合接触(标尺 30cm)

丹江口库区堵河流域地质灾害调查成果报告

提交单位:中国地质调查局武汉地质调查中心
项目负责人:赵欣
档案号:1021
工作周期:2014—2015 年
主要成果:

一、工作区内地质灾害孕灾背景条件

工作区地貌类型较多,分别有河谷、构造盆地、构造剥蚀侵蚀低山、构造侵蚀溶蚀低山、构造剥蚀侵蚀低中山、构造侵蚀溶蚀低中山 6 种地貌类型。地形高差较大,最大高差可达 1 000 多米。区内地层分属两大地层单元:青峰断裂以北为昆仑-秦岭褶皱系的武当山小区;以南分属扬子准地台区北缘的保康小区,其中堵河支流县河流域分属武当山小区。元古宇南华系和震旦系、寒武系、奥陶系、志留系和中生界白垩系及新生界第四系皆有分布,缺失泥盆系和石炭系。地质构造极其复杂多变,2014年度查明工作区内主要大的构造有竹山断裂群、堵河-大川断裂、太平寨断裂;而2015年度查明县河流域主要受北西向的竹山断裂带和近东西向的竹溪断裂带控制。工作区内地下水有松散岩类孔隙水,碎屑岩孔隙裂隙水,碳酸盐岩岩溶裂隙水,浅变质岩夹碳酸盐岩岩溶裂隙水,中浅变质岩、岩浆岩裂隙水5种类型。

二、工作区工程地质条件及工程地质岩组的划分

区内地层岩性主要为变火山碎屑岩、变沉积岩、变火山岩、碳酸盐岩、碎屑岩和第四系松散堆积物,多具较坚硬岩夹软弱岩或软硬相间的不良工程地质组合特性。通过调查不同岩石的工程地质特性,将区内岩层划分为5个主要岩类,分别为碎屑岩工程地质岩类、碳酸盐岩工程地质岩类、变质岩工程地质岩类、岩浆岩工程地质岩类、松散松软第四系土体工程地质岩类。然后根据各个图幅不同的工程地质特性,又划分出一系列亚类和不同的工程地质岩组。

三、地质灾害类型特征、规模等级

查清了地质灾害类型特征、规模等级,初步分析了地质灾害点时空分布特征和发育特征。

(1)地质灾害类型、规模等级。2014年度工作区内,截至2014年12月,调查发现地质灾害及隐患点1 039处(滑坡998处、崩塌38处、泥石流隐患点3个)。2015年度工作区内,截至2015年12月,调查发现地质灾害及隐患点583处(滑坡563处、崩塌19处、地面塌陷1处)。灾害点的规模等级以小型灾害为主。在滑坡及隐患点中,滑坡物质以岩土质及土质为主,滑体厚度多为6~20m,属中层滑坡,运动方式多为牵引式,现状稳定性多为基本稳定和不稳定状态。总体上呈现"规模小、稳定性差、潜在危害大"的特点。

(2)地质灾害时空分布特征。地质灾害时间上多发生于集中降雨期和暴雨期,一般为每年的7~9月。区内属亚热带湿润季风气候,该时期降雨集中发生,其降雨量约占全年降雨量的60%以上,且常有暴雨发生。特别是连续强降雨之后,大都能引发不同程度的地质灾害。地质灾害多发生于构造断裂带附近、库区两岸及第四系河流阶地。2014年度查明工作区内分布有黄龙滩库区、潘口库区等较大的库区,受河流的侵蚀作用及岸坡结构作用,加之复杂的地质构造、多样的岩土体条件,致使地质灾害沿库区呈群发性、多发性特点。而2015年县河流域地质灾害受构造作用影响较大,多分布于沿北西向的竹山断裂群及近东西向的竹溪断裂附近,另外在竹溪县县河两侧第四系冲洪积层也有较多分布。由于工作区内人类工程活动强烈,主要体现在城镇建设和大的交通要道建设方面。区内比较典型的有谷竹高速公路、省道259,地质灾害在道路沿线呈多发态势。

(3)地质灾害发育特征。区内地层岩性变化较大,多具较坚硬岩夹软弱岩或软硬相间的岩性组合特点。区内构造作用强烈,较大的断裂构造有竹山断裂群、堵河-大川断裂、太平寨断裂、竹溪断裂等。复杂多样的岩土体条件、强烈的地质构造作用和河流的侵蚀作用,为地质灾害的发生创造了有利条件。另外较坚硬岩构成的河谷险峻陡峭,卸荷裂隙、溶蚀裂隙切割岩体,易形成崩塌地质灾害。松散土体地带则滑坡发育,极端暴雨条件下可能诱发坡面泥石流。地质灾害多发生于第四系较松散—半固结砂砾石夹黏土岩组及软弱泥质板岩岩组、较软弱粉砂质夹泥质板岩岩组、较软弱片状钠长绿泥片岩岩组中。易发地层集中在志留系梅子垭组、第四系更新统洪冲积层。

四、典型滑坡灾害形成机制剖析

对工作区内规模较大、较典型的滑坡形成机制进行了工程地质测绘、工程地质勘查。具体勘查点

有:竹山县县委党校滑坡、大木厂镇姜家坡滑坡、姚坪乡西坡滑坡、竹溪县钱家凸滑坡、竹山县竹坪乡集镇滑坡。详细分析总结了以上典型滑坡变形破坏模式与成因机制,并总结了断裂构造、第四系堆积作用等对滑坡地质灾害的控制作用。有针对性地提出了各个灾害点的防治措施与建议,并形成了独立的勘查报告。同时,由于该类型滑坡在区内较为普遍,通过对典型滑坡勘查剖析研究,为同类斜坡环境地质灾害变形破坏机理研究提供了参考。

五、典型斜坡结构与地质灾害的形成关系

研究以2015年度县河流域地质灾害调查为例,通过对县河流域自然斜坡结构调查,将自然斜坡进行了结构划分,并对流域内斜坡结构稳定性进行了定性评价,顺向坡不利于斜坡稳定,多发育滑坡灾害。构造盆地区红层斜坡结构内以缓倾顺层结构地质灾害较为发育;陡倾的板岩岩组斜坡结构受人类工程活动影响较大,在斜坡凹槽部位多形成滑坡地质灾害,公路切坡部位在顺层条件下易沿板理面形成崩塌地质灾害;片岩斜坡结构中片理面与斜坡组合呈顺向结构的斜坡区,表层第四系松散堆积物多沿片理面滑动,坡脚处多出现孔隙泉溢出现象,滑坡特征明显;未固结或弱固结的第四系松散堆积土体类斜坡多因工程活动切坡形成滑坡隐患。

六、流域地质灾害易发程度和危险性分区评价

对研究区内重点调查区进行了风险性评价研究,基于GIS平台,利用ArcGIS软件,采用定量、半定量方法进行了地质灾害易发性、危险性分区评价。按易发性将工作区分为地质灾害高易发区、中易发区、低易发区三大类。按危险性将工作区分为地质灾害高危险区、中危险区、低危险区。以县河流域地质灾害调查为例,阐述了易发程度、危险性、风险性分析评价过程及结果。通过证据权法对县河流域开展了易发程度分区评价,全区共分为高易发区、中易发区和低易发区3类。其中,高易发区总面积约423.54km^2,占流域总面积的27.62%,地质灾害点331处,占灾害点总数的68.25%;中易发区总面积约674.22km^2,占流域面积的43.97%,地质灾害点128处,占灾害点总数的26.39%;低易发区总面积约435.47km^2,占流域面积的28.40%,地质灾害点26处,占灾害点总数的5.36%。

在易发程度分区的基础上,结合地质灾害点发育特征,划分了危险性分区。地质灾害高危险区总面积为462.85km^2,占流域总面积的30.19%,发育地质灾害点327处。

长江上游宜昌-江津小流域地质灾害调查与早期预警——磨刀溪流域地质灾害调查成果报告

提交单位:中国地质调查局武汉地质调查中心
项目负责人:李明
档案号:1022
工作周期:2013—2015年
主要成果:

(1)磨刀溪为长江一级支流,地跨湖北省、重庆市。涉及的县(市)有:重庆市云阳县、万州区、石柱县,湖北省利川市。地理坐标:东经108°15′—109°05′,北纬30°07′—30°56′。流域面积3 104.6km^2,干流全长170km,流域全程187.8km,年径流量10.62×10^{8}m^3,河口流量60.3m^3/s。流域森林覆盖

率高,水利资源、矿产资源和旅游资源丰富,交通便利,历史悠久,其中万州区作为重庆市东部中心城市和第二大枢纽港口,人类工程活动日益频繁,经济发展与地质环境容量的矛盾逐渐突出。

(2)磨刀溪流域地处三峡腹地,气候属亚热带湿润型季风气候,雨量充沛;地貌上位于四川盆地东缘,盆地周缘多为1000~3000m的中山,内部高程350~800m,磨刀溪位于次级单元川东平行邻谷区,地貌严格受地质构造控制,总体呈现一系列平行展布的北东向窄条状中低山脉和地势相对低凹的宽阔台缘状山地和平缓丘陵。磨刀溪受齐岳山脉和大山山脉的夹持,整体东南高、北西低,河谷属于中低山峡谷,多为V型河谷、U型河谷,水急,滩多。

(3)磨刀溪流域以中生代地层为主要类型,从三叠系(极少量上二叠统)嘉陵江组至侏罗系蓬莱镇组连续沉积,三叠系嘉陵江组和侏罗系蓬莱镇组出露不全。在河谷和近河谷斜坡分布第四系堆积。磨刀溪区域构造上位于川东弧形褶皱带,构造线走向北东,为一系列宽阔平缓的屉形向斜和梳状高背斜相间的隔挡式褶皱。断裂少见,往往发育于背斜核部,为强烈揉皱的伴生构造。流域内主要的构造有:万县复向斜(其中包括黄柏溪向斜、新场背斜、故陵向斜)、方斗山背斜、赶场向斜、龙驹坝背斜、石柱复向斜(其中包括马头场向斜、建南背斜、箭竹溪向斜)、齐岳山背斜;涉及的断裂有方斗山背斜伴生的外坝逆断层、自生桥逆断层、茨竹垭正断层、走马岭平移断层、楠木桠-大垭口逆断层和齐岳山背斜伴生的马落池逆冲断层和中槽断层。背斜弧形弯折段以及背-向斜交接部位往往伴生顺构造线的次级揉皱和层内挠曲,地层由于产状突变形成"靠椅"形态,大型顺层岩质滑坡发育。

(4)磨刀溪流域新构造表现为强烈的区域性间歇性隆升,河流切蚀强烈,层间构造剪切带在暖湿气候交替作用下,进一步发生泥化,为滑坡等地质灾害的发生提供了极为有利的地质条件。流域近期地震活动水平不高,属于弱震区,水库诱发地震可能性小,无大的活动性断裂通过,地震烈度小于Ⅳ度。

(5)根据岩土体不同的物理力学性质划分流域的工程地质岩类,主要划分为3个大类10个亚类。调查分析表明,流域主要不良工程地质岩类有:碳质页岩和含煤地层(J_1z、T_3xj)、风化碎裂岩、下中侏罗统页岩泥化软夹层(J_2x、$J_{1-2}z$)、三叠系巴东组紫红色泥岩及人工杂填土。对各类不良工程地质岩类的特征、分布和主要工程问题进行了详述。

(6)收集相关资料,分析了磨刀溪流域内主要的植被类型和分布特征。流域主要有两大植被区:西部平行邻谷植被区和齐岳山植被区。并指出了不同植被区主要植被类型,总结了流域森林覆盖面积。

(7)总结磨刀溪流域主要的工程地质问题:三峡水库蓄水、集镇扩建高切坡、水利工程兴建、在建万利高速公路高切坡、弃渣场地回填。指出了可能诱发和遭受的地质灾害风险。

(8)调查显示磨刀溪流域地质灾害点共计754处,其中滑坡为主要类型,共计585处,其次为崩塌162处,泥石流7处。崩塌、滑坡灾害规模以中小型为主,占灾害点总数的90%,大型以上分布较少,大型以上滑坡多为顺层岩质滑坡和风化碎裂岩滑坡。

(9)磨刀溪流域地质灾害时间分布与降雨事件高度相关,尤其表现在年内月份分布方面,汛期月份地质灾害多发。流域地质灾害的主要诱发因素为降雨,当连续降雨大于或等于3天,雨量270~300mm,可诱发小型基岩滑坡和覆盖层的垮塌;连续降雨大于或等于2天,雨量280~300mm,可使大型以下老滑坡残体复活;连续降雨大于或等于6天,雨量480~510mm,可诱发大型、中型基岩滑坡和崩塌。中上三叠统—侏罗系的砂岩、泥岩等碎屑岩滑坡的临界降雨强度为200mm/d。同时,这一规律也可以作为磨刀溪流域降雨诱发滑坡预警预报的重要参考。

(10)基于磨刀溪流域地质灾害的调查分析,总结得出:降雨是磨刀溪流域地质灾害诱发的主要自然动力因素;地层和构造及其与河谷的组合关系是控制地质灾害发育的基础条件;不合理的人类工程活动是诱发崩塌和滑坡等地质灾害的人为动力因素,并采用统计的方法进行了详细的论述。

(11)滑坡是磨刀溪流域最主要的地质灾害，主要发育于干流、支流两岸斜坡及平缓层状碎屑岩山顶、缓坡平台地段。平均发育密度 18.8 个/km²，发育总体积 27 564.3×10⁴m³，体积密度 8.878×10⁴m³/km²。流域滑坡多为浅层土质滑坡，滑体厚度多在 3～8m 之间；规模以中小型为主，发生原因多为自然地质作用，主要诱发因素为降雨或者暴雨，由于人类活动的加剧，多为新滑坡。大型以上的滑坡多为顺层岩质滑坡，且基本分布于河流一级岸坡，时间记录多缺失，为老、古滑坡残体。滑体物质主要为残坡积、崩塌积层块及碎石土，少量为含砾黏性土等，结构较松散。个别顺层地段滑体物质系软弱结构面以上松动破碎岩体，在崩塌危岩发育地段，坡下发育碎块石堆积滑坡。滑坡滑床基本为砂岩、石英砂岩、泥岩、长石砂岩等碎屑岩类。

(12)磨刀溪流域发育崩塌(含危岩体)共计 162 处，占灾害点总数的 21.5%。崩塌主要发育于支流泥溪河、龙驹河、建南河、杨东河，碎屑岩分布的平缓层状和横向、反向斜坡结构及巨厚砂岩下伏软基座地带。流域内崩塌均为岩质崩塌，按崩塌形成机理划分为拉裂式 46 处、倾倒式 111 处、滑移式 5 处。崩塌发育高程较分散，危岩原始地形均为陡崖，坡角一般大于 60°，地形坡度越陡发生崩塌的可能性越大；危岩带斜长一般为 20～100m；宽 10～50m，一般小于 50m。危岩体大多处于较稳定或不稳定状态，其发展趋势均为不稳定。崩塌发生时间一般在 7～9 月，说明降雨对崩塌有较大的影响。降雨、岩体具有高陡的临空面、节理及卸荷裂隙发育是崩塌发生的主要原因。崩塌主要发育在中、下侏罗统以及上三叠统砂岩下伏软基座的地层岩性组合中。野外调查表明，危岩带相对高度多大于 50m，为高位危岩，地形陡，植被密，大多人迹罕至、隐蔽性强、监测难度大，早期预警难度大，一旦发生崩塌，随机性大，危害程度不可估计。

(13)磨刀溪流域泥石流沟分布较少，仅分布于上游四步河流域以及磨刀溪干流下游的支流冲沟之中，大部分为存在潜在危险的泥石流隐患，基本为山区冲沟山洪型，物源多为侏罗系的风化碎裂岩。物源物质有限，沟口扇形地不明显，基本未见泥石流物质的多期次堆积迹象。泥石流受降雨控制明显，一次强降雨可能诱发，一般沟道狭长，人口稀少，威胁有限，做好降雨量的监控可以达到较好的预警、防范效果。

(14)磨刀溪流域地质灾害主要受地层岩性、构造和斜坡结构、岩性组合的影响，各因子的影响强弱顺序为：地层岩性＞斜坡结构＞水系＞公路＞地貌。降雨为主要诱发因素，人类工程活动的影响主要作用于小型灾害。

(15)针对崩塌、滑坡、泥石流等不同的地质灾害类型，分别提出了 4 类典型滑坡(顺层滑移-拉裂型岩质滑坡、近水平层状顺层岩质滑坡、碎屑岩崩塌衍生滑坡、降雨诱发老滑坡复活)、2 类典型崩塌(拉裂-错断或拉裂坠落型岩质崩塌、侵蚀切蚀滑移崩塌)和 1 类典型泥石流(山洪沟道型泥石流)等成灾模式，对不同模式的演化机制和变形破坏特征、成灾规模、防范重点分别作了论述，并进行了典型灾害案例的分析。

(16)对磨刀溪流域进行了基于 ArcGIS 的自然斜坡划分，共计划分自然斜坡单元 742 个。结合野外实地调查，依据自然斜坡单元的划分方案和规范性附录对斜坡结构划分的方法，完成了流域投影面积 3 104.6km² 的斜坡结构类型的划分和斜坡的稳定性定性评价。

(17)采用基于 ArcGIS 平台的综合信息量法模型，选取了 6 个大类 11 个小类的影响因子对磨刀溪流域地质灾害(崩塌、滑坡)的易发程度作了定量评价，拟合后共计确定地质灾害高易发区 6 个、中易发区 7 个、低易发区 4 个和非易发区 3 个，并针对高易发区和中易发区做了相应的分区评价说明。

(18)针对流域内在建的万利高速公路，选取对地质环境影响大的五桥—龙驹北段，进行了沿线路的工程地质调查和评价，共计划分工程地质分段 45 段，针对各段内的工程地质背景、主要工程地质问题进行了详细的叙述，提出了需要注意的问题。针对龙驹—齐岳山段，通过资料的收集和现场核实，提出了 2 个需要注意的工程地质问题(刘家岩隧道右侧进口滑坡、齐岳山隧道岩溶突水)。

(19) 通过调查和收集整理相关资料,对磨刀溪流域已有的地质灾害防治和地质环境保护措施进行了简单的论述,提出了存在的问题。针对问题提出了地质灾害防治的新原则,给出了防治规划建议,对流域已存在的754处灾害点和隐患点,逐点给出了防治措施及建议。

清江支流地质灾害调查成果报告

提交单位:中国地质调查局武汉地质调查中心
项目负责人:吴吉民
档案号:1023
工作周期:2013—2015年
主要成果:

一、清江支流地质灾害概况

查清了忠建河、支锁河及马水河流域内已发现的地质灾害点位置、规模、威胁对象、稳定现状及其所处的地质环境条件,对大中型灾害体进行了实形勾画,进一步提高了区内灾害点资料的准确性,更新了地质灾害数据。通过1∶5万及1∶1万专项地质灾害测量,对3条流域内已发现的灾害点位置、规模、威胁对象、稳定现状及其所处的地质环境条件等进行了全面的梳理、核实,并对新发生的地质灾害点进行了补充调查,对区内大中型灾害实体进行了实形勾画。根据调查,忠建河流域共发育地质灾害点291处,其中大中型地质灾害点98处;支锁河流域共发育地质灾害点122处,其中大中型地质灾害点58处;马水河流域共发育地质灾害点122处(新增7处),其中大中型地质灾害点36处。

二、清江支流流域内地质灾害分布规律、发育特征、形成条件

(1)查明了工作区地质灾害分布规律。忠建河流域地质灾害主要分布于两个区域:①下游洞坪电站库区(含中游支流花塄河流域),该区地层以志留系—三叠系为主,常有泥质软岩或煤系夹层等不良工程地质岩组,为滑坡、崩塌灾害的发生创造了有利条件。②中上游宣恩县城—咸丰县城河段,中下游属双龙湖库区及黑山电站库区,中上游属碳酸盐岩峡谷区。中上游河谷深切,两岸斜坡陡峭,公路人工切坡严重,崩塌、不稳定斜坡等地质灾害发育,中下游部分地区属碎屑岩区,岩体风化强烈,库水位动态变化、库区移民及城镇建设加剧了地质灾害的发生。支锁河流域地质灾害主要分布于干流金果坪—金鸡口河段,该区地层以志留系—二叠系为主,常有泥质软岩或煤系夹层等不良工程地质岩组,为滑坡、崩塌灾害的发生创造了有利条件。马水河流域地质灾害主要分布于两个区域:①小溪口电站库区(含支流广润河流域),该区地层以志留系—三叠系为主,常有泥质软岩或煤系夹层等不良工程地质岩组,为滑坡、崩塌灾害的发生创造了有利条件。②国道209、国道318、省道339及部分县级公路沿线,部分路段为碳酸盐岩分布区,公路内侧斜坡陡峭,人工切坡严重,崩塌、不稳定斜坡等地质灾害发育,部分地区属碎屑岩区,岩体风化强烈,城镇建设及居民切坡建房加剧了地质灾害的发生。

(2)大中型滑坡、崩塌形成等与工程地质岩组之间关系密切。工作区滑坡主要发育在志留系砂岩与泥岩互层、二叠系灰岩夹软弱层(煤层)等软硬相间岩层及巴东组易滑地层中,崩塌多发育在奥陶系、泥盆系、石炭系的砂岩、灰岩夹泥页岩及二叠系坚硬厚层灰岩、白云岩夹较软弱泥岩、硅质岩、煤层组合出露地段。

(3)暴雨是诱发地质灾害的重要因素。由志留系、石炭系岩关组及三叠系巴东组碎屑岩构成的岸坡段,地表广泛分布厚1~3m的残坡积碎石土,下伏基岩多呈强风化状,在暴雨条件下极易发生滑坡和坡面型泥石流,尤其是河流水位线以上300m斜坡地带。

(4)人类工程活动一定程度上加剧了地质灾害发生。区内人类工程活动,如水电开发、公路人工切坡对区内地质环境改造强烈,人类工程活动引起的地质灾害不容忽视。忠建河流域共开发三级水电站,支锁河中下游属清江干流水布垭电站库区,马水河流域四十二坝、闸木水、小溪口、老渡口电站等多级水电开发。电站水库蓄水及库水位动态变化、移民安置、城镇建设、交通建设对区内地质环境改造日趋强烈,人与自然矛盾加剧,地质环境压力持续增加,同时也对斜坡稳定性构成不利影响,加剧了地质灾害发生。总体上,地质灾害在空间上具有沿河沿江带状分布、在易滑地层及组合区域内集中分布、在构造活动强烈地段集中或带状分布等特点;在时间上大多分布于降雨丰富的年份与月份,与降雨周期及降雨量紧密相关。

三、工作区地质灾害发育的地质环境条件

进一步查明了工作区地质灾害发育的地质环境条件及区内易崩易滑地层及岩性组合,并分析了典型灾害体的演化过程及成灾模式。

(1)工作区内崩塌多发育于两类地层及岩性组合中:①单一地层相同岩性,主要为下三叠统中厚层碳酸盐岩地层,斜坡结构类型多为缓倾坡或横向陡倾坡,岩体受节理切割、风化、溶蚀及坡前临空卸荷等共同作用,岩体呈块裂状,产生倾倒式崩塌破坏。②单一或不同地层"上硬下软型"岩性组合,斜坡结构类型多为逆向坡或横向陡倾坡,由于下伏软岩极易风化,同时受到压裂作用,在地貌上形成凹腔,上覆硬岩在风化、节理切割等共同作用下,风化破碎的块状岩体沿节理面产生下错式或倾倒式崩塌破坏。

(2)工作区内滑坡主要可分为两类:①土质滑坡主要发育于第四系残坡积及崩坡积土体中,滑体厚度与所处的地质环境条件关系密切,一般逆向碎屑岩缓坡区、上部具良好崩塌物源的阶状斜坡区滑体厚度较大,滑带(潜在滑带)多为岩土接触面,变形方式多以整体蠕滑变形或局部坍滑为主,当其产生整体剧烈滑移时能对下伏基岩风化破碎带产生"刮铲"作用,从而向岩土混合质滑坡转化;②岩质滑坡(顺层)多发育于单一地层"软硬相间型""软弱夹层型"及不同地层"上硬下软型"岩性组合中。发生岩质滑坡的斜坡结构类型多为飘倾、等倾顺向坡(斜顺坡),滑面多为破碎基岩风化界面、完整基岩中软弱结构面(层),滑面厚度小,变形方式多为突发性后缘拉裂、整体顺层滑移。

四、典型地质灾害体及斜坡隐患点剖析

对工作区8处规模大且具有代表性的典型地质灾害体及斜坡隐患点进行了工程地质测绘、勘查。查明了滑坡区地质环境条件、特征、危害性和危险性,对其稳定性进行了初步评价;同时通过对这些典型灾害点的剖析,为研究流域滑坡成灾模式提供了直接的参考依据。

五、工作区岸坡结构划分及评价

对马水河流域重点干流及其主要支流一级斜坡进行了地质环境条件调查,进行了岸坡结构类型划分,并进行了岸坡稳定性初步评价。

六、工作区地质灾害分类归纳总结

对工作区内3类山间盆地的成因及周边地质灾害发育特征进行了归纳总结,对工作区内可能产

生泥石流灾害链的区域进行了排查。区内山间盆地较多,主要类型有3类:构造断陷盆地、河谷侵蚀盆地、岩溶盆地。构造断陷盆地内河流两侧大部分区域发生崩塌及滑坡的可能性大,而盆缘多为灰岩,岩体完整性较好,发生地质灾害的可能性也较小;河谷侵蚀盆地区内潜在的威胁为河道淤塞引起的山洪灾害及河谷右侧顺向岩质斜坡区产生的顺层岩土混合质滑坡及坡面泥石流等;岩溶盆地区内居民点多密集分布,农业种植活动频繁,可能遭受的地质灾害主要为地面塌陷及土地耕作加剧的水土流失等,部分岩溶盆地边缘则由于受节理切割及溶蚀共同作用,形成高陡危岩,容易产生崩塌。在查明区内地质环境条件及地质灾害发育现状的基础上,对汇水面积较大、中上游地质灾害发育密集、第四系分布范围广且厚度较大、下游及沟口为居民点分布相对密集区及集镇所在地的支沟进行了较为详细的调查,对支沟产生泥石流灾害链的可能性进行了预测,并对其危害性进行了初步评价。

七、忠建河、支锁河及马水河流域地质灾害易发性及危险性区划

通过野外调查和室内资料分析,确定了各流域内地质灾害高易发区及高危险区大体为:①水电站库区。受电站库区蓄水影响,由软岩或软硬相间的岩石构成的顺向坡或节理裂隙发育的逆向岸坡、坡度大于20°松散堆积的土质斜坡等,易产生不同规模的变形。②水库移民区。移民迁建区多为后靠于坡度25°以上的斜坡地带,斜坡不合理开挖、回填等,一定程度诱发或加剧了地质灾害的发生。③集镇区及重要交通沿线。不合理的人工切坡、弃渣随意堆放等,往往会诱发崩塌、滑坡、泥石流等地质灾害。④易滑地层分布地段。区内地层中多分布软弱夹层,其抗剪强度低,在降雨及人类工程活动影响下,易产生滑坡、泥石流等灾害。⑤河流水位线以上300m斜坡区。该区域为流域居民相对密集区,地表以农田耕作为主,斜坡土体结构松散,抗冲刷能力差,容易形成地质灾害。

忠建河流域地质灾害高易发区有4处,主要位于下游洞坪电站库首区、宣恩县城北侧支流三河沟流域及中游双龙湖库区、中下游右岸支流花塌河流域、中上游宣恩县城—咸丰县城干流河段两侧斜坡区;支锁河流域地质灾害高易发区主要位于河口—金果坪—邬阳干流两岸;马水河流域地质灾害高易发区有3处,主要位于流域上游建始—茅田干流两岸、流域中游小溪口电站库区、流域中下游老渡口电站库区。忠建河流域地质灾害高危险区有4处,主要位于下游洞坪电站库首区、宣恩县城北侧支流三河沟流域及中游双龙湖库区、中下游右岸支流花塌河流域、中上游宣恩县城—咸丰县城干流河段两侧斜坡区;支锁河流域地质灾害高危险区有2处,主要位于河口—金果坪—邬阳干流两岸、中游右侧松木坪及牛庄乡一带;马水河地质灾害高危险区有2处,主要位于上游建始—茅田干流两岸、中下游老渡口电站库区库尾段。

八、流域地质灾害防治对策建议

结合流域自然地理条件、环境工程地质现状和流域发展规划,有针对性地提出地质灾害防治对策建议,为流域经济建设提供重要的科学依据。

(1)对威胁城镇设施、水电安全、重要交通干线的地质灾害,采取工程治理为主、搬迁避让为辅的防治措施。

(2)对以生态农业为主导区的地质灾害,结合水土保持工程、农田整治建设及生态环境保护工程等,采取搬迁避让为主、工程治理为辅的防治措施。

(3)对其他区域,采取群测群防为主、分计划搬迁避让的措施,共建议安排群测群防点535处、专业监测点10处、搬迁避让点10处、工程治理点3处。

九、流域及图幅地质灾害调查空间数据库的建立

空间数据库建设基于《流域及图幅地质灾害调查与区划信息化技术要求》,建立以流域或图幅为

单位的地质灾害详细调查空间数据的信息系统,共完成3个流域及3个图幅的地质灾害调查空间数据库建设。

西南岩溶地区1∶5万水文地质环境地质调查(湖南:黄亭市幅、回龙寺幅)成果报告

提交单位:湖南省地质调查院
项目负责人:阮岳军
档案号:1028
工作周期:2014—2015年
主要成果:

一、基本查明调查区区域水文地质条件

黄亭市幅实际调查面积 458.562km²,其中基岩碎屑岩面积 78.936km²,碳酸盐岩分布面积 363.63km²,第四系松散堆积岩面积 6.716km²。回龙寺幅实际调查面积 459.252km²,其中基岩碎屑岩面积 104.638km²,碳酸盐岩分布面积 338.316km²,第四系松散堆积岩面积 6.791km²。调查区地貌类型分为侵蚀构造地貌、剥蚀构造地貌、溶蚀构造地貌、侵蚀堆积地貌四大类和中低山峰脊峡谷、低山峰脊峡谷、碎屑岩丘陵谷地、碎屑岩垄脊谷地、红层低丘宽谷、低山峰丛洼地谷地、高丘洼地谷地地貌、低丘宽谷地貌、垄丘谷地、河谷阶地地貌10个亚类。根据区域地层岩性及水文地质特征将调查区地下水类型划分为松散岩类孔隙水、基岩裂隙水和碳酸盐岩岩溶水三大类以及松散堆积层孔隙潜水、碎屑岩孔隙水、碎屑岩裂隙水、浅变质岩裂隙水、碳酸盐岩裂隙溶洞水、碳酸盐岩夹碎屑岩裂隙溶洞水、碎屑岩夹碳酸盐岩裂隙岩溶水7个亚类。其中以碳酸盐岩岩溶水为主,分布面积 701.646km²,占调查区总面积 76.48%。

二、基本查明调查区岩溶水文地质条件

根据调查区碳酸盐岩结构、组合和水文地质特征,将调查区碳酸盐岩分为碳酸盐岩、碳酸盐岩夹碎屑岩和碎屑岩夹碳酸盐岩三大类。黄亭市幅碳酸盐岩分布面积 180.31km²,占碳酸盐岩总面积的 49.59%;碳酸盐岩夹碎屑岩分布面积 171.17km²,占碳酸盐岩总面积的 47.07%;碎屑岩夹碳酸盐岩分布面积 12.152km²,占碳酸盐岩总面积的 3.34%。回龙寺幅碳酸盐岩分布面积 152.66km²,占碳酸盐岩总面积的 45.12%;碳酸盐岩夹碎屑岩分布面积 147.13km²,占碳酸盐岩总面积的 43.49%;碎屑岩夹碳酸盐岩分布面积 38.534km²,占碳酸盐岩总面积的 11.39%。总结了图区岩溶发育及岩溶水富集地段受地质构造、岩层岩性、地貌控制的基本规律。

三、对调查区资源量进行了评价

在查明岩溶地质特征及发育规律、流域岩溶水水文地质条件、岩溶水资源分布特征、岩溶地下水资源开发利用条件、岩溶地质环境特征的基础上,进行了岩溶水资源评价。

(1)黄亭市幅地下水可采资源总量为 $3\,279.70\times10^4\,m^3/a$。其中:松散岩类孔隙水 $28.63\times10^4\,m^3/a$、碎屑岩类裂隙孔隙水 $9.32\times10^4\,m^3/a$、基岩裂隙水 $16.85\times10^4\,m^3/a$、岩溶水 $3\,224.91\times$

$10^4 m^3/a$。图区已开采资源量 $1636.37×10^4 m^3/a$,地下水开发潜力 $1643.33×10^4 m^3/a$,潜力系数为 2.00,开采潜力大。

(2)回龙寺幅地下水可采资源量为 $4733.30×10^4 m^3/a$。其中:松散岩类孔隙水 $27.95×10^4 m^3/a$、碎屑岩类裂隙孔隙水 $116.68×10^4 m^3/a$、基岩裂隙水 $69.02×10^4 m^3/a$、岩溶水 $4519.64×10^4 m^3/a$。图区已开采资源量 $1922.84×10^4 m^3/a$,地下水开发潜力 $2810.45×10^4 m^3/a$,潜力系数为 2.46,开采潜力大。

(3)对调查区地下河、岩溶泉地下水排泄总量进行了统计汇总,并与30年前进行了对比分析。其中:黄亭市幅地下河 14 条,总排泄量 $1549.1745×10^4 m^3/a$,岩溶泉点 250 个,总排泄量 $2546.3176×10^4 m^3/a$;回龙寺幅地下河 28 条,总排泄量 $2943.6459×10^4 m^3/a$,岩溶泉点 248 个,总排泄量 $1308.640×10^4 m^3/a$。

(4)对调查区岩溶地下水开发利用现状和条件进行调查并针对图区特点对岩溶水资源开发利用进行了规划。本次工作调查分析了 28 条地下河、13 个地下水富集块段及岩溶山区表层岩溶泉的开发利用条件。根据社会经济发展的需求、水资源的利用状况和岩溶水资源开发条件,针对不同类型岩溶区进行岩溶水资源开发利用规划。

(5)根据岩溶水系统理论划分出岩溶水系统和富水地段。以岩溶水系统理论为指导,根据系统内部结构、边界条件和岩溶水的补径排条件,将具有相对独立且完整的补径排条件的封闭水文地质单元,主要依据地表水分水岭和地质构造条件,将黄亭市幅、回龙寺幅划分出籹水、夫夷水 2 个四级岩溶流域和蔡桥构造盆地、马口观背斜等 5 个褶皱富水构造,蔡桥-稠山断裂等 2 个富水断裂和长乐-黄亭市 1 个富水块段。

四、丰富了 1∶20 万水文地质普查成果

在 1∶20 万水文地质普查成果的基础上新增地下河 31 条,新增出口流量 287.43L/s,比 1∶20 万水文地质调查的大于 1L/s 的岩溶泉增加 132 个,新增流量 645.27L/s。在 1∶20 万水文地质普查成果的基础上,通过示踪试验和野外调查,理清了马口观背斜错综复杂的地下河管道系统,并对前人调查 S5412-3、S5412-6、S7603-2 地下河的资料进行了修正。

五、开发利用岩溶地下水工程成果

根据地方用水需求,在进行水文地质调查的同时,结合岩溶水资源分布规律与开发条件分析,坚持"探采结合、一孔多用"的原则,在水资源严重缺乏区,共施工钻孔 14 个,成功建供水井 9 个,探明允许开采量 $2547.45 m^3/d$,解决 2 万多人畜用水和部分农田灌溉用水问题,具有良好的社会效益和经济效益。

六、建立了图区空间数据库

通过调查、收集、汇总工作区已有的资料,综合本项目工作成果,利用 GIS 技术,建立了湖南重点岩溶地下水勘查与开发示范空间数据库。空间数据设置了图幅基本信息、地理、地质、水文、水文地质基础、水文地质参数、岩溶专门水文地质、岩溶地下水资源评价利用、生态环境地质、其他等相关图层和子图层,重点反映工作区水文地质、地下水资源、生态环境地质等内容。此外,还设置了外挂属性表详细反映本项目调查及勘查成果。

湖南重点岩溶流域水文地质及环境地质调查(耒水流域)成果报告

提交单位：湖南省地质调查院
项目负责人：阮岳军
档案号：1030
工作周期：2012—2014 年
主要成果：

一、基本查明流域水文地质条件和岩溶发育规律

(1)流域水文地质条件。实际调查面积 1 241km²。其中，碳酸盐岩分布面积 901.78km²，占总面积的 72.69%；基岩碎屑岩面积 248.43km²，占总面积的 20.03%；第四系松散堆积岩面积 49.36km²，占总面积的 3.98%。根据区域地层岩性及水文地质特征将调查区地下水类型分为松散岩类孔隙水、基岩裂隙水和碳酸盐岩岩溶水三大类和松散堆积层孔隙潜水、碎屑岩孔隙水、碎屑岩裂隙水、浅变质岩裂隙水、碳酸盐岩裂隙溶洞水、碳酸盐岩夹碎屑岩裂隙溶洞水、碎屑岩夹碳酸盐岩裂隙岩溶水 7 个亚类。其中以碳酸盐岩岩溶水为主，分布面积 901.78km²，占调查区总面积 72.69%。调查区地貌类型分为侵蚀构造地貌、剥蚀构造地貌、溶蚀构造地貌、侵蚀堆积地貌 4 个大类和 11 个亚类。

流域区岩溶水分类按碳酸盐岩与碎屑岩厚度百分比分为纯碳酸盐岩岩溶水、碳酸盐岩夹碎屑岩岩溶水、碎屑岩夹碳酸盐岩岩溶水三大类。纯碳酸盐岩岩溶水含水岩层由二叠系马平组(P_1m)、石炭系大浦组(C_2d)、马栏边组(C_1m)，泥盆系锡矿山组(D_3x)、棋子桥组(D_2q)组成，分布面积 471.01km²；碳酸盐岩夹碎屑岩岩溶水含水岩层由二叠系栖霞组(P_2q)，石炭系石磴子组(C_1s)、梓门桥组(C_1z)和三叠系大冶组(T_1d)组成，分布面积 323.66km²；碎屑岩夹碳酸盐岩岩溶水含水岩层由泥盆系孟公坳组(D_3m)、长龙界组(D_2c)、易家湾组(D_2y)组成，分布面积 107.11km²。按含水介质和赋水空间分为碳酸盐岩裂隙溶洞水、碳酸盐岩夹碎屑岩裂隙溶洞水、碎屑岩夹碳酸盐岩裂隙岩溶水。碳酸盐岩裂隙溶洞水主要分布在图区的西北部，分布面积 331.34km²；碳酸盐岩夹碎屑岩裂隙溶洞水主要分布在图区的中部和中南部，分布面积 255.19km²；碎屑岩夹碳酸盐岩裂隙岩溶水主要分布图区的东南部和西南部，分布面积 370.88km²。

(2)岩溶发育规律。流域岩溶发育受地层岩性、碳酸盐岩厚度、地质构造、地貌条件控制。①岩溶发育受地层岩性、碳酸盐岩厚度控制。地下河、溶洞、地下管道、天窗等地下岩溶形态和石芽、洼地、落水洞、岩溶洞穴等地表岩溶形态，在纯碳酸盐岩和碳酸盐岩厚度大的分布区较为发育，主要集中于二叠系马平组(P_1m)，石炭系大浦组(C_2d)、马栏边组(C_1m)，泥盆系锡矿山组(D_3x)、棋子桥组(D_2q)灰岩、白云质灰岩、白云岩中。流量较大的地下河、岩溶大泉也集中在纯碳酸盐岩分布区出露。调查流域区纯碳酸盐岩分布区出露地下河 45 条，占地下河总数的 90%；总流量 2 112.71L/s，占地下河总流量的 98.55%；出露岩溶泉 304 个，占岩溶泉总数的 53.15%，流量 1 755.67L/s，占岩溶泉总流量的 66.30%；出露洼地 87 个，占洼地总数的 82.08%；出露落水洞 20 个，占落水洞总数的 68.97%。富水性总的规律体现为从灰岩→白云岩→白云质灰岩→灰质白云岩→泥质灰岩→泥灰岩依次减弱。碳酸盐岩中纯灰岩比纯白云岩岩溶发育；碳酸盐岩比碳酸盐岩夹碎屑岩岩溶发育，而碎屑岩夹碳酸盐岩

溶发育较弱。②岩溶发育受地质构造控制。调查流域位于区域构造体系扬子陆块桂湘早古生代陆缘沉降带、邵阳坳陷带、祁阳弧形地质构造及邵阳-隆回弧形外弧凸顶端北部,其平面构造形迹以北东向和北北东向为主,褶皱和断裂构造主要控制着流域地下河和岩溶发育以及地下河发育方向,岩溶泉出露方向以北东向和北北东向为主。流域区碳酸盐岩分布9个向斜构造,共发育岩溶泉256个,总流量1 601.44L/s,占岩溶泉总流量61.05%;地下河18条,总流量1 063.11L/s,占地下河总流量49.59%。流域区碳酸盐岩分布区共有13个背斜构造,共发育岩溶泉172个,总流量538.64L/s,占岩溶泉总流量20.34%;地下河16条,总流量780.85L/s,占地下河总流量36.42%。地下河发育方向为北北东向、北东向,共41条,占地下河总数的80.39%。③岩溶发育受地貌控制。溶蚀构造地貌的低山峰脊洼地谷地和峰丛洼地谷地分布在流域的西北部,组成的含水岩层主要为泥盆系棋子桥组(D_2q)和锡矿山组(D_3x)。受地貌所制约的水动力条件影响,该地貌区共发育地下河16条,占流域地下河总数的31.4%,总流量1 007.466L/s,占流域地下河总流量的47%,流量大于100L/s的地下河4条,占全流域流量大于100L/s的地下河总数的67%。岩溶大泉、落水洞、岩溶漏斗也十分发育;垄丘谷地、溶蚀高丘洼地谷地、溶蚀低丘宽谷地貌是流域的主要类型;主要组成地层是石炭系大浦组(C_2d)、马栏边组(C_1m)及二叠系马平组(P_1m)等,是流域地下河、岩溶泉、洼地和漏斗等岩溶个体形态发育的密集地段。

二、基本查明岩溶水系统及其特征

根据岩溶水系统理论,流域区共划分四级流域赧水所属的辰水等11个岩溶水流域。岩溶流域水资源以大气降水为唯一来源,地下水系统边界基本与地表水系一致。补径排特征表现为总体上岩溶水系统承接大气降水的补给,向赧水河谷排泄。流域区岩溶水补给方式主要为面状分散渗入补给和点状集中灌入补给;径流类型分为溶洞管道集中流型、管道裂隙型分散流型和溶隙溶孔隙流型3类。调查区岩溶地下水的主要排泄特征是以当地侵蚀基准面为准,多以上升泉、下降泉、泉群和地下河等形式集中于河流峡谷、溪沟的两岸、洼地谷地边缘、沿断裂破碎外带、沿岩层层面或可溶岩与非可溶岩接触面、沿褶皱转折两端裂隙或两翼宽缓岩层面溶隙排泄和表层岩溶泉的近源排泄为特征。

三、基本查明岩溶水资源分布,圈出流域富水构造和富水块段

(1)流域区调查地下河51条,总长度70.988km,出口流量2 143.47L/s。其中流量10~50L/s的地下河(系)共22条,占地下河总数43.14%,总流量540.314L/s,占地下河总流量25.19%;流量50~100L/s的地下河(系)共5条,占地下河总数9.80%,总流量348.5L/s,占地下河总流量16.25%;流量大于100L/s的地下河(系)共6条,占地下河总数11.80%,总流量1 166.324L/s,占地下河总流量54.41%。

(2)流域区共调查567个岩溶泉,天然总排泄量2 607.274L/s。上升泉点33个,总流量688.615L/s,占岩溶泉总流量26.41%;下降泉共有480个,总流量1 883.885L/s,占岩溶泉总流量72.26%;表层岩溶泉54个,总流量34.77L/s,占岩溶泉总量1.33%。

(3)流域区富水构造分为褶皱富水构造、断裂(断裂带)富水构造和富水块段。根据工作区地质构造与岩溶水的赋存关系和岩溶水的富集程度,确定区内主要有伏龙江向斜富水构造、铜盆江向斜富水构造、向家-玛蝗背斜富水构造3个富水褶皱;长铺-黄桥富水断裂带1个和滩头富水块段1个。富水构造、富水断裂和富水块段共发育地下河22条,岩溶泉121个,总流量2 690.10L/s。

四、对流域区岩溶地下水资源量进行了初步评价

(1)多年平均天然补给资源量。全区地下水多年平均天然补给资源量为21 641.95×10^4m³/a,其

中松散岩类孔隙水、碎屑岩类裂隙孔隙水、基岩裂隙水和岩溶水多年平均天然补给量分别为 $461.34 \times 10^4 m^3/a$、$266.36 \times 10^4 m^3/a$、$1\,068.44 \times 10^4 m^3/a$、$19\,845.81 \times 10^4 m^3/a$。

(2)可开采资源量。全区可开采资源量为 $7\,848.09 \times 10^4 m^3/a$，其中松散岩类孔隙水、碎屑岩类裂隙孔隙水、基岩裂隙水和岩溶水可开采资源量分别为 $233.22 \times 10^4 m^3/a$、$1.62 \times 10^4 m^3/a$、$164.37 \times 10^4 m^3/a$、$7\,448.88 \times 10^4 m^3/a$。

(3)已采资源量。全区已采资源量为 $3\,555.57 \times 10^4 m^3/a$，其中基岩裂隙水和岩溶水已采资源量分别为 $4.194 \times 10^4 m^3/a$、$3\,551.4 \times 10^4 m^3/a$。

(4)地下水资源潜力评价。全区可开采资源量为 $7\,848.09 \times 10^4 m^3/a$，已采资源量为 $3\,555.59 \times 10^4 m^3/a$，开发潜力资源量为 $4\,292.51 \times 10^4 m^3/a$，松散岩类孔隙水、碎屑岩裂隙孔隙水、基岩裂隙水和岩溶水开发潜力资源量分别为 $233.22 \times 10^4 m^3/a$、$1.62 \times 10^4 m^3/a$、$160.18 \times 10^4 m^3/a$ 和 $3\,897.48 \times 10^4 m^3/a$。全区地下水开发潜力系数为 2.21，开采潜力大。

五、基本查明流域区存在的环境地质问题

调查区岩溶分布广，与岩溶相关的环境地质问题主要有：干旱缺水、石漠化、地下水污染、洪涝灾害、岩溶塌陷等。区内干旱缺水面积 $298.32 km^2$，缺水人口约 6.24 万人；石漠化以轻度—中度为主，分布面积 $20.21 km^2$；地下水污染呈点状分布，以农业污染为主；洪涝灾害及岩溶塌陷在工作区呈点状分布。

六、查明流域区开发岩溶地下水资源现状，提出开发利用区划

赧水右岸碳酸盐岩地区枯水年多年平均天然补给量为 $4\,276.15 \times 10^4 m^3/a$，可开采资源量为 $2\,539.77 \times 10^4 m^3/a$，已采资源量为 $1\,842.29 \times 10^4 m^3/a$。赧水左岸碳酸盐岩地区枯水年多年平均天然补给量为 $11\,489.8 \times 10^4 m^3/a$，可开采资源量为 $4\,909.12 \times 10^4 m^3/a$，已采资源量为 $1\,712.73 \times 10^4 m^3/a$。开发利用程度较低，地下水资源大部分没有得到充分开发利用。针对图区水文地质条件，结合岩溶地貌形态和特定的水资源分布特征，并通过水资源及开发利用条件和方式的研究，将图区划分为 3 个岩溶水开发利用规划区：表层岩溶泉水柜集水与引流结合钻探提引地下水开发区、以岩溶大泉围砌引流为主的地下水开发区及地下河提引堵围地下水综合开发区。

湘中地区岩溶塌陷调查（陈家坊幅、界岭幅）成果报告

提交单位：湖南省地质调查院
项目负责人：尹欧
档案号：1031
工作周期：2014—2015 年
主要成果：

一、基本查明工作区区域水文地质条件

工作区地貌类型分为侵蚀构造地貌、剥蚀构造地貌、溶蚀构造地貌和侵蚀堆积地貌四大类型，其中以溶蚀构造地貌、侵蚀构造地貌为主。进一步细分为侵蚀低山地貌、侵蚀丘陵地貌、剥蚀低丘坡地

地貌、剥蚀低丘谷地地貌、峰丛洼地谷地、垄脊洼地谷地、溶丘洼地谷地、松散堆积地貌 8 个亚类。工作区地下水类型分为孔隙水、碎屑岩类孔隙裂隙水、岩溶水和裂隙水四大类型以及松散堆积孔隙水、松散坡积孔隙水、红层碎屑岩裂隙水、碎屑岩构造风化裂隙水、浅变质岩裂隙水、碳酸盐岩岩溶水、碳酸盐岩夹碎屑岩裂隙岩溶水、碎屑岩夹碳酸盐岩裂隙水 8 个亚类,其中以碳酸盐岩岩溶水为主。

二、基本查明工作区岩溶地质特征和岩溶发育规律

工作区内可溶岩地层大面积分布,出露面积为 558.8km^2,占到工作区总面积的 56.26%,从老到新主要有:中泥盆统棋梓桥组(D_2q),上泥盆统佘田桥组(D_3s)、锡矿山组(D_3x)、七里江组(D_3ql),下石炭统马栏边组(C_1m)灰岩、石磴子组(C_1s)、梓门桥组(C_1z),上石炭统大埔组(C_2d)。其中以中泥盆统棋梓桥组(D_2q)分布面积最广,约为 178.8km^2,占工作区总面积的 19.56%。工作区内的可溶岩地层以裸露型为主,覆盖型次之,埋藏型最少。岩溶个体形态以溶沟、石芽、岩溶洼地、落水洞、溶隙、溶孔为主,天窗及充水溶洞次之。地下岩溶个体形态则以溶洞为主,地下河、溶隙次之。工作区平面岩溶发育规律主要有以下几方面。

(1)岩性控制岩溶的发育及分布。中泥盆统棋梓桥组(D_2q)灰岩,上石炭统大埔组(C_2d)白云质灰岩、灰岩等地层中岩溶发育程度较高;中泥盆统锡矿山组(D_3x)、佘田桥组(D_3s)白云质灰岩、泥灰岩等,下石炭统马栏边组(C_1m)、梓门桥组(C_1z)灰岩、碳质灰岩夹砂岩、页岩等岩溶发育程度次之。

(2)地质构造控制岩溶发育的方向及差异性。工作区中断裂主要有 3 组,即北北东向断裂、北东向断裂、北东东向断裂。北北东向断裂、北东向断裂规模大,延伸长且深,断裂带附近裂隙比较发育且密集,有利于岩溶的发育。受北北东向正断层控制的岩溶发育带,在其范围内岩溶发育强烈,岩溶个体形态以岩溶塌陷、溶洞、溶隙为主,地下河十分发育,沿断裂带发育有长冲洼地、山斗洼地、山井洼地、桃林洼地、栽树坪洼地、盐井洼地等 10 余处洼地。

(3)水动力条件对岩溶发育的控制。工作区地下水流动系统分为三大区域:龙山至陈家坊片区,易家岭至寸石片区,斫曹至甘棠、三塘铺片区。其中龙山至陈家坊片区整体上在天然状态下以龙山地区为核心,主要向东南及西南方向径流,在局部地区潭府乡一带地段,受排泄基准面及构造条件的限制,以岩溶大泉的形式向外排泄。易家岭至寸石片区整体上由北往南径流,在蛇形山一带为区内分水岭,北侧潭溪为涟水的源头。斫曹至甘棠、三塘铺片区受地形、岩性及构造的控制,在天然状态下由西往东、往南径流,区内岩溶强烈发育,地下河系统密集,地表径流不发育,在甘棠至三塘铺地下水夷平面一带地下岩溶大泉及地下河出露,地下水向外排泄。

(4)地形地貌对岩溶发育的控制。侵蚀堆积地貌最有利于岩溶发育。工作区西部的田心村岩溶塌陷发育区面积 0.4km^2,地貌上属于侵蚀堆积地貌,分布于田心河两岸附近,共发生岩溶塌陷 6 处,岩溶个体形态密度为 12 个/km^2,岩溶十分发育。地形是控制地下水埋藏深度和径流坡度的主要因素,地形较陡的地段,地表径流较快,降水入渗量较小,径流坡度大,岩溶发育较差。地形比较平缓的地段,地表水水位埋深浅,降水入渗量较大,地下水水径流坡度小,有利于岩溶发育。工作区垂向岩溶发育规律:浅部岩溶比深部岩溶发育,0～30m 以内为最发育,50m 以下岩溶发育较弱。

三、查明区内岩溶塌陷的数量、形态规模、成因类型、分布规律、发育特征

工作区共调查到 20 处岩溶塌陷地质灾害点,主要分布在 7 个区域:陈家坊幅的田心村、南庙村、刘什坝村;界岭幅的长塘村、光集—新坪村、姚家村、龙思村。塌陷规模均为小型岩溶塌陷,直径范围 1.3～10.85m,塌陷坑陷落深度都在 5m 以内,最深 4.1m,最浅 0.3m,平均 1.67m;塌陷面积最大 92.45m^2,最小仅 1.77m^2,平均 17.94m^2;塌陷体(物质亏损)体积最大 168.28m^3。塌陷坑平面形态圆

形占多数,为总数的 55%,椭圆形占 30%,不规则形占 15%;剖面形态圆柱状占多数,占总数的 45%;锥状、碟状次之,占总数的 25%,坛状最少,占 15%。岩溶塌陷按成因类型,可分为自然型岩溶塌陷和人为型岩溶塌陷两大类。其中自然型岩溶塌陷 13 处,占 65%;人为型岩溶塌陷主要是抽水型。岩溶塌陷空间上主要分布在溶蚀冲沟谷地、溶蚀洼地及河流阶地;时间分布规律表现为准周期性、群发性、季节性。岩溶塌陷发育主要控制因素有:下伏基岩岩溶发育程度;第四系土层厚度、结构及性质;地表水及地下水水力联系和活动强烈程度;人类工程活动中的开采地下水;同时断裂、向斜等构造部位与岩溶塌陷的产生也有着内在的联系。

四、查明工作区岩溶塌陷演化过程、动力条件特征及形成机理

在调查、分析研究基础上,结合工作区塌陷时空特点、地质背景条件及人类工程活动强度等,归纳出区内岩溶塌陷影响因子分两大类:内因,主要包括岩土体条件、水文地质条件、岩溶发育强度条件、构造条件及地貌条件;外因,主要包括地下水波动诱因。在此基础上总结出工作区岩溶塌陷演化模式流程,并分别论述了自然塌陷及人为塌陷演化过程及阶段。结合塌陷区降雨资料、地下水水位、地下水温度监测资料及田心村 C233 塌陷事件,分析了地下水水位和水温波动幅值、变化率指标特征及其对岩溶塌陷事件响应特征,分析表明地下水变化率对塌陷事件过程响应最为迅速和直接。综合区内岩溶塌陷演化过程、动力学特征,将工作区岩溶塌陷动力模式统一于"泵吸"模式,并细分为"强渗透性盖层+强渗透性基底"型、"弱渗透性盖层+弱渗透性基底"型、"弱渗透性盖层+强渗透性基底"型 3 种岩溶塌陷地质模型;同时分别以田心村塌陷区、刘什坝村塌陷区及姚家村塌陷区论述上述 3 种地质模型塌陷机理,其中真空吸蚀破坏、潜蚀破坏、渗压破坏及自重破坏作用在不同岩溶塌陷地质模型及不同阶段中分别起不同作用。

五、开展典型区岩溶塌陷危险性评价与风险评价

对陈家坊幅典型区田心村,采用综合指数法进行岩溶塌陷危险性、易损性及风险性评价,岩溶塌陷危险性评价体系采用基岩、土层、地下水、人类活动及塌陷现状 5 个条件,采用层次分析法进行权重赋值。其中基岩条件细分为体岩溶率、首层溶洞顶板距岩土接触面厚度与首层溶洞高度之比 2 个因子;土层条件细分为土层厚度、土层结构与第四系底部土体性质 3 个因子;地下水条件采用地下水活动位置因子;人类活动程度采用对地下水影响程度因子;岩溶塌陷现状采用综合塌陷实情因子。因子系数及因子分段区间打分结合专家打分法进行。危险性评价共划分刘家桥-张家桥、七房头-群力桥、田心河 3 块高危险区,总面积约为 0.15km²,占工作区总面积的 10.5%。易损性评价采用灾损敏感因子、抗损能力因子 2 种因子,人口密度、经济密度、社会影响程度及抗损能力 4 种指标,指标系数及分段打分结合专家打分法进行。易损性评价得出居民区和人口主要活动区、天然气管道、供水井、信号塔及桥梁为高易损性地区。风险性评价采用危险性、易损性相乘,分别以得分 0.04、0.16、0.36 来划分高风险区、中等风险区、低风险区及极低风险区 4 个级别。评价结果得出 3 处高风险区域,分别为田心河西侧天然气管道经过区域、田心河西南及西北居民区和信号塔区域、刘家桥区域,面积约 0.045km²,占工作区总面积的 3.15%。

六、开展工作区岩溶塌陷易发性区划

通过综合分析,在工作区内共划分出岩溶塌陷高易发区 9 处,中等易发区 10 处,低易发区 5 处,不易发区 10 处。其中,岩溶塌陷高易发区面积 24.78km²,占调查区总面积的 2.72%;中等易发区面积 53.51km²,占调查区总面积的 5.87%;低易发区面积 492.90km²,占调查区总面积的 54.05%;不

易发区面积 340.82km²,占调查区总面积的 37.37%。高易发区有:武桥村岩溶塌陷地质灾害高易发区(Ⅰ1);田心村岩溶塌陷地质灾害高易发区(Ⅰ2);刘什坝村岩溶塌陷地质灾害高易发区(Ⅰ3);光集-新坪村岩溶塌陷地质灾害高易发区(Ⅰ4);下矸-姚家村岩溶塌陷地质灾害高易发区(Ⅰ5);上矸-瓦子坪村岩溶塌陷地质灾害高易发区(Ⅰ6);禾塘坪村岩溶塌陷地质灾害高易发区(Ⅰ7);岩门村地下河径流带岩溶塌陷地质灾害高易发区(Ⅰ8);龙思村岩溶塌陷地质灾害高易发区(Ⅰ9)。中易发区有:杉木桥村到老新村岩溶塌陷地质灾害中等易发区(Ⅱ1);棠梓山村到南庙村岩溶塌陷地质灾害中等易发区(Ⅱ2);黄桥村-龙泉村-茶林湾村岩溶塌陷地质灾害中等易发区(Ⅱ3);康阜亭岩溶塌陷地质灾害中等易发区(Ⅱ4);双义村岩溶塌陷地质灾害中等易发区(Ⅱ5);长塘村-界田村岩溶塌陷地质灾害中等易发区(Ⅱ6);石坪村-清潭村岩溶塌陷地质灾害中等易发区(Ⅱ7);甘棠铺岩溶塌陷地质灾害中等易发区(Ⅱ8);南冲村-黄河村-三冲村岩溶塌陷地质灾害中等易发区(Ⅱ9);矮子山岩溶塌陷地质灾害中等易发区(Ⅱ10)。低易发区为陈家坊-界岭岩溶塌陷地质灾害低易发区(Ⅲ1-5)。不易发区为陈家坊-界岭岩溶塌陷地质灾害不易发区(Ⅳ1-10)。

七、提出岩溶塌陷地质灾害分区防治方案

将工作区划分为 4 个重点防治亚区:田心村-南庙村岩溶塌陷地质灾害重点防治区亚区,刘什坝村岩溶塌陷地质灾害重点防治区亚区,光集-新坪-姚家-矸曹岩溶塌陷地质灾害重点防治区亚区,甘棠铺-龙思村岩溶塌陷地质灾害重点防治区亚区;2 个次重点防治亚区:国道 G207 沿线岩溶塌陷地质灾害次重点防治区亚区,长塘村岩溶塌陷地质灾害次重点防治区亚区;1 个一般防治区。提出布设 22 处监测点的建议措施,包括地下水动态监测、地表水水均衡监测、土层沉陷测量监测、降水量监测、地面塌陷、地面及建筑物裂缝群测群防监测,形成区内地面塌陷地质灾害预警预报平台。

湖南 1∶5 万铜官幅、长沙幅、大托铺幅、湘潭幅、下摄司幅、青山铺幅、株洲县幅、镇头市幅、普迹幅环境地质调查成果报告

提交单位:湖南省地质调查院,湖南省地质矿产勘查开发局四一六队
项目负责人:徐定芳
档案号:1032
工作周期:2014—2015 年
主要成果:

(1)查明了工作区的水工环地质条件,进行了工程地质分区评价。区内地下水分为松散岩类孔隙水、碳酸盐岩类岩溶水、红层裂隙孔隙裂隙水、基岩裂隙水四大类。其中松散岩类孔隙水、碳酸盐岩类岩溶水、红层裂隙孔隙裂隙水(红层孔隙裂隙溶洞水)资源丰富,可作为应急地下水源。区内主要有板石港-庙湾里、董家冲等 11 条富水断裂和岳麓山向斜、湘潭隐伏背斜等 3 个蓄水构造。

区内工程地质岩组较复杂,岩浆岩、浅变质岩、碎屑岩、碳酸盐岩四大建造类型均有分布;土体有冲积、湖积、洪积、残积土组四大类。总体上,各类岩土体力学性质较好,强度较高,可作为建筑地基持力层。

根据控制工程地质条件的主导因素,对全区进行了三级工程地质分区,共划分 6 个区、54 个亚区、101 个地段,对各工程地质区段特征、稳定性进行了分析评价。

(2)查明了岩溶、岩体风化、河流冲刷等外动力地质现象。区内可溶岩包括碳酸盐岩及灰质砾岩两大类,主要分布于岳麓山、鸭子铺—东塘—洋湖垸、株洲董家塅—湾塘、泉水窟—罗正坝、雷打石—霞石埠、渌口—泉塘坪、杨嘉桥等地,总面积 408.34 km^2,其中埋藏型可溶岩面积占 56%。

区内岩体风化强烈,全—强风化带厚度一般为 3~20m,尤以花岗岩为甚,最厚可达 71.53m 以上,泥岩及板岩全—强风化带厚度分别达 39.02m、40.5m 以上。

河流冲刷以湘江干流为甚,两岸发育有小规模崩塌或串珠状崩塌体。

(3)查明了工作区地下水污染、土壤污染、地质灾害、矿山环境地质问题、软土和流砂主要环境地质问题,并提出了防治对策及建议。

①地下水污染。区内地下水总体污染程度不高,主要污染物为 As、Cd、Mn、Pb、NO_2-N、NO_3-N 等,污染区主要分布于湘江沿岸,污染面积约 1 000.63 km^2。以轻度污染为主,面积 698.43 km^2;中等污染区面积 285.28 km^2;严重污染区面积 93.10 km^2。中等和严重污染的地下水主要分布于工业、矿业生产和居民集中区域,危害性较大。

②土壤污染。工作区表层土壤污染以轻度污染为主,分布在望城县中南部、长沙市西部、湘潭县和株洲县大部分地区以及江背镇等地,面积 2 476.02 km^2,污染元素为 Cd、Ni、Cu;中度污染面积 579.77 km^2,分布于长株潭三市区周边、望城区新康乡、星城镇以及响塘乡等地,污染元素为 Cd、Zn;重度污染较少,主要分布在长株潭三市中心地区,面积 74.87 km^2,污染元素为 Cd、As、Zn、Cu、Hg。

③地质灾害。区内共发生地质灾害 418 处,滑坡最多,为 233 处,不稳定性斜坡、崩塌、地面塌陷居次,分别为 61 处、61 处、55 处,泥石流最少,仅 8 处。地质灾害主要分布于长沙市望城区铜官镇—丁字镇、岳麓区莲花镇、长沙县青山铺—果园镇、浏阳市葛家乡—江背镇、芦淞区大京乡—五里墩—枫溪街道、湘潭市雨湖区响塘乡—护潭乡一带。地质灾害造成直接经济损失达 3 989.5 万元;尚存地质灾害隐患 329 处,威胁人口 4 154 人,威胁资产 29 863 万元。

④矿山环境地质问题。工作区主要矿山环境地质问题包括矿山地质灾害(采空塌陷、地面沉陷、岩溶塌陷、崩塌、滑坡、泥石流)、占用及破坏土地资源、污染土石环境、影响及破坏地下水系统、矿山废水及废渣对水土环境的污染。矿山环境地质问题主要分布于湘潭锰矿区、杨嘉桥石灰岩矿区、龙岩煤矿区、浏阳市洞阳镇-葛家乡石灰岩矿区等地,给矿区及附近地质环境造成了较大影响。

⑤软土。软土主要分布于湘江及其支流与湘江汇集的河谷地带,包括靖港镇汝洋湖-严家湾、望城区高瓦桥、星城镇唐家河、星城镇王家湾、捞刀河镇戴家河、芦淞区龙泉村、长沙市新河垸-樟树园、天顶乡槐树坪-靳江村-洋湖垸、岳塘区茅屋湾等 12 个地段,总面积 67.11 km^2。

⑥流砂。工作区流砂分布区域集中在湘江干流沿岸靖港镇方家祠堂—魏家湖村、星城镇涧湖村—捞刀河镇戴家河、湘潭市霞城乡大水棚—下摄司村—龙王庙、株洲市杨家塘—冯家祠堂、沩水支流八曲河入河口、靳江河许家洲-机子塘、涓水彭家茅屋—石家屋场\渌水黄湖胜—松岗村\浏阳河镇头—普迹一带,共 48 个地段,总面积 69.89 km^2。

(4)在湘潭市、株洲市圈定了 10 处应急(后备)地下水源地,并对其中 3 处应急地下水源地进行了勘查评价,提出了应急(后备)供水建议。

在湘潭市、株洲市共圈定了湘潭市河西、岳塘、双板桥-古塘桥-白水村、坪塘矿区、龙头铺-白石港、张家园、董家塅-湾塘、泉水窟-罗正坝(-中路铺)、雷打石-坝湾(-铁石岭)、渌口-泉塘坪(-东葆山) 10 处应急(后备)地下水源地,可采资源总量 $19.90 \times 10^4 m^3/d$,水质优良。其中本次勘查评价的湘潭市河西应急地下水源地面积 136.19 km^2,可采资源量 $7.85 \times 10^4 m^3/d$(其中 A 级 $1.29 \times 10^4 m^3/d$、B 级 $3.69 \times 10^4 m^3/d$、C 级 $2.87 \times 10^4 m^3/d$);株洲市泉水窟-罗正坝和雷打石-坝湾 2 处应急地下水源地,面积分别为 24.39 km^2、23.39 km^2,可采资源量(B 级)共计 $3.22 \times 10^4 m^3/d$(其中泉水窟-罗正坝 $1.87 \times 10^4 m^3/d$,雷打石-坝湾 $1.35 \times 10^4 m^3/d$)。

湘潭市河西、岳塘 2 处应急地下水源地同时启用，湘潭市区及湘潭县城 2020 年 170 万人按每人 20L/d、50L/d 应急供水标准的应急供水需求均可满足。双板桥-古塘桥-白水村地下水源地宜作为河口镇后备水源地使用，坪塘矿区地下水源地可供长沙市岳麓区应急之用。按每人 20L/d 应急供水标准，启用泉水窟-罗正坝(-中路铺)、龙头铺-白石港、董家塅-湾塘 3 处应急地下水源地；按每人 50L/d 应急供水标准，泉水窟-罗正坝、雷打石-坝湾、龙头铺-白石港等 6 处应急地下水源地全部利用，即可满足株洲市区及株洲县城 2020 年 170 万人的应急供水需求。

(5) 查明了工作区内岩溶塌陷的分布规律、发育特征、影响因素及形成机理，提出了防治对策及建议。区内岩溶塌陷共 33 处，主要分布在长沙市岳麓区，湘潭市雨湖区、杨嘉桥镇，株洲雷打石，长沙县江背镇等地，以小型规模为主，仅 2 处为中型规模。岩溶塌陷造成直接经济损失 791.1 万元，潜在威胁人口 364 人，威胁资产 2 578 万元。岩溶塌陷多为采矿、城镇抽(排)地下水诱发，归纳为潜蚀-重力、潜蚀-吸蚀-重力两种致塌模式。本次工作在调查区共划分了 10 处高易发区、12 处中易发区、16 处低易发区，16 处危险性大区、12 处危险性中等区、21 处危险性小区。

(6) 评价了长株潭城市群核心区地下空间开发利用适宜性，划分出了适宜性好、较好、较差、差 4 个等级区。长株潭城市群核心区地下空间 0～15m 层开发利用适宜性好、较好、较差、差的面积分别为 1 668.41km^2、640.63km^2、492km^2、118.96km^2，分别占总面积的 57.13%、21.94%、16.86%、4.07%；15～40m 层开发利用适宜性好、较好、较差、差的面积分别为 1 354.82km^2、1 370.51km^2、158.22km^2、36.45km^2，分别占总面积的 46.41%、46.93%、5.42%、1.24%；40～60m 层开发利用适宜性好、较好、较差、差的面积分别为 1 477.78km^2、1 357.65km^2、68.76km^2、15.81km^2，分别占总面积的 50.62%、46.49%、2.35%、0.54%。

(7) 查明了区内砂土液化的分布规律、发育特征及危害，提出了防治对策及建议。区内砂土液化集中分布在湘江干流两岸长沙市岳麓区街道办事处—裕南街街道办事处、橘子洲南部、贺埠河—靳江村、洋湖垸一带及浏阳河河口落刀咀、新河垸—新河街道办事处一带，总面积 8.645km^2。砂土液化可能造成地面下沉、塌陷等，对工程建设有较大影响和危害，可采取挖除法、深基础法、桩基法、加密法等措施防治。

(8) 建立了湖南 1∶5 万铜官幅、长沙幅、大托铺幅、湘潭幅、下摄司幅、青山铺幅、株洲县幅、镇头市幅、普迹幅共 9 个图幅的环境地质调查数据库。

湘中地区(涟源县幅、坪上幅)岩溶塌陷调查报告

提交单位：湖南省地质矿产勘查开发局四一八队
项目负责人：郭杰华
档案号：1033
工作周期：2014—2015 年
主要成果：

一、查明了测区水文地质条件

运用系统学理论，进行岩溶水分析、评价。在 1∶20 万水文地质调查的基础上，充分收集近年来工作区水文地质工作成果，详细调查了水点分布、类型、流量、补给、径流、排泄、水质、动态等特征，运

用系统学理论,进行含水系统与岩溶地下水流系统分类、分级及评价。

测区含水系统由5个褶皱构造控制,划分成7个大类含水系统,分别为车田江向斜含水系统、桥头河向斜含水系统、斗笠山向斜含水系统、隔山-桐车坝向斜含水系统、龙山地带外围含水系统、白水洞-庙门前背斜含水系统以及非岩溶含水系统。在含水系统基础上,针对岩溶地下水流系统,结合地表水文网和地下分水岭的边界条件,划分为8个岩溶地下水流系统、27个岩溶地下水流子系统。

二、查明了测区岩溶塌陷相关地质概况

查明了测区岩溶塌陷地质发育背景、分布特征、触发因素和形成演化规律。测区位于湘中腹地,岩溶塌陷发育的地层岩性主要为下石炭统梓门桥组(C_1z)灰岩、上石炭统大浦组(C_2d)白云质灰岩、下二叠统马坪组(P_1m)灰岩、中二叠统茅口组(P_2m)灰岩,在下石炭统马栏边组(C_1m)灰岩中亦有分布。岩溶地面塌陷在平面上集中分布在金竹山矿区、冷水江矿区、毛易矿区、晏家矿区、斗笠山矿区等几个煤矿区周边的岩溶地层分布区,有显著的成群和成带性特征,数个至数十个岩溶塌陷坑集中分布在一定的空间范围内,在塌陷空间指数等密图上与一定强度的塌陷密集区相对应。在青龙村岩溶塌陷典型区,塌陷坑还具有沿北东向呈连续带状展布特征,与区域断裂构造平面展布基本一致。自1980年以来,发生岩溶塌陷的强度、频度和范围急剧增大。就发生频率而言,20世纪80年代为2.9个/a,20世纪90年代为6.2个/a,20世纪末为7.1个/a,2000—2010年为7.7个/a,2010—2015年为27.8个/a,以每年的4~6月为发生高峰期。

岩溶塌陷的平面分布、时间分布及频次强度变化特征,与测区煤矿开采强度有直接关系,矿产开发疏干排水是岩溶塌陷集中分布与爆发的最主要诱发因素。

三、系统研究了岩溶塌陷的形成机制和地质模式

调查区的岩溶塌陷成因复杂,其往往是多种机制共同叠加作用的结果,且以一种或几种机制为主。根据岩溶塌陷形成的地质条件和触发因素,从地质力学角度,将工作区的岩溶塌陷归纳为潜蚀、渗透变形、重力、真空吸蚀4种基本地质力学模式。

四、编制了相关专题图件

编制了岩溶塌陷易发程度与防治对策建议专题图件,为国土规划、重大工程建设以及防灾减灾提供了科学依据。在岩溶塌陷综合地质调查的基础上,以地球系统科学理论为指导,综合考虑"岩-土-水"和触发因素的相互作用及影响,对测区岩溶塌陷的易发性进行了区划,分成4个等级,并针对各个易发区的地质环境条件、岩溶塌陷分布特征与诱发因素进行了细致分析,并提出了防治对策建议,为国土规划布局、重大工程建设选址以及防灾减灾提供了基础地质依据。

五、开展了典型岩溶塌陷区风险性评价

针对典型岩溶塌陷区进行重点剖析,开展了易发性、易损性与风险性评价,为岩溶塌陷的防治提出了较为清晰的对象与区域,为岩溶塌陷典型区的国土与城镇建设开发利用提供了地质依据。

云南1∶5万老寨街幅、文山县幅、老街子幅、坝街幅水文地质调查成果报告

提交单位：中国地质调查局水文地质环境地质调查中心
项目负责人：李伟
档案号：1037
工作周期：2013—2014年
主要成果：

一、基本查明区域水文地质条件

调查区碳酸盐岩分布面积较广，占全区面积的60%，碎屑岩面积占24%，松散岩类面积占2%，其他基岩面积占14%。地下水占主导地位。含水岩组划分为碳酸盐岩类裂隙溶洞水、碎屑岩类裂隙孔隙水、其他基岩类裂隙水、松散岩类孔隙水4个大类。依据碳酸盐岩含量将地下水分为3个碳酸盐岩类裂隙溶洞水亚类（碳酸盐岩所占比例分别为：＞70%；30%～70%；＜30%）；根据泉水流量和径流模数，进行三级富水性分级。

调查区中部海拔最高处为薄竹山侵入岩体，地下水总的径流方向向四周辐射状分流：薄竹山西、北、东3侧被弧形条带状碎屑岩和玄武岩环围，形成了区域上地下水水径流阻滞带和地表水的转换带，发育一系列季节性大泉，以及呈串珠状分布的小泉；玄武岩的外围为碳酸盐岩地层夹杂碎屑岩。同时，受文麻断裂、塘子边向斜、平坝断层、老街子-那么果河断裂带、大黑山向斜及小红舍向斜的影响，塑造了不同期次岩溶发育期具有垂向分带性的地下水分布格局，泉与落水洞间杂分布，地表水与地下水频繁转换。泉水的同位素测试分析结果表明了区内地下水循环交替迅速的特点，与地下水补径排特征分析相一致。

二、查明了岩溶发育特征与规律

调查区内岩溶地貌大致划分为：岩溶中山峡谷地貌、岩溶低山沟谷地貌、峰丛洼地地貌和峰丛谷地地貌、溶丘洼地地貌。岩溶中山峡谷（Ⅲ1）主要分布于那么果河及四岔河河谷区，分布面积约为244.75km²；岩溶低中山沟谷（Ⅲ2）主要分布于顺甸河以南-布都河水系及那么果河与四岔河之间，分布面积为743.33km²；峰丛洼地（Ⅳ1）主要分布于调查区东南角、东北角以及西北部老寨街等地，分布面积分别为215.64km²；峰丛谷地（Ⅳ2）不连续分布于调查区东北部塘子边-白革龙以及西北部牛克等地，分布面积为85.8km²；溶丘洼地（Ⅳ3）主要分布于文山盆地以北的盘龙河谷两侧（图3-5）、平坝幅中部者安—小石桥—坝子一线，以及老街子幅东南部朵白库地段，分布面积为228.27km。

岩溶发育遍布碳酸盐岩地层，具有普遍性、不均性、分带性和复杂性，受岩性、构造、水动力条件等因素综合控制。岩溶发育与岩性的关系为：纯碳酸盐岩地层岩溶发育，一般岩溶点密度大于30个/km²；较纯碳酸盐岩地层，岩溶次发育，岩溶点密度10～30个/km²；不纯碳酸盐岩地层，岩溶点密度小于10个/km²。岩溶洞穴的发育主要受岩性、构造、剥夷面（或不同时期区域水文网）的综合控制，在水平及垂向分布上均有一定的规律性。

图 3-5　云南文山盘龙河河谷

三、查明了岩溶地下水系统特征，完成岩溶地下水系统划分

按照中国地质调查局下发的《地下水系统划分导则（GWI-A5）》，完成调查区地下水系统划分：盘龙河地下水系统与南溪河地下水系统同属于元江二级地下水系统；盘龙河三级地下水系统又进一步分为德厚河等 11 个四级地下水系统以及羊皮寨地下河等 17 个五级地下水系统；南溪河三级地下水系统进一步分为那么果河等 5 个四级地下水系统，未再进行五级地下水系统划分。

地下水系统包括岩溶含水系统和地下水流系统，其概念模型为：大气降水降落地面后，除有一部分通过蒸发蒸腾返回大气层外，余下的部分主要通过局部发育较深的溶蚀裂隙或落水洞、天窗、漏斗等岩溶通道，在不同地段以面状入渗、点状灌入等补给方式补给进入地下形成地下水，并通过流域内裂隙径蓄系统或管道径蓄系统汇集和运移构成区内各级岩溶地下水系统的水流系统；另有一部分通过地表沟渠直接汇入地表河流，由相应的地下水流系统和地表水流系统共同构成相应地下水系统的水流系统。

四、查明了地下水水化学特征及水污染现状

调查区内地下水以岩溶水为主，次为裂隙水，孔隙水只在盆地底部第四系覆盖层范围内存在，水化学类型主要为 HCO_3-Ca、$HCO_3-Ca \cdot Mg$ 型水，局部分布 $HCO_3-Ca \cdot Na$、$HCO_3 \cdot SO_4-Ca \cdot Na$ 及 SO_4-Ca、SO_4-Na 型水。

调查区内地表水与地下水转换频繁，地下水循环交替条件良好，一般无色、无味、无嗅、透明，水温 9～22℃（不包括地下热水），为低矿化度淡水，矿化度 12.0～578.0mg/L，总硬度 3.15～449.95mg/L，pH 值多呈中性偏弱碱性。

五、查明了地下河发育规律及特征

调查查明了 10 条地下河，新发现小狮子山等 7 条地下河，对白石岩地下河等 3 条地下河的位置

进行了修正。地下河多分布于调查区边缘,由中心向外扩散,以树枝状管道类型为主,仅独田地下河为单枝状管道。区内地下河主径流带长度为84.36km,流域面积达913km²。地下河或伏流系统均为全排型,在其主干道河床纵剖面上多呈现阶梯状或缓倾状,它表征着区内地下河或伏流系统的岩溶作用在当前的地质时期内大多仍具有较强的向源性和较大的向源侵蚀能力;地下河管道的横断面形态多为峡谷形(或直立隙缝状)、拱形(或近圆形)和"T"字形等。地下河系的发育与分布高程受多级排泄基准面控制:盘龙河流域基本以盘龙河及其支流河谷为排泄基准面,高程在1 259~1 299m之间;南溪河及其一级支流——那么果河流域,存在2个显著不同的地下水排泄基准面,在流域中上游一带,地下水排泄基准面多位于河谷两侧山坡的中上部,高程999~1 870m,而流域中下游,尤其是独田电站的下游,泉水多位于河谷内,高程低于800m。

六、查清(圈定)了地下水富集带

本次工作确定了11处地下水富集带,枯季年产水量总计8 683.4×10⁴m³。地下水富集带类型包括单斜峰丛洼地谷地型、背斜溶蚀洼地谷地型、断陷构造溶蚀洼地谷地型等。分布特点为:集中于薄竹山南坡;含水岩组为中寒武统碳酸盐岩含水岩组中;多位于向斜型褶皱或单斜地层。

七、以地下水系统划分为基础,进行了水资源评价

泉水长观数据结合流量统测,计算降水入渗系数和地下水水径流模数。采用大气降水入渗系数法对天然补给资源进行计算,结果为补给资源量68 797.1×10⁴m³/a;采用枯季径流模数法对区内天然枯季的排泄量进行计算,结果为天然枯季的排泄量52 734.7×10⁴m³/a;采用枯季泉流累计的方法分别进行了岩溶大泉、表层岩溶泉的允许开采资源量的评价。伏流的允许开采量为22 683.85×10⁴m³/a,表层岩溶泉地下水允许开采量为729.2×10⁴m³/a。经大气降雨入渗系数法计算,并结合天然枯季地下水水径流模数法计算,调查区内枯季天然的排泄资源量为(总计允许开采资源量)46 498.2×10⁴m³/a,区内岩溶地下水资源丰富,所占比重超过65%,而岩溶区总面积占调查区总面积的62%,岩溶地下水是当地最主要、最丰富的地下水类型。对允许开采量进行分析,其中泉水地下水允许开采量为15 859.7×10⁴m³/a,地下河、伏流的允许开采量为22 683.85×10⁴m³/a,表层岩溶泉地下水允许开采量为729.2×10⁴m³/a,上述三类地下水允许开采量占地下水天然排泄总量的22.05%、48.78%和4.70%。

八、查明了主要的环境地质问题

调查区主要的环境地质问题包括岩溶干旱、石漠化、洪涝灾害、地下水污染、崩塌、滑坡、泥石流、不稳定斜坡、岩溶塌陷等地质灾害。岩溶干旱固然受大气降水的控制,但也受到地形地貌、植被、岩溶发育程度等多种因素的影响。平坝街幅东南部阿车—小坝子—阿富一带、老街子幅中南部百福—旧寨一带以及老寨街幅老回龙南面小团坡—三家寨麻栗树一带,易发生缺水干旱。现状石漠化并不发育,轻度、中度和重度石漠化面积分别为159.5km²、182.1km²和24.86km²,分别占全区面积的8%、9.2%和1.5%。地质灾害总体上不发育,以小型为主,多为滑坡、崩塌,受降雨和人为因素控制。

九、查清了水资源利用现状,完成水资源开发利用区划

对调查区水资源开发利用现状作了归纳总结,阐述了目前存在的主要问题为地表水水能规划、开发、管理与运行监管缺乏,地下水资源开发、利用、保护不足,水污染风险较大等。根据现状和调查区水文地质条件,对调查区进行了科学、严谨的8个类别11个分区水资源区划,针对缺水问题作了详细

的供水解困方案设计。

十、进行了地质资源评价

区内地质资源包括岩溶洞穴资源、地热资源、水能资源、矿产资源及石灰石与花岗岩建材等多种资源。通过建立评价体系对具有开发前景的岩溶洞穴进行了综合评价,结果认为:密底洞旅游开发价值一般,天生桥、三元洞和人字桥溶洞群具有较高的旅游开发价值;地热资源为中低温矿泉,白沙坡温泉和苍蒲塘-二河沟温泉,适宜旅游度假开发,路梯电站温泉可进行温泉养殖利用;薄竹山锌多金属矿和白牛厂银多金属矿已开采多年,开采潜力有限,天生桥-者五舍铝土矿资源丰富,具有进一步勘探前景;那么果河流域地形高差大,水能资源丰富,适宜进行梯级电站开发,塘子边向斜蓄水构造具有良好的地下水库条件,经堵洞抬高地下水位,蓄积水能,可起到发电、调蓄水等功能。

十一、开展了西南岩溶石山地区水文地质调查技术方法研究

西南岩溶石山地区水文地质条件复杂,地下水勘查难度大。在调查过程中,有意识地针对专门问题开展了遥感、物探技术研究,形成了一定认识:1∶5万遥感影像(SPOT5)结合水文地质规律分析,可以从构造、岩性等方面分析地下水的控制作用,从而对地下水的形成、赋存及运移规律形成初步认识,在工作初期,有效指导各项工作部署,并为调查工作提供方向;1∶1万遥感影像(WV2)数据在地下水排泄点识别、微地貌点确定、岩层面产状确定、岩溶石漠化等级确定等方面准确性更高,更具优势;在场地条件宽敞、岩溶管道发育深度浅于100m时,采用高密度电阻率法对低阻特征的岩溶管道进行刻画效果较佳,当岩溶管道发育深度大于100m且场地条件有限,同时存在强电磁干扰时,仍可开展高密度电法工作揭示浅部地层结构和岩溶发育特征,再依据深部岩溶管道与浅部低阻溶隙、溶洞的相关性特征,选择高密度电法剖面上有利部位开展电测深或激电测深工作,利用单点或多点视电阻率测深曲线推算深部岩溶发育特征和可能的岩溶管道位置。

湖北省主要城市浅层地温能开发区1∶5万水文地质调查

提交单位:武汉地质工程勘察院
项目负责人:刘红卫
档案号:1042
工作周期:2014—2015年
主要成果:

(1)湖北省浅层岩土层地温在16~22℃之间,温度适中,地下水、地下岩土层体中赋存的浅层地温能资源量丰富。

(2)根据各主要城市浅层地温能开发利用适宜性分区评价,地下水浅层地温能开发利用较适宜区和适宜区面积约478.57km^2,占总评价区面积的17.09%;地埋管浅层地温能开发利用较适宜区和适宜区面积约2 131.50km^2,占总评价区面积的76.13%。

(3)经计算,评价区内地下水地源热泵系统适宜区和较适宜区夏季制冷工况下换热功率为4.25×10^9W,冬季供暖工况下换热功率为2.13×10^9W,可利用资源量为3.03×10^{16}J,折合标准煤172.73×10^4t;地埋管地源热泵系统适宜区和较适宜区夏季制冷工况下换热功率为3.62×10^{10}W,冬季供暖工

况下换热功率为 2.90×10^{10} W,可利用资源量为 3.00×10^{17} J,折合标准煤 1709.94×10^4 t。

(4) 评价区内地下水浅层地温能资源夏季可制冷面积 5848×10^4 m², 冬季可供暖面积 3552×10^4 m²; 地埋管浅层地温能资源夏季可制冷面积 4.76×10^8 m², 冬季可供暖面积 4.88×10^8 m²。

(5) 根据评价区内浅层地温能资源可利用量计算,地下水浅层地温能资源价值为 2.92 亿元;地埋管浅层地温能资源价值为 28.87 亿元。

(6) 开发利用地下水和地埋管浅层地温能资源每年分别可减少 SO_2 排量为 4.12×10^4 t、29.07×10^4 t,减少 NO_x 排量为 1.45×10^4 t、10.26×10^4 t,减少 CO_2 排量为 578.54×10^4 t、4079.92×10^4 t,减少粉尘排量 1.94×10^4 t、13.68×10^4 t,减少灰渣排量 2.42×10^4 t、17.10×10^4 t,节省环境治理费 6.84 亿元、48.24 亿元。

(7) 浅层地温能开发利用过程中可能对地质环境产生不利影响包括地下水水位下降、地下水污染、地下热环境失衡等,应采取相应的环境保护措施。

沿长江重大工程区地质环境综合调查(中游)成果报告(2015 年度)

提交单位:中国地质调查局武汉地质调查中心
项目负责人:陈立德
档案号:1043
工作周期:2015 年
主要成果:

(1) 古老背幅地下水类型可划分为松散岩类孔隙水、碳酸盐岩类裂隙水和基岩裂隙水三大类型;地下水水化学类型以 $Ca-HCO_3$ 型和 $Ca \cdot Mg-HCO_3$ 型淡水为主,pH 值呈中性;区内地下水资源总量约为 1279.96×10^4 m³/a,可开采量较少,属地下水资源匮乏区;区内地下水质量以 Ⅰ 类水和 Ⅱ 类水为主,局部有氨氮、硝酸盐等常规指标超标现象。

根据地下水在岩石中的赋存特征与水力性质,将图幅内地下水划分为松散岩类孔隙水、碳酸盐岩类裂隙水和基岩裂隙水三大类型。其中,松散岩类孔隙水又分为潜水和承压水 2 个亚类;碳酸盐岩类裂隙水为裸露型碳酸盐岩类裂隙水;基岩裂隙水分为碎屑岩类裂隙非承压水和碎屑岩类承压水 2 个亚类。通过实际调查及对数据的合理分析,认为图幅内地下水资源量偏少,为地下水匮乏区。

图幅内地下水水化学类型以 $Ca-HCO_3$ 型和 $Ca \cdot Mg-HCO_3$ 型为主,矿化度一般为 0.09~0.62 g/L,基本为淡水。pH 值主要在 6.5~7.5 之间,以中性水为主,个别点 pH 值为 5.74,为弱酸性水,以及 pH 值为 7.89,为弱碱性。总硬度主要分布在 50~350 mg/L 之间,以 Ⅰ 类水和 Ⅱ 类水为主。

图幅内的主要水文地质问题为地下水污染。表现为常规指标超标,如总硬度、溶解性总固体、氯化物、硝酸盐、硫酸盐及氨氮;少量金属元素超标,如总铁和锰;以及水体中的大肠杆菌和细菌含量超标。污染物主要来自于化肥、农药、动物粪便、工业废水及生活污水等。

(2) 古老背幅岩土体可分为碎屑岩、碳酸盐岩和松散土体三大类 10 个工程地质岩组,区内主要分布碎屑岩类岩组和松散土体岩组,碳酸盐岩类仅零星分布。区内工程地质条件可分为侵蚀堆积平原工程地质区、剥蚀堆积丘陵工程地质区和侵蚀低山工程地质区共 3 个工程地质区、6 个亚区、14 个工程地质段。

依据岩体的成岩方式、物质组成等特征,将区内岩土体工程地质类型划分为碎屑岩、碳酸盐岩和松散土体共 3 个基本类型;又依据岩性组合、结构构造及工程地质特征,进一步划分为 10 个工程地质岩组。以碎屑岩出露面积最大,占图幅面积的63.43%;松散土体分布面积次之,占31.76%;碳酸盐岩最小,仅占1.64%。

全区共划分侵蚀堆积平原工程地质区、剥蚀堆积丘陵工程地质区和侵蚀低山工程地质区3个工程地质区,并进一步划分了长江-柏临河Ⅰ级阶地冲积土体工程地质亚区、长江-柏临河Ⅱ级阶地冲积土体工程地质亚区、云池-马鬃岭丘陵冲积土体工程地质亚区、丘陵碎屑岩工程地质亚区、低山碎屑岩工程地质亚区和低山碳酸盐岩工程地质亚区6个工程地质亚区及14个工程地质段。

(3)古老背幅区内工程地质条件较好,但猇亭一带第四系分布区的7处地段有膨胀土发育、4处地段有液化砂土分布,区内白垩系砾岩内局部发育隐伏性岩溶,城市规划及工程建设过程中应予以关注。

(4)建立了宜昌冲积扇(古老背幅)三维地质结构模型,对古老背幅内地下水运移规律的数值模拟与实际较为符合。

①建立了水文地质概念模型,基于概念模型利用GMS中的MODFLOW模块建立了研究区冲积扇三维地质结构模型,通过GMS可以直观地了解冲洪积扇扇顶、扇中、扇前的岩性分布特征及冲洪积扇的发育形成过程。

②通过建立地下水水流模型,可以看到模型识别期的实测水位与模拟水位变化趋势相近,水位值相差不大,模型验证期的模拟流场与统测流场基本一致。由此可知模型识别得到的含水层的水文地质参数值及参数分区与研究区实际的水文地质条件基本相符,能够大体上反映研究区内地下水流动系统特征。

③允许开采量选用较保守的值,以总补给量的50%作为允许开采量,则研究区地下水允许开采量为$2\,420.671\,6\times10^4\,m^3/a$。统计调查开采量$1\,685.423\,5\times10^4\,m^3/a$,占允许开采量69.63%,说明研究区地下水利用程度较高,还有扩大开采量的潜力。

④地下水的水温常年在17~26℃之间,pH值6.8~9,为偏碱性水。总矿化度91.8~616mg/L,为淡水。总硬度43.5~519.5mg/L,基本为软水。地下水中阴离子以HCO_3^-为主,阳离子以Ca^{2+}、Mg^{2+}为主,研究区地下水水化学类型比较复杂,其中$HCO_3 \cdot NO_4-Ca \cdot Mg$型水和$HCO_3-Ca$型水含量最多。地下水水质综合指数为2.34~7.24,从综合评价的水质结果来看,研究区地下水超过饮用水Ⅲ类标准的占57.47%,地下水水质不容乐观。地下水水质综合评价分级图显示,研究区岗地山区水质比丘陵及平原地区水质好。

武汉市岩溶塌陷调查(金水闸幅、渡普口幅)成果报告

提交单位:湖北省地质环境总站
项目负责人:聂海涛
档案号:1044
工作周期:2015—2016年
主要成果:

(1)查明工作区区域地质背景条件和人类工程活动。通过对收集资料及本次工作取得的资料进行研究分析,对工作区地层岩性、地质构造、岩土体工程地质条件、水文地质条件等有了全面认识;对工作区内人类工程活动进行了全面梳理,对工程建设活动类型、规模等进行了调查。

(2)查明工作区岩溶地质特征。查明了工作区碳酸盐岩分布和埋藏条件,第四系土层结构及厚

度,岩溶发育特征,对区内岩溶水文地质特征有了全面认识。

(3)查明典型调查区内岩溶地质特征。对典型调查区进行了大比例尺详细调查,结合物探、钻探、测试试验等,对典型调查区岩溶地质特征及其与岩溶塌陷的关系进行了详细分析研究,对岩溶塌陷的形成机理、致塌模式等有了新的认识。

(4)完成地理底图的修编。现收集到的地理底图时间较早,近二三十年,武汉市远城区社会经济发展迅速,人类工程活动强烈,城镇范围急剧外扩,地理地貌景观发生了一定的改变。通过本次工作,对地理底图进行了初步修编,发现武汉市由于人类工程活动导致某些地段微地貌改观较大,主要人类工程活动如人工围湖填湖、修建水渠水库和河堤、道路工程建设等。修编依据主要是遥感影像、交通图,目前已完成金水闸幅、渡普口幅地理底图的数字化修编和两图幅接图处理。

(5)完成1∶5万区域地质图修编。本次工作收集到1∶5万金水闸幅地质图,渡普口幅只有1∶20万武汉幅地质图作为参照。由于年代较早和精度不够,为本次岩溶塌陷调查工作带来很大困难。项目组在本次地质调查、物探、钻探等工作的基础上,结合已开展最新1∶5万区域地质调查的金口镇幅等,对原金水闸幅1∶5万地质图进行了修编,并在1∶20万武汉幅区域地质图的基础上,编制了渡普口幅1∶5万地质图。

(6)完成1∶5万基岩地质图修编。根据野外调查和收集的钻探资料,结合本次施工的钻探资料,对第四系下伏基岩岩性及分布进行了划分,针对有白垩系—古近系红色泥质砂岩和新近系泥岩、粉砂质泥岩等覆盖的区域,以及局部有碳酸盐岩分布地段进行了重点划分。碳酸盐岩划分地段主要位于渡普口幅岩溶条带,以及金水闸幅西北侧第二岩溶条带三叠纪地层范围。

(7)完成专题研究报告编写。进行"武汉市岩溶塌陷防治对策"专题研究。结合本次岩溶塌陷调查和收集资料,根据武汉市岩溶塌陷的形成原因和诱发因素,充分考虑城市建设和发展的需要,梳理主要人类工程活动类型,结合工程类型划分工程建设适宜性分区,针对分区提出相应的岩溶塌陷防治对策,对武汉市科学发展、规划和政府决策具有重要意义。

广西壮族自治区贵港市城市环境地质调查评价报告

提交单位:广西地质环境监测总站
项目负责人:蒋力
档案号:1045
工作周期:2008—2009年
主要成果:

一、查明了贵港市主要环境地质问题

(1)贵港市地下水主要受降雨补给,补给资源量随降雨量变化而变化,根据野外调查发现,区内地下水点多年平均水位随降雨量变化而波动,没有衰减迹象;贵港市地下水开采量只占年补给资源量15.9%左右,开采潜力较大,不存在短缺现象。

(2)贵港市地下水污染源包括生活污水、生活垃圾、工业污水、固体废弃物、农药化肥。其中生活污水、工业污水是最主要的污染源。区内地下水污染主要为次生污染,主要污染物为"三氮"、铁。"三氮"污染为面状污染,主要受生活污水污染;锌、汞污染为点状污染,主要受工业污水污染。污染发生在潜水层位,污染面积 185.03km²,影响人数达 100 070 人,直接经济损失 70.31 万元,间接经济损失 112.51 万元,总经济损失 182.82 万元。

(3)区内地质灾害十分发育,主要地质灾害类型为崩塌、岩溶塌陷、滑坡、泥石流,其中发现崩塌 100 处,岩溶塌陷 31 处,滑坡 19 处,泥石流 2 处。崩塌和岩溶塌陷是区内最主要地质灾害,灾害点规模以小型为主。地质灾害影响总面积达 197 480.3m²,伤亡 27 人,威胁 8 105 人,毁坏房屋 109 间(栋),毁坏道路 5m,毁坏土地 12.76 亩,直接经济损失 730.42 万元,间接经济损失 4 644.21 万元,潜在经济损失 3 755.5 万元,总经济损失 5 374.63 万元。

二、初步查明工作区主要地质资源

(1)区内地下水资源丰富,经计算多年平均地下水天然补给资源量为 $7.62\times10^8 m^3/a$。其中基岩裂隙水多年平均天然补给资源量为 $3.66\times10^8 m^3/a$,岩溶水为 $1.34\times10^8 m^3/a$。地下水年开采量为 $5 500\times10^4 m^3$ 左右,以生活用水为主,占 40% 左右,其次为工业用水和农业用水。规划后备水源地 2 处,分别位于规划区根竹和贵化农场一带,地下水可采资源量分别为 $12 279\times10^4 t/a$、$3 176\times10^4 t/a$。

(2)贵港市建材矿资源较丰富,查明水泥用石灰岩矿产地 6 处,探明储量为 $22 525.43\times10^4 t$;水泥用黏土矿产地 1 处,探明储量 $2 643.20\times10^4 t$;建筑用砂石初步估计储量达 $33.95\times10^4 m^3$;建筑用砂岩矿产地 2 处,探明储量 $80.20\times10^4 t$;石料用石灰岩矿产地 12 处,探明储量 $3 523.96\times10^4 t$;砖瓦用黏土矿产地 14 处,探明储量 $564.1\times10^4 t$;水泥用砂岩矿产地 2 处,保有资源储量 $2 996.80\times10^4 t$。可满足贵港城市建设需要。区内旅游景观主要有:南山、大圩东塘瀑布、龙岩洞等。

三、主要环境地质问题评价

(1)区内地下水污染程度分为 3 级:严重污染区面积 115.85km²,轻微污染区面积 69.19km²,其他为未污染区。地下水水质评价为 3 个等级:较差区面积 219.50km²,其余为优良、良好区。地下水防污性能可分为 3 级:防污性能较好区分布于木梓镇南部,防污性能较差区为城区寻江两岸、卢村、对保村、木格镇一带;其他地区为防污性能中等区。

(2)对地质灾害易发程度、易损程度和危险性进行了分区评价:地质灾害高易发区 6 处,面积 206.51km²;中易发区 2 处,面积 502.18km²;低易发区 6 处,面积 1 669.18km²;不易发区 4 处,面积 1 143.52km²。地质灾害高易损区 3 处,面积 103.81km²;中易损区 6 处,面积 236.63km²;低易损区 3 处,面积 726.75km²;不易损区 3 处,面积 2 495.54km²。

(3)对区内垃圾场进行了评价,现有大圩镇垃圾场边坡稳定性差,已造成地下水严重污染,地质环境条件差。新垃圾场在现有垃圾场区进行扩建,扩建场地除建场条件较好外,其他条件一般或较差,总体适宜性差,评价其适宜性为不适宜。

(4)在上述各项评价基础上,对工作区地质环境条件进行了综合评价,评价结果为:地质环境条件较好的区域面积 1 855.09km²,较差的区域面积 1 692.98km²,差的区域面积 14.67km²。

广西壮族自治区贺州市城市环境地质调查评价报告

提交单位:广西地质环境监测总站
项目负责人:蒋力

档案号:1046
工作周期:2008—2009 年
主要成果:

一、查明了贺州市主要环境地质问题

(1)贺州市地下水主要受降雨补给,补给资源量随降雨量变化而变化,根据监测,贺州地下水监测点多年平均水位随降雨量变化而波动,没有衰减迹象。贺州市地下水开采量只占年补给资源量2.1%左右,开采潜力较大,不存在短缺现象。

(2)贺州市地下水污染源包括生活污水、生活垃圾、工业污水、固体废弃物、农药化肥。其中生活污水、工业污水是最主要的污染源。区内地下水污染包括原生污染和次生污染,原生污染主要污染物为铁、锰和地热异常区硫酸根、氟化物、镉,次生污染主要污染物为"三氮"。"三氮"呈面状污染,主要受生活污水污染,局部受工业和农业污染;铁、锰也呈面状污染,受原生污染为主,局部受生活和工业污染。区内地下水污染分布在潜水层位,污染总面积达 $272.75km^2$,影响人数达 49 906 人,直接经济损失 24.95 万元,间接经济损失 39.92 万元,总经济损失 64.88 万元。

(3)区内地质灾害十分发育,主要地质灾害类型为崩塌、岩溶塌陷、滑坡、不稳定斜坡、泥石流和地裂缝,共计灾害 337 处。其中崩塌 78 处,滑坡 169 处,泥石流 1 处,岩溶塌陷 17 处,地裂缝 1 处,边坡失稳 10 处。灾害影响总面积达 $302 354.4m^2$,伤亡 20 人,威胁 4 745 人,毁坏房屋 414 间(栋),毁坏公路、渠道、挡土墙、隧道等多处,毁坏土地 332.072 亩,直接经济损失 526.393 万元,间接经济损失 3 299.858 万元,潜在经济损失 1 824.3 万元,总经济损失 3 826.250 5 万元。

二、初步查明工作区主要地质资源

(1)区内地下水资源丰富,经计算基岩裂隙水天然补给资源量为 $8.15 \times 10^8 m^3/a$,岩溶水地下水天然补给资源量为 $0.85 \times 10^8 m^3/a$,松散岩类孔隙水天然补给资源量为 $0.47 \times 10^8 m^3/a$。地下水年开采量约为 $1 600 \times 10^4 m^3$,以生活用水为主,占 40%以上,其次为工业用水和农业用水。规划后备水源地 2 处,分别位于鹅塘镇、信都镇一带,地下水可采资源量分别为 $5 497 \times 10^4 t/a$、$3 783 \times 10^4 t/a$。

(2)贺州建材矿资源丰富,查明石料用石灰岩矿产地 3 处,探明储量为 $14 737 \times 10^4 t$;陶瓷用黏土矿产地 2 处,探明储量为 $90 \times 10^4 t$;硅灰石矿产地 1 处,探明储量 $279 \times 10^4 t$;花岗岩矿产地 1 处,探明储量 $10 981 \times 10^4 t$。区内旅游景观资源也十分丰富,主要有玉石林、姑婆山、路花温泉等。

三、主要环境地质问题评价

(1)区内地下水污染程度分为 4 级:严重污染区面积 $5.37km^2$,中等污染区面积 $7.24km^2$,轻微污染区面积 $260.14km^2$,其他为未污染区。地下水水质评价为 4 个等级:极差区面积 $19.15km^2$,较差区面积 $725.93km^2$,其他为优良和良好区。地下水防污性能可分为 2 级:防污性能较差区分布于黄田镇至姑婆山国家森林公园一带;其他地区都为防污性能中等区。

(2)对地质灾害易发程度、易损程度和危险性进行了分区评价:地质灾害高易发区 3 处,面积 $129.37km^2$;中易发区 14 处,面积 $272km^2$;低易发区 1 处,面积 $4 750.63km^2$。地质灾害高易损区 1 处,面积 $56.03km^2$;中易损区 4 处,面积 $168.02km^2$;低易损区 6 处,面积 $199.68km^2$;不易损区 1 处,面积 $4 728.27km^2$。

(3)对区内垃圾场进行了评价,现有莲塘垃圾场由于场区土体厚度小,渗透系数较高,地质条件较差;扩建垃圾场地社会环境影响中等,环境保护条件较差,建场条件一般,环境地质条件较差,综合评价其适宜性为不适宜。

(4)在上述各项评价基础上,对工作区地质环境条件进行了综合评价,评价结果为:地质环境好区面积为 51.25 km², 较好区面积 1 179.69 km², 较差区面积 3 835.84 km², 差区面积 85.21 km²。

广西壮族自治区钦州市城市环境地质调查评价报告

提交单位:广西地质环境监测总站
项目负责人:蒋力
档案号:1047
工作周期:2008—2009 年
主要成果:

一、查明了钦州市主要环境地质问题

(1)钦州市地下水主要受降雨补给,补给资源量随降雨量变化而变化,没有衰减迹象;钦州市地下水开采量只占年补给资源量 10% 左右,开采潜力较大,不存在短缺现象。

(2)钦州市地下水污染源包括原生污染源和次生污染源。原生污染源主要为降雨、砂土中铁锰质和海水,次生污染源包括生活污水、生活垃圾、工业污水、固体废弃物、农药化肥。原生污染主要污染物为铁、锰、氯离子,次生污染主要污染物为"三氮"、铁、锰、高锰酸钾和铬。区内铁、锰、pH 污染为面状污染,氯离子污染主要发生在海岸带;区内"三氮"污染也为面状污染,主要受生活污水污染,局部受工业和养殖业污染,浓度很高。地下水污染发生在潜水层位,污染总面积 236.67 km²,影响人数达14 876 人,直接经济损失 13.67 万元,间接经济损失 21.87 万元,总经济损失 35.55 万元。

(3)区内地质灾害较发育,主要地质灾害类型为崩塌、滑坡,其次为地面塌陷和地裂缝,共计灾害 167 处;其中发现崩塌及隐患点 101 处,滑坡及隐患点 62 处,岩溶塌陷 1 处,采空塌陷 2 处,地裂缝 1 处。灾害点规模以小型为主。灾害影响总面积达 12 042.5 m²,伤亡 3 人,威胁 1 331 人,毁坏房屋 71 间(栋),毁坏土地 0.15 亩,直接经济损失 79.72 万元,间接经济损失 596.995 万元,潜在经济损失1 187.7 万元,总经济损失 676.715 万元。

(4)区内有大范围软质黏土,分布于钦州市域大部分海岸带,其中钦州市海岸带软土危害性小;钦州港海岸带软土危害性中等;犀牛脚海岸带软土危害性大。区内特殊土影响面积共 177.33 km²,暂无伤亡,威胁 38 480 人,毁坏房屋 543 间(栋),直接经济损失 1 198 万元,间接经济损失 3 698 万元,总经济损失 4 916 万元。

(5)区内侵蚀海岸线和淤积海岸线都有分布,淤积海岸主要分布于钦江三角洲海岸、大风江三角洲海岸、茅岭江三角洲海岸、钦州湾口门西侧山心村岸段。侵蚀海岸主要分布于犀牛脚镇船厂街—中山墩一带。钦州湾目前有明显淤积现象。全区海岸变迁危害:影响海岸长度共 311 km,威胁 91 060人,毁坏房屋 3 间(栋),毁坏设施 0.5 km,毁坏土地 20 亩,直接经济损失 8 675 万元,间接经济损失 39 300 万元,总经济损失 47 975 万元。

二、初步查明工作区主要地质资源

(1)区内地下水资源较贫乏,经计算基岩裂隙水天然补给资源量为 $0.80 \times 10^8 \text{m}^3/\text{a}$,松散岩类孔隙水天然补给资源量为 $0.19\times10^8 m^3/a$。地下水开采量在 $400\times10^4 m^3/a$ 左右,以生活用水为主,占 60% 左右,其次为工业用水和农业用水。规划后备水源地 3 处,分别位于钦州市北西部大峒镇一带、北部张屋沟村—荷木村一带、南部三娘湾—老罗村一带,允许开采量分别为 $0.12\times10^8 m^3/a$、$0.12\times10^8 m^3/a$、$0.24\times10^8 m^3/a$。

(2)钦州市建材矿资源丰富,石膏矿探明储量 $31\,425.5\times10^4 t$,陶瓷用黏土矿探明储量 $420\times10^4 t$,建筑用砂石矿探明储量 $2\,506\times10^4 t$,还有石灰岩、花岗岩矿等矿产。可满足北海城市建设需要。区内旅游景观资源也十分丰富,主要有七十二泾、麻蓝岛、大环、三娘湾等。

三、主要环境地质问题评价

(1)区内地下水污染程度分为 4 级:严重污染区面积 $128.92 km^2$,中等污染区面积 $51.89 km^2$,轻微污染区面积 $55.86 km^2$,其他为未污染区。地下水水质评价为 4 个等级:极差区面积 $90.10 km^2$,较差区面积 $297.60 km^2$,其他为优良区和良好区。地下水防污性能可分为 2 个等级:防污性能中等区分布于评价区北部丘陵地区一带;防污性能较差区分布于城区、南部滨海平原地区。

(2)对地质灾害易发程度、易损程度和危险性进行了分区评价:地质灾害高易发区 4 处,面积 $53.95 km^2$;中易发区 6 处,面积 $245.35 km^2$;低易发区 4 处,面积 $277.12 km^2$;其余地区为不易发区。地质灾害高易损区 4 处,面积 $95.70 km^2$;中易损区 5 处,面积 $179.86 km^2$;低易损区 2 处,面积 $177.05 km^2$;不易损区 1 处,面积 $989.39 km^2$。

(3)对钦州市特殊土进行了评价:软质黏土危害性小的区域主要为钦州市区岸带,危害性中等的区域为钦州港区岸带,危害性大的区域为犀牛脚岸带。

(4)对区内垃圾场进行了评价:现有石门坎垃圾场对地下水污染较轻,稳定性较好,地质条件较好;新垃圾场在现有垃圾场西部进行建设,除环境保护条件较差外,其他条件较好或一般,评价其适宜性为较适宜。

(5)在上述各项评价基础上,对工作区地质环境条件进行了综合评价,评价结果为:地质环境质量好区面积 $394.69 km^2$,较好区面积 $337.63 km^2$,较差区面积 $700.60 km^2$,差区面积 $9.05 km^2$。

广西壮族自治区来宾市城市环境地质调查评价报告

提交单位:广西地质环境监测总站
项目负责人:蒋力
档案号:1048
工作周期:2008—2009 年
主要成果:

一、查明了来宾市主要环境地质问题

(1)来宾市地下水主要受降雨补给,补给资源量随降雨量变化而变化,地下水平均水位主要随降雨量变化而波动,没有衰减迹象;来宾市地下水开采量只占年补给资源量 1.27% 左右,开采潜力大,不存在短缺现象。

(2)来宾市地下水污染源包括生活污水、生活垃圾、工业污水、固体废弃物、农药化肥。其中生活

污水、工业污水是最主要的污染源。区内地下水污染主要为次生污染,主要污染物为"三氮"。"三氮"污染为面状污染,主要受生活污水污染。区内地下水污染分布在潜水层位,污染总面积达 75.96 km²,影响人数达 18 837 人,直接经济损失 12.81 万元,间接经济损失 20.49 万元,总经济损失 33.30 万元。

(3)区内地质灾害十分发育,主要地质灾害类型为崩塌、岩溶塌陷、采矿塌陷、滑坡,共计灾害 38 处。其中崩塌 13 处,滑坡 4 处,岩溶塌陷 13 处,采矿塌陷 8 处,灾害影响总面积达 3 952 m²,暂无伤亡,威胁 257 人,毁坏房屋 1 间(栋),毁坏土地 1.63 亩,直接经济损失 5.14 万元,间接经济损失 20.82 万元,潜在经济损失 563.3 万元,总经济损失 25.96 万元。

二、初步查明工作区主要地质资源

(1)区内地下水资源丰富,经计算多年平均地下水天然补给资源量为 7.46×10^8 m³/a。其中基岩裂隙水多年平均天然补给资源量为 0.12×10^8 m³/a,岩溶水为 7.34×10^8 m³/a。地下水年开采量为 800×10^4 t,以生活用水为主,占 50% 左右,其次为工业用水和农业用水。规划后备水源地 3 处,分别位于华侨农场、蒙村和格兰,地下水可开采资源量分别为 $5 943 \times 10^4$ m³/a、$2 518 \times 10^4$ m³/a、$1 779 \times 10^4$ m³/a。

(2)来宾建材矿资源较丰富,查明水泥用石灰岩矿产地 2 处,探明储量 490.49×10^4 t;水泥用黏土矿产地 1 处,探明储量 79.76×10^4 t;石料用石灰岩矿产地 1 处,探明储量 340.88×10^4 t;陶瓷用黏土矿产地 1 处,探明储量 897.5×10^4 t;硅土矿产地 3 处,探明储量 75.85×10^4 t;石膏矿产地 4 处,总储量 132.21×10^4 t。可满足来宾城市建设需要。区内旅游景观和地质遗迹主要有:蓬莱岛、麒麟山、龙洞山、二叠纪地层标准剖面等。

三、主要环境地质问题评价

(1)区内地下水污染程度分为 4 级:严重污染区面积 23.60 km²,中等污染区面积 13.89 km²,轻微污染区面积为 22.89 km²,其他为未污染区。地下水水质评价为 3 个等级:较差区面积 17.92 km²,优良、良好区面积 1293.67 km²。地下水防污性能可分为 2 级,防污性能中等区分布于凤凰镇南部至城厢镇的北面一带,其他地区为防污性能较差区。

(2)对地质灾害易发程度、易损程度和危险性进行了分区评价:地质灾害高易发区 2 处,面积 131.59 km²;中易发区 6 处,面积 318.78 km²;低易发区 3 处,面积 715.15 km²;不易发区 1 处,面积 66.87 km²。地质灾害高易损区 4 处,面积 154.07 km²;中易损区 4 处,面积 324.77 km²;低易损区 3 处,面积 129.14 km²;不易损区 7 处,面积 727.18 km²。

(3)对区内垃圾场进行了评价,现有飞凤垃圾场边坡稳定性较差,易产生地下水污染,但污染范围较小。新垃圾场规划建于兴宾区城厢镇蒲田村,评价其适宜性为勉强适宜。

(4)在上述各项评价基础上,对工作区地质环境条件进行了综合评价,评价结果为:地质环境条件较好区面积 553.07 km²,较差区面积 784.14 km²。

广西壮族自治区桂林市城市环境地质调查评价报告

提交单位:广西地质环境监测总站
项目负责人:蒋力
档案号:1049

工作周期：2008—2009 年

主要成果：

一、查明了桂林市主要环境地质问题

(1)桂林市地下水主要受降雨补给,补给资源量随降雨量变化而变化。根据监测,桂林地下水检查点多年平均水位随降雨量变化而波动,没有衰减迹象;桂林市地下水开采量只占年补给资源量 5% 左右,开采潜力较大,不存在短缺现象。

(2)桂林市地下水污染源包括生活污水、生活垃圾、工业污水、固体废弃物、农药化肥。其中生活污水、工业污水是最主要的污染源。区内地下水污染包括原生污染和次生污染,原生污染主要污染物为铁、锰,次生污染主要污染物为"三氮"、铁、锰、高锰酸钾和铬。地下水污染发生在潜水层位,污染面积约 30.57 km^2,影响人数达 51 963 人,直接经济损失 26.6 万元,间接经济损失 42.56 万元,总经济损失 69.16 万元。

(3)区内地质灾害十分发育,主要地质灾害类型为崩塌、岩溶塌陷、滑坡和不稳定斜坡,共计发生灾害 513 处。其中发现崩塌 106 处,岩溶塌陷 379 处,滑坡 21 处,不稳定斜坡 7 处。崩塌和岩溶塌陷是区内最主要地质灾害,灾害点规模以小型为主。地质灾害影响总面积达 44 922.99 km^2,伤亡 14 人,威胁 7037 人,毁坏房屋 180 间(栋),毁坏土地 2 786 亩,直接经济损失 2 286.71 万元,间接经济损失 10 250.43 万元,潜在经济损失 5 623.8 万元,总经济损失 12 537.14 万元。

(4)区内分布有软质黏土、泥炭和胀缩性红黏土等特殊类岩土体。软质黏土主要分布于区内西部大范围地区,泥炭主要分布于东部朝阳乡小块地段,胀缩性红黏土分布于南部奇峰镇及东北部三里店和七里店一带,南部膨胀性中等—强,其他地带中—弱。区内特殊土影响面积共 32.639 km^2,暂无伤亡,威胁 71 875 人,毁坏房屋 494 间(栋),毁坏设施 5.704 km,直接经济损失 830 万元,间接经济损失 2 506 万元,总经济损失 3 315 万元。

(5)区内总体放射性强度正常,对人体没有危害,小块地区强度较高,出现异常。

二、初步查明工作区主要地质资源

(1)区内地下水资源丰富,经计算基岩裂隙水天然补给资源量为 0.84×10^8 m^3/a,岩溶水地下水天然补给资源量为 6.90×10^8 m^3/a。地下水开采量在 $4\,200\times10^4$ m^3/a 左右,以生活用水为主,占 60% 左右,其次为工业用水和农业用水。规划后备水源地 3 处,分别位于桂林西部临桂县城一带、北部铁山圩和南部雁山司马田,面积分别为 25.51 km^2、167.47 km^2、300.57 km^2,地下水可采资源量分别为 576×10^4 m^3/a、$1\,609\times10^4$ m^3/a、$1\,115\times10^4$ m^3/a。

(2)桂林建材矿资源丰富,查明水泥用石灰岩矿总储量为 $65\,994.2\times10^4$ t,水泥用黏土矿储量 552×10^4 t,砖瓦用黏土矿储量 $5\,106.66\times10^4$ t,玻璃用石英砂岩矿储量 696.35×10^4 t。可满足桂林城市建设需要。区内旅游景观资源也十分丰富,主要有:漓江景区、临桂景区、尧山景区等国际著名景区,主要景点包括岩溶石山、溶洞、奇石、江水和古人类遗迹等。

三、主要环境地质问题评价

(1)区内地下水污染程度分为 4 级:严重污染区面积 17.20 km^2,中等污染区面积 9.31 km^2,轻微污染区面积 4.06 km^2,其他为未污染区。地下水水质评价为 4 个等级:较差区面积为 58.33 km^2,极差区面积为 1.63 km^2,其他为优良和良好区。地下水防污性能可分为 3 级:防污性能中等区分布于董家、尧山、雁山一带;防污性能差区分布于南部柘木,奇峰镇一带;其他地区为防污性能较差区。

(2)对地质灾害易发程度、易损程度和危险性进行了分区评价:地质灾害高易发区5处,面积222.8km²;中易发区6处,面积256.9km²;低易发区1处,面积72.7km²。地质灾害高易损区2处,占桂林市总面积的39.47%;中易损区4处,占32.57%;低易损区5处,占27.96%。

(3)对桂林市特殊土进行了评价:软质黏土危险性大的区域主要为南部斗鸡山—茶店村一带,危险性中等区域主要为南部塘边村至斗鸡山一带。泥炭因厚度薄,都为危险性小区。膨胀土危险性高的区域主要为南部奇峰镇一带,其他膨胀土都为危险性中等区域。

(4)对区内垃圾场进行了评价,现有冲口垃圾场因已造成下游村庄地下水严重污染,地质条件较差;桂林新垃圾场在现有冲口垃圾场区进行扩建,评价其适宜性为勉强适宜。

(5)在上述各项评价基础上,对工作区地质环境条件进行了综合评价,评价结果为:地质环境好的区域面积52.14km²,较好的区域面积182.56km²,较差的区域面积319.37km²,差的区域面积10.93km²。

广西壮族自治区河池市城市环境地质调查评价报告

提交单位:广西地质环境监测总站
项目负责人:蒋力
档案号:1050
工作周期:2008—2009年
主要成果:

一、查明了河池市主要环境地质问题

(1)河池市地下水主要受降雨补给,补给资源量随降雨量变化而变化,根据监测,河池地下水检查点多年平均水位随降雨量变化而波动,没有衰减迹象;河池市各地下水源地开采量占年补给资源量6.23%~51.3%,开采潜力较大,不存在短缺现象。

(2)河池市地下水污染源包括次生污染源和原生污染源。次生污染源包括生活污水、生活垃圾、工业污水、固体废弃物、农药化肥。其中生活污水、工业污水是最主要的污染源。原生污染源主要为锰矿和煤矿矿床。区内地下水次生污染主要污染物为"三氮"、铁、锰、氟化物。"三氮"污染为面状污染,主要受生活污水污染;铁、锰、氟化物污染为点状污染,主要受工业污水污染。原生污染主要位于长老乡和市区北部的矿区一带,主要污染物为硫酸根、氟化物和铁、锰等。区内地下水污染发生在潜水层位,污染总面积达19.7km²,影响人数达5 150人,直接经济损失810万元,间接经济损失1 000万元,总经济损失1 810万元。

(3)区内地质灾害十分发育,主要地质灾害类型为崩塌、滑坡、岩溶及采矿塌陷、不稳定斜坡,共计214处。其中发现崩塌145处、滑坡36处、岩溶塌陷20处、采矿塌陷5处、不稳定斜坡8处。崩塌是区内最主要地质灾害,灾害点规模以小型为主。灾害影响总面积达320 847m²,伤亡14人,威胁7 802人,毁坏房屋566间(栋),毁坏土地19.951亩,直接经济损失749.88万元,间接经济损失5 622.855万元,潜在经济损失9 115.192万元,总经济损失6 372.735万元。

二、初步查明工作区主要地质资源

(1)区内地下水资源丰富,经计算多年平均地下水天然补给资源量为$3.50\times10^8 m^3/a$。其中基岩裂隙水多年平均天然补给资源量为 $0.25\times10^8\,m^3/a$,岩溶水为 $3.25\times10^8\,m^3/a$。地下水年开采量为 $11.87\times10^4\,m^3/d$,以生活用水为主,占 50% 左右,其次为工业用水和农业用水。规划后备水源地 3 处,分别位于六甲镇、兴垌和加底一带,地下水可采资源量分别为 $3\,363\times10^4\,m^3/a$、$4\,284\times10^4\,m^3/a$ 和 $2\,135\times10^4\,m^3/a$。

(2)河池建材矿资源一般,查明水泥用石灰岩矿产地 2 处,探明储量 $7\,948\times10^4\,t$;水泥用黏土矿产地 1 处,探明储量 $517\times10^4\,t$;水泥用砂岩矿产地 1 处,探明储量 $269\times10^4\,t$;石料用石灰岩矿产地 5 处,储量 $2\,129.08\times10^4\,t$。可满足河池城市建设需要。区内旅游景观主要有珍珠岩、金城江公园、东仁乐园等。

三、对主要环境地质问题评价

(1)区内地下水污染程度分为 3 级:严重污染区面积 $18.00\,km^2$,轻微污染区面积 $1.69\,km^2$,其他为未污染区。地下水水质评价为 3 个等级:较差区面积 $20.74\,km^2$,优良、良好区面积 $169.26\,km^2$。地下水防污性能可分为 2 级:防污性能较差区分布于六圩镇一带;其他地区为防污性能中等区。

(2)对地质灾害易发程度、易损程度和危险性进行了分区评价:地质灾害高易发区 3 处,面积 $79.32\,km^2$;中易发区 1 处,面积 $65.01\,km^2$;低易发区 4 处,面积 $45.67\,km^2$。地质灾害高易损区 1 处,面积 $4.06\,km^2$;中易损区 4 处,面积 $82.37\,km^2$;低易损区 5 处,面积 $60.58\,km^2$;不易损区 2 处,面积 $42.99\,km^2$。

(3)对区内垃圾场进行了评价,现有三合垃圾场边坡稳定性较差,地下水易于污染,但污染范围小,地质环境条件一般。新垃圾场在现有垃圾场区进行扩建,评价其适宜性为勉强适宜。

(4)在上述各项评价基础上,对工作区地质环境条件进行了综合评价,评价结果为:地质环境条件较好的区域面积 $24.79\,km^2$,较差的区域面积 $151.29\,km^2$,差的区域面积 $13.92\,km^2$。

广西壮族自治区玉林市城市环境地质调查评价报告

提交单位:广西地质环境监测总站
项目负责人:蒋力
档案号:1051
工作周期:2008—2009 年
主要成果:

一、查明了玉林市主要环境地质问题

(1)玉林市地下水主要受降雨补给,补给资源量随降雨量变化而变化,根据监测,玉林地下水检查点多年平均水位随降雨量变化而波动,没有衰减迹象;玉林市地下水开采量只占年补给资源量 10% 左右,开采潜力较大,不存在短缺现象。

(2)玉林市地下水污染源包括生活污水、生活垃圾、工业污水、固体废弃物、农药化肥。其中生活污水、工业污水是最主要的污染源。区内地下水污染主要为次生污染,主要污染物为"三氮"、铁、锰、氟化物。"三氮"污染为面状污染,主要受生活污水污染;铁、锰、氟化物污染为点状污染,主要受工业污水污染。区内地下水污染分布在潜水层位,污染总面积达 $48.34\,km^2$,影响人数达 41 471 人,直接经

济损失21.49万元,间接经济损失34.38万元,总经济损失55.86万元。

(3)区内地质灾害十分发育,主要地质灾害类型为崩塌、岩溶塌陷、滑坡、不稳定斜坡、泥石流和地裂缝,共发生灾害320处。其中,崩塌92处,滑坡79处,泥石流1处,岩溶塌陷145处,地裂缝3处。灾害影响总面积达123 808.7m²,伤亡107人,威胁2 387人,毁坏房屋269间(栋),毁坏土地144.32亩,直接经济损失1 049.63万元,间接经济损失4 944.615万元,潜在经济损失3 211.94万元,总经济损失5 994.245万元。

二、初步查明工作区主要地质资源

(1)区内地下水资源丰富,经计算多年平均地下水天然补给资源量为3.42×10^8 m³/a。其中基岩裂隙水多年平均天然补给资源量最多,为1.95×10^8 m³/a,岩溶水次之,为1.34×10^8 m³/a,松散岩类孔隙水最少,为0.13×10^8 m³/a。地下水年开采量为46 000m³/d,以生活用水为主,占60%左右,其次为工业用水和农业用水。规划后备水源地2处,分别位于规划区北部仁东镇-福绵区和东部名山镇-大塘村,地下水可采资源量分别为$3 721\times10^4$ m³/a、$1 737\times10^4$ m³/a。

(2)玉林建材矿资源较丰富,查明水泥用石灰岩矿产地3处,年开采量17×10^4 t;水泥用黏土矿年生产量12×10^4 t;砖瓦用黏土矿年生产量20×10^4 t;石料用石灰岩年生产量87.5×10^4 t;水泥用混合份岩年生产量30×10^4 t;花岗岩年生产量11×10^4 t。可满足玉林城市建设需要。区内旅游景观主要有佛子山旅游度假区和水月岩-龙珠湖风景区。区内矿泉水资源也十分丰富。

三、主要环境地质问题评价

(1)区内地下水污染程度分为4级:严重污染区面积11.91km²,中等污染区面积6.74km²,轻微污染区面积29.69km²,其他为未污染区。地下水水质评价为4个等级:极差区面积4.78km²;较差区面积115.71km²,优良、良好区面积619.51km²。地下水防污性能可分为3级,防污性能中等区分布于规划区南部和西北部一带;防污性能较差区分布于南江镇至茂林镇一带,其他地区为防污性能差区。

(2)对地质灾害易发程度、易损程度和危险性进行了分区评价:地质灾害高易发区2处,面积209.22km²;中易发区4处,面积82.98km²;低易发区1处,面积457.80km²。地质灾害高易损区处,面积105.09km²;中易损区4处,面积87.45km²;低易损区4处,面积40.35km²;不易损区1处,面积517.09km²。

(3)对区内垃圾场进行了评价,现有上罗垃圾场边坡稳定性中等,垃圾溶滤液处理后都达到国家标准,对地表水和地下水污染轻微,地质环境条件较好。新垃圾场在现有垃圾场区进行扩建,评价其适宜性为较适宜。

(4)在上述各项评价基础上,对工作区地质环境条件进行了综合评价,评价结果为:地质环境条件好的区域面积326.52km²,较好的区域面积366.57km²,差的区域面积46.91km²。

广西壮族自治区梧州市城市环境地质调查评价报告

提交单位:广西壮族自治区地质环境监测总站
项目负责人:蒋力

档案号：1052

工作周期：2008—2009 年

主要成果：

一、查明了梧州市主要环境地质问题

（1）梧州市地下水主要受降雨补给，补给资源量随降雨量变化而变化，没有衰减迹象；梧州市地下水开采量只占年可开采资源量 4.87%，开采潜力较大，不存在短缺现象。

（2）梧州市地下水污染源包括原生污染源和次生污染源。原生污染源主要为酸雨，主要污染物为 pH，分布于整个工作区。次生污染以生活污水和工业污水污染为主，主要分布于城区和村庄，主要污染物为氨氮、硝酸盐、亚硝酸盐、铁、锰。工作区内调查地下水水点暂未发现污染情况。

（3）区内地质灾害较发育，主要地质灾害类型为崩塌、滑坡、不稳定斜坡 3 种，灾害点规模以小型为主。共计灾害 41 处，其中崩塌 7 处，滑坡 26 处，边坡失稳 8 处，灾害影响总面积达 76 534 m^2，伤亡 4 人，威胁 8 582 人，毁坏房屋 115 间（栋），直接经济损失 648.3 万元，间接经济损失 4 862.25 万元，潜在经济损失 6 064 万元，总经济损失 5 510.55 万元。

二、初步查明工作区主要地质资源

（1）区内地下水资源较贫乏，经计算多年平均地下水天然补给资源量为 3.73×10^8 m^3/a。其中基岩裂隙水多年平均天然补给资源量最多，为 3.61×10^8 m^3/a；松散岩类孔隙水最少，为 0.12×10^8 m^3/a。地下水开采量为 200×10^4 m^3/a 左右，以生活用水为主，占 50% 左右，其次为工业用水和农业用水。规划后备水源地 2 处，分别位于寨村、新利一带，地下水可采资源量分别为 2683×10^4 m^3/a、2965×10^4 m^3/a。

（2）梧州市建材矿资源一般，查明建筑用砂石矿产地 8 处，探明储量为 389.85×10^4 m^3；砖瓦用黏土矿探明储量 70.37×10^4 t；陶瓷用黏土矿产地 2 处，探明储量 36×10^4 t；花岗岩主要矿产地 8 处，探明储量 133.5×10^4 m^3。区内旅游景观主要有白云山森林公园、浔江景区等。

三、主要环境地质问题评价

（1）区内地下水污染程度低，都为轻微污染区；地下水水质评价为 3 个等级：较差区面积 31.42 km^2，其余都为优良、良好区级。全区地下水防污性能分为 3 个等级，较差区位于长州镇，中等区位于西江两岸，其他都为较好区。

（2）对地质灾害易发程度、易损程度和危险性进行了分区评价：地质灾害高易发区 2 处，面积 29.88 km^2；中易发区 4 处，面积 67.72 km^2；低易发区 1 处，面积 1 132.65 km^2。地质灾害高易损区 1 处，面积 18.09 km^2；中易损区 2 处，面积 23.35 km^2；低易损区 5 处，面积 93.13 km^2；不易损区 2 处，面积 1 054.09 km^2。

（3）对区内垃圾场进行了评价，现有梨塘冲垃圾场边坡稳定性中等，垃圾场已造成地下水污染，但污染范围小，危害小，地质环境条件一般。新垃圾场在现有垃圾场区进行扩建，评价其适宜性为较适宜。

（4）在上述各项评价基础上，对工作区地质环境条件进行了综合评价，评价结果为：地质环境条件好的区域面积 5.21 km^2，较好的区域面积 1 076.47 km^2，较差的区域面积 149.36 km^2，差的区域面积 5.36 km^2。

广西壮族自治区南宁市城市环境地质调查评价报告

提交单位：广西壮族自治区地质环境监测总站
项目负责人：蒋力
档案号：1053
工作周期：2008—2009 年
主要成果：

一、查明了南宁市主要环境地质问题

（1）南宁市地下水主要受降雨补给，补给资源量随降雨量变化而变化，根据监测，南宁地下水监测点多年平均水位随降雨量变化而波动，没有衰减迹象；南宁市除石埠地下水源地开采程度达 115%，地下水已出现短缺外，其他地下水水源地开采程度不足 5%，不存在短缺现象。

（2）南宁市地下水污染源包括次生污染源和原生污染源，次生污染源主要为生活污水和工业污水。原生污染主要污染物为铁、锰，污染范围广，但浓度较低，一般没有超标；次生污染主要污染物为"三氮"、铁、锰、高锰酸钾和铬，"三氮"主要受生活污水污染，范围广；铁、锰、高锰酸钾和铬主要为工业污染，多呈点状分布。污染发生在潜水层位，污染面积 886.75km^2，影响人数达 190 650 人，直接经济损失 153.62 万元，间接经济损失 245.80 万元，总经济损失 399.42 万元。

（3）区内地质灾害十分发育，主要地质灾害类型有滑坡、崩塌、地面塌陷、不稳定斜坡、地裂缝、泥石流 6 种，共发现地质灾害 177 处（不包括邕宁区灾害）。其中滑坡 65 处，崩塌 47 处，岩溶塌陷 20 处，采空塌陷 8 处，不稳定斜坡 15 处，地裂缝 21 处，泥石流 1 处。灾害点规模以小型为主。地质灾害影响总面积达 11.76km^2，伤亡 269 人，威胁 2 729 人，毁坏房屋 336 间（栋），毁坏土地 5 944.722 亩，直接经济损失 13 116.53 万元，间接经济损失 42 951.345 万元，潜在经济损失 13 164.41 万元，总经济损失 56 067.875 万元。

（4）区内分布有胀缩性岩土、红黏土、软土、液化砂土及淤泥、填土 5 种特殊类土。Ⅰ类胀缩性岩土主要分布于南宁市东部丘陵区，属于中等胀缩性土；Ⅲ类胀缩性土主要分布于北湖路—虎丘岭一带，属于中等胀缩性土；红黏土分布于东南部的玉洞—赖村一带的溶蚀谷地中，属弱—中等胀缩性土；软土主要分布于邕江Ⅱ级阶地上；液化砂土主要分布于雅里村一带；填土和淤泥零星分布于市区朝阳广场，东南菜市的旧城墙外围。工作区范围内特殊土影响面积共 1 068.99km^2，无伤亡人数，威胁 4 836 685 人，毁坏房屋 576 间（栋），毁坏设施 3.8km，直接经济损失 790 万元，间接经济损失 3 520 万元，总经济损失 4 310 万元。

（5）区内总体放射性强度正常，对人体没有危害，小块地区强度较高，出现异常。

二、初步查明工作区主要地质资源

（1）区内地下水资源丰富，经计算基岩裂隙水天然补给资源量为 5.26×10^8m^3/a，岩溶水地下水天然补给资源量为 7.46×10^8m^3/a，松散岩类孔隙水天然补给资源量为 0.48×10^8m^3/a。地下水开采量在 $1 600\times10^4$m^3/a 左右，以生活用水为主，占 50% 左右；其次为工业用水和农业用水。规划后备水源地 5 处，分别位于华侨投资区、坛洛镇、吴圩镇、保联、大通，地下水可采资源量分别为 5 035×

$10^4 m^3/a$、$16\,569×10^4 m^3/a$、$17\,687×10^4 m^3/a$、$2\,291×10^4 m^3/a$、$2\,552×10^4 m^3/a$。

(2)南宁市建材矿资源丰富,查明石料用石灰岩矿产地 2 处,资源储量为 $3\,300×10^4 t$;陶瓷用黏土矿资源储量 $768×10^4 t$;砖瓦用黏土矿产地 2 处,资源储量为 $2\,738.7×10^4 t$;玻璃用石英砂矿产地 3 处;饰面用花岗岩矿产地 2 处,总储量 $366×10^4 t$;建筑用砂石矿产地 5 处。区内旅游景观资源也十分丰富,主要有苏圩-上思风景名胜区、金沙湖、太阳岛、良凤江、青秀山、狮子岭等。

三、主要环境地质问题评价

(1)区内地下水污染程度分为 4 级:严重污染区面积 $194.09 km^2$,中等污染区面积 $522.39 km^2$,轻微污染区面积 $126.11 km^2$,其他为未污染区。地下水水质评价为 4 个等级:极差区面积 $65.04 km^2$,较差区面积 $986.60 km^2$,其他为优良区和良好区。地下水防污性能可分为 3 级:防污性能较好区分布于康宁水库一带山区一带;防污性能较差区分布于石埠镇、坛洛镇、城区邕江两岸一带,其他地区为防污性能中等区。

(2)对地质灾害易发程度、易损程度和危险性进行了分区评价:地质灾害高易发区 1 处,面积 $846.37 km^2$;中易发区 11 处,面积 $1\,855.89 km^2$;低易损 8 处,面积 $3\,856.74 km^2$。地质灾害高易损区 1 处,面积 $773.10 km^2$;中易损区 4 处,面积 $1\,311.32 km^2$;低易发区 6 处,面积 $4\,474.58 km^2$。

(3)对南宁市特殊土进行了评价:Ⅰ类胀缩性土分布与二塘至三塘圩一带,危害性中等;Ⅲ类胀缩性土分布于邕江三级阶地,危害性小;红黏土分布于南部玉洞—赖村一带,危害性小;邕江北岸二级阶地区软土危害性中等;西北邕江二级阶地区软土危害性小;城区填土和淤泥分布区危害性大;液化砂土危害性大。

(4)对区内垃圾场进行了评价,现有城南垃圾场因边坡稳定性较差,已造成地下水污染,地质条件较差;新垃圾场在现有垃圾场区进行扩建,评价其适宜性为较适宜。

(5)在上述各项评价基础上,对工作区地质环境条件进行了综合评价,评价结果为:地质环境条件好的区域面积 $168.67 km^2$,较好的区域面积 $4\,607.45 km^2$,较差的区域面积 $1\,704.81 km^2$,差的区域面积 $78.07 km^2$。

广西壮族自治区防城港市城市环境地质调查评价报告

提交单位:广西壮族自治区地质环境监测总站
项目负责人:蒋力
档案号:1054
工作周期:2008—2009 年
主要成果:

一、查明了防城港市主要环境地质问题

(1)防城港市地下水主要受降雨补给,补给资源量随降雨量变化而变化,没有衰减迹象;防城港市地下水年开采量只占年可开采资源量 0.9% 左右,开采潜力较大,不存在短缺现象。

(2)防城港市地下水污染源包括原生污染源和次生污染源。原生污染源主要为降雨、砂土中铁锰质和海水,次生污染源包括生活污水、生活垃圾、工业污水、固体废弃物、农药化肥。原生污染主要污

染物为铁、锰、pH、氯离子,次生污染主要污染物为"三氮"、铁、锰、高锰酸钾和铬。铁、锰、pH污染为面状污染,氯离子污染主要发生在海岸带;区内"三氮"污染也为面状污染,主要受生活污水污染,局部受工业和养殖业污染,浓度很高。地下水污染发生在潜水层位,污染面积165.52km^2,影响人数达47783人,直接经济损失27.26万元,间接经济损失43.62万元,总经济损失70.88万元。

(3)区内地质灾害较发育,主要地质灾害类型为崩塌,其次为滑坡和不稳定斜坡,共计灾害88处,其中发现崩塌及隐患点74处,滑坡及隐患点9处,不稳定斜坡4处,泥石流1处。灾害点规模都为小型。地质灾害影响总面积达42128m^2,伤亡5人,威胁1802人,毁坏房屋24间(栋),毁坏土地2亩,直接经济损失81.92万元,间接经济损失614.4万元,潜在经济损失1781.4万元,总经济损失2477.72万元。

(4)区内有大范围软质黏土,分布于防城港市域大部分海岸带,其中各河流三角洲软土危害性小;防城港和企沙靠近海岸带软土危害性中等;防城港和企沙靠海一带软土危害性大。区内特殊土影响面积共203.344km^2,暂无伤亡,威胁61815人,毁坏房屋501间(栋),直接经济损失981万元,间接经济损失2964万元,总经济损失3945万元。

(5)区内侵蚀海岸线和淤积海岸线都有分布,淤积海岸主要分布于钦防城江三角洲海岸、茅岭江三角洲海岸,江平尾东段企沙赤沙附近和江平巫头岛一带等岸段亦为淤积海岸;侵蚀海岸主要分布于白龙尾基岩岸段、江山乡白龙尾岛南岸、企沙湾沙扒墩西岸。防城港口目前有明显淤积现象。工作区范围内海岸变迁影响海岸总长度286km,暂无伤亡,威胁58500人,毁坏房屋56间(栋),毁坏道路2km,毁坏土地60亩,直接经济损失2870万元,间接经济损失11450万元,总经济损失14320万元。

二、初步查明工作区主要地质资源

(1)区内地下水资源较贫乏,经计算基岩裂隙水天然补给资源量为3.72×10^{8}m^3/a,松散岩类孔隙水天然补给资源量为0.26×10^{8}m^3/a。地下水开采量在300×10^{4}t/a左右,以生活用水为主,占60%左右;其次为工业用水和农业用水。规划后备水源地2处,分别位于防城港市潭村带、白沙万一带,允许开采量分别为1069×10^{4}m^3/a、311×10^{4}m^3/a。

(2)防城港市建材矿资源丰富,查明建筑用砂石矿产地主要8处,探明储量已达1796.42×10^{4}m^3;砖瓦用黏土矿产地主要9处,储量88.14m^3;玻璃用石英砂矿产地3处;饰面用花岗岩矿产地3处,探明储量1587.57×10^{4}m^3。可满足防城港城市建设需要。区内旅游景观资源也十分丰富,主要有海岸带景观、红树林景观、万鹤山、金花茶国家级自然保护区。

三、主要环境地质问题评价

(1)区内地下水污染程度分为4级:严重污染区面积5.86km^2,中等污染区面积27.26km^2,轻微污染区面积13.40km^2,其他为未污染区。地下水水质评价为4个等级:极差区面积13.62km^2,较差区面积752.71km^2,其他为优良区和良好区。地下水防污性能可分为3级,防污性能较好区分布于那柏村、那勇村北部等地;防污性能中等区分布于工作区东北部、西北部;其他区为防污性能较差区。

(2)对地质灾害易发程度、易损程度和危险性进行了分区评价:地质灾害中易发区1处,面积360.01km^2;低易发区2处,面积880.1km^2;不易发区2处,面积19.59km^2。地质灾害高易损区1处,面积71.138km^2;中易损区2处,面积301.71km^2;低易损区3处,面积343.36km^2;其余为不易损区。

(3)对防城港市特殊土进行了评价:软质黏土危害性小的区域主要为各河流三角洲,危害性中等的区域为防城港和企沙近岸海岸带,危害性大的区域为防城港和企沙靠海一带海岸带。

(4)对区内垃圾场进行了评价,现有公车镇垃圾场对地下水已造成污染,但区内地下水开采率低,地质条件一般；新垃圾场在现有垃圾场西部进行建设，除运输条件较差外，其他条件较好或一般，评价其适宜性为勉强适宜。

（5）在上述各项评价基础上，对工作区地质环境条件进行了综合评价，评价结果为：地质环境质量好区面积 7.75 km^2，较好区面积 567.57 km^2，较差区面积 410.17 km^2，差区面积 274.51 km^2。

广西壮族自治区百色市城市环境地质调查评价报告

提交单位：广西地质环境监测总站
项目负责人：蒋力
档案号：1055
工作周期：2008—2009 年
主要成果：

一、查明了百色市主要环境地质问题

（1）百色市地下水主要受降雨补给，补给资源量随降雨量变化而变化，没有衰减迹象。百色市地下水开采量只占年可开采资源量 12.9%，开采潜力较大，不存在短缺现象。

（2）百色市地下水污染源包括原生污染源和次生污染源。原生污染源包括煤矿和硫化矿床中硫酸根、氟化物、氯化物等污染和松散岩含水层中铁、锰污染。次生污染源以生活污水和工业污水污染为主，主要分布于城区和村庄，主要污染物为氨氮、硝酸盐、亚硝酸盐、铁、锰。区内地下水污染主要发生在潜水层位，发现的主要污染物有 pH、Cl^-、NO_3^-、SO_4^{2-} 等，污染面积 11.82 km^2，影响人数达 1 378 人，直接经济损失 0.73 万元，间接经济损失 1.17 万元，总经济损失 1.90 万元。

（3）区内地质灾害较发育，主要地质灾害类型为崩塌、滑坡、地面塌陷、不稳定斜坡 4 种，共计灾害 117 处。其中，崩塌 56 处，滑坡 57 处，地面塌陷 2 处，边坡失稳 2 处。地质灾害影响总面积达 83 412.1 m^2，伤亡 1 人，威胁 1 714 人，毁坏土地 16.92 亩，直接经济损失 165.39 万元，间接经济损失 930.825 万元，潜在经济损失 1 060.78 万元，总经济损失 2 156.995 万元。

二、初步查明工作区主要地质资源

（1）区内地下水资源较贫乏，经计算多年平均地下水天然补给资源量为 5.15×10^8 m^3/a。其中，基岩裂隙水多年平均天然补给资源量最多，为 3.87×10^8 m^3/a；岩溶水次之，为 1.06×10^8 m^3/a；松散岩类孔隙水最少，为 0.02×10^8 m^3/a。地下水年开采量为 300×10^4 m^3/a，以生活用水为主，占 50% 左右；其次为工业用水和农业用水。规划后备水源地 3 处，分别位于者仙圩、福禄、淋酸一带，地下水可采资源量分别为 6 912×10^4 m^3/a、352×10^4 m^3/a、496×10^4 m^3/a。

（2）百色建材矿资源一般，查明砖瓦用黏土矿产地 2 处，储量为 154.92×10^4 t，年生产 7.25×10^4 t；建筑石料用石灰岩矿产地 3 处，储量为 234.71×10^4 t，年开采矿石总量 18×10^4 t/a。区内旅游景观主要有大水源林自然保护区、澄碧河水源林保护区、百东可水源林保护区、大王岭水源林保护区、"雅芒"崖像、福禄瀑布群。

三、主要环境地质问题评价

（1）区内地下水污染程度分为 3 级：严重污染区面积 10.06 km^2，轻微污染区面积 1.76 km^2，其他为未污染区。地下水水质评价为3个等级:较差区面积17.04km²,其余都为优良、良好区级。全区地下水防污性能都为中等。

(2)对地质灾害易发程度、易损程度和危险性进行了分区评价:地质灾害高易发区1处,面积45.63km²;中易发区3处,面积397.12km²;低易发区6处,面积480.59km²。地质灾害高易损区1处,面积21.10km²;中易损区1处,面积56.47km²;低易损区3处,面积231.39km²;不易损区4处,面积615.06km²。

(3)对区内垃圾场进行了评价,现有增村垃圾场边坡稳定性好,垃圾溶滤造成地下水氨氮污染。地质环境条件一般。新垃圾场在现有垃圾场区进行扩建,评价其适宜性为基本适宜。

(4)在上述各项评价基础上,对工作区地质环境条件进行了综合评价,评价结果为:地质环境条件较好的区域面积380.74km²,较差的区域面积513.21km²,差的区域面积29.97km²。

广西壮族自治区崇左市城市环境地质调查评价报告

提交单位:广西壮族自治区地质环境监测总站
项目负责人:蒋力
档案号:1056
工作周期:2008—2009年
主要成果:

一、查明了崇左市主要环境地质问题

(1)崇左市地下水主要受降雨补给,补给资源量随降雨量变化而变化。根据监测,柳州地下水监测点多年平均水位随降雨量变化而波动,没有衰减迹象。柳州市地下水开采量只占年补给资源量2.11%左右,开采潜力较大,不存在短缺现象。

(2)崇左市地下水污染源包括生活污水、生活垃圾、工业污水、固体废弃物、农药化肥。其中生活污水、工业污水是最主要的污染源。区内地下水污染包括原生污染和次生污染,原生污染主要污染物为铁、锰、硫酸根和氟化物,主要为煤矿和锰矿污染。次生污染主要污染物为"三氮"和铁、锰、铅。"三氮"呈面状污染,主要受生活污水污染,局部受工业和农业污染;铁、锰也呈面状污染,受原生污染为主,局部受生活污染和工业污染。地下水污染分布在潜水层位,污染面积约2.37km²,影响人数达218人,直接经济损失0.11万元,间接经济损失0.17万元,总经济损失0.28万元。

(3)区内地质灾害十分发育,主要地质灾害类型有崩塌、滑坡、塌陷、地裂缝。共计22处灾害点,其中崩塌13处,滑坡3处,塌陷3处,地裂缝3处。灾害点规模以小型为主。前3类灾害影响城市面积共2 257m²,威胁人数30人,毁坏房屋6间,毁坏设施10m、毁坏土地0.07亩,直接经济损失17.724万元,间接经济损失212.514万元,潜在经济损失212.514万元,总经济损失442.752万元。

二、初步查明工作区主要地质资源

(1)区内地下水资源丰富,经计算基岩裂隙水天然补给资源量为$0.18 \times 10^8 m^3/a$,岩溶水地下水天然补给资源量为$1.80 \times 10^8 m^3/a$。地下水年开采量约为$700 \times 10^4 m^3$,以生活用水为主,占40%以上,其次为工业用水和农业用水。规划后备水源地2处,分别位于江州区、岭弄一带,地下水可采资源

量分别为 $4100×10^4 m^3/a$、$4300×10^4 m^3/a$。

(2)崇左建材矿资源丰富,查明水泥用石灰岩矿产地 3 处,探明储量为 $2885.55×10^4 t$;水泥用黏土矿产地 1 处,资源储量约 $367×10^4 t$;建筑用砂石矿产地 1 处;石料用石灰岩矿产地 6 处。区内旅游景观资源也十分丰富,主要有崇左森林公园与龙峡山保护区等。

三、主要环境地质问题评价

(1)区内地下水污染程度分为 2 级:轻微污染区面积 $2.37 km^2$,其他为未污染区。地下水水质评价为 2 个等级:较差区面积 $2.37 km^2$,其他为优良区和良好区。地下水防污性能可分为 3 级:防污性能较差区分布在城区和左江两岸;防污性能中等区位于评价区南部;其他地区都为防污性能较好区。

(2)对地质灾害易发程度、易损程度和危险性进行了分区评价:地质灾害中易发区 3 处,面积 $131.38 km^2$;低易发区 2 处,面积 $118.62 km^2$。地质灾害高易损区 3 处,面积 $103.55 km^2$;中易损区 2 处,面积 $94.98 km^2$;低易损区 1 处,面积 $277.29 km^2$;不易损区 2 处,面积 $62.81 km^2$。

(3)对区内垃圾场进行了评价,现有农勇垃圾场因场地稳定性差,地下水污染严重,地质条件较差;新建垃圾场社会环境影响小,环境保护条件好,建场条件较差,环境地质条件较差,总体环境适宜性较差,为勉强适宜区。

(4)在上述各项评价基础上,对工作区地质环境条件进行了综合评价,评价结果为:地质环境较好区面积 $222.43 km^2$,较差区面积 $27.56 km^2$。

广西壮族自治区城市环境地质调查评价报告

提交单位:广西壮族自治区地质环境监测总站
项目负责人:蒋力
档案号:1057
工作周期:2008—2009 年
主要成果:

一、查明地质环境质量相关基本情况

根据地质环境背景,修编了城市远景规划区相关基础图件,了解了规划区地质环境质量相关基本情况。在以往资料基础上,对地层、地貌、地质构造和水文、工程地质条件等城市地质环境背景条件进行了核查,修编了城市地质图、地貌分区图、岩土体类型图和水文地质图等基础图件。结合广西区域环境地质图,初步了解 14 个主要城市地质环境背景情况,南宁、北海、钦州、防城港、崇左、贵港等地级城市远景规划区多处于地质环境背景中等及较好区;柳州、贺州、玉林远景规划区主要为地质环境背景中等区和较差区;桂林、河池、梧州、来宾远景规划区主要为环境质量较差区;百色远景规划区主要为地质环境背景较差—较好区。

二、城市主要环境地质问题评价

根据资料分析及调查研究,查明和评价了城市主要环境地质问题,分述如下。

(1)地下水衰减和短缺问题。广西地下水资源较为丰富,主要以碳酸盐岩岩溶水、松散岩类孔隙

水为主,少量基岩裂隙水,城市多年地下水天然补给资源量较大,2001—2009年水资源变化幅度均未超过30%,地下水开采量小于或远小于地下水补给量,各城市地下水资源在正常降雨年份,不存在衰减和短缺问题。仅南宁、北海、桂林、柳州、玉林等城市局部地区由于开采不合理,出现降落漏斗,导致旱灾时地下水短缺。

(2)地下水污染问题。查明地下水污染特征及分布规律。城市地下水污染源类型分为原生污染和次生污染两大类。原生污染源主要为矿床、成土母质、海水、降雨等,相应污染的地下水具有以下特征:埋深大,径流强度低,地势低洼,靠近海岸带,海水入侵明显,同一地区地下水有害物浓度随季节降雨量起伏变化。次生污染源主要为生活垃圾及废水,工业废渣、废水及废气,农药化肥3种;污染区主要集中分布在人口密集、工厂集中的城区地段,多为生活污水污染和工业污染,主要污染指标为氨氮、亚硝酸盐、硝酸盐、铁、锌、铬、砷、汞、高锰酸钾、生化需氧量(BOD)、化学需氧量(COD)等。

(3)地下水污染评价。①根据地下水水质分析,地下水未污染区域占城市面积的83.6%~100%,仅局部地区受到轻—严重程度的污染,污染组分主要为pH、氨氮、硝酸盐、亚硝酸盐、硫酸盐、铁、锰、锌、镉、砷、溶解性总固体、总硬度、挥发性酚类、高锰酸钾等,另外沿海城市地下水还多受氯化物的污染。②根据地下水有机水样水质分析,南宁、贵港、百色、崇左、梧州5个城市地下水未受有机物污染,水质合格。而其他城市地下水检出有机物组分为甲醛、三氯乙烯、邻苯二甲酸二(2-乙基)酯、氯乙烯、苯、乙苯、表面活性剂、石油类等,为轻微污染。③区内地下水污染主要分布在人口密集城区、工厂企业附近。在工业污染、农业污染、生活污染中,工业污染、生活污染是评价区内的重要污染源。区内地下水污染主要为次生污染。④全区地下水污染主要发生在潜水层位,污染总面积达2 118.24 km²,其中轻度污染783.97 km²,中等污染753.20 km²,严重污染581.07 km²。

(4)地下水质量现状评价。区内总体水质良好,满足饮用水水质要求的优良级水和良好级水分布面积占评价区面积85%,但水质大部分呈弱酸性。仅防城港、柳州两城市总体水质情况处于较差级,其他城市总体水质良好,良好水质区分布面积大,占城市面积的73%以上。较差级、极差级水的超标项目主要包括氨氮、亚硝酸盐、硝酸盐、铁、锰、锌、砷、汞、pH值、总硬度等。

(5)地下水防污性能评价。全工作区范围内,地下水多以松散孔隙水、岩溶水为主,地下水防污性能以中等级别为主,其面积达17 438.02 km²,占工作区面积的67.5%。各城市防污性能情况:防城港、桂林、河池、柳州、来宾5个城市以较差等级为主,南宁、北海、河池、贵港、百色、贺州6个城市以中等级别为主,而崇左、梧州、玉林3个城市地下水防污性能以较好等级为主。

(6)地质灾害评价。区内共发生地质灾害2 457处(不包括南宁市邕宁区地质灾害点),各类灾害多以小型规模为主,其中崩塌933处,滑坡582处,岩溶塌陷733处,采空塌陷29处,不稳定斜坡136处,地裂缝38处,泥石流6处。地质灾害易发性评价:区内高易发区面积2 197.83 km²,中易发区面积5 161.44 km²,低易发区面积15 480.58 km²,不易发区面积3 003.65 km²,以低易发区面积最为广泛,占全工作区面积的60%。其中桂林、河池、柳州3个城市多为高、中易发区,南宁、防城港、百色、崇左、来宾、贺州、梧州、玉林多为低易发区,贵港多为低、不易发区,北海、钦州多为不易发区。地质灾害易损性评价:区内以低易损区和不易损区为主,分布面积20 739.07 km²,占总工作区面积的80%,主要分布于距城区较远的农村地区和远离城区的农村或滨海平原一带,而高、中易发区多分布于人口密集、经济发达的中心城区、城市次中心(新城区)、人口农业活动密集区或矿业开采区,分布面积相对较小,分别为1 859.04 km²、3 245.40 km²,占工作区面积的7%、13%。地质灾害危险性评价:工作区内大部分地区地质灾害危险性程度较低。其中,高危区面积3 085.94 km²,占工作区面积的12%;中危险区面积5 637.44 km²,占工作区面积的22%;地质灾害低危险区面积达17 120.13 km²,占工作区面积的66%。

(7)海岸线变迁评价。工作区内海岸线分3段,即:防城港市海岸线,长584 km;钦州市海岸线,长

520km；北海市海岸线东起山口镇的英罗港口，长500.13km。根据海岸线变迁情况可分为淤积型海岸、侵蚀型海岸、稳定型海岸3类。淤积型海岸分布于：防城港段，钦防城江三角洲海岸、茅岭江三角洲海岸、江平—尾东段企沙赤沙附近和江平巫头岛一带等岸段；钦州段，钦江三角洲海岸、大风江三角洲海岸、茅岭江三角洲海岸、钦州湾口门西侧山心村海岸；北海段，廉州湾坡心—冠头岭段海岸、大墩海—银滩段海岸。侵蚀型海岸分布：防城港市，主要分布于白龙尾基岩岸段、江山乡白龙尾岛南岸、企沙湾沙扒墩西岸；钦州市，主要分布于犀牛脚镇船厂街—中山墩一带；北海市，主要分布于北海半岛北部沿岸的北海外沙—高德外沙一带、营盘镇以东至南康河口西侧岸段、高德岭底岸段、冠头岭基岩和白龙尾基岩岸段。

（8）海水入侵问题。区内海水入侵主要发生在北海市海角路、侨港镇2处，总入侵面积已达$2.5 km^2$，主要受不合理开采地下水影响，局部地段严重超采影响；其次为补给量的减少及其他水文地质条件的影响。

（9）土壤污染评价。滨海地区仅钦州市丘陵个别区土壤出现As、Cd元素超标，其他地区土壤环境质量较好。出现污染的土壤分为2类：一类是沉积岩类残坡积土；另一类是花岗岩类残坡积土。滨海城市土壤环境质量主要受成土母质和高位海水养殖活动影响。

（10）特殊类土体评价。区内特殊土体包括软土、膨胀土、红黏土、液化土、填土5种，主要分布在南宁、北海、防城港、钦州、桂林五市。滨海城市特殊岩土体类较为单一，主要为软土类；桂林包括软土和膨胀土2类；南宁特殊岩土体类型最多，上述5种特殊土体均有分布。

五城市危险性评价分区：北海市，高层建筑危险性大区位于大墩海—电白寮—白虎头海岸带和南窑河谷区；危害性中等区位于北海其他软土和泥炭分布区。防城港市，危害性大区位于防城港市和企沙靠海一带软土区；危害性中等区位于防城港市和企沙靠近海岸带软土区；危害性小区位于防城港市各河流三角洲软土区。南宁市，危害性大区位于城区填土和塘泥分布区及液化土分布区；危害性中等区位于二塘至三塘圩一带Ⅰ类胀缩土区、邕江北岸二级阶地软土区；危险性小区位于邕江三级阶地Ⅲ类胀缩土、南部玉洞—赖村红黏土区、西北邕江二级阶地软土区。桂林市，危害性大区位于南部斗鸡山—茶店村一带软土区、南部奇峰镇一带膨胀土区；危害中等区位于南部塘边村至斗鸡山一带软土区、剩余膨胀土区；危险性小区位于泥炭分布区。钦州市，危害性大区位于犀牛脚海岸带软土区；危害性中等区位于钦州港区岸带软土区；危害性小区主要为钦州市区海岸软土区。

（11）垃圾处置场地环境效应评价。区内垃圾场从场地位置来看主要位于丘陵地貌区，大部分垃圾场稳定性较好；而区内垃圾场溶滤液分析结果显示，溶滤液中COD、pH值、氨氮、BOD、SS等有害物质含量都很高，溶滤液处理后，有害物质浓度降低，但仍有危害。崇左、来宾等城市垃圾场无任何防渗措施，溶滤液在处理前后渗漏严重污染周围环境，且南宁、防城港、柳州等城市垃圾场防渗工作不当，附近已出现水体污染。区内2010—2020年对部分垃圾场整改，除崇左、来宾选新场址外，其他城市主要对现有垃圾场进行完善和扩建，另外，防城港又新增一处生活垃圾处置场。除贵港、贺州垃圾场选址不适宜外，其他城市垃圾场适宜程度为勉强—较适宜。

（12）固体废弃物环境效应评价。区内城市固体废弃物主要有工业垃圾（包括尾矿）、生活垃圾和医疗垃圾。城市工业固体废弃物以碎石、煤渣、废土为主，年排放量$(3.6\sim506)\times10^4 t$，综合利用率达80%以上，用于制砖、道路填埋等，部分露天堆放厂区附近，其他工业垃圾经综合利用和无害化处理后，与生活垃圾、医疗垃圾一同堆放于垃圾场进行填埋。固体废弃物是区内土壤、地下水次生污染源之一。

（13）放射性污染评价。区内天然放射性背景平均值约为$11\times71\,667 C/(kg\cdot s)$，总体放射性强度正常，对人体没有危害，小块地区强度较高，出现异常。

三、地质环境问题评估

评估了主要城市地下水污染、地质灾害、特殊土、海水入侵、海岸线变迁(侵蚀或淤积)等地质环境问题造成的社会影响及经济损失。

(1)区内主要城市区内地下水污染总面积达 2 118.24km²,影响人数达 633 721 人,直接经济损失 1 206.75 万元,间接经济损失 1 634.82 万元,总经济损失 2 841.57 万元。

(2)区内主要城市共计 2 445 处灾害(除崇左 3 处地裂缝、柳州 9 处地裂缝及南宁邕宁区地质灾害外),影响面积 13 046 120m²,伤亡 498 人,威胁 58 366 人,毁坏房屋 2 159 间(栋),毁坏公路、铁路总长超过 850m,毁坏渠道超过 20m,毁坏堤岸超过 69m,还破坏河道、排水沟、草地多处等,毁坏土地 9 311.755 亩,直接经济损失 20 236.72 万元,潜在经济损失 95 204.98 万元,总经济损失 115 441.7 万元。

(3)区内特殊土主要存在于南宁、桂林、北海、钦州、防城港 5 个城市,特殊土面积共达 1 684.533km²,暂无伤亡,威胁人数达 5 072 555 人,毁坏房屋 3 460 间(栋),毁坏设施共达 36.864km,暂无毁坏土地,直接经济损失 6 343 万元,间接经济损失 22 968 万元,总经济损失 29 311 万元。

(4)区内海水入侵主要发生在北海沿海。海水入侵污染发生在潜水层位,入侵面积 3.5km²,影响人数 8 800 人,直接经济损失 180 万元,间接经济损失 625 万元,总经济损失 805 万元。

(5)区内海岸线变迁(侵蚀或淤积)主要发生在北海、钦州、防城港 3 个沿海城市,影响海岸线长度达 843km,威胁人数 241 560 人,毁坏房屋 94 间(栋),毁坏设施 5.5km,毁坏土地 200 亩,直接经济损失 15 295 万元,间接经济损失 67 950 万元,总经济损失 83 245 万元。

四、查明了工作区地质资源

(1)区内地下水资源量丰富。岩溶水多年平均天然补给资源量 $0.01 \sim 7.62 \times 10^8 m^3/a$,主要分布于岩溶区城市,以贵港市补给量最大;基岩裂隙水多年平均天然补给资源量为 $(0.04 \sim 8.15) \times 10^8 m^3/a$,主要分布在岩浆岩区,以贺州市补给量最大;松散岩类孔隙水多年平均天然补给资源量为 $(0.02 \sim 7.34) \times 10^8 m^3/a$,主要分布在第四系海河冲积层,以滨海城市北海、防城港补给量最大。

(2)工作区内建筑材料矿产资源以建筑用石灰岩矿、建筑用砂石、水泥用黏土、砖瓦用黏土、花岗岩、玻璃用石英砂等为主,资源量较为丰富。其中,石灰岩矿石以贵港较为丰富,探明储量达 $26 049.39 \times 10^4 t$;建筑用砂石、水泥用黏土以防城港市较为丰富,查明储量分别为 $1 796.42 m^3$、$2 996.8 \times 10^4 t$;陶瓷用黏土以来宾市较为丰富,查明储量 $897.5 \times 10^4 t$;砖瓦用黏土以桂林市、柳州市较为丰富,分别为 $5 106.66 \times 10^4 t$、$4 164.69 \times 10^4 t$;饰面用花岗岩以贺州市储量最为丰富,查明储量 $10 981 \times 10^4 t$;玻璃用石英砂、泥炭以北海市较为丰富,查明储量分别为 $1 062.2 \times 10^4 t$、$3 796.381 \times 10^4 t$。

(3)广西旅游资源丰富,主要景点有 400 多处,国家级和省级的风景名胜区 34 处,旅游度假区 10 处,重点文物保护单位 290 处,自然保护区 64 处,森林公园 43 处,地质公园 5 处,国家 A 级旅游景区 59 处。而各主要城市旅游资源分布相对有限,主要为旅游集散中心和交通枢纽要道。

五、建设了城市环境地质空间数据库

通过对广西壮族自治区重点城市的城市环境地质调查与评价,系统地建立了城市环境地质空间数据库,为后续开展相关工作奠定了坚实的基础。

六、综合研究分析,查明了城市发展的制约因素,并提出合理建议

(1)查明了各城市发展的制约因素。防城港市制约因素为地下水质量、地下水防污性能;桂林市

制约因素为地质灾害发育程度、地下水质量、特殊岩土体;河池市制约因素为地质灾害发育程度、地下水防污性能;钦州市制约因素为工程地质岩组、地下水资源;柳州市制约因素为地下水质量、地下水防污性能、区域地壳稳定性;贵港市制约因素为地下水资源量、地下水防污性能;百色市制约因素为地貌类型;贺州市制约因素为地貌类型、工程地质岩组;来宾市制约因素为地下水资源、地下水防污性能;梧州市制约因素为地貌类型、工程地质岩组;玉林市制约因素为工程地质岩组、地质灾害发育程度、地下水质量。

(2)针对地下水污染、地质灾害、垃圾处置场污染、特殊土、海岸线变迁等环境地质问题,提出了合理建议。

广西龙胜县地质灾害详细调查报告

提交单位:广西壮族自治区地质环境监测总站
项目负责人:蒋力
档案号:1058
工作周期:2006年
主要成果:

(1)本次地质灾害调查共完成调查面积 2 442 km²,调查行政村 119 个,居委会 9 个,行政村调查率为 100%。对重点调查区所有自然村都进行了调查,遥感解译点核查率为 90%,对一般调查区内遥感解译点都进行了核查,共调查地质灾害点 400 处。

(2)通过本次调查,全县共发现了地质灾害点 400 处,较地质灾害调查和区划项目调查点增加了 235 处,增加率 142%,并对所有调查点都填写了记录表。在 400 处地质灾害点中,滑坡点 192 处,崩塌点 178 处,采空地面塌陷点 4 处,泥石流 3 处,不稳定斜坡 23 处。

查明了全县地质灾害灾情和危害程度,并对各地质灾害点灾情和危害程度进行了评价:全县地质灾害点灾情为中等级的 2 处,其他都为一般级;危害程度达重大级的 14 处,较大级的 71 处,其余都为一般级。全县地质灾害共造成 12 人死亡,危及 4 510 人安全,直接经济损失 415.62 万元,潜在经济损失 5 438.43 万元。

(3)对 3 处稳定性差、危害大的古坪滑坡、牛头山滑坡和江底街滑坡进行了勘查,查明其规模分别为 $1.4\times10^4 m^3$、$24\times10^4 m^3$、$6 120 m^3$,滑坡稳定系数分别为 0.99、0.99、0.96,都为不稳定。对古坪滑坡和牛头山滑坡提出了以搬迁为主,排水、监测为辅的防治措施;对江底街滑坡提出了以锚索支挡、排水、监测为主的综合治理措施。县政府根据本项目提供的建议已开始进行江底街滑坡治理,古坪滑坡和牛头山滑坡已选择好搬迁地点,现正进行搬迁准备。经搬迁或治理后,将可避免 993 人受地质灾害威胁。

(4)对 31 处危险性大的灾害点设立了群测群防监测点,确定和培训了 38 名监测人员。对 7 处地质灾害搬迁点进行了地质灾害危险性评估,评估结果认为:搬迁点地质灾害危险性小,搬迁用地适宜性为适宜—较适宜,在采取简单的防护措施后适宜进行新农村建设。目前这 7 处计划搬迁村中,已有 4 个村开始进行搬迁,其他 3 个村计划近期进行搬迁。

(5)基本查明了工作区内滑坡、崩塌等地质灾害的发育、分布特点、形成条件及影响因素。

①滑坡、崩塌是区内主要的地质灾害之一,规模都以小型为主,以土质滑坡和崩塌为主,占总数 90.3% 以上。滑坡、崩塌主要沿工程设施和沟谷呈带状、线状分布。滑坡的形成条件和影响因素主要有地形地貌、地层岩性、地质构造、降雨和人类活动,通过各影响因素对滑坡、崩塌影响的信息量值定

量计算,分别得出各影响因素对滑坡、崩塌影响的信息量值。根据计算的信息量值对比,得出了影响滑坡主要因素为人为活动强度,其次为褶皱、坡度和岩组;影响崩塌主要因素为地形坡度,其次为人为活动强度、岩组和褶皱。

②区内只发现 3 处泥石流,均分布于三门镇滑石矿区,均由于暴雨引发滑石矿尾矿堆垮塌形成,且均为稀性泥石流。桐子山泥石流规模 3 044m³,造成 4 人死亡,填埋采空坑口 1 处,直接经济损失 15 万元。

③区内采空塌陷都是由于地下采空直接引起的,共发现塌坑 4 处,分布于三门镇华美滑石矿和龙广滑石矿采空区地表,规模均为小型,塌坑稳定性都比较差。

④区内不稳定斜坡点共 2 种类型:一种坡面已产生开裂和小滑坡崩塌,这种不稳定斜坡共 17 处;另一种由于进行了较大规模人类活动,斜坡稳定性很差,但因时间较短,还没有产生明显变形,这类不稳定斜坡共 6 处。不稳定斜坡主要分布于人类活动强烈的地区,其形成条件和影响因素同滑坡、崩塌。

(6)在对地质灾害形成条件和影响因素定性分析和定量计算基础上,通过网格分析、计算,将全县地质灾害易发程度划分为地质灾害高、中、低、不易发 4 级。其中地质灾害高易发区 7 处,面积 949.21km²,占全县面积 38.8%;中易发区 4 处,面积 864.8km²,占全县面积 35.4%;低易发区 5 处,面积 580.45km²,占全县面积 23.8%;不易发区 1 处,面积 49.46km²,占全县面积 2.0%。与 1∶10 万地质灾害调查和区划项目比较,差异较大,高易发区面积增加 635km²,中易发区增加 461km²,低易发区减少 1 149km²,增加了不易发区 1 处。在对全县人口、财产、社会经济和资源分布调查基础上,通过对地质灾害易损性定性分析和定量计算,将全县易损程度划分为高易损、中易损、低易损和不易损 4 个等级。其中,高易损区 13 处,面积 231km²;中易损区 4 处,面积 161km²;低易损区 8 处,面积 579km²;不易损区 2 处,面积 1 933km²。在地质灾害易发区和社会经济易损区划分基础上,通过对易发区和易损区加权叠加,全县划分出高危险、中危险、低危险和不危险四级危险性分区。其中,地质灾害高危险区 10 处,面积 475.1km²,占全县总面积 19.4%;中危险区 10 处,面积 615.69km²,占全县总面积 25.2%;低危险区 4 处,面积 1 301.91km²,占全县总面积 53.1%;不危险区 1 处,面积 55.49km²,占全县总面积 2.3%。

(7)根据统计分析,发现县内滑坡、崩塌发生时间与月平均降雨量和多年暴雨分布有明显正相关关系,说明降雨特别是暴雨对滑坡、崩塌有明显影响。通过对滑坡、崩塌发生频次与当日降雨强度关系曲线分析,发现当日降雨强度在 60mm、110mm 时,滑坡、崩塌发生频次明显增加,确定这 2 个值为影响滑坡、崩塌发生频次变化的阈值。通过对 2 个阈值的降雨量时,全县各地质灾害易发区信息量计算和分级,在全县范围内划分出 5 个地质灾害降雨预警预报等级。

三峡库区蓄水后环境地质问题及地质灾害研究报告

提交单位:中国地质环境监测院
项目负责人:魏云杰
档案号:1064
工作周期:2012—2014 年
主要成果:

(1)从 2008 年 9 月进行 175m 试验性蓄水以来,截至 2014 年 8 月 31 日,三峡工程库区共发生变形加剧和新生的地质灾害灾(险)情 421 处。其中,湖北库区 120 处,重庆库区 301 处。

(2)三峡工程水库自 2003 年开始 135m 蓄水以来,蓄水引发的库岸滑坡已从 2008 年的 333 次下降到近几年的 10 次以下,且主要分布在长江主航道和支流地段。特别是经过 2008 年以来的 6 次 175m 试验性蓄水运行,由水库蓄水引发的地质灾害已由高发期向低风险水平的平稳期过渡。

(3)175m 试验性蓄水典型地质灾害实例分析表明,三峡工程库区受蓄水诱发地质灾害的趋势总体趋向平稳。但是,三峡库区地质环境变化巨大,引发滑坡灾害的新风险仍不容忽视,需加大对地质灾害隐患的早期识别,提高预警预报科学水平与加强防治工程的实施。

(4)以峰包岭滑坡群为例(图 3-6),研究了顺层滑坡在降雨和库水位共同作用下的成因机理。三峡水库建成蓄水后,三峡水库坝前水位在 145～175m 之间变动。库区滑坡在暴雨、库水位变化等环境因素作用下将长期受到潜水和周期性的流水冲刷,使其浮力减重、浸泡软化,以及常年受到高、低库水位的动态变化的作用和影响,产生很大的渗透力,弱化软弱夹层的强度,导致峰包岭滑坡的复活。采用有限元法模拟了峰包岭滑坡在暴雨与库水位上升和下降过程中暂态渗流场的变化并计算出了稳定性系数。结果表明:不论库水位上升或下降,滑坡体的稳定性都显示先减小后增大的趋势。

图 3-6　重庆云阳峰包岭滑坡群-向城小学滑坡全景图

(5)研究了顺层节理对滑坡稳定性的控制机理。顺层节理横截面积以及渗透系数的增加均导致顺层节理上端附近的孔隙水压力减小,而下端的孔隙水压力增加,但横截面积增加至一定值时,其对孔隙水压力分布的影响效果将减小;顺层节理的位置影响坡体内孔隙水压力的分布,节理越靠近滑带,坡体内孔隙水压力越大,越远离滑带,坡体内孔隙水压力越小;顺层节理堵塞位置的下移将导致堵塞部位周围的孔隙水压力增大,且孔隙水压力所表现总的压力(孔隙水压力增长路径下的面积)亦增大。

(6)以树坪滑坡为例(图 3-7),研究了堆积体滑坡在降雨和库水位共同作用下复活的机理以及不同库水位变化速率对滑坡稳定性影响。库水入渗坡体内部,软化了岩土体,降低其力学强度参数;滑坡体浸水后自身质量增加,使得其下滑力增加;树坪滑坡的地下水位提高,浸没于水下的坡体受库水的浮托作用,阻滑作用降低。库水位变化影响滑坡体内的孔隙水压力变化,当库水位下降时,坡内水向外排出滞后于库水位下降,产生一个向坡外的渗透压力,诱发滑坡复活。堆积体物质的结构较为松散,降雨大量入渗进入滑坡体内,改变了滑坡体内的渗流场,出现了暂态饱和区,使坡体自重增加,下滑力增大;降雨入渗后软化岩土体,岩土体的抗剪强度降低,可能局部出现软弱面,发生局部的变形破坏;降雨入渗后岩土体逐渐由非饱和变为饱和,孔隙水压力增加,土体基质吸力较小,抗剪强度降低。长时间小雨和短时间暴雨,会随着降雨不断入渗,在增加滑体自重和软化岩土体的同时,造成滑体浅表层基质吸力降低甚至丧失,对滑坡浅表层变形不利。库水位下降是其复活的根本原因,强降雨对树坪滑坡浅表层的变形破坏也有一定的促进作用。

图 3-7　秭归树坪滑坡

(7)以杨家水井滑坡为例(图 3-8),基于降雨、稳定性与时间的动态分析,认为降雨前期阶段,降雨入渗滑体增加其自重,具有入渗量大而渗流量小的特点,对滑体稳定性影响较小;受滑体厚度影响,不同区域达到饱和状态时间存在明显差异,表现为前后缘滑体早于中部滑体;持续降雨之后滑体稳定性系数呈大幅度降低;滑坡前缘基岩接触面孔隙水压力远高于滑体其他区域。持续降雨作用下,斜坡坡脚处的岩体最先开始滑动,并牵引斜坡上部岩体发生整体滑动。

图 3-8　杨家水井滑坡全貌

广西重点岩溶流域水文地质及环境调查报告(1∶5万贺州市幅)

提交单位:广西壮族自治区地质调查院
项目负责人:康志强
档案号:1067

工作周期：2014—2015 年

主要成果：

(1) 查明了工作区水文地质条件。1∶5 万贺州市幅位于湘、粤、桂三省的交界地带，广西壮族自治区东北部，属于珠江水系西江的支流贺江流域。工作区内属南岭山地丘陵区，东北及南部为山地地形，中部为八步盆地，在山地边缘与盆地之间分布着起伏不大的平原和坡度缓和的丘陵。贺江从工作区中部横穿而过，成为地下水和地表水的统一排泄基准。

工作区出露地层自老至新有寒武系、泥盆系、石炭系和第四系。除第四系为陆相沉积外，均为滨、浅海相硅质岩、碎屑岩和碳酸盐岩相沉积。工作区位于钦杭结合带西段，扬子陆块南缘与华夏地块的结合部。构造运动强烈、构造复杂，褶皱、断层发育。地质构造主要为北西折转向南发育的弧形构造、近南北向构造和北西向构造。

工作区地下水可划分为松散岩类孔隙水、碳酸盐岩类岩溶水和基岩裂隙水 3 种地下水类型。岩溶水可细分为纯碳酸盐岩裂隙溶洞水和碳酸盐岩夹碎屑岩溶洞裂隙水 2 种地下水类型。工作区以覆盖型岩溶水为主，裸露型岩溶水分布面积较小且分布于各个小盆地边缘地带。覆盖型岩溶区上覆第四系冲洪积黏土层，形成相对隔水层，构成下伏岩溶含水层的承压顶板。因此，在该地段岩溶水多表现出承压特征。因而在盆地中央部位受构造控制，发育有众多的岩溶上升泉。工作区水位埋深较浅，一般小于 10m，局部地段为 10~30m。

工作区岩溶地下水的补给来源主要为大气降水，以及盆地周边碎屑岩和岩浆岩区的外源水补给。整体上从四周向盆地中央径流，最终以基岩分散流和岩溶泉的形式向贺江排泄。

工作区共发育 2 条岩溶地下河，为上塘地下河和油麻岩地下河，规模均较小。枯季流量大于 50L/s 的岩溶大泉有 3 个，包括 2 个上升泉（群）和 1 个下降泉。根据泉点出露的水文地质条件，可将上升泉划分为阻水挤压带控制型和导水断层控制型 2 种类型。

(2) 查明了工作区岩溶发育特征。工作区各个盆地周围地段为峰丛洼地谷地地貌，其中岩溶较为发育，以管道为主；盆地中间为孤峰平原或丘陵垄岗地貌，地表岩溶不发育，地下岩溶以网状裂隙溶洞为主。据 26 个钻孔资料统计，钻孔遇洞率为 53.85%，平均线岩溶率为 3.24%。工作区岩溶发育强度具有明显的分带性：0~40m、80~100m 深度段为岩溶强发育段；40~80m 岩溶中等发育段；100m 以下为岩溶弱发育或不发育段。

(3) 详细划分了工作区地下水系统。据地下水含水介质、地下水赋存条件，并结合地下水补径排条件等，以流域为单元进行地下水系统的划分。贺江岩溶流域上游段共分为 32 个五级地下水子系统，包括 4 个岩溶地下河系统、6 个岩溶泉系统和 22 个基岩分散流系统。贺州市幅涉及其中的 15 个地下水子系统，包括 2 个地下河系统、2 个岩溶泉系统和 11 个基岩分散流系统。

(4) 对工作区地下水资源进行评价。采用降水入渗系数法计算地下水天然补给量。1∶5 万贺州市幅内地下水多年平均天然补给量为 $19\,547.45 \times 10^4 \, m^3/a$，岩溶区地下水多年平均天然补给量为 $13\,687.84 \times 10^4 \, m^3/a$。其中纯碳酸盐岩地层分布区天然补给量为 $8\,393.98 \times 10^4 \, m^3/a$；碳酸盐岩夹碎屑岩地层分布区天然补给量为 $5\,293.86 \times 10^4 \, m^3/a$；基岩构造裂隙水多年平均天然补给量为 $5\,799.85 \times 10^4 \, m^3/a$；岩浆岩风化带网状裂隙水多年平均天然补给量为 $59.76 \times 10^4 \, m^3/a$。50% 保证率的天然补给量为 $18\,419.37 \times 10^4 \, m^3/a$；75% 保证率的天然补给量为 $16\,376.54 \times 10^4 \, m^3/a$；95% 保证率的天然补给量为 $13\,698.84 \times 10^4 \, m^3/a$。

据工作区的水文地质条件，采用枯季径流模数法计算可开采资源量。图幅内地下水可开采资源量为 $8\,756.42 \times 10^4 \, m^3/a$，其中岩溶区为 $5\,715.02 \times 10^4 \, m^3/a$，非岩溶区为 $3\,041.40 \times 10^4 \, m^3/a$。绝大多数地段的枯季径流模数由本次调查实测资料求得，地下水可开采资源量计算结果较可靠。由于含水介质具有一定的雨季补旱季、丰年补欠年的均衡调节能力，单纯用枯季径流模数法计算地下水的可开采资源量略偏保守。

根据降水入渗法计算得到工作区岩溶水多年平均天然补给量为 $13687.84\times10^4\text{m}^3/\text{a}$;按枯季径流模数法求得岩溶水可开采资源量为 $5715.02\times10^4\text{m}^3/\text{a}$,占多年平均天然补给量的 41.75%。该值明显要高于广西其他地形变化较复杂的裸露型岩溶区,说明平原区岩溶水的可开发利用条件较好。

与 1:20 万区域水文地质普查调查数据相比较,30 多年来,工作区绝大多数岩溶上升泉的流量未发生显著变化,部分水点的流量在人类活动的影响下有所改变。由于生态环境的好转,碎屑岩区和花岗岩区枯季溪沟流量比普查期明显增大。

工作区地下水水质地段性分带较为明显。在参与评价的 156 组水样中,Ⅰ类、Ⅱ类和Ⅲ类水共有 108 组,占总数的 69.23%。Ⅳ类和Ⅴ类水有 48 组,占总数的 30.77%。超标指标最常见的有铊(24 组),主要分布于莲塘镇南部至贺街镇一带,沿贺江干流分布;而硝酸盐(10 组)和亚硝酸盐(8 组)超标区则主要分布于莲塘镇东北部山前平原一带的农业活动较发达区。

(5)查明了工作区地下水水化学特征。工作区地下水 pH 值介于 4.18~8.65 之间,均值为 7.34。TDS 值相差较为悬殊,介于 4.90~4782.15mg/L 之间,绝大部分小于 500mg/L;源自岩浆岩及碎屑岩区的地下水 TDS 值较小,一般小于 50mg/L。最常见的地下水类型为 HCO_3-Ca 型水。其次,为 $HCO_3-Ca\cdot Mg$ 型水,其中 $HCO_3-Ca\cdot Mg$ 型水主要分布于八步盆地东北边缘受碎屑岩基岩裂隙水补给较为明显的部位;在工作区南部、东部碎屑岩地区,主要分布有 HCO_3-Mg 型水或 $HCO_3\cdot SO_4-Mg$ 型水;在北侧岩浆岩分布区,则主要为 HCO_3-Na 型水。

(6)查明了工作区的主要环境地质问题。工作区存在的主要环境地质问题有岩溶地面塌陷、干旱缺水、岩溶石漠化、地下水污染、岩溶内涝等几个方面。

干旱缺水情况不严重,且趋于好转;岩溶石漠化分布面积不大,根据 2014 年 9 月遥感数据,石漠化面积为 28.57km^2,全部为轻度石漠化,占工作区面积的 6.03%。10 多年来,岩溶石漠化总面积变化不大,但局部地段有加重趋势。

地下水污染主要以农业污染为主。工作区农业活动较为发达,施肥引起的地下水中"三氮"污染较为普遍。根据调查发现,其受污染对象主要是浅层地下水。另外,有少量地段地下水中 Mn、As 等元素含量超过饮用水标准,由于取样密度限值,其在空间上分布较为分散,浓度异常规律性不明显,有待下一步工作确认。

(7)初步查明了工作区岩溶塌陷发育现状及规律。图幅内共发现岩溶塌陷(群)24 处,塌陷坑 25 个,均为土洞型塌陷。岩溶塌陷主要受自然因素和人为因素诱发,其中自然因素主要为暴雨、天然水位波动,人为因素主要为抽排地下水、荷载及人工开挖。根据水文地质、工程地质条件分析,采用定性和半定量方法进行了工作区岩溶塌陷易发性评价,并提出了岩溶塌陷的防治措施。

(8)在广西首次发现地下水中铊浓度异常现象,初步查明了其分布特征及危害。在调查过程中,发现工作区部分地段地下水中铊浓度有明显的异常现象,采集的地下水样品中有 40 个超过饮用水标准。其分布于 2 个集中分布区和 8 个分散区;涉及贺州市幅的有 3 个区域,编号分别为 R8、R9 和 R10,共计有 24 个样品存在 Tl 元素超标现象。其中位于八步区莲塘镇附近的异常区 R10 从莲塘镇延伸至贺街镇附近,总计面积约 29km^2,威胁到近 4 万人的饮水和粮食安全。

(9)查明了岩溶地下水开发利用条件并编制了地下水开发利用区划方案。工作区内岩溶区面积约占全区总面积的 68%,岩溶水为区内重要的供水水源。目前区内岩溶水资源的总开采量为 $289.33\times10^4\text{m}^3/\text{a}$,仅占全区岩溶水可采资源量的 5.06%,说明岩溶地下水开发利用程度总体上较低,还有很大的开发潜力。结合现状农田灌溉及人饮缺水等需求,分岩溶水系统进行了水资源供需平衡分析,并对工作区岩溶地下水开发利用条件进行了区划。结合地方需要,就人畜饮水和农田干旱片灌溉两方面,提出一些工程规划方案或建议,为当地水资源合理开发利用提供技术依据。针对地下河开发利用工程方案13处,地下河出口开发利用工程1处,岩溶泉开发利用工程11处,有水溶洞开发利用工程1处,解决12 414人生活饮用水缺水困难,增加灌溉耕地面积2 900亩。

(10)为贺州市八步区和钟山县应急水源地提出建议。根据城镇用水现状及水文地质条件、周围分布的水点等,对贺州市北控水务公司供水水源进行了评价,并提出地下水应急水源地规划建议。

(11)应用GIS技术建立完成了工作区水文地质空间数据库。基于MapGIS平台,建立了1∶5万贺州市幅水文地质空间数据库与信息系统。

广西左江岩溶流域水文地质环境地质调查报告(龙州县幅、鸭水滩幅)

提交单位:广西壮族自治区地质调查院
项目负责人:黄春阳
档案号:1068
工作周期:2015年
主要成果:

一、水文地质条件

工作区位于广西壮族自治区西南部,属于珠江水系西江支流左江上游。地处西大明山西段,总体地势为南北高、中间低。左江自西向东穿过工作区中部,成为地下水和地表水的统一排泄基准。

工作区内分布的沉积岩从老到新依次有:泥盆系、石炭系、二叠系、三叠系、白垩系及第四系。其中二叠系、三叠系分布最广,遍布全区;次为石炭系,其余地层零星分布。泥盆系—下三叠统为海相碳酸盐岩沉积,中三叠统—下白垩统为陆相沉积。工作区地貌类型有峰丛洼地、峰丛谷地、孤峰平原、峰林平原、低山丘陵。工作区位于南华准台地右江再生地槽西大明山隆起西端,经历了准台地和陆缘活动2个发展阶段,沉积建造复杂多变,岩浆活动频繁强烈,褶皱、断裂发育,地质构造主要为北西向折转向南西发育的弧形构造、北东向构造和近东西向构造。

工作区地下水可划分为松散岩类孔隙水、碳酸盐岩岩溶水、基岩裂隙水三大类型。岩溶水可分为碳酸盐岩裂隙溶洞水和碳酸盐岩夹碎屑岩溶洞裂隙水2种。工作区以裸露型岩溶水为主,覆盖型岩溶水分布面积较小,其上覆的第四系松散层以粉质黏土为主,一般不含水。岩溶地下水富水性以丰富为主,面积中等。工作区岩溶地下水的补给来源主要为大气降水,左江以北岩溶地下水多在地下管道中集中径流,以地下河出口或泉的形式出露地表后流入左江,或直接以泉或地下河出口的形式向左江排泄,左江以南地下水多以泉或分散隙流的方式出露地表,然后汇入左江。工作区地下水埋深较浅,大部分地区地下水埋深均小于10 m,局部地区地下水埋深为10~30 m。本次调查新发现4条地下河,对塘巧地下河、孔承地下河、逐邓地下河管道进行了局部修正。修改后工作区地下河共有10条,其中地下河出口在工作区内的为9条,合计地下河出口枯流量为3 285.41 L/s。发育岩溶大泉8处(枯流量大于50 L/s),合计枯流量710.68 L/s。

二、岩溶发育特征

工作区内岩溶发育,共发育10条地下河,地下河天窗、溶井、溶潭、有水溶洞、消水洞等岩溶形态发育。不同的地貌类型地下岩溶发育各不相同,其中峰丛洼地、峰丛谷地地下岩溶以管道为主,峰林谷地、孤峰平原区地下岩溶以网状裂隙溶洞为主。据 21 个钻孔资料统计,钻孔遇洞率为 57.1%,平均线岩溶率为 2.19%。岩溶发育在垂向上具有明显的分带性:岩溶发育深度在 110m 以浅,地下 10～40m、60～70m 为岩溶强发育带,0～10m、40～60m、70～110m 为岩溶中等发育带,110m 以下为岩溶不发育带。岩溶发育主要受碳酸盐岩岩性、地质构造、水动力条件等影响,其中地质构造对工作区岩溶发育起控制作用。区内主要断裂和褶皱控制着主要地下河管道的发育和展布。

三、地下水系统

工作区属西江水系的支流左江水系。按地表水系统的划分方法,珠江为一级水系统,西江为二级水系统,左江为三级水系统。本工作区涉及左江上游北岸、左江上游南岸、明江下游西岸、水口河南岸和平而河下游东岸、西岸等区段,划分为四级水系统。在此基础上,划分相对独立的地下河系统和分散流系统,为地下水五级子系统。

由于本次工作是按图幅来布置的,因而区内大部分地下水系统不完整。在本次详细调查的基础上,参考工作区外围 1:20 万水文地质普查资料,重点考虑地下水含水介质、地下水赋存条件,并结合地下水补径排条件等基础水文地质条件,将工作区划分为 6 个四级地下水系统。在此基础上进一步划分为 32 个五级地下水系统,包括 8 个地下河子系统和 24 个基岩分散流子系统。

四、岩溶地下水资源评价

分别评价工作区内岩溶地下水和碎屑岩基岩裂隙水资源量。按地下水系统、含水岩组、富水性分三级划分资源计算单元,分别采用降水入渗系数法、容积法、枯季径流模数法计算工作区地下水的天然补给量、岩溶水储存量和允许开采量。工作区地下水多年平均天然补给量为 $36\,027.65\times10^4\,\text{m}^3/\text{a}$,其中岩溶地下水多年平均天然补给量为 $31\,814.19\times10^4\,\text{m}^3/\text{a}$,基岩裂隙水多年平均天然补给量为 $4\,213.46\times10^4\,\text{m}^3/\text{a}$。本次仅对岩溶区地下水储存量进行评价,参与评价的岩溶区面积共计 $741.96\,\text{km}^2$,其储存资源总量为 $116\,759.44\times10^4\,\text{m}^3$。利用枯季径流模数法进行可开采资源量评价,工作区可开采资源总量为 $11\,427.35\times10^4\,\text{m}^3/\text{a}$,占多年平均天然补给量的 31.72%。本次计算的可开采资源量保证程度较高。

工作区内地下水 pH 值介于 6.67～8.26 之间,TDS 值介于 106.93～579.98mg/L 之间,大部分小于 500mg/L。最常见的地下水类型为 HCO_3-Ca 型水,其次为 $HCO_3-Ca\cdot Mg$ 型水,局部地区点状分布有 $HCO_3\cdot Cl-Ca$ 型和 $HCO_3-Ca\cdot Na$ 型 2 种地下水类型,为人类活动污染所致。工作区绝大部分地段地下水水质为良好级,工作区较差级有 12 组,超标指标有总硬度(4 组)、锌(2 组)、铵根(1 组)、砷(1 组)、铁(1 组)、六价铬(1 组)、锰(1 组)、铝(1 组),分布相对比较零散。

与 1:20 万区域水文地质普查调查数据相比较,30 多年来,由于植被覆盖率增加造成水源涵养条件变好、调查期降雨量比普查期大、人工开采减少等原因,工作区岩溶水点流量均有不同程度增加;水质大部分地区变化不大。

西南岩溶地区1∶5万水文地质环境地质调查报告(广西:钟山幅,平桂幅,公会幅,贺街幅,贺州市幅)

提交单位:广西壮族自治区地质调查院
项目负责人:康志强
档案号:1069
工作周期:2014—2015年
主要成果:

一、查明了工作区水文地质条件

工作区位于湘、粤、桂三省的交界地带,广西壮族自治区东北部,属于珠江水系西江的支流贺江和桂江流域。工作区内属南岭山地丘陵区,东、北、西及西南4面为山地地形,诸山环拱,地势高峻。中南部有大桂山横贯,向东向西延展,整个地势由北向东南倾斜,形成钟山、回龙、里松、八步、公会5个山间盆地,在山地边缘与盆地之间分布着起伏不大的平原和坡度缓和的丘陵。贺江从工作区中部横穿而过,成为地下水和地表水的统一排泄基准。

工作区出露地层比较齐全,自老至新有震旦系、寒武系、泥盆系、石炭系、侏罗系、古近系和第四系。以晚古生代地层最为发育,其分布广泛,沉积类型多样,岩相复杂。工作区除侏罗系、古近系和第四系为陆相沉积外,其他均为滨、浅海相硅质岩、碎屑岩和碳酸盐岩相沉积。工作区位于钦杭结合带西段,扬子陆块南缘与华夏地块的结合部。构造运动强烈、构造复杂,褶皱、断层发育。地质构造主要为北西折转向南发育的弧形构造、近南北向构造和北西向构造。

工作区地下水可划分为松散岩类孔隙水、红层碎屑岩类孔隙裂隙水、碳酸盐岩类岩溶水和基岩裂隙水4种地下水类型。岩溶水可细分为纯碳酸盐岩裂隙溶洞水和碳酸盐岩夹碎屑岩溶洞裂隙水2种地下水类型。工作区以覆盖型岩溶水为主,裸露型岩溶水分布面积较小且分布于各个小盆地边缘地带。覆盖型岩溶区上覆第四系冲洪积黏土层形成相对隔水层,构成下伏岩溶含水层的承压顶板。因此,在该地段岩溶水多表现出承压特征。因而在盆地中央部位受构造控制,发育有众多的岩溶上升泉。工作区水位埋深较浅,一般小于10m,局部地段为10~30m。

工作区岩溶地下水的补给来源主要为大气降水,以及盆地周边碎屑岩和岩浆岩区的外源水补给,整体上从四周向盆地中央径流,以基岩分散流和岩溶泉的形式向贺江排泄。

工作区共发育5条岩溶地下河,但其规模均较小,最大的地下河系统为冷水厂地下河,其管道总长11.99km。其余地下河岩溶管道总长从2.12~6.42km不等。但受外源水的侵蚀作用,岩溶管道规模较大,虽然水力坡度较大,但大部分地段的管道流处于非承压状态。枯季流量大于50L/s的岩溶大泉共有11个,包括8个上升泉(群)和3个下降泉。根据泉点出露的水文地质条件,可将上升泉划分为阻水挤压带控制型和导水断层控制型2种类型。

二、查明了工作区岩溶发育特征

工作区各个盆地周围地段为峰丛洼地谷地地貌,其中岩溶较为发育,以管道为主;盆地中间为孤峰平原或丘陵垄岗地貌,地表岩溶不发育,地下岩溶以网状裂隙溶洞为主。据91个钻孔资料统计,钻孔遇洞率为53.85%,平均线岩溶率为3.98%。工作区岩溶发育强度具有明显的分带性:0～40m深度段为岩溶强发育段;40～100m深度段为岩溶中等发育段;100m以下深度段为岩溶弱发育或不发育段。

三、详细划分了工作区地下水系统

据地下水含水介质、地下水赋存条件,并结合地下水补径排条件等,进行工作区地下水系统的划分。共划分出44个地下水系统,包括4个地下河系统、6个岩溶泉系统和34个基岩分散流系统。

四、对工作区地下水资源进行评价

分别评价工作区内各类水资源量。按地下水系统、含水岩组、富水性分三级划分资源计算单元,分别采用降水入渗系数法、容积法、枯季径流模数法计算工作区地下水的天然补给量、岩溶水储存量和允许开采量。工作区地下水多年平均天然补给量为 $110\,775.27\times10^4 m^3/a$。其中岩溶区地下水多年平均天然补给量为 $52\,807.84\times10^4 m^3/a$;工作区岩溶水多年平均天然补给量为 $60\,160.88\times10^4 m^3/a$。用容积法计算得到岩溶地下水储存资源量为 $284\,387.82\times10^4 m^3$。其中允许开采资源量为 $19\,500.24\times10^4 m^3/a$,占多年平均天然补给量的36.93%。所得到地下水天然补给量计算结果符合实际,可信度较高。

与1:20万区域水文地质普查调查数据相比较,30多年来,工作区绝大多数岩溶上升泉的流量未发生显著变化,部分水点的流量在人类活动的影响下有所改变。由于生态环境的好转,碎屑岩区和花岗岩区枯季溪沟流量比普查期明显增大。

五、建立了贺江上游岩溶流域地下水数值模型

为了精确刻画不同含水岩组的地下水动态变化以及水资源的补排动态关系,本次调查建立了贺江上游岩溶流域(自龟石水库至贺州水文站)的地下水流数值模型。以GMS软件为平台,在岩溶管道发育的地下河地段添加DRAIN模块。通过调查期间降水量和长观点进行模型校正,较准确地刻画了模拟区水文地质条件,取得了较好的效果。

六、查明了工作区地下水水化学特征

工作区地下水pH值介于4.18～8.65之间,均值为7.34,TDS值相差较为悬殊,介于4.90～4782.15mg/L之间,绝大部分小于500mg/L,源自岩浆岩及碎屑岩区的地下水TDS值较小,一般小于50mg/L。最常见的地下水类型为HCO_3-Ca型水,其次为$HCO_3-Ca\cdot Mg$型水。其中,$HCO_3-Ca\cdot Mg$型水主要分布于白云岩、白云质灰岩分布区以及盆地边缘或向斜翼部受碎屑岩基岩裂隙水补给较为明显的部位;在工作区南部的碎屑岩地区,主要分布有HCO_3-Mg型水或$HCO_3\cdot SO_4-Mg$型水;在北侧岩浆岩分布区,则主要为HCO_3-Na型水。局部地段受工业和农业的污染,地下水水质存在恶化趋势。

七、查明了工作区的主要环境地质问题

工作区存在的主要环境地质问题有岩溶地面塌陷、干旱缺水、岩溶石漠化、地下水污染、岩溶内涝等几个方面。

干旱缺水情况不严重,且趋于好转;岩溶石漠化分布面积不广,2014年9月总面积为64.28km²,以轻度石漠化为主。10多年来,岩溶石漠化总面积变化不大,但局部地段有加重趋势;岩溶内涝灾害

不严重,仅分布于望高镇北东面峰丛洼地谷地区,有 2 处岩溶内涝洼地,分别是铁屎坪洼地、太坪洼地,岩溶内涝面积共 $1.08km^2$。

地下水污染主要以农业污染为主。工作区农业活动较为发达,施肥引起的地下水中"三氮"污染较为普遍。根据调查发现,其受污染对象主要是浅层地下水。另外,有少量地段地下水中砷、铝含量超过饮用水标准。但空间分布较为分散,其成因的规律性不明显。在望高工业园区附近,受工业点源污染的影响,地下水中铊、"三氮"、锰、砷等多种污染物浓度均较高,污染范围为 0.6km 左右。

八、初步查明 Tl 元素分布特征及危害

首次发现地下水中 Tl 元素浓度异常,初步查明了其分布特征及危害。在调查过程中,发现工作区部分地段地下水中 Tl 元素浓度有明显的异常现象,采集的地下水样品中有 40 个超过饮用水标准,其分布于 2 个集中分布区和 8 个分散区。望高镇松木寨铊污染物浓度异常区受工业活动的污染,污染范围为 0.6km 左右,约有 1 100 人的饮水和粮食安全受到威胁。八步区莲塘镇附近异常区面积约 $29km^2$,有近 4 万人的饮水和粮食安全受到威胁。

九、初步查明了工作区岩溶塌陷发育现状及规律

工作区内共发现岩溶塌陷(群)76 处,塌陷坑 95 个,均为土洞型塌陷。岩溶塌陷主要受自然因素和人为因素诱发,其中自然因素主要为暴雨、天然水位波动,人为因素主要为抽排地下水、荷载及人工开挖。根据水文地质、工程地质条件分析,采用定性和半定量方法进行了工作区岩溶塌陷易发性评价,并提出了岩溶塌陷的防治措施。

十、地下水开发利用方案

查明了岩溶地下水开发利用条件并编制了地下水开发利用区划方案。区内岩溶地下水开发利用程度总体上较低,开发利用方式主要是以"蓄、引、提、抽"为主,年总开采量为 $1 416.26\times10^4 m^3$,现状开采量仅占允许开采量的 7.39%,还有很大的开发潜力。结合现状农田灌溉及人饮缺水等需求,分岩溶水系统进行了水资源供需平衡分析,并对工作区岩溶地下水开发利用条件进行了区划。结合地方需要,就人畜饮水和农田干旱片灌溉两方面,提出一些工程规划方案或建议,为当地水资源合理开发利用提供技术依据。本次针对地下河开发利用工程方案 39 处,地下河出口开发利用工程 1 处,岩溶泉开发利用工程 36 处,伏流出口开发利用工程 1 处,有水溶洞开发利用工程 1 处,可解决 30 222 人生活饮用水缺水困难,增加灌溉耕地面积 17 300 亩。

十一、应急水源地建议

为贺州市八步区和钟山县应急水源地提出建议。根据城镇用水现状及水文地质条件、周围分布的水点等,对贺州市北控水务公司及钟山县城水厂的供水水源进行了评价,并提出地下水应急水源地规划建议。

十二、建立工作区水文地质空间数据库

应用 GIS 技术建立完成了工作区水文地质空间数据库。建立了西南岩溶地区 1∶5 万水文地质环境地质调查(广西钟山幅、平桂幅、公会幅、贺街幅)的分幅数据库和信息系统;1∶5 万贺州市幅水文地质空间数据库与信息系统。

海南岛1∶5万翁田市幅、文昌县幅、冠南圩幅、崖县幅环境地质调查评价报告

提交单位: 海南省地质调查院
项目负责人: 薛桂澄
档案号: 1070
工作周期: 2014—2015年
主要成果:

(1)研究区地貌按形成的动力因素总体划分为内动力地貌、外动力地貌两大类,内动力地貌主要为火山地貌,外动力地貌根据类型进一步划分为剥蚀堆积地貌、河流地貌、海成地貌3类。

(2)研究区内地层有古生界、中生界和新生界。根据区域地质调查资料,以现代地层学和现代沉积学新理论为指导,采用多重地层单位划分。前第四纪以区域岩石地层单位划分,划分到组;第四纪沉积层分布区以成因地层单位划分;第四纪残坡积层覆盖区以残坡积层按"年代＋成因＋(母岩岩性)"划分,残坡积层按年代分层较困难,年代统一为"Q"。通过地层学的综合研究,将图幅内的地层划分为10个正式地层单位和11个非正式地层单位。

(3)研究区中翁田市幅、文昌县幅和冠南圩幅位于东西向的王五-文教构造带北部,王五-文教构造带是雷琼断陷区与五指山隆起区的分界线,控制着沿构造带分布的新生代盆地的形成及盆地的沉积作用、岩浆侵入和喷发作用。区内构造格局由近东西向、南北向、北西向和北东向4组断裂构造组成,近东西向断裂控制着断陷盆地的形成和发展,而北西向、北东向断裂构造控制盆地内次级构造的形成和分布。这4组断裂具有多期次活动性,控制着新生代多次火山活动、地震活动、沉积建造类型、成矿作用等。崖县幅内的断裂构造也十分发育,由于多期构造的复合和岩浆多次侵入,使得断裂构造更趋复杂化,大致可分为东西向、北东向和北西向3组。

(4)根据含水介质类型,研究区内赋存的地下水共划分为松散岩类孔隙水、基岩裂隙水、碳酸盐岩裂隙溶洞水3个大类。松散岩类孔隙水根据地下水承压性质,进一步划分为松散岩类孔隙潜水、松散-半固结岩类孔隙承压水2个亚类;基岩裂隙水根据裂隙成因类型进一步划分为风化裂隙水和火山岩类裂隙孔洞水2个亚类;碳酸盐岩裂隙溶洞水根据含水岩组埋藏条件进一步划分为裸露型和覆盖型2个亚类。根据含水介质成因类型及埋藏条件,松散岩类孔隙潜水进一步划分为滨海堆积层孔隙潜水、冲洪积层孔隙潜水、孔隙微承压水3个次亚类;风化裂隙水进一步划分为块状岩类风化裂隙水、层状岩类风化裂隙水2个次亚类。

(5)孔隙潜水含水层岩性松散,透水性强,补给条件好,主要以大气降雨的垂直渗入补给为主。其次在山前地带,含水层直接覆盖于基岩之上,接受基岩裂隙水的侧向补给。另外,埋藏于河流两侧的含水层与河水有密切的联系,河水与潜水存在互补关系。

(6)松散-半固结岩类孔隙承压水主要接受基岩裂隙水和裂隙溶洞水的侧向补给。含水层从山前向承压水盆地中心和海岸方向微倾,并在山前与基岩接触。山区基岩裂隙水或裂隙溶洞水直接补给孔隙承压水。另外,在盆地中基岩裂隙水通过隔水性较差的地段越流补给孔隙承压水,主要是由上游山前向海径流,以越流方式排泄入海或以人工开采方式排泄。

(7)碳酸盐岩裂隙溶洞承压水主要隐伏分布于崖县幅的山间谷地松散层之下,局部地段基岩出露,其补给主要是由基岩裂隙水沿裂隙向谷地径流补给;在河谷上游局部地段裂隙溶洞承压含水层与

上部孔隙含水层直接接触而获得孔隙潜水补给。在落笔洞、抱坡岭等基岩裸露区成为含水层"天窗"直接接受大气降雨垂直补给,地下水在山前或谷地上游获得补给后向谷地中部和下游流动,通过隔水层"天窗"排入孔隙含水层或地表水中。此外,人工开采也是地下水排泄的主要方式之一。

(8)基岩裂隙水的主要补给来源为大气降雨和地表水下渗水,同时也接受其他岩类地下水和海水的侧向补给。径流、排泄受地形、构造等因素影响,主要由地势高处往低处径流,最终排入大海。人工开采也是排泄方式之一。

(9)研究区内地下水水化学类型按阴离子主要分为3类:$HCO_3·Cl$型、$Cl·HCO_3$型及Cl型,部分水样呈$SO_4·Cl·HCO_3$型、$Cl·NO_3$型、$HCO_3·SO_4$型、$HCO_3·SO_4·Cl$型和$SO_4·Cl$型。地下水污染主要呈点状。

(10)根据岩土体的形成方式、岩性特征及物理状态,把研究区岩体划分为岩性组、岩性综合体、岩性综合体强度和岩性类型4级;土体在划分类型的基础上,通过归并或细分,划分为岩性组、岩性综合体、岩性综合体工程地质性质和岩性类型4级。

(11)以地貌条件和岩土体工程地质特征为主要依据,结合物理地质现象、环境工程地质问题和水文地质条件等因素,并考虑地域上的连续性,将研究区划分为11个工程地质区,再根据岩土结构、物理力学性质及其成因类型划分为17个亚区。

(12)环境水文地质问题主要为高铁水、地下水酸化、咸水。高铁水主要分布在文昌县幅和翁田市幅,地下水类型主要为松散岩类孔隙潜水、基岩裂隙水和火山岩类裂隙孔洞水,总体铁离子含量一般0.5~1.5mg/L,局部大于2mg/L;弱酸水仅分布在文昌县幅区域内,pH值一般5.5~6.5,主要分布于火山岩台地、剥蚀堆积平原和冲洪积平原地区。总体上,pH值偏低是共性问题,不属于人为污染或个别地区异常的问题。由此可见,图幅中地下水pH背景值偏低;咸水主要分布于冠南圩幅,崖县幅的荔枝沟西侧、榆林-田独、铁炉港等沿海地区,冠南圩幅近海3口水文地质钻孔中取地下水样测试分析得出,层状岩类风化裂隙水含水层中的矿化度、总硬度、Cl^-浓度都已完全超Ⅴ类水标准。崖县幅在第四系松散岩类孔隙潜水含水层、松散-半固结岩类承压含水层和裂隙溶洞承压水含水层中均可见。

(13)软土工程地质问题在文昌县幅、崖县幅、冠南圩幅均有分布,岩性以淤泥质粉质黏土和淤泥质砂质黏土、淤泥为主;液化砂土工程地质问题在翁田市幅、崖县幅有分布,岩性以中砂为主,其次为粉、细砂,厚度不均匀,一般厚3~10m;膨胀岩土主要分布于文昌县幅的玄武岩和花岗岩风化残积层地区,岩性以黏土、粉质黏土和砂砾质黏性土为主,自由膨胀率一般20%~68%,属于弱膨胀岩土。

(14)文昌片区的地下水计算天然资源量为425 281.68 m^3/d,崖县幅的地下水计算天然资源量为133 783.16 m^3/d,合计55.90×$10^4 m^3/d$,可采资源量为19.47×$10^4 m^3/d$。

(15)根据地下水综合评价结果,结合研究区水文地质条件,将地下水水质按照Ⅰ类水及Ⅱ类水、Ⅲ类水、Ⅳ类水及Ⅴ类水划分:Ⅰ类水及Ⅱ类水呈面状广泛分布于研究区内的松散岩类孔隙潜水及基岩裂隙水中,总面积约780.46 km^2,占研究区面积的62.49%;Ⅲ类水呈片状或区块状分布于研究区内的松散岩类孔隙潜水及基岩裂隙水中,总面积约326.38 km^2,占研究区面积的29.01%;Ⅳ类水呈点状、小片及小区块状分布,总面积约43.13 km^2,占研究区面积的3.45%;Ⅴ类水呈条状、点状分布于研究区的第四系松散岩类孔隙潜水和基岩裂隙水中,分布面积约38.09 km^2,占研究区面积的3.05%。

(16)采取综合评价方法对研究区工程地质环境稳定性进行定性和半定量评价,评价内容包括区域地壳稳定性、地面稳定性与地基稳定性。进而在上述评价的基础上,进行工程地质环境稳定性分区评价。将研究区的工程地质环境稳定性划分为较不稳定区和基本稳定区2个分区,仅文昌县幅无较不稳定区。

桂中地区岩溶塌陷调查(平山公社幅、江口公社幅)综合评价报告

提交单位:广西壮族自治区地质调查院
项目负责人:石树静
档案号:1081
工作周期:2015 年
主要成果:

一、查明了工作区地质背景条件

图幅位于广西壮族自治区中北部,柳州市东部和东北部,地形整体上北高南低。地貌类型以峰林谷地、岩溶谷地、构造溶蚀丘陵谷地、孤峰平原、构造剥蚀侵蚀低山丘陵为主。柳江及其支流洛清江作为地下水排泄基准。工作区总面积为 937km², 其中纯碳酸盐岩出露面积 191.6km², 不纯碳酸盐岩出露面积 462.1km², 碎屑岩出露面积 265.2km²。工作区出露的前第四纪地层从新到老依次有:二叠系、石炭系、泥盆系。其中以石炭系分布最为广泛。工作区地质构造发育,受来宾-桂林断裂带影响,有北东向、北西向和南北向 3 组构造形迹。

二、查明了工作区岩溶发育特征

岩溶区分布连续、面积广,其中覆盖型岩溶区 219.9km²(平山公社幅 156.71km², 江口公社幅 63.19km²)。区内碳酸盐岩地表岩溶形态较发育,平山公社幅主要有溶潭、溶洞、岩溶泉、消水洞等,江口公社幅以岩溶泉为主。区内地下岩溶发育,岩溶发育深度、规模等随地区而异。根据钻孔或机井资料统计,灰岩区较白云岩区岩溶发育程度高,平山公社幅遇洞率 38.6%, 平均线岩溶率为 1.87%, 岩溶最为发育段为 100~130m; 江口公社幅遇洞率 18.2%, 平均线岩溶率为 1.94%, 岩溶最为发育段为 80~110m。岩溶发育主要受碳酸盐岩的岩石成分、结构构造、地质构造、水动力条件等影响,而地下水动力条件是控制岩溶发育最活跃、最关键的因素。

根据岩溶层组、岩溶形态、地下水通道等特征,将 2 个图幅岩溶发育程度划分为强、中、弱 3 个等级。其中平山公社幅西北部大面积下石炭统黄金组(C_1h)连续分布区为岩溶强发育区,面积共 92.79km², 岩溶中等发育区,主要为上石炭统大埔组(C_2d),岩性以厚层白云岩为主,面积共 121.79km²; 岩溶弱发育区主要为不纯碳酸盐岩,分布面积 457.18km²。

三、查明了工作区的水文地质条件

区内地下水分属于柳江、洛清江地下水系统单元。图幅内有松散岩类孔隙水、岩溶水、基岩裂隙水 3 种地下水类型。根据埋藏条件,又可分为裸露型和覆盖型。岩溶水富水性丰富—贫乏,基岩裂隙水富水性中等。第四系分布面积较分散,主要以黏性土为主。河流沿岸底部为卵石或圆砾层,存在松散岩类孔隙水,含水量中等。工作区地下水整体以浅埋藏为主,枯季水位埋深多小于 10m。地下水动态属气象型,水位变化受降雨和季节影响明显,工作区岩溶地下水水位变幅一般在 10m 以内,大部分区域水位变幅小于 5m。同时,区内地下水开采井较多,地下水动态受人为开采影响干扰较大。

四、进行了工作区水化学特征分析和水质评价

工作区地下水主要为 HCO_3-Ca 型、$HCO_3-Ca·Mg$ 型 2 种类型。通过对比 2 次取样单离子数据,工作区岩溶地下水水化学成分受降雨影响明显。据地下水质量单项评价结果,超过地下水水质标准(DZ/T 0290—2015)中Ⅲ类水标准的有 7 个组分:铁(Fe)、锰(Mn)、锌(Zn)、氟化物(F^-)、汞(Hg)、硝酸盐(NO_3^-)、铝(Al),其中平山公社幅三道屯下降泉(S165)汞含量较高,达到Ⅴ类,建议不能作为饮用水源。地下水质量总体评价结果显示,工作区地下水以优良和良好为主。

五、查明了工作区工程地质特征

工作区内第四系分布较广泛,总面积共 219.9km²,约占 2 个图幅总面积的 23.5%。按成因可分为冲洪积和残坡积 2 类,按时代分为桂平组(Qhg)和临桂组(Ql)。

平山公社幅:第四系分布较广泛,总面积共 156.71km²,约占图幅总面积的 33.5%。桂平组(Qhg)主要分布于洛清江及中渡河两岸阶地,厚 0.5~15m,总面积 6.47km²;临桂组(Ql)广泛分布于峰丛谷地、孤峰平原、岩溶谷地中,厚 0.4~23m,总面积 150.24km²。区内黏土主要为高液限中等压缩性土,具中等胀缩性,极微透水—中等透水。

江口公社幅:第四系分布面积较小,总面积 63.19km²,约占全区总面积的 14.1%。桂平组(Qhg)主要分布于洛清江、柳江两岸及其支流的河沟两侧的一级阶地,厚度一般 0.5~29.5m,总面积 36.2km²;临桂组(Ql)广泛分布于峰林谷地、溶蚀丘陵谷地中,厚 0.5~30m,总面积 26.99km²。黏土具有较高含水量,可塑—硬塑状,低—高液限,具中等压缩性,为非膨胀—中等膨胀性土,极微透水—中等透水。

工作区基岩以硬质碳酸盐岩和软质碎屑岩为主,碳酸盐岩岩溶化分为强、中、弱 3 个等级。根据基岩性质及风化壳的土石类别,将平山公社幅分为 4 个工程地质区,江口公社幅分为 5 个工程地质区,再按不同地貌将平山公社幅划分为 10 个工程地质次亚区,江口公社幅划分为 8 个工程地质次亚区。

六、查明了工作区人类工程活动

工作区内人类工程活动总体不算强烈,区域上存在明显差异。地下水开发强度总体不高,开采强度不大,但局部开采井相对密集;区内分布铁路、高速公路和水电站等重大工程;房屋建筑大部分分布于城镇附近。

七、查明了工作区岩溶塌陷的发育特征和发育规律

区内共有岩溶塌陷(群)78 处,塌陷坑 160 个,均为土洞型塌陷,其中小型塌陷 70 处,中型塌陷 7 处,大型塌陷 1 处;塌陷坑平面形态以圆形为主,直径以小于 10m 为主,剖面形态以锥状、圆柱状为主,深度多小于 3m;平面上分布于平山镇中村—平山村—青山村、平山镇高田村—孔堂村—朝阳村桥头屯一带的侵蚀溶蚀峰林谷地地区,且多具有群发性;主要发生于 3~10 月。2001 年以来,岩溶塌陷逐年增多;上石炭统大埔组(C_2d)白云岩和下石炭统黄金组(C_1h)灰岩中塌陷最为发育;主要的诱发因素为抽取地下水、自然水位波动、震动和荷载等,其中明显与人类工程活动有关的岩溶塌陷占总数(查明确切诱发因素的塌陷坑有 151 个)的 54.3%;塌陷强发育区面积 49.32km²,主要位于平山公社幅西北部。

塌陷的分布和发育受到岩性、岩溶发育强度、第四系盖层、水动力条件、人类工程活动等共同影响。

八、对典型塌陷评价区进行了专项剖析

通过分析几里典型塌陷区的地质背景条件、人类工程活动、塌陷发育现状，总结了造成塌陷的地质模式和动力模式，并进行了塌陷机理分析。采用层次分析-模糊综合评判法对典型塌陷评价区进行了易发程度评价、易损性评价，结合岩溶塌陷易发程度和易损性进行了风险性评价。

九、分析研究了区内岩溶塌陷机理

根据本区内溶塌陷的成因类型及分布规律，结合典型区几里塌陷群成因剖析，总结出图幅内岩溶塌陷的主要内因有：土层的性状、结构和厚度，基岩的岩溶发育程度，地下水的变化幅度和承压性。地下水开采是岩溶塌陷形成的最为重要又十分活跃的因素。

十、分析总结了工作区岩溶塌陷发育的地质模式

工作区第四系土层由黏土、粉质黏土、卵石或圆砾构成，以黏性土的一元结构模式为主，河流阶地局部存在黏性土-卵石或圆砾的二元地质结构模式。根据地下水与基岩面关系，诱发岩溶塌陷的地下水动力模式有3种：承压波动型、无压型、承压-无压波动型，其中第3种最易引发岩溶塌陷。

十一、完成了工作区岩溶塌陷易发程度区划

根据中国地质调查局《1∶50 000岩溶塌陷调查规范》，从基岩、地下水、土体、已有塌陷（土洞）4个方面对工作区进行岩溶塌陷单因素影响评价，评价为强、中、弱3个等级。工作区分为高易发区、中等易发区、低易发区和不易发区。其中，高易发区主要分布于平山公社幅平山镇灰岩谷地、雷震—桥头灰岩谷地、九简村一带和南西部大正屯所在的白云岩谷地中，面积50.6km^2；中等易发区主要分布于平山公社幅柳城华侨农场一带、孔堂村北面谷地、龙兴—龙团一带和南西部的雷塘白云岩谷地地区，江口公社幅峡口村—赛脚谷地，总面积40.27km^2；其余覆盖型岩溶区为低易发区，面积129.03km^2。

十二、提出工作区岩溶地面塌陷防治区划及建议

在工作区岩溶塌陷易发性分区结果及国民经济发展规划的基础上，进行岩溶地面塌陷防治规划：平山公社幅共划分出4个重点防治区（段）、1个次重点防治区（段）、14个一般防治区（段）；江口公社幅共划分出1个次重点防治区（段）、5个一般防治区（段），其他为非监测预警区。其中重点防治区面积50.6km^2；次重点防治区面积19.18km^2。对区内岩溶塌陷提出了针对性的防治建议及防治措施。建议重点及次重点防治区，地下水开采装泵量一般控制在30m^3/h以内，连续抽水时间不宜超过10h；对第四系厚度小于5m的地下水丰富及中等区，开采降深尽量控制在3m以内；对第四系厚度大于5m的区域，开采动水位尽量控制在基岩面以上。

十三、数据库建设

应用GIS技术建立完成了平山公社幅和江口公社幅1∶5万岩溶塌陷调查综合数据库。

广西重点岩溶流域水文地质及环境调查报告(广西百色市隆林-乐业地区)

提交单位:广西壮族自治区地质调查院
项目负责人:潘勇邦
档案号:1082
工作周期:2006—2015年
主要成果:

一、水文地质条件

工作区位于云贵高原向广西盆地过渡的斜坡地带,为典型的峰丛洼地谷地、峰林谷地区,地下河较发育,总的地势为西面高、东面低,北面高、南面低。岩溶区大面积分布,主要岩溶地貌类型为峰丛洼地谷地、溶岭谷地。工作区地层以出露中寒武统、泥盆系、石炭系和二叠系为主,局部出露岩浆岩(辉绿岩等)。在一些岩溶谷地有间歇河流等洪积和残坡积形成的第四系松散沉积。在工作区外围,主要分布上三叠统、下三叠统碎屑岩。

隆或岩溶区、平塘岩溶区为穹隆构造,蛇场岩溶区为近东西向的背斜构造,主要发育北东向、北西向断层。

流域内岩溶地下水赋存条件较差,岩溶地下水以裂隙溶洞水为主,富水性主要为中等—贫乏。地下河枯流量较小,为5~170L/s。在谷地区地下水枯埋深一般小于30m,在斜坡地带地下水枯埋深一般大于30m,局部大于100m。地下河出口及岩溶泉流量动态变化大,不稳定系数大于9倍,最大可达500倍。地下水水位年动态变化一般小于30m,局部大于30m。

二、岩溶发育特征

流域内岩溶较发育,地下河较发育,共有7条地下河,流程较短,枯流量为5~170L/s,枯总流量626.36L/s。地下河平面展布有单管型和树枝型。地下河主要受构造控制,多沿断层、岩层面发育。由于受碎屑岩的阻隔,地下河规模较小,流程较短,一般10~20km,出口多位于灰岩与碎屑岩接触带,枯流量较小。地下河天窗等岩溶形态发育。钻孔遇洞率较低,为17.5%,线岩溶率较小,为1.1%。岩溶发育主要在75m以浅,在5~15m段溶蚀较为强烈,溶洞数量较多,但溶洞较小,平均线岩溶率较小;35~45m段为另一岩溶集中发育带,溶洞数量较多且单个溶洞规模也有所增大,处于目前地下水水位强烈交替带内。50m以下溶洞数量较少,但溶洞规模明显增大,说明其位于饱水带岩溶管道流地段,溶洞底部接近含水层底板部位。

三、岩溶水系统

据岩溶发育特征、岩溶地下水赋存条件和地下水补径排条件等,把工作区岩溶水系统划分为地下河系统、岩溶大泉系统、基岩分散流系统。据地域分布进一步划分出6个地下河子系统、1个岩溶大泉子系统、17个基岩分散流子系统。

四、岩溶地下水资源评价

据岩溶地下水补径排条件,划分出 57 个岩溶地下水计算单元,采用降水入渗系数法、枯季径流模数法,对岩溶水天然补给量、储存量、允许开采量进行了评价,结果为:工作区(岩溶区)地下水多年平均天然补给量为 $22\,653.34\times10^4\,m^3/a$,储存量为 $106\,401.71\times10^4\,m^3/a$,允许开采量为 $3\,112.09\times10^4\,m^3/a$,可开采量为 $2\,178.46\times10^4\,m^3/a$。

岩溶地下水开采程度较低,岩溶地下水现状开采量占岩溶地下水允许开采量的 8.2%,占岩溶地下水可开采量的 11.7%,还有较大的开发潜力。但由于区内干旱缺水严重,岩溶地下水剩余可开采量不能完全满足当地人畜饮水及干旱耕地灌溉用水需求,存在较大水资源缺口,水资源缺口 $1791.52\times10^4\,m^3/a$,但可满足人畜饮水需求。

工作区岩溶地下水属低矿化中性水。枯水期 pH 值 7.17~8.1,平均值 7.6,丰水期 pH 值 6.85~7.7,平均值为 7.3。枯水期总硬度 117~420mg/L,平均硬度 228.06mg/L;丰水期总硬度 167~302mg/L,平均硬度 233.45mg/L。枯水期矿化度 179.14~504mg/L,平均矿化度 257.86mg/L;丰水期矿化度 213.25~295.9mg/L,平均矿化度 248.17mg/L。

大部分地区地下水水化学类型为 HCO_3-Ca 型水,局部为 $HCO_3-Ca\cdot Mg$ 型水,分布在蛇场乡—岩茶乡一带的碳酸盐岩夹碎屑岩区,水化学类型全年基本不变。水质以优良与良好为主,占地下水总量的 84.06%,基本保持背景值,适合各种用途。与 30 年前对比,岩溶地下水资源量明显减少,局部地区水质有所恶化。

五、存在的主要环境地质问题

工作区存在的主要环境地质问题有干旱缺水、水质污染、岩溶石漠化、岩溶内涝、水土流失 5 个方面。

(1)干旱缺水严重。工作区干旱缺水问题严重,24 260 人饮水存在困难,约占工作区人口总数的 61.9%,存在干旱缺水耕地 18.519 0 万亩,约占耕地总面积的 78.9%。

(2)水质污染程度较轻。岩溶地下水中存在水质污染问题,超标组分有汞(Hg)、亚硝酸盐及耗氧量(COD)。其中汞(Hg)只有隆或泉井(S0241)超标,其是由于地质背景值高造成的;其他超标组分具有季节性,主要与农业种植过程中施肥有关。总体上工作区岩溶地下水污染程度轻,水质主要为优良与良好级,基本保持天然背景含量,适用于各种用途。

(3)岩溶石漠化较轻。工作区内岩溶石漠化较轻,这得益于封山育林、退耕还林政策的实施。石漠化分布面积共 $103.968km^2$,占岩溶区面积($461.22km^2$)的 22.5%,但以轻度石漠化为主。其中,重度石漠化分布面积 $13.591km^2$,占岩溶区面积的 2.9%;中度石漠化面积 $23.181km^2$,占岩溶区面积的 5.0%;轻度石漠化面积 $67.268km^2$,占岩溶区面积的 14.6%。重度石漠化和中度石漠化主要集中在蛇场乡、岩茶乡一带,在隆或及平塘一带局部分布。轻度石漠化主要分布在隆或及平塘一带。石漠化主要呈零星状分布,出现在各处单独的山头或山坡地带,连片分布的情况较少。与 2000 年对比,岩溶石漠化已有很大程度降低,但中度石漠化在一些地区有所增加,局部石漠化有加剧的迹象,并出现小面积的重度石漠化。

(4)岩溶内涝较轻。工作区基本没有外涝,洪涝主要形成内涝,内涝的地方较多,但不严重,受淹的耕地较少,受淹时间不长。一般受淹时间 2~4d,少数可达 10d 左右,严重的最多可达 3~4 个月。

(5)水土流失严重。工作区水土流失严重,各地均存在不同程度的水土流失现象,特别是在岩溶石漠化地区,水土流失现象尤为严重,耕地中特别是在陡坡地带到处可见灰岩裸露。

六、岩溶地下水开发利用条件

在谷地区地下河、天窗发育，地下枯水位一般小于 30 m，岩溶地下水开发利用条件较好，但在峰丛洼地区，地下水埋深较大、富水性较差，地下水开发利用的条件较差。

七、岩溶地下水开发利用区划及工程方案

据地下水类型、赋存条件等，把工作区开发利用岩溶地下水区划分为 3 个大区：①以开发利用地下河水为主区（A）；②以开发利用裂隙溶洞水为主区（B）；③以开发利用溶洞裂隙水为主区（C）。再根据地下水开采方式、地域分布等划分出 6 个亚区、20 个次亚区。针对人畜饮水困难问题，并结合富水性、地下水扩采潜力等，对 19 处地下水点提出了开发利用工程方案，可解决 82 个屯及 1 所小学共 15 785 人生活饮用水缺水困难。

八、地下水开发利用示范工程的社会效益及示范作用

（1）取得的社会效益。共完成钻孔取水示范工程孔 3 口，涌水量 $21.5 m^3/h$，装泵总流量 $21.5 m^3/h$，解决了 4 个村（屯）600 人饮水困难。

（2）示范工程的示范作用。①当地富水性较差，钻孔打井取水的命中率低，据已有钻孔统计，钻孔打井取水的命中率为 22％；②虽然在当地钻孔打井取水的命中率低，钻孔涌水量较小，但当地人口较少，通过钻孔取水仍可解决或缓解当地饮水困难问题，因此钻孔打井取水仍是解决当地人畜饮水困难的首选方案；③在天然地下水露头旁施工钻孔截弯取直可有效解决人畜饮水困难问题；④钻井取水首选在较开阔的洼地谷地；⑤物探方法在当地找水的效果差；⑥寻找蓄水构造是解决缺水地区人畜饮水困难的找水方向。

九、数据库建设

根据地质调查结果和空间数据库要求，建立了工作区的空间数据库。

典型地区岩溶塌陷监测与风险评价成果报告

提交单位：中国地质环境监测院
项目负责人：李海涛
档案号：1083
工作周期：2013 年
主要成果：

一、基本查明工作区岩溶塌陷地质灾害情况

工作区最早有明确记载的是 1931 年发生在位于武昌区丁公街的岩溶塌陷灾害，至今共发生了 22 次塌陷，本次工作详细统计了灾害发生的时间、位置及特征情况。

二、综合分析岩溶塌陷形成的机理及其主控因素

1. 岩溶塌陷形成的机理

分析认为区内岩溶塌陷机理是：在自然状态下，孔隙承压水水位高于岩溶水水位时，孔隙承压水通过岩溶管道向岩溶水补给径流，在水头差达到临界值时，充填于岩溶管道和溶洞中的土体颗粒首先发生渗透破坏，向未充填的岩溶管道和溶洞流失，逐渐扩大向上发展，至覆盖层土体，形成土洞，土洞周围土体失稳破坏产生塌陷；人为因素下，由于钻探、桩基施工等人为活动直接将溶洞与第四系沉积物贯通，在震动、重力及地下水水头差等作用下，第四系沉积物失稳向溶洞运移，形成岩溶塌陷。

2. 岩溶塌陷形成的主控因素

据调查及调查资料分析，工作区内岩溶塌陷的诱发因素主要可分为自然因素和人为因素。自然因素主要包括地下水水位、长江水位变化、降雨等，人为因素主要为开采地下水以及人工加载等。近几年来岩溶地面塌陷均发生在人为工程活动地段中心地带，例如：南湖变电站塌陷、白沙洲大道张家湾路段塌陷都是因工程施工诱发的，而降雨导致的塌陷较少。人为工程活动揭穿孔隙水含水层与岩溶水含水层之间的隔水层使渗透路径迅速趋于零，水力坡降远远大于地层临界值，因此，人为工程活动揭穿孔隙水含水层与岩溶水含水层之间的隔水层应为目前区内发生岩溶塌陷的主要影响因素。

三、优化地下水监测网

采用地下水动态类型编图法，对武汉市地区地下水监测网进行了优化，力争达到地下水监测的密度、几何位置及观测网布设组合最佳。根据优化结果，提出了武汉市区域地下水监测网建设的方案。

四、岩溶塌陷风险性评价

采用层次分析法，评价典型地区岩溶塌陷风险性。评价区岩溶塌陷风险性划分为高风险性区、中等风险性区、低风险性区和无风险性区。其中，高风险性区面积59.82km^2，所占图幅面积比率13.46%；中等风险性区面积60.16km^2，所占图幅面积比率13.53%；低风险性区面积164.61km^2，所占图幅面积比率37.04%；无风险性区面积159.33km^2，所占图幅面积比率35.84%。

三沙市水文地质工程地质调查评价（2014年度）成果报告

提交单位：海南省地质调查院
项目负责人：柳长柱
档案号：1085
工作周期：2014—2015年
主要成果：

（1）本次调查评价在充分收集区域地质调查、矿产勘查、水文地质、工程地质、物化探及遥感解译等资料的基础上，进一步补充了地面调查、钻探和试验等工作，基本查明了区内地下水类型、埋藏分布条件，补径排条件和水质情况；基本查明岩土体类型、埋藏分布条件和物理力学性质，自然地质现象的分布和发育规律；所取得的资料和成果可为地方经济、社会发展、生态环境保护提供基础水文地质、工

程地质资料。

(2)工作区永兴岛属于沙岛地貌,在形态上由中部到海边分为洼地、沙平台、沙堤、沙滩及后期的人工堆积;石岛属于残丘地貌。

(3)工作区赋存的地下水有松散岩类孔隙潜水和固结岩类裂隙水 2 个基本类型。其地下水水质均为咸水。

(4)根据岩土体类别划分为 2 个工程地质区,即沉积土工程地质区和岩体工程地质区。

(5)工作区旅游地质资源有永兴岛东面及西北侧的沙滩、石岛的海蚀地貌和根管石化石。(图 3-9～图 3-11)

图 3-9 永兴岛东侧沙滩

图 3-10 永兴岛西北侧沙滩

图 3-11 石岛老龙头海蚀地貌

(6)查明工作区环境地质问题有海岸侵蚀与淤积和地下水水质恶化。

①海岸侵蚀与淤积:在永兴岛西边、南边为侵蚀岸段,现修建防护堤防护;石岛北部海岸侵蚀较强烈,海蚀崖、海蚀凹槽等海蚀地貌发育,岸边见有海浪侵蚀崩塌的岩块,现阶段无防护措施;永兴岛东边海浪侵蚀作用较弱,淤积较强,岸线向外延伸较为明显,退潮时海岸附近海域可见大量水藻现出水面,海岸边少量海滩有泥化现象。

②地下水水质恶化:工作区地下水基本无淡水资源,地下水咸化严重;在永兴岛中心地下水发现有柴油污染。工作区要防止水质继续恶化,建议提倡大力植树造林,做好林地和草地保护工作,涵养水源,扩大补给量;减少建筑物及道路面积,扩大降雨入渗面积,增加降雨入渗量;停止开采地下水。

(7)在海域调查范围内随海水加深,其溶解氧、盐度增高,水温、pH 值变化不大。

西南岩溶地区 1∶5 万水文地质环境地质调查成果报告（下坪幅、湾潭幅、鹤峰县幅、白果坪幅）

提交单位：湖北省地质环境总站
项目负责人：吴慈华
档案号：1087
工作周期：2014—2015 年
主要成果：

一、岩溶环境地质条件

（1）工作区位于鄂西南恩施州东南部，包括清江、酉水、澧水三级流域部分范围，为了便于区划和水资源量汇总，将清江划分为伍家河、龙王河、泗洋河 3 个四级系统，将酉水划分为酉水源 1 个四级系统，将溇水划分为溇水源 1 个四级系统，将溇水划分为溇水左岸源头段、南渡江、竹枝河、大典河、溇水右岸源头段、芭蕉河和溇水右岸中游段 7 个四级系统。全区面积 1 760 km²。工作区为少数民族地区，以土家族为主的人口约占全区人口的 43%，苗族次之，为 7%，其他少数民族占 0.5%。截至 2011 年底，地区生产总产值达 30.43 亿元，农村居民人均收入 4 116 元，城镇居民人均可支配收入 12 929 元。

（2）工作区地层全为沉积岩。除缺失上志留统、下泥盆统和下石炭统外，自新元古界至第四系均有出露。其中上震旦统至上奥陶统、石炭系至下三叠统的碳酸盐岩地层分布面积为 1 221 km²，占总面积的 67.5%。志留系与泥盆系及其他地层的碎屑岩分布面积为 565 km²，约占总面积的 32.5%。第四系松散堆积物则零星分布于流域内的河流河床及山间洼地中。区域构造上位于上扬子地台八面山台褶带中的北东向恩施台褶束和东西向长阳台褶束交会地带，以湾潭—五里一线为界，以西主要表现为一系列北东向弧形褶皱，以东主要表现为近东西纬向构造。背斜多属紧闭线状，向斜区一般较开阔，多为复式向斜，向背斜组合呈平行斜列式展布。

二、岩溶水文地质特征

（1）通过对不同时代的碳酸盐岩取样分析和岩矿鉴定，区内碳酸盐岩的化学成分仍以 CaO、MgO 为主。按方解石、白云石、Ca/MgO、SiO_2、R_2O_3 的百分含量将碳酸盐岩划分为灰岩、白云岩、云灰岩和不纯碳酸盐岩 4 种类型共 10 种岩石名称。在各时代地层中，都或多或少存在有不纯碳酸盐岩。其中下三叠统中的不纯碳酸盐岩单层厚度一般在 8～19 m 之间，累计厚度约占其地层总厚度的 5%～10%，其溶蚀率在 10.03‰ 左右，比纯灰岩稍低，影响岩溶发育的程度有限。

（2）工作区是我国南方典型的裸露型岩溶石山地区之一。地表岩溶个体形态组合形成了区内峰丛盲谷、峰丛槽谷、溶丘洼地等岩溶地貌类型，这些岩溶地貌类型在各种因素的控制作用下，形成了本区波状溶丘高台原、干流峰丛峡谷溶洞、溶丘洼地峡谷溶洞、丘丛洼地沟谷溶隙、峰丛槽谷盲谷洼地五大岩溶地貌组合区。并相应形成了区内岩溶发育的多系统性、向深性、不均匀性和成层性特征。而在地质构造、岩溶发育的向深性和地下水动力作用控制下，形成了区内地下河袭夺地表河这一新的岩溶发育特点。

（3）流域土壤种类繁多，垂直分带明显，组成土壤颗粒的主要是粉砂粒，次为砂粒和黏料，显示土壤的砂化程度较高；土壤的化学成分主要是 Ca^{2+} 和全盐量，其他金属离子含量较少，但其有机质含量较高，多在 1.45%~2%之间；土壤中的污染元素 Hg、Pb、As、总 Cr 及有机毒物的含量都分别高于南方区域背景值，但离临界值还有一定距离；土壤 pH 值一般在 5~6.5 之间，呈酸性或微酸性，土壤的固、液、气三相与土壤质地基本一致，所占比重合理，氮、钾、钙含量丰富，含盐量偏低，磷素普遍缺乏，由土壤构成的土地在区内坡耕地仍然较多，易导致土壤产生流失，其土壤肥力保持差，故流域土壤的总体质量为中等偏低，但区内水热条件丰富，植被发育，湿度大，仍然适宜多种植物的生长发育。

(4)分别选择岩溶含水层组、地貌类型、地下暗河、断层构造这 4 类影响因子进行分析，得出各影响因子对岩溶地下水富水性的影响关系。依据求得的岩溶地下水富水性评价模型，利用 ArcGIS 线性加权叠加算法，计算得到地下水富水性评价结果。将以往难以量化的富水性影响因子定量、半定量化地引入到岩溶地下水富水性评价模型中，使岩溶地下水富水性评价更加科学、准确。

(5)在综合考虑地质构造条件、地层组合关系、岩溶发育程度及岩溶水类型，介质含水的相对均匀性、富水性因素下，将工作区划分为含水介质较均的弱富水脉状流水文地质区、含水介质较均匀—不均匀的中等—强富水管道流为主的水文地质区、含水介质较均匀的中等富水脉状流水文地质区、含水介质不均匀的强富水管道流水文地质区四大水文地质区。

(6)根据碳酸盐岩含水层组的岩溶发育程度、富水性和水文地质特征的不同，将区域内出露的碳酸盐岩地层划分为 3 个含水岩组。首先是岩溶强烈发育的纯碳酸盐岩强富水层组，包括嘉陵江组(T_1j)、大冶组上段(T_1d^2)及中上寒武统(ϵ_{2-3})；其次是岩溶发育的次纯碳酸盐岩中等富水层组，主要是下二叠统(P_1)、下奥陶统(O_1)及背斜核部的下寒武统(ϵ_1)、上震旦统灯影组(Z_2dy)；最后是岩溶弱发育的不纯碳酸盐岩弱含水层组，包括中上二叠统(P_{2-3})、上石炭统(C_2)及中上奥陶统(O_{2-3})、陡山沱组(Z_2d)、大冶组下段(T_1d^1)。

(7)本区岩溶地下水赋存并径流于裂隙、溶隙、溶孔和岩溶管道中，由于赋水介质的空间差异而导致岩溶水的补径排及其动态特征也有很大的不同，故形成了区内岩溶管道水、溶隙脉状水和网状裂隙水 3 种岩溶水类型，岩溶水含水介质不均匀至极不均匀，地下水深埋，无统一的地下水水径流场，具非连续流和三维流特点。

三、岩溶水系统及水资源

(1)根据系统论和岩溶水类型的差异，按五级流域在工作区范围内细分出 14 个地下河系统、17 个岩溶大泉系统以及 14 个分散径流排泄系统。根据地下水的赋存及排泄形式在工作区范围内共划分了 15 个五级岩溶地下水子系统。其中集中排泄系统 3 个，分散径流排泄系统 5 个，蓄水构造系统 7 个。

(2)采用水文地质分析法求取全区地下水天然资源多年平均值为 $53\,561.05\times10^4\,m^3/a$、平水年为 $49\,789.46\times10^4\,m^3/a$，偏枯年为 $43\,602.63\times10^4\,m^3/a$、特枯年为 $36\,967.7\times10^4\,m^3/a$。全区碳酸盐岩岩溶水的多年平均资源量为 $50\,625.45\times10^4\,m^3/a$，碎屑岩多年平均资源量为 $2\,935.6\times10^4\,m^3/a$。其中全区表层岩溶水特枯年的地下水资源量为 $12\,625.83\times10^4\,m^3/a$，表层岩溶泉可开采资源量为 $11\,656.45\times10^4\,m^3/a$，难开采资源量为 $4\,995.62\times10^4\,m^3/a$。采用水量均衡法求取全区地下水天然资源量为 $51\,337\times10^4\,m^3/a$，可开采资源量为 $14\,857\times10^4\,m^3/a$。采用数值模拟分析法求取全区地下水天然资源量为 $51\,847\times10^4\,m^3/a$，可开采资源量为 $15\,601\times10^4\,m^3/a$。

(3)经计算，全区地下河、岩溶大泉和表层带岩溶泉的允许开采资源量为 $40\,048.55\times10^4\,m^3/a$，已开采资源量为 $14\,530.05\times10^4\,m^3/a$，还可开采利用地下水资源的绝对数量为 $25\,518.5\times10^4\,m^3/a$。全区为开采潜力较丰富区($P_{潜}=1.70$)，开采潜力模数为中等区($M_{潜}=6.28$)。其中，开采潜力丰富的有龙王河流域、溇水源流域、竹枝河流域和溇水右岸中游段4个四级流域;开采潜力较丰富的有伍家河流域、泗洋河流域、溇水左岸源头段、南渡江流域和溇水右岸源头段5个四级流域;潜力较小的有酉水源头、大典河流域、芭蕉河流域3个四级流域。

(4)工作区多数地下水无色、无味、透明,水温10～18℃;水化学类型以HCO_3-Ca型为主,个别点出现$HCO_3 \cdot SO_4-Ca \cdot Mg$型;为弱碱性、微硬、低矿化度淡水,绝大部分水样的各单项组分都为Ⅰ类水或Ⅱ类水,水质属优良级至良好级。其中Ⅳ类水有29个,Ⅴ类水仅有2个,其超标因子主要是pH值、硫酸盐、铁、锰、COD、亚硝酸盐氮、氨氮、硝酸盐氮、氟化物。

(5)项目实施过程中,对重点缺水乡村地区开展了"探采结合"的地下水水源地勘查工作,先后成井5口,日总出水量542m^3,缓解缺水人口4 500人、缺水牲畜1 800头、缺水农田98hm^2(1hm^2=10 000m^2)的用水难问题。井水物理性质良好,为微硬、弱碱性、耗氧量很低、适合于各种用途的淡水。本次勘探目的"查明流域内主要岩溶含水岩组的富水性、岩溶地下水埋藏深度及深部岩溶发育特点与相关水文地质参数"已基本达到。为下一步开采岩溶地下水作为供水水源地的可行性打下了基础。

四、岩溶环境地质问题

(1)区内严重的干旱缺水问题,一直是制约当地经济发展和居民脱贫致富奔小康的重要自然灾害。大气降雨后便很快地从众多的岩溶洞隙中灌注地下,兴建的蓄水工程,也常因岩溶渗漏问题而失效,造成地表严重干旱缺水。地表河水也多径流于深切峡谷底部,人们难以利用。而岩溶地下水埋深很大且其介质含水又极不均分,打井取水难度很大。缺水不仅使区域内75%的粮食地产量低下,就连人畜饮水也有断源之时。目前工作区涉及2个县8个乡镇范围缺水人口6.78万人,占总人口的30.6%;缺水牲畜11.0万头,占总牲畜的31%;缺水耕地11万亩,占总耕地面积的39.6%。区内的中营、走马、燕子、湾潭等集镇缺水尤为严重。

(2)岩溶盲谷、槽谷及洼地内是洪涝灾害多发处,每当大雨、暴雨时,各方洪水一涌而来,各消水洞不能及时排走洪水而致灾。这些地方常是山区居民和农田集中分布地带,洪涝给当地经济社会发展造成了较大的损失。据初步统计,工作区共有洪涝灾害点318处,其中非岩溶内涝灾害点16处,岩溶内涝灾害302处。岩溶内涝灾害淹没土地总面积47 570亩。单个岩溶内涝洼地中遭受淹没的耕地面积规模大多数为5～200亩,最大者是五峰县湾潭镇的内涝槽谷,面积达7 500亩,最小的为2亩。目前区内易遭受洪涝灾害的农田在千亩以上的盲(槽)谷主要有:湾潭盲谷、董家坪-湖坪槽谷、水沙坪盲谷、湖盆槽谷等。

(3)岩溶渗漏是碳酸盐岩地区修渠筑坝成库的主要工程地质问题之一,主要包括引水隧洞渗漏、水库邻谷渗漏、库首渗漏、坝区渗漏、库底渗漏等。工作区水利化程度较高,区域内较大的河流均进行了梯级开发,如万人洞流域的桃花山三级电站开发、湾潭河-三道河跨流域的锁金山水电开发等。在上述的蓄、引水工程中,凡是兴建于岩溶区者,都存在不同程度的岩溶渗漏问题。

(4)工作区现有工业污染源、生活污染源和面状农业污染源三大类。根据2014年所取201组地下水水样水质化验结果,采用单因子指数法进行评价,工作区内部分水样水质质量级别属优良级至良好级,适用各种用途的Ⅰ、Ⅱ类水样点170处,占其总数的84.6%;适用于农业和部分工业用水的Ⅳ类水样点29处,占其总数的14.4%;不宜饮用的Ⅴ类水样点2处,占其总数的1%。水质总体较好。将来随着城镇规模的不断扩大和人口的不断增多以及工矿企业的发展壮大,排污量相应增大,地下水污染程度可能向不断恶化方向发展。

(5)区内地面塌陷不发育,仅见有7处,主要是地下水与人类工程的频繁活动及岩溶的强烈发育形成。本区岩溶塌陷总体规模小,目前造成的危害也小,所以,在对塌陷的防治上还未引起人们的重视。所调查的塌陷点也只是在灾情发生后，多用杂填土回填了之。一旦在久雨、暴雨及加载、地震等叠加因素的影响下，随时都可能产生新的塌陷，其塌陷仍以小规模为主，故应加强预防。

(6)根据工作区的环境水文地质特点，选择干旱缺水、洪涝、石漠化、土地质量、岩溶塌陷、岩溶渗漏、地下水质量、水土流失、地形地貌9项因子，采用因子指数评价法，对全区四级水系统流域的环境地质质量进行了综合评价。评出质量好的（伍家河、龙王河、酉水源、大典河、芭蕉河、溇水右岸中游段）6个区段面积424.28km²，占全区面积的23.80%；质量中等的（泗洋河、漢水源、南渡江、溇水右岸源头段）4个区段面积746.75km²，占全区面积41.88%；质量差的（溇水左岸源头段和竹枝河）2个区段面积611.89km²，占全区面积的34.32%。

(7)通过对燕子坪地区、垭门头、响溪坪、五里坪等18处重点勘探段进行岩溶水开发示范工程，详细调查了重点区的干旱缺水、洪涝灾害及其他环境地质问题现状，为解决这些地区的干旱缺水问题和下一步开采地下水作为供水水源地的可行性打下了基础。

五、对策建议

(1)针对区内岩溶水资源、干旱缺水现状和其他环境地质问题的发育分布特征，以四级流域为基本单元，将本区划分为以岩溶水开发为主的环境地质问题综合整治区、以岩溶水开发为主的环境地质问题预防综合整治区、以环境地质问题防治为主的岩溶水开发综合整治区三大区，相应提出了岩溶水的工程开发措施与环境地质问题的防治措施建议，重点对流域内可开发利用的岩溶大泉和地下河进行了综合分析，初步拟定了"堵、拦、蓄、引、钻"等开发利用工程方案。

(2)在下一步按流域进行水资源计算评价时，建议充分考虑流域、地下水系统袭夺现象。

(3)在调查勘察实践中，查清库水渗漏部位、渗漏类型及其渗漏程度是关系到成库后能否正常运行的关键问题。该成果将有利于桃花山电站蛤蟆颈水库渗漏分析、锁金山电站引水隧洞渗漏分析等鄂西南岩溶山区集水工程的建设与发展。

丹江口库区堵河流域地质灾害调查成果报告(峪口幅、秦口幅)

提交单位：湖北省地质环境总站
项目负责人：王湘桂
档案号：1091
工作周期：2014—2015年
主要成果：

一、查清了工作区地质灾害基本特征

(1)地质灾害类型及数量：工作区地质灾害的主要类型为滑坡、崩塌、泥石流，以滑坡为主，331处地质灾害点中滑坡265处、滑坡隐患点49处、崩塌13处、崩塌隐患点2处、泥石流隐患点2处。

(2)地质灾害规模：区内地质灾害总规模3 998.69×10⁴m³，其中大型6处，占地质灾害总数的1.8%；中型88处，占地质灾害总数的26.6%；小型237处，占地质灾害总数的71.6%。

(3)地质灾害稳定性：331处地质灾害中现状不稳定的有219处，基本稳定的有111处，稳定状态的有1处；潜在不稳定的有323处，基本稳定的有7处，稳定状态的有1处。

(4)危害程度:截至本次调查时为止,各类地质灾害已造成 1 人死亡,直接经济损失为 3 409.33 万元。目前共威胁 1 666 户 8 968 人,预测经济损失 49 263.21 万元。

二、综合分析了地质灾害时空分布规律与成灾模式

(1)时间分布规律:区内地质灾害的发生时间与降雨周期密切相关,绝大多数发生于汛期 5~10 月,尤其是降雨量集中的 7~8 月。

(2)空间分布规律:地质灾害主要沿沟谷两岸、断裂构造带、交通干线及其他人类工程活动区成条带状、片状分布。

(3)成灾模式:滑坡大多数发生在残坡积土层中,分布于坡度 15°~40°斜坡区的残坡积土体在降雨及人类工程活动诱发下,沿岩土体界面顺坡向滑移,造成滑坡体上及前缘居民生命财产受到损失,形成灾害;分布于人工开挖陡坎或自然陡崖的板岩、变粒岩、浅粒岩、灰岩等较坚硬—坚硬岩石在节理裂隙、风化裂隙和自身重力共同作用下,发生滑移、倾倒、拉裂式坠落,危害到坡脚居民、行人生命财产安全。

三、查明了地质灾害的孕灾地质环境背景

(1)地形地貌:工作区有河谷、构造盆地区、构造剥蚀侵蚀低山、构造侵蚀溶蚀低山、构造剥蚀侵蚀低中山、构造侵蚀溶蚀低中山 6 种地貌类型,以构造剥蚀侵蚀低山为主,面积 453.5 km²,占工作区总面积的 51.9%。

(2)地层岩性:工作区地跨扬子陆块上扬子地层区和南秦岭造山带武当-两陨地层区,出露有上震旦统和下寒武统部分灰岩、页岩等岩石地层单位和南华系武当岩群、耀岭河组;震旦系、寒武系、寒武系—奥陶系竹山组,志留纪片岩、变粒岩、浅粒岩、板岩、千枚岩等中浅变质岩系构成的构造(岩石)地层系统,其上覆盖有中生代晚白垩世—新生代第四纪碎屑物堆积。

(3)地质构造:在长期的地质发展演化过程中,区内经历了多期次、多阶段的变形变质作用,地质构造较为复杂,主要断裂有 14 条,褶皱 9 个,其中青峰-竹山断裂为区域性活动大断裂。

(4)新构造运动与地震:新生代以来工作区一直处于间歇性上升,河谷深切、谷坡陡峭,河流纵剖面坎坷不平,发育五级夷平面和四级阶地。地震动峰值加速度分区为 0.10g,地震反应谱特征周期 0.40s,对应的地震基本烈度值为Ⅶ度。

(5)水文地质:工作区地表水系较发育,河流纵横交错。地下水类型有一级阶地松散岩类孔隙水、其他地段松散岩类孔隙水、碳酸盐岩裂隙岩溶水、浅变质岩夹碳酸盐岩岩溶裂隙水、碎屑岩孔隙裂隙水、浅变质岩裂隙水、岩浆岩裂隙水 7 种类型,其中一级阶地松散岩类孔隙水、碳酸盐岩裂隙岩溶水水量中等,其他类型水水量贫乏—极贫乏。

(6)植被及人类工程活动:工作区植被资源十分丰富,覆盖率较高。人类工程活动主要为城镇建设、道路建设、水利水电建设、土地利用与开发。

四、查明了工作区工程地质条件

根据本次调查和收集的岩土试验数据,将区内岩土体分为 5 个大类、10 个亚类、17 个工程地质岩组。依据构造单元、工程地质岩类、工程地质岩组进行了工程地质分区,划分为 5 个工程地质区、12 个工程地质亚区、22 个工程地质段。绘制了典型地段工程地质剖面,编制了工作区专门工程地质图(1∶5 万)。

五、综合分析了地质灾害与形成条件的相关性

工作区的地形地貌、地形坡度、地质构造、岩土体类型、斜坡结构、人类工程活动、水文地质条件和植被、降雨是地质灾害的形成条件和影响因素,采用线性相关分析法得出:地形坡度、人类工程活动对地质灾害形成影响强烈,降雨影响微弱,其他均为中等。本次分析认为降雨是地质灾害形成的主要诱发因素,由于收集到的降雨等值线图精度低,不能反映工作区降雨量特征,造成降雨对地质灾害影响微弱的分析结果。

六、重点区开展了斜坡结构类型与稳定性评价

采用斜坡单元作为评价单元,可以与地质环境条件紧密联系,综合体现各类控制或影响因素的作用,使地质灾害风险评价结果更贴近于实际。

(1)斜坡结构类型:按照斜坡单元划分原则,重点调查区共划分251个斜坡,根据调查结果,划分为岩质、岩土混合型两大类11种类型,其中横向岩质、岩土混合型斜坡数量最多,分别为44处、45处,水平层状岩土混合型斜坡数量最少,有6处。

(2)斜坡稳定性:采取野外调查与室内分析相结合的方法,对斜坡稳定性进行了定性和定量评价,251处斜坡中稳定的有12处、基本稳定的有94处、不稳定的有145处。

七、查明了工作区泥石流沟谷的易发性

对工作区40条沟谷进行了泥石流易发性调查,其中中度易发的有2条,轻度易发的有7条,不易发的有31条。

八、完成了地质灾害风险评价与区划

基于GIS平台,采用相关分析法、层次分析法,定量、半定量方法进行了地质灾害易发性、危险性分区评价。工作区地质灾害高易发性划分为高、中、低3个区,10个亚区;地质灾害危险性划分为高、中、低3个区,8个亚区。对重点调查区按斜坡单元进行了易发、危险区划,结合易损性分析、时空概率进行了风险评价。编制了1∶5万地质灾害及隐患点分布图、地质灾害易发程度图、风险程度区划图和重点区1∶1万灾害地质图、地质灾害易发程度图、地质灾害风险评价图。

九、提出了工作区地质灾害综合防治对策建议

对工作区331处地质灾害提出了防治分期与防治分级、防治措施建议。其中近期防治点60处,中期防治点113处,远期防治点158处;重点防治点76处,次重点防治点92处,一般防治点163处。防治措施建议对42处地质灾害进行工程治理,25处搬迁避让,8处专业监测,256处群测群防。编制了易家凸滑坡、轻土坪滑坡等19处重大地质灾害隐患点防灾预案,为地方政府进行地质灾害防治提供了依据。

十、建立了工作区地质灾害调查评价空间数据库

建立了峪口幅、秦口幅地质灾害调查评价空间数据库,数据库成果主要包括卡片数据、影像数据、测试分析数据、钻孔数据、实测剖面数据及各类图件等,数据库建设严格执行《崩塌滑坡泥石流调查评价成果信息化技术要求》(2016年2月),资料齐全、内容完整、质量良好。为全面分析工作区地质灾害

发育特征、工程地质条件、环境地质条件和地质灾害评价与防治等提供了可视化信息,推动了地质资料共享的发展。

广西1∶5万企沙幅、犀牛脚幅、常乐圩幅、公馆圩幅环境地质调查报告

提交单位:广西壮族自治区地质环境监测总站
项目负责人:黄国彬
档案号:1096
工作周期:2014—2015年
主要成果:

一、遥感解译为工作区水文地质信息获取提供了初步依据

(1)进行了地理底图、地质、人工揭露点、遥感图等信息更新,为野外调查提高工作效率和定位精度,同时可基本避免调查点遗漏问题。

(2)地貌解译结合DEM,使地貌类型、地形坡度、地貌形态特征、相对高差等信息非常直观、清晰。

(3)通过编制地势地质遥感综合图,直观反映地质界线或构造行迹地貌特征和遥感影像特征,有利于对区域大地构造的直观把握。

(4)利用4个时相遥感数据,较好地反映了工作区海岸带地质环境动态变化情况。基本查明海岸带环境地质的历史变迁和现状,分析了海岸环境地质问题的类型及主要影响因素,并对其发展演化趋势进行了预测。

二、查明工作区地下水基本特征及利用现状

在分析利用前人资料基础上,结合本次野外调查,基本查明工作区地下水类型、特征及地下水开采利用现状。

(1)企沙幅、犀牛脚幅、公馆圩幅已进行了1∶5万区域地质调查,而常乐圩幅尚未开展1∶5万区域地质调查。因此,本次工作在1∶20万区域地质调查的基础上,通过遥感解译及野外地质界线点验证,细化并校准了该图幅的地下水类型界线。工作区地下水类型分为松散岩类孔隙水、碎屑岩孔隙裂隙水、基岩裂隙水、碳酸盐岩裂隙溶洞水四大类。其中松散岩类孔隙水分为孔隙潜水、孔隙承压水2个亚类,基岩裂隙水分为碎屑岩构造裂隙水、花岗岩风化网状裂隙水2个亚类。

(2)地下水开采方式主要以零星分散开采为主,局部有集中开采。在人口较密集的乡镇主要以地表水为水源的自来水作为生活用水,在地下水相对较丰富且水质较好的地区则以地下水作为生活用水,在丘陵山区丰水期水量能满足当地村民使用,枯水期较容易出现缺水现象。

三、查明工作区地下水含水层特征

通过物探剖面测量、水文地质钻探、抽水试验,结合前人资料,查明工作区地下含水层的富水程度、松散岩类孔隙水含水层空间结构特征,圈出集中供水块段,修正咸淡水界面。

(1)根据地下水类型和抽水试验成果,将工作区地下含水层划分为单井涌水量大于1 000 m^3/d、600~

1 000m³/d、200～600m³/d、100～200m³/d、小于 100m³/d 共 5 个含水性强度等级区。

（2）松散岩类孔隙水含水层岩性上部为砂砾石层，底部为泥砂岩，根据物探剖面解译结果和现场调查分析，通过钻探揭露地层及钻探过程中的简易水文观测，同时结合前人资料，总结出常乐圩幅松散岩类孔隙水含水层厚度大，潜水含水层与承压水含水层连通性非常好，即承压含水层隔水顶板不连续。

（3）圈出松散岩类孔隙水吴屋村、泉水镇、常乐镇块段以及碳酸盐岩裂隙溶洞水公馆块段 4 个集中供水块段。从抽水试验数据统计显示，松散岩类孔隙水区单井涌水量 1 255～2 016m³/d，碳酸盐岩裂隙溶洞水区单井涌水量 1.47～1 110.75m³/d；据调查评价结果，各块段地下水允许开采量分别为 4.41×10^4 m³/d、2.17×10^4 m³/d、3.54×10^4 m³/d、3.02×10^4 m³/d。

（4）圈定铁山港入海口半咸化区面积约 34.41km²，Cl⁻含量在 250～3 565mg/L 之间，咸化范围主要为铁山港周边的现代海积层及其外围的碳酸盐岩区。

四、工作区地下水水质评价及动态变化规律

（1）通过地下水样品采集分析，总结出工作区地下水普遍呈弱酸性，但当地居民常年饮用此类水，未见异常现象；局部地区的地下水水质较差，主要表现为含水垢或铁锈较多，此类水居民一般不作饮用水。

（2）通过地下水长期观测数据，查明了工作区地下水动态变化规律及影响因素。

南宁城市规划区地质环境综合调查报告

提交单位：广西壮族自治区地质环境监测总站
项目负责人：黄栋声
档案号：1097
工作周期：2015—2016 年
主要成果：

（1）工作区位于广西壮族自治区首府南宁市北部，区域地貌受北东向和北西向 2 组断裂构造的控制，地貌按成因及形态特征分为构造侵蚀高丘陵区、剥蚀侵蚀低丘陵区、溶蚀峰丛洼地谷地区及侵蚀堆积阶地区 4 个区。

（2）工作区出露寒武系、泥盆系、石炭系、白垩系、古近系及第四系，经历了加里东期、印支期、燕山期、喜马拉雅期 4 个构造运动阶段，使工作区产生了不同规模、性质、次序的构造形迹，如喜马拉雅期的地壳抬升、河流下切、邕江Ⅰ～Ⅴ级阶地的形成。

（3）依据含水岩组（层）的水理性质、地下水的赋存条件和水力特征，地下水类型分为：松散岩类孔隙水、碎屑岩类孔隙裂隙水、基岩裂隙水、碳酸盐岩类岩溶水 4 个类型，逐一阐明了各类型地下水的富水性及含水层结构特征。地下水主要接受大气降水的补给，除图幅西北部小部分地下水向西北方向径流外，其余地区地下水自北向南径流，最后向邕江排泄，地下水水化学类型主要为 HCO_3 型及 $HCO_3 \cdot Cl$ 型，其次为 Cl 型。

（4）工作区岩类按成因类型划分为海相碎屑岩、陆相碎屑岩、碳酸盐岩三大类。根据岩性组合、岩石强度、岩体结构及碳酸盐岩的岩溶化程度，将工作区进一步划分为 7 个工程地质岩组，统计分析了

(5)膨胀岩土在工作区内广泛分布,包括由古近系湖相半成岩的泥岩、粉砂质泥岩及其风化产物组成的 A 类膨胀岩土、由第四系河流冲洪积黏土组成的 C 类膨胀岩土,分别统计了其工程地质特征、分析了膨胀岩土边坡破坏模式、提出了边坡稳定性分析方法及参数的选择以及防治措施。A1 亚类、A2 亚类膨胀岩土具弱—中等胀缩性,C 类膨胀岩土具弱—中等胀缩性,膨胀岩土吸水膨胀、失水收缩的问题决定了其不宜作低层建筑的天然地基。

(6)南宁矿区经过多年开采,在本工作区内形成了北湖、二塘、那屯及四塘 4 个主要采空区,面积分别为 1.07km²、4.21km²、3.02km²、5.1km²,造成了农田塌陷、地面倾斜、建筑物变形及开裂,通过采空区沉降延续时间、采深采厚比、煤柱稳定性分析,总结了采空区地表现状稳定性。

(7)工作区滑坡、崩塌等地质灾害主要分布在丘陵区、河流阶地一带,共发现滑坡 18 处、崩塌 3 处、地面塌陷 2 处。

(8)地下水污染以生活工业污染随意排放引发的"三氮"浓度超标以及重金属污染为主,地下水天然水质不良主要表现为水质偏酸性较普遍以及铁、锰含量普遍偏高。

(9)进行了地下水资源评价,利用径流模数、降雨入渗法计算地下水天然补给资源量,结果分别为 $13.25 \times 10^4 \mathrm{m}^3/\mathrm{d}$、$16.40 \times 10^4 \mathrm{m}^3/\mathrm{d}$。同时根据地下水资源量分布、地下水质量、土地利用规划、城市总体规划等,将工作区地下水资源开发利用划分为可分散开发利用区、不宜开发利用区。

(10)对膨胀岩土样品物理力学指标参数进行统计分析,根据建设场地类型、膨胀土胀缩等级进行分区评价,针对不同区内膨胀岩土对建筑工程影响进行总结,提出了各区的防治对策建议。

(11)利用层次分析法,对工作区地下水按不同深度空间进行评价,各级空间划分为适宜区、较适宜区、中等适宜区、适宜性较差区。其中,浅层(≤30m)地下空间适宜区分布在安吉镇缩头村,心圩镇明华村,三塘镇路东村、蒙村、王村,四塘镇那珠新村、大王村、贤村等地,面积 173.79km²;较适宜区分布在安吉镇西津村、屯渌村,三塘镇乌石村、那猛村、坛贡村及四塘镇张坡村周边,面积 67.35km²;中等适宜区分布在安吉镇和德村、鹧鸪村、秀灵村零散区域、三塘镇降桥村南部小部分区域、四塘镇新村附近小部分区域,面积 9.80km²;适宜性较差区分布在安吉镇位子渌村、皂角村南部,三塘镇那况村、南宁东站南部小部分区域、四塘镇六梅村和那陀村附近区域,面积 25.51km²。对于深层(30～50m、50～100m)地下空间,适宜区分布在安吉镇北湖村和环卫新村附近,三塘镇二塘村,四塘镇新坡村等地,面积 8.72km²;较适宜区分布在安吉镇西津村、苏芦村,三塘镇及四塘镇大部分区域,面积 194.66km²;中等适宜区分布在安吉镇和德村、鹧鸪村、鸡村附近区域,三塘镇那甫村南部小部分区域,四塘镇古藏村附近小部分区域,面积 37.57km²;适宜性较差区分布在安吉镇友爱村、位子渌村附近,三塘镇那况村区域,四塘镇六梅村和那陀村附近区域,面积 35.52km²。

(12)采用层次分析法定权,对图幅地质环境形成条件、结构、状态的现状进行分析,在自然条件下对其与社会经济发展活动的协调性进行定量的评估,仅从地质环境条件角度,分区评价城市规划建设场地适宜性,从地形地貌、建筑地基类型、水文条件、地质灾害方面划分为城市规划建设场地地质环境条件适宜区、较适宜区、中等适宜区及适宜性较差区,面积分别为 72.29km²、108.38km²、75.72km²、217.61km²,为城市长远规划建设及土地利用规划提供地质依据。

北部湾经济区环境地质调查报告

提交单位:广西壮族自治区地质环境监测总站
项目负责人:黄国彬
档案号:1098
工作周期:2013—2015年
主要成果:

一、地面调查

工作区的地下水资源丰富,未污染区占工作区面积的76.28%,具备作为城市应急(后备)水源地的条件;地下水污染区零星分布,不具备作为水源地的条件。而碳酸盐岩类裂隙岩溶水、碎屑岩构造裂隙水及风化带网状裂隙水埋深较浅,可供农村分散式开采。松散岩类孔隙水在南流江沿岸一带水量较为丰富且埋深较浅,当地村民分散式开采地下水层位在6~20m范围,农作物主要利用地表水(水库灌溉),地下水利用率较低,开采潜力大,可为北海市和合浦县的发展提供充足的地下水资源。

二、遥感解译

(1)更新了地理底图,不仅为野外调查工作提供了一套实用性极强的手图,同时也是成果图件编制的必要基础,也是将来岩溶地面塌陷威胁人口、财产分布及易损性评价的依据。

(2)地貌解译,直观、清晰地表现了工作区地貌类型、地形坡度、地貌形态特征、相对高差等信息,在此基础上进行地貌特征总结、描述将更加容易。

(3)总结地质特征,通过编制遥感影像、地质界线叠合图及地貌与地质界线叠合图,便于总结不同地层、岩性地貌和地表特征,直观反映地质界线或构造行迹地貌特征和遥感影像特征,有利于对区域大地构造的直观把握。

(4)采用计算机自动分类和人机交互式分类、人工目视解译相结合的方法对工作区地表覆盖类型进行划分,为地下水资源潜力评价提供地下水入渗相关信息。

(5)解译人工揭露点、疑似污染水体、疑似塌陷点,可显著提高调查工作的预见性,为合理布设调查线路、调查点、样品采集点提供依据。

(6)根据项目野外工作需要,开展大比例尺(1∶5 000~1∶2 000)调查点遥感制图,可帮助调查人员快速地从宏观上把握调查点基本情况,同时辅助现场平面图绘制,调查点特征定量描述,地质环境要素定位,周边承灾对象、地貌、植被、地物要素确定等。

(7)利用4个时相遥感数据,较好地反映了工作区海岸带人类工程活动引发的地质环境动态变化情况。

三、物探

(1)在合浦县幅党江和汗坑村附近布置了6条高密度测线,总长度6 375m,高密度探测方法的目的主要是找到咸淡水界面和地下水的分布和分层。在党江附近推断了咸淡水界面,并在B3线上进行了钻孔验证,推断结果与钻探结果相吻合。在汗坑村附近的高密度探测深度内没有发现咸淡水界面的异常形态,由此推断A1线的咸淡水界面比较深。

在西场幅西场镇的双水门布置了2条高密度测线,总长度3 000m。根据2条测线分析,从南到北时,咸水水位越来越深,推断在双水门村的咸淡水分界线深度约为50m。

(2)在清水村至新村布置了总长度为5 040m的CSAMT测线,CSAMT测深方法主要目的是找到南流江断裂和地下水分布和分层。在C2线推断了南流江断裂,断裂倾向南东,倾角约为64°。

在油行坡至下郭村布置了总长度为10 080m的CSAMT测线,CSAMT测深方法主要目的是找到F_1断裂和地下水分布和分层。在5 000m位置推断有一断层通过,推断断层编号为F_1,断层的倾角约为70°,倾向南东,断距约为150m。断层切割较深,深度大于1km。

(3)从C1、C2线可以看出,隔水层主要是在标高0~150m之间,隔水基底起伏较大,隔水基底最深达到了650m,最浅的隔水基底约200m。

(4)工作区基岩的埋深为100~400m。从北西到南东,基岩的埋深逐渐变浅,到测线的末端时,基岩埋深在60m左右。

四、钻探

(1)水文钻探抽水试验井采用GF250型钻机泵吸反循环无芯钻进、观测孔采用XU150型正循环钻机全孔取芯钻进。

(2)项目共完成了孔组定流量非稳定流抽水试验19组,单孔简易抽水试验15次,试验满足了对含水层各参数的求取要求,并在第一时间完成了抽水试验成果资料的整理工作。根据抽水试验及最大涌水量计算结果,1∶5万合浦县幅浅层松散岩类孔隙水单井最大涌水量相差较大,在西南部乌家镇、沙岗镇、星岛湖乡(W01、W02、W03)一带浅层地下含水层以粗砂、砾砂含黏土为主,单井最大涌水量130~600m^3/d,水量中等;在东部石湾镇附近的南流江两岸(W04、W05),含水层以砾砂、卵石为主,地下水单井最大涌水量大于1 000m^3/d,水量丰富,且其埋深较浅(勘查深度小于70m),开采条件好,水质较好,无污染,初步预测其可作为合浦县城市应急(后备)水源地。

(3)对水文地质钻探野外原始资料进行了及时的整理总结,完成钻孔资料15套,包括钻孔设计图、开孔申请书、钻探班报表、钻孔原始记录表、抽水试验记录表、钻孔质量验收表、抽水试验成果图表、钻孔柱状图、钻孔岩芯照片等。

五、地下水动态监测

地下水动态监测开展顺利,数据获得合理,初步掌握了工作区地下水动态变化特征,为报告编写提供必要的数据。工作区的地下水动态变化主要受降雨和渠道水的影响,基岩裂隙水和碎屑岩孔隙裂隙水的动态变化受降雨的影响,具有明显的季节性变化特征,枯季水位降低,雨季水位升高,松散岩类孔隙承压水动态受降雨影响不十分明显,但孔隙水动态变化明显受大气降雨影响。

六、资料收集和取样成果

2012年,项目组开始安排专人进行资料收集工作,结合项目任务书及区厅介绍信从各部门由上至下收集,成果较显著,已收集与项目相关的资料150多份,收集钻孔资料85个,进尺20 000m。

样品采集及测试工作均已完成,共采集无机全分析水样238组,完成设计工作量的156.6%;Cl^-单项分析43组,完成设计工作量的107.5%;同位素水样73组,完成设计工作量的100.0%;岩土样86件,完成设计工作量的107.5%。

通过资料收集及取样调查发现,工作区西场镇北部东杨梅江一带松散岩类孔隙潜水及孔隙承压水水量丰富,可作为小型应急后备水源地开采孔隙承压水,初步圈定水源地面积约 14.36km²。但在该区所取的 4 处民井潜水均达到或超过Ⅲ类水标准,主要超标项为 pH 值和"三氮",有 2 处水质达到Ⅳ类水的原因是 pH 值超标,而且该区靠近海水入侵界线,不建议作为集中供水水源地使用。

珠三角地区岩溶塌陷灾害综合地质调查报告(从化幅)

提交单位: 中国地质科学院岩溶地质研究所
项目负责人: 蒙彦
档案号: 1102
工作周期: 2015 年
主要成果:

一、查明岩溶塌陷地质灾害现状和分布特征

基本查明了从化幅可溶岩地层岩性分布、岩溶层组类型及溶蚀性特征,摸清了岩溶发育规律及控制因素,对岩溶发育程度进行了分区。基本查明了岩溶塌陷时空分布规律,分析了岩溶塌陷的成因、类型与影响因素。编制了从化幅岩溶塌陷分布图(以岩溶发育程度分区为背景)。

调查区可溶岩地层主要为覆盖型岩溶区的下石炭统石磴子组和裸露型岩溶区上泥盆统天子岭组碳酸盐岩。石磴子组碳酸盐岩在图幅内出露较少,且因人类活动开采基本消失。天子岭组碳酸盐岩为工作区图幅内主要出露的可溶岩地层。区内天子岭组地层除第二段见较纯的碳酸盐岩外,其余均为含粉砂质、泥质较高的碳酸盐岩沉积物。天子岭组碳酸盐岩主要岩溶形态多为溶沟(槽)、溶蚀裂隙,个别地段有小型溶洞发育。覆盖型岩溶区岩溶较为发育,曾发生多起岩溶塌陷地质灾害。工作区内钻孔资料揭露石磴子组碳酸盐岩中岩芯溶孔发育,溶洞多为 2～3 层,部分为单层溶洞,溶洞多为无充填或半充填状态。调查区的岩溶发育主要受岩性、地质构造和地下水活动影响。将调查区可溶岩地区的岩溶发育程度划分为强、中—弱 2 级。

岩溶塌陷地质灾害可以分为两次塌陷事件。第一次塌陷事件为 2000 年前后,在调查图幅东侧榕树吓旧村附近发生的塌陷事件,收集塌陷坑调查资料 85 个。第二次塌陷事件为 2014 年 11 月—2015 年 3 月,在调查图幅西侧步美-岭南村附近发生的塌陷事件,现场共调查塌陷坑 47 处。调查区内岩溶塌陷地质灾害发生的时间段与人类对地下水的抽取开采时间一致。调查区内岩溶塌陷主要由地下水水位下降、水动力条件急剧变化引发,而地下水水位下降主要与地下水开采和气候干旱有关。

二、查清岩溶塌陷发育背景

1. 基本查明从化幅水文地质条件,编制了综合水文地质图

从化幅区内地下水划分为松散岩类孔隙水、碳酸盐岩类裂隙溶洞水、红层裂隙孔洞水、碎屑岩类裂隙水、块状岩类裂隙水 5 类。

区内地下水富水性贫乏—丰富。其中,松散岩类孔隙水富水性以中等—丰富为主,碳酸盐岩类裂隙溶洞水分为裸露型和覆盖型,富水性中等—丰富,红层裂隙孔洞水水量贫乏,碎屑岩类裂隙水、块状岩类裂隙水水量贫乏—中等。

区内地下水水化学类型以 $HCO_3-Ca(Na)$ 型为主。农业生产、人类生活对地表水和浅层地下水

造成的污染主要表现为局部地段存在地下水中 NO_3^- 含量超标现象。

区内地表水资源可基本满足农业和居民生活用水需要。区内地下水资源较丰富,埋深浅,水质较好,可作为应急供水水源地,应加强勘查力度和地下水资源保护力度,防止水源污染。

2. 基本查明从化幅工程地质条件,编制了综合工程地质图

工作区共分为土体工程地质区和岩体工程地质区2个大区,土体工程区分为河漫滩一级阶地和河漫滩二级阶地2个亚区,岩体工程区分为碎屑岩岩性综合体、碳酸盐岩岩性综合体和花岗岩岩性综合体3个亚区。划分了岩土层,并总结各层工程地质特征,给出各力学参数建议值。

查明工作区第四系土层厚度变化及结构特征。区内第四系土层普遍厚 5~35m。总体上,大于 20m 的土层主要集中在从化城区及北平原地区,工作区山前平原地区覆盖层厚度基本小于 10m。工作区内的第四系沉积物结构,根据垂向上土层类型的变化可分为单层结构、双层结构和多层结构3种类型。一般山间谷地、山前平原多为单层或双层土体结构,较开阔的冲积平原和河流两岸则以多层结构为主,各结构空间上分布较不连续。单层结构主要分布于全区内的山间谷地、山前平原,面积 33.7km²,占图幅总面积的 7.09%;多层结构主要分布于工作区内流溪河及其支流两岸一级阶地范围内,面积约 133.3km²,占图幅总面积的 28.05%。工作区内双层结构土层分布较少,多在单层和多层结构土层的局部出现,或是在二者过渡带小范围出现。

三、研究岩溶塌陷地质模式和形成演化机制

本项目在总结分析前人资料和实地野外调查的基础上,查明了工作区地下岩溶分布范围、发育特征,覆盖层厚度、结构,地下水动态特征、强径流途径等岩溶塌陷地质发育背景;查明了岩溶塌陷时空分布范围、特征、主控因素,建立了"潜蚀-失稳""吸压-陷落""贯穿-砂漏"和"振动-垮塌"4种基本地质模式,分析了其成因机制,具有一定的理论创新性。

四、评价岩溶塌陷易发程度,开展监测预报

在分析岩溶塌陷发育的地下水动力条件、岩溶发育条件和覆盖层条件的基础上,建立岩溶塌陷易发程度评价指标体系,运用层次分析法进行了岩溶塌陷易发性评价,提出岩溶塌陷防治对策。编制了岩溶塌陷易发分区与防治建议图。

岩溶塌陷易发区分为2个区:高易发区和中—低易发区。高易发区分2个亚区,都曾发生过大规模岩溶塌陷。这些区域应该控制地下水开采,并对该区域地下水变化进行监测。当地下水急剧变化或出现极端天气时,进行灾害预警。该区域建议基础施工前进行专项岩溶塌陷地质灾害勘察,施工过程中尽量减小对地下水水位的影响。中—低易发区分为5个亚区,都是覆盖型岩溶区,历史上未曾发生过岩溶塌陷,但也应该避免因人类活动造成地下水水位的强烈波动。

调查区内覆盖型岩溶地区应作为岩溶塌陷地质灾害重点防治区,综合考虑利用避让、工程、禁止和监测预警措施。岩溶塌陷防治工作需通过群众、建设、地质、管理等多个相关人员和部门长期协作、磨合,最终建立长效的岩溶塌陷防灾减灾机制,以达到最佳效果。同时,对区内有关施工和管理人员做好宣传。加强群众岩溶塌陷知识和科学防治方法的普及,增强群众防灾减灾的意识。积极组织动员群众参与到岩溶塌陷地质灾害防治工作中来,建立群测群防体系。编制区内隐患点防灾预案,定期组织联合演练,进而优化、完善预案。

项目在实施过程中,综合运用了遥感、钻探、物探、测试、GIS等技术方法手段,通过不同时相遥感影像比对实现岩溶塌陷调查和发育规律分析;通过无人机测量实现岩溶塌陷精确调查和塌陷坑三维建模;通过"岩溶塌陷地球物理勘探试验"专题研究,系统总结了不同塌陷条件下物探方法的适宜性、

可靠性和经济性,编制了岩溶塌陷地球物理方法选择指南,为岩溶塌陷探测、评价和治理提供技术支撑,具有一定的技术创新性。

五、分析人类活动与岩溶地质环境的相互关系

针对珠三角地区"地下空间拓展""石灰石矿开采""水源地抽水"和"基础工程施工"4种主要人类工程活动类型诱发岩溶塌陷的条件和特点,分析了人类工程活动与岩溶地质环境的相互作用关系,并提出了防治措施和建议。其中从化幅主要以水源地抽水人类工程活动为主,讨论其与岩溶地质环境的相互关系。

六、提出防治对策建议

项目在实施过程中注重成果的转化和应用,在中国地质科学院岩溶地质研究所与广州市地质调查院联合共建的广州岩溶地质灾害研究基地建立了广花盆地岩溶塌陷三维电子地质沙盘,动态展示了广花盆地岩溶塌陷的发育背景、分布特征和监测站点的分布情况,为地方部署实施灾害防治和应急抢险提供了平台。针对工作区内的规划、在建和已建高速铁路、高速公路、油气管线、港口、码头等重大工程和重要设施场所开展了岩溶塌陷风险评价工作,为不同行业部门开展岩溶塌陷防治工作提供了基础和依据。

湘南有色金属、煤炭矿区矿山地质环境调查报告

提交单位:湖南省地质环境监测总站
项目负责人:梅金华
档案号:1106
工作周期:2014—2016年
主要成果:

一、查明了工作区矿山基本情况

调查矿山数量为72个(3个探矿权),其中煤矿42个(2个探矿权)、有色多金属矿山24个(1个探矿权)、采石场6个。总调查矿山面积135.817 3km^2,煤矿山面积70.341 8km^2、有色多金属矿山面积65.379 7km^2、采石场面积0.095 8km^2。调查已发采矿许可证的69个矿山中,大型矿山1个、小型矿山68个。

二、查明了工作区矿山地质环境问题

北部煤炭集中开采区以煤矿开采为主,产生的矿山地质环境问题主要为土地资源占用及破坏、地面采空变形;南部有色多金属集中开采区以有色多金属开采、选矿为主,产生的矿山地质环境问题主要为水土环境污染、土地资源占用及破坏和泥石流灾害。

1. 水土环境污染

1)北部煤炭集中开采区

(1)水环境。①煤矿矿坑外排废水质量整体较好,不存在重金属毒害物超标的情况。②煤矿区地下水质量总体较差,主要超标项为 NO_2^-,与区内有机污染有关。③冶炼区地下水质量总体较差,主要超标项为 NO_2^- 和 Pb,NO_2^- 与区内有机污染有关,Pb 与冶炼业污染有关。④煤矿开采排放的矿坑水对地表水与地下水污染影响较轻。

(2)土石环境(重金属毒害元素)。①除了土壤 Cd 元素在全区普遍超标外,其他重金属元素基本上处于安全级。土壤 Cd 元素在全区属于高背景特征元素,其他重金属元素为低背景特征,煤矿开采未造成重金属毒害物至土壤中富集。②有色贵金属冶炼工业园区周边土壤 As 元素污染等级为轻度、居民井水 Pb 元素存在稍微超标,冶炼业对周边土壤 As 元素、水土 Pb 元素存在富集作用。

2)南部有色多金属集中开采区

(1)水环境。①正在生产作业矿山的矿坑水中出现 F^-、Mn 元素超标,停产歇业矿山矿坑水达标排放。②选矿废水 pH 为偏碱性,沉清后的选矿废水未出现重金属元素超标。③区域地表水普遍出现 F^- 超标,除极少数样品 Pb 元素超标外,其他重金属毒害元素均未出现超标,区内地表岩土体 F 元素为高背景特征。选矿、采矿排放的废水,经过沉淀后,重金属元素对地表水污染均影响较轻。④区域地下水居民井中 NO_3^- 和 NO_2^- 普遍出现超标,说明受化肥、有机污染影响较为严重。Fe、Mn 元素出现超标较多,区域 Fe、Mn 元素为高背景。地下水样品中未出现重金属毒害元素超标。

(2)土石环境(重金属毒害元素)。Pb、Zn、As、Cd、Cu 为矿区高背景元素,Hg、Cr、Ni 为矿区及区域性低背景元素。矿业活动导致区内 Pb、Zn、As、Cd 元素大量富集在纳污东、西河底泥及尾矿库和废石堆中。由于尾矿库泄漏、纳污河水灌溉,As、Cd 元素在东、西河中下游两岸阶地农田大量富集而呈重度—极严重污染,Pb、Zn 元素在尾矿库周边及下游转折端水系沉积物沉积强烈区呈重度—极严重污染。

2. 土地资源占用及破坏

北部煤炭集中开采区矿业开发占压与破坏土地资源面积共计 94.8 hm²。按破坏地类分:耕地 12.47 hm²、林地 68.48 hm²、草地 2.16 hm²、其他 11.69 hm²。按破坏土地的方式分:露采场 5.94 hm²、工业广场 38.89 hm²、煤矸石堆 30.01 hm²、废渣堆 1.5 hm²、地面塌陷 13.44 hm²、其他 5.018 hm²。

南部有色多金属集中开采区矿业开发占压与破坏土地资源面积共计 394.577 hm²。按破坏地类分:林地 239.277 hm²、草地 2.3 hm²、建筑破坏 153 hm²。按破坏土地的方式分:露采场 83.077 hm²、工业广场 102.13 hm²、废石堆 26.02 hm²、尾矿库 177.35 hm²、其他 6 hm²。

3. 矿山地质灾害

北部煤炭集中开采区内有耒阳岸金红星联办矿、永兴上禾冲煤矿、安陵煤矿、红星煤矿大村井、株山冲煤矿、斗二煤矿 6 个矿山,共发生了 12 处地面采空变形灾害,规模等级均为小型,造成经济损失 1 323 万元,影响范围 21.85 hm²。

南部有色多金属集中开采区内有湖南柿竹园有色金属矿和湖南郴州玛瑙山矿 2 个矿山,发生了野鸡尾泥石流和龙形寨泥石流 2 起地质灾害,共计造成 51 人死亡,直接经济损失 8 692 万元。

4. 地下水含水层及地下水系统破坏

北部煤炭集中开采区内受影响的含水层为二叠系龙潭组的煤层上部砂岩裂隙水和第四系孔隙潜水。地下水系统破坏仅仅出现在永兴县黄泥乡株山冲煤矿沙坑村上湾、下浪、沙坑 3 个村组,影响范围 10 hm²,干枯井泉 3 个,农田破坏 135 亩,50 户 150 人饮水困难。

南部有色多金属集中开采区内矿业开采活动位于低中山区，开采深度一般为地下50～800m之间，开采标高在+300m以上，位于当地地下水侵蚀基准面之上，矿山开采对顶板裂隙岩溶水地层造成疏干。但是矿业活动区内无居民居住，全部为山区林地，故未对当地居民的生活饮用水造成影响，矿业开采对地下水系统及含水层破坏影响较轻。

5. 地形地貌景观破坏

北部煤炭集中开采区露采场、废石堆和尾矿库对地形地貌景观造成破坏。72处矸石堆中，10处对地形地貌景观影响较重；露采场影响较轻。

南部有色多金属集中开采区除了柿竹园矿铜锡露采场位于乡级公路附近，对地形地貌景观影响较重，其他均影响较轻。区内废石堆堆放在低中山沟谷区，对地形地貌景观影响较轻。区内尾矿库主要为沟谷型，其次为平地筑坝型，因此尾矿库对地形地貌景观影响较轻。

三、查明了工作区矿山地质环境恢复治理措施及成效

区内累计投入治理资金达18 539.8万元，其中国家投入11 860万元、地方配套2 500万元、矿山企业自筹4 179.8万元，开展了大量的地质灾害防治、生态环境修复等矿山地质恢复治理工程。尤其在南部有色多金属集中开采区矿山生态修复方面成效显著，复垦面积达209hm^2。

四、矿山地质环境综合评价及分区

北部煤炭集中开采区共划分出矿山地质环境影响严重5个，矿山地质环境影响较严重区1个，矿山地质环境影响较轻区1个。南部有色多金属集中开采区共划分出矿山地质环境影响严重区4个，矿山地质环境影响较轻区1个。

五、矿山地质环境保护与恢复治理分区

北部煤炭集中开采区共划分出1个矿山地质环境预防区、9个矿山地质环境治理区。南部有色多金属集中开采区共划分出5个矿山地质环境保护区、2个矿山地质环境预防区、4个矿山地质环境重点治理区。

海南1∶5万景心角幅、白莲市幅环境地质调查报告

提交单位：海南省地质环境监测总站，海南省地质调查院
项目负责人：陈安河
档案号：1107
工作周期：2014—2016年
主要成果：

（1）工作区主要赋存松散岩类孔隙潜水、火山岩裂隙孔洞水、松散-半固结岩类孔隙承压水，其中具有集中供水意义的为松散-半固结岩类孔隙承压水，其他可作为分散式供水水源。

（2）工作区地下水天然资源量为96.46×10^{4}m^3/d，其中潜水81.51×10^{4}m^3/d，承压水14.95×10^{4}m^3/d；可采资源量为29.72×10^{4}m^3/d，其中潜水15.34×10^{4}m^3/d，承压水14.37×10^{4}m^3/d。

（3）区内地下水开采潜力较大—大，可适当扩大开采。根据地下水资源潜力评价结果，火山岩潜

水开采潜力系数 25.4,开采盈余 $0.54\times10^8\mathrm{m}^3/\mathrm{d}$,开采潜力大;第 I 承压水潜力系数 1.2,开采盈余 $0.14\times10^4\mathrm{m}^3/\mathrm{d}$;第 II 承压水潜力系数 1.3,开采盈余 $1.25\times10^4\mathrm{m}^3/\mathrm{d}$,开采潜力一般—较大;第 III+IV 承压水潜力系数 7.84,开采盈余 $7.18\times10^4\mathrm{m}^3/\mathrm{d}$,开采潜力大。为减少集中开采引发的环境地质问题风险,建议可以把部分开采量转移到石山、美安、大丰一带,建议以分散式开采为主。

(4)区内潜水水质总体较好,承压水存在铁超标现象,处理后浅层地下水可作为饮用水。除老城镇以北东水港沿岸和景心角幅南西角沿海一带沙堤以北地下水水质达 V 类水和局部地区呈点状分布 IV 类水外,其余主要为 I～II 类水和 III 类水,局部存在点状铁、氨氮超标;第 III+IV 类承压水总铁普遍超过 III 类水限值,适当处理后可作为饮用水。

(5)区内工程地质环境总体较为稳定,东水港和白莲西南应注意软土、液化砂土、膨胀土对工程建设的影响。工程地质环境稳定性划分为较不稳定区、基本稳定区 2 个区。较不稳定区分布于图幅东水港两岸,主要存在软土、饱和液化砂层,工程性质较差,工程建设应考虑其影响;除较不稳定区外,其他地段属基本稳定区,区内岩土体工程性质总体上为一般—良好,地面和地基稳定性较好,适宜各类工程建设。

(6)区内地质环境问题较为发育,但其分布范围及造成的影响及危害较小。区内环境地质问题包括高铁水、地下水咸化、地下水资源衰减、熔岩洞穴、特殊土。高铁水主要为第 II+IV 类承压水,受环境岩土化学性质、地下水水径流条件、循环条件、所处的氧化还原环境影响;地下水咸化主要为老城镇周边串层开采地下水和过量开采地下水引起的海水入侵及地下水咸化。熔岩洞穴分布于岩浆岩分布区,工程建设要避开熔岩发育区;软土分布于东水港两岸,易造成基础滑移、基础挤出、沉降量大、沉降时间长和差异性沉降等问题,不宜作地基基础持力层;膨胀土主要为喷出岩风化土和第四系下更新统滨海潟湖沉积层(Qp_1^{mcl})杂色黏土,具弱—中等膨胀性,目前造成的影响及危害较小,对于膨胀土边坡稳定性应引起重视;饱和液化砂土主要分布于景心角幅沿海一带滨海堆积平原区,工程建设应完全或部分消除液化影响。

湘中地区岩溶塌陷调查(灰山港幅)成果报告

提交单位:湖南省地质调查院
项目负责人:尹欧
档案号:1110
工作周期:2015—2016 年
主要成果:

一、基础地质方面

(1)图幅东部石炭系大埔组(C_2d)中角砾岩发育。

(2)石炭系大埔组(C_2d)分布范围:北侧以灰山港镇杨家湾村—佛座坳村为界,西侧以灰山港镇裕民煤矿—大仓山煤矿—大树湾村—横市镇民强村—南岳村—铁冲村—栗塘村为界。

(3)图幅东北角灰山港镇杨家湾村—佛座坳村—铁矿坳村—绿稼湾村—河溪水村一带围限下伏基岩为白垩系—古近系百花亭组(K_2-E_1b),有钙质砾岩分布。

(4)石炭系樟树湾组(C_1zs)顶部有一套碳酸盐岩地层分布,其可能属于石炭系梓门桥组(C_1z)。

(5)灰山港镇金山村水文孔SK5号位置揭露闪长岩岩脉,推断其为北侧小村村北西-南东向断裂向金山村延伸的证据。

(6)图幅中部泥盆系棋梓桥组(D_2q)下部广泛存在一套泥灰岩、泥质灰岩沉积,与上部裸露区灰岩岩性差异明显。

(7)图幅东部石炭系大埔组(C_2d)基岩地层区存在多条近南北向、北东-南西向隐伏断裂,其对大埔组岩溶发育方向及强度具有重要影响。如典型区ZK43隐伏断裂、图幅东南侧宁乡县—桃江县分水岭一带的ZK01~ZK51隐伏断裂。

二、水文地质方面

(1)图幅东部人类活动较弱地区,石炭系大埔组(C_2d)中溶洞多由泥质、砂质充填,在抽水量大于其补给量,水质含沙量、含泥量很高,抽水试验洗孔费时、费力,危险性评估许可情况下,可作为后备水源开采层;人类地下水开采强烈地区,大埔组(C_2d)中溶洞填充物很少或无填充,抽水试验不久水质即变清,但不建议进行地下水资源开发。

(2)图幅西部寒武系$\epsilon_{2-3}w$、$\epsilon_{3-4}t$岩溶裂隙水含砂、含泥量非常少,所施工的6个钻孔(含水文孔SK3)全部一次性抽水成功,水质清澈透明,不需要洗井作业且出水量均大于$5m^3/h$,适合作为水源开采层。

三、岩溶塌陷地质灾害方面

(1)灰山港幅岩溶塌陷正在发展或趋强地区主要位于灰山港镇天子坡村、司马冲村一带,尤其是桃江东方石料开发有限公司天子坡石灰岩矿采石场西南侧天子坡村引水渠与排水渠交叉部位灾害有加重趋势。

(2)桃江东方石料开发有限公司天子坡石灰岩矿采石场抽排地下水所形成的地下水降落漏斗半径接近500m且已越过了西侧定水头边界志溪河,并有进一步向西扩展趋势,岩溶塌陷事件也随之在志溪河西侧开始发生。

(3)结合地面调查和监测数据分析结果,桃江东方石料开发有限公司天子坡石灰岩矿采石场西南侧天子坡村引水渠与排水渠地表水体直接对岩溶水进行垂向补给,且ZK41位置为地下水一个汇水点,通过其地下水水温监测数据可以很好地反映地表水对地下水的补给情况。

海南文昌航天城地质环境综合调查报告

提交单位:海南省地质调查院
项目负责人:梁昌智
档案号:1117
工作周期:2015—2016年
主要成果:

(1)调查区地貌主要包括火山岩台地、剥蚀堆积平原、冲洪积平原和滨海堆积平原4类地貌单元。火山岩台地主要分布于调查区北部;剥蚀堆积平原主要分布于调查区中部及南部;滨海堆积平原以及冲洪积平原主要分布于调查区东部。

(2)调查区地下水类型包括松散岩类孔隙潜水、基岩裂隙水 2 个类型。其中松散岩类孔隙潜水包括冲洪积层孔隙潜水、滨海堆积层孔隙潜水 2 个亚类,基岩裂隙水中包括火山岩类孔洞裂隙水、块状岩类风化裂隙水和层状岩类风化裂隙水 3 个亚类。调查区除了西北部的火山岩台地及东部沿海地区富水性中等外,其他地方富水性贫乏。

(3)调查区天然补给资源量 $3.21 \times 10^8 \mathrm{m}^3/\mathrm{a}$,可采资源量 $0.21 \times 10^8 \mathrm{m}^3/\mathrm{a}$,地下水潜力系数 2.88,开采盈余 $0.137 \times 10^8 \mathrm{m}^3/\mathrm{a}$,地下水开采潜力大。

(4)调查区地下水水化学类型主要包括 HCO_3 型、HCO_3-Cl 型、$Cl-HCO_3$ 型 3 类,大部分地区属于Ⅰ~Ⅲ类水。

(5)调查区土体包括中粗砂、粉细砂、黏土质砂、玄武岩残坡积粉质黏土、花岗岩残坡积砂砾质黏性土、砂砾岩残坡积黏土质砂和碎石土、片麻岩残坡积砾质黏土、片岩残坡积砂质黏土、变质砂岩残坡积砂质黏土、长石石英岩残坡积碎石土等类型;基岩包括火山岩、花岗岩、贝壳碎屑岩(珊瑚层)、砂砾岩等类型;将调查区划分为 4 个工程地质区和 6 个工程地质亚区。其中,火山岩台地岩土区 1 个;滨海沉积土区 1 个;冲洪积平原沉积土区 1 个;剥蚀堆积沉积土区 1 个,亚区 6 个。对调查区工程地质环境稳定性进行定性-半定量评价,调查区属于基本稳定区。

(6)区内环境地质问题主要有高铁水、地下水酸化和地下水污染,采石场不稳定高陡边坡、海岸侵蚀。高铁水主要集中分布于剥蚀堆积平原地区以及东北部的冲洪积平原地区;弱酸性水主要分布于福田镇的西南部;地下水污染原因主要为长坡镇东北部海水养殖,以及福田镇、塔洋镇个别农村地区的农业种植。

(7)调查区内的地热资源以温泉的形式出露于文昌市会文镇官新村,为富含锂、氟、硅的 $Cl-Na$ 型水。调查区内地热资源量 $2.568 \times 10^{17} \mathrm{J/a}$,可开采资源量 $177\,039\,\mathrm{m}^3/\mathrm{a}$,可开采热量 $3.37 \times 10^{13} \mathrm{J/a}$,具有巨大的开采潜力。

(8)海南东北部地区共划分 16 个非正式地层单位,其中火山岩地层 4 个,残坡积层 4 个,松散堆积层 8 个;海南东北部地区共划分为松散岩类孔隙水含水层、火山岩类裂隙孔洞水含水层和基岩风化层网状裂隙水含水层 3 个类型。其中,松散岩类孔隙水含水层又划分为滨海堆积层孔隙潜水含水层、冲洪积层孔隙潜水含水层和微承压水含水层 3 个亚类;火山岩类裂隙孔洞水含水层又划分为裸露型和覆盖型 2 个亚类;基岩风化层网状裂隙水含水层又划分为碎屑岩风化层网状裂隙水含水层、花岗岩风化层网状裂隙水含水层和变质岩风化层网状裂隙水含水层 3 个亚类。

湘中地区鸡叫岩幅岩溶塌陷调查报告

提交单位:湖南省地质矿产勘查开发局四一八队
项目负责人:郭杰华
档案号:1124
工作周期:2015—2016 年
主要成果:

(1)本项目在前人地质工作的基础上,采用地面调查、物探、工程地质与水文地质钻探、采样测试、地下水统测、岩溶塌陷动力条件监测等方法,全面完成了设计实物工作量,工作质量满足设计书和有关规程规范的要求,并通过了相关部门的验收;报告编写资料依据充分、翔实可靠,达到了任务书规定的各项目标任务。

(2)查明了工作区可溶岩的分布特点,各种岩溶形态的类型、特点及空间分布,表层岩溶带、地下岩溶管道、裂隙和洞穴的类型、结构、形态特征及分布规律,地下河系发育特征,以及岩溶发育的主控因素。

(3)查明了地下水类型、含水岩组及其动态特征,在此基础上,运用地下水流系统学理论,划分了地下水含水系统与岩溶地下水流系统,较系统地分析了岩溶含水层类型及其水平和垂直分布特征,控制地下河、岩溶泉及蓄水构造形成的地貌地质条件,为岩溶地下水的开发利用与社会经济发展规划提供了资源依据。

(4)查明了覆盖层结构类型与厚度分布特征、地下水动态特征与强径流带等岩溶塌陷发育的地质背景,查明了岩溶塌陷的时空分布规律、发育特征、主控因素,进行了岩溶塌陷成因分析,建立了潜蚀-渗透变形、正负压差(真空吸蚀或气爆)、重力3种致塌模式的地质力学模型。

(5)运用FLAC 3D软件建立岩溶塌陷力学模型,分析在自重条件、重力加载、不同土层厚度与降雨时地表水入渗等不同条件下土洞的失稳情况。失稳现象的主要原因可以分析为黏土中发育了大量的张拉裂隙,地表水沿着孔隙下渗造成土层力学性质的降低(软化),当地表水下渗到基岩面时,导致岩溶塌陷现象的发生。

(6)针对工作区疏干排水的人类工程活动型诱发岩溶塌陷的条件和特点,运用层次分析法,分析岩溶塌陷影响条件与主要因子,运用ArcGIS、MapGIS等地理信息软件建立岩溶塌陷预测的层次模型,对杨家山井田岩溶塌陷区开展了易发性、易损性与风险性评价,对工作区进行了岩溶塌陷易发性评价、区划,并提出防治对策建议。高易发区域是目前正在开采的矿山附近的覆盖层岩溶区,预防的重点是温塘镇星火村、焕新村、联合村、繁荣村等地,省道、县道和重要居民集聚区等重要基础建设在规划设计时避开了岩溶塌陷区,危害不大,但需要在今后的发展规划、项目审批等源头上重视岩溶塌陷的危害性,保护既有工程与设施的安全。

(7)建立了岩溶塌陷数据库,为地方政府社会进行经济发展、基础建设、矿产开发等规划与审批工作提供了依据。

(8)针对工作区内缺水的地区,采用探采结合法,共完成4口水文地质钻孔,其中成井3口,涌水量达759.62m³/d,解决当地约5000人的生活饮用水问题。

江汉平原重点地区1:5万水文地质调查成果报告

提交单位:中国地质大学(武汉)
项目负责人:马腾
档案号:1131
工作周期:2014—2015年
主要成果:

一、研究区土地利用类型及变迁过程

通过遥感解译分析了研究区地形地貌展布和土地利用类型现状,进一步结合遥感影像分析了研究区土地利用类型近12年间的变迁过程。

(1)脉旺咀-彭场镇幅总体地形平缓,地势由北西向南东略微倾斜,属于堆积低平原。杨林尾-陆溪口幅平均高程24.9m,以长江为界,江北地形平缓,属于堆积低平原;江南地形陡峭,为构造剥蚀丘陵山区。

(2)整个研究区耕地比例在60%以上,其中脉旺咀-彭场镇幅达到76%;其次为鱼塘、住宅交通用地,然后为河流及果园林地。脉旺咀-彭场镇幅、杨林尾-陆溪口幅土地利用格局略有不同,主要表现在脉旺咀-彭场镇幅主要以农业用地为主。研究区的旱地主要分布在汉江两岸及垸堤两侧,多为冲洪积物及溃口扇,地势较高,土质疏松深厚,排水条件较好。水田和鱼塘主要分布在地势较低的河间洼地。

(3)2002年至2014年,脉旺咀-彭场镇幅河流变化较小,面积基本保持稳定。鱼塘面积增加了34km²;水田面积减少14km²;旱地面积减少20km²;住宅交通用地增加10km²。林地在长江以北主要分布在河堤垸堤及道路两侧。杨林尾-陆溪口幅河流面积变化较大,2014年较2002减少42km²,鱼塘有较大面积增加,增幅达到6%。水田旱地面积均减少5%左右;住宅交通用地小幅增加1%左右。果园林地增幅较大,增幅达6.7%。

二、研究区第四纪地质相关研究

通过第四纪地质调查以及年代学、沉积学等研究手段,确定了研究区第四纪地貌类型、第四纪地质条件以及典型钻孔的年代学框架,分析了第四系成因与古沉积环境特征,进一步探讨了全球气候变化对江汉平原第四纪沉积过程的影响。

(1)研究区为冲、湖积平原地貌,可见冲积相、洪积相、湖积相和残积相堆积。主要地貌单元有现代河漫滩(T_0)、高河漫滩阶地(T_1)、冲积平原、湖积平原和岗地。出露地层主要以全新统为主,由Qh^{pl}、Qh_1^{al}、Qh^l、$Qh_2^{al}(T_1)$、$Qh_3^{al}(T_0)$组成,成因有冲积、洪积、湖积。更新统多下伏于全新统之下,部分出露,由Qp^{el}组成,前第四纪地层多隐伏于第四纪地层之下,主要为白垩系—古近系、新近系。

(2)本次自研究区及周边由北向南选取了钻孔JH001、JH004、JH002等,由西至东选取了钻孔周老孔、QU1、JH002、87、沙湖等进行了详细的岩石地层、年代地层对比研究,绘制了江汉平原东部第四纪钻孔综合地层对比图。钻孔岩性分层及沉积旋回特征显示江汉平原东部沉积相以河流相(河床、河漫滩)、湖相交替沉积为主。以监利县R25、新沟、周老一带为沉积中心,第四系厚度达300余米,向周缘地区逐渐变薄。南部受新构造运动影响,剥蚀严重,第四系明显变薄。

(3)采用光释光测年、埋藏测年和古地磁测年技术,为JH002孔和YLW03孔建立了年代序列。结果表明,末次冰盛期(约20ka B.P.)之前,沉积速率较低,在0.2mm/a左右;末次冰盛期至早全新世,沉积速率较高,在2.5mm/a左右;中、晚全新世,沉积速率又回归低值,为0.5mm/a。海平面的变化控制着江汉盆地的侵蚀、堆积过程,江汉盆地沉积物的主要堆积时期为海平面快速上升的时期,即冰期向间冰期过渡的时期。

三、区域水文地质调查与试验及相关分析评价

开展区域水文地质调查与试验,分析了区域水文地质条件、补径排与动态特征,划分了水文系统与地下水流系统,对地下水资源量与开发利用性进行了评价。

(1)孔隙潜水含水岩组由全新统组成,分布于长江、汉江及其支流一级阶地,厚度由阶地前缘向后缘变薄。孔隙承压含水岩组由第四系更新统组成,分布于平原西南与中心地带,平原腹地较边缘厚,东部较西部厚。裂隙孔隙承压含水岩组由新近系组成,分布于第四系覆盖区和盆地边缘丘陵区。孔隙潜水主要接受大气降水和地表水的入渗补给,在沿江地段,丰水期可接受下伏孔隙承压水的顶托补给。孔隙承压水主要有上部孔隙潜水的越流补给,长江、汉江往往以地表水补给为主,其次为裂隙孔

隙水的顶托补给和周边的侧向补给。裂隙孔隙承压水在平原边缘区接受上覆第四系的孔隙含水岩组补给、中心区接受周边侧向补给、丘陵区接受大气降水补给。

(2)图幅区中、深层地下水的流动较为简单,整体为由西向东流。而浅层地下水流受地表水系影响大,基本是受地势低洼的河流控制的不连续的、局部的流动系统。在每个河间地块系统中,地下水流极其复杂,无法确定其分水岭位置,所以浅层地下水流系统只划分到河间地块系统。

(3)孔隙潜水含水岩组由全新统组成。孔隙承压含水岩组由第四系中—上更新统组成,岩性主要为淤泥质粉砂、砂、砂砾石,部分地段含有淤泥。含水岩组稳定隔水顶板,以黏土、亚黏土、淤泥质黏土为主,局部为淤泥。隔水顶板的厚度变化较大。裂隙孔隙含水岩组主要由新近纪碎屑岩组成,分布范围广泛。根据其埋藏条件可分为第四系覆盖区及盆地边缘丘陵区两部分。江汉平原地下水的补径排决定其所处的地质环境。岗波状平原地下水的补给源主要为大气降水,向低平原区排泄;低平原区地下水补给源除大气降水外,还受各种地表水体的补给,其中江河水补给受季节影响较大,形成地下水与江河水的季节性互补关系。

(4)研究区多年地下水水位变化幅度小,1996—2015年期间地下水水位有缓慢下降的趋势,20年间地下水水位总共下降了0.75m。研究区中层孔隙承压水和汉江具有水力联系。层孔隙水由于埋深浅,直接接受大气降水补给;含水层与河流、湖泊、沟渠等地表水体水力联系密切。浅层地下水动态变化与降雨量的关系密切,随着降雨量季节性变化而波动,观测年内浅层地下水水位变化处于动态平衡。中深层孔隙地下水与上覆潜水的水位动态变化相似,直接受浅层地下水的入渗补给,同样受降雨因素影响较大,但浅层水相比中深层水受降雨影响动态变幅更大。观测年内中深层地下水水位年际变幅为0.1m。研究区内降雨集中的个别时段浅层地下水水位高于中深层地下水水位,其他时段浅层地下水水位低于中深层地下水水位,浅层水和中深层水有水力联系。

(5)2014年脉旺咀-彭场镇幅,2015年杨林尾-陆溪口幅第四系孔隙潜水含水层(20m)渗透系数范围1.2~10.6m/d;中层(20~100m)孔隙承压含水层渗透系数范围0.25~2.17m/d;深层(100~180m)孔隙承压含水层渗透系数范围2.18~4.00m/d。基岩地区渗透系数为0.01m/d。江汉平原脉旺咀-彭场镇幅,杨林尾-陆溪口幅浅层含水层富水性为弱—中等富水性,中层含水层富水性在中等—强富水性之间,深层含水层富水性为强富水性。

四、研究区地下水水化学环境研究

系统开展了研究区地下水水化学环境研究,明确了区域地下水水质情况与原生劣质水分布特征与机理,开展了供水水质评价。

(1)浅层全新统孔隙潜水与地表水相互作用强烈,其水质受地表水及人类工农业活动、污染排放输入影响较大,空间变异性较强。浅层潜水中总溶解固体、总硬度、氯离子、硫酸盐、硝酸盐和锰含量明显高于中深层承压水,铁、氨氮和砷含量低于中深层承压水。

(2)地下水砷含量呈点状分布。丰水期砷形态以As(Ⅲ)为主,比例为36.09%~98.39%,最高可达1984μg/L。枯水期砷的形态以As(Ⅴ)为主。pH值和氧化还原条件是控制地下水中砷富集的重要因素。沉积物中砷主要与硅酸盐矿物结合、与黄铁矿结合或以无定型砷硫化物形式及强吸附态形式存在。

(3)地表水与浅层地下水中氨氮的氮同位素特征显示:地表水中铵氮的主要来源为人类活动所排放的污水;孔隙承压含水层中氨氮则为天然来源,即埋藏有机质的降解;弱透水层中的氨氮为混合来源。

(4)区内农村集中供水井水质不容乐观,TDS在351~575mg/L之间,平均461.1mg/L,pH值范围和氟化物含量大都符合国家饮用水水质标准。但需要关注的是砷、铁、锰等微量重金属元素含量普遍较高,部分井水砷、铁含量甚至超过饮用水标准数十倍。中层承压水水质较差区(Ⅳ类)约占总调查面积的49.9%,地下水质量极差区(Ⅴ类)约占面积50.1%。

五、研究区三维地质结构建模及相关研究

采用GMS等多种手段进行了研究区三维地质结构建模,在此基础上,将SWAT软件与MODFLOW软件耦合起来模拟研究区地表水与地下水的流动。

(1)采用厚度优势法和等效厚度法2种方法,利用Surfer、GMS等软件对研究区三维地质结构进行了建模。该模型能够清晰表达研究区地层结构,用于研究区的水文地质参数的求取及数值模拟,为研究区含水层、隔水层的划分,地下水资源的开发评价,地下水污染物研究提供了帮助。

(2)将SWAT软件与MODFLOW软件耦合起来建立江汉平原全区的数值模拟模型,由模拟结果可知枯水期汉江和长江是"汇",即含水层中的地下水流向河流,而在丰水期,汉江水位高于附近地下水的水头,汉江变成了"源",而长江水位仍然低于地下水的水头,因此长江是"汇"。其次,剖面上部含水层的水头高于下部含水层,靠近汉江含水层水头高于长江的水头,即地下水的流向为从上往下,从汉江到长江。由于降雨和地表水体的作用,研究区剖面存在分水岭,而且靠近汉江。由于地表水体的作用,研究区的上部含水层存在一些局部的地下水流动系统。

六、研究区地下水资源潜力及防污性能评价

在开展地下水开采量和开采强度调查的基础上,从水质和水量两个角度,系统评价了研究区地下水资源潜力,并对地下水防污性能进行了评价。

(1)对地下水补给量和存储资源量进行了初步计算,结果表明:区域内地下水补给资源总体很小,中层承压含水层累计砂层厚度比较大,承压含水层富水性强。地下水开采程度低,水质条件允许下,可以开采。

(2)优选地下水埋深、含水层净补给、包气带岩性、包气带黏性土厚度、含水层厚度、土地利用类型等指标构建浅层地下水防污性能评价指标体系,并运用MapGIS软件的空间分析功能,将各个评价因子分区图进行叠加。结果表明:地下水水化学特征组分区内地下水总体脆弱性较高,属于较易受污染的区域。在单个因子防污性能评价的基础上,建立了研究区地下水防污性能评价指标体系,研究区高脆弱性区面积为67.867 km^2,占总面积的7.976%。

七、江汉平原关键带沉积环境相关研究

围绕江汉平原重点地球关键带研究,综述了国内外研究现状与方法,并在研究区开展了关键带沉积环境演化、潜流带污染物迁移转化和微生物填图工作,进一步探讨了大型水利工程对关键带水文动态的影响。

(1)国内外围绕地球关键带已经开展了大量研究工作,研究平台主要是建设地球关键带观测站,研究手段包括关键带填图、监测和建模等。关键带监测站的建设具有多对象、高密度、小范围、多尺度等特点,其布设充分考虑到环境梯度变量。

(2)依托江汉平原夹河试验场,开展了关键带氮迁移转化研究。结果表明:深度大于2m的孔隙水中NH_3-N和NO_3-N的季节性变化显著,随着地下水位波动,含水介质的氧化还原环境发生变化,从而影响硝化、反硝化及矿化等过程,改变地下水中氮的形态;深度小于2m的孔隙水中NO_3-N季节性变化异常,近地表生活垃圾的淋滤和农业化肥的输入是潜在的原因。

（3）研究区微生物填图工作表明，土壤细菌数量与土壤理化因子之间具有较良好的相关性。细菌数量与蔗糖酶的活性具有显著性相关。在脉旺咀幅影响土壤性质最关键的是细菌数量，而在彭场镇幅影响该地区土壤性质最关键的则是土壤的电导率。

（4）利用年代学、沉积学、微体古生物学等多指标详细研究了研究区关键带年代、成因与古环境特征，获得了区域早更新世以来的5个阶段沉积环境演化和11个气候变化阶段。重建了江汉平原东部末次冰消期以来的气候变化、湖沼湿地演化与古人类活动历史，运用微体植物化石、TOC和碳屑重建了末次冰消期以来的8个古气候、古水文变化阶段，发现了新石器早期的古人类活动的化石和沉积记录。

（5）三峡大坝季节性蓄水对区域地下水动态的影响与观测井离库岸的距离、含水层深度等有关；含水层埋深越浅，地下水受库区蓄水影响越大。三峡大坝阶段性竣工后蓄水工程通过长江水位波动对2015图幅的离长江较近的地下水有一定的影响，而对离长江较远的2014图幅大部分地表水和地下水基本没有影响。三峡工程对下游地表水-地下水相互作用有显著的影响。平原腹地的河流与浅层地下水的相互作用在横向距离1000m以内较为显著。平原腹地的河流多为汉江的排水支流或更次一级支流，南水北调工程的建设使汉江下游水位下降，进而导致其排水支流的水位下降，这有可能是平原腹地地下水水位下降的原因。

长株潭城市群地质环境调查与区划成果报告

提交单位：湖南省地质调查院
项目负责人：徐定芳
档案号：1135
工作周期：2009—2015年
主要成果：

（1）基本查明了长株潭城市群的地质环境条件。已调查区地貌主要为丘陵。地下水类型包括松散岩类孔隙水、红层裂隙孔隙水、基岩裂隙水及碳酸盐岩类岩溶水。其中，基岩裂隙水分布最广，但富水性贫乏至中等；碳酸盐岩类岩溶水虽零星分布在宁乡市花明楼、浏阳古港、湘乡市壶天、韶山银田、湘潭中路铺及株洲泉水窟等地，但富水性中等至丰富。区内工程地质岩组较复杂，岩浆岩、浅变质岩、碎屑岩、碳酸盐岩四大建造类型及第四系松散土体均有分布，以浅变质岩岩组为主。

（2）基本查明了长株潭城市群地质资源特征、开发利用现状及存在的问题，并提出了开发利用规划建议。区内地下热水共9处22点，水温25~91℃，均属低温地热资源。地下热水资源允许开采量为17 913.05m^3/d，现开采量为2 134.5m^3/d，仅占允许开采量的11.9%，开发利用潜力大。灰汤、长沙市热水异常区、麻林桥3处热水有着良好的开发利用前景。

区内矿泉水共有107处，类型较全，水质优良，水量较丰富，允许开采量为142 127.9m^3/d，现开采量为2 138.5m^3/d，仅占允许开采量的15%，开发利用潜力大，15处具有近期开发利用的价值，82处可资远期开发利用。

长株潭三市区浅层地温能资源总换热功率为489.04×10^8W，夏季、冬季分别为285.66×10^8W、203.37×10^8W。三市大部分区域都适宜发展地埋管地源热泵系统，仅长沙、株洲市区少部分区域可以适度发展地下水地源热泵系统。建议重点推动湘江新区、株洲市高新技术产业开发区、湘潭市高新技术产业开发区等新建城区浅层地温能开发利用，开发利用方式以地埋管地源热泵系统为主。

长株潭城市群有丰富的地质遗迹景观资源,包括地质剖面和构造形迹、古生物化石、地质地貌景观、水文遗迹及岩石、矿物、宝玉石五大类,共 75 处,有重要的科学研究和环境生态意义,且有利于适度开发,促进区域社会经济的发展。

(3)梳理出了工作区主要环境地质问题,包括地下水污染、土壤污染、地质灾害和矿山环境地质问题,并提出对策与建议。①地下水污染。工作区内地下水总体污染程度不高,以轻度污染为主,面积 2 374.107 km^2,占总面积 8.44%,主要污染物为 As、Cd、Mn、Pb、NO_2 - N、NO_3 - N 等,超标 1.2~3.5 倍;中等污染面积 742.28 km^2,占总面积 2.64%,主要污染物为 Mn、Fe、NO_2 - N 等,超标 3.5~6.67 倍;严重污染面积 541.60 km^2,污染物主要以 Mn、NO_2 - N 为主,超标 10~77.6 倍。但中等污染、严重污染主要分布于工、矿业生产和居民集中区域,危害性较大。②土壤污染。对长株潭城市群中北部地区 11 475.57 km^2 范围内的表层土壤进行了重金属元素(As、Cd、Cr、Cu、Hg、Ni、Pb、Zn)综合污染评价。轻度污染区面积 7 256.23 km^2,占总面积比例高达 63.23%;中度污染区面积 806.01 km^2,占总面积的 7.03%;重度污染区面积 169.06 km^2,占总面积的 1.47%。除了个别点状或者局部污染的零散分布之外,污染最严重的地区在长株潭三市核心区域及湘江下游沿岸。③地质灾害。工作区发生地质灾害 1 612 处,其中崩塌 217 处、滑坡 914 处、地面塌陷 360 处、泥石流 47 处、不稳定性斜坡 60 处、地面沉降 14 处。危害严重,造成 140 人死亡,直接经济损失达 43 092.76 万元,潜在威胁人口 62 147 人,威胁资产 154 287.3 万元,其中地面塌陷居首,滑坡次之,崩塌第三。④矿山环境地质问题。工作区主要矿山环境地质问题包括矿山地质灾害(采空塌陷、地面沉陷、岩溶塌陷、崩塌、滑坡、泥石流),占用及破坏土地资源、土石环境,影响及破坏地下水系统,矿山和对水土环境的污染,主要分布于宁乡市煤炭坝-大成桥-喻家坳地区、浏阳市澄潭江煤矿区、文家市煤矿区、七宝山多金属矿区、株洲市攸县煤矿区、湘潭县谭家山煤矿区等地,给矿区及附近地质环境造成了较大影响。

(4)基本查明了工作区内主要活动断裂的分布、规模及活动特征。区内活动断裂 11 条,分布于长株潭城市群区中北部,以北东向活动断裂为主,多为正断层,且以抬升变形和垂直运动为主导,断裂活动年龄值为 1.5~9.62 万年。

(5)圈定了 23 处应急(后备)地下水源地,对鸭子铺—南郊公园、南郊村—林家简车等 7 处应急(后备)地下水源地进行了勘查评价,并提出了应急(后备)供水建议。根据本次工作和以往水文地质资料,共圈定了 23 处应急(后备)地下水源地,可采资源总量为 55.83×10^4 m^3/d,其水质优良。其中本次勘查评价的长沙鸭子铺—南郊公园、洋湖垸、宁乡郊村—林家简车、花明楼—靳江村、苏家托—捞湖围、崩坎—竹根坝、乔口—靖港—新康 7 处应急(后备)地下水源地,总面积为 361.01 km^2,可采资源总量为 16.95×10^4 m^3/d。长沙鸭子铺—南郊公园、宁乡南郊村—林家简车、崩坎—竹根坝、泉水窟—罗正坝—中路铺、湘潭市河西等 19 处宜作为长沙市区、宁乡县城、长沙星沙、株洲市区及株洲县城、湘潭市及湘潭县城等地的应急地下水源地,能满足人均 20L/d,50L/d 的应急需要;铜官、乔口—靖港—新康、花明楼—靳江村、双板桥—古塘桥—白水村 4 处地下水源地可作为望城区铜官、靖港、宁乡花明楼、湘潭县河口等地后备地下应急水源地。

(6)查明了工作区内岩溶塌陷的分布规律、发育特征、影响因素及形成机理,提出了防治对策与建议。区内岩溶塌陷共 212 处,主要分布在宁乡市煤炭坝、长沙市岳麓区、浏阳市永和、湘潭市雨湖区、杨嘉桥镇、株洲雷打石、长沙县江背镇、炎陵三河等地,以小型规模为主。已造成人员死亡 1 人,直接经济损失 12 955.9 万元。潜在威胁人口 4 345 人,威胁资产 31 039 万元。岩溶塌陷多为采矿、城镇抽(排)地下水诱发,归纳为潜蚀-重力、潜蚀-吸蚀-重力 2 种致塌模式。划分了 12 个高易发区、11 个中易发区、16 个低易发区、30 个危险性大区、16 个危险性中等区、19 个危险性小区。

(7)评价了长株潭城市群核心区地下空间开发利用适宜性,划分出了适宜性好、较好、较差、差 4 个等级区。长株潭城市群核心区地下空间 0~15m 层开发利用适宜性好、较好、较差、差的面积分别为

1 668.41km²、640.63km²、492km²、118.96km²，分别占总面积的 57.13％、21.94％、16.86％、4.07％；15～40m 层开发利用适宜性好、较好、较差、差的面积分别为 1 354.82km²、1 370.51km²、158.22km²、36.45km²，分别占总面积的 46.41％、46.93％、5.42％、1.24％；40～60m 层开发利用适宜性好、较好、较差、差的面积分别为 1 477.78km²、1 357.65km²、68.76km²、15.81km²，分别占总面积的 50.62％、46.49％、2.35％、0.54％。

（8）评价了城市规划建设地质环境适宜性，并提出了长株潭城市群核心区总体布局规划调整建议。采用矿山地质环境质量等级，崩塌、滑坡、泥石流易发程度和地面塌陷易发程度作为城市规划建设地质环境适宜性评价指标，划分了 17 个适宜性差区及 12 个适宜性中等区。针对长株潭城市群核心区总体布局规划，提出了城市第二（应急）水源地建设应充分利用地下水水源、城际轨道交通局部调整、倡导地下空间利用及城市建设地下廊道工程建设等建议。

（9）开展了长沙湘江航电枢纽对地质环境的影响评价。根据本次取得及收集的地下水动态监测资料，首次全面、系统地分析评价了长沙湘江航电枢纽对地质环境的影响。长沙航电枢纽建成蓄水后主要在枯水期对湘江干流及其主要支流沿岸地下水水位、含水岩组水文地质特性影响较大，影响时段由长沙→湘潭→株洲依次减弱；由此将改变土体的工程力学性质，基坑渗水变大，局部地段可能导致砂土液化；部分临江断裂或破碎带及局部岩溶区会受到一定的影响，进而影响到地下空间的开发利用。

（10）编制了长株潭城市群 1∶25 万环境地质图系、1∶5 万水文地质图、工程地质图及说明书。编制成果图件 23 幅，其中遥感影像图、水系及流域图、地貌图、第四纪地质图、基岩地质图、水文地质图、工程地质图、环境地质问题分区图 8 幅基础图，地下水污染图、土壤污染图、地质灾害分布及易发性分区图、长沙市应急地下水源地水文地质图 4 幅专题图，地质灾害防治区划图、城市规划建设地质环境适宜性评价图 2 幅综合评价图，宁乡县、花明楼、泉交河、朗梨 4 幅水文地质图及说明书，宁乡县、花明楼、朗梨、柏嘉山、株洲 5 幅工程地质图及说明书。

（11）建立了长株潭城市群地质环境调查数据库。按照中国地质科学院水文环境研究所《重要经济区和城市群地质环境调查评价数据库建设指南（Ver4）》，采用武汉地质调查中心统一下发的系统库和子图库，对所获取的地质背景、环境地质资料和数据全部进行了整理录入，建立了长株潭城市群地质调查与区划数据库。

（12）完成了长株潭城市群地质资料集群化产业化相关工作。编制了长株潭城市群地质调查与地质资料信息服务集群化产业化项目可行性报告、总体方案及长株潭城市群核心区城市地质资料集群技术指南，收集了 1 706 卷地质资料并数字化，建立了相应的目录数据库、全文数据库、钻孔数据库。

湖北宜昌兴山香溪河岩溶流域 1∶5 万水文地质调查综合评价成果报告

提交单位：中国地质大学（武汉）
项目负责人：周宏
档案号：1136
工作周期：2013—2015 年
主要成果：

一、查明了香溪河岩溶流域水文地质条件

(1)确定香溪河流域水文地质填图单元:地层含水性表征地层所具备的含水和透水的能力,基于地层实测剖面、裂隙测量、室内溶蚀试验等获取基本评价指标,采用结合模糊数学评判法和模糊层次分析法定量评价测区各地层含水性强弱,从而确定水文地质填图单元,为地下水系统划分提供依据。

(2)明晰香溪河流域地下水补径排特征:测区地下水类型为松散岩类孔隙水、碳酸盐岩类岩溶水及基岩裂隙水,不同地下水类型其补径排特征有所差异。结合地面调查、水文地质钻探等手段,进一步认识了测区岩溶水的赋存条件和补径排特征。根据地貌类型、地表岩溶发育程度、岩溶含水岩组介质类型、含水岩组空间组合关系、岩溶水的排泄方式、地质构造特征等将岩溶水的补径排类型划分为以下两大类、六小类:灌入式补给管道-裂隙集中排泄型(灌入式补给单斜单层管道-裂隙集中排泄型、灌入式补给单斜双层管道-裂隙集中排泄型、灌入式补给向斜单层裂隙-管道集中排泄型、灌入式补给断裂管道-裂隙集中排泄型);渗入式补给分散排泄型(渗入式补给单斜单层裂隙分散排泄型、渗入式补给单斜双层裂隙分散排泄型)。

(3)基本查明香溪河流域岩溶发育特征:测区以溶蚀丘丛洼地台原地貌、深切溶峰峡谷地貌等为主,集中分布在测区中部、东北部。结合地面调查、洞穴测量等方法,明晰了测区地表、地下岩溶形态及其分布特征。测区不同碳酸盐岩地层存在差异,地质构造影响着测区碳酸盐岩地层展布、岩溶发育强度与方向、岩溶水系统发育等。

(4)查明香溪河流域地下水水化学基本特征:通过泉点调查、月度样品采集等查明香溪河流域地下水水化学基本特征、动态变化特征,地层岩性、水动力条件及人类活动是测区水化学特征的主要影响因素。通过选取相关水质指标、评价方法对香溪河流域水质进行总体评价,香溪河流域 74.82% 地下水水质达良好级,其水质主要受到居民生活、农业生产、矿区生产活动影响。

(5)建立香溪河流域大气降水线:基于不同高程的大气降水氢氧同位素监测站,获取香溪河流域大气降水氢氧同位素季节、高程分布特征,从而建立了香溪河流域大气降水线($\delta D = 8.1\delta^{18}O + 11.9$,$\delta'^{17}O = 0.516\delta'^{18}O + 0.092$),为利用地下水氢氧同位素组成计算岩溶水补给高程、识别地下水循环深度、计算地下水滞留时间提供依据。

(6)查明香溪河流域水资源开发利用现状:测区水资源开发利用以地下水为主,受水资源时空分布、引水工程、岩溶旱涝、水电开发等因素影响。基于流域水资源量评价结果,计算测区水资源供需平衡并评价其开发利用潜力,对香溪河流域水资源开发利用规划提出了分区建议。本次分区着重强调了不同分区水的功能性划分,以流域、岩溶水系统为分区单元,结合水资源分布和需求特点,共分为 5 个大区,12 个亚区。分别命名为:①供水开发利用区(榛子供水开发区、黄粮供水开发区);②水电开发利用区(古夫河水电开发区、高岚河水电开发区);③深部径流开发利用区(南阳温泉开发区、寒溪口应急水源地开发区);④生态重点保护区(南阳河生态保护区、夏阳河生态保护区);⑤水源地重点保护区(咸水河水源保护区、响龙洞水源保护区、黄家河水源保护区、碾盘沟水源保护区)。

(7)查明香溪河流域地质环境问题概况:测区地质环境问题以岩溶旱涝、地下水环境污染、水土流失等为主,同时测区重大工程建设活动改变着地下水流场。测区毗邻三峡库区,地质灾害易发,以危岩崩塌、滑坡、不稳定库岸等问题为主。

二、探索了 1:5 万水文地质调查技术方法体系

(1)水文地质调查成果图件编制方法研究。确定了以地下水系统理论作为水文地质图编制的理论指导,水文地质图编图过程中应体现地下水系统的层级型、等级性、嵌套性。1:5 万水文地质图应

采用图系的方式，由综合水文地质图和若干镶图组成，综合水文地质图的内容应紧扣图幅内地下水分布埋藏状况和补径排空间路径的宏观格局，图的编制应围绕3个区域性要素，即地形、地层、地质构造的水文地质意义来展开。镶图是对综合水文地质图中某一层级某一局部的水文地质条件进行细节刻画，镶图的多少和内容由研究区水文地质条件决定。

(2) 地下水系统圈划及结构特征研究。①含水系统圈划：从含水系统的概念出发确定了以完整的含水岩组和隔水岩组为香溪河流域含水系统原则，并在此基础上划分了3个一级含水系统、7个二级含水系统、3个三级含水系统。其中，一级含水系统为松散岩类孔隙水含水系统、岩溶含水系统、基岩裂隙含水系统；二级系统主要针对岩溶含水系统和基岩裂隙含水系统，将岩溶含水系统划分为震旦系岩溶含水系统、寒武系—奥陶系岩溶含水系统、二叠系—三叠系岩溶含水系统；基岩裂隙含水系统分为碎屑岩裂隙含水系统、变质岩裂隙含水系统、岩浆岩裂隙含水系统。②水流系统圈划：基于含水系统圈划，根据含水岩组与隔水岩组的空间组合关系、地表水文网与深切沟谷的相互配合、地表及地下水分水岭的存在、阻水断层及蓄水构造存在等为原则圈划水流系统。根据排泄特征的不同可将岩溶水流系统归纳为表层岩溶泉系统、分散流系统、岩溶管道裂隙泉系统、地下河系统4类，并概化为单斜单层裂隙分散排泄型、单斜双层裂隙分散排泄型、单斜单层管道裂隙集中排泄型、单斜双层管道裂隙集中排泄型、向斜单层管道裂隙集中排泄型、断裂管道裂隙集中排泄型6种模式。

(3) 香溪河岩溶流域水资源评价方法研究。①在收集资料和自建水文监测网络的基础上，探究不同分区次降水入渗补给系数的计算并分析其影响因素及变化规律和不同强度次降水事件的分布规律，采用以次降水入渗补给系数为基础的水文-水文地质综合分析法，较为精细地实现了对香溪河流域地下水补给资源总量以及降水对地下水资源补给量的时空分布计算。②以流域为研究单元，从地下水补径排物理过程入手，基于高频水文过程监测数据的水文-水文地质综合分析的水资源评价方法，计算得到香溪河岩溶流域年均地下水补给总量为 $10.91 \times 10^8 m^3$，年均河川径流资源总量为 $14.74 \times 10^8 m^3$。通过多种手段对比，水文-水文地质综合分析法所求取的地下水补给系数与径流系数等参数可靠性良好。

三、建立了水文地质调查高级人才培养基地

(1) 建立并完善水文地质调查高级人才培养基地。依托测区调查研究成果，形成了多条现象丰富、手段多样的野外实训路线，建立并完善了香溪河流域1∶5万水文地质调查高级人才培养基地。2015年4月、2016年4月成功举办了1∶5万水文地质调查技术方法研讨与野外现场交流会，通过室内授课、野外实训的教学方式，巩固与加强了水文地质调查人员的野外调查技能，覆盖学员近300人。

(2) 总结调查研究成果，鼓励学术论文发表。依托项目团队多学科、多层次队伍优势进一步提升项目调查成果，于《水文地质工程地质》《中国岩溶》《安全环境与工程》等中文核心期刊发表学术论文13篇，于"*Hydrogeology Journal*""*Hydrological Process*""*Environmental Earth Sciences*""*Journal of Earth Science*"等SCI期刊发表学术论文4篇。

四、服务了测区社会-环境-经济发展

(1) 高山缺水区寻获浅埋藏地下水，解决当地水资源紧缺问题。通过查明测区地下水赋存条件及补径排特征，于榛子地区布设水文地质钻孔（ZK04、ZK05、ZK06、ZK07），揭露埋藏深度仅70m的地下水，日总抽水量可达 $400 m^3$，直接解决了兴山县典型高山缺水区——榛子乡1500人日常用水，以及近千亩的旱地用水。

(2) 开采水量可观的地下水，为当地提供应急水源地。通过查清小谷山断裂、新华断裂水文地质

意义,在兴山县城东部寒溪口布设一钻孔(ZK03),钻机总进尺 300.5m,钻孔揭露承压水,孔口总涌水量约 8.5L/s,日平均涌水量为 774m³。钻孔揭露的深部径流水量稳定且水质良好,可作为兴山县城用水紧张期间应急水源地,缓解突发情况带来的用水压力。

(3)查明岩溶发育特征,服务铁路工程建设。测区岩溶形态较为丰富,岩溶发育兼具南、北岩溶带特征,同时岩溶含水介质高度复杂、不均一性强。目前正在建造的郑万铁路是联系中原地区和西南地区的主要客运快速通道,铁路全长 818km,宜昌至郑万铁路联络线将贯穿兴山县。项目成果中查明了岩溶发育特征,明确地下水循环径流方向,为线路设计施工单位提供了丰富的岩溶地质、水文地质信息,服务保障于重大线路工程的顺利实施。

湘中地区岩溶塌陷调查报告

提交单位: 湖南省地质调查院
项目负责人: 尹欧
档案号: 1138
工作周期: 2012—2015 年
主要成果:

一、取得的主要基础成果

(1)在收集整理娄底所辖县市区 1∶5 万地质灾害详细调查成果资料的基础上,结合湘中地区岩溶塌陷实地调查,基本查明了岩溶塌陷分布范围、类型、形态特征、发生发展过程;查明了覆盖层结构与厚度,岩溶地下水类型、分布、动态特征,以及人类工程活动特征等地质背景;总结了"吸压-陷落""潜蚀-失稳""浮托-软化"和"振动-垮塌"4 种基本地质模式,并分析了其成因机制,为岩溶塌陷防治提供了参考理论依据。

(2)湘中娄底地区岩溶塌陷的形成与煤矿区的开发利用过程紧密相关,塌陷区的分布主要围绕在矿区周边,以恩口-斗笠山向斜、桥头河向斜、车田江向斜等几个含煤向斜最为典型,岩溶塌陷区呈环状分布,且发生的规模大、过程短、塌陷坑集中,破坏岩溶含水层系统,改变地下水水径流特征,发生大面积井泉干枯、地下水水位下降与地面塌陷等生态环境问题。

(3)湘中地区划分出数个高易发区和中等易发区,主要分布在各矿区周边,区内人居较密集、经济较发达、基础设施较完善,灾情与险情重大。岩溶塌陷的治理,需要与矿产资源开发利用、矿山地质环境综合整治结合,形成经济、社会、生态环境效益多赢的良性循环。

二、理论创新和技术创新

(1)基于杨家滩幅典型区地下水动态监测数据,初步建立了基于 24h 最大水位差与 24h 最大水位变化率双指标的岩溶塌陷预测预警线性规划模型,并利用该模型对工作区岩溶塌陷进行初步预警,预警效果较好。

(2)基于灰山港幅典型区调查数据,引入矩形独立承台受柱冲切的承载力计算公式,并推导出岩溶地面塌陷阶段发育判据;利用"8.6"塌陷事件对判据进行反演计算,结果与事实符合很好。

(3)基于煤炭坝幅调查成果,建立了煤炭坝向斜水文地质数值模型,通过 GMS 软件对煤炭坝地区水位进行正演和反演分析,并基于降落漏斗边界对煤炭坝矿区停产后,岩溶塌陷高易发区进行预测研究。

(4)基于壶天幅抽水试验群孔观测数据,对壶天幅典型区地下水连通性进行研究,结论认为场区断裂对地下水流动具有一定的控制作用,但整个典型区已演化成具有统一水面的均质含水地块。

三、取得的社会效益

(1)基于水文抽水试验成果的地下水资源量初步评估。区内在钻探施工过程中,尽量实现一孔多用,既能满足项目工作需要、符合项目设计要求,又能解决施工地区老百姓饮用水需求问题。工作中共施工21口水文孔,最终保留具有可开采价值的水文孔12口,合计出水量3 499.18m^3/d,预计可解决约3.5万人(按每人每天100L水计)安全饮水问题。大部分钻孔在施工验收后便移交给当地百姓或村委员会,剩余的在项目规定的监测期过后便可立即移交给当地使用。

(2)基于湘中地区岩溶塌陷易发性及防治对策研究成果的社会效益展望。湘中岩溶塌陷调查项目(2012—2015年度)共实施8幅1∶5万标准图幅,含煤炭坝幅、杨家滩幅、太平寺幅、棋子桥幅、娄底幅、七星街幅、壶天幅及田坪幅;每个图幅均参照《岩溶塌陷调查规范1∶50 000》(送审稿)进行了岩溶塌陷易发性分区,同时编制了整个湘中地区岩溶塌陷易发性分区与防治区划图。相关图件将为涉及地区城镇规划、道路建设、水资源利用等方面的工作提供技术资料参考及基础地质数据保障。

雷州半岛1∶5万水文地质调查报告

提交单位:广东省水文地质大队
项目负责人:揭江
档案号:1139
工作周期:2014—2015年
主要成果:

(1)通过开展1∶5万水文地质、环境地质及地下水开采现状调查,开展水文地质钻探、水文地质试验和取样测试,基本查明了调查区地形地貌、地层岩性、地质构造特征;查明区内地下水的类型、空间分布、富水性特征、动态变化规律及补径排条件;查明区内地下水资源开发利用条件、开采现状及其相关的环境地质问题。

(2)区内地下水按含水岩类可分为松散岩类孔隙水、火山岩孔洞裂隙水及基岩裂隙水三大类,其中松散岩类孔隙水又可分为潜水-微承压水、中层承压水、深层承压水和超深层承压水4个亚类。地下水各含水层联系密切,通过自然通道相互连通,存在着一定的水力联系,组成统一的含水层结构系统。其中,中层承压含水层的富水性多为丰富—极丰富,深层承压含水层的富水性多为中等—丰富,这2个含水层为调查区地下水的主要开采层位。

(3)区内环境水文地质问题主要为人为因素引发,包括地下水污染、区域水位下降、地面沉降及海水入侵等。其中,地下水污染主要以片状分布在调查区人口及工厂密集的湛江市区,点状零星分布在各乡镇、村庄人口稀疏区;区域地下水水位下降及地面沉降主要发生在以中深层地下水作为集中供水水源的湛江市区—宝满—临东一带;海水入侵主要发生在调查区东南侧地表水资源奇缺的硇洲岛,主要是由于不合理开采浅层水引起。这些环境水文地质问题总体上以轻微为主,仅局部地区为中等。

(4)以本次水文地质调查测试资料为基础,按照《地下水水质标准》《生活饮用水卫生标准》及《农田灌溉水质标准》,对调查区地下水质量进行了全面评价。评价结果表明,区内地下水水质总体较好,绝大部分为可供饮用或适当处理后可供饮用的地下水,完全可满足区内工农业生产及生活用水的需要。

(5)在以往水文地质研究的基础上,根据本次水文地质调查成果,计算评价了调查区地下水总补给量为 $80\,990\times10^4\,m^3/a$。其中,采用降水入渗法计算的大气降水补给量为 $59\,996\times10^4\,m^3/a$,水利工程(水库、渠道等)的渗漏补给量为 $8\,759\times10^4\,m^3/a$,农田灌溉水回归的入渗补给量为 $3\,002\times10^4\,m^3/a$;采用达西断面法计算获得区外侧向补给总量为 $9\,233\times10^4\,m^3/a$(其中中层承压水获得的区外侧向补给量为 $4\,501\times10^4\,m^3/a$,深层承压水获得的区外侧向补给量为 $3\,287\times10^4\,m^3/a$,超深层承压水获得的区外侧向补给量为 $1\,445\times10^4\,m^3/a$);结合区内多含水层结构特点,采用渗透强度法计算区内承压水各含水层越流补给总量为 $458\,303\times10^4\,m^3/a$,其中浅层水补给中层承压水的越流补给量为 $32\,455\times10^4\,m^3/a$,中层承压水补给深层承压水的越流补给量为 $10\,102\times10^4\,m^3/a$,深层承压水补给超深层承压水的越流补给量为 $3\,273\times10^4\,m^3/a$。

(6)根据本次水文地质调查、水文地质试验资料,综合前人研究成果,结合区内不同地下水类型及水文地质条件,采用不同方法计算了区内地下水总允许开采量为 $52\,171\times10^4\,m^3/a$。其中,用枯季径流模数法计算火山岩孔洞裂隙水及花岗岩风化裂隙水的允许开采量为 $2\,090\times10^4\,m^3/a$;用单位潜流排泄量法计算砂堤砂地孔隙潜水的允许开采量为 $983\times10^4\,m^3/a$;用开采模数法计算的松散岩类孔隙潜水-微承压水的允许开采量为 $18\,950\times10^4\,m^3/a$,中层承压水的允许开采量为 $20\,564\times10^4\,m^3/a$,深层承压水的允许开采量为 $7\,047\times10^4\,m^3/a$,超深层承压水的允许开采量为 $2\,537\times10^4\,m^3/a$。

(7)在查明调查区水文地质条件和开采现状,评价地下水资源和地质环境的基础上,根据开采潜力指数,对区内各层地下水的开发利用前景进行了潜力分析。其中,潜水-微承压水的开采潜力以中等为主,局部地段为较小或轻度不足;中层承压水的开采潜力以较小为主,局部地段为采补平衡或轻度不足;深层承压水及超深层承压水的开采潜力则多为较小,仅局部地段为采补平衡。

(8)基于调查区的水文地质条件及含水层结构特征,从研究地下水动力场入手,在广泛收集已有水文地质成果资料的基础上,建立一个刻画雷州半岛调查区地下水系统的数学模型,进行了地下水数值模拟计算,用数值模拟法对区内进行了地下水资源评价。

(9)在充分收集分析以往地质-水文地质资料的基础上,结合本次水文地质调查成果,对区内重大工程建设规划区之一的东海岛开发区进行了地下水资源评价;对湛江海东新区进行了地质环境适宜性评价,为湛江市重大工程建设项目提供地质技术支撑。

(10)基于中国地质调查局"重要经济区和城市群地质环境调查评价信息平台"软件,以本次雷州半岛1∶5万水文地质调查过程中形成的原始资料、文档、图件等成果数据为基础,建立"雷州半岛1∶5万水文地质调查"(6幅:东山圩幅、南三镇幅、新安圩幅、硇洲岛幅、湛江市幅、塘基幅)项目的数据资源集成与分析平台,将本次地下水勘查过程中的原始资料数据和综合成果数据等内容及时汇总入库,建立1∶5万水文地质图空间数据库信息系统,为地下水勘查与政府管理、社会服务、科学研究提供可靠的地下水资源信息。

湖南新田县重点地区岩溶水勘查与开发利用示范

提交单位:湖南省地质调查院
项目负责人:阮岳军

档案号:1140
工作周期:2009—2014 年
主要成果:

(1)以岩溶流域、新田县的乡镇区划为单元,基本查明了新田县的水文地质条件、岩溶发育规律、地下水的赋存条件、水资源分布特征、各含水岩组的富水性等。区内地下水分为碳酸盐岩岩溶水、基岩裂隙水、松散岩类孔隙水三大类型。其中碳酸盐岩岩溶水进一步分为碳酸盐岩裂隙溶洞水、碳酸盐岩溶洞裂隙水 2 个亚类;基岩裂隙水划分为红层风化裂隙水、碎屑岩构造裂隙水、浅变质岩和岩浆岩风化裂隙水 3 个亚类。

(2)综合分析了新田县地下水的赋存条件及分布规律,对不同含水岩组的富水性指标、均一程度、地下水富集规律、开发利用条件开展了研究。确定上泥盆统佘田桥组(D_3s),下石炭统岩关阶下段(C_1y^1)、大塘阶石磴子段(C_1d^1)与梓门桥段(C_1d^3),上石炭统壶天群(C_2ht)等含水岩组富水性中等—丰富,含水相对较均一,是区内实施机井开采地下水的主要目的含水岩组。

(3)基本查明了新田县地下水物理性质及水化学特征。区内地下水一般为无色、无味、无嗅、透明,水温一般 11～25℃,物理性质总体良好。pH 值在 7.10～7.94 之间,均值 7.42,属中性偏弱碱性水;矿化度在 77.10～639.22mg/L 之间,均值 339.63mg/L,为淡水;总硬度(以 $CaCO_3$ 计算)在 170.59～512.71mg/L 之间,均值 269.70mg/L,为软—硬水。区内地下水水化学类型复杂多样:HCO_3 - Ca 型、HCO_3 - Ca·Mg 型,占分析水样的 93.3%,其余有 HCO_3·SO_4 - Ca 型、HCO_3 - Ca·Na 型、HCO_3·Cl - Ca 型、HCO_3 - Mg·Ca 型等。对 2007 年以来新田县地下水水化学特征做出了初步分析:新田县地下水组分浓度随大气降水量作反向波动。区内浅层岩溶地下水接受补给源复杂、水化学组分相对动态变化大。

(4)选择了新田县 15 处代表性地下水水源点取样化验,评价了其水质情况。地下水水质以优良、良好为主,共 14 组,占总数的 93.3%。较差类型的水 1 组,占总数的 6.7%,主要超标指标为亚硝酸盐。

(5)采用大气降水入渗系数法、排泄量法对比计算出新田县多年平均天然补给资源量、枯水年的天然补给资源量分别为 $31\,804.83\times10^4 m^3/a$,$30\,147.04\times10^4 m^3/a$。其中:岩溶水多年平均天然补给资源量为 $29\,677.10\times10^4 m^3/a$,资源模数为 $44.12\times10^4 m^3/(km^2\cdot a)$;枯水年(75%)天然补给资源量为 $26\,544.56\times10^4 m^3/a$,资源模数为 $39.47\times10^4 m^3/(km^2\cdot a)$。裂隙水多年平均天然补给资源量为 $2\,127.73\times10^4 m^3/a$,资源模数为 $6.57\times10^4 m^3/(km^2\cdot a)$。枯水年(75%)天然补给资源量为 $1\,915.50\times10^4 m^3/a$,资源模数为 $5.91\times10^4 m^3/(km^2\cdot a)$。采用枯季径流模数法计算了新田县地下水可开采资源量为 $12\,786.07\times10^4 m^3/a$,其中:岩溶水为 $11\,649.97\times10^4 m^3/a$,可采资源模数为 $17.32\times10^4 m^3/(km^2\cdot a)$;裂隙水为 $1\,183.91\times10^4 m^3/a$,可采资源模数为 $3.51\times10^4 m^3/(km^2\cdot a)$。根据岩溶泉、地下河动态长观资料确定探明的(B 级)地下水允许开采量为 $514.39\times10^4 m^3/a$,根据钻孔单孔抽水试验确定推断的(D 级)地下水允许开采量为 $326.64\times10^4 m^3/a$。地下水可采资源量约占枯水年天然补给资源量的 42.4%。将本次地下水资源计算的结果与 2005 年计算结果进行了对比分析,地下水天然补给资源量减少 $2\,228.41\times10^4 m^3/a$,相对 2005 年减少了 6.55%。地下水可采资源量减少 $521.25\times10^4 m^3/a$,相对 2005 年减少了 3.92%。总量减少原因:降水量的取值方法不同;碳酸盐岩岩溶含水岩组的分布及面积有所减少;径流模数通过长观数据进行了更新修正,模数有所降低。

(6)基本查明了新田县地下水开发利用条件、开发利用方式、开发利用现状、供水对象及开发利用潜力。经统计新田县全县地下水开发利用总量为 $4\,781.35\times10^4 m^3/a$,开发利用率为 38.1%。评价区内可有效开发利用潜力资源量为 $7\,931.70\times10^4 m^3/a$,占地下水可开采量的 62.1%。潜力较大区分布于枧头镇、十字乡、冷水井乡、毛里乡、石羊镇、金盆圩乡、知市坪乡 7 个乡镇,面积 $324.32km^2$,占新田县总面积的 32.5%。潜力中等区分布于骥村镇、龙泉镇、大坪塘乡、三井乡、高山乡、陶岭乡 6 个乡镇，面积 342.76km²，占新田县总面积的 34.4%。潜力较小区分布于门楼下瑶族乡、金陵镇、莲花乡、茂家乡、新圩镇、新隆镇 6 个乡镇，面积 329.36km²，占新田县总面积的 33.1%。

（7）在新田县实施的岩溶水开发利用示范工程影响与效益巨大。在陶岭乡、金盆圩镇等地开展水文地质钻探成井示范，根据区内居民分布、对水资源的需求及开发利用现状，重点查明区内岩溶水文地质条件，制定和布置探采结合井 17 处，以水文地质钻探成井的开采模式，开发地下水资源，为 17 个村提供生活饮用水源。该工程的实施为隐伏岩溶地区其他村屯解决人畜饮水困难提供了范例。

开展了峰丛洼地地区水浸窝地下河的地下坝堵漏工程勘查，通过对典型地下河的岩溶地质构造、岩溶水文地质特征、工程地质条件进行探测分析，进行了水浸窝地下河渗漏段堵漏一期工程。该水库原最高蓄水超过 $90 \times 10^4 m^3$，动态蓄水量达 160 多万立方米，保障了毛里乡灌区 1 000 余亩水田喜获丰收。但由于库坝区岩溶发育强烈，地下河为多层结构，深部裂隙溶蚀强烈。在工程坝址堵坝和防渗施工中，由于溶缝中充填泥质黏度大，帷幕灌浆施工不当，压力不足，以致在水库蓄水利用 1 年后，因坝底溶缝被压穿，水库再次漏水，而不能发挥效益。本次勘察提出了堵漏施工工程方案，因经费问题，未能实施完成堵漏工程。

开展了峰林谷地深层地下水开发示范工程。通过对本区峰林谷地地下水形成与赋存规律调查分析，选择典型岩溶泉、地下河 3 处进行地下水开发条件论证与提引配套施工，解决新田县三井乡塘坪村、十字乡大部分村组、枧头镇贺家井周边约 4 万人的生活供水问题。该工程为同类地区深部地下水开发提供范例。

湖北野三河岩溶流域水文地质环境地质调查成果报告

提交单位：湖北省地质环境总站
项目负责人：吴慈华
档案号：1141
工作周期：2015—2017 年
主要成果：

一、岩溶环境地质条件

（1）通过裂隙统计、薄片鉴定、岩矿分析、岩溶统计等，充分认识了测区地层层序及岩性组合特点，统计了各地层岩性展布厚度和分布面积；测区所在地貌单元属鄂西南高台原间夹峡谷地貌区，在野外调查的工作基础上，从高程和岩溶发育期方面对测区地貌进行了划分；在区域构造上测区位于上扬子地台八面山台褶带南部，主要为一系列北东向弧形褶皱，背斜多属紧闭线状，向斜区一般较开阔，多为复式向斜，向背斜组合呈平行斜列式展布。

（2）本次共调查各类岩溶形态点 370 处，图幅区的概略面溶蚀率为 0.87 个/km²。三叠系、二叠系中岩溶形态最为发育，数量较多，分别占总点数的 57.03%、38.38%；这 2 组地层溶蚀率最大，分别为 1.72 个/km²、1.61 个/km²。在调查的 64 处溶洞中，发育于 T_1j 中的 9 处，占总数的 14.07%；T_1d 中的 32 处，占总数的 50%；P_2 中的 1 处，占总数的 1.56%；P_1 中的 17 处，占总数的 26.56%；C 中的 5 处，占总数的 7.81%。通过洞穴探测统计得知区内洞穴主要沿地层走向发育，次沿地层倾向和构造裂隙发育,与区内褶曲、构造作用息息相关,分别受纵、横张裂隙控制发育而成。

二、岩溶水系统特征及开发利用

(1)根据碳酸盐岩含水层组的岩溶发育程度及富水性和水文地质特征的不同,将区内出露的碳酸盐岩地层划分为水量丰富的纯碳酸盐岩含水岩组(T_1j、T_1d^{2-4})、水量中等的次纯碳酸盐岩含水岩组(P_1、C_2)和水量贫乏的不纯碳酸盐岩(P_2、T_1d^1)3个含水岩组。

(2)按照系统论原则和依据,将该区划分为2个三级地下水系统,2个四级地下水系统,以此为基础共划分了17个六级岩溶地下水系统,其中包括3个地下河系统、10个岩溶大泉系统、2个隧道排泄系统、2个分散径流排泄系统,并详细论述了各系统的发育、分布及补径排特征。

(3)本区大气降水丰沛,降水入渗系数达0.2~0.8,形成了丰富的岩溶水。岩溶水赋存并径流于裂隙、溶隙、溶孔和岩溶管道中,由于赋水介质的空间差异而导致岩溶水的补径排及其动态特征也有很大的不同,故形成了区内岩溶管道水、溶隙脉状水和岩溶裂隙水3种岩溶水类型,岩溶水含水介质不均匀至极不均匀,地下水深埋,无统一的地下水水径流场,具非连续流和三维流特点。

(4)全区地下水天然资源量多年平均值为$15\,041.80\times10^4\,m^3/a$、平水年为$14\,865.25\times10^4\,m^3/a$、偏枯年为$13\,063.40\times10^4\,m^3/a$、特枯年为$10\,811.09\times10^4\,m^3/a$。全区碳酸盐岩岩溶水的多年平均资源量为$15\,041.80\times10^4\,m^3/a$,碎屑岩多年平均资源量为$26.40\times10^4\,m^3/a$。其中全区表层岩溶水特枯年的地下水资源量为$3\,753.29\times10^4\,m^3/a$,表层岩溶泉可开采资源量为$2\,683.61\times10^4\,m^3/a$,难开采资源量为$1\,069.69\times10^4\,m^3/a$。

(5)经计算,全区地下河、岩溶大泉和表层带岩溶泉的允许开采资源量为$6\,051.42\times10^4\,m^3/a$,已开采资源量为$2\,257.32\times10^4\,m^3/a$,还可开采利用地下水资源的绝对数量为$3\,794.09\times10^4\,m^3/a$。全区为开采潜力较丰富区($P_{潜}=2.68$),开采潜力模数为中等区($M_{潜}=8.74$)。其中,开采潜力丰富的有盆家河及野三河2个四级流域;开采潜力较丰富的有三峡南岸干流1个三级流域。

(6)根据37组水样资料得知全区岩溶水多数物理性质良好,无色、无味、透明,水温13~18℃。水化学类型在T_1d含水岩组中以HCO_3-Ca型为主,在T_1j含水岩组中则以$HCO_3-Ca\cdot Mg$型为主,在二叠系(P)煤系地层分布区SO_4^{2-}含量增大,则以$HCO_3\cdot SO_4-Ca$型为主;矿化度多数地段为73.91~412.6 mg/L,属低矿化淡水;总硬度多数地区为20.02~188.5 mg/L,属软水—中硬水;pH值大部分地区为6.5~7.3,属弱酸性—弱碱性水。水质除在个别矿区、煤系地层分布区及集镇周围较差外,大部分地区水质良好,水质质量级别属优良级至良好级,适用于各种用途。

(7)根据测区岩溶水资源开发利用现状,针对已经开发利用的岩溶大泉和地下河,重点总结说明了围泉建库、筑坝蓄水、灌溉发电型,天窗提水灌溉型,钻探取水缓解干旱缺水备用型以及分散利用型4种地下水开发类型。

三、岩溶环境地质问题

(1)严重的岩溶干旱缺水是造成本区贫困落后的重要原因之一,大气降水后便迅速地从各岩溶洞隙中灌注地下,造成地表严重干旱缺水。据调查,工作区涉及两县4个乡镇范围。其中,缺水人口4.7万人,占总人口的24.4%;缺水牲畜6.1万头,占总牲畜的26.01%;缺水耕地4.32万亩,占总耕地面积29.1%,一遇旱灾,不仅农田颗粒无收,人们饮水也十分困难。

(2)工作区较为明显的洪涝灾害点有54处。岩溶内涝灾害淹没土地总面积625亩。每年造成粮食减产,经济损失数十万元。岩溶洪涝灾害在时间上往往集中发生于每年的5~9月,在空间上主要集中分布于人类生产、生活的岩溶槽谷、洼地等相对平坦地带。这些地带的消水洞通道常为地表落水洞或其下发育的岩溶洞穴,这类消水管道受多种因素影响而发育有"窄门""扁眼"等瓶颈式卡门,故每遇大到暴雨时,径流排泄不畅而积水成灾。

(3)工作区现有工业污染源、生活污染源和面状农业污染源三大类。据2015年所取37组地下水水样化验结果,采用单因子指数法进行评价,结果显示地下水质量总体较好,其中有3组煤矿矿坑排水中超标因子较多,地下水质量属较差或极差,另外有7组水样单项超标因子均为NO_3-N,说明区内地下水污染主要原因是受煤矿开采和农业污染影响。由于区内没有较大城镇,因此生活污染源对地下水污染程度较轻。

(4)根据区划的指导思想与原则,以工作区1个三级流域、2个四级流域为基本单元,共划分为三大综合整治区:①以环境地质问题防治为主的岩溶水开发综合整治区,主要包括三峡南岸流域,流域面积71.47km^2,其中碳酸盐岩面积69.9km^2,碎屑岩面积1.57km^2,分别占总流域面积的15.89%、0.35%。特枯年地下水天然资源量为1 028.32×$10^4 m^3$/a;允许开采资源量为735.25×$10^4 m^3$/a,占全区总量的12.15%;已开采利用地下水资源量为441.15×$10^4 m^3$/a,占全区开采地下水总量的19.54%;还可开采的潜在地下水资源量为294.1×$10^4 m^3$/a,占全区总量的7.75%;本区开采潜力$P_{潜}$为1.67,开采模数为4.11×$10^4 m^3$/(km^2·a)。②以岩溶水开发为主的环境地质问题防治综合整治区,主要包括盆家河流域,面积为42.86km^2,全区均属于碳酸盐岩,占全测区总面积的9.7%。特枯年地下水天然资源量为1 461.60m^3/a;允许开采资源量为528.11×$10^4 m^3$/a,占全区总量的8.7%;已开采资源量为79.22×$10^4 m^3$/a;还可开采地下水资源的绝对数量为448.89×$10^4 m^3$/a,占全区总量的11.83%;本流域开采潜力$P_{潜}$为6.67,开采模数为10.47×$10^4 m^3$/(km^2·a)。③以岩溶水开发为主的环境地质问题预防治综合整治区,主要包括野三河流域,流域面积为319.73km^2,其中碳酸盐岩面积316.87km^2,占测区总面积的72.01%。流域特枯年地下水天然资源量为8 240.53×$10^4 m^3$/a,可开采地下水资源量为4 788.06×$10^4 m^3$/a,占全区总量的87.27%;已开采利用地下水资源量为1 736.96×$10^4 m^3$/a,占全区开采地下水总量的76.94%;还可开采的潜在地下水资源量为3 051.1×$10^4 m^3$/a,占全区总量的80.41%;本流域开采潜力$P_{潜}$为2.76,开采模数为9.54×$10^4 m^3$/(km^2·a)。

长株潭沪昆高铁沿线城镇群地质环境综合调查成果报告

提交单位:湖南省地质调查院
项目负责人:徐定芳
档案号:1149
工作周期:2015—2017年
主要成果:

(1)查明了工作区的工程地质条件,进行了工程地质分区评价。区内工程地质岩组较复杂,岩浆岩、浅变质岩、陆相碎屑岩、海相碎屑岩、碳酸盐岩五大建造类型均有分布,土体有冲积、残积土组两大类;分6个区、24个亚区、48个地段进行了工程地质评价。总体上,各类岩土体力学性质较好,强度较高,可作为建筑地基持力层。

(2)查明了工作区地下水污染、地质灾害、矿山环境地质问题等主要环境地质问题,并提出了防治对策与建议。①地下水污染。区内地下水总体污染程度不高,主要污染物为Mn、As、Fe、NO_2-N、NO_3-N等,污染点主要分布于株洲市三门镇、古岳峰镇、南阳桥乡一带。其中NO_3-N及Mn超标较严重,主要污染源为工业及生活污染。②地质灾害。区内共发生地质灾害188处,滑坡最多,为157

处，崩塌、不稳定性斜坡、地面塌陷居次，分别为12处、10处、6处，泥石流最少，仅3处。地质灾害主要分布于醴陵市长岭乡、栗山坝镇、醴陵市区—嘉树乡、仙霞镇—板杉乡、黄獭咀镇一带。累计造成3人死亡，直接经济损失达4 917.1万元；这些灾害点构成的潜在危害威胁人口3 071人，威胁资产26 358.5万元。③矿山环境地质问题。区内主要矿山环境地质问题包括矿山地质灾害，占用及破坏土地资源、土石环境，影响及破坏地下水系统，矿山废水、废渣对水土环境的污染，对矿区及附近地质环境影响较大。

（3）在株洲市南部进行了应急地下水源地勘查评价，圈定了应急（后备）地下水源地范围，查明了存在的环境地质问题，提出了应急（后备）供水建议。水源地面积176 km^2，全区总补给量为49 932 m^3/d，总可开采量为9 907 m^3/d，总补开比为5.04，可开采量的保障程度高，仍有一定的扩大开采潜力。

水源地南部地区及东北角地区存在NO_2^-含量超标的问题，推测为农田使用的化肥农药的污染导致，建议尽量使用环保的农药化肥，规范生活污水的排放形式、排放量、污染物排放浓度以及排放去向。西北部位于谭家山矿区，曾出现过因矿山抽排水诱发的岩溶塌陷问题，后经处理回填，塌陷、地面变形问题已得到有效的控制。

当采用20 L/（d·人）的应急供水标准时，可供应20.49万人，满足区内谭家山镇、三门镇及南阳桥乡现状人口的应急用水需求。当采用50 L/（d·人）的应急供水标准时，可供应8.18万人，可满足南阳桥乡和部分满足谭家山镇、三门镇现状人口的应急用水需求。

（4）查明了规划长厦客运专线株洲段沿线工程地质条件。对渝厦高铁株醴段沿线工程地质条件进行分区评价，划分出了3个工程地质区和7个工程地质亚区，存在的主要工程地质问题为变质岩区强度较低，抗水性、抗变形能力差，易风化、软化，工程建设中可能引发边坡失稳。

（5）初步评价三门镇、仙霞、石亭、神福港四镇环境地质条件，对其工程建设适宜性进行了评价，为其规划建设提供参考依据。

（6）建立了工作区环境地质调查数据库。对本次所取得的环境地质调查资料和成果全部进行了整理录入，建立了长株潭沪昆高铁沿线城镇群地质环境调查数据库。

重点地区岩溶塌陷调查综合研究成果报告

提交单位：中国地质科学院岩溶研究所
项目负责人：雷明堂
档案号：1150
工作周期：2012—2015年
主要成果：

（1）岩溶塌陷调查成果的梳理和总结。系统梳理总结我国岩溶塌陷调查研究成果，编写《中国岩溶塌陷调查报告（2015）》（初稿），形成对我国岩溶塌陷发育现状和趋势的基本判断。指出，2005年以来，我国岩溶塌陷进入高发阶段，每年从原来的大约50处上升到150处左右，这与国民经济发展速度相一致。调查显示，我国岩溶塌陷城市化、工程化的趋势明显，充水矿山"疏干排水"引发岩溶塌陷问题仍极为突出：城市化主要表现在岩溶区城市建筑工程勘探和冲孔桩施工、地铁建设对地下水的冲击很大，由此引发的严重岩溶塌陷、岩溶沉陷问题；工程化则表现在岩溶区大多数高速铁路、高速公路都面临岩溶塌陷及相关地质环境问题的挑战，武广高铁、贵广高铁、沪昆高铁、湘桂高铁的岩溶隧道建设无一例外又引发了岩溶塌陷，此外，地面塌陷会使地表水系统和岩溶系统贯通，引发隧道突水突泥事故、地面井泉干枯等严重的后果。充水矿山岩溶塌陷除与疏干排水时间和强度密切相关外,大气降水也对疏干区岩溶塌陷具有触发作用。

(2)岩溶塌陷调查评价方法体系的形成。总结国内外岩溶塌陷调查评价的经验,形成《1∶50 000岩溶塌陷调查规范》(审定稿),规范从岩溶塌陷形成演化规律、主要影响因素、主要控制因素的综合分析出发,详细规定了岩溶塌陷发育的地质背景、水文地质工程地质条件和主要诱发因素调查的内容、方法和要求,系统提出岩溶塌陷易发性评价指标和基于GIS技术的评价方法;规定了以岩溶塌陷动力监测、光纤传感监测为基础的研究技术与方法;明确了不同地质结构条件下,地球物理方法的选择,这是我国第一个岩溶塌陷规范,已成为我国岩溶塌陷调查、勘查的重要依据。

(3)岩溶塌陷监测技术理论的建立。针对大型充水矿山疏干诱发岩溶塌陷的问题,从诱发岩溶塌陷的动力因素实时监测寻求突破,通过安徽铜陵狮子山岩溶塌陷监测示范站建设,初步形成以岩溶管道裂隙系统水(气)压力多参数实时监测和岩溶土洞形成演化的分布式光电传感监测、地质雷达扫描监测为基础的岩溶塌陷监测方法体系。以此为基础,编制了《岩溶塌陷监测技术要求》。针对监测数据的分析处理问题,运用包括Grubbs检测算法、序贯变点检测算法、基于非参数回归模型的变点检测算法,对数据进行分析,实现在已知降水量及水头数据时,快速检测出水头的突变,以实现水位的实时预警,为开展岩溶塌陷预警打下基础。

(4)岩溶塌陷地球物理探测技术。以珠三角、湘中、桂中、皖江经济区为典型试验场,开展不同类型岩溶塌陷的地球物理探测有效性试验工作,以地质结构和岩土物性为基础,建立了探测目标层的结构模型,同时建立相应的地球物理探测优先选择。编制《岩溶塌陷地球物理探测技术指南》,为岩溶塌陷隐患的探测识别提供有力支持。

(5)岩溶塌陷遥感识别试验取得成功。以湘中、桂中为试验区,开展的高分辨率遥感图像定量分析,表明基于高分辨率遥感图像、高精度数字高程模型(机载LiDAR系统扫描获取的岩溶塌陷体积精度误差不超过5%),利用GIS技术的解译环境、计算工具,能够较为容易地获取数据类型,可为大区域的岩溶地表塌陷发育的对比分析研究、工程防治措施决策等提供可靠的参数。低空无人机遥感快速高效、灵活性好等特点,使其可作为突发重大岩溶地表塌陷地质灾害遥感应急调查的主要手段,同时可用于塌陷区多个时相的遥感监测与调查。

(6)开发岩溶塌陷调查信息系统,建立岩溶塌陷调查信息化技术标准。组织开发了岩溶塌陷调查信息系统,系统包括数据录入、数据检查和信息管理三大模块;同时,编制《岩溶塌陷调查信息化技术要求》。通过培训,相关工作项目已完成所有调查卡片、数据、资料和图件的录入工作。

第四章 技术方法类

湖北梅川-黄梅地区 1∶5 万高精度重力调查成果报告

提交单位:湖北省地球物理勘察技术研究院
项目负责人:梁学堂
档案号:0971
工作周期:2012—2014 年
主要成果:

在对重力原始数据进行数据处理的基础上,对重力场进行了包括区域场与剩余场的分离、小波多尺度分解、延拓等方面的处理。共圈定局部重力异常 26 处,其中岩浆岩类异常 16 处,地层岩性类异常 6 处,盆地类异常 2 处,综合类异常 2 处;对每个局部异常的地质起因进行了解释,并对重点异常进行了 2.5D 定量-半定量反演,特别是对"体中体"的划分和圈定,为在区内寻找类似河南、安徽省内的大型斑岩型钼矿提供了深部地球物理信息。依据重磁场特征推断主要断裂构造 9 条,其中深大断裂 2 条;建立了测区主要断裂构造格架,并对断裂构造的性质、产状特征及控矿特征进行了合乎地质逻辑的推断解释;特别是对郯庐断裂的位置进行了重新厘定,认为郯庐断裂并非 1 条,而是以 3 条断裂组成的断裂系通过测区东南角黄梅县附近地区;对浠水-黄梅断裂有了新的认识,认为该断裂为大别造山带与扬子地台深部的"缝合带"。通过综合研究,对区内矿产分布规律及成矿地质条件有了新的认识,在此基础上建立了区内地球物理找矿标志,提出了 4 处成矿远景区,为今后开展矿产调查工作提供了靶区。

南岭地区深部隐伏花岗岩定位技术方法评价成果报告

提交单位:中国地质调查局武汉地质调查中心
项目负责人:罗士新
档案号:0985
工作周期:2014—2015 年
主要成果:

一、主要岩体及其围岩的物理参数

本次工作获得了 9 个岩体及其主要围岩的密度、磁化率、剩余磁化强度、电阻率、极化率等参数。

(1) 密度变化规律。①岩体的密度为 $(2.53 \sim 2.63) \times 10^3 \text{kg/m}^3$，花岗闪长斑岩密度较低，二长花岗岩密度较高。呈脉状产出的细粒花岗岩密度明显降低。②砂岩密度较低，密度为 $(2.49 \sim 2.66) \times 10^3 \text{kg/m}^3$。石英砂岩和浅变质砂岩密度显著升高，密度分别为 $2.73 \times 10^3 \text{kg/m}^3$、$2.71 \times 10^3 \text{kg/m}^3$。③变质岩随变质程度加深，密度下降。如奥陶纪变质（角岩化）砂岩密度 $2.71 \times 10^3 \text{kg/m}^3$，泥质、粉砂质板岩密度分别为 $2.68 \times 10^3 \text{kg/m}^3$、$2.60 \times 10^3 \text{kg/m}^3$。而绿泥石绢云母板岩密度仅为 $2.49 \times 10^3 \text{kg/m}^3$。④碳酸盐岩密度较高，为 $(2.67 \sim 2.81) \times 10^3 \text{kg/m}^3$，白云质灰岩、大理岩密度较高。

(2) 磁参数统计规律。总的来说，岩体磁性都很弱，磁化率在 $n \times (10^{-6} \sim 10^{-5}) \times 4\pi \cdot \text{SI}$ 之间，剩余磁化强度在 $n \times (10^{-4} \sim 10^{-2})$ A/m 之间。在局部有较强的磁性，如大东山 2 条断裂构造部位磁化率达 $200 \times 10^{-6} \times 4\pi \cdot \text{SI}$、剩余磁化强度达 17.9×10^{-2} A/m。围岩中碎屑岩和变质岩磁性略高于岩体磁性，尤其是角岩化砂岩磁性有明显上升。局部石炭系岩关组生物灰岩有较强的磁性，经镜矿鉴定，其含 1% 的黄铁矿、3% 的褐铁矿，肉眼可见较多的暗色矿物。其他岩石磁性极弱，往往无法获取磁参数。

(3) 电性参数统计规律。①花岗岩体电阻率，除了大义山岩体 1 处断裂构造部位采取的 12 块标本电阻率较低外，其他岩体上 361 块标本的电阻率均在 $n \times 10^4 \Omega \cdot \text{m}$ 以上（超过 $n \times 10^4 \Omega \cdot \text{m}$ 的标本有 8 块，占总数的 2.4%）。花岗岩体电阻率与其时代、成分、结构关系不大，电性较均匀，整体呈高电阻特征。②砂岩、粉砂岩呈低电阻特征，其电阻率不超过 $n \times 10^3 \Omega \cdot \text{m}$。石英砂岩、变质砂岩（角岩）电阻率显著升高，其电阻率达到 $n \times 10^4 \Omega \cdot \text{m}$。③板岩类岩石标本电阻率均值为 $n \times 10^4 \Omega \cdot \text{m}$，但其变化范围很大，分布在 $n \times (10^3 \sim 10^6) \Omega \cdot \text{m}$ 之间。④灰岩类（泥质灰岩、灰岩、白云质灰岩）标本有 210 块，其电阻率均值为 $58\,404 \Omega \cdot \text{m}$，分布范围 $n \times (10^3 \sim 10^6) \Omega \cdot \text{m}$。相对花岗岩整体高电阻率而言，灰岩电性不均匀，局部会有中低阻特征。⑤不含金属矿的岩石标本极化率差异不大，相对而言，有砂岩和变质岩极化率稍高、花岗岩次之、灰岩较低的趋势。

二、铜山岭工作区主要成果

通过铜山岭工作区 1:5 万重力异常三维反演、重磁电综合剖面研究等工作，推断铜山岭岩体在深部分东西两支分别向北西、北东倾伏。在其西北部又有岩体呈宽板状凸起，上顶埋深约 300m。在其西南侧，有隐伏岩体，上顶埋深约 600m。对各方法评价如下：

(1) 通过对 1:5 万重力调查布格重力异常作三维反演，能够一定程度上揭示岩体的空间形态。重力剖面 2.5D 反演，在缺乏约束条件（建模无参考依据）时，反演结果呈多解性。

(2) 可控源音频大地电磁测深、音频大地电磁测深反演电阻率断面图对应重力 3D 反演隐伏岩体呈高阻异常，能反映较多的细节，相对重力勘探有较高的分辨率。

(3) 在有电磁干扰的地区，可控源音频大地电磁测深和音频大地电磁测深比较，其中浅部（深度 400m 以内）有相似的结果，音频大地电磁测深明显缺失深部信息。

(4) 在隐伏岩体上方，高精度磁测可观测到磁场发生跳跃、出现较多的局部弱磁异常，对应岩体四周接触带部位出现峰值较高的异常。磁异常有辅助重力、电阻率异常识别岩体异常的作用，但用于定量解释岩体空间位置作用有限。

三、茶陵工作区主要成果

(1) 从重力异常看，邓阜仙岩体与锡田岩体在深部相连，但上部被白垩纪盆地覆盖。由于茶陵盆地为层状低密度体,在腰陂—高陇段其产生的低缓重力异常与隐伏岩体低缓重力异常相叠加,难以将二者的异常分离开来。仅依靠重力异常来计算隐伏岩体顶深难以实现。

(2)白垩纪红盆与花岗岩体电阻率差异巨大,可控源音频大地电磁测深结果较好揭示了盆地形态。

(3)综合来看,茶陵盆地腰陂—高陇段是北陡南缓的撮箕状。盆地最大厚度约1 100m。盆地和岩体之间不是直接接触关系。据1∶5万重力资料(湖南省地质调查院地球物理地球化学勘查所),白垩纪红层盆地南北两侧的锡田花岗岩体、邓阜仙花岗岩体在深部约5km是相连的,两侧出露的花岗岩只是主岩基近地表的一部分,主岩基位于白垩纪红层的下方向北西方向倾伏,最大延伸深度约20km。

四、大庙口工作区主要成果

(1)工区位于大庙口广角岭北北西向背斜的西翼,背斜核部地层为泥盆系,翼部地层为石炭系。物性标本采集时,发现石炭系岩关组灰岩磁化率明显升高,大理岩化现象较发育。在1∶5万重力布格异常图上呈低重异常特征,与地表地层密度不相符,推断可能存在隐伏岩体。

(2)布置了3条磁测剖面,并在2线进行重力、EH4剖面测量。用EH4测量反演电阻率断面图为基础建模,对重力异常做2.5D人机交互反演,2处高阻异常密度为$2.59×10^3 kg/m^3$的地质体,电法资料和重力资料相互验证,确定高电阻、低密度地质体为隐伏花岗岩。岩体上顶深度约250m。剖面上局部磁异常为灰岩含黄铁矿、褐铁矿等原因引起。

(3)本区物探结果进一步说明,依靠剖面性的重力工作很难将2个低密度体共同产生的异常分离开,在重力异常部位有必要布置电阻率测深。

武当-桐柏-大别成矿带多元信息提取及深部找矿评价

提交单位: 中国地质调查局武汉地质调查中心
项目负责人: 雷天赐
档案号: 0988
工作周期: 2013—2014年
主要成果:

(1)开展了基于地质背景的区域化探数据系统误差校正和滑动平均衬值地球化学异常信息提取,在复杂地理景观区地球化学系统误差校正和异常提取方面取得了较好的应用效果。由于工作区覆盖面积大,跨行政区划、地球化学背景区和构造单元较多,不同单元间误差较大,尤其各省间人为因素造成的误差更为突出。如原始数据在省界处存在明显的台阶,传统调平处理时主要采用数理统计方法,忽略了地质因素影响。本次调平处理时,在充分考虑客观地质背景基础上开展统计分析,具体为:以同一均匀地质体为研究对象,邻省界或标准图幅边等人为界线两侧取样,建立均值、标准方差对应关系,通过参数计算构建对应线性方程,最终达到消除误差目的。异常下限计算时,针对不同地区采用了动态的符合本区地球化学特征的背景值,具体为:利用某一点原始数据除以该区某一范围(20km×20km)内的平均值得一衬值,再采用累频法分别确定异常区下限值。在系统的数据误差校正、分析处理基础上,对20种元素的各类地球化学参数进行了统计,并进行了成矿带主要成矿元素区域分布特征与分带规律研究总结。

(2)利用 Landsat-8 OLI 和 Aster 数据,采用人机交互式解译方法,通过波段组合、边缘增强和空间分辨率融合等计算机数据处理,结合线、环、带、色、块五要素,通过直判法、对比法和逻辑推理法等手段开展了构造解译。实施了基于 DEM 数据融合增强的隐伏构造解译、小波增强的韧性剪切带解译和基于"主成分+比值+主成分"的蚀变信息提取,并将遥感矿化蚀变异常总结为:矿化型异常、断裂型异常、岩体型异常、火山岩型异常和岩性异常。

(3)成矿带内首次开展了遥感蚀变信息栅格-矢量一体化和线性构造定性-定量研究,分别构建了遥感蚀变信息铁染($Fe^{2+/3+}$)、羟基(—OH)等值线图和断裂构造优益度等值线图。断裂优益度是运用统计学方法得出的一种有利储矿的构造特征函数,不仅考虑了断裂的密度、方位、交点数及夹角等参数,还对各参数进行了加权计算,建立了较为全面的成矿评价关系;断裂优益度构建将断裂成矿分析由定性研究提升到定量研究。

(4)利用重磁成果数据,划分了 11 处重力异常分区及 11 处航磁异常分区,对成矿带内莫霍面起伏、基底构造、深大断裂、岩体、盆地进行了推断和解释,为该区基础地质研究、预测单元划分和证据层因子补充与完善提供了资料。

(5)以 30m×30m 分辨率 DEM 为数据源,通过水文分析,遵循"独立水系、划分方案唯一、汇水盆地面积最小、物源清楚"的原则,按"无洼地 DEM 数据生成→河网的生成→汇水盆地的确定→汇水盆地成矿有利度分析与变量提取"步骤,进行汇水盆地圈定,并按统一的地理坐标系建立了成矿带汇水盆地网系图,采用计算机统计分析与人工判读相结合方法优选了有利成矿汇水盆地 103 个,面积占总成矿带的 56%、矿产当量占整个成矿带的 95%。选择有利成矿汇水盆地作为有利证据层因子,解决了水系沉积物数据"漂移"现象,从而使预测定位更精准、表达成果更直观科学、野外验证更具可操作性。

(6)构建了单位矿产当量评价指标。成矿预测与证据层因子关系较为复杂,既有正相关,也有负相关,在实施过程中对有利条件需充分利用、对不利条件应予以剔除。因此,如何开展证据层因子有利度分析、优选一个有利证据层因子是决定最终成矿预测精度和成功与否的关键所在。本次项目通过一些矿产资源分析与评价、借助前人经验,建立了不同规模矿床与矿点转换关系;通过单位面积控矿层内矿点个数来构建单位矿产当量值,作为整个成矿带有利证据层因子优选的重要指标,保证了数据的客观性与准确性。

(7)选择不同区域有代表性的典型矿床(点)进行剖析或岩石地球化学剖面测量,通过矿床或区域成矿规律与成矿模式的分析、归纳与总结,建立了各成矿单元基于地质、物探、化探、遥感综合信息的找矿模型。在数字化找矿要素基础上,通过异常信息提取与找矿有利度分析,优选出有利证据因子进行集成,开展了基于证据权重法的找矿预测,圈定了成矿远景区并分级。

湖北省矿产资源开发环境遥感监测成果报告

提交单位: 中国地质调查局武汉地质调查中心
项目负责人: 崔放
档案号: 1041
工作周期: 2015—2016 年
主要成果:

一、查明了工作区资源开发利用现状

(1)2015年度湖北省西部地区共解译各类开采图斑1 965个,其中露天开采占69%,开采矿种基本为非金属石材矿;地下开采31%,为磷矿、煤矿和金属矿开采。开采矿种主要是建材及其他非金属矿,占总开采图斑61%,其次为化工原料非金属矿产,主要为磷矿,占18%,能源类矿产主要为煤矿,占11%,各种金属类与其他矿产占10%。正在开采图斑,2015年比2014年减少356处,主要是煤矿和非金属矿矿权减少,部分开采图斑变为关停或废弃状态。

有效矿权数量从2012年至2015年逐年减少,其中受经济下行与矿产品价格回落的影响,矿山关停幅度较大,部分矿权过期后没有续期。此外部分环境问题严重、开采秩序混乱和国家战略保护储备型矿山也相继关停,部分限制开采区矿权合并和整改,多处私营磷矿企业被国有大型磷矿企业兼并和合并,导致总体数量在减少。随着对矿权审批管理和监督日益完善,县级建材石材类矿权的设置也趋于合理;此外,随着环境治理和复绿工程的需要,在公路和铁路沿线、禁止开采区、风景名胜区等地关停或退出了部分露天开采的石材矿权,因此湖北省石材建材非金属矿权数量逐年递减。

(2)2014年湖北省西部地区矿山占地9 401.87 hm²,约占湖北省西部国土总面积0.094%,其中开采面占总矿山面积的70%;中转场地占总矿山面积的17%;固体废弃物占地是总面积的12%;建材及其他非金属矿占地最多,占总面积的75.15%,其次为化工原料非金属矿,主要为磷矿,占总面积的8.66%;能源矿主要为煤矿,占总面积的6.52%。

从湖北省西部地区总体开发占地与不同矿种占地面积对比分析可知,湖北矿山开发占地面积最多的矿种为建材及其他非金属矿,其次为黑色金属矿和化工原料非金属矿,其中黑色金属矿种以铁矿为主;化工原料非金属矿基本为磷矿。

随州市随县的开采面占地面积最大,著名的随州麻粒金饰面花岗岩分布量大,花岗岩开采规模大,露天开采面较大。中转场地和固体废弃物中荆门市钟祥市和宜昌市夷陵区占地面积最大,主要因为荆襄磷矿区和宜昌磷矿区分别在荆门市和宜昌市内。开采矿种以磷矿为主,开采方式基本为地下开采,这种开采方式过程中有大量固体废弃物和废渣的产生,并存在大量采选结合方式和矿石堆卸场地,因此中转场地占地和固体废弃物占地较多。此外十堰的郧县和荆门东宝区建筑石材的露天开采占地面积也较大。

(3)湖北省主要矿山地质灾害为地面塌陷及崩塌,湖北省西部地区三大磷矿区荆襄磷矿区、宜昌磷矿区、保康磷矿区均为全国重要磷矿基地,磷矿矿产资源丰富、开采历史悠久,同时矿山地质灾害问题较为突出。其中荆襄磷矿区地势较为平坦,磷矿地下开采引发的地质灾害主要为地面塌陷及地面塌陷伴生的地裂缝;宜昌磷矿区和保康磷矿区所在地均为山区,地形切割较为强烈,地势陡峭,矿山地质灾害主要为地下开采引发的山体滑坡及开采过程中堆放在陡峭山坡上的固体废弃物引发的泥石流。

湖北省矿山开发引发的泥石流主要分布在西部地区,涉及保康县、郧县、长阳土家族自治县。鄂西地处中国第二阶梯和平原丘陵的接触带上。地形陡峭、切割强烈,受地形地貌影响,矿产生产过程中产生的固体废弃物没有平坦的地方堆放,大多就近沿山坡堆放,山坡多陡峭角度大,在暴雨或其他外力作用下,极易形成泥石流,破坏和威胁下游群众的财产安全和生命安全。由于采矿活动的持续性,固体废弃物往往会持续不断地、速聚堆积,为泥石流的发生提供新的物源,所以固体废弃物引发的泥石流一般具有频发性。

二、经济效益与社会效益显著

(1)全面监测矿山开发状况,规范矿山开发秩序,保护国家矿产资源。项目自启动以来,在湖北省西部开展了矿产资源开发利用状况遥感调查与监测工作,获取了大量客观真实的数据、表格、图件以及专题报告,为国土资源部相关司局矿产资源后续规划、矿权设置、矿产资源卫片执法等业务提供技术支撑。特别是快速地、全覆盖地、周期性地对湖北省西部地区进行多年持续性的监测,所形成的监测成果为国土资源部执法局、湖北省厅矿产资源执法部门服务,从而有效地打击了不合理、不合法的开采行为,规范了矿山开发秩序,保护了国家矿产资源。

(2)及时为国土资源部执法局以及湖北省国土资源厅服务。项目按照总体要求,开展了"湖北省西部矿产卫片执法""湖北省西部矿山复绿行动""矿山环境恢复治理情况"调查监测等工作,提交了一系列调查监测成果及图表,及时向原国土资源部执法局、湖北省国土资源厅执法大队提供,为他们开展上述工作提供了有效支撑。

(3)调查监测成果及时为国土资源部有关司局、湖北省国土资源厅等服务,支撑"以图管矿"。项目以湖北省西部重点矿集区、热点区、重要矿产资源为重点工作对象,形成了一系列的调查监测成果。这些成果积极响应了国土资源部"以图管矿"的要求,形成的成果客观真实、快速、及时,使得相关职能部门从宏观上掌握了湖北省矿产资源开发、规划执行情况、矿山环境问题,从而合理地制定相关政策。

(4)服务矿产资源卫片执法工作,维护矿产开发秩序。自项目开展以来,服务于矿产资源卫片执法工作,即使一些难以人工调查监测到的、比较隐蔽的违法开采行为都可以监测到,在执法部门获取这些成果之后去查处,可以实现高效执法、精准执法,使得违法开采行为无所遁形。

(5)服务矿山环境恢复治理,矿山地质环境问题得到重视。通过项目的实施,提交了湖北省西部地区矿山环境恢复治理情况报告及图表,为国土资源部、湖北省国土资源厅有关部门提供宏观依据,监督考核各地矿山环境恢复治理工作成效;遥感解译调查出一批矿山地质灾害点,提交给矿政管理部门,引起当地有关方的高度重视,为保护人民生命财产安全提供了可靠的建议。

三、"3S"技术进行矿山动态监测助力湖北省国土资源厅执法

项目以"3S"技术(遥感、地理信息系统、全球定位系统)为主要手段,利用高分辨率卫星数据,及ERDAS、ArcGIS预处理(配准、纠正、融合、镶嵌),采用人机交互解译,对重点矿区进行监测,极大提高效率,全面掌握湖北省矿山开发利用状况和矿山环境问题,再辅以一定量的野外核查,不仅节约成本,而且形成的调查监测成果客观真实、快速有效。

利用多期影像开展针对湖北省矿产资源开发情况的自动变化检测工作。随着国产卫星的数量增多,数据量变大,国土资源监测工作的频次增加,周期变短,这样会造成工作量大、时间紧迫的问题。现在还主要是人工解译的方式,需要耗费大量的时间,难以满足工作需要。针对这种情况,我们正在着手开展利用多期影像,在影像精确配准的基础上,针对不同矿种的特点、矿权数据、地质条件等开展矿产资源开发情况的自动变化检测。通过这项工作可以进一步提高工作效率。相关研究工作正在开展中,有望形成有自主知识产权的系统软件,发表相关研究论文。

海南省典型地区多目标地球化学调查成果报告

提交单位:海南省地质调查院
项目负责人:张志壮
档案号:1072

工作周期：2013—2015 年

主要成果：

一、土壤元素地球化学特征

1. 养分类指标地球化学特征

（1）相对海南岛土壤背景值，调查区土壤中 P、S、Cu、B、Se、I、Si 等指标含量明显高于全岛平均水平（尤其是 S 和 B，分别达到全岛水平的 169.5% 和 266.1%），有机质、N、Fe、Cl 等指标含量接近全岛平均水平，而 K、Ca、Mg、Mn、Zn、Mo、F、Ge、Na 等指标则明显低于全岛平均水平（尤其是 Mn 和 Na，分别仅为全岛水平的 30.1% 和 48.4%）。

（2）相对中国土壤背景值，调查区土壤 B、Se、I 等指标高于中国土壤平均水平，而 K、Ca、Mg、Fe、Mn、Zn、Cu、Mo、F、Ge、Na、Al 等指标则低于全国平均水平（尤其是 Ca、Mg、Mn 和 Na，分别仅为全国水平的 5.1%、13.3%、16.4% 和 11.8%）。

2、环境类元素地球化学特征

（1）相对海南岛土壤背景值，调查区土壤中 As、Cr、V、Sb 等指标含量明显高于全岛平均水平（尤其是 As，达到全岛水平的 282.6%），Cd、Hg、Ni、Cu 等指标含量接近全岛平均水平，而 Zn、Co、Sn 等指标则明显低于全岛平均水平。

（2）相对中国土壤背景值，调查区土壤 V、Sb 等指标高于中国土壤平均水平，而 Pb、Cd、Hg、As、Cr、Ni、Cu、Zn 和 Co 等指标则低于全国平均水平。

3. 元素指标空间分布与变异特征

（1）对调查区土壤元素数据进行分布检验发现，有机质、N、K、碱解氮、速效磷、Fe、Cl、I、Ge、Si、Al、As、Cr 和 Ni 等指标服从正态分布，P、Ca、Mg、S、速效钾、Mn、Zn、Cu、B、Mo、Se、F、Na、Si/Al、Pb、Cd、Hg、Cu 和 Zn 等指标服从对数正态分布。

（2）调查区土壤中 Ca、S、速效磷、Mn、Mo、Cl、Se、I、Si/Al、Ni、Hg、As、Sb、Co 和 Sn 等指标区域波动性相对较大（CV 为 101.6%～266.9%），其次为 P、K、Mg、有机质、N、速效钾、碱解氮、B、Fe、Cu、Zn、Na、Cd、Cu、F、Zn、Cr、Pb 和 V（CV 为 67.6%～95.5%），而 Ge、Al 和 Si 区域波动性相对较小（CV 为 14.8%～52.2%），区域分布较稳定。

（3）半方差函数统计结果显示，调查区速效磷、Cd、As 三指标为线性随机分布，区域上几乎不具有空间自相关性；Cr、Fe、Mg、Ca、I、Cl、Na、Al、Si、pH、Mn、Ge、K、S、F 和 B 共 16 项指标具有中等程度的空间自相关性（25%～50%），Mn、Ge、K、S、F 和 B 共 6 项指标空间自相关性略强于其他指标；Hg、速效钾、Zn、Co、Ni、碱解氮、N、P、Pb、Cu、Se、Mo、有机质共 13 项指标具有强烈的空间相关性（0.06%～18.75%），尤其是碱解氮、N、P、Pb、Cu、Se、Mo 和有机质（0.06%～7.83%）

二、土壤养分特征

相对全国土壤养分分级标准，调查区土壤养分整体缺乏，仅个别指标含量较为丰富。

（1）万宁东部七镇土壤中 Mg、Mn、Ca、Cu、Zn 最为缺乏，四、五级（较缺乏—缺乏级）土壤面积占比在 84.5%～99.99% 之间（平均为 94.5%），而一、二级（丰富—较丰富）占比仅在 0.004%～8.65% 之间（尤其是 Ca、Mg 和 Mn，均低于 1%）。

（2）调查区全氮（N）、有机质、碱解氮、全钾（K）、速效钾和全磷（P）6 项指标四、五级（较缺乏—缺乏级）土壤面积占比在 49.33%～64.92% 之间（平均为 57.11%），全钾（K）、速效钾和全磷（P）3 项指标一、二级(丰富—较丰富)面积占比 11.48%~31.48%,而 N、有机质和碱解氮 3 项指标一、二级(丰富—较丰富)面积占比相对较低(6.59%~9.33%,平均为 7.86%)。

(3)调查区土壤中速效磷含量相对最为丰富,一、二级(丰富—较丰富)面积占比为 75.57%,三级(中等)占比为 13.03%,四、五级(较缺乏—缺乏)面积仅占 11.4%;其次为 B、Mo 和 S,一、二级(丰富—较丰富)面积占比在 43.45%~59.36%之间(平均 54%),四、五级(较缺乏—缺乏)面积占比在 28.31%~34.19%之间(平均 31.48%)。

(4)调查区土壤养分地球化学综合等级受土壤全氮(N)含量影响最为显著,其次为全钾(K),而全磷(P)影响相对较弱。其中,土壤养分综合一、二级(丰富—较丰富)比例仅占 8.51%,三级(中等)占比近 40%(39.46%),四、五级(较缺乏—缺乏)占比共 52.02%(33.19%和 18.83%)。

三、土壤环境质量

土壤环境质量整体优良,拥有大面积的富硒土地资源。

(1)调查区土壤以酸性和强酸性为主。酸性土壤分布最为广泛,强酸性土壤主要分布在龙滚-山根相连西部地区,中性—碱性土壤主要分布在沿海一带及万城镇西部地区。其中,酸性土壤比例为 67.31%,强酸性土壤面积近 20%(19.44%),中性土壤仅占 8.75%,碱性—强碱性土壤比例不到 5%(4.49%)。

(2)土壤环境地球化学质量整体优良。调查区 8 项重金属元素一级区(清洁)面积比例在 97.55%~99.99%之间,平均 99.57%;其中,As 一级区比例相对最低(97.55%),二、三级(轻微和轻度污染)土壤占比分别为 2.15%和 0.17%,四、五级(中等、重度污染)土壤面积比例仅为 0.13%。其他 7 项重金属元素含量一级区均在 99.5%以上(99.56%~99.99%),平均为 99.85%。就对土壤环境地球化学质量的影响程度来看,调查区 As 影响最为显著,其次依次为 Hg、Cd、Ni 和 Cr,而 Zn、Pb、Cu 三指标影响非常小。

(3)土壤环境地球化学综合等级以一级(清洁)为主,面积占比 96.67%;二、三级(轻微、轻度污染)土壤面积占比分别为 2.84%和 0.21%,四、五级(中等、重度污染)土壤面积共仅占 0.28%。总体看来,万宁东部七镇土壤环境优良,一、二级土壤面积占比高达 99.51%。

(4)调查区 54.15%的地区为富硒土壤,加上土壤环境质量整体优良,为绿色富硒优质等名优特农产品规模化种植与产业化开发提供了物质基础。

四、土壤地球化学质量

土壤地球化学质量整体以优良—中等为主,受土壤养分综合等级缺乏影响显著。

(1)相对全国评价标准,调查区土壤质量优良区(一、二等)面积占比为 45.61%,中等区(三等)占比 35.09%,差等区(四等)占比为 19.03%,劣等(五等)区占比仅 0.28%。其中,劣等区受 As、Hg 含量高影响;二、三、四等土壤地球化学综合等级绝大多数是受到土壤养分综合等级影响所致(82.90%、92.08%和 98.87%)。

(2)万宁东部七镇调查区土壤质量整体良好,土壤质量综合等级主要表现为土壤养分的丰缺,仅极个别地区受到土壤环境指标的影响,影响指标主要是 As,其次为 Hg 和 Cd。

五、大气环境质量

大气干湿沉降输入通量小,大气环境质量非常好。

(1)调查区大气干湿沉降物中 B、Hg、As、Cr 四指标年平均输入通量密度明显高于全岛平均水平

(189%~257%),其次为 Cd、Se、总氮(TN)、总磷(TP)和 F(143%~158%),Ni、Zn 和 Cl 三指标年平均输入通量密度略高于全岛平均水平,Cu 和 Pb 两指标则明显低于全岛水平(80%~95%)。

(2)就全国相比,调查区大气干湿沉降物中仅 Hg 年平均输入通量密度略高于全国平均水平(107%),Pb、Cd、As、Cr、Zn、Cu、Ni 共 7 项重金属元素年平均输入通量密度均低于全国平均水平(28%~60%),其中 Cd、Zn 相对最低(14%~34%)。

(3)大气环境地球化学质量一等率 100%,表明大气干湿沉降输入通量较小,对土壤环境质量影响不明显。调查区大气干湿沉降物 Pb、Cd、Hg、As、Cr 五指标年平均输入通量密度远低于分级标准值(1.28%~7.60%),最大值仅为相应分级标准值的 5.47%~62.04%,其中 Pb、Hg 两指标的影响略大于其他 3 项指标。

六、水体质量特征

调查区 96.2%的灌溉水符合农田灌溉水质要求,水体富营养化现象普遍。

(1)灌溉水环境质量整体优良,96.2%的灌溉水样品符合农田灌溉水水质标准,仅 3.8%的样品存在超标现象,影响指标分别为 Cd、氯化物(Cl^-)和 pH 值(样品各 1 件)。

(2)野外调查发现,调查区水体富营养化现象明显。就影响指标而言,调查区地表灌溉水中 pH 值、COD、As、Cr^{6+}、Se、氟化物、Pb、Cd、Hg、Zn 等指标全部或绝大多数达到地表水 I 类水标准限量水平,区域影响指标主要为总氮(TN)、总磷(TP)和硫化物,其次为 Cu,而 Pb、Cd、Hg、Zn 和 pH 值等指标仅在极个别地区影响较大。

七、科学提出了耕园地土壤平衡施肥建议,研究了常规商品化肥理论用量

(1)调查区 68.2%的耕园地土壤缺乏氮素,严重缺乏区和缺乏区分别为 29.1%和 39.2%,仅 31.6%的土壤氮素达适宜—丰富水平;建议土壤碱解氮含量为四、五级时需补施含氮 46%的尿素,补施量分别为 10~25kg/亩、25~50kg/亩,补施量为 5~10kg/亩,一、二级时建议补施量低于 5kg/亩。

(2)调查区近 85%的耕园地土壤磷素达适宜—丰富水平,仅约 15%的土壤严重缺乏或缺乏磷素(前者为 5.5%)。建议土壤速效磷含量为四、五级时需补施含 P_2O_5 16%的过磷酸钙,补施量分别为 10~15kg/亩、15~20kg/亩,补施量为 5~10kg/亩,一、二级时建议补施量低于 5kg/亩。

(3)调查区 72.4%耕园地土壤缺乏钾素,严重缺乏和缺乏区分别为 31.6%和 40.8%,仅有 27.6%的土壤钾素达适宜—丰富水平。建议土壤速效钾含量为四、五级时需补施含 K_2O 60%的钾肥(氯化钾),建议补施量分别为 15~30kg/亩、30~45kg/亩,三级时建议补施量为 5~15kg/亩,一、二级时建议补施量低于 5kg/亩。

(4)调查区有 55.9%耕园地土壤缺乏有机质,严重缺乏和缺乏区分别为 9.7%和 46.2%,而 44.1%的土壤达适宜—丰富水平。建议土壤有机质含量为四、五级时需补施含有机质 30%的有机肥,补施量分别为 3 000~9 000kg/亩、9 000~15 000kg/亩,三级时建议补施量为 1 000~3 000kg/亩,一、二级时建议补施量低于 1 000kg/亩。

(5)就肥力三要素综合丰缺来看,耕园地土壤氮、钾两素同时缺乏面积比例最高(45.4%),其次为单独缺氮或缺钾(15.2%和 16.2%),氮-磷-钾缺乏及磷-钾缺乏比例分别为 5.5%和 5.1%,氮-磷缺乏及单独磷缺乏比例相对较少(各约 2.2%),而耕园地氮-磷-钾三指标含量同时达适宜—丰富水平的面积仅占 8.0%。

八、绿色食品地球化学适宜性评价

开展了绿色食品产地地球化学适宜性评价,科学提出了绿色富硒稻谷、绿色优质热带水果及可食

经济作物种植区划建议。

（1）编制了万宁东部七镇耕园地绿色食品产地地球化学适宜性分区图。①调查区 88.48% 的耕园地达到绿色食品产地环境质量要求，Ⅰ、Ⅱ、Ⅲ级绿色食品产地分别占耕园地总面积的比例为 37.66%、31.29% 和 19.54%。从各乡镇单独来看，大茂、东澳和万城三镇耕园地绿色食品产地适宜区（Ⅰ～Ⅲ级）占比最高（99.64%、99.12% 和 98.61%），其次依次为和乐、后安和龙滚（89.42%、86.42% 和 86.38%），而山根镇绿色食品产地适宜区面积占比相对最低（65.03%）。从区域上来看，绿色食品产地不适宜区主要分布在龙滚和山根两镇，后安与和乐亦有一定规模分布。②从土地利用类型来看，万宁东部七镇水田绿色食品产地适宜区（Ⅰ～Ⅲ级）所占比例最大（94.43%），其次为旱地和其他园地（90.33% 和 86.95%），而果园绿色食品产地适宜区面积占比相对最低（75.55%）。

（2）编制了万宁东部七镇绿色富硒稻谷种植区划建议图。①符合绿色富硒稻谷种植的水田占比为 77.13%，A、B 级适宜区占比分别为 32.29%、44.84%。②从乡镇来看，后安、大茂、和乐、龙滚四镇水田符合绿色富硒稻谷产地的比例在 80%～90% 之间，山根、万城和东澳三镇占比相对要少（64.36%～72.53%）。

（3）基于园地（果园和其他园地）、绿色食品产地环境质量评价、土壤质量地球化学综合等及土壤硒含量等级，编制了万宁东部七镇绿色优质热带水果及可食经济作物种植区划建议图，结果表明：82.93% 的园地符合要求，主要分布在龙滚、大茂和后安三镇，和乐和山根两镇亦有部分分布，东澳和万城两镇范围内相对最少。

九、实现了万宁市富硒槟榔产地认证，颁发了认定证书

根据确定的工作思路与工作方法，依据万宁市林权证（槟榔），万宁东部七镇共颁布了《富硒农产品（槟榔）产地认定证书》305 本，富硒槟榔园总面积为 11 031.4 亩。其中，龙滚镇富硒槟榔园面积最大（8 783.58 亩），颁布的富硒槟榔证书最多（143 本）。

十、科学提出了永久基本农田规划建议

万宁东部七镇耕地中可划定为永久基本农田一、二级适宜区面积分别为 143 265 亩和 132 435 亩，占比分别为 50.50% 和 46.68%。2.82% 的耕地不适宜划定为永久基本农田（8 010 亩）。最后，提出了永久基本农田划定、土壤科学平衡施肥、农业种植结构调整、土壤整治及土壤污染治理与修复、变更土地用途等相关规划建议。

十一、生态环境保护相关建议

基于调查与评价成果，提出了调查区耕园地、建设用地、地表水、海岸带等生态环境保护相关建议，为确保万宁东部七镇土地质量继续保持整体优良提供相关依据与建议。

海南省矿产资源开发环境遥感监测成果报告

提交单位：海南省地质调查院
项目负责人：张志壮
档案号：1084

工作周期:2015—2016 年

主要成果:

一、基本查明海南省矿山地质环境状况

(1)海南省陆域范围内矿山开发占地 9 215.89hm²。其中 91% 为采场占地,采场占地 8 347.71hm²;中转场地占地 444.9hm²,占全部占地的 5%;固体废弃物占地 208.68hm²,占全部占地的 2%;矿山建筑占地 214.6hm²,占全部占地的 2%。

(2)调查出 2 类矿山地质灾害(隐患),共 14 处矿山地质灾害,其中崩塌(隐患)10 处,滑坡(隐患)4 处;解译出矿山地质环境恢复治理 3 888.81hm²,另外正在利用矿山 5 874.09hm²,废弃矿山 3 341.8hm²,恢复治理比为 29.67%。

(3)矿山环境污染调查出 1 处水体污染隐患。

(4)摸清全省 100 处矿山复绿工程中,已复绿 21 处(已恢复完成比例 21%),正在复绿 2 处,未复绿 77 处。

(5)开展了长昌煤矿地区 1:5 万环境地质调查,加强了遥感解译和野外调查的强度,为矿区的生态恢复治理提供强力的数据支撑和可行的治理措施建议。

(6)通过全省矿山地质环境调查,对矿业活动图斑进行全面解译,在此基础上开展了全省矿山地质环境评价。通过矿山地质环境评价,矿山地质环境严重影响区、矿山地质环境较差区、矿山地质环境一般区的面积分别为 155.62km²、377.43km²、2 125.69km²,各自占海南省总面积(35 354km²)的 0.44%、1.07%、6.01%。

二、项目动态监测成果

项目动态监测成果资料提供及时,为海南省矿产卫片执法工作提供了有效的技术资料。无论是矿产卫片调查成果还是重点区调查成果均在上级项目组规定时间内提交。快速、准确的遥感调查成果资料,为海南省国土部门开展矿产卫片执法工作提供了技术支撑,在矿产卫片执法中发挥着重要的作用。

三、调查成果进一步落实"一张图管矿"的要求

重点矿区的矿产资源开发利用、矿山环境、规划执行情况等调查成果及时上报国土资源部、中国地质调查局及海南省国土资源厅,为国家整顿和规范矿产资源开发秩序、国土资源相关部门制订矿产资源规划提供资料。同时还利用 2014 年度土地变更调查数据和重点区数据进行全省 1:50 万系列图件的编制,为保持矿产资源的可持续开发与利用提供了技术支撑及决策依据。在技术层面上,进一步落实了国土资源部矿政管理"一张图管矿"的要求。

三沙市岛礁遥感综合调查与监测成果报告

提交单位:中国地质调查局国土资源航空物探遥感中心
项目负责人:李丽
档案号:1086

工作周期：2013—2015 年

主要成果：

（1）查明工作区内 16 500km² 岛屿、沙洲、暗沙及暗礁分布数量及位置。工作区内共有岛屿 35 个，沙洲 28 个，暗沙 60 个，暗礁 140 个，暗滩 7 个（暗滩由于水位太深遥感无法调查，通过资料收集获取）。其中，南沙群岛工作区新增岛屿 7 个，由我国 2015 年吹填而成。发现未命名小型新沙洲 18 个（多在西沙群岛岛屿附近，面积较小），未命名暗沙 36 个，多分布于中沙群岛。

（2）查明工作区基础地质现状。工作区大小不同断裂 50 多条，断裂走向可分为北西—北北西向、北东向、东西向、北西向和南北向 5 组。其中规模较大的断裂有 15 条。按沉积物的岩性和形成的机理不同，分为海相沉积、生物沉积、风成沉积、火山堆积、人工堆积 5 类。更新统出露较少，仅有石岛和东岛出现更新统风相沉积，高尖石属更新世火山沉积；其他岛礁都属于全新统。礁盘为全新世生物堆积，出露的岛屿和沙洲属海相沉积，驻军与有人居住岛屿上分布有人工堆积。

（3）查明土地利用资源分布现状及重点岛礁变化特点。工作区土地利用资源类型共计 16 类，主要类型为陆域、潟湖和礁盘。潟湖面积最大，中沙群岛潟湖面积为 7 825.32km²，陆域面积最小，约为 12.07km²。宣德群岛 2003—2013 年，土地利用资源由 39.57km² 减至 39.43km²。东岛、七连屿整体面积变化不大，永兴岛和石岛变化最为显著。不同地类都有变动，林地减少，建设用地增加，人为活动影响较为剧烈。人类影响较小的岛屿上植被有良好增长趋势。

（4）查明地表水分布现状。据 2013 年影像资料及现场调查，西沙群岛地表水共有 7 处。湖泊仅有东岛"牛塘"1 处，其他地表水都是季节性坑塘，分为海水倒灌和雨水积存 2 种，主要分布在各岛沙洲嘴附近地势低洼处。2003—2013 年东岛湖泊面积呈先增后减的趋势，整体情况比较稳定，给水环境没有异常变化。

（5）查明西沙群岛岸线分布现状及变化特征。西沙群岛岸线共有人工岸线、珊瑚礁岸线和基岩岸线 3 类。岸线总长度为 67.09km。其中，珊瑚礁岸线最多，长度为 40.25km，占总岸线的 60%；其次是人工岸线，长度为 17.44km，占总岸线长度的 26%；基岩岸线最少，长度为 9.39km，占总岸线长度的 14%。自然岸线由海域向岛屿中心方向侵蚀，沙洲嘴部分岸线淤积；岛屿形状比较稳定，沙洲和岛屿沙洲嘴部变化较大；岸线呈先增后减趋势。自然岸线逐年减少，人工岸线 2010 年后增加较快。

（6）查明工作区旅游资源类型及空间分布。

（7）查明工作区钻井分布情况。西沙群岛和中沙群岛工作区没有钻井平台分布，已解译发现的 46 口钻井平台都分布在南沙群岛。

（8）查明重点岛礁环境地质情况。综合 2003 年和 2013 年宣德群岛地表水、岸线、土地等变化情况，海水由外向岛中心蔓延，自然岸线逐年减少，海岸线上移。岛上地表水水源主要为大气降水，受季节台风影响大，整体水量比较稳定，呈先增后减趋势。无人岛地类简单，植被生长状况优良，原植被覆盖度高的岛屿植被情况稳定，植被覆盖少的沙洲植被覆盖逐年递增，呈簇状生长。有人类驻守改造的岛屿，人工岸线增幅较大，礁盘和林地有所减少，城镇用地、道路、港口和机场等设施用地大幅增加。

（9）开展西沙示范区水深遥感调查示范。利用 WorldView2 卫星多光谱数据的海岸波段，以西沙赵述岛和南岛为试验区，建立水深反演模型，证明海岸波段的应用可以很好地提高水深反演精度。

南部沿海地区国土遥感综合调查成果报告

提交单位：中国地质调查局国土资源航空物探遥感中心

项目负责人:赵玉灵

档案号:1093

工作周期:2015—2017年

主要成果:

(1)利用遥感、GIS等技术手段,快速查明了广东省海岸带的基本情况。①调查结果表明广东省大陆海岸线的总长度为3 702.43km。其中,基岩海岸的长度为485.05km,占大陆岸线总长度的13.13%;砂砾质海岸的长度为560.66km,占大陆岸线总长度的15.18%;淤泥质海岸的长度为254.34km,占大陆岸线总长度的6.89%;生物海岸的长度为407.42km,占大陆岸线总长度的11.03%;人工海岸的长度为1 985.45km,占大陆岸线总长度的53.76%。②广东省海岸线(含15m以浅的岛屿岸线)的总长度为5 418.34km。其中,基岩海岸的长度为1 321.79km,占岸线总长度的24.39%;砂砾质海岸的长度为723.41km,占岸线总长度的13.35%;淤泥质海岸的长度为308.79km,占岸线总长度的5.70%;生物海岸的长度为472.86km,占岸线总长度的8.73%;人工海岸的长度为2 591.49km,占岸线总长度的47.83%;海岸线最长的是台山市,其长度为529.11km。③2014年,广东省各类潮滩总面积为995.17km^2。其中,泥滩面积764.57km^2,占总量的76.83%;沙滩面积82.17km^2,占总量的8.26%;岩滩面积52.35km^2,占总量的5.26%;生物潮滩面积96.08km^2,占总量的9.65%。④2014年广东省的海岸带面积为22 589.28km^2。其中,近岸带(低潮线至15m水深的区域)面积为11 536.52km^2,占海岸带总量的51.07%;近海及海岸湿地面积为7 769.75km^2,占海岸带总量的34.40%;河流湿地面积为536.15km^2,占海岸带总量的2.37%;湖泊湿地面积为16.28km^2,占海岸带总量的0.07%;沼泽湿地面积为22.51km^2,占海岸带总量的0.10%;人工湿地面积为2 708.07km^2,占海岸带总量的11.99%。

(2)利用遥感、GIS等技术手段,快速摸清了广东省湿地的现状与演变情况。经过本次遥感调查查明,广东省湿地类型有:近海及海岸湿地、河流湿地、湖泊湿地、沼泽及沼泽化草甸湿地和人工湿地五大类。湿地总面积为19 134.49km^2。其中,近海及海岸湿地面积为7 757.95km^2,占广东省总湿地面积的39.47%;人工湿地面积为7 552.76km^2,占广东省总湿地面积的40.54%;河流湿地面积为3 619.73km^2,占广东省总湿地面积的18.92%;沼泽湿地面积为120.78km^2,占广东省总湿地面积的0.63%;湖泊湿地面积为83.26km^2,占广东省总湿地面积的0.44%。与2007年资源与环境遥感综合调查所取得的成果进行动态对比分析研究,近7年来五大湿地类型在面积上有较大的变化,不仅有各类型湿地面积的净增或净减,还有各类型湿地之间的面积转化。其中沼泽及沼泽化草甸湿地、河流湿地、湖泊湿地等天然湿地减少幅度较大,而由于部分盐田被废弃或关闭,人工湿地面积也呈现出缓慢减少的趋势。

(3)快速查明了广东省地表水的基本情况。广东省地表水资源时空分布不均,降水量的季节变化明显,汛期(4~9月)降水量占全年的80%以上,易造成冬春干旱夏季洪涝。沿海台地和低丘陵区不利蓄水,缺水现象突出,尤以粤西的雷州半岛最为典型。不少河流中下游河段由于城市污水排放造成污染,存在水质性缺水问题。综合前人资料并结合调查结果,本次共划分了7个水功能区。

(4)摸清了广东省荒漠化的分布现状和时空分布规律。与西北干旱荒漠化地区相比,我国南方地区尤其是广东省分布典型的红壤丘陵山地退化、喀斯特石漠化以及红色紫色土退化等类型。从2014年的调查结果来看,全省荒漠化面积达到840.39km^2。其中,水蚀荒漠化有517.14km^2,占荒漠化总面积的61.54%;工矿型荒漠化的面积达到了317.36km^2,占荒漠化总面积的37.76%;沙质型荒漠化面积有5.89km^2,占荒漠化总面积的0.70%。从荒漠化分布的区域来看,水蚀型荒漠化主要分布在红壤丘陵山地等地区,尤其分布在广州的东部,如饶平、大埔、丰顺县,以及西北部如乳源、始兴等县。从全省范围来看,工矿型荒漠化分布较为均匀,全省大部分地区均存在不同程度上的炸山采石、修路等情况,其中又以广东省的中部以及西北部居多,博罗县、潮阳县为甚。沙质型荒漠化主要分布在西南沿海地区,如遂溪、徐闻、阳西等地。

广东省荒漠化空间分布特征。沙质型荒漠化是由于第四纪滨海砂质沉积广泛发育,局部地区气候条件干燥,形成了沙质荒漠化,主要分布在遂溪县、电白县和阳西县的海滨地带,其他地区几乎没有。水蚀型荒漠化主要分布在山区及岩溶地区,主要发育在丰顺县、饶平县、五华县、潮州市、大埔县、乳源瑶族自治县、东源县、紫金县、龙川县、惠东县、台山市、兴宁市、和平县、龙门县、始兴县、英德市、海丰县等地。工矿型荒漠化在各地都有分布,主要分布在城镇周围的低山丘陵地区。这些地区多由于剥离山体、开挖非金属矿和开采建材石料等原因造成了类似荒漠化的景观,其空间分布与矿产地分布关系较密切。其中博罗县工矿型荒漠化面积最大,达 17.76 km^2。

(5)快速查明广东省的石漠化分布现状及深入分析了其成因。①综合此次对全区石漠化遥感调查的结果,到 2014 年,在约 179 757 km^2 的工作区内,石漠化面积达 1 143.31 km^2,占工作区面积的 0.64%,占出露碳酸盐岩总面积的 9.63%。其中,轻度石漠化面积最大,为 583.62 km^2,中度石漠化面积为 430.32 km^2,重度石漠化面积为 129.38 km^2。②广东省的碳酸盐岩出露较少,石漠化分布也最少,分布在 52 个县市区域内,主要集中分布在广东省北部的乳源瑶族自治县、连州市、阳山县及乐昌市。另外,云浮市、阳春市等地也有少量分布。石漠化面积分布较大的县市主要是:阳山县、连州市、乐昌市、乳源瑶族自治县、英德市、翁源县、阳春市、曲江县、连南瑶族自治县、清新县。③根据工作区石漠化的调查结果及统计数据,可以初步总结出中国南方岩溶石山区石漠化主要有以下几个方面的分布规律:石漠化的空间分布特征明显,主要集中分布于粤西北地区;以轻度石漠化和中度石漠化为主,重度石漠化分布面积相对较小;石漠化主要分布在岩溶强烈发育的纯碳酸盐岩或以碳酸盐岩为主的岩石类型中;石漠化多分布在正地形突出部位。

(6)初步查明广东省林地、草地的现状与变迁规律。①根据 2014 年度最新调查研究成果,林地资源总量为 102 607.79 km^2,占土地总面积的 57.08%。其中有林地面积为 93 055.83 km^2,占林地面积的 90.69%;灌木林地面积为 2 462.29 km^2,占林地面积的 2.40%;其他林地面积为 7 089.67 km^2,占林地面积的 6.91%。②与第二次全国土地调查数据相比,广东省林地面积总体减少了 3 725.72 km^2,具体到 3 类不同林地而言,有林地面积减少 2 876.45 km^2,灌木林地面积减少 15.77 km^2,其他林地面积减少了 833.49 km^2。林地面积的减少主要发生在河源市和湛江市等地区,茂名市与潮州市的林地面积有所增加。③2014 年度,广东省草地资源总量为 1 747.68 km^2。天然草地面积为 11.10 km^2,人工草地面积为 0.90 km^2,以及其他草地面积为 1 735.68 km^2。其中,天然草地占草地总面积的 0.64%,人工草地占草地总面积的 0.05%,其他草地占比最高,比例达 99.31%。④与第二次全国土地调查数据相比,广东省草地面积总体减少了 203.67 km^2,具体到 3 类不同草地而言,天然草地面积减少了 1.86 km^2,人工草地面积基本没有发生变化,其他草地面积减少了 203.67 km^2。

(7)总体来看,广东省的生态环境呈缓慢恶化趋势。①荒漠化的总面积与 2007 年相比基本持平,但是工矿型荒漠化和中、重度水蚀型荒漠化的面积在逐渐增加。②石漠化的总面积是逐年减少的。轻度石漠化的面积明显减少,7 年间减少了 444.69 km^2,减少了原来的 42.24%。但是中度石漠化、重度石漠化的面积却有增加,增加了 113.78 km^2。③地表水的总面积有明显减少。④湿地的总面积有缓慢减少的趋势。河流湿地、沼泽湿地的面积有明显减少;人工湿地的面积由于部分盐田的废弃(关闭)也有所减少。⑤海岸线的总长度有缓慢增加,但是自然岸线的总长度有明显减少。⑥林地、草地的面积都有不同程度的减少。

(8)通过对珠江口重点区进行 1∶5 万的遥感调查,查明了珠江口地区岸线及红树林的变迁趋势,掌握了其详细的数据,为该区的经济发展与规划及生态保护提供了翔实的数据支持。同时查明了该区海岸带、湿地、地表水、林地与草地等详细的分布情况。

广西玉林地区多目标地球化学调查报告

提交单位:广西壮族自治区地质调查院
项目负责人:赵辛金
档案号:1103
工作周期:2013—2015 年
主要成果:

(1)获取大量高精度地球化学数据。通过广西玉林地区多目标区域地球化学调查,首次获取了表层与深层土壤、河湖水底表层沉积物、农作物籽实等多种介质的多指标高精度数据。具体包括:1∶25万多目标区域调查表深层土壤(底积物)54 项指标数据共计 273 456 个;1∶5 万土地环境地质调查表层土壤 24 项指标数据共计 47 928 个;异常查证加密、剖面土壤、根系土等土壤全量、有效态及重金属形态等 40 多项指标数据共计 51 250 个;水稻、荔枝、玉米、花生籽实等 15 项指标数据共计 4 275 个;灌溉水水样 12 项指标数据共计 312 个;大气干湿沉降样 25 项指标数据共计 492 个。

(2)提取了基础地球化学研究成果。按成土母质类型、土壤类型、土地利用类型、生态系统、地貌类型、行政区等统计单元分别统计了表层土壤地球化学背景值和深层土壤地球化学基准值,通过对大量土壤元素含量数据的分析研究,查明了调查区区域土壤元素的地球化学分配与分布特征,圈出环境地球化学综合异常 27 处,农业地球化学高含量综合异常 27 处,农业地球化学低含量综合异常 23 处,矿产资源地球化学综合异常 17 处。编制 1∶25 万多目标区域调查表层土壤地球化学图 54 张,深层土壤地球化学图 54 张,多目标应用评价图件 39 张;1∶5 万土地环境地质调查表层土壤地球化学图 24 张,土地应用评价图件 27 张。该成果填补了广西玉林地区土壤地球化学资料的空白,为土地资源管理、农业区划、生态环境保护等工作提供了基础资料。

(3)以土壤元素分布特征和组合规律为出发点,充分考虑元素的空间分布差异及其对土壤质地的影响,考虑成土母质类型差异,地质构造单元的展布,以因子分析确定的元素组合,并适当考虑人类活动的影响,将调查区划分为 16 个地球化学分区。

(4)查明了调查区土壤碳储量分布情况。土壤中碳以有机碳为主,表层土壤(0~20cm)有机碳储量为 $5\,405\times10^4$ t,占表层总碳的 93.62%,单位平均有机碳储量为 $3\,354t/km^2$。中层土壤(0~100cm)有机碳储量为 $22\,099\times10^4$ t,占中层总碳的 93.33%,单位平均有机碳储量为 $13\,712t/km^2$。深层土壤(0~180cm)有机碳储量为 $23\,603\times10^4$ t,占深层总碳的 90.53%,单位平均有机碳储量为 $14\,646t/km^2$。土壤层位越浅,有机碳占总碳的比例越高,表明有机碳在土壤由深至浅过程的富集作用强于无机碳或贫化作用弱于无机碳。该成果为研究全球气候变化提供了地球化学基础资料。

(5)调查区土壤地球化学质量总体良好,调查区土壤主要以一、二等优良土壤为主,其中一等土壤面积为 $11\,540km^2$,占调查区面积的 71.59%,二等土壤面积为 $2\,424km^2$,占调查区面积的 15.04%。优、良等(一、二等)面积之和占调查区面积的比例为 86.68%。三等、四等和五等土壤面积分别为 $1\,556km^2$、$376km^2$、$248km^2$,分别占调查区面积的 9.65%、2.33%、1.54%,主要分布于中西部的乐民镇—城隍镇一带、中部的玉林市—北流县一带以及北部的桂平市—江口镇一带。这些地区具有发展生态农业的天然优势,优良土壤环境区适宜生产无公害农产品甚至发展绿色产业。土壤环境差等区多是由几种重金属元素复合污染的结果,但面积小,分布零散,潜在危害低。重金属来源受控于土壤风化母岩,不同元素在表生地球化学作用下富集贫化现象存在明显差异:Cd、Hg 元素呈表生富集作用,特别是 Cd 元素,呈大面积高强度的富集现象,其他元素主要呈淋失,As、Cd、Cu、Hg、Pb、Zn 元素在人类生产活动强烈的局部生态系统富集作用明显。由于原始环境本底值较低,虽存在一定的表层土壤富集、污染现象,但土壤环境总体恶化趋势不明显,生态风险比较小,主要以安全土壤为主。将生态环境的天然优势有效转化为经济效益,对区域经济、社会、生态环境良性循环和协调发展具有重要现实意义。显然也不能忽视局部的污染与危害,其不断地加深、扩大也将对经济、社会发展造成不良影响,经济的发展依然不能忽略对环境的保护。

(6)调查区土壤中 B、S、Mo 微量营养元素资源丰富,N、P、K、有机质养分以中等及丰富为主,Ca、Cu、Mg、Mn、Zn 等植物必需营养元素相对缺乏。改革开放后的现代农业生产活动大量施用富含 N、P、K 的肥料,但忽视了微量养分的补充,土壤缺乏的养分不能得到有效补充,则不能从根本上改善土壤肥力。农用地土壤 N、P、K 等大量营养元素有效度显著低于 S、Mn、Mo、Co 等中微量营养有益元素,不同种植季节土壤元素的有效性也存在明细差异,N、P、K 及 Co 元素春季有效性好于秋季,Mn、Mo 元素则相反,反映了土壤元素的生态效应(动植物的有效吸收)除受其本身的全量浓度制约外,还与其他自然条件和人类生产方式有着非常密切的关系。

(7)在调查区发现大面积富硒土壤资源。富硒土壤面积为 10 084 km^2,占调查区面积的 62.56%,其中有 7 776 km^2 的富硒土壤为优良富硒土壤。优质富硒土壤面积为 4 472 km^2,占调查区面积的 27.74%;良好富硒土壤面积为 3 304 km^2,占调查区面积的 20.50%,其余富硒土壤质量较差。优质富硒土壤集中分布于江陵镇—成均镇一带、新圩镇以北地区以及蒙圩镇—三江街一带;良好富硒土壤主要分布于葵阳镇—灵山县—菱角镇一带、马坡镇附近和桂平市附近。硒主要来源于母岩风化,受地质体的本底含量控制。硒与重金属元素的毒性作用能够相互拮抗、相互抵御,因此能够降低重金属的活化迁移能力和生态风险性。专项调查发现许多天然富硒水稻、玉米、花生及名优特产——灵山荔枝中硒含量也较高,为本区开发富硒资源,发展高效生态农业,实现农民增收提供了新思路,但富硒农产品的富硒机理、种植开发方式还有待进一步调查与研究。

(8)整个调查区主要由于重金属污染或超标引起环境质量较差,从而导致土壤地球化学质量评估结果不良的现象,少部分土壤中重金属等有害元素含量也较低,但是土壤肥力低依然造成了该地区土壤地球化学质量评估结果较差。本区农业生产工作重点应在于加强土地利用规划,因地制宜调整土地利用方式,优化农业结构,提高土壤肥力,才能取长补短,最大程度发挥土地利用价值、提高产能。根据土壤地球化学调查成果,开展调查区农业土壤地球化学区划。本次调查共划定了 5 个优良农产品种植规划区:江口镇—石咀镇—木乐镇优质玉米、水稻种植区,北市镇—麻垌镇—社步优良荔枝、水稻种植区,寨圩镇—城隍镇—大平山镇优质玉米、水稻种植区,塘岸镇—北流—民乐镇优良水稻、荔枝种植区,灵山县优良荔枝、水稻种植区。

(9)利用不同成土母质区表、深层土壤元素含量平均值与调查区比值研究各成土母质富集或贫化元素变化。不同成土母质区表、深层土壤富集系数的研究表明:不同成土母质土壤中贫化或富集元素(指标)有明显不同,显示地质背景控制元素空间分布特征;相同成土母质表、深层土壤中贫化或富集元素(指标)大致一致,显示深、表层土壤的继承性。通过研究土壤中元素分布规律,为基础地质、后续地质调查、综合研究提供地球化学证据及资料。

(10)花岗岩体及其内外接触带、断裂带、含锰硅质岩分布区内存在的 Mn、Cu、Au、Mo 和稀土等成矿元素异常,异常展布与地质体相吻合,面积和规模均较大。通过异常查证与矿产资源潜力评价,异常内均发育有不同规模矿点(床),因此认为异常具有较好的找矿前景。桂平西山岩体、六万山岩体、大容山岩体等稀土异常分布区具有较好的稀土矿找矿前景。

(11)选择具有典型意义的灵山县连片水田旱地,参照土地质量地球化学评价规范,开展 1∶5 万环境地质调查,初步查明异常成因及其生态效应,详细评价土地环境质量:评价区以良好土壤为主,优质土壤次之。优质和良好土壤面积分别为 132.8km² 和 282.1km²，分别占评价图斑总面积的 29.4% 和 62.4%，一级优质土壤主要分布于龙兴塘—陆屋镇—三隆镇一带、那东—新圩—秋地塘一带以及灵山县—新村—佛子圩一带。中等土壤面积为 33.8km²，占评价面积的 7.5%，主要分布于那隆镇—东岸村一带以及长田附近，新宁附近和灵山县附近也有少量分布。差等与劣等土壤面积分别为 2.8km² 和 0.7km²，占评价面积的 0.6% 和 0.2%，主要分布于申安村东部、三隆镇东部以及苏屋的南部等地区，与土壤地球化学环境综合质量四、五等分布特征吻合。该成果为该县种植开发绿色、富硒农产品，发展高效、优质的现代农业提供更翔实具体的科学数据。

湖北省矿产资源开发环境遥感监测成果报告

提交单位：中国地质大学（武汉）
项目负责人：王旭
档案号：1118
工作周期：2015 年
主要成果：

（1）完成了湖北省东部范围 2015 年矿产卫片遥感解译，圈定了全部矿业活动开采图斑、矿产疑似违法图斑和矿产资源违法开采集中区，查明了湖北省东部的矿业活动强度及变化情况。

（2）完成了湖北省东部 2015 年矿山开发占地、矿山地质灾害、矿山环境污染、矿山环境恢复治理等矿山环境遥感调查和监测工作，并对 2013 年、2014 年、2015 年矿山地质环境进行评价，通过评价了解了矿山地质环境影响区的变化。

（3）开展了湖北省东部不同行政范围的矿产资源开发、矿山环境、矿产资源规划执行情况遥感动态监测，获取了年度变化信息。

（4）开展了 2013—2015 年"矿山复绿行动"遥感监测，查明了"矿山复绿行动"的进展情况及存在问题。

（5）利用 2011—2015 年多源多时相的遥感数据和矿权数据开展了矿产资源规划执行情况的遥感调查与监测，查明了第二轮湖北省东部矿产资源规划的执行情况，发现了规划执行中存在的问题，并对规划执行情况提出了相关建议。

（6）矿产资源开发环境遥感监测综合分析。通过研究湖北省东部矿产资源开发状况的空间分布特征并探讨其影响因素，综合分析了矿产资源开发总体情况和变化情况分别受地质背景、交通区位、行政管理和生态文明建设下二次资源开采等的影响。总结了工作区内矿山地质灾害的分布规律，综合分析了工作区内地质灾害的类型以及空间分布，并将各种类型的地质灾害的影响程度按照一定的权重叠加分析，得到工作区内不同的地质灾害影响区。其中严重影响区集中在鄂州市、黄石市的大冶市和阳新县，较严重影响区主要位于鄂州市、黄石市以及荆州市的松滋市。对矿产资源开采规划执行情况进行综合分析，评估了不同类型开采区的规划执行情况，对不符合最低开采规模、矿山开采活动对道路沿线两侧和长江航道两侧的自然景观和植被造成较大的破坏和污染的矿区，相关部门急需对其矿权设置进行整改。

（7）矿山地质环境影响评价及矿山采空塌陷易发性预测。开展了湖北省东部矿山地质环境影响评价体系的研究，建立了针对湖北省东部的地质环境评价体系，得到了研究区的矿山环境影响评价图，评价结果为相关政府部门和矿山企业制定矿山地质环境保护与治理恢复方案提供有效的参考和借鉴,并为矿山地质环境评价和进一步研究奠定了一定的基础。以湖北省鄂州程潮铁矿和黄石大冶铁矿为例,进行了基于 GIS 与 BP 神经网络的采空塌陷易发性预测,预测结果与实际调查情况基本吻合。

(8)服务生态文明建设。从生态文明建设的角度需要树立"绿水青山也是金山银山"的理念,迫切需要规范开发利用矿产资源的行为,保护好矿山地质环境。利用土地变更调查遥感成果数据与重点矿集区高分遥感数据,开展湖北省矿产资源开发利用状况、矿山地质环境、矿山环境恢复治理(含复绿工程)、矿产资源规划执行情况等遥感调查与监测工作,获取了客观基础数据,编制系列成果图件,并形成综合分析与评价报告,为保持矿产资源的可持续开发与利用,维护矿业秩序及综合整治矿区环境等提供基础数据与决策依据。

(9)服务防灾减灾。湖北省东部矿种多样,矿业开发活动强烈。长时间的矿产开采,对环境造成了巨大的破坏,尤其是地下开采,引发了许多矿山地质灾害。通过遥感调查和评价,查明了工作区内的地质灾害分布及其分布特征与影响范围,服务于国土资源部环境司、国土资源部土地整治中心、省(自治区、直辖市)国土资源厅、市(县)国土资源局等各级政府部门,为其掌握辖区内矿山地质灾害空间分布特征和影响程度、保护矿山环境工作布置,及矿山环境恢复治理专项规划的编制提供依据。

广西壮族自治区矿产资源开发环境遥感监测成果报告

提交单位:广西壮族自治区地质矿产勘查开发局
项目负责人:廖振威
档案号:1144
工作周期:2015—2016 年
主要成果:

2015—2016 年项目组先后完成了广西壮族自治区矿山地质环境调查、矿山环境恢复治理状况调查、矿山复绿行动进展调查、矿产资源规划执行情况调查、矿产资源开发状况调查、矿产疑似违法图斑遥感解译等各项工作,取得了以下主要成果:

(1)利用土地变更遥感调查数据对矿山地质环境进行遥感调查。本次调查共发现广西壮族自治区矿山开发占地面积 42 780.01hm², 约占广西壮族自治区总面积的 0.18%, 与 2014 年相比增加了 4 169.09hm², 增长率为 10.80%; 共发现矿山地质灾害 32 处, 与 2014 年相比无变化; 共发现矿山环境污染 1 处, 与 2014 年相比无变化, 都为水体污染, 位于河池市南丹县芒场镇; 共发现矿山环境恢复治理面积 2 132.46hm², 约占全区矿业活动占地面积的 4.98%, 与 2014 年相比增加了 1 197.7hm², 增长率为 128.13%。对广西壮族自治区矿山复绿工程涉及的 1 778 个矿山进行遥感监测,并对部分矿山进行了野外验证工作,结果表明 72 个矿山已复绿,18 个矿山正在复绿,1 688 个矿山未复绿,分别占广西壮族自治区矿山复绿工程数量的 4.0%、1.0%、94.9%。

(2)利用矿产资源规划基期年和现状年两期卫星遥感影像数据,开展了广西壮族自治区矿产资源规划执行情况遥感监测工作,查明了广西壮族自治区 135 片矿产资源开采规划区规划执行情况,符合规划要求的有 67 个,不符合规划要求的有 68 个,分别占广西壮族自治区矿产资源规划区总量的 49.63%、50.37%。遥感监测结果表明广西壮族自治区矿产资源规划主要存在采矿权数量未到达规划要求、采矿权数量超过规划要求、矿山开采规模小于规划要求、规划区内未设置采矿权、违反规划要求设置采矿权、圈而不采、违法开采现象 7 个方面的问题,针对这些存在的问题提出了建议。

本次查明了50个矿山地质环境恢复治理重点工程规划执行情况，遥感监测结果表明：5个规划区执行了规划意见，完成了矿山生态环境恢复治理指标，约占总量的10.0%；6个规划区正在完成治理任务，约占总量的12.0%；39个规划区尚未进行治理，约占总量的78.0%。针对矿山地质环境恢复治理规划执行情况中存在的问题提出了建议。

(3)利用GF-1、ZY-3、TH-1、SPOT6、SPOT7等高分辨率遥感数据对岑溪铅锌稀土矿区、贺州姑婆山锡多金属矿区、平南锰矿-稀土矿区、靖西-德保铝土矿区、南丹大厂锡多金属矿区、天等东平-大新下雷锰矿区6个重点矿区开展矿产资源开发状况遥感调查工作，面积合计14 000km²，累计发现矿产疑似违法开采图斑128个，其中无证开采122个，越界开采5个，擅自改变开采矿种1个，分别占违法总量的95.31%、3.91%、0.78%。上述重点矿区矿产疑似违法图斑遥感调查成果均在获取遥感数据后1个月内提供给国土资源相关部门使用，保证了调查成果的时效性。

(4)利用土地变更遥感调查数据开展矿产卫片遥感解译工作，圈定了矿产疑似违法图斑622个，其中无证开采531个、越界开采89个、擅自改变开采矿种2个，为广西壮族自治区开展2015年度矿产卫片执法提供基础数据支持。从国土资源部和广西壮族自治区国土资源厅反馈的情况看，已经取得了良好的社会效益和经济效益，有效地遏制了违法勘查开采矿产资源行为，进一步规范了矿产资源管理秩序，促进合理开发利用矿产资源。

(5)利用土地变更遥感调查数据以及补充获取的重点矿区高分辨率遥感数据，对矿产资源开发状况进行调查，共发现正在利用的矿产资源开采图斑3 304个，其中界内开采2 682个，违法开采622个，废弃7 600个，分别占全区正在利用的矿产资源开采图斑总数的81.17%、18.83%。

(6)利用遥感影像、地形图、地质图、气象资料、矿权资料、矿山开发状况调查成果、矿山地质灾害调查成果、矿山生态环境恢复治理调查成果、野外调查资料等多元综合数据，参照《矿山环境保护与综合治理方案编制规范》(DZ/T 223—2007)、《矿产资源开发遥感监测技术规范》等相关标准、规范，选择16个评价因子，采用网格法对广西壮族自治区开展矿山地质环境评价工作，圈定矿山开采对矿山地质环境严重影响区面积为1 296.24km²，较严重影响区面积为8 979.79km²，一般影响区面积为65 152.09km²，无影响区面积为162 307.78km²，分别占广西壮族自治区陆域面积的0.5%、3.8%、27.4%、68.3%，为政府部门制定相关政策法规提供决策上的依据。

湖北省十堰-丹江口地区多目标地球化学调查报告

提交单位：湖北省地质调查院
项目负责人：徐宏林
档案号：1145
工作周期：2013—2015年
主要成果：

(1)取得了丰富的第一手资料。本次工作取得了湖北省西北部1∶25万表、深层土壤地球化学数据，面积10 236km²；太平镇工作区1∶5万表层土壤地球化学数据，面积240km²；取得了丹江口水源区表、深层土壤、地表水、岩石、农作物、鱼类及底积物等丰富的地球化学数据。

(2)经区域地球化学特征研究，获得了工作区土壤背景值和基准值，进行了地球化学分区；计算了工作区有机碳密度：表层(0～0.2m)3.44kg/m²，中层(0.2～1.0m)11.39kg/m²，深层(1～1.8m)16.10kg/m²。

(3) 进行了土地质量地球化学评价。工作区土地质量地球化学评价显示工作区环境质量总体优良。土壤养分评价显示，工作区土壤养分含量较好，土壤养分等级中等及以上面积达到了工作区面积的 82.4%；土壤环境质量优良，清洁和尚清洁面积达到了 85.74%；土地综合等级以二等（良好）为主，占 59.33%，其次是一等（优质）土地，占 26.30%。

(4) 开展了区域土地环境地质调查，研究了太平镇工作区高标准农田建设区土地有益、有害元素，进行了土地质量地球化学评价。太平镇工作区高标准农田建设区土地制约元素为 P、K、Mo 等养分元素；进行了土地质量地球化学评估，并提出了科学施肥的方案。

(5) 圈定了富硒土地资源。圈定了工作区富硒土地面积（Se 元素含量大于 0.4mg/kg）共 540km^2，其中集中连片的富硒土地有 3 处，分别分布在丹江口市凉水河镇，面积 60km^2，南漳县东北部，面积 55km^2，丹江口水库底积物富硒。

(6) 进行异常评价，发现了汉江沿岸 Au 元素异常情况，进行了异常查证，发现与环境质量有关的异常 41 处，与矿产资源有关的异常 32 处。

(7) 开展了丹江口水库库区异常查证工作，较全面地评价了丹江口水源区生态地球化学环境，结果显示丹江口水源区环境质量安全，Cd 等有害元素需要进一步研究和监测。本次工作重点评价了丹江口水源区生态地球化学环境，结果显示丹江口水源区环境质量总体良好。库区深水底积物 pH 值呈弱碱性，pH 值范围 7.6～8.19；以《土壤环境质量标准》(GB 15618—1995) 评价显示：库区深水底积物重金属平均含量 As 和 Cd 元素为三级水平，Cu、Hg、Pb、Zn、Ni、Cr 等元素为二级水平；Se 元素含量平均值为 0.62mg/kg，达到富硒土壤标准。以二级标准为参照计算单项污染指数：As 为 1.00，Cd 为 1.29，Cu 为 0.51，Hg 为 0.39，Pb 为 0.11，Zn 为 0.54，Cr 为 0.29，Ni 为 0.95。各重金属污染程度从大到小的顺序为：Cd>As>Ni>Zn>Cu>Hg>Cr>Pb。丹江口水库库区表、中、底 3 层水样调查显示，水样中 As、Cd、Cr、Cu、Hg、Pb、Zn 等重金属元素和 Se 元素含量满足《生活饮用水卫生标准》(GB 5749—2006)，重金属元素和 Se 元素没有对库区水造成污染。

(8) 对工作区的重金属污染、太平镇工作区的地方病、丹江口水源地环境等方面进行了预警。

(9) 2013 年 9 月 12 日与枣阳市国土资源局就双方共享成果利用达成初步协议。将元素含量背景高低的评价等地球化学初步成果向枣阳市熊河水库管理处进行了交流。2014 年与老河口市西排子水库管理处、红水河水库管理处及丹江口农夫山泉厂质检科等单位和部门就本项目土壤和水库底积物地球化学数据的成果应用方向进行了初步的交流。2015 年 7 月，与十堰市武当山特区国土资源局环境地质科开展了交流活动，明确了武当山风景区多目标地球化学调查的着重点是风景区岩石、土壤和地表水的地球化学指标。

(10) 为湖北省 2014—2016 年度开展的"金土地"工程的选区和全省的农业地质工作布局提供了数据和参考。发现的丹江口市石鼓镇和南漳北部共 2 处富硒地块已纳入湖北省富硒开发规划。

(11) 丹江口水源区的地球化学数据可以填补以往库区环境评价存在的不足和空白。工作区的地球化学分区和异常圈定为该区域基础地质的研究和地球化学找矿提供了依据。

湖南省娄邵盆地多目标地球化学调查成果报告

提交单位： 湖南省地质调查院
项目负责人： 林治家
档案号： 1146

工作周期： 2014—2015 年

主要成果：

一、涟源市农用地土地质量调查成果

（1）完成了涟源市所有农用地（总面积 733.38km²，含基本农田 525.05km²）的 1∶5 万土地环境地质调查，系统采集测试了表层土壤、灌溉水、大气干湿沉降样品。

（2）评价得到涟源市农用地表层土壤质量地球化学综合等级。

（3）在土壤质量地球化学综合等级基础上，将灌溉水环境地球化学综合等级一等和大气环境地球化学综合等级一等叠加，形成涟源市农用地土地质量地球化学等级。其中，一等（优质）土地面积为 10.12km²，占全区面积的 1.38％；二等（良好）土地面积 35.87km²，占全区面积的 4.89％；三等（中等）土地面积 459.10km²，占全区面积的 62.60％；四等（差等）土地面积 153.37km²，占全区面积的 20.91％；五等（劣等）土地面积 74.92km²，占全区面积的 10.22％。

（4）研究发现地质背景对涟源市农用地土壤中的 Se、Cd、Mo、V 和 Cu 等元素的分布具有显著影响，Se、Mo、V 和 Cu 元素异常集中在大隆组，其次在龙潭组和小江边组；Cd 元素异常集中在小江边组/大隆组、龙潭组和大埔组。通过在表层土壤元素典型地区和异常区挖掘了 17 个土壤垂向剖面，综合研究发现，涟源市硒、镉具有典型的成土母质继承属性。

二、双峰县农用地土地质量调查成果

（1）获取了双峰县内表层土壤 22 项元素或指标的地球化学数据，并进行了数理统计分析，总结了元素地球化学参数特征，为开展环境保护与治理、农业生产与规划等工作提供了系统、科学、可靠的基础地球化学数据。

（2）对土壤中的污染元素进行了分级研究，划分了土壤受污染程度，发现双峰县土壤总体较为清洁，受污染较少。绝大部分土地环境评价状况较好，仅镉、锰和钴等评价状况较差。该成果为环境保护和治理提供了依据。

（3）进行了土壤质量地球化学综合分级，划定了不同土壤质量地球化学等级的范围，为农业区划与规划提供了土地质量的地球化学依据。

（4）对全县的农田灌溉水质量进行了地球化学分级，发现双峰县内的灌溉水质量较好，无重金属超标现象。

（5）对全县的大气干湿沉降进行了监测，全县未发现重金属沉降通量超标，为县内大气环境的保护提供了依据。

（6）双峰县土壤中的 Se、Cd、Hg、As、Pb、Zn 等元素主要来源于县内成土母质或基岩风化母质。

（7）对县内农产品的富硒状况和重金属含量进行了调查，为富硒等特色农产品的开发与保护提出建议。

湖南湘江流域部分地区多目标地球化学调查成果报告

提交单位： 湖南省地质调查院

项目负责人： 邓集余

档案号:1147

工作周期:2011—2015 年

主要成果:

(1)查明了区域土壤 54 项元素指标的分布、分配和组合特征。项目系统获得了表层和深层土壤两套 54 项元素或指标的分析数据,数据的系统性、规范性、精度和质量都是工作区内前所未有的,具有极其重要的使用价值和深远意义。根据区域地球化学和异常查证资料,共编制了各类图件(附图)147 张,其中基础图件 5 张、地球化学图 108 张(含 pH 值分布图 2 张)、环境质量分类图 9 张、其他应用类图件 25 张。为地质找矿、生态环境保护、农业产业规划等工作提供了丰富的土壤地球化学基础资料。这套数据和图件系统地反映了湘江流域南部地区不同介质中元素的空间分布特征,可以为地学、农学、环境学、生态学等学科建立大信息量的、内涵丰富的研究平台,为该地区的经济建设、农业环境的发展和保护提供了可靠的基础性地球化学资料。

(2)确定了全区及不同子区的地球化学基准值,充实了区内地球化学基本参数。利用本次工作中采集的第二环境中的土壤-深层样的分析结果,统计计算全区和区内不同子区的地球化学基准值,为地质找矿、土壤环境质量评价、土壤营养和有益元素的丰缺评价、土壤质量的综合评估以及土壤学研究提供了基础性的可比资料。

(3)服务地方、精准扶贫。通过 1:25 万尺度的多目标地球化学调查,首次发现以新田县为中心的大面积富硒土地,为新田县土地质量评估提供了理论基础,为新田县扶贫攻坚做出巨大贡献。通过进一步的工作,发现该县主要富硒的大宗农产品有大豆、水稻、花生、辣椒、油茶、红薯等。其中,早稻、大豆、油茶、花生、辣椒的富硒样品比例较高,达 60%~100%,其经济价值以亿元计,获相关部门及领导的高度评价。正准备实施的永州市市内待开发的富硒土地和富硒农产品开发项目,潜在经济效益巨大。

(4)科学合理施肥建议,优化种植结构调整。本区选择有机碳、N、P、K、Se、S、Fe、Mn、Cu、Zn、B、Mo 共 12 种元素作为作物生长所必需的营养及有益成分,按其元素含量高低,划分为缺乏、较缺乏、中等、较丰富、丰富 5 级丰缺级别,对全区土壤进行了丰缺状况评价。研究表明,区内有机碳、Cu、K、N、S、Zn 等元素总量总体很富足,近期可适当少施该类肥料。调查区整体缺磷,蓝山县浆洞明显缺 N、P、B、Co、MgO、Cu、S、Zn、Na_2O 等元素(氧化物),宁远县的猛虎跳墙地区大面积缺锌,新田县骥村镇缺钼,在农业生产中应注意有针对性施用微量元素肥料。根据重金属元素的分布空间及分布特征,提出了富硒产品开发建议,并对绿色食品产地适宜性进行了评价,指出了农业优势区和蔬菜种植不宜区,为地方政府进行农业规划和农业种植结构调整提供了地球化学依据。

(5)全面掌握区内重金属异常状况。研究表明,区内四、五等土壤仍占一定的比例,为 Cd、As 元素引起。其中,由 Cd 元素引起的四、五等土壤面积为 1 729 km^2,占调查区的 10.42%;综合分等表明,调查区四、五等土壤面积共 2 054 km^2,占全区的 12.37%。而深层土壤中绝大部分为一、二等洁净土壤,五等土壤分布面积有限。因此说明 Cd 等重金属元素引起的四、五等土壤主要是近期人为原因造成,局部地段可能影响到深层土壤。依照土壤环境质量标准,分别划分 8 项重金属元素的环境质量分类和综合分类。嘉禾县县内采集的植物样品分析数据表明,土壤中生长出来的大豆、玉米、水稻等农产品中的 Cd、Hg、As、Pb 等元素部分已超过食品中的限值,已经影响到食品安全和人们的身体健康,应引起各级政府的重视。

(6)初步查明有益元素的来源和生态效应,有害元素的物质来源和生态影响。硒是人体必需的微量元素,是人类机体生长发育和生命活动不可缺少的,摄入不足或排泄过多都有可能会导致机体某种生理功能或形态结构的异常变化,例如缺硒与克山病、大骨节病、心脑血管疾病、癌症等疾病有密切关系,硒过量又会引起人和动物硒中毒。本次已初步查明有益元素如 Se 等物质来源:调查区硒主要来源于二叠系碳质页岩、硅质岩;1:5 万新田地区硒主要来源于黄公塘组,这些岩石为调查区土壤源源不断地提供丰富的硒来源。研究表明,新田县的污染主要是人为原因和自然原因共同造成的。其中Pb、Zn、Cu和Cd元素的富集是由于工、矿企业(主要是采石场的开采)和自然源的共同作用;而Mn、Co元素主要是由于自然源的作用;As、Hg元素富集主要来源于有机肥、化肥和农药的大量使用及地层岩石的作用。

(7)区内主要土地利用类型受到重金属高含量的威胁,农业种植结构急需调整。区内综合等级的四、五等土壤,土地利用类型以林地、耕地为主。其中,林地中四、五等土壤占8.39%;耕地中四、五等土壤占3.37%;其他土地利用类型总面积较少。区内部分耕地是重金属高含量区,这些耕地,特别是大面积的水田和旱土等耕地,需要进行污染影响程度的评价。该成果为土地用途改变、农业种植结构调整等重大决策提供依据。

(8)对矿产资源潜力进行了预测,提出了一批有找矿远景的地区。根据本次调查成果,结合成矿地质条件分析研究,划分了5个找矿远景区:东安大盛镇锑等多金属找矿远景区、东安县高桂山铜金属找矿远景区、祁阳县下马渡铅锌远景区、双牌县阳明山钨多金属找矿远景区、临武县香花岭钨多金属找矿远景区,为区内的地质找矿提供了重要的找矿依据。

(9)查明区内土壤碳密度和碳储量的特征,为区域碳储量和全球碳循环研究积累了宝贵的资料。项目利用调查取得表层、深层两套土壤中的有机碳、总碳含量数据,合理计算出土壤0~20cm、0~100cm、0~180cm的碳密度和碳储量,并分析了不同土壤类型、土地利用类型的碳密度、有机碳密度以及碳储量和有机碳储量,丰富了碳密度和碳循环研究资料,为研究湖南省工农业生产对碳循环的影响,对比研究数十年来湖南省农业生产对土壤碳储量的增减,及有效指导减少碳排放提供了基础地球化学资料。

南岭大型矿集区深部评价技术方法研究

提交单位: 中国地质科学院矿产资源研究所
项目负责人: 陈郑辉
档案号: 0975
工作周期: 2008—2010年
主要成果:

(1)对代表性钨锡、铅锌等矿床进行了典型解剖。地质大调查实施以来,工作区矿产勘查取得较大突破。一方面,多年来的矿山勘查与开发实践证实,有不少以往发现的小型矿床甚至矿点成为大中型矿产地,如淘锡坑钨锡多金属矿、牛岭钨矿、锡田矿区、大明山矿区、大厂矿田等,对部分危机矿山而言主要发育在矿区的深边部。而另一方面,对一些矿床成因的长期争论和模糊认识制约了当地找矿工作。可见,开展这些典型矿床的解剖研究十分重要。本次工作中,我们重点对赣南崇余犹矿集区的淘锡坑、于都-赣县矿集区的盘古山钨矿、粤北-三南矿集区的大吉山、岿美山、棉花坑铀矿、大宝山铅锌矿、湘南矿集区的黄沙坪和宝山钨矿、丹池矿集区的大厂锡矿等代表性矿床的成矿环境、矿体地质、元素地球化学、同位素地球化学、成矿年代学、成矿物质来源、矿床找矿模型等开展了系统总结。

(2)在系统搜集典型矿床的地质资料、勘查研究资料的基础上,根据不同矿集区的成矿规律特征和找矿模型,分别考虑了不同探测技术方法手段的试验研究,其研究结果为不同的深部探测技术方法的总结提供了基础。

(3)在赣南崇余犹矿集区,重点研究的是近年来项目组提出的"五层楼+地下室"模型的情况,为赣南淘锡坑钨矿的找矿突破起到重要作用;并根据石英的中子活化分析结果,尝试研究了矿集区深部矿化物质的分布特征,为该区深部找矿提供了思路,并使矿山的深部找矿得到了验证。

(4)在赣南于都-赣县矿集区,结合深部探测技术与实验研究的工作,以搜集深部探测技术方法资料为辅,部署典型矿床研究为主,在地质规律研究的基础上,提出银坑示范区和盘古山示范区的深部探测目标,并根据深部探测的成果,提出了部署科学钻探和异常验证孔的选址依据和布孔依据,并跟踪该区部署的3 000m科学钻探孔和2 000m异常验证孔(这正是项目组一直没有提交报告的原因之一,即希望根据钻探验证的成果,为部署矿集区的深部探测技术方法和总结深部预测评价模型做验证)。根据钻探的施工,两个钻孔不仅完成了钻探地壳结构的目标,而且均揭露了大量的矿化,显示在这些地区部署的多方法深部探测技术方法是成功的,而且是可以推广的,以及针对深部找矿,尤其是危机矿山的深部找矿,同时明确了南岭地区"第二找矿空间"的存在。

(5)通过在赣南于都-赣县矿集区的成功经验,在粤北-三南矿集区针对岿美山钨矿、大吉山钨矿、棉花坑铀矿、大宝山铅锌多金属矿进行典型矿床研究和深部勘查模型的总结,提出了针对大面积出露岩体区的深部探测评价技术体系,重视电磁法对间接找矿的重要性。

(6)在湘南矿集区的骑田岭地区部署的测井工作中,发现在该区深部存在大量的磁异常,推测是由岩体与灰岩的接触交代形成的矽卡岩型磁铁矿引起。同时在面上部署磁法工作,也发现多处的磁异常,根据黄沙坪和宝山深部发现的磁铁矿异常,显示这些面上的磁异常可能也是深部的磁铁矿造成的,提出了深部的找矿方向。根据矿集区内典型矿床的勘查特点,提出了"体中体"的成矿模式和矿床模型,对于打破传统框架(局限于岩体外接触带只找矽卡岩型的矿床)、拓展找矿思路具有重要意义。

(7)根据在大厂地区的地质规律总结和深部找矿模型研究,结果表明丹池矿集区的南区与北区的成矿地质特征比较相似,找矿潜力比较大,但南区的地质工作比较薄弱,仅大明山矿区的找矿进展比较大。为此,在南区部署了面积性和剖面性的地球物理工作,根据野外工作的进展,圈出了13处组合异常,划出了2个预测区,建议下一步部署进一步的工作。

(8)获得了一批重要成岩成矿年龄数据:淘锡坑钨矿岩体的锆石U-Pb年龄为158.7±3.9Ma和157.6±3.5Ma,白云母$^{40}Ar-^{39}Ar$年龄为155.1±2.6Ma、154.0±2.2Ma、152.7±1.5Ma;岩前钨矿的花岗岩成岩年龄为161.3±1.6Ma,辉钼矿Re-Os等时线法显示黑钨矿成矿年龄为159.2±2.3Ma;银坑矿田的高山角岩体的锆石SHRIMP U-Pb年龄为160±1Ma;盘古山钨矿的闪长玢岩锆石的等时线年龄值为156.8±0.8Ma,玄武岩脉年龄为76.9±0.5Ma,辉钼矿年龄为158Ma;金属异常验证孔中的辉钼矿Re-Os同位素测试结果显示,其模式年龄为155Ma,略晚于在坑道中采集的辉钼矿年龄(158Ma),岩芯中岩体的锆石测年资料显示,其年龄为162.7Ma;岿美山钨矿区黑云母花岗岩的锆石SHRIMP U-Pb年龄为157.7±2.7Ma,石英斑岩脉的锆石LA-ICP-MS定年结果为160.3±1.3Ma,辉钼矿成矿年龄主要为153.7±1.5Ma,石英脉中的白云母$^{40}Ar-^{39}Ar$等时线年龄为155.3±1.6Ma,V11脉在400m中段的石英等时线年龄为163.5±3.1Ma,而蒲芦合矿段V1脉在468中段的石英等时线年龄为159.3±5.3Ma;大吉山钨矿中辉钼矿年龄为161Ma,石英的Rb-Sr等时线年龄为150Ma;棉花坑铀矿的灰白色中细粒黑云母花岗岩年龄为222.1±1.5Ma,中细粒斑状花岗岩年龄为151.77±0.61Ma,钾化中粗粒花岗岩的年龄为152.65±0.61Ma;厘定钨锡、铅锌等大规模成矿作用时限,为成矿规律总结提供重要依据。

(9)建立了MapGIS平台上赣南地区的综合信息空间数据库,并系统地运用中国地质科学院成矿区划研究室开发的MRAS软件开展MapGIS平台上赣南地区的1∶20万资源评价和成矿预测工作,取得了良好的成矿预测效果,提出了一套基于GIS平台的矿产资源预测评价体系,并在全国重要矿产资源潜力评价中得到了推广应用,出版了专著《矿产资源潜力评价示范研究——以南岭东段钨矿资源潜力评价为例》。

地质调查数据集成与服务系统建设(中南)成果报告

提交单位：中国地质调查局武汉地质调查中心
项目负责人：李莉
档案号：1007
工作周期：2010—2015 年
主要成果：

一、地质资料文件级目录数据库

根据地质资料的分类不同建立地质资料文件级目录数据库，文件级目录数据库中包括了中南地区地质调查工作的成果资料、原始资料和实物资料。在充分引用或参考已有标准和法规的条件下，根据资料管理实际情况，平衡文件级目录数据完整性、数据采集工作量和数据存储冗余，并与案卷级目录数据库充分融合，建立中南省（区）地质资料文件级目录数据库，导入全国地质资料馆"地质资料目录数据中心"，提供各级地质资料单位文件级目录数据的共享和全国地质资料馆、省级地质资料馆及其他各级地质资料馆的联合编目及地质资料的检索服务等。

二、青藏高原实测地层剖面数据及 WEB 发布系统

建立青藏高原实测地层剖面数据库，数据库分为 2 个记录表和 1 个示意图：SCPM（实测剖面记录表）、FCMS（剖面分层描述记录表）及 JPG（剖面示意图），数据采用（ACCESS）软件进行录入。收集用于地质资料服务产品开发的青藏高原地区的 1∶5 万、1∶20 万和 1∶25 万区域地质调查报告等成果资料，进行数据资料汇总、分析和综合研究，并开展数据资料的加工处理。采用数据库软件进行数据的采集录入。利用 Oracle Spatial 建立地层剖面数据库，采用 Mapviewer 形成实测地层剖面分布图，通过 WEBGIS 技术，利用网络平台，建立实测地层剖面网络服务系统，实现地层剖面数据的实时发布、动态更新，为用户提供地层剖面数据的检索与查询服务，提供地图查询、浏览服务，同时，提供青藏高原地质背景知识的服务。

三、中南地区成果指南（1999—2015 年）

该指南按区域地质调查、矿产资源调查、水工环地质调查、物化遥地质调查、信息技术与技术方法、综合研究等将成果资料分成为六大类。每一类按其提交的时间先后顺序编排。每一档成果资料包含成果名称、编著单位、作者、完成时间、汇交单位、汇交时间、档案号、资料形态、密级、主题词、内容简介、审批文件、附图、附件、数据库与软件、其他材料等内容，基本涵盖了成果资料的所有要素。中南地区地质调查成果地质资料指南，以书籍的形式发放到各有关单位、部门，同时，以数据库形式在中南资料数据服务网站上发布，用户可以通过网站方便快捷地对中南地区调查成果进行浏览和检索（图 4-1）。

四、武汉地质调查中心馆藏资料图形检索集（1999—2015 年）

按照不同的分类、不同比例尺进行编制，分类主要有区域地质调查、矿产、水文地质、地下岩溶水、重力，以及各种比例尺、各种专业的地质数据库等内容，主要有 1∶50 万、1∶25 万、1∶20 万、1∶5 万等比例

图 4-1 《中南地区地质调查项目成果汇编(2014年度)》封面

尺的地质资料,以数据库的形式列出资料的档案号、题名、完成单位、形成日期等信息,为方便用户快速、直观查询,利用 MapGIS 软件编制相应比例尺的地质资料索引图。1∶50万、1∶25万、1∶20万、1∶5万等地质资料索引图是按相应比例尺标准图幅接图表编制形成的。武汉地质调查中心馆藏地质资料图形检索以图片和数据库的形式发布到中南资料数据服务网站上,按照地质资料的分类、比例尺大小等信息,能够快速、直观地查询到资料的档案号。同时出版专著将该图集发放到用户手上,方便了用户,用户通过图集可以快速地找到所需资料的档案号,也可根据完成单位、完成人来查找所需的资料,图集使用起来更直观、便捷，提高了地质资料的服务水平。

五、重要经济区和城市群服务产品

根据每个经济区和城市群的不同地质特点，在武汉地质调查中心节点上推出珠江三角洲经济区、北部湾经济区、海南岛国际旅游岛、武汉城市圈、长株潭城市群、鄱阳湖生态经济区6个重要经济区和城市群专题地质资料信息服务栏目。该服务产品可以面向各级政府，为地方政府生态环境保护、地质灾害减灾防灾、生态农业发展和矿产勘查宏观统一部署等提供服务。

六、分布式智能地质调查资料全文检索系统

分布式智能地质调查资料全文检索系统是依据地质调查资料的专业性及特殊检索需求并结合国内外现行搜索技术而搭建的地质资料专业搜索引擎平台，结合武汉地质调查中心的成果资料运行该系统。该系统通过专业的地质资料搜索引擎，可以实现通过中文分词技术，利用其中成熟先进的中文分词算法可以高效地提高地质资料全文检索的准确性和相关性；利用分布式全文检索可以解决门户网站及部门间海量文本资源的检索；通过数据挖掘技术、全文数据库检索技术和地质资料信息服务网络发布技术等，可以实现自动修正检索策略，可提供地质资料信息定制与定题服务，从而可以不间断地为某些用户提供其研究领域的地质资料信息。分布式智能地质调查资料全文检索系统2011年安装在武汉地质调查中心内部的电子阅览室的电脑中，到馆用户通过该系统方便、快捷地查询、检索到所需要的资料，并能通过该系统在线浏览，根据不同的权限还可以下载、打印、借阅等，大大地方便了用户，提高了地质资料服务能力。

七、中南馆藏地质资料数据管理系统

根据武汉地质调查中心馆藏地质资料数据种类的不同，建立了中南馆藏地质资料数据管理系统，该系统实现地质资料基础数据的有效管理。系统用于执行空间数据库所存储原始资料、基础数据、成果资料的图库管理、数据导入、数据查询、数据修改编辑、数据导出、数据转换操作及属性数据迁移和系统日志管理等地质数据的维护管理与服务。中南馆藏地质资料数据管理系统安装在武汉地质调查中心内部电子阅览室涉密机器和资料组涉密机器中使用，将馆藏全部图形数据按不同种类，不同比例尺，不同专业导入到该系统中，实现地质资料数据的有效管理和服务。借阅者可以通过电子阅览室的机器进行图形数据的精确检索、查询，根据不同的权限可以直接浏览所需图形，还可进行打印、借阅等，提供不同方式的地质资料服务，得到了广大借阅者的好评。

八、基于Android平台的地质资料服务系统

基于Android平台的地质资料服务系统以武汉地质调查中心现有的地质资料服务系统为原型，开发移动平台的地质资料服务模式，为用户提供地质资料浏览、查询、检索、预约及信息推送等服务，为公众提供地质资料服务新渠道。通过该系统借阅者可以直接用手机上网查询到所需资料的信息，通过手机办理借阅手续，将所需资料的清单发送到资料管理服务人员的电子邮箱、手机和QQ上，资料管理服务人员为借阅者整理好所需资料，通过电话、邮箱或主动上门的方式将所需资料送达借阅人手中，实现了从被动服务变为主动服务、上门服务。

九、武汉地质调查中心地质信息服务产品目录

依据中国地质调查局地质信息服务产品体系，全面系统地梳理武汉地质调查中心服务资源，编制

完成武汉地质调查中心地质信息服务节点产品目录。武汉地质调查中心馆藏地质信息数据资源分为五大类：地质资料文献（地质报告、实物地质资料、原始地质资料、地学文献等）；地质图件（区域地质图、境外地质图、区域水工环地质图、灾害地质图、基础地质图、矿产资源图、航磁遥感图、地球化学图等）；地质数据库（区域地质图数据库、矿产资源数据库、地球物理数据库、地球化学数据库、水文地质数据库、调查专项数据库、地质资料数据库、基础地学数据库、地质灾害数据库、环境地质数据库等）；技术方法（地质实验测试方法技术、实验测试方法技术、水文地质环境地质调查技术、矿产资源综合利用技术等）；仪器设备（地球物理勘探仪器与软件、地质实验测试仪器与软件等）。同时跟踪本单位承担的工程、项目形成的阶段性成果，梳理武汉地质调查中心的地学信息服务产品体系，形成武汉地质调查中心地质信息服务产品目录。该产品目录通过武汉地质调查中心大区节点发布，从产品目录中可以查找到题名、档案号、图幅号、图幅名、完成单位及完成人等相关信息，方便快速地找到所需的资料。

十、中南地区地质调查工作程度图（2015年）

中南地区地质调查工作程度图是按照不同专业、不同比例尺进行更新，将中南地区2015年部署的地质工作全部更新，主要图件有：1∶5万地球化学工作程度图、1∶5万矿产远景调查工作程度图、1∶5万区域地质工作程度图、1∶5万水工环地质工作程度图、1∶5万物探工作程度图、1∶5万地下水污染调查工作程度图、1∶25万地下水污染调查工作程度图、1∶5万地质灾害详细调查工作程度图、1∶10万地质灾害详细调查工作程度图、1∶10万县市地质灾害调查与区划工作程度图、1∶20万区域重力调查工作程度图、1∶25万区域重力调查工作程度图、1∶20万区域地质矿产调查工作程度图、1∶20万区域水文地质普查工作程度图、1∶20万区域地球化学调查工作程度图、1∶25万多目标化学调查工作程度图、1∶25万环境地质调查工作程度图、1∶25万区域地质调查工作程度图和1∶25万区域水文地质调查工作程度图。

雪山嶂铜多金属矿床中元素、流体包裹体分析技术研究成果报告

提交单位：中国地质调查局武汉地质调查中心
项目负责人：杨小丽
档案号：1008
工作周期：2013—2015年
主要成果：

（1）本课题选取4个矿床中造岩矿物组合、金属矿物结构构造等方面进行显微观察，为雪山嶂地区典型矿床中金属矿物特征研究获得了第一手实验资料。在此基础上，对其中3个典型矿床中金属矿石矿物（闪锌矿、黑钨矿、白钨矿和锡石）和脉石矿物（石英、方解石和萤石）进行了流体包裹体测试工作，确定各矿床成矿流体性质。周屋铜多金属矿床中石榴子石、白钨矿、石英和方解石均一温度直方图明确地表明4种矿物在矿床形成过程中的先后顺序（深色石榴子石→白钨矿→浅色石榴子石→石英→方解石），其中黄铜矿-黄铁矿硫化物阶段，流体包裹体发生了强烈的沸腾作用（290～320℃），改变了体系内的物理化学条件，导致大量铜的金属硫化物沉淀，硫化物成矿温度与浅色石榴子石、白钨矿及硫化物阶段与黄铜矿密切相关的石英中流体包裹体中高温阶段相一致（260～340℃），从而表

明浅色石榴子石、白钨矿和硫化物矿物的形成温度大致能代表成矿温度。韫山崟铅锌矿床中闪锌矿和石英中流体包裹体均一温度和盐度散点图表明闪锌矿形成过程由高温中盐度向中温低盐度过渡，且均一温度和盐度变化范围比石英窄，与石英中流体包裹体气液比为20%～40%之间的数据相一致。

（2）开创了红外显微镜进行金属矿物流体包裹体研究的测试方法应用，为今后相关矿物流体包裹体研究工作的开展提供了很好的指导作用。

（3）通过雪山嶂地区铜矿床样品测试研究，建立X-射线荧光光谱熔片法和等离子体光谱法测定铜多金属矿样品中主量元素及矿化元素的分析方法；以等离子体质谱仪为主要技术手段，建立铜多金属矿床中微量元素及稀土元素的配套分析方法；建立应用固体粉末进样电弧全谱直读光谱仪同时测定地球化学调查样品中Ag、Sn、B、Pb、Mo、Ga元素分析方法。

（4）经过研究发现在研究区的4个矿床中均有金、银矿的赋存。特别是在空门坳金矿中发现明金，金矿主要以银金矿的形式存在，自然金很少。银金矿多为粒度在$2\sim20\mu m$之间的显微金，赋存状态以包裹金的形式为主，粒间金和裂隙金相对较少。韫山崟铅锌矿中发现了大量银矿种，以黝锑银矿为主，另有少量的硫铜银矿、硫砷铜银矿和硫碲银矿。其中只有硫砷铜银矿是分布在闪锌矿中，与毒砂关系密切，其他3种矿物均分布在方铅矿晶体中，而且硫铜银矿和硫碲银矿是分布在黝锑银矿当中，与其关系更为密切。在周屋褐铁矿中发现自然金的独立矿物；樟天洞钨铜矿床的铜矿石中也发现了硫银铋矿。

（5）通过上述测试工作的开展，为雪山嶂地区铜多金属矿床元素、流体包裹体分析技术研究提供了技术支撑，为该区域找矿勘探研究提供了理论指导。

（6）发表论文5篇。1篇在国际SCI刊物"*Analytical Methods*"上发表；1篇在中文核心刊物《冶金分析》上发表；1篇在中文核心刊物《岩矿测试》第3期上发表；1篇在中文核心刊物《吉林大学学报》第4期发表，1篇在《华南地质与矿产》上发表。

研制磷矿石成分分析标准物质和标准方法成果报告

提交单位：中国地质调查局武汉地质调查中心
项目负责人：曾美云
档案号：1017
工作周期：2013—2015年
主要成果：

（1）研制出云南昆阳磷矿（图4-2）、湖北神农架火炼坡磷矿（图4-3）、贵州织金新华磷矿（图4-4）、河北张家口钒山磷矿（图4-5）4个典型矿区4个品位级别的磷矿石标准物质，每种重150kg以上，每种定值（或参考值）组分包括P_2O_5、SiO_2、CaO、MgO、TFe_2O_3、Al_2O_3、TiO_2、MnO、K_2O、Na_2O、CO_2、S、SrO、BaO、F、I、V、As、Cd、Pb、Cr、U和REE等37项。编写成果报告1份。

（2）编制《磷矿石稀土及微量元素量（REE、Sr、Ba、V、Cd、Pb、U）的测定电感耦合等离子体质谱法》标准方法送审稿和编制说明各1份。

图 4-2 昆阳磷矿

图 4-3 火炼坡磷矿

图 4-4 织金新华磷矿

图 4-5 河北矾山磷矿

扬子周缘典型铅锌矿床同位素年代学研究成果报告

提交单位：中国地质调查局武汉地质调查中心
项目负责人：杨红梅
档案号：1024
工作周期：2014—2015 年
主要成果：

一、基本查明闪锌矿分相后 Rb/Sr 比增大和定年成功率得以提高的原因

对闪锌矿矿物（挑纯度 98%～99%）、酸提取相和硫化物相的 Rb、Sr、Pb、Zn、Fe、Ca、Mg 含量分析结果表明，Sr、Ca、Mg 主要分布在酸提取相中，且 Sr 含量与 Ca+Mg 含量大致呈正相关，指示 1%～2% 的方解石、白云石等包裹体中含有较多的普通 Sr。这主要是因为 Sr 的离子半径（1.13Å）与 Ca 的（0.99Å）相似，Sr 易与 Ca 在方解石、白云石、长石等矿物中形成类质同象，碳酸盐岩包裹体中的 Sr 含量较高，而利用弱酸可将赋存于碳酸盐岩中的普通 Sr 提取出来。与酸提取相相比，硫化物相中的 Rb

含量稍高、Sr 含量较低,其 Rb/Sr 比值变化范围大大提高,可能就是因为通过酸提取过程去除了方解石、白云石等包裹体中的大量普通 Sr 对放射成因 Sr 的掩饰作用,从而导致硫化物相的 Rb/Sr 的值具有较大的变化范围。据此认为,对闪锌矿开展弱酸提取以消除碳酸盐岩中普通 Sr 的影响,对闪锌矿 Rb-Sr 同位素定年具有重要意义。

二、初步探讨了 Rb^+ 进入闪锌矿的机理

闪锌矿分相元素含量分析结果表明,Rb、Pb、Zn、Fe 主要分布在闪锌矿矿物晶格或晶格缺陷中,且 Fe 和 Rb 含量之和与 Zn 的含量近似成正相关关系,指示 Rb^+ 进入闪锌矿可能主要是通过 Pettke 和 Diamond(1996)提出的电荷配对置换作用 $2Zn^{2+} = M^{3+} + Rb^+$ 进行的。在该式中,M^{3+} 可能为 Fe^{3+}。

三、验证了闪锌矿分相 Rb-Sr 定年分析流程的稳定性

一是采用不同浓度的盐酸和王水对闪锌矿浸泡相同时间,然后分析各提取相中 Rb、Sr、Pb、Zn、Fe、Ca 和 Mg 的含量,结果表明,0.2mol/L HCl 可以将绝大多数 Ca、Mg 和普通 Sr 去掉;二是用 0.2mol/L、6mol/L HCl 对闪锌矿分别浸泡 1h、16h 和 24h,测定酸提取相和硫化物相的 Rb-Sr 同位素组成。结果表明,不同酸浓度、不同浸泡时间条件下得到的 Rb-Sr 同位素组成沿着同一拟合线分布,即获得的 Rb-Sr 等时线年龄是一致的,说明碳酸盐岩包裹体中的 Sr 可以完全被提取出来,用于浸泡闪锌矿的酸浓度和浸泡时间对等时线年龄没有影响,即证明闪锌矿分相 Rb-Sr 同位素分析流程是稳定可靠的。

四、闪锌矿 Rb-Sr 定年方法得到了成功应用与推广

本研究验证了不同矿物(闪锌矿、方解石)和不同方法(Rb-Sr、Sm-Nd)对确定铅锌矿床成矿时代的定年适应性。

(1)获得铜山岭背后山矿区闪锌矿矿物、硫化物相和矿物+硫化物相 Rb-Sr 参考等时线年龄分别为 144±7Ma(MSWD=4.4)、141±6Ma(MSWD=3.8)和 141±3Ma(MSWD=5.1),3 个年龄在误差范围内完全一致;获得石榴子石 Sm-Nd 参考等时线年龄 173±3Ma(MSWD=1.3)。结合已报道的成岩成矿年龄,本次研究认为,铜山岭铜铅锌多金属矿床大约经历了 173Ma,155Ma 和 144~141Ma 三期成矿作用,分别对应于三期成岩过程:177~167Ma(王岳军等,2001;全铁军等,2013)、约 157Ma(卢有月等,2015)和 149±4Ma(魏道芳等,2007),表明每期成矿作用均与花岗闪长质岩石侵位密切相关。该应用实例表明,闪锌矿 Rb-Sr 定年技术适用于矽卡岩型铜山岭铜铅锌多金属矿床。

(2)获得卜口场铅锌矿床中闪锌矿矿物 Rb-Sr 等时线年龄 466±13Ma(MSWD=2.0)和闪锌矿矿物+弱酸提取相+硫化物相 Rb-Sr 等时线年龄 483±9Ma(MSWD=8.0),二者在误差范围内一致,代表了该铅锌矿床的主成矿期。获得方解石 Sm-Nd 等时线年龄 422±48Ma(MSWD=0.71),其误差上限与闪锌矿矿物 Rb-Sr 年龄在误差范围内基本一致,可能代表了同一成矿作用的后期阶段,即卜口场铅锌矿床后期改造成矿作用可能存在早奥陶世(483~466Ma)和早志留世(~422Ma)两个阶段。该应用实例表明,闪锌矿 Rb-Sr 定年技术和方解石 Sm-Nd 定年技术适用于沉积-改造型卜口场铅锌矿床。

(3)获得湘西北柔先山铅锌矿床中闪锌矿矿物 Rb-Sr 等时线年龄 415±6Ma(MSWD=1.5),表明该矿床形成于早泥盆世,该年龄与同一花垣矿集区内狮子山铅锌矿床的年龄一致,而且两个矿床成矿特征大同小异,与矿集区内其他铅锌矿床(如渔塘、嗅脑等)也具有相似性,因此,此次研究获得的年

龄对整个花垣矿集区的铅锌成矿时代具有约束意义。该应用实例表明,闪锌矿Rb-Sr定年技术适用于该矿集区类似铅锌矿床。

(4)为中国科学院地质与地球物理研究所、中国地质大学(武汉)和中国地质科学院矿产资源所等单位提供了100多件闪锌矿Rb-Sr同位素分析测试服务,为区域成矿规律研究和指导下一步矿产勘查提供了重要的技术支撑。

五、促进了同位素学科人才成长和团队建设

(1)在该项目基础上,撰写提交了"十三五"立项申请和新开专题"华南低温热液矿床定年技术方法及其应用研究"立项申请。

(2)子项目成员积极参加了"同位素地质专业委员会成立三十周年——暨同位素地质应用成果学术讨论会"和"第七届全国成矿理论与找矿方法学术讨论会",并有4人次在大会上做了口头报告。

(3)分别在《大地构造与成矿学》[2015,39(5):855-865]、《地质学报》[2015,89(10):1792-1803]和《地质学报》增刊[2015,89(Supp.):48-50;2015,89(Supp.):208-210]发表论文4篇,另提交"第七届全国成矿理论与找矿方法学术讨论会"会议摘要1篇。

(4)培养了1名硕士研究生,以该项目为依托,完成开题报告、中期考核和论文撰写。该项目工作的实施与取得的成果大大促进了同位素学科发展以及人才成长和团队建设。

区域地质图数据库建设(中南)成果报告(2011—2015)

提交单位:中国地质调查局武汉地质调查中心
项目负责人:刘凯
档案号:1061
工作周期:2011—2015年
主要成果:

(1)2011—2015年间,武汉地质调查中心组织中南地区湖北、湖南、广东和广西四省(区)地质调查院开展301幅1:5万区域地质图数据库和元数据库建设,并完成图幅的中期质量检查和成果数据的验收和复核工作。其中2011年度完成72幅(湖北16幅,湖南22幅,广东21幅,广西13幅);2012年度完成79幅(湖北22幅,湖南24幅,广东19幅,广西14幅);2013年度完成77幅(湖北21幅,湖南20幅,广东15幅,广西21幅);2014年度完成59幅(湖北13幅,湖南22幅,广东8幅,广西16幅);2015年度完成20幅(湖南15幅,广西5幅)。

(2)完成25幅数字填图与传统填图数据转换示范工作,实现了同源异构数据一体化管理与综合应用。

(3)逐步完善数据库建设方法和规范,经过逐年不断开展的区域地质图数据库建设工作,在工作中不断探索总结,寻找规律,逐渐完善区域地质图数据库的建库方法,形成完整的理论基础,为今后其他建库工作的开展奠定基础。

(4)基本形成了空间数据验收的方法和流程,针对1:5万区域地质图空间数据库的特点,结合相关标准,制定了对应的评分方法和成果评价等级。同时,在成果验收检查中使用了部分程序自动检查功能,实践证明计算机程序自动检查是可行的和高效的。通过前期的数据检查与验收,积累了丰富的

经验,基本形成了一套空间数据库验收的方法和流程,为本项目的顺利进行打下了基础,也为今后同类空间数据库的验收提供了行之有效的解决方案。

(5)形成完善的数据质量检查和管理方法,使生产数据质量得到进一步提高,保证了数据库的完整性、一致性。通过空间数据库的建立工作,数据生产单位均掌握了空间数据库的建设方法、工作流程、文档编录和成果表达方法。通过建库工作的实施,对相关数据库建设的指南也提出了相应的补充和修改的要求,为今后更好地进行空间数据库的建设奠定了坚实的基础。

(6)确保数据库现势性和稳定运行,创新数据管理方式和手段,提高数据管理和维护水平,对公益性地质数据进行综合、整理和二次开发,为地质调查信息化建设和数据资料社会化服务,提供了基础数据支撑。

(7)为大区中心和各省(区)地质调查院等数据生产单位培养了一批数据录入、数据检查和建库管理人才,提供了有力的人才保障。各数据生产与管理单位均配备了较为先进的计算机、绘图仪、扫描仪等硬件设施,同时配备了相应的建库软件,为项目的实施提供了物质保障。

广东雪山嶂铜多金属矿整装勘查区专项填图与技术应用示范成果报告

提交单位:广东省地质调查院
项目负责人:成先海
档案号:1074
工作周期:2014—2016年
主要成果:

(1)本子项目经过2年的工作,全面完成了野外工作量。基本明确了雪山嶂整装勘查区铜多金属矿的成矿地质体、成矿构造与成矿结构面,初步厘清了成矿蚀变特征。成矿地质体为该区发育的花岗闪长斑岩,成矿构造为矿区北北西向或北北东向断裂,成矿结构面为燕山期花岗闪长(斑)岩与碳酸盐岩接触带、泥盆系中喷流角砾岩以及石英砂岩与不纯碳酸盐岩之间的界面(硅钙面)。

(2)通过专项填图,对大宝山、金门2个重点工作区的铜多金属矿床的纵横向分带规律进行了总结,对铜多金属矿典型矿床进行研究,建立了成矿模式。

(3)开展物探技术方法试验,通过AMT、CSAMT、TEM、激电、重力等方法,与已知钻孔对比表明,重磁可以预测深部隐伏岩体,AMT、TEM、激电可以不同程度发现隐伏矿体,AMT定位隐伏矿体效果较好。通过本项目物探技术方法试验,提出了区内有效物探技术方法,建立了找隐伏矿物探模型。

(4)对大宝山重点工作区钻孔开展原生晕研究,研究认为大宝山重点工作区凡洞矿区北部存在3个化探异常段:主要为浅部(0~150m)铅锌异常段,中部(350~580m)铜多金属异常段,深部(690~760m)铜异常段。建议在凡洞矿区寻找铜硫多金属矿的同时,加强对金、铋等伴生矿种的研究及寻找。

(5)对大宝山和金门2个重点工作区的铜多金属矿床成矿作用和成矿规律进行了总结。认为大宝山铜多金属矿床,是典型多因素复合成矿矿床。早期为海西期火山成矿作用和喷流沉积成矿作用系统,晚期是斑岩型成矿系统;而金门重点工作区存在斑岩型成矿系统。

(6)发现了大宝山重点工作区泥盆系棋梓桥组的不纯碳酸盐岩和喷流沉积岩,以及海西期双峰式火山岩,可能是重要的成矿地质体,扩展了大宝山找矿思路和找矿前景;提出了燕山期斑岩内外接触带是大宝山和金门2个重点工作区的找矿靶区的认识。

(7)结合物化探资料,对重点工作区开展了找矿预测研究及潜力分析,对大宝山、金门、七星墩3个重点工作区典型矿床进行要素分析,建立了大宝山式斑岩型铜铅锌钨钼矿、大顶式矽卡岩型铁铜矿、蚀变破碎带型金银矿的找矿模型,预测了各类型、各矿种的找矿有利地段,并测算了重点工作区相应矿种的资源量,指出了相应矿种的找矿潜力。

(8)根据地表剥土工程取得的化学样,初步圈定了大宝山南部28线铅锌铜矿体、金门8线铁铜矿体,七星墩北部5线磁铁矿体。结合物化探资料,推测了各自深部延伸情况,提出了3个工程验证方案。

(9)编制广东雪山嶂整装勘查区系列图件37张,为该区找矿规律性研究提供了基础资料。

(10)对整装勘查区动态跟踪分析,与企业紧密结合,有效指导了该区找矿。

广东厚婆坳铜多金属矿整装勘查区专项填图与技术应用示范项目报告

提交单位:广东省地质调查院
项目负责人:刘建雄
档案号:1077
工作周期:2014—2016年
主要成果:

(1)编制了全区1∶10万、重点工作区1∶5万地质、物化探、矿产预测、勘查部署等基础图件60幅,为整装勘查区提供了翔实的基础资料。

(2)通过专项填图和综合剖面测制,查明了重点工作区成矿地质体、成矿结构面和矿化蚀变的空间展布特征,成矿地质体和蚀变的岩石矿物学特征。

(3)通过物探工作,结合专项地质填图资料和综合地质剖面资料分析,该区已知矿体物探异常明显,不同的矿体有不同的物探异常特征。分析认为该区采用大比例尺高精度磁测扫面-AMT、激电中梯-激电测深剖面的物探方法组合较为理想。

(4)通过对新寮嶂钻孔原生晕测量及地球化学研究,初步建立新寮嶂铜多金属矿区地球化学找矿模型,即斑岩型铜矿模型。经2线钻探验证,发现深部富矿包的存在,可以为今后研究矿床成因、成矿规律及成矿预测提供化探依据。

(5)通过对4个重点工作区专项填图和区内新寮嶂、厚婆坳、飞鹅山、莲花山4个典型矿床研究,并结合物化探成果,重点研究了成矿地质体、成矿结构面、成矿作用特征,构建了4个典型矿床的"三位一体"找矿预测模型。

(6)通过编制基础图件与典型矿床研究,总结了区域成矿规律,厘定出重点工作区矿产预测要素和本区热液脉型锡铅锌银矿和斑岩型多金属矿的区域预测要素,确定了各个重点工作区和全区的找矿方向,圈定预测靶区,预测了找矿地段,并对预测的资源量进行了估算。

(7)通过对厚婆坳整装勘查区进行综合预测区圈定,对全区和重点工作区进行了勘查工作的部署。

(8)通过大比例尺物化探工作和找矿预测研究,优选了新寮嶂重点工作区北部、中部,田东重点工作区飞鹅山,莲花山重点工作区鸡笼山、鸿沟山、莲花坳等成矿有利的靶区,提出了3个工程验证方案,并在田东飞鹅山进行了钻孔验证,效果良好。

(9)开展了整装勘查区跟踪评价与指导,及时提交半年及年度工作报告。上述成果为该区矿产勘查部署提供了重要依据,较好地完成了中国地质调查局下达的项目总体目标任务。

西南岩溶地区水文地质环境地质综合研究与信息系统建设阶段性成果报告

提交单位:中国地质科学院岩溶研究所
项目负责人:夏日元
档案号:1116
工作周期:2011—2015年
主要成果:

一、对西南岩溶地区1∶5万水文地质环境地质调查成果进行了系统梳理

(1)通过1∶5万水文地质环境地质调查,查明了岩溶地下水赋存条件,建立了岩溶地下河系统水循环理论。岩溶含水介质具有多重性,地下水赋存于孔、隙、缝、管、洞中。岩溶水流具有多相性,快速流与慢速流并存,达西流与非达西流并存,液相流、气相流和固相流并存。将岩溶地下水划分为地下河管道系统、溶蚀孔洞系统和裂隙介质含水系统3种类型,掌握了不同类型和不同尺度系统之间的水流交换规律。

(2)掌握了西南岩溶区干旱缺水状况,得出降水时空分布不均、岩溶强烈发育导致地表水快速渗漏和人类过度垦殖是造成干旱灾害的主要原因。除气象因素外,特殊的岩溶发育条件是造成干旱缺水的重要原因。地表溶蚀沟槽、岩溶漏斗及洼地、竖井与地下溶洞、岩溶管道等构成地面物质与能量迅速渗透转移的复杂介质结构系统,大气降水和地表水容易通过溶隙、落水洞等渗入地下,岩溶渗漏严重,而很薄的土壤覆盖层中水分又容易快速蒸发,造成"三天无雨便是旱,十天无雨地冒烟"的缺水现象。西南岩溶地区干旱的防治,需要从水资源合理开发、高效利用、科学管理和保护多方面入手,采取综合治理措施,提高综合抗旱能力。

(3)调查研究了岩溶石漠化的形成机理和分布状况。近几年石漠化综合治理取得了初步成效,年平均减少率为4%。碳酸盐岩层成土物质极少,土壤先天贫瘠,易产生水土流失,留下一片石海,产生石漠化。1999年到2015年,岩溶石漠化面积从113 509.74 km^2 减少到92 037.33 km^2,年平均减少率为2%。随着生态工程、退耕还林、天保工程、沼气的推广应用及人们生活观念的改变,石漠化现象已得到了明显的遏制和改善。但部分地区没有开展详细的地质调查工作,石漠化治理缺乏统一规划,具有盲目性,造林成活率和土地生产效率较低。如云南省丘北县、西畴县、罗平县、泸西县,贵州省修文县、普定县、平坝县、兴仁县及镇宁布依族自治县,广西大化瑶族自治县、富川瑶族自治县、都安瑶族自治县、天等县、南丹县等,石漠化恶化程度比较严重。

(4)调查了西南地区岩溶内涝灾害状况,得出调蓄能力差、地下岩溶通道排泄不畅是内涝灾害的主要成因。云南省岩溶区内涝灾害受灾耕地达271万亩;贵州省1950—1991年间发生岩溶内涝灾害525处,淹没土地30万亩;广西万亩以上内涝片有26片,面积178.6万亩。西南岩溶区地貌类型以峰

丛(溶丘)岩溶(谷地)为主,地表漏斗、落水洞等封闭的负形态比较发育。大气降雨到地面后,经短暂地表汇流后迅速渗入地下成为地下水,排泄通道以岩溶管道和裂隙网络为主。暴雨期,由于地下岩溶通道排泄不畅,地下水水位上升,并通过岩溶天窗和出水洞等溢出,淹没农田、村镇和道路,产生岩溶内涝灾害,给人民生命财产安全带来了威胁,成为岩溶山区农村经济发展的制约因素。

(5)创新性提出了堵洞成库、建柜蓄水、抽水调节和束流壅水4种岩溶地下水有效开发利用模式,通过示范推广,直接服务于脱贫攻坚。岩溶丘陵洼地区,在地下河内堵洞形成地表-地下联合水库,开凿隧洞引水灌溉和发电,发展生态经济;深切割峰丛洼地区,利用高部位表层岩溶泉水,建设调蓄水柜,发展立体生态农业;岩溶峰林平原和丘陵谷地区,建设抽水型地下调节水库,发展节水生态农业;断陷盆地区,周边地下水水径流带束流壅水,水资源联合调度,盆地内发展果粮基地。

采取堵洞蓄水、暗河截流、大泉壅水、钻井、大口井、斜井等多种方式,实施岩溶地下河和大泉开发利用工程12处,表层岩溶水调蓄20余处,岩溶蓄水构造钻探成井300多眼。总供水量达20×10^4t/d,解决了100多万人饮用水和50多万亩耕地灌溉用水问题。该成果服务于2009—2011年国土资源部组织的抗旱找水打井突击行动,在已经查明的富水区块和地下水水径流带快速定井,勘探成井率达到85%以上。勘探成井2 348眼,成功解决了520万人饮水困难。

(6)调查与研究相结合,在岩溶地下河水循环规律和水资源形成机制等方面取得了新进展。建立了降水、地表水与地下水转化示踪试验站2处,表层岩溶带及水文生态效应试验站1处,地下河探测技术试验站1处,岩溶水微污染处理技术试验站1处。进行了多重介质岩溶地下水资源评价模型研发。提交成果报告130份,出版专著32部,发表论文482篇。获国家发明专利2项,省部级一等奖3项,二等奖16项。

二、岩溶地下河系统野外监测试验基地

建成了岩溶地下河系统野外监测试验基地,在岩溶地下水循环规律、水资源形成机制等方面取得了进展。岩溶地下河系统——海洋寨底试验基地,位于广西壮族自治区桂林市东部灵川县内,流域面积33km²,中低山峰丛洼地和峰林谷地地貌。地下河系统结构完整,东西边界为非碳酸盐岩隔水边界,北部为地下分水岭,南部为地下河集中排泄带。系统内明流与暗流相间,多次循环,具有研究岩溶地下含水介质结构和水流运动规律的典型条件,对西南岩溶区具有很好的代表性。基地设施包括三部分:野外水文地质WFX-40型浮子式水位记录仪、多参数水质监测仪、Mini-Diver气象监测系统等。

开展的主要研究内容有:①岩溶地下河系统自动化监测技术研究。包括岩溶水文地质系统不同水文地质要素监测方法,数据自动传输与地下水动态变化规律研究;②岩溶地下水循环研究与试验。包括降水、地表水与地下水三水转化机制,表层岩溶带、地下水系统对水资源的调蓄功能等;③地下水流动规律与不同介质水流交换机理。包括地下河管道水流、裂隙水流运动与相互交换规律;④地下河系统水质演变机理。包括地下河系统中溶质运移特征、化学离子的吸附和净化能力、微污水处理技术和污染防治等;⑤地下河系统水资源评价方法。包括地下河系统水资源评价方法与评价模型研发等;⑥地下岩溶探测技术方法研究。包括不同埋深、不同尺寸以及不同充填物条件下的地下岩溶探测技术,岩溶含水介质结构地球物理模型研究等。

三、岩溶水文地质环境地质信息系统

开发了岩溶水文地质环境地质信息系统,建立了西南岩溶区水文地质环境地质调查数据库(图4-6)。自主开发了野外调查数据录入系统、岩溶水质分析系统、典型监测点数据库分析系统和岩溶地质

调查数据综合管理平台,实现了野外典型监测站数据的自动采集、无线传输和自动化处理。自主开发了栅格数据查询与分析系统,可实现基于栅格数据模型下多专业图层要素的多图层查询与相关分析。

图 4-6 信息系统主界面

湖南凤凰-花垣地区难选碳酸锰矿综合利用研究成果报告

提交单位: 中国地质大学(武汉)
项目负责人: 鲍征宇
档案号: 1126
工作周期: 2013—2015 年
主要成果:

本项目以湖南凤凰塘坨矿区和花垣民乐矿区低品位碳酸锰矿为研究对象,通过对低品位碳酸锰矿的工艺矿物学研究、选矿药剂研制、选矿工艺研究及尾矿制备透水砖等的多个相关课题进行技术攻关,降低目前可利用低品位碳酸锰矿的入选品位为(10±2)%,盘活部分"呆滞"锰矿山,有效释放可利用锰矿资源量;研制的浮选剂和浮选工艺能将大量难处理的低品位碳酸锰矿石开发成优质锰精矿,为锰矿企业开发利用低品位碳酸锰矿提供工艺参数和技术支持;实现我国锰矿的可持续发展,对促进区域经济、社会发展、环境保护都将起到重要作用。

(1)完成了中国地质调查局项目"湖南凤凰-花垣地区难选碳酸锰矿与紫阳-恩施地区硒资源综合利用研究"的研究内容,并达到了各项考核指标,研究成果经过第三方检测,满足相关行业标准及国家标准要求,培养研究生 8 名,发表 SCI 论文 4 篇,EI 论文 2 篇,中文核心论文 1 篇,授权国家发明专利

1项。

(2) 通过矿石的工艺矿物学研究,确定了矿物组成、化学成分、嵌布粒度及赋存状态。该地区锰矿含锰品位为9.93%,属于低品位锰矿石,含锰矿物为菱锰矿,脉石矿物主要为石英、白云石、黄铁矿、石膏、伊利石和磷灰石,还含少量碳质等。菱锰矿主要呈条带状(宽2.0~15.0μm)充填于白云石粒间或裂隙间;少量呈粒状、鲕状颗粒(粒径0.2~0.5μm),吸附在伊利石表面及片层间。由此可知,菱锰矿与脉石矿物较难分选利用。

(3) 通过对脂肪酸进行结构修饰和功能基团的衍生化,研制了一种新型羟肟酸类浮选剂Dd-21,具有熔点低、选择性强、添加量少等优点,同时对比市售捕收剂pj-108,锰精矿品位提高2.38%,回收率提高12.02%。

(4) 浮选剂Dd-21合成逐级扩大试验,确定了浮选剂Dd-21的原料配方,优化了制备反应条件,达到中试实验规模20L的反应釜浮选剂合成(图4-7),单批次获得产品大约3 000g。通过对不同规模合成的浮选剂进行浮选实验,经过"一粗一精一扫"的选矿工艺流程,获得锰品位18%以上,锰回收率80%以上的选矿指标。根据酸值测试以及红外谱图分析,中试实验合成的捕收剂Dd-21与实验室小试基本一致,浮选剂有效成分含量大于90%(图4-7)。

图4-7 中试试验所用20L反应釜

(5) 矿石采用自主研发的Dd-21的浮选剂,经"一粗一精一扫"的浮选选矿工艺可将品位为9.93%的锰矿提升至18.84%,获得回收率84.85%的良好浮选指标,达到优质锰精矿的要求。

(6) 研究了碳酸锰矿与浮选剂的作用机理:通过对比锰矿与捕收剂作用前后的粒度,揭示捕收剂对菱锰矿的疏水团聚作用。Zeta电位测试分析了浮选药剂与矿物表面的作用机理,表明捕收剂在菱锰矿表面主要以化学吸附为主。根据菱锰矿与捕收剂作用前后的红外光谱测试,证明加入捕收剂之后,捕收剂在矿物表面发生了吸附,且存在化学吸附。

(7) 以锰尾矿为主要原料(70%),添加适量水泥和造孔剂等,经静压成型制备了锰尾矿透水砖,抗压强度达到34MPa,透水系数(15℃达到$1.2×10^{-2}$cm/s)和抗折强度(3.5MPa)达到建材行业标准《透水砖》(JC/T 945—2005)与国家标准《透水路面砖与透水路面板》(GB/T 25993—2010)的要求。

湖北鄂州莲花山-黄石铁山铁多金属矿整装勘查区专项填图与技术应用示范报告

提交单位: 中国冶金地质总局中南地质勘查院
项目负责人: 陈旭
档案号: 1132
工作周期: 2014—2015年
主要成果:

（1）"大冶式铁矿"成矿地质体、成矿构造及结构面、成矿作用特征标志的研究及其浅部分布和深部推断。该子课题由中国地质大学（武汉）紧缺矿产资源协同创新中心完成，开展了整装勘查区典型矿床研究、岩浆岩成矿专属性研究工作。该项研究工作划分了典型矿床成矿地质体、成矿构造及结构面，建立了典型矿床成矿模式，构建了整装勘查区找矿地质模型并提出各典型矿床深部找矿方向，改变了以往对区内矿床成因的一些认识。经野外实地调查，对岩矿测试分析成果及以往科研成果开展了多方面、多层次的研究。本次工作资料翔实，成果可靠，对今后找矿勘查工作有较好的指导意义。

（2）整装勘查区物探综合研究及异常优选。该子课题由中国地质大学（武汉）地质调查研究院完成，开展了整装勘查区各比例尺重磁资料的精细反演解释。此次工作采用重磁 2.5/3D 反演方法技术、小波分析方法、边界识别方法等技术方法对整装勘查区内各种比例尺范围性、剖面性重磁资料进行精细处理解释，较好地绘制了各岩体的空间三维形态，圈定了各岩体的空间范围，预测了各岩体在深部的空间特征，尤其是预测了铁山岩体北缘-鄂城岩体范围岩体、接触带的空间特征，在金牛火山岩区、柯家山矿床南部预测存在隐伏岩体，极大地拓展了整装勘查区内的找矿空间。在碧石-陈家湾、鸡子山-螺丝山重点工作区均圈定了找矿有利地段，对整装勘查区找矿工作有很好的指示作用。

（3）综合找矿预测。本次找矿预测研究工作采用"三位一体"的找矿预测方法。即应用"成矿地质体理论"，在全面收集地质、物探、矿产资料的基础上，开展综合研究工作。根据典型矿床研究、成矿规律研究和找矿预测关键基础地质问题的研究成果，厘定成矿地质体、成矿构造及结构面，总结接触带蚀变矿化特征和物化探异常特征等成矿作用特征标志，并研究其地质特征。构建"三位一体"的找矿预测地质模型，去粗存精、去伪存真、分清主次，确定找矿预测要素，并通过研究模型区和预测区的要素特征，进行模型类比研究和找矿预测。经过找矿预测工作及专家研讨，本次工作共圈定 19 个最小预测区，其中 1 级最小预测区 5 个，2 级最小预测区 8 个，3 级最小预测区 6 个。其中优选出 4 个找矿靶区，即鄂州市广山-泽林铁矿找矿靶区、鄂州市磨石山-花梅垴铁铜多金属矿找矿靶区、大冶市余华寺矿床深部及外围铁矿找矿靶区和大冶市刘家畈-螺丝山铁矿找矿靶区，建议整装勘查工作优先考虑安排工程，进行勘查。整装勘查区内预测资源量总计：铁矿石 3.33×10^8 t，铜 10×10^4 t。

（4）"大冶式铁矿"重点工作区专项填（编）图。完成鄂州市碧石-陈家湾重点工作区和大冶市鸡子山-螺丝山重点工作区专项填图 $41.3km^2$，编制重点工作区地质矿产图、建造构造图。填图及编图工作质量符合设计及规范要求。

（5）大比例尺物化探技术方法应用示范。完成鄂州市碧石-陈家湾重点工作区 204 线 1∶5 000 磁法剖面测量 8km/1 条，大冶市鸡子山-螺丝山重点工作区 8 线、20 线、29 线、33 线 1∶2000 磁法测量、重力剖面测量 6km/4 条，CSAMT 共 240 点，并进行反演解释。野外施工及室内工作质量均符合设计及规范要求。

（6）基础系列图件专题编图。编制整装勘查区 1∶5 万基础系列图件 16 张，重点工作区 1∶1 万基础系列图件 9 张，并完成了数据库建设。图件编制及数据库建设均符合设计及规范要求。

（7）成矿规律及远景。本次研究重点对区内铁矿成矿地质条件、主要铁矿床地质特征、成矿地质体及成矿作用特征标志与接触带构造形态产状和深部产出特征进行推断。结合前人研究成果，本次研究认为鄂州莲花山-黄石铁山铁多金属矿整装勘查区主要铁矿区成矿条件很好，主要控矿构造——接触带深部变化仍然比较复杂，深部还存在较大资源潜力，具体找矿方向重点考虑在接触带构造与物探异常叠加部位寻找接触交代型矿体，对于铁山矿田、金山店矿田和灵乡矿田除了注意寻找接触交代型矿体外，在断裂构造或断裂与其他构造叠加部位应注意寻找矿浆贯入式矿体。

第五章　综合研究与境外地质类

全国重要矿物岩石和化石调查与编图成果报告

提交单位：中国地质调查局武汉地质调查中心
项目负责人：宋芳
档案号：1006
工作周期：2013 年
主要成果：

一、观赏石区域地质背景总结

观赏石文化在中国古而有之，对于观赏石的文化、审美、收藏意义等方面研究已经深入开展。但是，作为一种地质过程的产物，对观赏石地质属性的研究零散、模糊，尤其对于观赏石资源与区域地质背景之间的关系，尚未见系统总结。本项目工作中，以中国大地构造分区的 9 个一级构造单元为单位，依据《中国观赏石资源分布图集》所涉及的 2 308 个观赏石资源产地信息，对各大地构造分区内的观赏石资源做初步总结，着重强调观赏石资源作为多期地质作用产物，与所处大地构造分区地层分布、构造发展等之间的关系，为观赏石资源保护和开发提供参考。

二、清江画面石图案地质成因研究

针对观赏石地质成因研究不系统的现状，选取产于鄂西清江流域的清江画面石作为重点石种，对其原石层位——泥盆系云台观组进行野外调查及采样（图 5-1），样品进行薄片鉴定及主量元素分析，提出其石面图案的地质成因。清江画面石原石主要为中泥盆统云台观组灰白色石英砂岩，其具有观赏价值的关键因素是构成画面的各类"图案"，本项目工作中将"图案"划分为 3 种类型——线型、条带型和梳型（图 5-2）。在野外调查基础上，通过岩石特征、微观结构构造、地球化学等综合对比分析，对清江画面石的 3 种类型"图案"的地质成因进行初步讨论，认为线型（即裂隙）的形成可能与燕山期或之后区域构造活动有关，条带型（即层理）形成于泥盆纪的原生沉积构造，而梳型则可能由于外来物质在成岩期后沿着层理面或纹层面向下渗流而成，其可能形成于燕山期之前，但需进一步研究确定。3 种图案的不同颜色，是由含有铁锰质氧化物的地下水或地表径流水等沿裂隙、层理面或渗流面浸染或部分交代填隙物而成，在现代河流下切作用下，崩落入水，经流水搬运、冲刷，最终形成清江画面石。

图 5-1 清江画面石图案野外露头

图 5-2 清江画面石梳型图案

三、重要观赏石石种地质属性检测

针对观赏石研究中,对观赏石地质属性重视不够的问题,项目组在中国观赏石协会及相关省、市、自治区观赏石协会协助下,对甘肃、内蒙古、四川、广东、海南、福建、湖北、广西、贵州、安徽、山东、江西、陕西、湖南、宁夏、云南及河北共17个省市自治区的337种重要观赏石石种进行了地质属性检测,检测内容包括各石种的岩性、主要矿物成分、结构构造、硬度、密度、放射性及赋存时代等。

四、提出《中国观赏石图谱编撰草案》

近年来,观赏石文化发展进入新的阶段,但少有完整、系统的观赏石图谱面世,对经典古石和当代精品石介绍均不够全面,对以往"石谱"中对观赏石精品地质属性介绍不够的遗憾也未能弥补。针对这种情况,项目组与中国观赏石协会合作,经过专家讨论,提出《中国观赏石图谱编撰方案》(草),为下一步工作确定了方向。

中南地区地质调查项目组织实施费项目成果报告

提交单位:中国地质调查局武汉地质调查中心
项目负责人:廖西蒙
档案号:1060
工作周期:2015年
主要成果:

通过工作,全面完成了项目任务书规定的各项任务目标。组织完成了中南地区2016年2个工程14个二级新开项目立项论证工作、2个工程5个项目97个子项目的续作考核;组织完成了2015年2个项目3个标段以及武汉地质调查中心委托业务16个标段竞争性选择承担单位工作;组织完成了2015年3个工程111个项目的设计审查工作、设计复核和审批工作;完成质量检查项目20个、经费使用情况检查项目6个,统计质量检查承担单位项目14个;组织完成野外验收项目34个、成果报告审查62个、经费使用情况总结报告审查71个;按时按质完成了技术、经费决算,统计报表审查、汇总和上报工作;组织完成了中南地区地质项目成果总结和评估工作、中南地区地质调查预算标准跟踪评估工作;开展了中南地区技术、经济培训工作;接受地质项目成果资料106份,开展成果登记36个。项目经费500万元,支出500万元,无结余。通过项目实施,培养了一支优秀的项目管理队伍,确保了地质矿产调查评价专项项目在中南地区顺利实施,取得相应成果,并服务社会。

中国气候变化岩溶沉积记录调查成果报告

提交单位:中国地质科学院岩溶地质研究所
项目负责人:张美良
档案号:1152
工作周期:2013—2015年
主要成果:

经过3年的洞穴滴水、现代洞穴次生化学碳酸钙($CaCO_3$)-石笋的动态监测、石笋的$^{230}Th-U$系测年及同位素记录研究,主要成果如下:

(1)5a/4阶段的分界或转换年代。经对2个洞穴中的D11、D21和YK7 3个平行石笋进行高精度的^{230}Th系测年和高分辨率的碳、氧同位素分析,获得了3个石笋氧同位素曲线,记录具有非常高的一致性,并精确地确定了5a/4阶段的分界年代73.5±0.4ka B.P.。

(2)末次冰期(MIS4-MIS2阶段)的季风气候记录的标准时间标尺。经对贵州荔波董哥洞D48石笋、D46石笋、D41石笋、D11石笋、都匀Q4石笋和重庆金佛山羊口洞YK7石笋等的高精度$^{230}Th-U$测年和高分辨率的碳、氧同位素分析,重建了9~2万年以来的季风气候记录的标准时间序列。研究表明,末次冰期的气候是异常不稳定的,存在千年尺度的气候快速振荡事件,这些快速振荡事件中气候可以在几十年甚至更短的时间内发生像冰期-间冰期气候那样的波动,揭示不同地区、不同沉积记录的末次冰期的气候变化,不仅具有全球性而且还表现出很强的区域性特征。

(3)石笋^{13}C记录气候冷事件和生态环境。据重庆金佛山羊口洞和贵州荔波董哥洞9~6.5万年间(同时间段)的3根平行石笋的^{13}C值与$\delta^{18}O$记录,揭示^{13}C与$\delta^{18}O$记录具有非常一致的变化趋势,没有明显的滞后期。石笋的^{13}C与$\delta^{18}O$记录一样,不仅揭示出5a/4阶段的分界年龄(73.5ka)和气候冷事件,而且揭示9~6.5万年间石笋中的^{13}C值主要来自大气CO_2和C4植物的$\delta^{13}C$,反映重庆金佛山和贵州董哥洞两地的地表生态环境极其恶劣,2个洞穴顶部峰体没有C3植物存在,基岩裸露,岩石裂隙、缝(孔)隙发育,推测在9~6万年间可能发生过天然的岩溶石漠化过程。

(4)1.6万年以来高分辨率石笋记录的冷事件。1.6万年以来石笋的高分辨率同位素记录揭示了一系列千年尺度的季风气候事件,如H1、OldestDryas、Allerφd-Bφlling和YoungerDryas等冷事件,并对t-BA的转换时间进行了精确的定位,年龄为15.3ka B.P.,YD年龄为11.8~11.3ka B.P.,其分辨率达4~6a;同时,还揭示了全新世记录的一系列百年尺度的季风气候事件,如9 200a、8 200a、7 000a、5 500a、4 500~4 200a、2 800a、2 000a和200a等短时间尺度的冷事件、中世纪暖期和现代升温期等。

(5)现代洞穴滴水、碳酸盐沉积物——石笋记录的替代指标的精确解译。现代洞穴滴水、碳酸盐沉积物——石笋的动态监测研究表明,在短时间尺度上,洞穴滴水、同时期沉积的碳酸盐岩(石笋)的$\delta^{18}O$与大气降水的关系极为密切,继承和反映了大气降水的信息,或主要代表季风和降水信息。而其新沉积的碳酸盐岩(石笋)$\delta^{18}O$的定性指标为$\delta^{18}O$值越负,则反映的气温越高,夏季风越强;反之,气温越低,冬季风较强。所以,由现代洞穴监测获得的这些指标,可以作为精确解译历史时期石笋记录信息的替代指标。

关于近1000a以来的研究表明,世纪尺度、十年尺度的洞穴沉积物的气候环境记录受控于季风降水,表现为明显的"环流效应"。

短时间尺度石笋氧同位素记录,可以示踪大气降水的来源和路径,揭示季风环流的转换对气候环境的影响及季风环流与全球增温的关系等。

曾一度沦为古气候研究薄弱环节的陆地地质记录,当前由于洞穴沉积物的利用和具有沉积连续性好、时间跨度长、受外界的干扰少、保存的信息完整、分辨率高、可对比性强及适合于高精度的$^{230}Th-U$系测年等特点,故成为当今古气候环境研究的重要突破方向和领域。

中印合作苏门答腊岛优势矿产资源潜力调查评价成果报告

提交单位:中国地质调查局武汉地质调查中心
项目负责人:胡鹏
档案号:1062
工作周期:2015年
主要成果:

本项目工作区为印度尼西亚苏门答腊岛,该岛地处欧亚板块与印度-澳大利亚板块碰撞过渡带,板块碰撞、俯冲,形成工作区特有的沟-弧-盆构造格架,造就了该岛丰富的矿产资源。本项目拟针对该岛铜、金等优势矿产资源,通过低密度地球化学、典型矿床解剖、矿点检查等,摸清成矿规律,对其矿产资源潜力进行科学评价。项目原计划实施周期为2015—2017年,受系统项目调整的影响,本年度未实施野外工作即结题。

室内工作形成的主要成果包括:通过研究前人资料,在系统梳理苏门答腊岛区域地质背景、典型矿床地质特征的基础上,对该岛成矿规律进行了初步总结,并提出下一步工作建议;积极与印度尼西亚地质局资源中心主任、官员和专家沟通,达成了在2016年初召开的中国-东盟矿业合作论坛期间签署项目合作协议的共识,拓展中印地学合作;收集了工作区地理地质矿产图件28幅,文献资料12份;编绘了1:25万低密度地球化学采样点位图13幅;4人参加了2015年7月由中国地质调查局物化探研究所举办的地球化学填图培训。

阿拉伯半岛成矿区地质背景及资源潜力分析结题报告

提交单位:中国地质调查局武汉地质调查中心
项目负责人:李闫华
档案号:1063
工作周期:2015年
主要成果:

(1)初步建立了中阿国际合作渠道。本项目2015年度主要任务为资料收集工作,通过邮件与也门、沙特阿拉伯等国取得了联系,但因该地区安全形势紧张,联系渠道不稳定。基于此项目组密切关注相关国家地质调查机构网站,紧密跟踪最新地质调查和研究成果,初步建立了中阿合作联系渠道。

(2)初步构建区域地质资料库。项目主要通过中国地质图书馆、中国地质调查局发展研究中心、美国地质调查局、德克斯萨大学奥斯汀分校等机构获得与项目相关的已有地质矿产资料,共收集资料数据200余份,地质图件100余幅。对已收集资料进行梳理,按照地区、国别、类型等进行分类。选择重点国家或地区、重要地质或矿产资料进行了翻译;对区域性和重点国别图件进行了矢量化。通过以上工作,初步建立了阿拉伯半岛成矿区地质矿产资料库。

(3)编制了阿拉伯半岛成矿区1∶250万地质矿产简图和阿拉伯半岛1∶500万优势矿产资源成矿区带划分图。以该地区1∶400万地质图为基础,结合该地区最新发表研究成果综合后完成,图件汇集了收集的矿点地信息,由于各国图件收集进度不统一,该简图只完成框架性的内容。图件后续的补充和完善,将在新开埃及领区矿产资源评价二级项目中实施。

(4)总结了阿拉伯半岛成矿区地质演化史。通过资料收集和梳理,总结了阿拉伯半岛成矿区地质演化史。对该地区从前寒武纪至今的整个地质演化史有了一个清晰的认识,为后续该地区地质矿产研究奠定了基础。

(5)总结了阿拉伯地盾区成矿地质背景与矿床成矿类型的关系。在现有资料基础上,总结了阿拉伯地盾区成矿地质背景与矿床成矿类型的关系,为下一步成矿规律研究和资源潜力分析指明了方向。

(6)项目收集的资料目录已在2015年中国地质调查局境外地质信息发布会上对外公开,并上传至武汉地质调查中心建设的海上丝绸之路地学数据共享平台,供地质矿产企事业机构免费检索使用。

海上丝绸之路境外矿产资源潜力综合分析与成果应用结题报告

提交单位:中国地质调查局武汉地质调查中心
项目负责人:高小卫
档案号:1029
工作周期:2015年
主要成果:

(1)国际合作方面:①和斯里兰卡地质局来华培训地质官员进行了沟通交流,了解其国家合作的需求,了解了地质工作程度及资料情况,为下一步合作打下了基础。②在2015年矿业大会期间,和埃塞俄比亚矿产能源部部长进行了交流,双方就合作进行了沟通;与厄立特里亚矿产能源部部长举行洽谈并签署了项目合作协议。

(2)收集、整理、翻译了大量资料:①收集了东南亚各国覆盖全国的1∶25万地形图,部分1∶5万和1∶50万地形图,共计1613幅;②整理、梳理了东南亚资料1900条、非洲资料1100条,整理矿业活动信息1895条;③收集了地质类图件348幅,文献报告78份;④收集了海上丝绸之路沿线国家最新发表的论文42篇;⑤收集了海上丝绸之路沿线16个国家或地区的2015年国别投资指南;⑥收集了东盟十国最新的有关矿产法、矿业法、劳动法、投资法、环境法等39部法律文件,其中翻译整理32部,汇编为1册,内部出版,提供给社会使用;⑦收集了东南亚的优势矿产资源中的金矿床、铜矿床、铝土矿床、铬铁矿床、铁矿床和钾盐矿床等典型矿床25处资料,对其地质矿产特征进行了汇总。

(3)编辑了2期"海上丝绸之路勘查开发活动简报",并提供给有关地勘单位和企业。

(4)编制完成了中新经济走廊带、孟中印缅经济走廊带优势矿产资源图。

(5)对东南亚地区的区域成矿地质背景进行了总结,对矿产类型进行了划分,并对主要矿种典型矿床地质特征进行了总结论述。

(6)对东南亚的优势矿产资源潜力进行了分析总结,对矿业政策、投资环境进行了论述并提出了对中国企业的投资建议。

(7)建设完成了"海上丝绸之路数据共享平台",并在武汉地质调查中心网站上线。建设完成了海上丝绸之路正在进行矿业活动的矿床数据库。

(8)在社会服务方面,为湖南有色地勘局、河北地矿局地质5队、陕西有色金属控股集团、山东正元集团、湖北地质局地质4队、湖北地质局物探队等地勘单位、矿业公司提供了技术咨询并提供了图件和地质报告。

主要参考文献

白云山,田巍,王强,等.湖南涟源地区1∶5万页岩气地质调查成果报告[R].2016,8.
柏道远,姜文,熊雄,等.湖南零陵地区1∶5万页岩气地质调查成果报告[R].2016,10.
蔡锦辉,李林,韦昌山,等.老矿山典型矿床成矿规律总结研究成果报告[R].2016,1.
蔡锦辉,韦昌山,韦龙明,等.广东大宝山钼多金属矿、广西泗顶铅锌矿床成矿规律总结研究报告[R].2013,9.
曹飞,文玲,宋延乔,等.海南省昌江-东方地区矿产地质调查成果报告[R].2016,7.
陈必河,郑正福,陈剑锋,等.湘东地区花岗岩与成矿关系研究成果报告[R].2016,5.
陈端赋,陈长江,龚述清,等.湖南通天庙地区矿产地质调查成果报告[R].2016,12.
陈端赋,陈曦,田旭峰,等.湖南省新田县新圩-龙溪地区矿产地质调查成果报告[R].2016,12.
陈开红,姚腾飞,周锋萍,等.湖南新田县重点地区岩溶水勘查与开发利用示范报告[R].2016,4.
陈立德,邵长生,路韬,等.长江中游城市群地质环境调查与区划综合研究成果报告[R].2016,11.
陈孝红,张保民,李海,等.中扬子地区页岩气新层系调查评价成果报告[R].2016,8.
陈旭,吕宇,何谋惷,等.湖北鄂州莲花山-黄石铁山铁多金属矿整装勘查区专项填图与技术应用示范报告[R].2016,7.
陈郑辉,孟贵祥,王登红,等.南岭大型矿集区深部评价技术方法研究[R].2016,1.
成秋明,左仁广,张生元,等.覆盖区矿产预测综合研究与成果汇总成果报告[R].2015,12.
成先海,梁新权,范运岭,等.广东雪山嶂铜多金属矿整装勘查区专项填图与技术应用示范成果报告[R].2016,9.
但家军,陈以春,张禹,等.湖北随县草店-殷店地区矿产地质调查成果报告[R].2016,11.
丁振举,何谋惷,周江羽,等.中上扬子地块东南缘Pb-Zn-Ag-V矿床成矿规律与成矿模式研究成果报告(2014年度)[R].2016,7.
董雪梅,刘丽,刘庆超,等.广西壮族自治区贺州市城市环境地质调查评价报告[R].2010,12.
段其发,曹亮,周云.湘西-鄂西成矿带资源远景调查评价成果报告[R].2016,8.
范川,周晓宁,李正华,等.湖北蕲春狮子口地区矿产地质调查成果报告[R].2016,11.
符尤隆,张东强,王晓林,等.海南1∶5万景心角幅、白莲市幅环境地质调查报告[R].2016,10.
付建明,程顺波,卢友月,等.南岭成矿带资源远景调查评价成果报告[R].2016,8.
高小卫,陈开旭,向文帅,等.海上丝绸之路境外矿产资源潜力综合分析与成果应用结题报告[R].2016,8.
关义涛,张陵,胡祥胜,等.江汉-洞庭平原地下水资源及其环境问题调查评价(湖北)成果报告[R].2015,11.
郭林志,曾志方,唐宪邦,等.湖南阳明山地区矿产地质调查成果报告[R].2016,8.
郭跃品,马荣林,张固成,等.海南省典型地区多目标地球化学调查成果报告[R].2016,10.
郝玉军,段建良,罗卫,等.广东龙川县石马地区银铅锌多金属矿调查评价报告[R].2015,12.
何卫平,梅金华,潘柏荣,等.湘南有色金属、煤炭矿区矿山地质环境调查报告[R].2016,12.
何文熹,崔放,徐宏根,等.湖北省矿产资源开发环境遥感监测成果报告[R].2016,9.
何愿,蒋力,刘丽,等.广西壮族自治区城市环境地质调查评价报告[R].2010,12.
何愿,蒋力,刘丽,等.广西壮族自治区崇左市城市环境地质调查评价报告[R].2010,12.
何愿,蒋力,刘丽,等.广西壮族自治区防城港市城市环境地质调查评价报告[R].2010,12.
何愿,蒋力,刘丽,等.广西壮族自治区贵港市城市环境地质调查评价报告[R].2010,12.
胡俊良,刘劲松,刘阿睢,等.湖北木子店-安徽吴家店地区矿产地质调查报告[R].2016,8.
胡鹏,张海坤,朱章显.中印合作苏门答腊岛优势矿产资源潜力调查评价成果报告[R].2016,12.

胡在龙,袁海军,吕昭英,等.海南1∶5万铺前市、景心角、三江、翁田、大致坡幅区域地质调查报告[R].2016,9.

黄春阳,黄之巍,李世通,等.广西左江岩溶流域水文地质环境地质调查报告(龙州县幅、鸭水滩幅)[R].2016,10.

黄栋声,江思义,李春玲,等.南宁城市规划区地质环境综合调查报告[R].2016,9.

黄圭成,夏金龙,丁丽雪.湘桂粤地区早古生代岩浆岩岩石-构造组合与时空格架成果报告[R].2016,8.

黄国彬,黄栋声,岳志升,等.广西1∶5万企沙幅、犀牛脚幅、常乐圩幅、公馆圩幅环境地质调查报告[R].2016,3.

黄国彬,江思义,刘昶,等.北部湾经济区环境地质调查报告[R].2016,3.

黄景孟,赵生贵,韩杰,等.湖北房县西蒿坪地区矿产地质调查报告[R].2016,12.

黄兰英,刘丽,李春玲,等.广西壮族自治区钦州市城市环境地质调查评价报告[R].2010,12.

黄希明,何愿,蒋力,等.广西壮族自治区来宾市城市环境地质调查评价报告[R].2010,12.

黄希明,李双利,郭远飞,等.广西龙胜县地质灾害详细调查报告[R].2009,5.

黄祥林,陆刚,吴立河,等.广西1∶5万印茶幅、向都幅、东平幅、天等县幅、大新幅区域地质调查报告[R].2016,12.

黄幼平,肖明顺,陈旭,等.湖北鄂城-灵乡地区铁铜多金属矿调查评价报告[R].2016,8.

蒋力,冯红,刘丽,等.广西壮族自治区玉林市城市环境地质调查评价报告[R].2010,12.

蒋力,吴福,冯红,等.广西壮族自治区桂林市城市环境地质调查评价报告[R].2010,12.

金尚刚,王鹏飞,张行行,等.湖北省大冶市阳新岩体西北段深部铜铁金多金属矿战略性勘查报告[R].2014,3.

康志强,黄春阳,黄之巍,等.广西重点岩溶流域水文地质及环境调查报告(1∶5万贺州市幅)[R].2016,7.

康志强,黄春阳,黄之巍,等.西南岩溶地区1∶5万水文地质环境调查报告(广西:钟山幅,平桂幅,公会幅,贺街幅,贺州市幅)[R].2016,6.

雷明堂,蒋小珍,戴建玲,等.重点地区岩溶塌陷调查综合研究成果报告[R].2016,12.

雷明堂,蒋小珍,戴建玲,等.珠三角地区(从化幅)岩溶塌陷灾害综合地质调查报告[R].2016,11.

雷天赐,刘慧,马敏,等.武当-桐柏-大别成矿带多元信息提取及深部找矿评价报告[R].2016,10.

黎义勇,赵幸悦子,张旺驰,等.华中地区煤层含铀性分析及其开发对区域地质环境影响调查评价成果报告[R].2016,11.

李朝灿,周冬冬,罗平,等.湖南省城步地区脉石英资源远景调查报告[R].2015,10.

李春玲,何愿,蒋力,等.广西壮族自治区河池市城市环境地质调查评价报告[R].2010,12.

李德威,胡祥云,刘雄军,等.珠江三角洲及周边地区控热地质构造调查研究成果报告[R].2015,10.

李海涛,邹安权,张源,等.典型地区岩溶塌陷监测与风险评价成果报告[R].2016,11.

李宏,孔令兵,刘立品,等.湖南省邵阳市崇阳坪地区矿产远景调查成果报告[R].2016,9.

李慧娟,刘帅,杨琛,等.丹江口库区堵河流域地质灾害调查成果报告(峪口幅、秦口幅)[R].2015,12.

李佳平,李梦迪,魏道芳,等.中南地区地质调查项目组织实施费项目成果报告[R].2016,12.

李莉,庞迎春,李继涛,等.地质调查数据集成与服务系统建设(中南)成果报告[R].2016,11.

李丽,钟昶,董丽娜,等.三沙市岛礁遥感综合调查与监测成果报告[R].2015,12.

李明,常宏,伏永朋,等.长江上游宜昌—江津小流域地质灾害调查与早期预警磨刀溪流域地质灾害调查成果报告[R].2017,3.

李山坡,丁见广,陈新,等.河南省新县南部地区矿产地质调查报告[R].2015,12.

李胜苗,文春华,罗小亚,等.湖南三稀资源综合研究与重点评价成果报告[R].2016,4.

李帅,肖书阅,王三丁,等.湖南常德-会同地区金刚石调查评价成果报告[R].2016,10.

李双应,程成,柴广路,等.桐柏-大别造山带北侧新元古代—古生代地层、沉积与构造演化成果报告[R].2016,8.

李伟,朱庆俊,李巨芬,等.云南1∶5万老寨街幅、文山县幅、老街子幅、平坝街幅水文地质调查成果报告[R].2016,1.

李旭兵,王保忠,田巍,等.湖南郴州地区1∶5万页岩气地质调查成果报告[R].2016,8.

李闫华,蔡锦辉,陈冲.阿拉伯半岛成矿区地质背景及资源潜力分析结题报告[R].2016,9.

李志超,江佳琳,陈育文,等.海南省矿产资源开发环境遥感监测成果报告[R].2016,9.

梁昌智,符策炜,龚皓,等.海南文昌航天城地质环境综合调查报告[R].2016,9.

梁靖,揭江,罗树文,等.雷州半岛1∶5万水文地质调查报告[R].2016,8.

廖振威,何卫军,黄诚,等.广西壮族自治区矿产资源开发环境遥感监测成果报告[R].2016,8.

林弟,王成,傅杨荣,等.海南省乐东县抱伦金矿接替资源勘查报告[R].2016,6.

林治家,王珍英,胡航,等.湖南省娄邵盆地多目标地球化学调查成果报告[R].2017,2.

刘丙秋,汤飞,胡海丰,等.湖南古丈地区矿产质调查成果报告[R].2016,9.

刘东宏,欧阳志侠,汪汝澎,等.广东阳春铜多金属整装勘查区成矿规律与找矿方向研究成果报告[R].2016,9.

刘红卫,柯立,胡元平,等.湖北省主要城市浅层地温能开发区1∶5万水文地质调查报告[R].2016,1.

刘建雄,肖惠良,邓中林,等.广东厚婆坳铜多金属矿整装勘查区专项填图与技术应用示范项目报告[R].2016,12.

刘金云,朱浩锋,余阳春,等.湖南省茶陵县湘东钨矿接替资源勘查报告[R].2016,4.

刘凯,李林,崔放,等.区域地质图数据库建设[中南(2011—2015)]成果报告[R].2016,12.

刘磊,梁学堂.湖北梅川-黄梅地区1∶5万高精度重力调查成果报告[R].2016,5.

刘丽,李春玲,蒋力,等.广西壮族自治区百色市城市环境地质调查评价报告[R].2010,12.

刘丽,李春玲,蒋力,等.广西壮族自治区南宁市城市环境地质调查评价报告[R].2010,12.

刘伟,徐文杰,玉启红,等.广西河池五圩锑多金属矿接替资源勘查成果报告[R].2017,1.

刘文军,郭锦,张洋,等.湖南潘家冲地区矿产地质调查报告[R].2016,9.

刘新建,陈英姿,郭杰,等.湘中地区(涟源县幅,坪上幅)岩溶塌陷调查报告[R].2016,6.

刘新建,陈英姿,郭杰华,等.湘中地区鸡叫岩幅岩溶塌陷调查报告[R].2016,11.

龙文国,周岱,柯贤忠,等.钦杭西段关键地区区域地质调查成果报告[R].2016,8.

鲁江,朱丽芬,徐雪生,等.湖南湘江流域部分地区多目标地球化学调查成果报告[R].2016,12.

鲁艺,蒋喜桥,闵钊,等.湖南省临武县香花岭锡矿接替资源勘查报告[R].2016,3.

罗华,何仁亮,张旭,等.湖北1∶5万宣恩县、洗马坪、高罗、沙道沟幅区域地质调查报告[R].2016,12.

罗士新,陈长敬,陈明,等.南岭地区深部隐伏花岗岩定位技术方法评价成果报告[R].2016,12.

马爱军,魏方辉,赵伟,等.湖南1∶5万官地坪镇、人潮溪、瑞塔铺、三官寺幅区域地质矿产调查成果报告[R].2016,6.

马丽艳,梅玉萍,付建明,等.中南重大岩浆事件及其成矿作用和构造背景综合研究报告[R].2016,12.

马腾,梁杏,邓娅敏,等.江汉平原重点地区1∶5万水文地质调查成果报告[R].2016,12.

宁钧陶,董国军,何恒程,等.湖南金井-九岭地区矿产地质调查成果报告[R].2016,12.

农军年,叶梆松,邱恩露,等.广西1∶5万坡头、木格、太平圩、古龙幅区域地质矿产调查[R].2016,12.

潘勇邦,康志强,廖柳芬,等.广西重点岩溶流域(广西百色市隆林-乐业地区)水文地质及环境调查报告[R].2014,12.

彭轲,何军,肖攀,等.武汉都市圈京广高铁沿线城镇群地质环境综合调查(咸宁幅)成果报告[R].2016,12.

彭练红,刘浩,邓新,等.武当-桐柏-大别成矿带关键地区地质调查成果报告[R].2016,8.

彭三国,朱江,龚银杰,等.武当-桐柏-大别成矿带资源远景调查评价成果报告[R].2016,9.

彭松青,陈启亮,张小强,等.湖南黄金洞地区矿产地质调查成果报告[R].2016,10.

彭晓晨,柳晓晨,陈保立,等.湖北野三河岩溶流域水文地质环境地质调查[R].2016,11.

彭中勤,周鹏,罗胜元,等.湖南吉首地区1∶5万页岩气地质调查成果报告[R].2016,8.

钱林丰,邱向荣,古锐开,等.广东省主要城市浅层地温能开发区1∶5万水文地质调查报告[R].2015,12.

区洪威,宫研,杨清泉,等.广西靖西县湖润锰矿接替资源勘查报告[R].2016,6.

阮岳军,姚海鹏,李旭杰,等.湖南重点岩溶流域水文地质及环境地质调查(㮾水流域)成果报告[R].2016,4.

阮岳军,姚海鹏,李旭杰,等.西南岩溶地区1∶5万水文地质环境地质调查(湖南:黄亭市幅、回龙寺幅)成果报告[R].2016,4.

邵长生,杨艳林,路韬,等.沿长江重大工程区地质环境综合调查(中游)成果报告(2015年度)[R].2016,11.

石少华,邹源,朱继华,等.湖南董家河地区矿产地质调查成果报告[R].2016,9.

宋芳,牛志军,杨博,等.全国重要矿物岩石和化石调查与编图成果报告[R].2014,5.

苏春田,唐建生,罗飞,等.西南岩溶地区1∶5万水文地质环境调查(湖南邓家铺幅、稠树塘幅)成果报告[R].

2016,4.

谭超,匡华,冷双梁,等.湖北随州-枣阳北部七尖峰地区矿产地质调查报告[R].2016,12.

谭建民,贺小黑,裴来政,等.资水流域柘溪段地质灾害调查2015年度成果报告[R].2017,3.

谭仕敏,刘邦定,周立同,等.湖南宝山地区矿产地质调查成果报告[R].2016,12.

唐建忠,信栋林,杜潮,等.湖南省桃源县牛车河-漆家河地区矿产地质调查报告[R].2016,9.

唐专红,潘罗忠,文件生,等.广西1:5万西凉、月里街、麻尾镇、尧山幅区域地质矿产调查成果报告[R].2016,9.

王传尚,刘安,曾雄伟,等.湖北宜昌-保康页岩气基础地质调查成果报告[R].2016,8.

王家杰,王球,孙汉勇,等.湖北郧西县湖北口地区矿产地质调查报告[R].2016,12.

王磊,金鑫镖,刘磊,等.雪峰古陆及邻区金刚石找矿选评价成果报告[R].2016,7.

王令占,涂兵,田洋,等.广西1:5万富川县、涛圩、桂岭圩、太保圩幅区域地质矿产调查报告[R].2016,11.

王宁涛,王清,黎义勇,等.贵港市小城镇水工环地质综合调查评价报告[R].2016,10.

王汝成,陆建军.钦杭构造结合带岩浆-基底演化及多金属成矿作用成果报告[R].2016,1.

王晓地,牛志军,贾小辉,等.南岭关键地区区域质调查成果报告[R].2016,8.

王旭,张志,王少军,等.湖北省矿产资源开发环境遥感监测成果报告[R].2016,8.

王忠忠,黄文龙,庄卓涵,等.珠三角地区(肇庆市幅、新桥镇幅)岩溶塌陷地质灾害调查报告[R].2016,6.

王宗起,武昱东,王刚,等.武当-桐柏-大别关键地区区域质调查成果报告[R].2016,9.

魏克涛,刘冬勤,李喆明,等.湖北省大冶市铜山口铜矿接替资源勘查报告[R].2015,11.

魏云杰,祁小博,陈红旗,等.三峡库区蓄水后环境地质问题及地质灾害研究报告[R].2016,7.

魏运许,徐大良,刘浩,等.湘西-鄂西关键地区区域地质调查成果报告[R].2016,12.

吴慈华,周宁,陈保立,等.西南岩溶地区1:5万水文地质环境地质调查成果报告(下坪幅、湾潭幅、鹤峰县幅、白果坪幅)[R].2016,3.

吴吉民,李逵,王树丰,等.清江支流地质灾害调查成果报告[R].2016,11.

吴祥珂,王新宇,梁国科,等.广西金刚石成矿条件及选区评价成果报告[R].2016,10.

吴云辉,伍学恒,马光辉,等.湖南祁阳地区矿产地质调查报告[R].2016,8.

武国忠,杨凤娟,赵艺,等.广东厚婆坳地区锡多金属1:5万潜力评价成果报告[R].2016,8.

夏斌,肖明顺,黄盛,等.湖北省阳新县赤马山铜矿接替资源勘查报告[R].2016,8.

夏日元,易连兴,曹建文,等.西南岩溶地区水文地质环境地质综合研究与信息系统建设阶段性成果报告[R].2015,12.

辛晓卫,申宇华,赵辛金,等.广西龙州-扶绥地区矿产地质调查成果报告[R].2016,6.

徐定芳,柏道远,肖立权,等.湖南1:5万铜官幅、长沙幅、大托铺幅、湘潭幅、下摄司幅、青山铺幅、株洲县幅、镇头市幅、普迹幅环境地质调查成果报告[R].2016,4.

徐定芳,范毅,何阳,等.长株潭城市群地质环境调查与区划成果报告[R].2016,4.

徐定芳,范毅,何阳,等.长株潭沪昆高铁沿线城镇群地质环境综合调查成果报告[R].2016,11.

徐宏林,杨清富,胡绍祥,等.湖北省十堰-丹江口地区多目标地球化学调查报告[R].2017,1.

徐启东,张晓军,杨振,等.大兴安岭南部草原覆盖区成矿地质背景研究与成矿要素综合推断成果报告[R].2015,12.

徐勇,连志鹏,郭春迎,等.鄂西南地区重要城镇地质灾害调查报告[R].2016,10.

严春杰,周凤,梁欢.湖南凤凰-花垣地区难选碳酸锰矿综合利用研究成果报告[R].2017,3.

阎春波,张保民,陈孝红.扬子地块西南缘志留纪—泥盆纪古地理演化与沉积成矿作用成果报告[R].2016,8.

杨红梅,刘重芃,蔡应雄,等.扬子周缘典型铅锌矿床同位素年代学研究成果报告[R].2016,7.

杨齐智,吴清生,蒋喜桥,等.湖南宝峰仙-彭公庙地区矿产地质调查报告[R].2016,10.

杨文强,牛志军,宋芳,等.湘黔桂地区新元古代—早古生代盆地类型及构造演化成果报告[R].2016,7.

杨小丽,李芳,黄惠兰,等.雪山嶂铜多金属矿床中元素、流体包裹体分析技术研究成果报告[R].2016,9.

叶茂华,陈武钦,王兰根,等.广东省韶关市大宝山铜多金属矿接替资源勘查报告[R].2016,6.

尹欧,杨帆,彭祖武,等.湘中地区岩溶塌陷调查(陈家坊幅、界岭幅)成果报告[R].2016,4.

尹欧,杨帆,彭祖武,等.湘中地区岩溶塌陷调查(灰山港幅)成果报告[R].2016,10.
尹欧,杨帆,彭祖武,等.湘中地区岩溶塌陷调查报告[R].2016,10.
余绍文,张宏鑫,刘怀庆,等.防城港地区水文质工程调查评价成果报告[R].2016,11.
玉强忠,严己宽,伍卓鹤,等.广东省北部矿集区找矿预测报告[R].2016,8.
曾美云,杨小丽,刘金,等.研制磷矿石成分分析标准物质和标准方法成果报告[R].2016,10.
曾永红,秦志伟,黄新华,等.湖南常宁地区矿产远景调查报告[R].2015,7.
张东强,符尤隆,柳长柱,等.三沙市水文地质工程地质调查评价2014年度成果报告[R].2016,9.
张东强,阮明,薛桂澄,等.海南岛1:5万翁田市幅、文昌县幅、冠南圩幅、崖县幅环境地质调查评价报告[R].2016,10.
张美良,朱晓燕,吴夏,等.中国气候变化岩溶沉积记录调查成果报告[R].2016,11.
张勤军,石树静,贝为昶,等.桂中地区岩溶塌陷调查(平山公社幅、江口公社幅)综合评价报告[R].2016,10.
张勤军,石树静,罗崴,等.桂中地区岩溶塌陷调查(洛满公社幅、三都公社幅)综合评价报告[R].2016,6.
张文胜,张宝钦,夏国平,等.湖北金牛-九宫地区矿产地质调查报告[R].2016,12.
张晓阳,陈珍宝,李纲,等.湖南1:5万石提镇、松柏场、施溶溪、军大坪幅区域地质矿产调查成果报告[R].2016,6.
张雄华,廖群安,李方林,等.天山戈壁沙漠覆盖区成矿地质背景研究与成矿要素综合推断成果报告[R].2015,12.
赵小明,邱啸飞,牛志军.等.中南基础地质综合调查与片区总结成果报告[R].2017,2.
赵辛金,郑国东,陈彪,等.广西玉林地区多目标地球化学调查报告[R].2016,10.
赵欣,伏永朋,苏昌,等.丹江口库区堵河流域地质灾害调查成果报告[R].2016,11.
赵信文,姜守俊,曾敏,等.珠江口产业带地质环境综合调查2015年度成果集成报告[R].2016,10.
赵玉灵,范景辉,潘毅,等.南部沿海地区国土遥感综合调查成果报告[R].2015,12.
郑晓明,刘长宪,涂婧,等.武汉市岩溶塌陷调查(金水闸幅、渡普口幅)成果报告[R].2016,11.
周豹,孙腾,刘文文,等.湖北保康-兴山地区矿产地质调查报告[R].2016,12.
周岱,龙文国,柯贤忠,等.信宜-增城-龙川构造混杂岩带研究成果报告[R].2016,8.
周国发,梁标志,韦安伟,等.广西马江地区矿产地质调查成果报告[R].2016,5.
周海玲,李春玲,刘丽,等.广西壮族自治区梧州市城市环境地质调查评价报告[R].2010,12.
周宏,陈植华,罗朝晖,等.湖北宜昌兴山香溪河岩溶流域1:5万水文地质调查综合评价成果报告[R].2016,9.
周辉,杨凯,邓宾,等.广西三稀资源综合研究与重点评价成果报告[R].2016,4.
周开华,姚敬民,庚慧敏,等.广西1:5万圭里、向阳、平腊、更新幅区域地质矿产调查成果报告[R].2016,9.
周晓宁,黄景孟,聂育明,等.湖北白河-茅塔地区矿产地质调查报告[R].2016,11.
周鑫,陈开红,米茂生,等.江汉-洞庭平原地下水资源及其环境问题调查评价(湖南)报告[R].2015,12.
周永章,牛佳,林振文,等.钦杭成矿带西段资源远景调查评价成果报告[R].2017,4.